家庭理财一本全

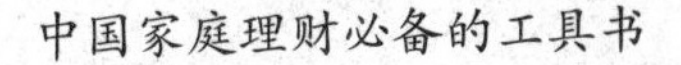

中国家庭理财必备的工具书

家庭理财一本全

宇琦 编著

中国華僑出版社

图书在版编目(CIP)数据

家庭理财一本全 / 宇琦编著. —北京：中国华侨出版社，2012.1（2014.10重印）
ISBN 978-7-5113-1985-2

Ⅰ. ①家… Ⅱ. ①宇… Ⅲ. ①家庭管理：财务管理–通俗读物 Ⅳ. ①TS976.15-49

中国版本图书馆CIP数据核字（2011）第249442号

家庭理财一本全

编　　著：宇　琦
出 版 人：方　鸣
责任编辑：文　源
封面设计：李艾红
文字编辑：李　鹏
美术编辑：宇　枫
经　　销：新华书店
开　　本：1020mm × 1200mm　1/10　印张：36　字数：586千字
印　　刷：北京德富泰印务有限公司
版　　次：2012年2月第1版　2018年4月第4次印刷
书　　号：ISBN 978-7-5113-1985-2
定　　价：59.80元

中国华侨出版社　北京市朝阳区静安里26号通成达大厦三层　邮编：100028
法律顾问：陈鹰律师事务所
发行部：（010）88866079　传　真：（010）88877396
网　址：www.oveaschin.com
E-mail：oveaschin@sina.com

前言

我们生活的环境中，高学历的人越来越多，竞争越来越激烈，好工作并不好找；房价越来越高，甚至首付都付不起；结婚就得消费好几万元；生个孩子每月光奶粉钱就得上千元。怎样处理好收入与支出的关系？怎样筹措子女的教育经费？养老的钱从哪里来？家庭理财的问题困扰着许多人，许多家庭由于缺乏资金，或者确地说，是由于失败的家庭理财，而使家庭经济陷入了困顿。

家庭需要规划，钱财需要打理。国际上一项调查表明，几乎100%的家庭在没有自己的投资规划的情况下，损失的家庭财产从20%~100%不等。因此，经营自己的家庭，如果不具备一定的理财知识，财产损失就是不可避免的。

通过合理的理财手段把手里仅有的钱变多，把富余的钱炒大，我们就不会再为生计发愁，我们的生活就能衣食无忧。每一个人、每一个家庭应该更多地了解家庭理财方面的知识，熟悉理财产品，掌握理财技巧，全面做好家庭理财，最大限度地规避理财的风险。

但是，理财并不是与生俱来的技能，家庭生活中的无数财务问题，要怎样通过理财得到妥善解决呢？

现实生活中，很多人将注意力放在如何赚钱、省钱上，提高收入和节省生活成本是他们关注的焦点，却没在正确地打理钱财上下工夫，或是注意到了理财的必要性，却没有制订适合自己的理财计划并认真执行，久而久之，发现自己已经距离理想中的生活状态越来越远。

每一个家庭都可以并且应该做家庭资产状况分析的理财规划。要想改善家庭的财务状况，必先培养正确的“家庭理财习惯”，换句话说，如果贫穷的家庭得到一大笔钱后，仍不改变理财习惯，那么这个家庭依旧不可能走向富裕。

这也就是说，理财是一个观念问题，是一种生活态度。俗话说，吃不穷，穿不穷，计划不到一辈子穷。要量入为出，未雨绸缪。要有长远规划，把多余的钱存起来，让钱生钱。虽然人们逐渐意识到了家庭理财的重要性，但要对家庭中的现有资金进行合理的分配、使用的时候，人们还是不知道该如何去做。钱少的时候，人们会抱怨无财可理，钱多的时候，人们又觉得没有时间去理。有钱、没钱、钱多、钱少，都成了忽视理财的借口。

或许你的收入本来就只能勉强维持家庭的生计，除去开支所剩无几，似乎无财可理，但你可能忽略了一个重要方面，花好每一块钱，增加自己的投资知识，尽量获得高回报率，使自己的财富增值。合理地安排家庭财务是一件非常重要的事，也是一个成熟的家庭生活必备的组成部分。因此应该留有一定的应急钱用来储蓄，留有一定的保障钱用来投保险，留有一定的增值钱用来投资。

其实，家庭理财并不困难，困难的是下定决心后的持之以恒。如果你永远也不学习理财，家庭终将面临财务窘境。只有先行动起来，理财增值才会变为可能。从现在开始，早一天理财，早一天受益。如果你的孩子刚刚出生，即使你收入微薄，只能一个月挤出 100 元，假设年投资回报率是 12%的话，你的孩子在 60 岁的时候依然能成为千万富翁。

《家庭理财一本全》以家庭理财为中心，从柴米油盐着手，针对中国普通家庭的收支状况和消费习惯，集结了国内外全新的理财观念，通过透彻精辟的分析，配以大量身边常见的理财案例，用通俗易懂的语言向读者介绍市场上流行的理财方法和理财产品，同时也深刻揭露了花样繁多的破财陷阱。全书分为“理财观念篇”“理财储备篇”“理财实战篇”“理财节流篇”四篇，旨在帮大家建立家庭理财意识、掌握理财方法，让家庭财富快速稳健地升值。本书将家庭理财的一些基本常识与案例相结合，帮助读者转变理财观念，提高理财能力，发挥理财潜能，实现财务自由、婚姻和谐、家庭幸福！

每天劳碌奔波的您，是否输在了柴米油盐的第一起跑线上了呢？如果说，投资家的主要任务是积累财富，那么，真正的家庭理财应该要不断地积累幸福感。如果您想从现在开始学会投资理财，不妨翻翻《家庭理财一本全》，它能让您比其他人拥有更多“投资幸福”的本钱，让您的家庭赢在走向幸福的起跑线上。

目录

理财观念篇：你不理财，财不理你

理财储备篇：理财基础知识

理财实战篇：多管齐下，广开财源

理财节流篇：精打细算，让钱变厚

理财观念篇：

你不理财，财不理你

第一章

理财越早开始越好

越早开始理财越好，不能总是去等待机会才去投资。要懂得先投资，再等待机会。理财失败的主因正是拖延，所以必须要从年轻的时候就开始理财，年轻才是致富的本钱。因为只有在你年轻时投资，才能拥有足够的时间去赚取更多的钱。趁着年轻就应该勇于冒险，通常此时失败的成本都比较低，常言道“因小而不为乃大不幸”，千万不要有那种想着等哪一天赚了大钱才会去理财的想法，这样的想法是大错特错。

读书趁年少，理财要趁早

很久以前，有一个国家打了胜仗之后，就在王宫里大摆筵席庆功行赏。

国王就对王子说：“孩子，虽然我们获得了胜利，可惜你却没有立功。”

王子遗憾地对国王说：“父王，你没有让我到前线去。如何叫我去立功呢？”有一位大臣连忙过来安慰地说：“王子，你现在才18岁，以后立功的机会还有很多呢。”王子这个时候对国王说：“那么请问父王，我还能再拥有一次18岁吗？”国王十分高兴地说：“很好，我的孩子，就因为你的这句话，你已经立了大功了。”

张爱玲有一句名言是这样说的：“出名要趁早。”实际上一个人如果想达成某个愿望，就要提早动身。因为在人生当中没有假设，没有可逆性，时不待人。

同样地，投资理财当然也应该是越早越好了！早到从小就要有理财的意识最好。在国外的一些国家，有很多小孩在他们第一次入学就开始有了理财方面的学习和培训。而国外许多成功的人士，他们从小也都是具备了很强的理财意识，很早就开始了他们的理财活动。例如存钱、打工、投资证券等。美国著名的股神巴菲特从几岁的时候就开始送报纸赚钱，直到十岁多一点的时候就开始投资股票，最后成为了最成功的投资者和一个时期的首富。这绝对与他从小就开始理财很有关系。在我国，我们从一个计划经济相对贫穷的时代，已经走向了开放的市场经济时代，个人和家庭的财富也将变得越来越丰富，因此投资理财也终将会成为家庭的主要任务之一。特别是每个家庭中的孩子，更应该向国外学习，让自己成为一个自强自立懂得理财的现代人。

从小学会理财，就是为了以后走向社会而获得一种生存能力以及获取财富的技能。唯有从小就树立投资理财的意识与追求财富的观念，才能在以后资源竞争日益激烈的现代社会中更快更早地获得成功。

如果你现在还没有理财意识的话，那就赶紧开始恶补吧！

而在恶补之前，我们还需要了解一个在理财当中非常重要的原理——货币时间价值原理。所谓货币时间价值指的是货币（资金）经历一定时间的投资和再投资从而增加的价值。简单地来说，同样的货币在不同时间它们的价值是不一样的。所谓价值我们其实可以认为是他们的购买力，即能买入东西的多少。比方说现在的1元钱和一年后的1元钱其经济价值是不相等的，或者可以说其经济效用是不同的。在通货膨胀持续的情况下现在的1元钱，比1年后的1元钱经济价值要大，也就是说会更值钱的。

但是，为什么会这样呢？

我们可以用一个非常简单的例子来说明。假如你将现在的 1 元钱存入银行，如果存款利率为 10%，那么一年之后你就将得到 1.1 元钱。这 0.1 元就是货币的时间价值，或者说前面的货币（1 元 1 年）的时间价值是 10%。而根据投资项目的不同，时间价值也会不同，比如 5%、20%、30% 等。

那么假设一年之后，我们继续把所得的 1.1 元按同样的利率存入银行，则又过一年后，你将获得 1.21 元。所以说以此方式年复一年的存款，则当初的 1 元钱就会不断地增加，年限如果够长的话，到那个时候可能是当初的几倍。这其实也就是复利的神力！复利也就是我们俗称的利滚利。

时间就是金钱！当我们知道了时间的神奇之后，也就是了解了同样的资金在 5 年之前的投资和 5 年之后的投资的回报将会有所不同。因此越早投资也就同样会越快获得财富。就算你早一天投资，也会比晚一天要好。这也正是趁早投资理财的理由。让时间来为你创造财富！

晚几年开始，可能要追一辈子

现在有很多人都喜欢说，等到我有钱的时候再去投资吧。错！投资一定要趁早。晚几年投资，你可能就要在别人的后面“追”一辈子。举例说明，假如刘先生从 20 岁起，每个月都能定额定投 500 元用于基金。如果年回报率为 10%，那么他投资 7 年就开始不再扣款，随后让本金与获利同时进行复利投资。到了他 60 岁的时候，就可能获得 138 万元；再比如张先生从他 27 岁开始，每个月定额定投 500 元，期间从不间断，到他 60 岁的时候，才能累积到区区 139 万元。而投资时间越长的话，效果就会变得越显著。假如刘先生在 27 岁的时候从不停止，继续每月投资 500 元的话。那么到了 60 岁时，累积的财富将会是 277 万元，差不多是张先生的两倍。

有句话是这么说的：“时间是一个魔法师，它对投资结果的改变同样是十分惊人的。”从你 20 岁开始，每一年省下 6095 元，我们以 6% 的回报率计算的话，40 年以后你就能拥有百万资产。

说到理财，人们往往都会想到这都是有钱人的事，那些家财万贯的人来到银行个人贵宾理财的窗口，聘请一名理财师，为自己度身定制一套满意的理财计划。而大多数的老百姓收入有限，每个月“一手来，一手去”，没有多少积余，还需要理什么财啊？事实上这是一个误解。

其实就个人理财而言，从一定意义上说，是对人生不同年龄阶段有关财产的安排以及使用。通常人的一生中接受教育阶段根本是没有任何收入的；只有工作了之后才会有收入，但是收入并不高；再随着时间的推移，收入逐渐地增加，到 40 岁至 50 岁的时候达到顶峰；退休之后，收入则会大幅度地下降。所以说，人生的收入就如同一根抛物线似的。

人生在不同年龄段的支出都是不同的。在接受教育阶段，主要依靠父母的钱生活。直到每个人工作以后恋爱结婚，才真正算是迎来了人生第一个花钱高峰。这个时候虽然已经有收入，但是支出却远远超过收入。结婚的费用逐年攀升，倘若还要买房、买车的话，压力就会变得更大了。紧接着下来的子女教育同样是一笔巨大的开支。依照目前教育费用的估算，培养子女读完大学至少需要 20 万元以上。直到自己退休之后，收入才会大幅下降。但是由于身体状况、健康等一系列的原因，支出也就会变得越来越大，而这正是人生第三个花钱高峰。在这段时间当中，除了有限的社会保障之外，都是需要依靠工作期间结余的收入来支撑的。要注意的是制定目标讲求实际。曾经有一个理财师这样说过：理财就是要抓住今天的快乐，规避明天的风险，追逐后天的更快乐。如何才能做到呢？制定一个符合本人实际的理财计划才是非常重要的。

晚几年开始，可能真的要追一辈子。如果你想要马上制定理财计划的话，首先就必须明确理财目标。因为每一个人所处的生活环境不同，遇到的财务问题也不尽相同，同时希望达到的理财目标也不同。例如，有的人的理财目标是“钱生钱”，使资产增值；而有的人考虑的是安稳地保障家庭生活，不想让自己的生活大起大落；还有的人希望如何花一笔钱，才能做到既经济又实惠等。总之，理财目标的设定一定要从自己的实际出发，与家人共同商量，首先列出全部的生活愿望，然后再逐一审查，将那些不切实际的目标去掉，从而留下可行的目标，最后再分期分步地实现。

设定理财的目标对于刚开始理财相当重要。而设定理财目标同样离不开原有的经济状况。除此之外，年龄、文化、职业等情况，甚至人的性格、心理素质都有可能对理财目标产生影响。其实理财也同样需要遵守“纪律”，这里讲的所谓“纪律”指的就是理财的时候必须遵守的原则。因为老百姓理财，能够承受的损失有限，通常也是“输不起”的投资。在决定结余比例、选择金融机构、采用何种投资工具、确定目标收益率的时候，必须非常慎重。一定要把控制风险放在第一，切忌盲目地投资。

如果想要尽早理财，那么开源节流同样重要。一方面，要尽可能地去争取更多的资金收入；另一方面也要学会预算开支、计划消费，提高结余比例。在生活当中，有的人虽然收入可观，但却终日大手大脚，不会打理，经济状况也就一直比较紧张；而有一些人家境贫寒，但是通过自己的投资理财，经济状况也就开始渐入佳境，最终过上了宽裕的日子。但是对于平民百姓而言，节俭还是有非常重要的现实意义。例如在日常生活当中使用节能的热水器、煤气灶，使用节水、节电的设施装置。虽然这些看似不起眼，但是年长日久就不再是一笔小数目了。我们同样也可以回头看一下自己的消费行为，多半都会发现有冲动性消费或者随意性的消费。很多人都会觉得数目不大，不过也就是几十元或者一两百元钱，所以就不是非常在意了。倘若要省下这些钱，用复利为你“钱生钱”的话，那么5年、10年、20年之后，数字也就会变得相当可观了。

所以说，晚几年开始理财，有可能要追一辈子。在我们人生的旅途当中，不免会遇到各种各样的困难和意外。在我们日常经济生活当中也存在着多种风险以及不确定的因素。理财就是抓住快乐、规避风险的重要工具，同样也是对人生的计划和安排。因此，人人都需要理财，早理财才能早得益。

积累财富靠投资理财，不是靠工资

投资不但能够让人们拉开财富的距离，而且还能让财富平平者变成亿万富翁。

通常创造财富的途径都有两种主要模式。第一种就是打工，目前凭借工作获取工薪的人占90%左右；第二种就是投资，目前这类群体占总人数的10%左右。事实上，财富积累必须靠资本的积累，必须靠资本来运作。作为普通人来讲，依靠普通的工资一般不会达到非常富裕的地步，唯有通过有效的投资手段，才能让自己的钱流动起来，才能够较快地积累起可观的财富。

有一些专业人士对创造财富的这两种主要途径都做了详细的分析，发现了一个普遍的规律：倘若是靠投资致富，财富目标就会比工资要高出很多。比如说亿万富豪沃伦·巴菲特就是通过投资而致富的，他的财富曾一度达到了440亿美元。还有沙特阿拉伯的阿尔萨德王储也是通过投资致富的。早在2005年的时候，他的财富就已经达到了237亿美元，名列世界富豪榜的前5名。

一般来说，在个人创造财富这些方面，靠工资达到的财富级别是十分有限的。这是因为投资创业需要有一定的特殊条件，所以说绝大多数人还是选择去工作来获取有限的回报。但要清楚，投资也是我们每一个人都有可为、都要为的事情。从世界财富积累与创造的现象分析，真正能够决定财富水平的关键，其实并不是你选择工作还是创业，更重要的是你是否选择了投资致富，并同时进行了有效的实践。

巴菲特也曾经这样说过：人的一生能够积累多少财富，并不是取决于你能够赚多少钱，而是取决于你怎样进行投资理财。亚洲首富李嘉诚也曾经主张：在你20岁之前，所有的钱都是靠自己的双手勤劳换来的；20到30岁之间是通过努力赚钱和存钱的时候；而30岁以后，投资理财的重要性就会逐渐提高。李嘉诚有这样一句名言：“30岁以前人是要靠体力、智力赚钱，而30岁之后就是要靠钱赚钱（即投资）。”让钱找钱胜过人找钱，更要懂得让钱为你工作，而不是你为钱工作。俗话说：人两脚，钱四脚。这其中的意思就是说钱有四只脚，让钱追钱，比人追钱快多了。

积累财富靠的是投资理财，并不是靠你每个月有限的工资和收入。投资理财致富的观念最有价值的地方其实也就是告诉你："投资理财可以致富。"拥有了这种认识可以让你对致富有信心、有决心，并且充满希望。无论你现在拥有多少财富，也不论你一年能够省下来多少钱、投资理财的能力怎样，只要你愿意，你都能够利用投资理财来致富。

二十几岁应该懂得的消费理财高招

二十几岁是人最好的年纪，刚蜕去了十几岁的稚气，也还没有来自家庭的负担。很多人说，这个时候当然是最好的实现理想，大展宏图的时候。通常都不怎么注重消费理财，在这个年龄段很少有人思考为以后积累财富。但是如果我们想要通过理财致富，那么我们就要趁早。二十几岁的人已经不是不懂事的小孩子了，有些事情要越早准备受益越大。下面我就来看看究竟二十几岁应该懂得那些理财的高招？

一、强制储蓄

通常在储蓄上，有的时候你不要总是一味地让自己任性，对自己还是需要"狠"一些，要进行强制储蓄。比如你到银行开立一个零存整取的账户，等到工资到账之后，其中一部分就是要去强制自己进行储蓄；另外，现在还有许多银行开办了"一本通"的业务，其实你也可以授权给银行，只要让自己的工资存折的金额达到一定的数目就行了，银行就可以自动地将一定的数额转为定期存款。这种"强制储蓄"的办法，就是一个无形的"金钱节制器"，每当你看中一件昂贵的衣服的时候，拿出你的工资卡，潇洒地刷卡的时候，你就会发现工资卡里的钱已经被银行自行转为定期存款了。尽管当时未免有一些沮丧，但是这完全可以改掉你乱花钱的习惯，一段时间之后当你发现自己的银行卡里有了一大笔存款时，你一定会幸庆自己当时的明智之举。

二、量入为出

事实上对于二十几岁的"月光族"而言，理财最需要注意的就是要控制消费欲望，才能避免盲目、冲动消费，进行理性的消费。如果要想有效地做到这一点，建议"月光族"首先要建立起一个理财档案，对自己的收支情况进行记录，随后分类，记录下哪些是必不可少的开支、可有可无的开支以及哪些是过度的开支。最后"痛定思痛"，总结每个月的收支经验、吸取教训，然后逐月减少"可有可无"以及"过度"的消费。

除此之外，为了能够及时有效地了解自己的资金状况，你还可以用自己的工资存折开通网上银行，随时查询你的余额，对资金数额了如指掌，再据此调整自己的消费行为。

三、抵制诱惑

虽然说消费要理性，不但要考虑商品的价格，同时还必须要考虑到你的需要。尽管有的商品价格非常低，但如果你不需要却还是买了，这是很不划算的。很多二十几岁年轻的女性朋友往往都会容易养成盲目消费的习惯。当她们走到大街上，在面对商家的各种促销活动就会禁不住低价的诱惑，从而更是忘记了自己的需求。无论需要不需要一番"通杀"，回家以后才发现有些东西其实自己根本用不着，只好这样搁置着，既占空间同时又浪费金钱。所以建议你在购物之前首先考虑一下自己的这种消费是否合理然后再做决定，要让自己做一个理性消费者。

四、不要养成透支的习惯

银行卡的种类和服务功能越来越多，持卡消费也就逐渐成为了时尚，但是并非每个人都适合使用银行卡，尤其是二十几岁的年轻人对信用卡更是需要慎重。比如贷记卡一般都会有透支功能，在你手头紧张的时候不用再东奔西跑去借钱了，你可以刷卡消费同时也可以直接去提取现金，这非常方便。但你一定要记住不能忘了还款，刷卡消费也是有一定的免息期限的，比如说在这个期限不能还清欠款你就必须支付利息。一般要比正常贷款的利息还要高，假如直接提取现金，就没有免息期。另外，透支的行为还能够助长盲目消费的心理。因此，对透支一定要慎重，不可追风。

五、学会开支分类

对于刚踏入社会二十几岁的年轻人来说，学会开支分类非常重要。在工作单位，你或许并不是一个会计。但是在家中，你一定要让自己当一个精明的管家兼会计。倘若用一张表格把你的日常开支都记下来，那么钱是怎么花的，花到哪里了，你也就将一目了然，这样对于制定财务预算也会有很大的帮助。要学会从每月的必要开支当中留下自己的零花钱，剩余的部分全部都可以作为家庭的基础基金；一定要学会列举出当月的基础开支，例如水、电、燃气、暖气等一些费用；列出当月的生活费用开支情况；再留一少部分的其他开支。这样制定的财务开支就会非常清晰，也很有参考价值。

六、合理地存款

大家应该都知道，把钱存银行是最常选用的理财途径，因为这样既能获得利息，又安全稳定。所以这种最常见的理财方式也正是二十几岁的年轻人值得尝试的。那么，怎样存钱才算是更合理的呢？建议你将 20% 的存款存为活期，当你有紧急需要的时候才能随时地提取。把 80% 的存款存为定期，就能获得比活期更高的利息。而且在到期之前不能提出，这样也就更有可能约束你想花钱的冲动。对于大额的存款不要只存一张存单，而且还需要多存几张，因为如果你提前支取定期存款的话，获得的利息要比预定的利息要低，从而动用的存单越少你的损失也就越小。

七、尽量少下馆子

现在很多的二十几岁年轻的“月光族”们之所以能月月光，就是因为他们下馆子的次数太多了。这样的饮食消费占用了“月光家庭”收入中的很大一部分，不少的家庭在这部分的开支有的时候会占到月收入的 1/4。很多人之所以选择下馆子通常是由于以下的原因造成的：自己不会做饭、担心做饭太浪费时间等。当然，下馆子你可能在最快的时间内能够吃到比较美味的食物，衣服也不会被油锅中溅出的油花弄脏。但是请你不要忘记，当你在下馆子享受这些便利的同时，你口袋里的钱早已跑进了饭店老板的口袋里。因此，建议你还是多少学习一些烹饪的常识，下班的时候可以顺便再买一点自己喜欢的蔬菜或者半成品进行加工。这样既卫生，同时又达到了省钱的目的。

八、学会降低房租

其实对于现在二十几岁租房子的朋友而言，学会合理理财，从房租中也能节省下不少钱。首先你必须按时缴纳房租，而且最好在规定日子的前三四天就把钱交给房主，这样房主会对你建立起充分的信任，从而你也就与房主建立了融洽的关系。这样你就可以选择适当的机会和房主谈，请求房租降价；倘若有经济条件，你就有能力一次付清某段时间的房租，因为优惠每月或许还能够省出 50 ~ 100 元钱；你也可以寻求合租房，假如房子过大，而且自己住着又会觉得非常孤单，也可以寻求合租的伙伴，与自己分担一定的房租，这样房租的钱又能节省下来不少，还有水电费方面两人承担，个人的花费也就会逐渐减少。

九、适合让老人当家

常言道：“家有一老如有一宝。”年轻的朋友依靠老人们的持家勤俭，家庭的开支在一定的程度上能够减少很多。首先，老人在理财的方面更加有经验，他们知道哪些钱该花，哪些不该花，能为你减少不必要的开支；其次，老人在消费方面更拥有理性，尤其是在外来的诱惑面前，往往能够考虑得更加周到，避免家庭的盲目消费；除此之外，家庭有老人有时能减少很多在外面吃饭的场合，比如一些聚会能够在家让老人帮忙下厨。

十、学会适时地投资

二十几岁年轻的朋友一定要记住这句话：“该出手时就出手，风风火火来投资”。倘

若是有了一定的积累，而且在一定的时间之内没有其他的用途，就能够考虑用来投资，从而让你的“大钱生小钱”了。

我们应该都知道，常见的投资方式有以下几种：如今的房价呈稳健的上升趋势，因此可以考虑到按揭买房，买房之后假如暂时不住可以出租，用租金来还你自己的房贷，除了还掉房贷，没准你还会有节余；购买股票，尽管股票的风险性比较大，但是倘若具备一定的股票常识，善于钻研，注意把握好的时机，狠狠地赚上一把也是大有可能的；还有购买国债、开放式基金等同样也是常见的投资方式。

投资理财靠诀窍，别放过每一笔财富

很多人说到理财就觉得无从下手，实际理财并没有想象中那么复杂。人们通常会有一个心理：对未知的事情，夸大负面因素。那么这个心理很容易导致你夸大理财难度，放弃理财的机会，这就等于扔掉了手中致富的机会。其实理财投资并没有那么困难，理财经验虽然很重要，但并不是没有经验的人就不能理好财。在这里我们可以一起学习一下理财技巧，别放过每一笔财富。

一、投资组合需要多样化

要清楚投资最忌讳“单恋一枝花”，尽管不同的人群会有不同的投资倾向。例如年轻人都对股票比较感兴趣，而老年人则更是倾向于将自己的钱投到债券里，但是这种单一的投资风险非常大，倘若一时失足，就有可能会导致自己所有的积蓄全打了“水漂”。

所以说，理智的做法才正是“天涯何处无芳草”，让你的投资组合变得多样化，比如在银行当中应该有自己的一席之地，在股票市场上也同样能够看见自己的影子。学会把钱投到不同的投资工具当中来为你分散风险，即便是你的某一个投资出现了亏空，也就不会造成太大的损失。

二、投资必须注意整体收益

作为一个投资者，切忌“一叶障目，不见森林”，不能以偏概全，也不能为了一时的利益而忽略大局。事实上投资最应该关注的就是投资组合的税后整体收益，股息、利息和价格增值之和是评价投资效果好坏的主要指标。

现在有很多的投资者看重的通常是收益率，但是假如单一的收益率增长是以投资组合总体价值的缩水为代价，那么其实也就很有可能有危险的后果，千万不能高兴得太早，“小心驶得万年船”，只有笑到最后的人才是真正的胜利者。

三、避免高成本负债

记住这句话：“没有金刚钻，就别揽这个瓷器活”。负债投资是投资的大忌，因为负债需要支付一定的利息，事实上这样降低了投资获的利润，假如说投资失败的话，你还继续负债，就会很容易出现资不抵债的情形而陷入财务危机，因此负债投资的风险很大，如果一旦失败，无疑就是给自己的债务“雪上加霜”，很有可能一蹶不振。所以说，负债投资一定要有足够的把握才行。

对于普通消费者而言，经常遇到的情况就是信用卡透支问题。我们经常会在手头紧的时候透支信用卡，假如不能够在免息期之内及时还清自己的欠款，这就需要月复一月地付利息，导致负债成本过高，这也是不可取的行为。

四、制订一些应急计划

俗话说：“天有不测风云，人有旦夕祸福”。同样在生活当中，难免就会遇到一些问题、困难甚至是一些灾难。所以，在银行里存上一笔钱用来应急，是非常必要的，这笔钱不仅可以用来支付小额的预算开支，还需要用来应付大笔的费用。这样一来，就算是遇到了大事，需要花大笔钱时，也不会由于银行存钱太少而四处奔波，着急借钱了。尤其是在家人生大病的时候，如果自己在银行有了存款，那么就可以减少借钱花费的时间，同时也为拯救病人赢得宝贵时间。

因此，在日常生活当中，也需要学会制定相应的应急计划，不要总是抱着“我一辈子都会平平安安，用得上花大笔钱的时候很少”，而“今日钱今日花”，万一遇到需要花大钱的事情，就是你后悔也没用。

五、要扶老携幼，顾及自己的家人

假如你爱自己的家人，那么就请你为自己的家人，尤其是老人、孩子这些在经济上不能独立的成员好好地规划一下未来，以免由于自己发生意外，使得他们这些亲人都无法正常生活。虽然每个人都希望自己可以“颐养天年”，但是意外难免会发生，对自己的家人做好规划也是对家人负责的表现。比如说给自己的父母买一份养老保险，给孩子买教育保险、结婚保险，给自己买一份人寿保险。其实当你在发挥高超的理财才能的时候，你的爱也会悄然无声地传播到你家人的身边。

六、做好家庭的财产组织计划

对于某些老年人而言，或许难以面对生命即将走向终结的的现实，但是谁都知道人的生命总是会走向尽头，任何人的生命终究脱离不了生老病死的自然规律。这个时候不要太自私，一定要多为自己的老伴和孩子想一想。你对自己的财产状况一清二楚，但是你的配偶以及儿女是否也跟你一样对此非常清楚呢？除了遗嘱和其他一些有关财产的文件之外，你也应该尽可能地使你的财产组织计划完备清楚。这样一来，一旦过世或者是丧失了行为能力，家人知道怎样处置你的资产，这样一来你也就不会给自己留下遗憾了。

七、懒人必须知道的理财高招

用定期定额的方式投资基金。定期定额投资，是指投资人在每个月固定的日期将固定资金投资到固定基金上的一种方式。基金定期定额投资的积极意义就在于：省去了投资者择时购买的麻烦，同时又分散了投资风险，达到了降低基金单位成本、取得平均成本的目的。等到未来基金净值上扬的时候，累积的资产基础也就会变大，再加之复利效应，这样投资者获得的报酬也就非常可观。尽管定期定额投资基金看起来是一个比较笨的方法，但是它的安全系数较好，有的时候“聪明反被聪明误”，相反“笨”的方法往往能让你收到意想不到的效果。

随着岁月增长的不只是年龄，还要有理财经验

现在有人提出，人生的周期同样也就是人生理财投资的周期，即生命周期理论。这个理论是以一个人在一生中的不同阶段其经济行为各不相同为基础的。一般来说，在人一生中的不同阶段的理财投资会受到以下三种因素的影响：收入水平的不同；财务支出需求的不同；风险承受能力的不同。

所以说，应该根据人生的不同阶段从而制定出不同的理财计划。

1. 人在青年、中年时期既要成家又要立业，对财务需求强、风险承受力强，能够较大比例投资股票、基金。

2. 中年人的工作繁忙但收入高，需要承担的责任也就是较多，这样一来分配到理财的时间和精力也就会减少，所以就能够采取定期定额购买基金的方式，以节省时间和降低成本。

3. 老年人即使经验丰富，但是风险的承受能力比较弱，不宜过多地投资于股票之类的高风险资产。

人生理财的四个阶段

一、探索阶段

通常处于探索期（20 ~ 24 岁）的人年龄较小，他们可能还在上学或者刚刚开始工作，经济能力不强。所以说，这个时候就是探索阶段，不要急着去实施理财行为，但能够尝试制定理财规划。比如可规划买一个 10 年期的定期保单，受益人给自己的父母，以报答父母对自己的养育之恩；除此之外有经济条件的也就可以在银行存有 3 ~ 6 个月的最低个人储备金作为基本花费或者是紧急备用金。

二、建立阶段

建立期（25 ~ 34 岁）的大多数人都已经走上了工作的岗位，但还是需要面临着买房、结婚生子等诸多方面带来的经济压力，而资本积累得又比较少，所以说，要注意能省则省。这个阶段理财主要包括以下几个方面：结婚，结婚期间不管是举办婚礼还是宴请亲朋好友，都需要一大笔钱；买房，假如夫妻两人婚后没有住房，那么购买住房就是最重要的投资项目了；存钱，年轻夫妻最好要在银行里存一笔钱以防止子女生病子女入学等一些意外之需。

三、稳定阶段

稳定期（35 ~ 54 岁）是一把双刃剑，一方面由于工作趋于稳定、家庭收入较高，经济负担较小，同时个人经过社会的磨练已经变得更加的成熟、理性，这就为个人投资提供了资金基础和能力基础；可是在另一方面，这个时期的人通常因为工作比较繁忙，没有更多的精力和时间来进行个人投资。所以，这时要充分考虑优劣，利用有利的条件，避开不利条件，选择一些花费精力和时间都比较少的投资，比如说定时定额投资。

四、高龄阶段

处于高龄期（55 ~ 64 岁）的人已经开始了工作的退休，休闲、旅游等比较轻松的生活开始提上日程，处于此阶段的人通常时间都比较充足，经验也比较丰富，但是他的心理承受能力较差。所以，手头宽裕的人，可以考虑投资股票、房地产等一些多元化的理财规划以及买份退休金保险，但你还是应该首先选择安全性比较高的投资方式，比如购买政府发行的债券，都是一些安全性较高、风险较小的投资方式；同时还要注意尽量不要选择高风险的投资，以免投资失败，对老人的心理造成过多的伤害，那样就得不偿失了。

理财千万不能等，马上就行动

当年轻人为自己制定了人生目标，并为此做出了具体的规划之后，还有就是最重要的一点，你还需要将你的目标和规划付诸行动，否则一切都只是纸上谈兵，而你的目标和行动就会像一朵不结果实的花朵那样，华而不实，毫无用处。

因此，倘若你想成为富人的话，你就需要从今天开始采取行动，而并不是拖到明天或者是更晚的时间。而作家玛丽亚·埃奇沃斯对这个问题的理解就颇有见地。她曾经在自己的作品中写道：“假如不趁着一股新鲜劲儿，今天就去执行自己的想法，那么明天也就根本不可能有机会把它们付诸实践；它们或许会在你的忙忙碌碌中消散、消失和消亡，又或许将陷入和迷失在好逸恶劳的泥沼之中。”

当代电子游戏之父诺兰·布歇尔被问及企业家的成功之道时，他是这样说的：“关键就是在于抛开自己的懒惰，去做点什么。就是这么简单。许许多多的人都有很好的想法，但却只有很少的人才会即刻着手付诸实践。不是明天，也不是下星期，就在今天。一个真正的企业家是一位行动者，而不是什么空想家。”

马克·吐温曾经就讲过一个关于明天才行动的人的故事：

一次某地发大水，一个人的家里进了水。正当水马上就要漫过他家的门槛时，一位好心的邻居提醒他，他可以开车拉着这个人去一个安全的地方。可是这个友好的提议却还是遭到了此人的断然拒绝。随着水面地不断升高，最终他不得不爬上了屋顶上。

就在这个时候，一条小船驶了过来，并且表示可以把受难的他带到安全的地方。可是这个提议再次遭到了他的断然拒绝，理由依旧是对上帝的信念。可是水面还在不断地升高，已经漫过了屋顶，眼看着这位老兄就要一命呜呼。正在这个时候，一架直升飞机突然飞来，并且抛下了一根绳子来营救几乎已经淹在水中的他。可他还是断然拒绝了营救，拒绝去抓住救命的绳索。就在死亡即将到来之际，这位老兄只是绝望地抬起头，仰望上天呼喊道："上帝呀，我是如此忠诚地相信你会来拯救我。但是你为什么没有呢？"这时突然一个来自天堂的声音说道："你到底想让我怎么做？我派去了一辆卡车、一条船、甚至是一架直升飞机！"

常言道：失败是成功之母。我们不妨把范围再扩大一些：行动是成功之母。因为失败其实也应当包括在行动的范围之内，只不过是失败了的行动而已。实际行动才是实现一切改变的必要前提。我们通常就是说得太多，思考得太多，梦想得太多，希望得太多，我们甚至总是在计划着某种非凡的事业，但是直到最终却以没有任何实际的行动而告终。假如我们希望取得某种现实而有目的的改变。那么，我们也就必须采取某种现实而有目的的行动。这其实对于我们是否能够主宰自己的生活是至关重要的。

罗伯特曾经就这样说多："积极的人生构筑于我们所做的一点一滴之上——而不是那些我们不曾接触的事情。永远不要忘记，构筑人生唯一的原材料便是积极的行动。"

1968 年，股神巴菲特在投资美国运通公司过后没几年就已经成为依阿华州格林内尔市的格林内尔学院理事，那个时候该学院流动的捐赠基金大约有 1200 万美元。但是不久之后，巴菲特就向该学院提出了几条非常好的投资建议。第一条就是尽快行动起来；第二条假如其他什么人都拥有你想要的东西，那么你就可以买他们公司的一部分股票。

倘若没有实际行动，就根本不会成就今天的巴菲特、比尔·盖茨、李嘉诚，行动在人们之间区分了穷人和富人。艾德·佛曼曾经在一次演讲中对那些不愿意采取实际行动的空想家进行了细致地刻画："总有一天我会长大，我会从学校毕业并参加工作，那时，我将开始按照自己的方式生活，总有一天，在偿清所有贷款之后，我的财务状况会走上正轨，孩子们也会长大，那时，我将开着新车，开始令人激动的全球旅行。总有一天我将买辆漂亮的汽车开回家，并开始周游我们伟大的祖国，去看一看所有该看的东西。总有一天……"

可以见得，这些可悲的人始终生活在自己的幻想当中，同时又在实际生活当中扮演着穷人的角色。假如说有什么办法能够改变这种窘况，那就是毫不迟疑地行动!

有一个叫莉莲·卡茨的美国妇女非常清楚这一点。当她还没有成为富人的时候，她就已经认识到，财富从来都不会无缘无故从天而降，唯有依靠自己采取行动才能捕捉到财富。莉莲利用自己结婚的时候亲朋好友送给自己的贺礼中攒下的 2000 美元，在当时一本非常流行杂志上刊登了一则小广告，从而也就开始走上了推销自己个性化的汉堡和减肥食品的道路。过后一年，她的订单源源不断，莉莲·卡茨的业务也就开始不断壮大，已经从当年的目录直邮公司，发展成为如今的 LVC 国际集团，年销售额高达数亿美元，每周需要处理的订单超过 30000 多份。其实，莉莲·卡茨的成功也正是因为她没有守株待兔，而是以自己对事业的激情，有目的的实际行动去实现自己想要的一切。

事实上，今天抑或是明天，对于那些还总是沉浸在幻想当中而不愿面对现实的穷人来说，仍旧是一个问题。可是假如你想成为富人，并已经打算要为此付出努力而奋力前进的话，一个明确地告诫：你必须从今天，也就是从现在开始就采取行动，去为你自己制定目标和计划，并且最终努力去实现你的人生目标!

有钱了要理它，而不是把它锁起来

《穷爸爸与富爸爸》，这本书说的是在美国一个妇孺皆知的故事。故事里讲的就是富爸爸从来没有进过名牌大学，他只上到了八年级，但是他这一辈子都非常成功，也一直都十分地努力，直到最后富爸爸成了全夏威夷最富有的人之一。他那些数以千万计的遗产不仅仅只是留给自己的孩子，同样也留给了教堂、慈善机构等。富爸爸不单是会赚钱，而且在性格方面也是十分的坚毅，所以对他人有着非常大的影响力。从富爸爸的身上，人们不光可以看到

金钱，还看到了有钱人的思想。同时富爸爸带给人们的还有深思、激励和鼓舞。

穷爸爸尽管获得了耀眼的名牌大学学位，但是始终不能了解金钱的运行规律，不能让钱为自己所用。说到底，穷与富其实就是由一个人的观念所决定的，同时受周围环境的影响。

所有的有钱人都有着一个共同的观念：就是用钱去投资，而不是抱着钱睡大觉。

其实正确投资是一种非常好的习惯，养成这种习惯的人，命运也许会从此改变。而那些拥有了财富就止步的人，将会重新回到生活的原点。

当我们提起20世纪八十年代的有钱人，大家一定都会不约而同地想到“万元户”。在当时那个年代，听到“万元户”三个字简直如雷贯耳，能拥有1万元钱简直就是家庭拥有巨额财富的代称。当时，一万元钱是普通人连想都不敢想的，时光荏苒，直到今天，1万元可能只是一些中等白领1个月的收入而已……

假如按照银行存款税后利率2%算，而年通胀率按照5%算，那么如果把钱存到银行，存款的实际利率就已经成为负值。也就是说，如果储户将10000元存进银行，10年之后10000元钱的实际价值就变成了7374元，储户的本金等于损失了26%！

一个人倘若不养成一个正确投资的好习惯，让钱在银行睡大觉的话，那就是在跟金钱过不去，就是在变相地削减自己的财富。有太多的人辛劳一生，到头来终究还是穷人，就因为他们根本不会把钱变成资本。

其实穷人都不是投资家，大多数的穷人还都只是纯粹的消费者。如果你不再做穷人，就不仅要努力挣钱，用心花钱，还要养成良好的投资习惯，主动猎取回报率能超过通胀率的投资机会，唯有这样才能够真正保证自己的钱财不缩水，才能够逐渐接近自己的财富目标，最终过上更好的生活。

但是你想投资首先还要会投资，投对资。比如说同样是一套房产，购买者可以自己住，也可以出租，还可以转手卖出。同样是一套房产，通过购买者不同的处理方法就能够改变这套房产的价值。

其实同样是花钱，有的时候或许是投资，又或许是一种消费，关键就要看花钱的最终目的是为了以后不断挣钱，还是单纯就为了花钱而花钱。

如果你花钱购买了一套房子，目的只是为了让房租流到自己的口袋，那么购买这套房子就是投资；假如购买这套房子，只是为了改善自己的居住条件，那它就变成了消费。

那些有钱人总是会想尽一切办法把自己的钱变成资产；但是穷人却总会心甘情愿的享受消费的乐趣。究其根本，无非也就是思维观念的不同。没钱的人只能低头劳动，有钱人则是抬头找市场；没钱人用心挣钱，而有钱人用心投资；没钱人只能是空手串亲戚，而有钱人却能慷慨交朋友；没钱人指挥伸手领工资，有钱人则考虑发工资；没钱人等待自己被选择，而有钱人细细选择别人；没钱人学手艺，有钱人学管理；没钱人只会听奇闻，有钱人却能创奇迹。

要有致富的远见

或许会有人问：我没有钱要我怎么投资？等到多年之后，他也将依然是穷人；而有的人就会说：我很穷，因此我必须投资。几年之后他就将成为一个有钱人。

在现实当中有不少人由于没有钱，因此什么都肯做，从无到有，聚沙成塔；还有很多人因为没有钱，所以什么都不肯做，只能贫困潦倒一生！成功的投资者往往都是具有积极向上的心态以及持之以恒精神的人。富有与贫穷，往往也就是一念所致。

贫穷本身其实并不可怕，可怕的就是习惯贫穷从而蔑视投资的思想。长期的贫穷会消磨人的斗志，封闭人的思想，能够使人变得麻木而迟钝。而在思想上对贫穷的退让，才会引起行动上对改造贫穷的失败，最终会让你的一生与贫穷伴随。

只有那些崇尚财富，不向贫穷低头的人才会得到财富的垂青，才能成为真正的有钱人。财富不是你能赚多少钱，而是你赚的钱能让你过得多好。

很久以前有一个农家小伙子，他每天的愿望就是从鹅笼里拣一个鹅蛋当作自己的早饭。有一天，他竟然在鹅笼里发现了一个金蛋。刚开始的时候他当然不信。他想，或许是有人在捉弄他。所以为了谨慎起见，他就把金蛋拿去辨别，结果证实这个蛋完全是金子的。于是这个小伙子就卖了这个金蛋，甚至还举行了一个盛大的庆祝会。

直到第二天的清晨，他起了个大早，发现笼子里又有一个金蛋。这样的情况连续出现了好几天。这个小伙子却开始抱怨自己的鹅，他认为鹅每天至少应该下两个金蛋！最后，他气冲冲地地把鹅揪出笼子劈成了两半。从此之后，他再也得不到金蛋了。

当我们听完这个故事我们都会嘲笑这个农家小伙子的愚蠢，他由于太贪心却失去了给自己创造财富的源泉。

但是现实中，我们却经常不自觉地被自己的欲望征服，盲目地追求利润，自堵财路。

在赌场里面为了不劳而获，结果衣衫不剩，甚至让自己变得负债累累；在工作中为了追求效率，却盲目冒进结果事与愿违，甚至伤害到自己的身体；在生意场上为了追求利润所以铤而走险，最终一败涂地的人比比皆是。而这些不都是农家小伙子的写照吗？

富人和穷人在财富上的观念，除了上一节说到的钱财投资之外，就是有无理财的长远眼光，穷人往往目光短浅，只注重一时利益，而断了自己长久的财路。

尽早理财的 8 个新思维

理财并不单纯的是指通过技巧加经验去让自己手里的钱变成更多的钱，还包括一种思维方式。一个真正的理财高手，思维模式与他人不同。这些人好像天生为了赚钱而生，但我们在羡慕的同时可以将他们的思维模式拿来借鉴，培养适合自己的理财思维模式。

一、能赚钱比不上会花钱

会花钱是指花钱有道，不仅把赚的钱花出去了，甚至还能让钱生钱，在花钱的同时赚回更多的钱。比如说你花了 10 元钱，却换来了 10 元的货不算会理财，而花了 10 元钱，却得到了 15 元甚至更高价值的商品，这才是真正意义上的理财。所以，我们也可以这样说，会花钱也就是等于赚钱。

要学会把会花钱同赚钱等同起来，并不是所有人都能做到的，它其实是需要一定的前提条件：在花费之前一定要多思量，不能凭一时冲动花钱，其结果通常只是换来了一时的快感或满足，并没有得到更多的事后利益。

那些最会花钱的人手里没有属于自己的钱，也一样可以赚大钱。就如同理财顾问懂得花别人的钱，同时也可以为自己和他人带来更多的价值利益，而会花钱的最高境界正是和朋友们一起分享那份物超所值带来的喜悦。

二、钱装进自己的口袋不如装进脑袋

随着当今社会飞速的发展，人们也就越来越认识到如今是一个知识、信息的时代，而在这个知识、信息爆炸的时代，人们不仅仅需要财富，更需要的是积累财富的能力。

就算是一夜间暴富，但是由于理财不当，花钱如流水，最后依然是清贫如洗的例子我们也早已经见怪不怪；在一个家庭中，尽管夫妻都是高薪，但是月月入不敷出，仍旧需要借债的例子也不少。由此可见，只把钱装到口袋里，就认为可以高枕无忧了的做法，显然已经不是明智之举；而把赚钱的能力放到脑袋里，才能真正让钱扎根、发芽，甚至成为常青树。

三、省钱不如把钱用在“刀刃”上

事实上，传统的观念告诉我们节俭是一种美德，它一直都是发家致富的前提条件之一。可是凡事都得有个“度”，当在不该节约时强行节约，其结果不仅达不到节约的目的，反而会让我们遭受更多的损失，这样的损失就是人们经常说的“效用损失”。

所以说花钱一定要先讲“效用”。效用说的就是物品的有用性，即使用价值，也能够满足消费者在生活中的某种需要。因此，当我们在享用某种消费品时，却未能得到它本应得到的全部效用。通常这个时候，我们便遭遇了“效用损失”。比如说为了听音乐而买了台录音机，但是为了节约，就买了两三盘带子后不再买新带。这样等过了几个月后带子都听腻了，便不再开录音机，那么这几百块买录音机的钱不就白花了吗？

总而言之，在可能的条件下要做到尽量节约，这一条原则永远也不过时的。但这并不等于花钱越省就越好，假如是为了节约而使自己受到效用损失，那么就得不偿失了。

四、切勿盲目贷款，要量力而行

大家或许都听说过那个中国老太太和外国老太太的故事。中国的老太太为了攒钱买房子，自己省吃俭用，住在简陋矮小的房子中，到老了才买了一套大房子，但大房子没住几天就去世了；而外国老太太的梦想同样是买一所房子，她在一开始的时候就贷了款，很快也就住进了大房子，在去世之前她也把贷款还完了。随着人们消费观念的不断变化和进步，人们更赞同外国老太太的消费观念。

现如今非常流行的是“花明天的钱圆今天的梦”的贷款消费观念。可是贷款也要讲究一个度，不可过于盲目。如果说当你圆梦的时候却还背负了还款还息的重负，而你的还款能力不是太强，则会造成很大的经济压力，最后影响到以后的生活质量。假如还款能力较弱、心理承受能力差最好要量力而行，尽量不贷款或选择所能承受的小额贷款。

五、辛苦工作挣钱倒不如让钱生钱

我们可以从科学理财的观念来看，靠自己的高收入和攒钱来实现富裕的思路并非是赚钱的唯一出路。特别是凭借攒钱这一方法，很多的人都无法获得最终的财务自由，甚至还会导致错误的理财观念。

穷人和富人表面的差别是钱多钱少，但是在本质上的差别是对待理财的科学态度。可以形象地说，在富人手里，钱是鸡，钱会生钱；可是在穷人手里，钱是蛋，用一毛就少一毛。所以说，不但要通过辛苦工作来挣钱，同时还应当注意让手中积攒的钱活起来，使其成为赚钱的资本，只有这样才能让穷人变富、富人更富。

六、学会在早教上花钱而不仅仅是给子女攒钱

我们应该都知道“授人以鱼，不如授人以渔”这个道理。所以说与其给子女存钱倒不如提高他们的综合素质和能力，孩子自身能力才是他们未来的最大保障。尽管父母为孩子攒下了“金山银山”，但倘若孩子没有树立起一个正确的理财观念，花费其实也没有节制，又不会让“钱生钱”，“金山银山”也会被吃空。所以说，提高孩子的理财能力是让孩子积累财富的最好方法。其主要途径是加强孩子的早期教育，从而有意识地在日常生活中培养孩子的理财意识，让孩子从小成为一个有理财意识的人。

七、让金钱为“我”工作

花钱的思维方式和习惯程度在一定程度上决定于会不会花钱。假如把钱无计划、不节制地消费掉，你就选择了贫困；假如把钱用在长期回报的项目上，你就会进入中产阶层；假如把钱投资于你的头脑，学习怎样获取资产，财富终将成为你的目标和你的未来。

所以说，应该让金钱为“我”而工作，而不是我为金钱而工作，成为金钱的奴隶，这才是正确的理财观念。

八、拼命工作也需要注意职场形象

职场形象决定着你的职场命运。某项研究表明，获得高职位的关键正是成功的形象塑造，形象直接影响到收入水平，那些更有形象魅力的人收入通常比一般同事要高 14%。专业形象的关键同样是成熟稳重。专业形象的设计，首先就是要在衣着上尽量穿得像这个行业的成功人士，宁愿保守也不能过于前卫时尚；除此之外，要了解该行业和企业的文化氛围，把握好特有的办公室环境，在自己的谈吐和举止中要流露出与企业、职业相符合的气质；要注意衣服的整洁干净，尤其是要注意尺码适合；衣服的颜色要选择中性色，注重现代感，把握积极的方向。

当然了，在职场上讲究的是合不合适，更不要盲目地去追求名牌，假如衣服不合适，那么你花再多的钱也对提升自己的职场形象毫无用处；更不要一味求俭，没有哪个领导希望自己的下属穿得衣衫褴褛。所以说，适合自己的才是最好的，这样的钱才是花在刀刃上。

第二章

没钱不是理由，理财是堂必修课

有的人说，我们家没钱，每个月只有那几千元的收入，要吃饭穿衣，交房租，交学费，人情往来，每个月剩不下多少，拿什么理财！事实上，这也正是你没钱的原因！怎样才能有钱？答案就是：像有钱人一样思考。你想不想让自己成为富翁？怎样才能让你真正走向财富自由？如何让你用财商的智慧理财？没钱并不是不理财的理由，那么就开始这一章的理财必修课吧！

理财产品与基础投资方式

理财看似纷繁复杂，实际上操作起来并不困难，我们先从简单的产品和基础投资方式开始了解，只要你对一些基础知识有了相关了解，很多理财方面的困惑都能迎刃而解。而只要能够找到其中的诀窍，那么你可能摇身一变成为理财高手。

简单来说现在理财市场上的产品，因为其中有 9 个常见的品种，我们可以把它们比作成十二生肖中的 9 个生肖。根据它们的风险以及收益特点，进行比喻。这 9 种投资产品是：银行存款、股票、债券、基金、保险、房地产投资、期货、外汇投资、黄金。

银行存款通常比较安全稳定，风险不会太大，可是收益也低，像是可爱的猪，不会出太大的问题，也不会给人多大的惊喜；而股票市场天生就非常爱“牛”怕“熊”；债券定期支付利息，就像是下蛋的母鸡，每天下蛋都非常准时，风险也不是很大；基金就如千里马一样省心；因为保险主要是用来防止意外的，所以就像保护唐僧西天取经的孙猴子；房地产投资，同样也会倡导“狡兔三窟”的做法；而期货与风险始终是密切相关，需要有“狗”来看好风险之门；至于外汇投资，对手遍天下，每个人就像一只羊那样软弱，羊入虎口非常容易；龙是神圣至高无上的，就像黄金一样贵重无比。

而在针对产品投资方式上，有人总结了三把“万能钥匙”，其实是三种基础但是宏观适用的投资方式。了解这基础的三种投资方式，其实对于提高我们的理财能力帮助非常大！这三把“万能钥匙”就是：价值投资、分散投资和长期投资。

价值投资是指选择物有所值的商品，对于没有价值的物品就不要进行投资。

而分散投资是指不要把鸡蛋都放在同一个篮子里。比如金融产品的投资要分散，投资项目必须要多样，存款、股票、黄金等都有一定的比例。由于不同金融品种的风险不一样，有的时候可以相互抵消。在同一个金融品种里也可以分散投资，例如买不同类型的股票和期限不同的债券等。

长期投资理财，这种投资获得的是资本的时间价值，有一定的回报周期，手脚太勤快很难获得理想的收益，正所谓放长线才能钓大鱼。

想要理好财的朋友们都要了解一个真理“天上不可能掉馅饼”，一切获益都是需要付出的。天上掉银子的美梦大家都做过，但是醒来之后谁更努力谁才能真正捧上银子。一个想要通过理财致富的人，整天对理财一无所知，怎么可能实现他腰缠万贯，房车全有的梦想呢？“机会只会青睐有准备的人”，如果想要成为富翁，就要做出一定的努力，踏踏实实地了解理财知识，然后用自己现在有的条件创造最大的收益，再用收益去创造更大的财富。

而除了以上说到的对产品和投资方式的简单了解外，还有几个要点是需要提前了解的，这些要点可以在你最初开始理财的时候给你指点迷津，走出一些误区。

1. 理财要理性却不死板。虽然人是理性的动物，但却不能将其等同于呆板、无趣。相反，越是能在合理的尺度下突破常规的人，他赚钱的点子越多，也就越能赚钱。

2. 要精明同时也要懂得感恩。在做生意的时候，据理力争、寸土必争是非常必要的，但要记住千万别被金钱迷惑了双眼，更要让自己学会感恩，感谢自己的亲人、朋友，甚至自己的对手，也别过于计较得失，这样你就才能够获得更多的财富。

3. 有勇气但不能鲁莽。如果你要想成为富翁，就一定要敢于冒险，具有魄力，只有这样才能抓住时机，大大地赚一笔。可是勇敢并不等同于鲁莽，所以你也绝对不能盲目，该出手的时候才可以出手。

4. 做老鹰绝不做小鸡。财富的积累是没有止境的，所以，如果你想要在竞争如此激烈的今天成为富翁的话，就更应该目光长远，力求做一个翱翔长空的老鹰，努力地去开拓自己新的天地，而不要做目光短浅的小鸡，仅仅在小小的鸡舍中徘徊。

5. 苦难与勇气是最好的老师。“不经历风雨怎能见彩虹”，出身贫寒，你才会知道穷的滋味才会更加努力地追求财富和充分地利用财富。

净心寡欲做理财

随着生活压力的增大，时代愈来愈额偏向于物质的追求。“物质第一”成为一种思维方式，像一波巨浪无情地冲击着很多人的思维方式和价值取向。原本健全的价值观念正在逐步改变，很久之前大家讲求的成功都附有个人特征，而如今社会衡量成功的尺度已经开始单一化，就是金钱的多少。而在这种背景条件下理财，就需要有很强的自律意识，不然很容易因为一些诱惑走上歧途。

理财需要先净心，理财不完全等同于赚钱，而且理财的好坏不能用财富的多少来衡量。其实理财，只是人们规划自己的财务。并且通过这些财务安排以更好地促进入生的重大目标。

1. 要学会消除贪念。理财，其实讲究的是心平气和、细水长流，所以切忌这山望着那山高，总是眼红别人的成果，认为自己的规划根本没有别人的好。而在这个理财过程当中，是没有暴利可言的，有的也就是合理的获利。所以要充分地相信自己，理财的成果并不是一朝一夕能够显现的。

2. 做到锲而不舍。在理财过程当中遇到挫折总是难免的，所以不要为一两次的投资失败而放弃，一定要善于评估和调整你自己的理财计划，同时要及时吸取教训、总结经验。换句话说，一定要把握好经济周期和投资之间的关系。因为各种投资品种之间的性质不一样，有的受经济发展因素影响比较大，而有一些却相对稳定。所以说，要注意不同的经济周期，投资的侧重点也许不一样。比方说经济形势好的时候，可以多投资成长型股票和房地产等；倘若经济形势不好，则侧重银行存款或投资债券等。

理财需要先“知财”。所谓“知财”，不但家庭收入的多少和财产的数额，同时还需要弄清到手钱财的来路，还要分清这些钱财的正邪并决定取舍。正所谓，“君子爱财，取之有道”。“知财”与否是至关重要的，它是财富积累的基础，甚至关系到家庭的前途和幸福与否。

其实就一般家庭来说，钱财无非就是来自以下三个方面：家庭成员的劳动所得；业余兼职的报酬；投资股票、债券等一些项目的收益。可是还有一些家庭得到的钱财并非都来自上述的途径，对于这些家庭的当家人而言，假如不顾钱财的来路一概“照单全收”，甚至还会认为多多益善，那么就危险了。假如当家人在理财的过程当中，对那些不明之财来一个“打破砂锅问到底”，这样不仅会拒收，而且还要敦促家人要及时退还不明之财，这样才会有效避免家庭悲剧的发生。所以说做到净心寡欲才能理好财。

尽管财富是人们生活幸福的基础之一，但它并不是万能的，所以我们并不能把财富当成我们生活中的唯一，更不能被其束缚，让自己成为财富的奴隶，要学会应灵活地运用财富创造更多的财富。

让你走向财务自由的九级阶梯

我们说的财务自由，就是指当我们不工作的时候，并不会为了金钱而发愁的状态。这就需要你用钱做其他投资，而并不是只有工作一种养家糊口的手段，那么你便自由了，有了物质保障你就获得了快乐的基础，才能真正达到财务自由。

真正的财务自由可以用公式来表达就是：财务自由即被动收入 > 花销。这里涉及到一个定义，就是被动收入，什么是被动收入呢？被动收入是 PassiveIncome，指的是本身不用付出主动的劳动而依靠自己的投资或者他人的时间或金钱获得的收入。

为了达到这种理想的状态，你必须诚实地让自己面对现实，看上去非常烦琐的理财之道却是你必须驾驭的东西。而在这个过程中最好以宽容的心态，坦然的心境享受自己一直变化着的生活。通向财务自由可以通过以下九级阶梯来达成：

1. 通过自己的回忆来寻找开启未来财务之门的钥匙。让我们把时光倒退到你能够回忆得起来的最早的时刻，那些早期有关金钱的经历，或许是那些表面看起来与金钱无关的事，会让你现在对金钱的态度产生直接的影响，其实是值得反思的。

2. 要学会正视自己的恐惧并且为自己建立起新的理念。不管是私下还是公开，我们对财富尤其是金钱常常讳莫如深，多数人都不愿承认对金钱存在恐惧或担忧。其实要正视这种恐惧，以积极的态度面对金钱，之后才能够找到适合自己的理财方法。

3. 对自己一定要诚实。学会诚实地面对现实，对比你挣到的钱和花出去的钱，用具体的方法来掌管你的财务状况。

4. 要对你自己所爱的人负责。假如爱自己的父母、孩子、伴侣，就应该为自己安排好一切，这之中包括疾病和死亡，为他们尽自己应尽的义务。

5. 尊重自己和金钱。或许我们都听说过“金钱也是有生命的”，唯有你尊重它，它才会愿意和你在一起。因此，尊重自己的金钱，事实上就是尊重自己的表现。

6. 相信他人不如相信自己。同一笔投资，只有自信的人赚钱，盲从的人亏本，因此你必须相信自己。

7. 绝不做“守财奴”。要学会解放你的金钱，让它自如地流出去，为你发挥作用，这样可能会有更多的钱源源不断地流向你。

8. 正视金钱循环里的潮起潮落。学会能够坦然地去面对金钱循环中的起伏波动，以一个积极的心态对待挫折。

9. 认清真正的财富。其实财务自由的最高境界是要让自己拥有一种富足的心态，也就是所谓的精神财富，千万不要盲目追求物质财富。

金钱是有力量的，金钱可以改变很多东西，比如可以改变你的爱情，正确地掌控金钱可以让爱情更美好甜蜜，但是金钱也可以让圆满的爱情扭曲变形。想要财务自由不仅仅要能够理财，更重要的是要对金钱熟知，让你手里的金钱变成具有和你同样的东西，你才可以说自己自由了，因为你已经完全掌控了自己的金钱。

财务自由的实质并不是你本身拥有多少金钱，而是你生活得舒适并且感觉到自己自由，你如果了解你自己和你自己所拥有的，明白即使现在失业或者生病你也不会有太大麻烦，依然可以舒服的生活，并且拥有被动的收入，不必发愁立即找工作，你自由了。如果年老退休之后，虽然你生活的不算富有，但是舒适自由，没有欠款，偶尔可以出去旅行，自给自足。去世的时候，你留给家庭的财富大于你原本拥有的，那么你就是成功了。

怎样让你的财富增值

每个人手里或多或少都有一份资产，可能你觉得你手里的资产根本不能称之为财富，但是只要你按照一定的方式运作，就可以是你手中的资产升值，积累财富。

一、依靠原始积累

一般原始积累是实现财富增值的第一步，同样也是财富积累的根基。原始积累的主要工

作一般包括了资本积累和能力积累这两个部分。

不管是资本积累还是能力积累都不会凭空地产生，都会同样需要人们的努力。资本的积累是需要人们用自己的劳动、节俭、竞争来获得，除此之外也可以通过贷款等方式一次性获得资本积累，但是这样做风险较大，万一投资失败，就将会面临着更大的经济压力：能力的积累主要包括先进生存技术、社会认可证书、人际沟通手段、实际行动能力，这四个方面是基础能力，需要付出时间和金钱投入的。

假如人们在具有了一定的资本积累和能力积累，就可以走进“钱生钱”的阶段了。在这里大家需要注意的就是，不管是在财富积累的初期还是中期或者是顶峰，资本积累和能力的积累都不会完成自己的使命，唯有财富积累存在，它们才会同样存在。而一旦资本积累、能力积累出现停滞，财富积累也就一定会受到阻碍。

二、利用复利增值

事实上，“钱生钱”的阶段说的就是复利增值的阶段，这是我们认准优势行业，洞悉社会制度变迁，了解资本增值渠道，与社会互换资源的时候。

人的一生最重要的一件事情就是需要建立起自己每个阶段的资本赢利模式，建立赢利模式的基础就是去发现优势区域，熟悉优势行业，洞悉社会制度的变迁。而赢利模式建立的关键就在于发现资金交换资源、资源交换更多资金的渠道，这个渠道往往是社会已经建立好的。

当你投资资本的时候，赢利模式和时间价值就会体现这方面的作用，它们也将会不断地为你带来新的财富，但无需你再做出以往原始积累时必须做出的辛苦努力。倘若你真的能让复利的车轮转起来，成功的人生就在眼前了。

三、注重品牌效应

一般来说，人生的价值有两种，一种是物质价值，而另一种是社会价值。原始积累、品牌效应有着很大的一部分都是创造物质价值，当度过为物质价值拼搏的这个阶段以后，人生的意义就是创造社会价值。往往在这个时候，人生的品牌也就同时建立了起来，而品牌效应也就意味着你的诚信已经深深地根植在了对方心中，为人生带来的奇妙是人人都能够意会的。

不理财，压力会越来越大

如今很多职场中的穷忙族都表现得意志消沉，都认为人生很累，经常会发出这样的“天问”：为什么我不能活得更加快乐一点？为什么我总感觉有那么多的负担？

事实上，即便你面临多大的困难，肩挑多大的负担，也根本没有必要消极悲观。在很多时候，我们总是会感到生活压力那么大，是由于我们没有对人生进行正确的规划。

正所谓人无远虑，必有近忧，如果你具备足够的危机意识，就不会让自己的人生充满痛苦，相反能够预防紧急危难的发生，让自己的人生平安顺利，从而不至于陷入危难而无法自拔。

那么，最有效的让你不会感觉压力越来越大的办法究竟是什么？那就是学会理财！

什么是理财？理财就是财富管理。什么叫财富？金钱就是财富，人生也是一种财富，而广义的理财实际上是对人生财富的管理。在很多的时候，人们会把理财和投资混为一谈，事实上理财是人生的规划，投资规划只是人生规划的一小部分。

倘若不理财，我们一定会感觉到生活的压力变得越来越大。而你越早学会理财，就越能从生活的压力和财务危机中解脱出来，从而过上轻松愉快且有富有闲的生活。

如果你越晚学会理财，你会感觉到生活压力就会越大。所以一定要规划好人生不同阶段的支出，做好自己的理财规划。

1. 买房子的成本变得越来越高，但薪资增长却极其缓慢。

现在房价不断上涨，上涨的幅度也就远远超过了我们收入增长的幅度。根据统计，工薪阶层假如要靠薪资买套房子，或许需要不吃不喝 20 年，只有这样才能筹备完整购买房子的资金。但是大多数的人并不可能一下子就能备齐买房子的全部资金，假如购房的时候只准备了 10% 的自备款，再加上每月支付的贷款利息，对于很多上班族而言，这将会造成沉重的财务负担。假如更换工作或万一固定收入中断，你所将要面临很严重的资金短缺。对大多数只领一份死工资的上班族而言，要吃饭、要坐车，还要娶妻生子，供养孩子，生活压力之大可想而知。

2. 教育费用的飙涨，供养孩子上学变得越来越难。

不管你是否已经结婚，以后都会面临供养孩子上学的问题。假如你现在不学会理财，那么以后等孩子开始上学时，就会觉得压力如大山般压在心头。

如今供养一个孩子读书已经越来越难，由于学费、杂费、择校费、赞助费、附加费、名目繁多，教育成本也就越来越高。仅以读大学为例，现在的孩子考大学容易，但是假如没钱，读大学很难。近几年来大学学费的不断上涨，让很多工薪阶层的父母亲纷纷大喊吃不消。

如今上大学，有媒体笑称："说计划不是计划，说市场并不是市场。"一言以蔽之，就是大学好上，但是你没有钱还是不行。即使辛辛苦苦攒了钱付了学费，也顺利毕业，却最终还是要面临更困难的问题——就业问题。一项对全国近百所高校所进行的"中国大学生就业状况调查"指出，在国内目前六成的大学生都面临着毕业即失业的窘境。有些人是真的没有办法在毕业后六个月内找到工作，而有的则是找不到适合自己的工作。

在职场上一直都流传着一句顺口溜："博士生一走廊，硕士生一礼堂，本科生一操场。"所以很多公司在招聘新员工之时，通常只招聘人数不多的工作岗位，光是寄来的履历资料与前来应聘面试的人就成千上百。姑且先不去争论就业与失业的问题是否来自于国家经济过快发展产生的过渡期矛盾，从劳动力供给与需求的角度来分析，未来几年，大学毕业生的就业问题必然受到挤压，就业竞争也会变得更加剧烈。

3. 我们老了该怎么办？光指望退休金已经不现实了。

如果我们知道想退休之后的各种收入是否会满足养老所需，那么最重要的就是要计算"所得替代率"，它指的是领薪水一族退休之后的养老金领取水平与退休前工资收入水平之间的比率。

计算方式十分简单，如果退休人员领取的每月平均养老金为900元，他去年还在职场工作，领取的月收入是2800元，那么退休人员的养老金替代率为：（900÷2800）×100%=32%。

在过去，已经退休的人由于当时的利率尚高，通胀仍低，财富累积较快较稳，所以所得替代率往往能够维持在60%～70%左右，因此在正常的情形之下，他们仍旧能维持过去的生活水平。但现在环境不同了，物价年年都在涨，可是薪资的上涨幅度却远远跟不上物价上涨的速度。按照目前的状况分析，我们这一代的年轻人，一直到退休的时候也顶多只能维持在30%～40%的所得替代率，你把现在的薪水缩减掉2/3，就已经知道你靠退休金养老是什么样的滋味了。

可见，仅仅这几个原因，就足以让我们感受到未来的压力，使我们明白到理财规划的重要性了。

投资理财并不是富人的专利

其实在我们的日常生活当中，很多的工薪阶层或中低收入者持有"有钱才有资格谈投资理财"的观念。人们普遍认为，每个月固定的工资收入应付自己日常的生活开销就差不多了，还哪来的余财可理呢？那句"理财投资是有钱人的专利，与自己的生活无关"依旧是一般大众的想法。

实际上，越是没钱的人越需要理财。举个例子，如果你身上有10万元，但是由于理财失误，造成财产损失，很有可能立即出现危及到你的生活保障的许多问题，而拥有百万、千万、上亿元"身价"的有钱人，即使理财失误，损失其一半财产也不足以影响其原有的生活。所以说，必须要为自己先树立一个观念，不管是贫是富，理财都始终是伴随人生的大事，在这场"人生经营"过程当中，越穷的人就越输不起，对于理财更应该要严肃而谨慎地去看待。

理财投资并不是有钱人的专利，大众生活信息来源的报章、杂志、电视、网络等媒体的理财方略是服务少数人理财的"特权区"。倘若真的有这种想法，那么你就大错而特错了。

当然，在芸芸众生之中，所谓的有钱人毕竟还是占少数，而中产阶层工薪族、中下阶层百姓仍占极大多数。由此就可以看出，投资理财是与我们的生活休戚与共的事，没有钱的穷人或初入社会又身无固定财产的中产等层次上的“新贫族”都不应逃避。就算捉襟见肘、微不足道也有可能“聚沙成塔”，运用得当更可能是“翻身”的契机呢！

事实上在我们身边有很多人光叫穷，时而抱怨物价太高，工资收入赶不上物价的涨幅，时而又自怨自艾，恨自己不能生为富贵之家，或者有一些愤世嫉俗的人更轻蔑投资理财的行为，认为是追逐铜臭的“俗事”，或把投资理财与那些所谓的“有钱人”划上等号……殊不知，他们都陷入了矛盾的逻辑思维。他们一方面深切地体会到金钱对生活影响之巨大，另一方面他们却又不屑于追求财富的聚集。

所以说，我们一定要改变的观念是，既然每天的生活与金钱脱不了关系，就应该正视其实际的价值。当然，过分看重金钱有时也会扭曲个人的价值观，成为金钱的奴隶，因此才要诚实地面对自己，究竟自己对金钱持何种看法？是否所得与生活不成比例？金钱问题是不是已经成为自己“生活中不可避免之痛”了？

财富能给人带来生活安定、快乐与满足，它也同样是许多人追求成就感的途径之一。所以要学会适度地创造财富，别被金钱所役、所累，这是每个人都应有的中庸之道。要认识到，“贫穷并不可耻，有钱亦非罪恶”，不要忽视理财对改善生活、管理生活的功能。没有谁能说得清，究竟要多少资金才算符合投资条件、才需要理财呢？

以一些金融工作者的经验和市场调查的情况综合来看的话，理财应该“从第一笔收入、第一份薪金”开始，即便是第一笔的收入或薪水中扣除个人固定开支及“缴家库”之外所剩无几，你也不要低估微利小钱的聚敛能力，100 万元有 100 万元的投资方法，100 元也同样有 100 元的理财方式。绝大多数的工薪阶层都是首先从储蓄开始累积资金。一般薪水仅够糊口的“新贫族”，无论他们的收入多少，都应该首先将每月薪水抽出 10% 存入银行，而且保持“不动用”、“只进不出”的状态，如此一来你才能为聚敛财富打下一个初级的基础。如果你每月的薪水当中有 600 元的资金，在银行开立一个零存整取的账户，劈开利息不说或不管利息多少，20 年后仅本金一项就达到 14 万多了，倘若再加上利息，数目更不小了，因此“滴水成河，聚沙成塔”的力量不容忽视。

当然，假如嫌银行定存利息过低，而节衣缩食之后的“成果”又稍稍可观，建议可以开辟其他不错的投资途径，或者是入户国债、基金，或涉足股市，或与他人合伙入股等，这些其实都是小额投资的方式之一。但必须要注意参与者的信用问题，刚开始时不要被高利所惑，风险性要妥为评估。绝不要有“一夕致富”的念头，理财投资也一定要务求扎实渐进。

总而言之，千万不要忽视小钱的力量，就如同零碎的时间一样，要懂得充分运用，时间一长的话，其效果也十分惊人。最关键的起点问题是我们要有一个清醒而又正确的认识，给自己树立一个坚强的信念和必胜的信心。再次忠告大家：理财需要先立志——别认为投资理财是有钱人的专利——理财完全可以从树立自信心和坚强的信念开始。

理财六部曲：人生不同时期的理财规划

既然我们都有可能遇到这么多层出不穷的考验，可见从我们经济独立开始，就要学会进行有计划地理财。我们怎样在有效规避理财风险的同时，做好人生各个时期的理财计划呢？一般情况下，人生理财的过程要经历以下六个时期：

一、单身时期

从进入职场到成家立业，这个时候自己并没有太多的家庭负担，而理财的重点也就应当以积累未来成立家庭所需资金为重，因此务必以追求正职收入的稳定为首要目标，如果行有余力的话，就可以再进一步拿出部分储蓄进行投资，增加投资理财的经验。除此之外，此时保费的计算也相对比较低，所以年轻人不妨为自己买一些人寿保险，减少自己因意外与疾病而导致收入减少或中断时，对个人与家庭造成的经济负担。对于这个时期的投资建议，其实不妨将积蓄的 65% 投资于长期投资回报率比较稳定的股票、基金等金融商品，别太积极地操作；15% 选择定期存款；10% 购买保险；10% 留作活期存款，当作生活上的紧急支出。

二、成家时期

成家立业直到孩子出生的这段期间，尽管经济收入有所增加，生活渐渐趋于稳定，但是相对地各项支出也比较高，比如结婚费用、购买房子的头期款等，假如夫妻双方都有收入，这对资产的累积将有加乘效果。事实上，这个时期的理财重点应该放在合理安排家庭建设的费用支出之上，稍有积累后，也可以选择一些投资回报率较高的理财工具，比如说成长型的股票基金及高殖利率的股票等，以期获得更高的回报。

在这个时期，可将积累资本的 55% 投资在股票或成长型的股票基金；30% 进驻在债券和保险当作预防风险发生的控管机制；15% 留作活期存款，当作支付临时生活所需之用。

三、家庭的成长时期

从孩子出生到进入大学之后，这一段期间主要的支出项目其实都不外乎子女教育费用和保健医疗费等，所幸随着子女的自主管理能力逐渐地增强，父母的负担也就会逐渐减轻，应该有余力加强保险保障。这一阶段的投资重点，应该将资金的 30% 进驻在房地产；35% 投资在波动幅度中等的股票或基金；25% 投资银行定期存款或债券及保险；10% 是活期储蓄。

四、子女完成教育时期

子女上大学之后，父母亲有可能会暂时需要支付较高的生活费，这时孩子的需求不断增加，同时他们还没有赚钱能力。不过只要先前已经累积了一定财富，对做父母的来说，应该不至于造成太大负担。但是如果先前没有做好规划，那么对不算富裕的家庭而言，就不免捉襟见肘，周转不灵了，因此理财的重点就应该以支付子女的教育费用以及生活费用为第一要务，切忌胡乱投资、自乱阵脚。

在这个时期之内，应当将积蓄资金的 35% 投资于股票或成长型基金，但要注意严格控制风险；45% 用于定存或债券，以稳健的获利，应付子女的教育费用；10% 用于保险；10% 活存，作为家庭各项开销的备用。

五、家庭成熟期

当子女毕业找到工作之后，家庭负担就有所减轻，当父母的你已经累积了相当多的工作经验，而经济状况也相对稳定，所以，理财重点就应该追求稳定成长。这是因为此时的风险承受度并不如年轻时代那么大，并且退休养老的需求逐渐增加，万一稍有闪失，风险控管能力不好，就会葬送一生积累的财富，因此，在选择投资工具的时候，不宜追求高风险、高报酬的标的物。保险是风险较低、稳健又安全的投资工具之一，即使投资报酬率偏低，但是作为强制储蓄，有利于累积养老金和保全资产，是比较好的选择。一般在这个阶段，建议理应将资金的 20% 用于股票或同类基金，但随着退休年龄愈来愈近，该部分的投资比例也就应该逐渐减少；65% 用于定期存款、债券及保险风险较小、获利率较为固定稳健的理财工具，在保险需求方面，应逐渐偏重于健康疾病照顾的险种；15% 用于活期储蓄。

六、退休养老

子女完全独立，自己从职场退休之后，此时的理财重点也就必须以安度晚年为目的，投资和花费势必要更为保守，但是最重要的目的还是在于维持身体和精神健康。在这个时期最好不要进行新的投资，尤其不能再进行风险较高的投资。

这个时期的投资建议是，将资产的 60% 投资于定期存款或债券；10% 用于股票或股票型基金；30% 进行活期存款。对于资产比较充沛的家庭，建议采用合法节税手段，慢慢地将财产转移给下一代。

第三章

理财贵在自知，做个清醒的投资人

一个人能不能在投资理财领域成为佼佼者，其必备的基本素质就是要头脑聪明、思维敏锐，这并不是说需要你的知识多渊博、学历多高，而是要靠止损的勇气和决心。保持清醒的头脑，才能有利于你从复杂的现象中抓住主要矛盾，界定问题保证方向不被偏离。同时还要有创新精神，才可以及时地从其他团队中选优汰劣，因为人不清醒就容易犯糊涂。所以要清楚，理财贵在自知，做一个清醒的投资人。

别去抢玩“新玩具”，传统标的也很不错

投资理财工具的外貌也是会进化的，比如说ETF、REITS、投资型保单、外币理财等新商品不断地问世，投资人也就不免焦虑：“难道我连传统的股票、基金都搞不懂了，现在又来一堆新玩意，真是伤脑筋啊！”

通常金融单位为了促销他们推出的新的商品，总是会想尽办法，动用资源来推广这些新兴的商品。不必否认它们也存在投资价值，其实有一些工具的投资绩效甚至相当亮眼，但还是建议除非你对投资理财已经多少有一些研究，但是对于选择标的的营运模式还是应该要有最基本的认识，通常初级的投资人，还是因该多看多听多学习，毕竟这些新兴的商品或许只是样貌更加多元化，它们的投资报酬率与传统的投资工具并不会相差悬殊，既然是这样的话，我们先操作熟悉的就好了，根本不必羡慕别人拥有的新玩意。

如今的生活中还是会有很多人认为理财只是那些富人、高收入家庭的专利，要先有足够的钱，才有资格谈投资理财。更多人认为影响未来财富的关键因素，是怎样选择适合自己的理财工具，而不是资金的多寡。这么多的“新玩具”究竟哪种理财工具才是最适合你的呢？不妨先来看看传统标的，其实也很不错的。

开放式基金

开放式基金被大多数投资者认为是最新潮的投资方式。它具有专家理财、组合投资、风险分散、回报优厚、套现便利的特点，同时还有一些专业的投资团队进行分析操作，其实根本不需要投资者投入太多的精力。因为现在的基金市场，没有给投资者带来太多的惊喜，不过在存款利率低，股市风险大的情况之下基金仍然成为了众多投资者一往情深的对象。值得我们注意的就是基金的风险对冲机制还尚未建立，存在个别基金公司重投机轻投资，缺乏基本的诚信。而在投资基金以前你也一定要弄清楚基金的类型，此外还应该比较基金管理公司、基金经理的管理水平和不同基金的历史业绩。事实上从长远来看，开放式的基金也不失为是一个中长期投资的好渠道

国债

有很多投资者认为最重要的投资方式就是购买国债。在我们还很小的时候就会经常听到大人们在谈论国债。国债是国家财政部代表政府发行的国家公债，由国家财政信誉作担保，历来一直都有“金边债券”之称。许多稳健型的投资者，特别是中老年投资者对它情有独钟。

因为国债的收益风险比股票小、信誉高、利息较高、收益稳健；但其实相对于其他产品来说，投资的收益率仍然很低，特别是长期固定利率国债投资期限较长，因而抗通货膨胀的能力差。

储蓄

储蓄是大多数投资者认为是最保险、最稳健的投资工具了。它方便、灵活，而且安全。主要就是通过本息的累积，从而来实现财富的增加。但储蓄却有两大最为突出的缺点：一是收益较之其他的投资偏低，浪费了资金的使用价值；二是在资金积淀的较长过程当中，很有可能被住房、子女教育以及其他的消费支出所取代，从而影响了积累计划；但是储蓄对侧重于安稳的家庭而言，保值的目的是能够基本实现的，这仍旧是一种保本零风险的投资手段。一方面可以为自己累积资本，而另一方面却又遇上突发事件的时候也可以取出来应急。

房地产

很多投资者认为房地产才是最为实惠的投资方式。尽管现在的房价涨得惊人，但是有很多人包括经济学家都在说其中有泡沫，可是也有很多人也说现在才是投资的好时机。而房地产投资也已经逐渐成为了规避通货膨胀，利用房产的时间价值和使用价值并且获利的投资工具，因为房地产的投资已经逐渐成为了一种低风险、有一定升值潜力的理财方式。而缺点就是流动性极差，适合有那些有相当多资金可以做中长期投资的人。但其实同时也需要面临投资风险、政策风险和经营风险。

股票

股票的高风险高收益是广大的投资者所公认的。股市风险的这种不可预测性一直存在，高收益对应的则是高风险，需面对投资失败风险、政策风险、信息不对称风险，而且投资股票的心理因素和逻辑思维判断能力的要求都会比较高。所以最好不要进行单一股票的投资，小的资产组合应该有十余种不同行业的股票为宜，这样你的资产组合也才会具有调整的弹性。

炒汇

很多投资者都认为炒汇是辅助性的投资方式。它能够避免单一货币的贬值和规避汇率波动的贬值风险，然后从交易中获利。其实有不少炒外汇的投资者觉得炒外汇风险比股市小，但是收益也比股市低；其实炒汇要求投资者能够洞悉国际金融形势，其所消耗的时间和精力都超过了普通人可以承受的范围。如今在国内市场人民币尚未实现自由兑换，一般人还暂时无法将炒汇当作一种风险对冲工具或风险投资工具来运用。

人民币理财

人民币理财被人们认为是非常不错的投资方式。构成强大吸引力的原因就是“诱人”的预期收益率、较短的期限。近几年各大银行都推出了不少的人民币理财产品，比起以往增加了风险提示，甚至还模糊了预期收益率，用了一种更为理性的理财建议指导着投资者看待这一产品。但即使这样人民币理财仍是一种不错的投资选择。

要看对眼，适合最重要

什么才是最好的理财方式？每一个理财达人都拥有着自己独特的理财绝招，很多人都想在自己的繁忙之余掌握好的理财方式，因为学习别人好的理财方式对自己的投资理财有着非常大的帮助，博采众长就一定会在投资理财时有好的收益。看对眼，适合自己的才是最重要的。

因此，没有钱的人就更需要去增加自己的财富了，而增加财富的工具非常多，这其中包括定存、股票、基金、期货等，有很多的投资人都陷在到底应该要选择哪一种投资工具的迷惑，或者该怎样选择最适当的工具当中。其实“工具无所谓哪个好哪个不好，重点是哪一个最适合你”。有的投资工具它是需要你去投入足够的时间去观察分析，比如股票和期货。有

的投资工具只要你投入一点点的时间就能够掌握精要，比如基金、结构式商品、房地产证券化商品等。所以说，选择一种最适合你的投资组合这才是最重要的，而并不是仅仅只追求报酬率。

有一些人总是认为在低利率时代，把钱用来定存的人是傻瓜的做法。这是因为定存收益低，不能创造出丰厚的利息收入。即使定存利率低，但是假如你有 2 亿元，那么每个月光是领利息就足够生活了。

还有一些人认为股票难赚，假如会买股票，投资报酬率也绝对会比基金好，但是现在上市公司有 2000 多家，很多投资人根本不知道应该买什么才好，选股的难度大大地增加。再加上期货市场与境外投资机构的开放，投资股市的难度已经非常高了。

为什么同样的工具在不同的时代，会让投资人产生不同的心理呢？事实上，问题就在于你是否真正地了解到了你想要追求什么，以及对自己的认识清不清楚。

在如今金融开放自由的资本市场当中，各式各样的结构与标的不同的投资工具，宛如后宫佳丽三千，但是到底挑选哪一个好？投资人总是会陷人思考，挣扎不已。假如投资人只依据投资报酬率的高低来决定投资标的的好坏，那么当然就会觉得买蓝筹股不如买成长动能概念股。

让我们以购买基金为例，大多数的投资人只会一窝蜂地去盲目抢进，广告推销什么他们就抢进什么，金融机构的理财经理也只会介绍他买什么就买什么，一旦购买的基金绩效不好，那么就会去指责基金经理人或理财经理。殊不知专家挑选股票作为基金的投资标的，是不可能完全保证你一定会赚的！事实上现在搞不清楚自己买的到底是什么的糊涂虫一直都不在少数。

这些盲目的投资人往往根本不了解每档基金因为标的物不同，基金经理的操作策略差异以及景气循环等，涨跌的周期也不尽相同。有的基金以价值型选股，有的则就以成长动能股为主，有的以电子股为投资重心。其实不同的选股策略就可能带来不同的投资收益，同时当股市发生调整的时候，各基金的抗跌能力也都有所不同。

理财盲点一：缺乏全球性的长远眼光

地处全球消费商品与高科技产业供应链生产基地的中国市场，在人民币不断升值的前提之下，企业应对汇率变化的能力必须不断提高，因此而产生的不确定因素也可能随之增加。所以，未来投资人需要掌握上市公司的营收数字以及利润也比以前困难，我们可以从最近的 QDII（认可本地机构投资者）商品获利不如预期，就能够知道在投资开放之后，投资公司与投资人要掌握投资契机的难度也相较以前已经提高了很多。

资深投资人对中国股市情有独钟，对中国企业与股市也充满着感情，他们也总是认为打开报纸与电视，就可以十分轻易地掌握投资标的的相关讯息，“那是看得到、听得到的”，但是对于美国的道琼工业指数、香港恒生指数以及其他国家的股价指数，不论涨多少跌多少，也还是只被他们看作是无意义的数字。与投资人有正相关的，他们就觉得那是透明的，否则就有一定的距离感，不熟悉也就更不愿接触。

但是中国股市并没有像这些投资人认为的那样好把握，举例来说，从 2003 年到 2006 年，尽管中国股市涨幅超过四倍，但是 2008 年中国股市跌幅全球第一，而刚刚过去的 2010 年中国股市跌幅居全球第二。

所以说，投资不单单要看眼前的国内经济环境，还要结合全球经济的动向。所以说，建议广大的投资者打开心胸，除了中国股市之外，在海外还有很多值得我们关注与可以投资的国家与投资标的。

相信我们都知道“等到挫败，才会感觉心痛”的感受，这其实也是股票低迷不振，散户被套牢后的感触。作为一个投资人打开视野，充分吸收海外的市场信息，从而透过不同的市场布局，分散风险，并且掌握各地市场的成长契机，相比之下，也就更能掌握景气回升时代的获利机会。

理财盲点二：盲目跟风，盲信二手传播

你的理财讯息究竟是从何而来？事实上大众媒体仍是投资人的首要选择，特别是以电视报道与财经杂志最主要，其次才是电视新闻、投资理财电视节目、网络新闻等，但理财讯息往往是来自金融机构专业人员与专业投资机构的比例反而不到一成。这种高度依赖口耳相传的投资模式，如何才能够得到有价值的信息？无怪乎大多数的股民、基民与投资人，经常望股兴叹了。

打个比方吧，投资人知道讯息但是不能完全信赖媒体，就如同是“擦鞋童理论”，媒体有很多的讯息都是经由二手传播的，所以要小心让自己沦为最后一只老鼠，但是令人无奈的是，大家都知道不要追高杀低，可就是很难克服贪婪的人性！

在市场上同时看好或者看坏某种工具的时候，也就是我们理财经理头痛的时候，由于一定会遇到很多个上门来的人要求购买或者抛售，但要记住投资不是投机，投机教父科斯托兰尼曾经在《一个投机者的告白》中表示，只有那些一无所有和有钱的人才有本钱投机，所以其他的人还是脚踏实地好好工作吧！在这里需要提醒那些个性冲动的人：“如果你看错了趋势，掉进流沙那怎么办？”

除此之外，更糟糕的一点就是投资人通常都会有“跟风情结”，尽管资产配置叫喊得震天价响，但是还会有人觉得太过深奥，根本听不懂，也没有更多的心思去进行配置。”。

其实在媒体上很多的信息都只是片断，也是不完整的，但是在投资人的眼中却只看到自己相信与想要得到的，对于风险等其他信息，却总是有意无意地忽略掉，这也就是为何银监会严格规范财富管理业务，甚至设下重重的门槛，也总是会要求各种金融机构必须做好财务分析，同时也要能兼顾投资人的目标以及风险承受度，避免投资人承受无谓的风险。

在这里建议大家不妨将资产分为核心投资的防御部位以及卫星投资的攻击部位，假如投资人真的打算听从小道消息，那么就不妨先从小额付出开始，试一试水温，不要全部“杀进去”！宁可小赚也不要大赔，因为投资并不是冒险，务必要为自己保留退路。

理财盲点三：到处撒网，胡乱投资

事实上，如今还有一类投资人坚信：“捡到篮子里的都是好菜！”而我们经常见到的一种“贪心”的投资客，他们会把投资标的列出来，数十档不同性质的股票琳琅满目，他的逻辑通常也是只要有一档赚到就够了，但是事实上一个人哪方面有能力、时间跟精力了解每一档股票当中的学问呢？而且要把全部的涨跌都计算进来才可以反映真正的损益。

2010年全年股票成交金额达54.56万亿元，略超过上一年53.6万亿的水平。截至去年底，境内上市公司数量达2063家，比上一年劲增20%。大家可以试想一下，超过二千家上市公司，就算是分析师也不可能也更没必要精通每一档股票，何况资金有限的散户。所以说只要缩小范围，学习专注，不论股票还是其他金融商品，就算是自己居住地方的小生意、房地产，只要你能够找出最适合你自己的致富方式，那么你也同样可以成功！

就以股神巴菲特为例吧，他在2006年初因为看空美元，结果使得自己亏损不少，惨遭市场的耻笑，但是他却不以为然，可见投资大师同样会看错时机，而我们一般人又如何不犯错呢？但重点就是在于“专注”二字，巴菲特就是坚持不碰科技类股，就算是指数不断飙高，他也仍旧不为所动。

记住别总是泄气，别只羡慕别人的成功，因为不是全部的成功模式都可以照搬的，有很多方面的不同，比如条件背景的不同，就会造成一定的差异。

投资工具虽然有很多，但是你只要按照自己的个性去走，同时在投资中不断修正自己的步伐，保持居安思危，无论你相信的是什么，只要你拥有自己的一套哲学，并且严格地坚持下去，你就会获得成功。

这句话：“追求金钱游戏的人，获利不一定好”，不管你是做什么样的投资，都必须要了解标的物的属性，在哪种情形下会造成盈亏。比较短期绩效会让理财目的失焦，以购买基金而言，建议基民尽量观察该基金一年以上的绩效表现，至于那些新推出的产品，你也就更

不可忘记与同类型基金相互比较风险报酬率，作为你进场的参考。

理财盲点四：没有明确的投资目标

一般来说投资人的投资属性，都会随着市场的乐观程度而发生改变，在景气好的时候，就会觉得自己是积极型的；而在景气不好的时候，就又会觉得自己是保守型的。华尔街有一句名言是这么说的："行情总在绝望中诞生，在犹豫中发展，在乐观中消失"。不错，市场上群众的反应通常会牵动个体，但往往契机就会很容易被忽略。

因此，投资人一定要时常提醒自己，市场景气一直处在一种循环当中，哪怕就是掌握不到短期波段，只要维持计划性的投资，长期而言还是能够赚到合理报酬的，特别是理财这件事情，那也不要跟别人比较，重点是能不能赢过自己贪婪的心以及坚持投资的原则，以积极中带有稳健的态度操作，便能稳操胜券。

其实同样是面对股市暴跌，有些人就能够泰然处之，但有些人却夜不能寐；有些人一味急于卖掉止损，有些人却会加码摊平。但究竟是什么使得不同投资者的投资风格呈现出了如此的多样性？事实上导致这些区别最主要的原因也就是投资者风险属性的不同。

所以说，在分析风险属性的同时，通常要结合风险承受能力和风险承受态度两个方面的测评。也就是说，投资者需要在参与市场前，应该问自己两个问题："我能不能冒险""我敢不敢冒险"。

事实上风险承受能力属于客观因素，同时也受到年龄、家庭及婚姻状况、职业等因素的影响。例如，有老有小的家庭通常比单身的个体承受风险的能力要弱一些；而购买了住房按揭成数高的家庭比无按揭的家庭承受风险的能力也同样要弱一些；工作稳定的公务员由于有了稳定的收入来源，则也要比自营事业或自由职业者的风险承受能力强很多。

其实，风险承受态度属于主观因素，是指个人或家庭心理上能承受多大的风险或损失。比如最大可忍受投资亏损比例的大小；那么投资目标是长期收益或是获取短期差价，抑或是保本保息。比如投资资产亏损时如何选择以及选择怎样的避险动作；投资亏损对个人的心理和日常生活会有什么样的影响等。

事实上，风险属性的分析要同时结合以上两个方面。比如说一个保守型的百万富翁，就算投资失利只损失 3% 的资产，但是这也会令他郁郁寡欢；相反，假如家庭并无实力承担风险，就算心理承受态度是够的，也同样会给家庭造成不利的影响。

所以说，在做出投资决策之前，投资者最好是先去进行风险属性测试，这类测试能帮助风险投资者在决定投资前，客观了解自己的风险偏好，以便可以让你更好地选择适合自己的理财规划或投资品种，同时给自己树立理性的投资态度，也能够帮助自己控制风险减少损失。

第四章

工作、生活与理财息息相关

或许会有人会觉得，理财不过是做算术而已，用数字来加加减减自己的收支，就是理财的全部内容。倘若你也是这样想的话，你就太狭隘了，因为比起算术的那些条条框框，理财具有更深远的基础意义。在当今社会形势下，工作、娱乐、文化、教育……都跟理财息息相关，因为它涉及我们生活的方方面面。

情绪不好时，勿以金钱作为发泄方式

那些平时就有浪费习惯的人，在遇到自己情绪低沉的时候就要特别注意。一般人在使用金钱上，都会做到尽量开源节流，可是在情绪恶劣或者精神颓丧时，就算是平日没有浪费的习惯，有的时候也会突然变得不能克制自己而大肆挥霍起来，甚至是暴饮暴食，伤害自己的身体也不会发觉，相信我们每一个人都曾经有过类似的这种经验。

某位太太在知道丈夫有外遇之后，就很有可能会将平日所有存下来的钱，全部拿出来购买自己平时舍不得买的高级服饰或是昂贵的珠宝首饰。

还有一个实例就是：有一位非常节俭且生活有规律的青年，当他失恋之后，精神极度的颓丧低迷，自己也就变得开始盲目地花钱，甚至曾经购买了两双相同的鞋子，再各自丢掉一只，做出诸如此类的怪异举动。据他自己说：“我也不知道我当时为什么会有这种行为。总而言之，只是为了寻找刺激、发泄情绪。”

为什么他们都会有这些冲动的行为呢?

这是由于人一旦失意，会同时失去信心，感觉自己十分渺小而情绪脆弱，所以利用挥霍金钱的方式来发泄情绪，企图产生反作用，将被缩小、被忽视的自我膨胀起来。

事实上想随心所欲地支配金钱，远比被金钱左右着欲望更具有快感和优越感。尽管明明知道只是一时的假象，却还是企图以这样的方式来恢复自己被缩小被毁灭的感觉。

当遇到挫折之后，平时的压抑与理智，也就会像泄洪般宣泄一空，从而产生一些情绪化的行为。这其实是完全可以谅解的，这种发泄假如真可以治疗心灵上的创痛、挫折，也会是相当值得。

相反，假如是碰上平日就挥霍无度的人，在受刺激的情况下不惜借机暴饮暴食或是大肆挥霍金钱来个大采购，那样可就灾情惨重了。

人赚钱——最传统的赚钱方法

其实投资的最佳时机也就是在你拥有资本的时候，要让你自己的投资成为一种生活习惯，就如同吃饭和睡觉一样自然，要每个星期都进行投资，假如你一生都在投资，那么你一定会变得富有。

而到底“钱该怎么赚？”这个问题，比起微积分、三角函数来也是更能让人想破脑袋。

如果你想要跻身薪资水平较高的族群，那么除非你是专业人士或者知名运动员、演艺人员。比如好莱坞的大牌明星汤姆·克鲁斯，主演一部电影的报酬就高达两千万美金以上，将

近一亿五千万人民币，这可是普通工薪阶级不吃不喝轮回转世好几辈子都不一定能够赚得到的数目。

大家都还记得自己毕业踏入社会的第一份工资吗？根据最近几年大学毕业生签约的薪资调查报告来看，如今大学毕业生的第一份工作的薪资持续下降，一般都在两千左右。就业市场供需失衡的情况使得大学生的签约薪资处于绝对弱势，同时也就限制了一般在职人员的薪水上升空间。在消费成本逐年上涨的前提之下，上班族如果说是靠一份薪水来致富，几乎是不可能的事情。

因此“人赚钱”相当辛苦，靠劳动赚取薪资的人，不劳动你也就没有任何的收入，这样的生活实在是太累了！

事实上大部分的工薪阶级首先还是要让自己的收入大于支出，才会有机会跳出“老鼠圈”，重获财务的自由，因此建议不管要怎样节省，每个月都务必设法给自己存700元、1000元，等到长期累积之后才能够跳出“老鼠圈”，最终晋级到“钱赚钱”的阶段。

钱赚钱——自动赚钱的方法

如果想要自己的死薪水变活，只有依靠储蓄。我们可以根据自己的观察，只要遵守“收入－存款＝支出”的法则，每个月累积五百、一千，活储也好、零存整取也好，然后你就能选择股票、基金等投资工具，开始自己的“钱赚钱”。

除非你已经对财经领域有一些研究，不然的话一般人最好还是采取比较稳健、不贪心的做法，但是不鼓励用自己的辛苦钱去买经验，如果失败的话就会对你造成阴影，恐怕会破坏以后自己对投资的信心。

投资标的成百上千种，假如不懂得该买什么，也没有时间看盘，那么最简单的方式就是“站在巨人的肩膀上面”，一些投资比较有良知的企业家，凭借他们稳健、优质的企业，也能够让你的资产稳定增加。

假如你是积极型的投资人，也就不妨购买高速成长行业当中的龙头股，比如说：恒生电子、东风汽车、五粮液、海尔电器、兴业银行、百联股份、双汇发展、安徽合力、天地科技。假如你是一个稳健保守的投资人，你不妨购买十大蓝筹股，比如说万科A、工商银行、鞍钢股份、中国平安、建设银行、中信证券、保利地产、贵州茅台、中兴通讯、宝钢。

选择龙头股的好处其实也就是获利稳定、股价波动不大，固定领取股息，绩效比定存好得多。在另一方面这些成长股与蓝筹股还能够获得因为人民币升值而带来的资产重估机会，特别是公司主要成本在海外但收入在国内的企业，可能是因为人民币升值获利。

私房钱应该留多少？

事实上一提到“私房钱”，就会有想很多人立刻联想到家庭主妇。其实，它并不是家庭主妇的专利品。

曾经有一个朋友与他人打赌购买名马，但是他自己手头上并没有钱，可是已经夸下海口，幸好有太太拿出的私房钱，才替丈夫解了围。一般作为家庭主妇通常都会存私房钱以备不时之需，或供家人急用。丈夫的私房钱可能只为了自己兴之所至，或有其他额外的用途。比如自己想要参加高尔夫俱乐部，或者是购买钓竿、相机等一些休闲用品。假如连这些费用都要向太太伸手，则很有可能会换来太太的如此回答：“与其买这些……不如……”最后也只是自讨没趣。私房钱的好处就在于个人可自由运用，完全不受他人的任何支配——这也是它最大的优点。

那么，私房钱到底该留多少才算合理呢？

每个人都盼望建立一个夫妻间和睦，经济上宽裕的家庭。但是要想实现这个目标，就要求你从生活的实际情况出发，切实制订计划，巧妙地安排家庭开支。

那么，怎样来安排家庭开支呢？

这似乎是一个简单的问题，但里面却包含了不少的学问。如果你能正确处理好这个问题，就能够促进家庭的和睦团结；如果处理不当的话，它将会成为家庭不和的隐患。

作为一个现代家庭，既不要大手大脚，月初松月底紧，吃光用净；也不要一味地为了存钱，舍不得吃、舍不得花。应该根据家庭的财产多少，收入水平高低以及开支大小而定。

总而言之，也就是提倡：适当消费、合理开支、固定的储蓄。

家庭的开支主要由以下四个方面组成：

1. 固定支出：水电费、房租等。

2. 必要支出：伙食费、教育费、书报费、卫生费等。

3. 机动支出：购衣物、社交费、零用钱等。

4. 大项支出：购大件商品彩电、电冰箱等。

在家庭收入通常已经确定的前提下，就应该有计划地做到科学开支。除去一些属于正常的、必要的开支外，节省下来的钱都用于储蓄，有时就可以解决燃眉之急。

在人们的日常生活中，面对私房钱，夫妻计划家庭开支的办法有很多。一个比较普遍的方法就是：夫妻各自拿出自己的一部分收入，作为家用资金，而剩下的就是自己的“私房钱”了。从表面上来看，这种方式似乎非常合理。但是却有不尽完善的地方。因为家用资金毕竟有限，仅够日常的支出，假如遇到需要购置家电、添衣、旅行等，就必须动用各自的“私房钱”。而面对这种现实情况，拿多少，怎么用，这个时候问题就来了。其实有不少夫妻在储蓄上各自为政，透明度小，十分容易造成互相猜忌，甚至导致进一步的争吵……

现在有不少学者针对上述这种情况指出，应该采取“全部公开，统一计划”，这才是一个较为妥善的办法。具体的方法就是：夫妻各人将每月所得，包括工资、奖金、额外收入等，都要毫无保留地拿出来作为共用资金。而在支出方面，将家用、储蓄、购置、各人零用等作出统一的计划和安排。这样一来，双方就能够对家庭的经济情况一清二楚，夫妻才能做到不分彼此，同心同德，从而齐心协力地为这个家庭出力。

女性坐拥财富的秘诀

通常来说传统的中国女人一直持有“干得好不如嫁得好”的观念。一切都只会以丈夫为中心，只会看牢丈夫口袋中的钱，却往往忽略了自己的荷包。而随着社会趋势的转变，女性在工作上也变得越来越多地与男性处于平等地位，同时在收入方面也开始与同等职位的男性不相上下，可是在财务独立的同时，还是不懂得也根本不会意识到自己真正的财务需求及理财的重要性。

不管是事事以家庭为先的传统女性，还是“只要我喜欢有什么不可以”的新时代女性，通常在理财上给人的印象，不是斤斤计较攒小钱，就是盲目冲动的“月光族”。

而造成这种情况的发生，大概也是因为女性在投资理财方面有这么几个误区：

一、缺乏理财观念

根据统计，美国有 55% 的已婚女性在供应一半或以上的家庭收入，这也就足以显示女性已越来越有经济能力来为自己规划财务。只是女性还缺乏财务规划的主动性与习惯，而 53% 的女性没有定出财务目标并且预先储蓄。实际上还有超过六成的女性并没有为自己准备退休金，其中也有不少女性朋友认为“钱不够”。在中国这种情况也是相当地普遍，很多女性都会觉得“我的目标就是要养活自己，而很多其他问题留给另一半去做”。

二、态度保守，心存恐惧

其实现在也有不少女性不相信自己的能力，态度保守，甚至对理财总是心存恐惧。但是调查显示，一般女性最常使用的投资的工具是储蓄存款与定存，其他还有保险。这样的投资习惯也能够看出女性寻求资金的“安全感”，但是却有可能忽略了“通货膨胀”这个无形杀手，或许将定存的利息吃掉，长期下来也许连定存本金都保不住。

三、容易陷入盲从

如今大多数的女性通常都不了解自己的财务需求，常常跟随亲朋好友进行相同的投资以及理财活动。她们往往只要答案，不问理由，明显地不同于男性追根究底的特性，采取了一种不适当的理财模式，反而会给自己造成财务危机。

四、为感情交出经济自主权

通常很多的女性常在交出自己情感的同时，也会不自觉地将自己的经济自主权交在男性的手中。但是一旦感情发生了变化，很可能伤了心不说，还最后落得一无所有。

五、女性花钱四原则

以下四个原则或许能够给你一些帮助：

1. 相信自己的能力。

关心自己的钱就如同关心自己的容颜。

2. 清楚自己的需要，拟定理财计划。

首先要做的就是静下心来评估一下自己承受风险的能力，了解自己的投资个性，明确地写下自己在短中长期的阶段性理财目标。

3. 学习理财知识，避免盲从盲信。在我们周围很多的女性朋友总是会觉得投资理财是一件十分困难的事，需要的专业知识，自己其实根本无法建立。所以也就懒得投入心力。事实上要取得投资理财方面的成功并不需要你拥有太多专业、深奥的经济学知识。现在当你投入心力累积的理财知识与经验都将伴随你一辈子，都能够帮助你建立稳健的财务计划，从而累积你自己需要的财富，这又是一个多么重要又必要的投资。

4. 要学会专注工作，投资自我。

尽管善于投资理财，那也就不失为女性致富的途径，但最终会让你获得最多财富，并获得成就感的还应该是你的工作。毕竟，以工作表现得到高报酬，自我能不断学习成长同样也是一条最为忠实稳健的投资理财之路。

当你在 25 ~ 30 岁时

通常在这个时候积蓄逐渐增加，对投资理财你也已经有初步的了解，并已经开始摸索投资的步骤和规律。在这个时期可承担较高的风险，同时在理财方面也可以比较积极，比如说放较高的比例在与股票相关的投资上，毕竟这个时候能够学到的经验最宝贵，年轻就是金钱，一切都还有机会重新来过。

到了 30 ~ 40 岁

在这个阶段，理财需求转向购置房屋或准备子女的教养经费。依据相关统计，离婚比例最高的年龄正处在 35 ~ 39 岁间，这可以说是对现代女性生活上可能变动几率最大的阶段，而在理财心态上应较为保守、冷静，特别应该为自己设定预算系统，以安全及防护为主，透过资金不同比例的配置，逐步强化与加温，亦即先存够保障安全的资金后才逐步增加风险性，比如股票、基金等投资，而在财务稳固之后，再采取比较积极的投资模式。保险其实也往往是这一个阶段不可轻视的理财重点之一。

稳定的 40 ~ 50 岁

在这期间，通常你的生活模式大致稳定，收入也较高，孩子也已长大，而在前 10 年的准备当中，教养费用已经有了着落。那么现在就可以开始为自己的未来退休生活做一做打算了，你要想清楚自己在退休之后期望什么样的生活水准以及生活计划。在安排完适当和医疗相关保险所需的费用之后，投资心态也应较前 10 年更为谨慎。建议逐步加重固定收益型工具的比重，但还是可以用定期定额的方式参与股市的投资，定期检视投资成果是一定要做的功课，因为能让你重新来过的机会已经不存在了。

安养期

直到50岁之后就步入了安养期，这时建议你少作积极性投资，一切都要以保本为宜。

除此之外，正如商家把生意会瞄准那些舍得花钱打扮自己的女性消费群体一样，而且时下越来越多的金融机构也是颇为关注都市女性的理财需求，于是相继涉足潜力无限的女性金融商品领域，比如个性鲜明的“牡丹女士卡”、中信香卡、平安如意女性两全保险以及一些商业银行开办的女子银行等。女性如果能够在工作上热情投入，也懂得借助这些专业的投资理财机构，那么女性追求经济独立，坐拥财富的梦想就不远了。

老年人应该怎么花手里的钱

通常老年人退休之后，一般都会有一些存款或者退休金养老，但在面对市场经济的变化和各项支出的不断增加，老年人家庭同样也会有“以钱生钱”的理财需要。

一、以稳妥收益为主

目前来说投资品种虽然很多，但这并不是所有投资都有钱赚的。一般来说投资收益比较大的，其风险也会很大。老年家庭一生积攒的钱实在是非常不容易，一旦某一笔大额投资损失，对于老人的精神以及对家庭的影响都比较大，因此要特别注意投资的安全性，切不可思富心切而乱投资。大多数的老年家庭目前还是应该坚持以存款、国债的利息收入为主要导向，切忌好高骛远。

二、要学会灵活地运用投资策略

任何家庭投资都离不开国家的经济大背景，近些年来免税的国债、利率较高的金融债券应该是老年家庭投资生财的主要品种。而对于储蓄存款，当预测利率要走低的时候，则可以在存期上应存“长”一些，以用来锁定你的存款在未来一定时间里的高利率空间；相反，当预测利率要走高的时候，则在存期上存“短”一些，以尽可能减少届时在提前支取转存的时候导致的利息损失。

三、投资股票一定要适可而止

我们都知道买卖股票是一种风险投资，而当代社会任何一个投资理财的成功人士，都进行了“安全投资＋风险投资”的组合式投资。这其实是锻炼自我、巧抓机遇、获取高收益的一个重要途径。所以说，在身体条件较好、经济较宽裕、又有一定的时间和足够的精力，并具有一定金融投资理财知识和心理承受能力的前提下，少数的老年人则不妨拿出自己的一小部分钱来适度进行风险投资。

尤其需要注意的就是，万不能把急用钱用于风险投资，这主要就包括：家庭日常生活开支、借款、医疗费、购房款、子女婚嫁必需用款。由于每项风险投资品种的收益其实都有阶段性或价位波动性的特点，假如用急用钱去投资，万一等到你急用的时候就只能是忍痛割爱低价出让，损失巨大。按照“安全性”“流动性”“收益性”的一系列的原则，老年家庭的投资组合在一定比例上，储蓄和国债的比例应占85%以上，其他投资也必须控制在15%以下。这都非常有益于老年人身心健康。

第五章

根据自身情况制订理财战略

投资理财一直都是复杂多变的，尤其是投资股票市场充满了风险。这个时候就需要投资者进行必要的谋划。只有当有了投资计划，我们才能够有条不紊地实施自己的投资步骤，不会方寸大乱，手足无措。大部分的人在进行投资的时候，没有制订自己的投资计划，几十万上百万的资金就在很短的时间内投入了进去，最后打了水漂，后悔不已。所以，投资者必须冷静地为自己制订投资计划。

给社会新人的理财战略

理财不能因为钱少而不为。其实，类似于这样的想法大家已经不是第一次听到了，特别是刚刚毕业的社会新人，不管是积蓄少还是觉得没必要，理财似乎事不关己。

事实上，理财和整理房间有异曲同工之处：我们的人均空间越是少，房间也就会越需要整理和安排，不然的话会凌乱不堪；同样我们也能把这个观念运用到个人的微观经济层面，当我们可支配的钱财越少的时候，就越需要我们把有限的钱财运用好。

然而这样的运用和管理金钱的方法就是一种合理的的理财方式。而并不因为有钱，甚至钱多就不用去理财，同样的道理，钱财有限，也就更加需要理财。

一个舒适的居住环境，往往是需要有稳固的地基和墙体结构保证安全，软硬装潢提供享受和休闲以及成熟的物业管理构成日常维护。目前已有的三大理财方式也是各有各的特点：保险能够保障安全，证券公司的投资也能有可观获利，而储蓄则提供了货币流通的便利。

事实上这三种不同的金融机构其实也就可以分别满足理财当中的三个层面的需求。而它们之间的具体比例往往是和当事人的性格、年龄、教育背景、工作经历、婚姻状况、家庭现状以及收支情况，尤其是财务计划密切相关。

那些刚刚踏入职场的社会新人由于自身的特点，在理财方面和工作数年、小有积蓄的白领就必须要区别对待了。

一、投入产出差最大

如果从经济层面来分析的话，对于社会新人而言，经过前面十几年的学习历程，累计的相应的教育成本以及生活成本就已经达到了最大。然而教育回报却还是为零，这个时候是投入产出相差最大的时期。

二、没有完全独立应对能力

虽然经济收入在逐步地提高，但是总体来说还是比较低，难以独立克服一些经济上较大的冲击。尽管暂时独立自主，但在经济上或多或少还需要依赖父母。

三、不稳定性

初入职场，大多数都是初次迎接社会的要求和挑战，未免要出现这样那样的职场不适应症，而社会新人的跳槽率逐年增加也就足以反映出他们的工作环境和经济收入其实也不十分稳定。

飞速发展的现代社会，如何让钱生钱的问题，掀起了一股理财热潮。以下的理财策略可以供社会新人参考。

1. 常言道“开源节流”，如何把花销控制在最合理的水平，实际上是理财学堂中很重要的一部分。我们能从最基本、最原始却非常有效的理财方式——记账开始，并逐渐养成索取发票的习惯。除此之外，银行扣缴单据、刷卡签单及存、提款单据等，都是要固定地点保存。这样一来养成习惯之后后，会让我们的生活和消费井井有条。

2. 预算是与记账无法分割的项目。比如房租是不可控制预算，可是每月的家用、交际、交通等费用则都是可控的，对这些支出好好筹划，是控制支出的关键。所以为了做好每个月的统筹安排，就可以把日常的生活开支存到卡的活期户头里，然后办理一卡通水电、煤气、电话费的委托代扣，省去这些缴费的麻烦，而留下来固定的部分存定期。

3. 而理财工具的载体就是需要有一张银行卡。最好是一卡多账户的那种，可以办理人民币、美元、港币、日元、欧元等币种的活期、定期储蓄等业务的理财卡。对于上班族而言，工资余钱自动转定期其实是个不错的方法。假如每月工资有节余资金，就可以到银行开通一项特殊业务——指定一定金额自动转成定期，每个月工资到账后，节余的钱就自动转成定期存款。

4. 由于刚参加工作不久的“社会新人”存款有限，而炒股风险往往比较高，假如有短中期余钱，就可以选择基金定投，以零存整取的方式投资基金，每月只需要投资 200 元以上，就能以 100 元的整数倍申购某只开放式的基金就行了。这样让专业人士来为你投资理财，从而实现财富的增值。

5. 等到加息之后，各式各样的人民币、外币理财升温，就能够产生比一般储蓄存款高的收益，这就考虑购买人民币理财产品，假如在闲的时候还能学习炒外汇赚取差价。

给工薪白领阶层的六个理财好习惯

理财是一门非常严谨的学科，犹如中医一般，需要望闻问切才能提供最佳理财方案。你需要提供自己的收入、支出、资产、负债以及理财目标等，只有养成好的理财习惯才会让你的生活越来越好，不论是工薪还是白领阶层。一般来说，首先，最基础的理财方式其实也就是先学会记账，通过记账从而发现自己的收入与支出的合理及不合理的项目，然后就可以开源节流。

一、学会“截流”

当每月发工资的时候我们或许都会叮嘱自己“截流”出其中的一部分，从而用于购买投资的资金。而“截流”的多少要则是取决于我们当月预期的生活开支。这种把付给自己未来的钱列入月度固定支出项目内，就可以积少成多，集中起来办大事了。

二、摸清开支

了解自己的花费情况其实是控制自己不当消费的良好开端。如果你要做到这一点话，就必须为自己制定一个足够明确生活目标的计划，计划也应该包括平时用于生活消费的钱，同时也应当包括休闲娱乐的项目，更应该包含用于储蓄和投资的钱。总而言之，在考虑当前消费的同时，你也别忘了从长计议，为自己的将来存下一大笔钱。

三、减少使用信用卡

众所周知，如果一个人持有的信用卡越多，那他花钱的机会和欲望也会随之增大，积攒的透支款也就越多。所以，平时要及时将多余的信用卡进行注销，以便达到节约开支的目的。

四、量力购物

比方说，当前随着个人住房信贷的盛行，往往人们对住房面积以及款式的追求也在不断

地扩大。很多的年轻人都应该才从二十几岁就开始为住房而奋斗，努力工作，拼命赚钱，然后将自己的绝大部分收入用于偿还抵押贷款，为填充自己空荡荡的房间，而为自己买回与之相匹配的家具、电器等。通常在这样的情况之下，生活也就变成了一场无休无止的“苦役”。

五、避免盲目的消费

要想控制盲目购物的唯一方法就是让你的购买行为变得越来越简单起来，如果只带了现金出门，可是你没有信用卡，没有陪同购物的伙伴。对很多女性来说，逛街是一种消遣，同样而也是一种习惯；而购物则是一种享受。有的时候，买回的东西或许一辈子都用不上。这样的建议你可以培养其他的消遣方式，比如看书、聊天等。

六、降低生活的需求

仔细想一想，我们自己有很多需要是完全没有必要的。自己完全可以戒掉看杂志的瘾，退出一些无聊的团体，避免那些没有任何必要的时间和金钱的支出；尽量少买或不买需要干洗的衣服，以降低维护的成本；我们也可以利用上下楼梯、骑车、做家务等多种形式来运动，就能够免除健身场所的花费等。除此之外，我们还要尽量延长物品的使用寿命。

总而言之，我们只要是在投资理财中勤于观察、善于思考，随后再将自己的所感所悟都付诸于行动上面，同时再加上长期不懈地努力坚持，这样一来就可以形成对自己受益终身的好习惯、好做法，不信就请大家试一试。

工薪家庭投资理财十种方式

如今随着我国金融、保险、证券等一系列改革措施的推进，个人投资理财从而也得以不断地拓宽。现在黄金行情高涨，黄金投资者也跟着获益丰厚；然而股票、基金市场则波澜不惊，机会渐显；人民币理财业务风起云涌，场面热闹……直到现在传统的理财方式，比如说银行储蓄和购买国债依旧是我国绝大多数居民的主要方式。

但如果仅仅依靠储蓄是不能完全保证资产增值的，在实际的理财生活当中投资者也会变得越来越明白“你不理财，财不理你”的道理，然而家庭理财领域中人民币理财、外汇理财、黄金投资、基金投资，也同样将继续成为投资者关心的话题。

如今家庭投资理财越来越受到了人们的重视，但这并不是所有的投资方式都适合于工薪家庭，以下就是为工薪家庭提出的投资理财策略以及规避：

一、储蓄是基础

我们大家都知道，一般来说银行储蓄，方便、灵活、安全，被认为是最保险、最稳健的投资工具。同样也是大部分人传统的理财方式，从理财的角度来看的话，储蓄宜以短期为主，重在存取方便，而又享受利息；长期储蓄，依照现有的银行利息，你就可以考虑通货膨胀和利息税等因素，钱存得越久，贬值的风险也就会越大。

所以说，储蓄投资的最大弱势就是收益较之其他投资偏低。可是对于侧重于安稳的家庭而言，保值的目的基本可以实现。所以，给储蓄投资方式 9 分不过分。

二、股票需谨慎

购买股票是一种高收益高风险的投资方式。

在股票市场当中，风险的不可预测性毕竟是存在的。一般来说高收益对应着高风险，投资股票的心理素质和逻辑思维判断能力的要求也变得比较高。其实国内上市公司素质参差不齐和政府政策的多变性，是现在中国股市高风险的主要原因。

三、物业是必要

个人购买房屋及土地，这其实就是物业投资。

国家如今已将物业作为一个新的经济增长点。同时还把物业交易费税有意调低并出台按揭贷款支持，这些其实也都是十分利于工薪家庭的物业投资。物业投资也就逐渐成为了一种低风险、有一定升值潜力的理财方式。当我们购置物业的时候，首先就可用于消费，其次可在市场行情看涨的时候出售而获得高回报，且投资物业不受通货膨胀的影响。

但是投资物业变现时间较长，交易手续多，过程耗时损力。不过，这些相对于其升值潜力来说，微不足道。物业投资方式应该有 7.5 分。

四、债券当重点

通常债券投资，其风险比股票小，而且信誉高、利息较高、收益稳定。特别是国债，有国家信用作担保，并且市场风险比较小，但是数量少。而企业债券以及可转换债券的安全性也值得我们认真推敲。与此同时，投资债券需要的资金相对比较多，因为投资期限比较长，所以抗通货膨胀的能力较差。

五、外汇作辅助

外汇投资，能够作为一种储蓄的辅助性的投资，选择国际上较为好的币种兑换后存入银行，也许能够获得较多的机会。

通常外汇投资对于硬件的要求非常高，同时要求投资者能够洞悉国际金融形势，其所耗的时间和精力都远远超过了工薪阶层可以承受的范围，所以说这种投资活动对于大多数工薪阶层来说并不是很现实。

六、字画古董当爱好

那些名人真迹字画有时候也是家庭财富中最具潜力的增值品。

但是将字画作为投资，对于工薪阶层而言相对较难。而且现在字画赝品泛滥，事实上这又给字画投资者一个不可确定的因素。

古代的器皿、陶瓷、青铜铸具、景泰蓝以及古代家具、精致摆设乃至古代钱币、皇室用品、衣物，这些都可以称之为古董。因其年代地久远，日渐罕见而成为国宝，增值潜力极大。然而如今在各地古董市场上，古董赝品的比例高达 70% 以上，古董毕竟是所有投资方式中专业要求最高的，不适合一般的工薪家庭投资，只适于欣赏。

七、邮票很轻松

通常邮票投资的回报率比较高。其实在众多的收藏品种当中，集邮普及率也是最高的。而从邮票交易发展来看的话，每个市县其实都非常可能成立了至少一个交换、买卖场所。邮票的变现性其实也是非常好的，使其比古董字画更易于兑现获利。所以说，更具有保值增值的特点。但是近几年来邮票发行量过大，从而也就降低了邮票的升值潜力。可是对于工薪阶层的业余爱好而言，几百元的价格不是非常高，加上邮票给工薪家庭成员以一种视觉上的高度愉悦感，邮票投资方式也有 8 分。

八、珠宝是享受

珠宝，在广义上可以分为宝石、玉石、珍珠、黄金等制品。其实一般来说，具有易于保存、体积小、价值高的几种特点，可以被人们制成项链、手链、戒指、耳环，佩带于身上作为自己的装饰品。

投资珠宝，事实上也有一举两得的功效。珠宝的保值作用增强，国际上也将黄金作为应对通货膨胀的有力武器之一。对于工薪家庭，珠宝可以作为保值的奢侈消费品，但作为投资渠道不可取。珠宝投资方式只能得 4 分。

九、彩票要有度

可能大家每一个人都买过购买彩票，从严格意义上来说不能算是致富的途径，但是参与者众多，也有人因此暴富，从而渐渐被工薪族认同为投资。但是彩票无规律可寻，成功的几率极低。

十、钱币更细心

一般来说，钱币，包括纸币、金银币。但是对于历史上的通货是否会是一种珍贵的钱币，这则需要鉴定它们的真伪、年代、铸造区域以及它们的珍稀程度，其实在很大程度上，有价值的钱币是可遇不可求的。所以说，工薪家庭其实根本没有必要花费大量的精力做此类投资。

中产阶级的理财战略五步走

事实上很多人提起理财自然地就会想起储蓄及投资，所以说几乎所有的银行、其他各类金融机构的理财中心，理财讲座的理财专家和教授所教导的所谓理财其实也都只是讲述怎样储蓄、怎样投资，才能设计出好几种储蓄的方式及投资。好像只要按部就班，就能够取得理想的收益，如同是教人致富之术，其实却是误导投资者错误理解理财的涵义。事实上理财的目的是为了帮助你保护、积累以及保存你的财产，管理好自己的经济生活，帮助你应对意外，满足自己的要求。所以理财其实是一种财务策划，而财务策划则是通过一系列的人生策划，达到自己理想中的人生目标。人生如下棋，必须有远见方能获胜。

一、确立经济目标

通常来讲确立经济目标其实就是弄清楚自己企盼的是什么，是房子、汽车，还是子女教育；是老有所养，还是周游世界；抑或者是所有的这些。但是无论你认为有没有可能做到，那么都不妨整理出一张清单，越详细越好。一个人或者一个家庭的经济目标，必须用笔写下来，不能装在你自己的脑子里。其实一些模糊的愿望就是要经过考虑，使之变得明朗化，依此制订财务计划，成为行动的目标。

其实大多数人有三种目标：最低目标、中等目标、最高目标。

例如最低目标或许是基本生活有保障，能负担起子女教育经费，老有所养；而中等目标则就可能是有自己的住宅，过上舒适的生活，出国度假旅行；最高目标也就会是积累足够的财富，彻底摆脱经济忧虑。要牢记制订财务计划的首要目的，是为自己一家提供基本的经济保障。而一家之主应该经常问自己：假如自己遭到意外的话，一家人的生计会怎样？万一自己丧失工作能力，又如何维持生活？即使有了储蓄保险，配偶也有工作，可能还会入不敷出，那该怎么办？

二、应该建立起家庭资产负债表

当然，我们为了规划未来，就应该先了解现状。而你作为财务策划的起点，你就必须给自己建立一张家庭资产负债表，以便查明自己的财务状况。

要养成每年检查一遍资产负债表，如果你的净资产少于你的工资，甚至负债超过你拥有的资产，但是你只有二十出头刚开始工作，则不必过于担心；可是你必须着手减少开支，减少债务，而且最低也就应该有一年的生活费储存在银行。如果你的净资产相当于你几年的工资，同时你还不满四十岁的话，则经济状况也就会变得相当地健康。假如你已经年过四十，情况也不错的话，你能够着手为退休作投资了。

三、要学会合理分配日常开支

将家庭双方的收入相加，然后再乘以 40%，这才算是日常开支的最佳比例。例如两人的收入相加是 3000 元，那么 40% 即 1200 元就是日常开销的数目。通常这一笔开支的运用尤为重要，尤其是一日三餐的伙食费，怎样少花钱，从而得到全面的美味和营养，这才应该是你的重心所在。例如合理利用大卖场的大减价等一些促销活动购买大宗的日常用品，就可以省下不少钱。除此之外，注意随手关灯，节药用水，积少成多也能够大大地减少开支。但是千万别忘了给家人一份合理的零用钱。

四、正确安全的储蓄方式

一般而言，收入的 20% 应是储蓄的最好比例。怎样储蓄你的钱有几种方式。首先，当然是银行。这样既保险也能够产生一定的利息，储蓄可以考虑在存人民币的同时，再选择一部分的其他币种，以抵御一些可能有的贬值风险。还有各种各样的保值保险以及各类种的国债同样是非常不错的考虑。倘若你觉得这些方式过于保守的话，股票等投资方式也不是不可以。但是你必须具有一定的风险意识和大量的时间与精力。假如这两种你都放弃的话，不妨去试一下奖券，周期短、奖面大的奖项，说不定还会为你带来一份惊喜。

五、以备不时之需的备用金

每一个家庭都会有不时之需，比如说朋友的婚嫁，父母的生日，突发的疾病等，都会使你一时窘迫，这时20%的备用金便成甘露，解了你的燃眉之急。但切记，多余的备用金不必储存，那么不如让它变成给家人的一份礼物，让他们欣喜一下。

给高消费家庭的理财战略

一般众人对高收入家庭的看法，就是惯性认为这种家庭生活条件不错，存款一定很多，根本不用担心理财问题。但是现实情况不然，因为高消费往往与高收入并存。就这部分家庭而言，如果理财做的并不是那么理想，那么他们的资金周转也不会像外人看起来那么轻松。

假设一个家庭月收入15000元，年终还会有20000元的奖金收入。这样看起来，这个家庭经济条件尚属宽裕，成员生活状况应该较为满意，不存在太大问题。但是我们可以从以下几个方面来分析一下这个家庭的状况。

一、家庭收入虽然高，但是并不稳定

除了一些年薪较高的高层管理者，收入在万元左右的多是销售类职位。这类职业收入并不稳定，很容易受到市场波动的影响，这就会导致家庭收入没有预期，从而不能确定做出预算，很容易造成家庭预算出现问题往往是这种高收入家庭一大心病。

二、高消费导致结余很少

从月收入15000元的现状来看，他们的日子可以说是会过得十分惬意。但是伴随着每个月的生活以及房贷的支出之后，这个家庭每月也就仅仅结余1000元左右。这让人颇感惊讶。这是因为这个家庭平时在吃、穿、行等方面的要求都比较高。出门打的、常常在外吃饭、购物的理念也是越贵越好等。诸如此类的缘由就使得他们的生活开销大大地超出了一般家庭。加之房贷压力，需要月供，每个月下来只有这些结余。

这个家庭目前还存有6万元的活期存款，黄金及收藏品也差不多有5万元。而在负债方面，除了房贷并没有其他债务。这样看起来虽然没有太多结余，但是经济不会出现太大问题。

这种高消费的家庭如果能够增加一些适合他们的投资，就可以很好的从这种结余模式中走出来。

其实在消费的时候应该理智地区分“必要”和“想要”的两种支出。同时基于人生阶段不同，消费也会有不同。比如这个家庭的男女主人公，年龄在27岁左右，就算是要留出一半的收入也不为过。而基于这样的标准，夫妻两人每月3500元的生活费支出应该算是合理的。而每月省下的2500元，一年之后都可以考虑要一个宝宝了。而他们现在有的这笔资金能考虑用来投资，可以把其中的3万元作为家庭的应急资金，同时采用购买货币市场基金的方式增加其固定的收益。

然后就可以择机抛售原有房产，明确收益，尽快归还按揭贷款。随后在投资的配置上，结合这个家庭目前的经济状况，应该以稳妥、安全、流动性较强的投资项目为主：

一、主要购买股票型基金，货币基金作为辅助：

现在的股市以盘整为主，人气不旺。有的时候看似乏善可陈，但事实上内藏良机。一则，股市探底反弹有望。而且下降的空间不算是很大，上升潜能激增，这时便可以择机介入。如果没有时间和精力，以及风险承受能力有限，直接参与股市的可能性不是很大。那倒不如选择购入一些近期推出的股票型基金。因为这个时候基金介入股市，建仓成本较低，升值的可

能性也会变得较大。二则，沧海横流，方显英雄本色。同样地，股市不振之时，哪些基金会一泻千里，哪些基金又是屹立不倒，投资者都有了一个比较的参数。假如以稳妥为主的话，就能够选购那些表现良好的老基金购买。

而且由于货币型基金以其灵活，增值稳健，保值的特点吸引了投资者的目光。因此，可以适当购入一些。

二、购买短期国债。

我国目前国债市场有了诸多变化，中短期的国债品种也是日渐增多，比如说近年来推出的两年期国债。倘若考虑以储蓄为主的话，不如购入一部分国债。这样一来，一方面利率比定期高，一方面也可以免除利息税。

三、建议家庭保险。

这样的高消费家庭，在当下的年轻家庭中也颇具代表性。对于这样的家庭建议投资一些既有保障功能，同时还兼具储蓄增值功能的险种。比如可以投保那种双福还本保险 10 万元；这种保险一般都包含一生终身住院补贴保险 10 万元，而且还附加意外伤害保险 20 万元，意外伤害医疗保险 3000 元以及住院费用报销保险两份。

给单身贵族的理财战略

我们都知道，11 月 11 日这天是光棍节。但是单身贵族们在庆贺自由的精彩生活时，是否想过自己的未来？事实上单身在顺利时是潇洒，而在落难之际就可能四面楚歌。

国外一项调查显示，一般来说已婚者的人均财富积累要高于单身者，健康的婚姻中通常就存在着“收支平衡机制”，以来促使夫妻双方尽快安排出符合自己家庭的合理的财务计划，并且常常检讨家庭的收支状况——这也正是那些单身一族们必须正视的问题。

以下的三个理财案例或许可以给不同年龄段的单身族们一些启发。

20 岁应该懂得节流开源双管齐下

人物简介：小张，22 岁，刚毕业一年，在一家国企从事财务工作。

财务状况：月均收入 3000 元，银行存款有 20000 元，目前日常的生活开销月均 2400 元，每月节余 600 元。

理财思考：他想在自己 30 岁前按揭购买一套两居室的房子，应该怎样投资理财才可以实现自己的目标呢？

理财策略及规划：

1. 节流：提高自己每月的储蓄比例

可以从支出来看，小张属于较高消费的群体，每月 600 元的储蓄积累，只占了自己总收入的五分之一。假如计划在 5 年后买房，那么他要在控制消费和投资理财上“双管齐下”。小王首先就需要转变理财观念，注重财富的积累。建议在不影响生活质量的前提下，提高自己月储蓄占月收入的比例，至少在 50% 左右才算是较为合理，也就是每一个月积攒 1500 元。

2. 开源：股票基金买房首付

其实完全可以投资基金，利用专家来为自己理财。较为适合小张的就是股票型基金和货币市场基金。通常股票型基金能够分享经济长期增长的好处，比较适合中长期投资，从而提高家庭账户中钱赚钱的能力。而货币市场基金有着类似活期储蓄的安全性以及便利性，可以随存随取，而且没有任何的手续费，但是收益却比活期储蓄高多了，目前不到 3%，而活期储蓄的税后利率只有 0.57% 左右。

还有在资产配置方面，建议小张将自己现有的 20000 元存款投资在股票型基金上面，每月的 1500 元也就可以买入货币市场基金，然后再定期按照比例转换为股票型基金，采用复利滚动的投资方式。所以通过这样循序渐进的积累和投资，以每年 5% 的收益率计算的话，小张在 7 年之后大约就能够拥有近 20 万元的资产，这样一套小房型的首付款也就有了。

30 岁应该投资胆魄再大一些

人物简介：王先生，34 岁，某 IT 企业的技术骨干。

财务状况：拥有 12 万元银行存款，股票 3 万元，月收入 12000 元，现在每个月的开支在 6000 元左右。

理财思考：一年之后需要参加在职硕士课程，预算约 2 万元；两年后买一部价值 10 万元左右的车；三年后买一套房子；每年给父母的赡养费 6000 元；每年自助旅游一次，费用 6000 元。

理财策略及规划：

10000 元的活期存款作为应急。王先生喜好稳健投资，期望的年均收益率在 5% 左右。建议对现有的资产进行如下的安排：10000 元为活期存款，作为应急资金；20000 元做一年期定期存款，满足一年后自己的在职教育深造需要。

余下的 12 万元作为车基金和房基金的初始储备，对这一笔基金的投资分配安排为：存款 55%、债券 10%、基金 25%、股票 10%。而根据周先生的理财目标以及自身的情况，建议每月的开销减到 3500 元。加上每年的 6000 元孝敬父母、6000 元旅游支出、6000 元购买保险后，他 14.4 万元的年收入还剩余 94000 元。

而这部分的资金就可以用于追加车基金和房基金，根据周先生的收入以及职业前景，投资胆魄可再大一些。

建议将上述投资比例调整为：存款 45%、股票 20%、基金 25%、债券 10%，即储蓄 42300 元、债券 9400 元、基金 23500 元、股票 18800 元。这样一来加重股票的投资比例之后，这笔就有可能实现较高收益的财富积累可在以后用于弥补车、房基金可能的不足，能够满足将来结婚等或其他新增理财目标的需要。

40 岁的单亲家庭要未雨绸缪

人物简介：赵女士，40 岁，某公司行政管理工作，月收入 4000 元。离异一年，抚养上小学三年级的女儿。

财务状况：110 平方米的住房，贷款还剩 10 万元、期限 6 年。前夫每月支付女儿 800 元的抚养费。个人资产主要是 5 万元的银行定期存款 1 万元的凭证式国债。

理财思考：每月的日常开支在 2000 元左右，偿还的住房贷款 1700 元，这样一来压力太大，而且女儿的教育开支也逐渐呈上升的趋势。她也在打算将现有的房子处理掉，临时租赁或者者是换一套小点的房子。

理财策略及规划：

赵女士的理财方式因为过于稳妥，所以最终出现了“负收益”。她一边在支付着住房贷款利息，一边还将钱存在银行里“享受”着 2% 左右的低利率，这样一来每年的理财亏损也有将近 1500 元。

赵女士现在的还贷压力较大，可以进行适当的“减压”：将手中的 5 万元定期存款以及 1 万元的国债尽快办理提前支取，用于提前部分还贷。调整后，赵女士的月还款额就会缩减一半，家庭压力从而也就大大地减轻了。

新婚燕尔的七个幸福理财规划

“终于结婚了”，如今终于可以拥有属于自己的家庭了，每天上班回家后可以回到自己的小窝。新婚燕尔的小夫妻一想到这里，幸福感就会铺天盖地而来。但是先别着急着享受幸福，居家过日子不仅是要享受夫妻恩爱的幸福，同时也要受到“油盐酱醋”这些琐事的困扰，甚至会遇到财务的收支不平衡、生活拮据的尴尬。所以说，新婚燕尔千万不要忘记做好财务规划，以便消除后顾之忧。

一、做好家庭的开支预算

首先，把每个月的支出预算出来，比如按揭款、伙食费、水电煤气费、话费、交通费等。

然后将这些费用都提前预留出来，因为这是家庭的基本开支，所以一定要做到心中有数。同时对于那些想要宝宝的新人而言，还得为自己将来小宝宝的出生预存一部分的抚养教育费用，免得到时候让自己措手不及，资金紧张。还有平时的一些额外收入，比如年终奖、加班费等，不要刚领了工资就欣喜若狂地盲目购物，完全可以存入活期账户以应付人情往来等不时之需。

二、消费需要精打细算

通常新婚家庭的经济基础都不是很强，再加上刚刚结婚的花费所带来的经济压力。因此，日常消费不能超出经济承受力，更不要讲排场或者是摆阔气，使自己盲目地消费。日常购物也一定要避免因冲动或受亲朋好友的影响而买一些不必要的物品。在遇到对方提出购买不必要的物品的时候，不要急着断然拒绝，更不要“忍气吞声”，不妨给对方提出自己的意见，并且为你陈述理由。

要提醒新人朋友的就是，无论在家里的经济大权掌握在谁的手中，都要给对方一定的自主权。

三、要尽早完善家庭保险问题

有许多刚刚组建的小家庭往往最容易忽视家庭保险，但是这对于保障家庭幸福来说尤为重要。事实上，人生的各个阶段所承担的责任都不相同，所以其所需要的保障也不同。刚成家不久的年轻人既要辛苦地去打拼事业，还要承担长达几十年的房屋贷款以及面对日益年迈的父母和正在成长中的孩子。在漫长的几十年人生道路上，要明白彼此都是对方的支柱，同样是家中的半边天。所以任何一方的不测，都会导致安宁幸福家庭的严重倾斜甚至坍塌，因此合理并且及早地规划保障就显得非常重要。

然而，在进行理财组合规划之前，最好先就两人每月的收入以及负债计算出每月的净收入，保留下每月固定支出的 3 ~ 6 倍作为家庭中随时可动用的资金，并且做好意外与医疗的保障准备，如果最后有所剩余则可用资金投入理财计划。

四、适当地参加金融投资

新婚夫妇假如没有经济压力，如果不打算近期要孩子，同时又没有赡养父母的压力，也没有购房以及其他的贷款，那么就可以考虑进行金融投资。而且新婚夫妇年轻，承担风险能力通常也显得比较强，所以建议选择较高投资、高报酬的金融投资方式。

尽管上述这种新婚夫妇没有任何经济压力、心理承受能力较高，但也不建议“破釜沉舟”，把家庭所有的储蓄都投在高投资、高风险、高报酬的投资商那里，应该要自己的各项投资都有一定的比例。而比较合理的投资比例为：高风险（包括股票、外汇、期货、房地产等方面的投资）占 40% ~ 50%；固定收益（包括债券、基金等方面的投资）占 30% ~ 40%；保本（活期存款、现金等）占 10%；家庭保险占 10%。

五、买房找方法

即使新人的财务状况不尽相同，但其实基本上都不足以支付全部的房款。那么，如何运用你手头上的资金去购买你心仪已久的房子呢？如何筹集不足的款项呢？还有选房应注意哪些事项呢？别着急，让我们娓娓道来。

1. 自备款。查一查自己家庭资产的运行状况，然后再看一看自己目前已经攒下了多少能够提供买房的钱。一般自备款以房屋总价二成为佳。

2. 不足资金筹措。房屋总价扣除自备款之后，主要筹措的来源其实也就不外乎这三种：公积金贷款、银行办理房屋贷款、向亲朋好友周转借贷。事实上，多数都是通过前两种来实现的。如果选择贷款，那么就必须衡量自己在当时贷款的利率水准下，是不是能够具备偿还贷款的能力。为了保证生活品质，一个比较稳健的做法就是，将自己每月还贷的金额调整到不超过家庭平均每月收入的 30% ~ 40%。倘若超过了这个指标，那么还贷的压力就比较大了，所以就应该考虑买一个比较便宜点的，或者是先租房过度一下，多攒点钱再做打算。除此之外，你还可以选择收益稳定但是高于银行利率的投资工具，在获利稳定之余还能够兼顾追求较高的投资报酬率，用来缓解你的月供压力。

3. 环境评估。买房子时候更要精挑细选。首先就是要看地理位置，然后再看一看房子周围的环境。大家可以参照下面几条逐个评估一下：社区的入住率是否偏低；住户的水准是否理想；物业的管理是否可以维持居家安全；物业管理费是否合理；小区的公共设施是否完善，使用及维护情况是否良好；房子采光是否良好；朝向如何（朝南或南北通透等）；房子周边环境怎样，车流噪音是否过大等这些问题。

六、育儿多渠道

其实现在有不少的新人希望结婚后，就能够尽快拥有自己爱的结晶，组建起属于自己的三口温馨之家。但是当有了孩子后，整个家庭的生活花费倍增，比如奶粉、衣服、保姆、教育、玩具等一系列的开销都需要有不少的资金支撑。而且在自己身上省吃俭用你可以接受，但是你如果让孩子"过苦日子"，恐怕没有人会舍得吧。因此对于那些薪水未能同步成长的新婚夫妻来说，唯有依靠投资与储蓄并行，才能让自己的梦想不会因为钱的压力而变成梦魇。

所以说，投资最好还是要以稳健为主，并且抚养与教育子女是属于长期性的事业，因此十分适合利用定期定额来累积教育与抚养基金。

七、养老早计划

通常对于一个复合式的家庭（即父母与新婚夫妇同住）的新婚夫妻来说，在财务上的一个比较重要的压力就是所得的收入需要供养两至三代的家族成员。假如是单薪夫妻的话，那么压力就更大。其实理财规划上就需要用这种较保守的姿态应对，可以考虑以兼顾储蓄与投资的方式，从而来累积足够资金供养父母与家人。除此之外，在消费上面，新婚夫妻也不要时刻以自我为中心，千万不能盲目消费，一定要考虑到自己的责任以及义务。

理财储备篇：理财基础知识

第一章

常见理财产品全解读

随着许多外资银行的进入，很多中资银行也在不停地借鉴境外理财产品，不断推出越来越多的理财产品，比如像基金、人民币理财产品、外汇理财产品等，如今的老百姓去银行也不再只是去存钱和贷款那么简单了，还有很多的理财产品可以投资。本章就为大家介绍了10种常见的理财产品。

存款储蓄

储蓄存款指为居民个人积蓄货币资产和获取利息而设定的一种存款。储蓄存款基本上可分为活期和定期两种。活期储蓄存款虽然可以随时支取，但取款凭证——存折不能流通转让，也不能透支。传统的定期储蓄存款的对象一般仅限于个人和非营利性组织，且若要提取，必须提前七天事先通知银行，同时存折不能流通和贴现。

目前，美国也允许营利公司开立储蓄存款账户，但存款金额不得超过15万美元。除此之外，西方国家一般只允许商业银行的储蓄部门和专门的储蓄机构经营储蓄存款业务，且管理比较严格。

我国现在存款储蓄的种类主要有：

1. 储蓄。城乡居民将暂时不用或结余的货币收入存入银行或其他金融机构的一种存款活动，又称储蓄存款。储蓄存款是信用机构的一项重要资金来源。发展储蓄业务，在一定程度上可以促进国民经济比例和结构的调整，可以聚集经济建设资金，稳定市场物价，调节货币流通，引导消费，帮助群众安排生活。与中国不同，西方经济学通行的储蓄概念是，储蓄是货币收入中没有被用于消费的部分。

2. 活期存款。指不规定期限，可以随时存取现金的一种储蓄。活期储蓄以1元为起存点。多存不限。开户时由银行发给存折，凭折存取，每年结算一次利息。参加这种储蓄的货币大体有以下几类：

（1）暂不用作消费支出的货币收入。

（2）预备用于购买大件耐用消费品的积攒性货币。

（3）个体经营户的营运周转货币资金，在银行为其开户、转账等问题解决之前，以活期储蓄的方式存入银行。

3. 定期存款。指存款人同银行约定存款期限，到期支取本金和利息的储蓄形式。定期储蓄存款的货币来源于城乡居民货币收入中的结余部分、较长时间积攒以购买大件消费品或设施的部分。这种储蓄形式能够为银行提供稳定的信贷资金来源，其利率高于活期储蓄。

4. 整存整取。指开户时约定存期，整笔存入，到期一次整笔支取本息的一种个人存款。人民币50元起存，外汇整存整取存款起存金额为等值人民币100的外汇。另外，你提前支取时必须提供身份证件，代他人支取的不仅要提供存款人的身份证件，还要提供代取人的身份证件。该储种只能进行一次部分提前支取。计息按存入时的约定利率计算，利随本清。整存整取存款可以在到期日自动转存，也可根据客户意愿，到期办理约定转存。人民币存期分为三个月、六个月、一年、两年、三年、五年六个档次。外币存期分为一个月、三个月、六

个月、一年、两年五个档次。

5. 零存整取。指开户时约定存期、分次每月固定存款金额（由你自定）、到期一次支取本息的一种个人存款。开户手续与活期储蓄相同，只是每月要按开户时约定的金额进行续存。储户提前支取时的手续比照整存整取定期储蓄存款有关手续办理。一般五元起存，每月存入一次，中途如有漏存，应在次月补齐。计息按实存金额和实际存期计算。存期分为一年、三年、五年。利息按存款开户日挂牌零存整取利率计算，到期未支取部分或提前支取按支取日挂牌的活期利率计算利息。

6. 整存零取。指在存款开户时约定存款期限、本金一次存入，固定期限分次支取本金的一种个人存款。存款开户的手续与活期相同，存入时一千元起存，支取期分一个月、三个月及半年一次，由你与营业网点商定。利息按存款开户日挂牌整存零取利率计算，于期满结清时支取。到期未支取部分或提前支取按支取日挂牌的活期利率计算利息。存期分一年、三年、五年。

7. 存本取息。指在存款开户时约定存期、整笔一次存入，按固定期限分次支取利息，到期一次支取本金的一种个人存款。一般是五千元起存。可一个月或几个月取息一次，可以在开户时约定的支取限额内多次支取任意金额。利息按存款开户日挂牌存本取息利率计算，到期未支取部分或提前支取按支取日挂牌的活期利率计算利息。存期分一年、三年、五年。其开户和支取手续与活期储蓄相同，提前支取时与定期整存整取的手续相同。

8. 定活两便。指在存款开户时不必约定存期，银行根据客户存款的实际存期按规定计息，可随时支取的一种个人存款种类。50 元起存，存期不足三个月的，利息按支取日挂牌活期利率计算；存期三个月以上（含三个月），不满半年的，利息按支取日挂牌定期整存整取三个月存款利率打六折计算；存期半年以上的（含半年）不满一年的，整个存期按支取日定期整存整取半年期存款利率打六折计息；存期一年以上（含一年），无论存期多长，整个存期一律按支取日定期整存整取一年期存款利率打六折计息。

9. 通知存款。是指在存入款项时不约定存期，支取时事先通知银行，约定支取存款日期和金额的一种个人存款方式。最低起存金额为人民币五万元（含），外币等值五千美元（含）。为了方便，你可在存入款项开户时即可提前通知取款日期或约定转存存款日期和金额。个人通知存款需一次性存入，可以一次或分次支取，但分次支取后账户余额不能低于最低起存金额，当低于最低起存金额时银行给予清户，转为活期存款。

10. 教育储蓄。教育储蓄是为鼓励城乡居民以储蓄方式，为其子女接受非义务教育积蓄资金，促进教育事业发展而开办的储蓄。教育储蓄的对象为在校小学四年级（含四年级）以上学生。

银行理财产品

20 世纪 70 年代以来，全球商业银行在金融创新浪潮的冲击下，个人理财业务得到了快速发展，个人理财产品销售数量快速增长。在西方发达国家，几乎每个家庭都拥有个人理财产品，个人理财业务收入已占到银行总收入的 30% 以上，美国的银行业个人理财业务年平均利润率高达 35%。花旗银行从 1990 年起，业务总收入的 40% 就来自于个人理财业务。国内最早的个人理财业务是由中信实业银行广州分行于 1996 年推出的，而真正拉开内地商业银行个人理财业务竞争序幕的，则是 2002 年 10 月招商银行推出的“金葵花理财”业务。

随着我国经济发展，近年来城乡居民的收入呈稳定递增趋势，人们拥有的财富不断增加，富裕居民以及高端富有人群逐渐扩大，人们对于金融服务的需求不再只局限于简单的储蓄存款、获取利息，理财需求与理念也得以提升，中国进入了一个前所未有的理财时代，国内商业银行理财业务迅速发展。2006 年我国银行个人理财产品的发行规模达到 4000 亿元，截至 2007 年 11 月底，全国 36 家银行共推出了 2120 款理财产品，初步估计全年银行理财产品的发行规模将达到 1 万亿元。

在银行业全面对外开放、股票市场回暖、非银行金融机构创新活跃的背景下，理财产品提高了中资银行的竞争能力，稳定了银行基础客户群，加快了银行创新与综合化经营的步伐，已经成为商业银行实现发展战略调整的重要手段。个人理财产品不仅经营风险较小而且收益稳定，有利于商业银行防范化解经营风险，提高银行竞争力。个人理财产品正成为商业银行零售业务的主要产品之一，成为零售业务与批发业务联动的一个重要支撑点。

银行理财产品大致可分为债券型、信托型、挂钩型及 QDII 型。

债券型——投资于货币市场中，投资的产品一般为央行票据与企业短期融资券。因为央行票据与企业短期融资券个人无法直接投资，这类理财产品实际上为客户提供了分享货币市场投资收益的机会。

信托型——投资于有商业银行或其他信用等级较高的金融机构担保或回购的信托产品，也有投资于商业银行优良信贷资产受益权信托的产品。

挂钩型——产品最终收益率与相关市场或产品的表现挂钩，如与汇率挂钩、与利率挂钩、与国际黄金价格挂钩、与国际原油价格挂钩、与道·琼斯指数及与港股挂钩等。

QDII 型——所谓 QDII，即合格的境内投资机构代客境外理财，是指取得代客境外理财业务资格的商业银行。QDII 型人民币理财产品，简单说，即是客户将手中的人民币资金委托给合格商业银行，由合格商业银行将人民币资金兑换成美元，直接在境外投资，到期后将美元收益及本金结汇成人民币后分配给客户的理财产品。

面对品种繁多的银行理财产品，要选择一款适合自己的，也有不少学问。从获得收益的不同方式来看，银行理财产品可以分为保证收益理财计划和非保证收益理财计划，投资者可以对照自身情况进行选择。

一、保证收益型

保证收益理财计划，是指商业银行按照约定条件向客户承诺支付固定收益，银行承担由此产生的投资风险，或银行按照约定条件向客户承诺支付最低收益并承担相关风险，其他投资收益由银行和客户按照合同约定分配，并共同承担相关投资风险的理财计划。目前银行推出的部分短期融资券型债券理财、信托理财产品、银行资产集合理财都属于这类产品。投资对象包括短期国债、金融债、央行票据以及协议存款等期限短、风险低的金融工具。银行将理财资金投资于包括转贴现银行承兑汇票、固定收益产品等。这类产品计算简单，投资期限灵活，适合那些追求资产保值增值的稳健型投资者，如毕业不久的年轻人、退休人员等。

二、保本浮动收益型

保本浮动收益理财计划是指商业银行按照约定条件向客户保证本金支付，本金以外的投资风险由客户承担，并依据实际投资收益情况确定客户实际收益的理财计划。保本浮动收益型理财产品的优点是预期收益可观，缺点在于投资者要承担价格指数波动不确定性的风险。该类产品比较适合有一定承受风险能力的进取型投资者，像一些组建了家庭的中青年人士，收入稳定增长而且生活稳定、注重投资收益的投资者。

三、非保本浮动收益型

非保本浮动收益理财计划是指商业银行根据约定条件和实际投资收益情况向客户支付收益，并不保证客户本金安全的理财计划。该类产品一般预期收益较高，有些产品投资期限会较长，比较适合风险承受能力强、资金充裕的投资者。

股票投资

股票是股份证书的简称，是股份公司为筹集资金而发行给股东作为持股凭证并借以取得股息和红利的一种有价证券。每股股票都代表股东对企业拥有一个基本单位的所有权。股票是股份公司资本的构成部分，可以转让、买卖或作价抵押，是资金市场的主要长期信用工具。

股票投资是有很大风险的，但它是风险与利润并存的。股票投资的实战技巧有以下几步：

一、洞悉成交量的变化

当成交量的底部出现时，往往股价的底部也出现了。成交量底部的研判是根据过去的底部来作标准的。当股价从高位往下滑落后，成交量逐步递减至过去的底部均量后，股价触底盘不再往下跌，此后股价呈现盘档，成交量也萎缩到极限，出现价稳量缩的走势，这种现象就是盘底。底部的重要形态就是股价的波动的幅度越来越小。此后，如果成交量一直萎缩，则股价将继续盘下去，直到成交量逐步放大且股价坚挺，价量配合之后才有往上的冲击能力，成交量由萎缩而递增代表了供求状态已经发生变化。

二、寻找稳赚图形

第一，首先要介绍的图形就是圆底，之所以要把它放在第一位，是因为历史证明这个图形是最可靠的。同时，这个图形形成之后，由它所支持的一轮升势也是最有力最持久的。在圆底形成过程中，市场经历了一次供求关系的彻底转变，好像是一部解释市场行为的科教片，把市势转变的全过程用慢镜头呈现给所有的投资者。应该说，圆底的形态是最容易被发现的，因为它给了充分的时间让大家看出它的存在。但是，正是由于它形成所需时间较长，往往被投资者忽略了。

第二，一个完整的双底包括两次探底的全过程。也是反映出买卖双方力量的消长变化。一个完整的双底包括两次探底的全过程，也是反映出买卖双方力量的消长变化。在市场实际走势中，形成圆底的机会较少些，反而形成双底的机会较多些。因为市场参与者往往难以忍耐股价多次探底，当股价第二次回落时而无法再创新底的时候，投资者大多开始补仓介入了。

第三，在各种盘整走势中，上升三角形是最常见的走势，也是标准的整理形态，抓住刚刚突破上升三角形的股票，足以令你大赚特赚。

股价上涨一段之后，在某个价位上遇阻回落。这种阻力可能是获利抛压，也可能是原先的套牢区的解套压力，甚至可能是主力出货压力，总之，股价遇阻回落。在回落过程中，成交量迅速减小，说明上方抛盘并不急切，只有到达某个价位才有抛压。由于主动性抛盘并不多，股价下跌一些之后很快站稳，并再次上攻，在上攻到上次顶点的时候，同样遇到了抛压，但是，比起第一次来这种抛压小了一些，这可以从成交量上看出来，显然，想抛的人已经抛了不少，并无新的卖盘出现。这时股价稍作回落，远远不能跌到上次回落的低位，而成交量更小了。于是股价自然而然地再次上攻，终于消化了上方的抛盘，重新向上发展。在上升三角形没有完成之前，也就是在没有向上突破之前，事情的方向还是未知的，如果向上突破不成功，可能演化为头部形态，因此在形态形成的过程中不应轻举妄动。突破往往发生在明确的某一天，因为市场上其实有许多人在盯着这个三角形，等待它的完成。一旦向上突破，理所当然的会引起许多人的追捧，从而出现放量上涨的局面。

股票投资不可有一日暴富的想法，中国股市正处于成长阶段，股票投资者必须要密切关注国家政策、周边股市行情以及所持股的公司业绩、重要事项，做到知己知彼。

基金投资

证券投资基金是一种间接的证券投资方式。基金管理公司通过发行基金份额，集中投资者的资金，由基金托管人（即具有资格的银行）托管，由基金管理人管理和运用资金，从事股票、债券等金融工具投资，然后共担投资风险、分享收益。

投资基金就是汇集众多分散投资者的资金，委托投资专家（如基金管理人），由投资管理专家按其投资策略，统一进行投资管理，为众多投资者谋利的一种投资工具。投资基金集合大众资金，共同分享投资利润，分担风险，是一种利益共享、风险共担的集合投资方式。

基金主要通过以下两种方式获利：

净值增长：由于开放式基金所投资的股票或债券升值或获取红利、股息、利息等，导致基金单位净值的增长。而基金单位净值上涨以后，投资者卖出基金单位数时所得到的净值差价，也就是投资的毛利。再把毛利扣掉买基金时的申购费和赎回费用，就是真正的投资收益。

分红收益：根据国家法律法规和基金契约的规定，基金会定期进行收益分配。投资者获得的分红也是获利的组成部分。

现有基金的种类繁多：

第一，如果是根据投资对象的不同，证券投资基金可分为：股票型基金、债券型基金、货币市场基金、混合型基金、特别基金，国际基金等。其中，特别基金是以特殊事件为导向的，例如专事追逐濒临破产的公司股票，特别是类似孤儿股权的投资，图谋该股票因加入催化剂而复活，即能赚取暴利。至于国际基金，是以跨国投资为能事，将资金投放于各国股票市场，在国际上游走，事实上这就构成国际热钱的一部分。以种类论，60% 以上的基金资产投资于股票的，为股票基金；80% 以上的基金资产投资于债券的，为债券基金；仅投资于货币市场工具的，为货币市场基金；投资于股票、债券和货币市场工具，并且股票投资和债券投资的比例不符合债券、股票基金规定的，为混合基金。

第二，如果从投资风险角度看，几种基金给投资人带来的风险是不同的。其中股票基金风险最高，货币市场基金风险最小，债券基金的风险居中。相同品种的投资基金由于投资风格和策略不同，风险也会有所区别。例如股票型基金按风险程度又可分为：平衡型、稳健型、指数型、成长型、增长型、新兴增长型基金。增长型基金是以追求基金净值的增长为目的，亦即购买此基金的投资人，追逐的是价差，而非收益分配。新兴增长型基金顾名思义是将基金的钱投放于新兴市场，追逐更高风险的利润。当然，跟所有的风险投资一样，风险度越大，收益率相应也会越高；风险小，收益也相应要低一些。

基金的主要发行方式有：

1. 证券网络营销基金形式。基金管理公司通过证券交易所和证券公司的网络的方式销售或赎回基金。目前，我国的封闭式契约型基金的发行和买卖均是通过这种方式进行。

2. 银行网络营销基金形式。银行具有众多营业网点，并且划转款项迅捷，因此通过银行的分支网络代理销售基金是基金管理公司广泛采用的渠道。

3. 投资顾问公司营销形式。投资顾问公司是基金营销的中介机构，它作为介于投资者和基金管理公司之间的第三者，站在公正的角度竭力为客户提供投资咨询服务，从专家的角度对市场上各种基金进行客观评价，同时对投资者的投资组合给予合理的建议。

4. 基金管理公司营销形式。基金管理公司设立对客户直接的基金营销部门，客户在基金管理公司的基金销售部门认购基金。

5. 网上基金营销形式。随着信息技术的发展，在网上进行基金营销已成现实。

期货投资

期货投资是相对于现货交易的一种交易方式，它是在现货交易的基础上发展起来的，通过在期货交易所买卖标准化的期货合约而进行的一种有组织的交易方式。期货交易的对象并不是商品（标的物）本身，而是商品（标的物）的标准化合约，即标准化的远期合同。

期货投资业务是一项很广泛的业务，从个人投资者到银行、基金机构都可成为参与者，并在期货市场上扮演着各自的角色。我国通常将期货投资业务分成三个大类。

第一大类是稳健性投资，即跨市套利、跨月套利、跨品种套利等套利交易。跨市套利是指投资者在某一个交易所买入某一种商品的某个月份的期货合约，同时在另一个期货交易所卖出该品种的同一月份的期货合约，在两个交易所同一品种、同一月份一买一卖，对等持仓。在获取价差之后，两边同时平仓了结交易。目前，我国的跨市交易量很大，主要是有色金属的 LME 和上海期交所套利，大豆的 CBOT 和大连商品交易所也逐步开始套利。跨月套利是指投资者在同一个交易所同一品种不同的月份同时买入合约和卖出合约的行为。许多产品尤其是农产品有很强的季节性，当一些月份的季节性价差有利可图时，投资者就会进入买卖套利。所有的商品的近期与远期的价差都有一定的历史规律性。当出现与历史表现不同的情况时，一些跨月套利者便会入市交易，以上海期货交易所的有色金属为例，上海金鹏期货经纪有限公司的许多客户是专门的套利者，许多客户不断交易，以年为核算单位，盈利率有时也高出银行贷款利率的一倍。跨品种套利是指投资者利用两种不同的，但相互关联的商品之间的期货合约价格的差异进行套利交易，即买入某一商品的某一月份的合约，同时卖出另一商

品同一月份的合约。值得强调的是，这两个商品有关联性，历史上价格变动有规律性可循。例如玉米和小麦、铜和铝、大豆和豆粕、豆油等。

第二大类是风险性投资，即进行单边买卖的交易。有些投资者偏好杠杆交易，认为只要风险与收益成正比，机会很多，就进行投资。在期货市场上，广大的中小投资者（可能是个人、也可能是机构）都在进行风险投资。风险投资分为抢帽子交易，当日短线交易和长期交易。抢帽子交易是指在场内有利即交易，不断换手买卖。当日短线是指当日内了结头寸，不留仓到第二个交易日。长期交易指持仓数日、数月，有利时再平仓。

第三大类是战略性投资，即大势投资战略交易。战略投资是指投资者尤其是大金融机构在对某一商品进行周期大势研究后的入市交易，一般是一个方向投资几年，即所谓做经济周期大势，并不在乎短期的得失。国外一般大银行、基金公司都进行战略性投资。我国至今还没有战略投资机构。

房产投资

房地产投资是指以房地产为对象（或者说为媒介、载体、工具的投资，是借助于房地产来获取收益的投资行为。

房产投资的方法有以下几种：

1. 投资好地段的房产。房地产界有一句亘古不变的名言就是：第一是地段，第二是地段，第三还是地段。作为房地结合物的房地产，其房子部分在一定时期内，建造成本是相对固定的，因而一般不会引起房地产价格的大幅度波动；而作为不可再生资源的土地，其价格却是不断上升的，房地产价格的上升也多半是由于地价的上升造成的。在一个城市中，好的地段是十分有限的，因而更具有升值潜力。所以在好的地段投资房产，虽然购入价格可能相对较高，但由于其比别处有更强的升值潜力，因而也必将能获得可观的回报。

2. 投资期房。期房一般指尚未竣工验收的房产，在香港期房也被称作“楼花”。因为开发商出售期房，可以作为一种融资手段，提前收回现金，有利于资金流动，减少风险，所以在制定价格时往往给予一个比较优惠的折扣。一般折扣的幅度为 10%，有的达到 20% 甚至更高。同时，投资期房有可能最先买到朝向、楼层等比较好的房子。但期房的投资风险较高，需要投资者对开发商的实力以及楼盘的前景有一个正确的判断。

3. 投资“尾房”。是指楼盘销售到收尾价段，沿剩余的少量楼层、朝向、户型等不十分理想的房子。一般项目到收尾时，开发商投入的资本已经收回，为了不影响其下一步继续开发，开发商一般都会以低于平常的价格处理这些尾房，以便尽早回收资金，更有效地盘活资产。投资尾房有点像证券市场上投资垃圾股，投资者以低于平常的价格买入，再在适当机以平常的价格售出来赚取差价。尾房比较适合砍价能力强的投资者投资。

4. 投资二手房。自从去年建设部提出允许已购公房上市交易以来，各地纷纷出台相应政策鼓励二手房上市交易。这也给投资二手房带来了机遇。在城区一些位置较好、交通便利、环境成熟的地段购置二手房可以先用于出租赚取租金，然后再待机出售，可谓两全其美。尽管现在二手房的交易还不十分活跃，但其投资前景仍十分乐观。

5. 投资门面房。目前的一些新建小区中，都建有配套的门面房。一般这些门面房的面积不大，在30~50平方米左右，比较适合搞个体经营。由于在小区内搞经营有相对固定的客户群，因而投资这样的门面房风险较小，无论是自已经营还是租赁经营都会产生较好的收益。

6. 投资待拆迁房产。在旧城改造过程中，会有很多待拆迁房产。在拆迁时，这些房产的所有者一般都会得到很优惠的补偿。所以通过提前购置待拆迁房产，以获得拆迁补偿的方式赚取收益也不失为一种很好的投资方式。但投资这类房产，需要对城市建设的发展和城市规划有所了解。

7. 投资房地产股票。这是一种间接地投资房地产的方式。通过购买上市房地产公司的股票从证券市场上赚取收益。这种投资房地产的方式需要具备一定的证券知识，并且要对房地产行业以及所选的上市房地产公司的股票有较为全面的研究，这样才能降低风险，获取预期收益。

总之，个人投资房地产的方式是多种多样的。不同的投资者可根据自己的情况而选择相应的房地产投资方式。

黄金投资

黄金投资是世界上税务负担最轻的投资项目。相比之下，其他很多投资品种都存在一些让投资者容易忽略的税收项目。

众所周知，黄金具有商品和货币的双重属性，黄金作为一种投资品种也是近几十年的事情，如今，随着金融市场的不断发展，黄金作为一种投资品种，被越来越多的投资者所认识。黄金投资具有许多其他投资品种所不具备的优点：

一、产权转移的便利

黄金转让，没有任何登记制度的阻碍，而诸如住宅、股票的转让，都要办理过户手续。假如你打算将一栋住宅和一块黄金送给自己的子女时，你会发现，将黄金转移很方便，让子女搬走就可以了，但是住宅就要费劲得多。由此看来，这些资产的流动性都没有黄金这么优越。

二、世界上最好的抵押品种

由于黄金是一种国际公认的物品，根本不愁买家承接，所以一般的银行、典当行都会给予黄金 90% 以上的短期贷款，而住房抵押贷款额，最高不超过房产评估价值的 70%。

三、黄金市场没有庄家

任何地区性的股票市场，都有可能被人操纵；但是黄金市场却不会出现这种情况，因为黄金市场属于全球性的投资市场，现实中还没有哪一个财团或国家具有操控金市的实力。正因为黄金市场是一个透明的有效市场，所以黄金投资者也就获得了很大的投资保障。

黄金投资有如下一些品种：

一、实物金

实金买卖包括金条、金币和金饰等交易，以持有黄金作为投资。可以肯定其投资额较高，实质回报率虽与其他方法相同，但涉及的金额一定会较低（因为投资的资金不会发挥杠杆效应），而且只可以在金价上升之时才可以获利。一般的饰金买入及卖出价的差额较大，视作投资并不适宜，金条及金币由于不涉及其他成本，是实金投资的最佳选择。但需要注意的是持有黄金并不会产生利息收益。

二、纸黄金

“纸黄金”交易没有实金介入，是一种由银行提供的服务，以贵金属为单位的户口，投资者毋须透过实物的买卖及交收而采用记账方式来投资黄金，由于不涉及实金的交收，交易成本可以更低；值得留意的是，虽然它可以等同持有黄金，但是户口内的“黄金”一般不可以换回实物，如想提取实物，只有补足足额资金后，才能换取。“中华纸金”是采用 3% 保证金、双向式的交易品种，是直接投资于黄金的工具中，较为稳健的一种。

三、黄金期货

一般而言，黄金期货的购买、销售者，都在合同到期日前出售和购回与先前合同相同数量的合约，也就是平仓，无需真正交割实金。每笔交易所得利润或亏损，等于两笔相反方向合约买卖差额。这种买卖方式，才是人们通常所称的“炒金”。黄金期货合约交易只需 10% 左右交易额的定金作为投资成本，具有较大的杠杆性，少量资金推动大额交易。所以，黄金期货买卖又称“定金交易”。世界上大部分黄金期货市场交易内容基本相似，主要包括保证金、合同单位、交割月份、最低波动线、期货交割、佣金、日交易量、委托指令。

四、黄金期权

期权是买卖双方在未来约定的价位，具有购买一定数量标的的权利而非义务。如果价格走势对期权买卖者有利，会行使其权利而获利。如果价格走势对其不利，则放弃购买的权利，损失只有当时购买期权时的费用。由于黄金期权买卖投资战术比较多并且复杂，不易掌握，目前世界上黄金期权市场不太多。

五、黄金股票

所谓黄金股票，就是金矿公司向社会公开发行的上市或不上市的股票，又可以称为金矿公司股票。由于买卖黄金股票不仅是投资金矿公司，而且还间接投资黄金，因此这种投资行为比单纯的黄金买卖或股票买卖更为复杂。投资者不仅要关注金矿公司的经营状况，还要对黄金市场价格走势进行分析。

六、黄金基金

黄金基金是黄金投资共同基金的简称，所谓黄金投资共同基金，就是由基金发起人组织成立，由投资人出资认购，基金管理公司负责具体的投资操作，专门以黄金或黄金类衍生交易品种作为投资媒体的一种共同基金。由专家组成的投资委员会管理。黄金基金的投资风险较小、收益比较稳定，与我们熟知的证券投资基金有相同特点。

七、黄金保证金。保证金交易品种：Au（T+5）、Au（T+D）

Au（T+5）交易是指实行固定交收期的分期付款交易方式，交收期为5个工作日（包括交易当日）。买卖双方以一定比例的保证金（合约总金额的15%）确立买卖合约，合约不能转让，只能开新仓，到期的合约净头寸即相同交收期的买卖合约轧差后的头寸必须进行实物交收，如买卖双方一方违约，则必须支付另一方合同总金额7%的违约金，如双方都违约，则双方都必须支付7%的违约金给黄金交易所。

Au（T+D）交易是指以保证金的方式进行的一种现货延期交收业务，买卖双方以一定比例的保证金（合约总金额的10%）确立买卖合约，与Au（T+5）交易方式不同的是该合约可以不必实物交收，买卖双方可以根据市场的变化情况，买入或者卖出以平掉持有的合约，在持仓期间将会发生每天合约总金额万分之二的递延费（其支付方向要根据当日交收申报的情况来定，例如如果客户持有买入合约，而当日交收申报的情况是收货数量多于交货数量，那么客户就会得到递延费，反之则要支付）。如果持仓超过20天则交易所要加收按每个交易日计算的万分之一的超期费（目前是先收后退），如果买卖双方选择实物交收方式平仓，则此合约就转变成全额交易方式，在交收申报成功后，如买卖双方一方违约，则必须支付另一方合同总金额7%的违约金，如双方都违约，则双方都必须支付7%的违约金给黄金交易所。

保险投资

商业保险与社会保险不是一个层次上的概念，社会保险仅能满足生存的基本需求，商业保险所保障的是高质量生活的延续。社会保险是一种为丧失劳动能力、暂时失去劳动岗位或因健康原因造成损失的人口提供收入或补偿的一种社会和经济制度。而商业保险是指通过订立保险合同运营，以营利为目的的保险形式，由专门的保险企业经营。

社会保险计划由政府举办，强制某一群体将其收入的一部分作为社会保险税（费）形成社会保险基金，在满足一定条件的情况下，被保险人可从基金获得固定的收入或损失的补偿，它是一种再分配制度，它的目标是保证物质及劳动力的再生产和社会的稳定。社会保险的主要项目包括养老社会保险、医疗社会保险、失业保险、工伤保险、生育保险、重大疾病和补充医疗保险等。

社会保险的五大特征：

1. 社会保险的客观基础，是劳动领域中存在的风险，保险的标的是劳动者的人身；

2. 社会保险的主体是特定的。包括劳动者（含其亲属）与用人单位；

3. 社会保险属于强制性保险；

4. 社会保险的目的是维持劳动力的再生产；

5. 保险基金来源于用人单位和劳动者的缴费及财政的支持。保险对象范围限于职工，不包括其他社会成员。保险内容范围限于劳动风险中的各种风险，不包括此外的财产、经济等风险。

商业保险是指通过订立保险合同运营，以营利为目的的保险形式，由专门的保险企业经营：商业保险关系是由当事人自愿缔结的合同关系，投保人根据合同约定，向保险公司支付保险费，保险公司根据合同约定的可能发生的事故因其发生所造成的财产损失承担赔偿保险金责任，或者当被保险人死亡、伤残、疾病或达到约定的年龄、期限时承担给付保险金责任。

商业保险的特征：

1. 商业保险的经营主体是商业保险公司。

2. 商业保险所反映的保险关系是通过保险合同体现的。

3. 商业保险的对象可以是人和物（包括有形的和无形的），具体标的有人的生命和身体、财产以及与财产有关的利益、责任、信用等。

4. 商业保险的经营要以盈利为目的，而且要获取最大限度的利润，以保障被保险人享受最大程度的经济保障。

社会保险同商业性保险主要区别有五点：

1. 性质、作用不同。社会保险具有强制性、互济性和福利性特点，其作用是通过法律赋予劳动者享受社会保险待遇而得到生活保障的权利；而商业性保险是自愿性的，赔偿性和盈利性的，它是运用经济赔偿手段，使投保的企业和个人在遭到损失时，按照经济合同得到经济赔偿。

2. 立法范畴不同。社会保险是国家对劳动者应尽的义务，是属于劳动立法范畴；而商业保险是一种金融活动，属于经济立法范畴。

3. 保险费的筹集办法不同。社会保险费按照国家或地方政府规定的统一缴费比例进行筹集，由国家、集体和个人三方共同负担，行政强制实施；而商业保险实行的是自愿投保原则，保险费视险种、险情而定。

4. 保险金支付办法不同。社会保险金支付是根据投保人交费年限（工作年限），在职工资水平等条件，按规定进行付给。支付标准服从于保障基本生活为前提；而商业保险金的支付是实行等价交换的原则。

5. 管理体制不同。社会保险由各级政府主管社会保险的职能部门管理，其所属社会保险管理机构不仅负责筹集、支付和管理社会保险基金，还要为劳动者提供必要的管理服务工作；而商业保险则由各级保险公司进行自主经营，由中国保险监督委员会统一监督管理。

外汇投资

外汇即国外汇兑，“汇”是货币异地转移，“兑”是货币之间进行转换，外汇是国际贸易的产物，是国际贸易清偿的支付手段。

从动态上讲，外汇就是把一国货币转换成另一国货币，并在国际间流通用以清算因国际经济往来而产生的债权债务。从静态上讲外汇又表现为进行国际清算的手段和工具，如外国货币，以外币计价的各种证券。通俗来讲，外汇交易是买入一种货币，同时卖出另外一种货币。比如一个国家要从国外进口商品，就需要把本国的货币换成出口国的货币，才可进行买卖。这样就产生了一单位本国货币可兑换多少外币的情况。一国货币与外国货币的比率叫汇率。

汇率会随着各国的政治情况、经济状况以及人们的心理预期等变化会经常产生上下波动，有波动就会产生汇率间的差价，有差价就产生了投资获利的机会。外汇属于双边买卖，当货币处于高价位时卖出货币后，在低价位买入可获利；处于低价位时买入货币后，在货币价格升上去时卖出可获利。所以外汇投资买卖较一般其他投资工具（如股票）更容易掌握，交易时间也有很大灵活性。投资者只要判断好汇率的变化方向，那么货币的涨和跌都是赚钱的。尤其是互联网发展到今天，原本只有许多权威机构能看到的消息，普通投资者也一样能

够知道，有利于投资者和投资顾问，做出决策，从而为投资者提供一个公平、公开、公正的投资环境。

外汇投资是一项热门的投资工具，投资者透过外汇买卖，若分析准确，外汇投资既可收取利息，也可赚取到外汇买卖升跌的利润（如投资外汇市场的硬货币，可以收取利息的），所以外汇买卖的确是十分理想的投资项目，而且外汇市场联系全球，24 小时循环不息，随时随地都可以进行买卖。外汇市场每天的交易量达到 2 万亿美圆，市场不会受到大资金的操控，所以，与其他金融产品，如：股票，期货等金融工具比较，外汇交易是最公平的金融产品；相对来说更容易长期、持续、稳定的获得丰厚利润。

以建设银行为例，目前其个人外汇买卖系统十分完善和稳定，渠道包括电话银行、网上银行和柜台交易等。其不但能提供24小时无间断的外汇交易，还有多种委托方式供客户选择。只要组合得当，不但能够完成交易实现收益，还能享受更小点差，而节省交易成本。

个人外汇买卖的交易方式分为即时交易和委托交易。即时交易就是建行在国际市场价格的基础上，加上一定点差之后给客户报价的方式，客户接受报价则交易成交。银行点差就相当于银行收取的手续费。

委托交易方式又分为两种：盈利委托和止损委托，而通过盈利委托和止损委托的组合构成双向委托。盈利委托是指客户目标成交价格优于市场价格，比如欧元 / 美元市场汇率为 1.2067 时，客户想在 1.2167 的价格水平卖出欧元的委托，就是盈利委托。止损委托正好相反，手中有欧元的客户在 1.2000 卖出欧元的委托交易就是止损委托。此外，建行对止损委托收取的点差费用最少。对于习惯顺势而为的投资者，双向委托绝对可以省却实时盯盘的辛苦。

例如王先生手中有美元，短期看好欧元走势，目前市场价格为 1.2067，他就选择了委托交易的方式。他将止损委托的目标价格放在了 1.2100 水平，因为他认为突破了 1.21 整数关口后，欧元会有一番大涨。同时他将盈利委托的目标价格放在 1.2190，这是因为他将最大盈利定格在该水平上以实现获利。毕竟对于没有时间盯盘的客户，过山车式的市场变动，很可能会让人空欢喜一场。

收藏投资

收藏品投资有着与股票投资不一样的规律，这是因为影响收藏品供求关系的因素与股票不同。不感兴趣的物品最好不要轻易购买。个人的经济实力也是决定和影响投资品种和方向的重要因素，尽管有某一或几个方面的收藏知识，但是经济实力决定着应量力而行地选择收藏品种，不要孤注一掷。而目的性，是决定长期收藏还是短线投资的主要因素。

一、影响收藏品供应的因素

1. 生产或开采能力。例如珍珠在古代极为稀少，价格极高，只有身份尊贵的人才能佩戴得起，而在近代，由于珍珠养殖技术的发展，产量大增，现在的珍珠被成筐成筐地买卖，价格也沦落为地摊货价格。

2. 储藏量或再生速度。宝石因为储量极少而价格极高，而且矿物质不可再生，全世界的供应量都很有限，随着经济发展，价格仍有上涨趋势。有些可再生收藏品，由于生长周期很长，几乎也等同于不可再生资源，如黄花梨木、红珊瑚等。这些收藏品如果没有意外事件发生，在今后 100 年内看不到有降价的可能。收藏品之所以能够保值升值，就是因为其稀缺性。清代有“一两田黄三两金”之说。但是有些宝石的价格涨到离奇，投资这种宝石风险很大。

实际上对于想通过投资收藏品保值增值的人来说，并不希望收藏品供应量增加，只有稀缺的东西才有收藏价值。最大的威胁来自技术高超的仿制品。

二、影响需求的因素

1. 经济发展状况。古代陶朱公有句名言：荒年米贵，丰年玉贵。这是什么意思呢？就是说荒年人们连吃都吃不饱，于是抛售玉石、绸缎等贵重物品，以换取食物，造成米贵玉贱。而丰年食物充足并有余，人们不为生活忧虑，有精力追求精神生活，玉帛等精美物品受到追捧，因而玉帛价格大涨。可见，经济状况越好，收藏品市场会越兴旺。反之则反是。

2. 社会观点、习俗。人是一种社会性动物，社会上流行的观点影响人们的价值观点和取舍行为。例如，从建国到 20 世纪 70 年代，很多精美的收藏品、古董、古建筑被当作“四旧”遭到毁坏。那时的百货商场根本没有黄金珠宝柜台，很多珠宝玉石、古董都不值钱，也没有市场。而改革开放后，收藏品市场从逐渐恢复走向火爆，百货商场往往有大面积柜台陈列着标价几千、几万甚至几十万元一块的翡翠、和田玉、钻石等珠宝。很多宝石产地面临过度开采造成的资源枯竭。宝石价格更是涨到离谱。佩戴钻石、翡翠成为尊贵地位的象征，社会上甚至出现不健康的攀比。

3. 加工技术。精湛的加工技术能大幅提高宝石的精美程度和艺术价值，激发人们的收藏欲望。投资任何一种收藏品，都必须深入了解相关知识，否则，根本不知道其中的风险和机会。网络给我们提供了前所未有的便捷渠道。

那如何进行收藏品投资呢?

首先，投资者必须懂得收藏的保值增值并非定律，风险和回报是成正比的，因此，收藏投资人要有良好的平和心态。比如，投资某种稀有钱币，其年代久远，存世不多，正当为收藏了一二枚而高兴，准备转手抛出赚一笔时，忽然有报道称这种钱币在某地方大量出土。按照物以稀为贵的原则，收藏的钱币此时还能有高的回报吗？能够保值就不错了。另外，还要学会等待，收藏到了一件很有价值的物品，正巧经济不景气、人们无力拿出很多的钱来收购时，收藏的回报也不能马上实现。所以，收藏投资多数是长线的，投资者应当学会忍耐和等待。

其次，投资者应当根据个人的实际情况选择投资品种和方向。投资人的兴趣爱好、经济实力、目的是选择投资品种和方向的三个重要因素。收藏是需要专业知识的，兴趣往往影响着收藏品种专业知识的多少。

第三，要处理好短线投资和长期收藏的关系。在收藏界除了特别有实力的，都应当把长期收藏和短线投资二者之间的关系处理好。以短线投资培育长期收藏是许多收藏者的必由之路。这就是所谓的以藏养藏，以空间融时间。在收藏手法上，许多投资者都会把握住“低进高出”的常规投资原则；在充分了解市场行情的前提下，赚取异地差价是收藏投资获利的普遍途径。

另外，要善于抓住时机，进行跟风投资。当某些品种行情看好时，不失时机地适当购入，并在适当价位抛出，也是一种投资策略。比如退出流通的人民币的收藏，如果在 1993 年到 1995 年期间抓住某些品种，在 1997 年初出手就可能有几倍的利润。

第二章

理财中要遵循的 9 个黄金原则

其实民间的理财高手非常多，每个人或许也都有自己的一套理财方法，不过总也不能摆脱理财的几大原则。理财是一门很高深的学问，如果你要想在这条路上走出效果走出风格来，还是需要下一番工夫的。本章就为大家例举了在理财中要遵循的九个黄金法则。

复利原理——世界上最伟大的力量

事实上所谓的复利也称之为利上加利，指的就是一笔存款或者投资获得回报之后，然后再连本带利进行新一轮投资的方法。复利是长期投资获利的最大秘密。据说曾经就有人这样问过爱因斯坦："世界上最强大的力量是什么？"出人意料的是他的回答不是原子弹爆炸的威力，而是"复利"。

而关于复利，还有一个古老的故事：

很久以前，有一个非常爱下棋的国王。他的棋艺超群，从来都没有碰到过对手。于是，他就下了一道诏书，诏书中说不管是谁，只要能够击败他，国王就会答应他的任何一个要求。

有一天一个小伙子来到皇宫与国王下棋，并且最终胜了国王，国王就问这个小伙子要什么样的奖赏以兑现自己之前的承诺，而小伙子说他只要一个很小的奖赏。就是在棋盘的第一个格子中放上一粒麦子，在第二个格子中再放进前一个格子的一倍，就这样重复向后类推，一直把这棋盘每一个格子摆满。

国王觉得这非常容易就能满足他的要求，于是就同意了，但是很快国王就会发现，即便是将国库里所有的粮食都给他，也不够其要求的百分之一，因为即使一粒麦子只有一克重，也需要数十万亿吨的麦子才够，虽然从表面上来看，小伙子的起点是很低，但是从一粒麦子开始，经过很多次的乘积，也就会迅速变成庞大的数字。

其实复利看起来十分简单（复利公式是 y=N（1+P）x，其中 y 指本利合计，N 指本金，P 指利率或投资收益率，x 指存款或投资的时间），可是现在许多的投资者根本没有真正了解其价值，或者就算是了解但没有耐心和毅力长期坚持下去，这其实也是大多数投资者难以获得巨大成功的主要原因之一。假如说你要想让资金更快地增长，在投资中获得更高的回报，就必须对复利加以足够的重视。事实上，世界上很多大师级的投资者都把复利原理用到了极致。股神沃伦·巴菲特就是最为典型的一个。

沃伦·巴菲特认为，如果长期持有具有竞争优势的企业的股票的话，就能将给价值投资者带来巨大的财富。这其中的关键就在于投资者未兑现的企业股票收益通过复利产生了巨大的长期增值。

投资具有长期竞争优势的企业，投资者所需要做的其实也就是长期持有，同时必须耐心地等待股价随着企业的发展而上涨。通常具有持续竞争优势的企业都是具有着超额价值的创造能力，其内在价值也就将持续稳定地增加，相应地，其股价也会逐步地上升。最终，复利累进的巨大力量，将会为投资者带来巨额财富。例如有人在 1914 年以 2700 美元购买了 100 股 IBM 公司的股票，而且一直持有到 1977 年，则之前购买的 100 股也就将增为 72798 股，市值增到 2000 万美元以上，就在这 63 年之间投资增值了 7407 倍。按照复利计算的话，

IBM 公司 63 年间的年均增长率仅为 15.2%，虽然这个看上去平淡无奇的增长率，但是由于保持了 63 年之久，所以在时间之神的帮助下，最终为超长线投资者带来了令人难以置信的财富。可是在如今很多的投资者眼中，15.2% 的年收益率实在是太微不足道了。大家一直都在持续高烧，总是痴人说梦：每年翻一倍很轻松——每月 10% 不是梦——每周 5% 太简单……“股神”巴菲特的平均年增长率也只不过是 20% 多一点啊，但是由于他连续保持了 40 多年，因此也就当之无愧地戴上了世界股神的桂冠。

彼得·林奇曾经这样说过：投资者其实就是自己命运的舵手。

在复利原理当中，时间和回报率正是复利原理“车之两轮、鸟之两翼”，这两个因素都是缺一不可。

时间的长短将会对最终的价值数量从而产生巨大的影响，时间越长，复利产生的价值增值就会越多。同样是 10 万元，按照每年增值 24% 来计算的话，假如说投资 10 年，那么到期金额就是 85.94 万元；假如投资 20 年，到期金额就是 738.64 万元；假如投资 30 年，到期金额则就是 6348.30 万元。足以可见，越到后期增值越多。

回报率对最终的价值数量有巨大的杠杆作用，回报率的微小差异也会将使长期价值产生巨大的差异。曾经有人对 10% 与 20% 的复利收益率造成的巨大收益差异进行过分析：一般来说 1000 元的投资，收益率为 10%，45 年后将增值到 72800 元；而同样的 1000 元在收益率为 20% 的时候，经过同样的 45 年将增值到 3675252 元。两个数字的巨大差别会不会让你感到惊奇，这么巨大的差别，其实也就足以激起任何一个人的好奇心。

按照复利原理计算的价值成长投资的回报其实是非常可观的，假如说我们坚持按照成长投资模式去挑选、投资股票。那么，这种丰厚的投资回报并非遥不可及，我们的投资收益从而也就会像滚雪球那样越滚越大。现在小投资，将来大收益，这其实也就是复利的神奇魔力。

复利并不是一个数字游戏。而是告诉这些我们有关投资和收益的哲理。在我们的人生当中，追求财富的过程，不是短跑，也不是马拉松式的长跑，而是在更长甚至数十年的时间跨度上所进行的一种耐力比赛。坚持追求复利的原则，那么起步的资金即使不太大，足够的耐心加上稳定的“小利”，就一定能够很漂亮地赢得这场比赛。

内在价值原理——物有所值是投资的根本

通常我们在决定购买一家公司的股票之前，都会对这家公司进行一定的评估。那么，怎样才能使评估更加准确呢？这其实也就需要应用内在价值原理。内在价值其实是一个非常重要的概念，它指的就是一家企业在其余下的寿命之中能够产生的现金的折现值。事实上内在价值为评估投资和企业的相对吸引力提供了唯一的逻辑手段。

著名的证券投资大师本杰明·格雷厄姆认为，价值投资最基本的策略正是利用股市中价格与价值的背离，就是用低于股票内在价值的价格买进股票，在股票上涨之后再用相当于或高于价值的价格抛出，从而最终获取利润。换句话就是说，投资成功的前提其实也就是要对你所投资的企业进行真正的内在价值评估。可是在实际投资当中，如果你要想对一家企业的内在价值进行准确的评估是一件十分困难的事情。大多数的投资者都是因为不能对企业内在价值做出准确的评估，从而最终导致自己的投资策略出现偏差甚至是严重失误。

在大多数投资者来看，企业内在价值评估的最大困难其实也就是内在价值取决于公司未来的长期现金流，而未来的现金流又取决于公司未来的业务状况，但是未来是不确定的、动态的，所以时间越长，也就越难准确地进行预测。

如果你要想准确地评估一个企业的内在价值的话，那么为自己的投资做出正确的判断提供依据，投资者同时也一定要掌握必要的方法。在这里主要向大家介绍两种估值方法：现金流贴现模型和市盈率估值模型。

一、现金流贴现模型

现金流贴现模型其实就是运用收入的资本化定价方法来决定普通股票的内在价值的。按照收入的资本化定价的方法，任何资产的内在价值其实都是由拥有这种资产的投资者在未来

时期中所接受的现金流决定的。由于现金流是未来时期的预期值，所以说必须按照一定的贴现率返还成现值，换句话就是说一种资产的内在价值等于预期现金流的贴现值。

美国西北大学教授拉巴波特认为能够影响目标企业的价值有五种价值动因，即销售增长率、经济利润边际、新增固定资产投资、新增营运资本、边际税率等。这五种因素被他运用在了自由现金流量模型中，公式是这样表述的：

FCF=S[，t−1]（1+g[，t]）·P[，t]（1−T）−（S[，t]−S[，t−1]）·（F[，t]+W[，t]）。

其中：FCF——自由现金流量；S[，t]——年销售额；g[，t]——销售额年增长率；P[，t]——销售利润率；T——所得税率；F[，t]——销售额每增加1元所需追加的固定资本投资；W[，t]——销售每增加1元所需追加的营运资本投资；t——预测期内某一年度。

投资者在使用现金流贴现模型的时候，着重应该做好以下两点：

1. 要有正确的现金流量（未来时期预支的现金股利）预测。

事实上如今在许多企业，特别是那些具有高资产利润比的企业里，通货膨胀使部分或全部利润也都是虚有其表。企业如果想要维持其经济地位，就不能把这些“利润”作为股利最发。否则的话，企业也就会在维持销量的能力、长期竞争地位和财务实力等一个或多个方面失去商业竞争的根基。所以说，唯有当投资者了解自由现金流的时候，会计上的利润在估值中才有意义。

事实上按照会计的准则计算的现金流量其实根本不能够真实反映长期自由现金流量，唯有所有者收益才是计算自由现金流量的正确方法。所有者收益一般都包括报告收益加上折旧费用、折耗费用、摊销费用和某些其他非现金费用，减去企业为维护其长期竞争地位和单位产量而用于厂房和设备的年平均资本性支出等。

其实这里所提出的所有者收益，与现金流量表中根据会计准则计算的现金流量最大的不同之处就在于，所有者收益中还包括了企业为维护长期竞争优势地位的资本性支出。

现在大多数的企业经理人都承认在很长的一段时间当中，企业仅仅是为了保持当前的单位产量和竞争地位，就一定要投入比非现金费用更多的资金。假如存在这种增加投入的必要性的话，那么根据会计准则计算的现金流量收益从而也就会远远超出所有者收盏。

巴菲特曾经就提起过：投资成功的关键就在于，在市场价格大大低于经营企业的价值的时候，买入优秀企业的股票，假如投资者相信，评估一家企业的偿债能力或对其权益进行估值的时候，就可以用报告收益加上非现金费用，从而忽略了年平均资本性支出，这样也就肯定会遇上大麻烦。

2. 一定要确定合适的贴现率。

通常投资者在确定了公司未来的现金流量之后，同时也就就应该选用相应的贴现率。贴现率通常有两部分组成。第一个是社会上的无风利率；第二个是风险补偿率，也就是超过无风险和利率的部分。

现在在我国国内的贴现率一般可采用下列三个标准：

（1）银行同期贷款利率。

（2）增发股票时证监会规定的净资产收益率。

（3）投资者要求的投资报酬率。

二、市盈率估价模型

市盈率，也称之为价格收益比率，它是每股价格与每股收益之间的比率，计算公式是：每段价格 = 市盈率 × 每段收益。假如说我们能够分别估计出股票的市盈率和每股收益，那么我们也就能够间接地由此公式估计出股票价格。

因为在价值评估过程中，经常就会出现这样那样的情况，投资者假如在某一环节出错的话，也就很有可能就会带来连锁反应，并导致一个接一个的错误。通常在这种情况下，投资者顾及的因素越来越多，他所预测的结果也就越容易出现失误。因此，投资者在进行企业内在价值评估时，应尽量做到越简单越好。

杠杆原理——小资金带来大收益

每个人或许都知道杠杆是物理学中的术语之一，利用一根杠杆和一个支点，就可以用很小的力量撬起很重的物体。古希腊科学加阿基米德曾经也有这样一句流传千古的名言："给我一个支点，我就能撬起地球！"这其实也就是对杠杆原理最精彩的描述。事实上杠杆原理也充分应用于投资当中，主要就是指利用很小的资金获得很大的收益。

我们可以以投资服装生意来说明杠杆的应用。比如说说你有1000元钱就可以做1000元钱的生意了，那么你在进货买入1000元的衣服能够卖出1400元，从而自己也就赚了400元，这其实也就是自己的钱赚的钱，正是那1000元本钱带来的利润。通常这是没有杠杆作用的。从银行贷款是要给银行利息的，这个道理我们其实也都知道。但是利息就是你从银行拿钱出来使用的成本。这等于是你用利息买来银行的钱的使用权，当你使用之后你还是必须要还给银行的。假如说你看准做服装的生意肯定是赚钱的，就能够从银行贷款10万，使用1个星期，如果说利息正好是1000元的话。那么这也就等于你用原来做衣服的本钱1000元买了银行10万的使用权，而用这10万买了衣服，卖出后得到14万。你自己从而也就赚了4万。这其实就是用自己的1000元撬动了10万的力量，用10万的力量赚了4万的钱。这正一个杠杆的例子。

杠杆经常是用"倍"来表示大小。假如说你有100元，投资1000元的生意，这就是10倍的杠杆。假如说你有100元可以投资10000元的生意，这就是100倍的杠杆。比如做外汇保证金交易的时候，其实也就是充分地使用了杠杆，这种杠杆从10倍、50倍、100倍、200倍、400倍的都有。最大也能使用400倍的杠杆，事实上就是等于把你自己的本钱放大400倍来使用，有1万就相当于有400万，可以做400万的生意了。这是非常厉害的了。

还有我们买房子时的按揭，其实也是使用了杠杆原理。绝大多数的人买房子，都不是一笔付清的。假如说你买一幢100万的房子，首付是20%，那么这样一来你也就用了5倍的杠杆。假如说房价增值10%的话，你的投资回报就是50%。那倘若你的首付是10%的话，杠杆就变成了10倍。假如房价涨10%，那么你的投资回报也就是一倍！足以可见，用杠杆赚钱来得快。

然而凡事都是有一利就有一弊，甘蔗没有两头甜，杠杆也不例外。杠杆能够把回报放大，同样也可以把损失放大。同样用那100万的房子做例子，假如房价跌了10%，那么5倍的杠杆损失也就是50%，10倍的杠杆损失，也就是你的本钱尽失，全军覆没。比如美国发生的次贷危机，其主要原因就是以前使用的杠杆的倍数太大。

通常在股票、房价疯涨的时候，很多人都恨不得把杠杆能用到100倍以上，这样才可以回报地快，一本万利；可是当股票、房价大幅下跌的时候，杠杆的放大效应也就会迫使很多的人把股票和房子以低价卖出。可是当人们把股票和房子低价卖出的时候，也就造成了更多的家庭资不抵债，被迫将资产以更低价出售，从而造成恶性循环，导致严重的经济危机。

总而言之，我们在使用杠杆之前一定要有一个更重要的核心要把握住：那其实就是成功与失败的概率是多大。如果说赚钱的概率比较大，就可以用很大的杠杆，因为这样赚钱快。假如失败的概率比较大，那根本不能做，做了就是失败，而且会赔得很惨。

在投资市场上，人们都有以小博大的希望，希望用最少的钱赚更多的钱。但是，天下没有免费的午餐，使用杠杆然是以巨大的风险为代价，这就需要投资者不要只看到收益，更要看到风险，谨慎使用这一工具。

不可预测性——没有人能精确地预测投资市场

投资市场的不可预测性指的就是证券市场它是一个十分复杂的动态系统，因为其内部因素相互作用的复杂性以及影响它的很多外部因素的难处理性，使得其运行规律难以被理解和刻画。但是在具体的投资过程当中，很多的人最喜欢做的事却是去预测，或者就是让别人去预测。这其实是投资者对市场缺乏了解的一种表现。事实上，从来就没有人可以正确预测出不论是大盘还是个股的具体点位或价位，最多也就是根据当时的走势判断一下趋势是怎样的。

市场会以它自己的方式来证明大多数的预测都是错误的。

那些著名的投资大师，他们更多的其实就是关注股票本身，以及大的趋势，他们很少花心思去预测股市的短期变化。比如说有股神之称的沃伦·巴菲特和美国最成功的基金经理彼得·林奇就曾经这样告诫过投资者：永远都不要试着去预测股市。这是因为没有人可以预测到股市的短期走势，更不可能预测到具体的点位。就算是有一次预测对了，那也是运气，是偶然现象，而并不会是常态。

巴菲特曾经说过："我从来都没有见过一个能够预测市场走势的人。""事实上分析市场的运作与试图预测市场是两码事，只要能够了解这点是相当重要。我们也都已经逐渐在接近了解市场行为的边缘，可是我们还不能够具备任何预测市场的能力。复杂适应性系统带给我们的教训是，市场是在不断变化的，它顽固地拒绝被预测。"他一直都坚持认为，预测在投资当中其实根本不会占有一席之地，而且他的方法也就是投资于业绩优秀的公司。他还说道，"事实上，人的贪欲、恐惧和愚蠢是可以预测的，但其后果却是不堪设想。"在他看来，投资者经历的也就不外乎是两种情况：上涨或下跌。而关键就是你必须要利用市场，并不是被市场所利用，所以你千万不要让市场误导你采取错误的行动。

实际上只要我们能够仔细想想，就能够知道那些所谓的预测的不可靠性。假如说那些活跃的股市和经济预测专家能够连续预测成功的话，他们早就已经成了大富翁，还用得着到处奔波搞预测吗?

即便是那些投资市场上的大型机构，也不能够准确预测股市的短期走势。比如说在中国市场上，近年来机构对上证指数最高点位的预测（这些预测无疑代表了目前中国资本市场高端的研究水平，集中了许多重量级研究机构和研究人员的智慧）就屡屡失算。其实在2005年年末各大券商机构对2006年的预测，1500点已经是算最高目标位的顶部了，那个时候有个别专家分析股改大势后提出，1300点也就将成为历史性底部的时候，不少的分析人员还嗤之以鼻。可是实际上，2006年却是以2675点最高点位收盘。直到2006年年末，绝大多数的机构对2007年上证指数的预测都是远远低于4000点，而实际上2007年以来，但是将近半年以上时间都是在4000点上方运行，直到10月份上证指数还一度达到6124点的高位。事实上随后股市大跌，就已经有好多人预测4000点是政策底，绝对不会跌破，但是结果股指还是最终跌破了2000点。而且很多的人预测2008年奥运会时会有一波大行情，可是最终的结果不但奥运会前夕股市表现很弱。而且就在奥运会开幕当天，股市开始了向下破位。就在奥运会进行的那些天，股市还是一路向下。而预期中的奥运行情根本没有出现，留下的则是黑色梦魇。由此可见，对于具体点位的预测常常是"失算"的时候多于"胜算"。

本杰明·格雷厄姆曾经这样说过：假如说我在华尔街60多年的经验中发现过什么的话，那其实也就是没有人能成功地预测股市变化。

尽管股市的具体点位是不能准确预测的，但是大的趋势还是可以判断的。事实上，彼得·林奇的"鸡尾酒会"理论则是一个寻找股市规律的有效工具。

所有企业预测市场的人最终以惨败告终。所以，不要企图精确预测，特别是企业把握股票的短期波动。因为没有人能真正做到这一点。如果投资者能把金钱和精力投入到有限的股票和企业上来，有针对性地对自己买入股票的公司加以全方位的了解，这样，投资的效果会更好。

波动原理——不停地波动是投资市场永恒的规律

在投资市场上，股票的价格是不可能一直上涨，也同样是不可能一直下跌的，它们时间是围绕股票的内在价值不打断地涨涨跌跌进行波动。英国著名经济学家休谟曾经指出："一切东西的价格取决于商品与货币之间的比例，任何一方的重大变化都能引起同样的结果——价格的起伏。"休谟还进一步说："商品增加，价钱就便宜；货币增加，商品就涨价。反之，商品减少或货币减少也都是有相反的倾向。"事实上，股票也是一种商品，同样受这种规律的制约。当某一特定的股票市场，交易的股票数量增加，并且参与交易的资金不变的时候，交易的价格从而也就会下跌；相反，当参与交易的资金增加，而交易的股票数量不变的时候，交易的价格从而就会上涨。

事实上关于股票波动特性的研究，最著名的当属 R·E. 艾略特的波浪理论。艾略特认为，无论是是股票还是商品价格的波动，其实也都与大自然的潮汐、波浪一样，一浪跟着一波，周而复始，具有相当程度的规律性，展现出周期循环的特点，任何波动均有迹可循。所以说，投资者可以根据这些规律性的波动预测价格未来的走势，从而确定自己的买卖策略。

一、波浪理论的四个基本特点

1. 股价指数的上升和下跌将会交替进行；

2. 价格波动两个最基本形态是推动浪和调整浪。推动浪（即与大市走向一致的波浪）可以再分割成五个小浪，一般用第 1 浪、第 2 浪、第 3 浪、第 4 浪、第 5 浪来表示，调整浪也可以划分成三个小浪，通常用 a 浪、b 浪、c 浪表示；

3. 在上述八个波浪（五上三落）完毕之后，一个循环也就宣告完成，走势将进入下一个八波浪循环；

4. 时间的长短根本不会改变波浪的形态，这是由于市场仍会依照其基本形态发展。波浪可以拉长，也可以缩细，但其基本形态永恒不变。

总而言之，波浪理论可以用一句话来概括，即“八浪循环”。

二、波浪理论的缺陷

1. 波浪理论有所谓延伸浪，有的时候五个浪可以伸展成九个浪。然而在什么时候或者在什么准则之下波浪可以延伸呢？艾略特却没有明言，使数浪这回事变成各自启发，自己去想。

2. 波浪理论家对现象的看法其实并不统一。每一个波浪理论家，包括艾略特本人，在很多的时候都会受一个问题的困扰，就是一个浪是否已经完成而开始了另外一个浪呢？有的时候甲看是第一浪，乙看是第二浪。差之毫厘，谬以千里。看错的后果却十分严重。一套不能确定的理论用在风险奇高的股票市场，运作错误足以使人损失惨重。

3. 甚至如何才算是一个完整的浪，也无明确定义，在股票市场的升跌次数绝大多数不按五升三跌这个机械模式出现。但波浪理论家却曲解说有些升跌不应该计算入浪里面。这种数浪完全是随意主观。

4. 事实上在波浪理论的浪中有浪，可以无限伸延，也就是升市的时候可以无限上升，其实也都是在上升浪之中，一个巨型浪，一百多年都可以。下跌浪也可以跌到无影无踪都仍然是下跌浪。只要是升势未完就仍然是上升浪，跌势未完就仍然是下跌浪。可是这样的理论又有什么作用？能否推测浪顶浪底的运行时间甚属可疑，等于纯粹猜测。

总的来说波浪理论是一套主观性很强的分析工具，不同的分析者对浪的识别和判断会不同，对浪的划分也很难准确界定，这就对投资者的判断力要求非常高。

一般来说，波浪理论不能运用于个股的选择上，只用以分析大量或平均指数，并由此发现较理想的买卖时机。而且波浪理论运用也非常灵活，投资者不能死搬硬套。

二八定律——投资市场上总是少数人赚钱，多数人赔钱

19 世纪末意大利经济学者帕累托发现了“二八定律”。他认为：在任何一组东西当中，其实最重要的只占了其中的一小部分，约 20%，而其余的 80% 的虽然说是多数，但却是次要的。比如 20% 的人占有 80% 的财富；而 20% 的投入换来 80% 的回报。并且这样的不平衡的模式就会重复地出现。

“二八定律”的关键是不平衡关系问题。因为事物的本身就已经存在着一定秩序关系的，而各种关系内在的力量也是不平衡的，必然也就会有强势和弱势之分，也势必会造成因果关系的不对等。这样的话投入和产出也就不会成为正比。事实上从财富分配的角度来讲的话，正是这种不平衡导致了人们收入的差异。比如说两个人的投入同样都是 8 个小时，而产出的成果也是绝对不一样的。通常员工工作了 8 小时获得的报酬是 150 元，而老板工作了 8 小时获得的报酬则是 20000 元。

其实在投资市场上，这种不平衡表现得非常突出。可以说，“二八定律”在发挥着重要的作用，比如说在股票投资市场上，一轮的行情也许只有20%的个股能成为黑马，80%个股会随大盘起伏。80%投资者会和黑马失之交臂，但仅仅是20%的投资者与黑马有一面之缘，能够真正骑稳黑马的更是少之又少。

有80%投资利润都是来自于20%的投资个股，而其余剩下的20%投资利润来自于80%的投资个股。投资收益有80%来自于20%的交易，其余80%的交易只能带来20%的利润。因此，投资者也就是需要用80%的资金和精力关注于其中最关键的20%的投资个股和20%的交易。

事实上在股市当中有80%的投资者只想着如何赚钱，仅有20%的投资者考虑到赔钱时的应变策略。可是结果是只有那20%投资者能长期赢利，而80%投资者却常常赔钱。

而20%赚钱的人也就都掌握了市场中80%正确的有价值信息，而80%赔钱的人因为各种原因没有用心收集资讯，只是通过股评或电视掌握20%的信息。

当80%人看好后市的时候，股市已接近短期头部，当80%人看空后市的时候，股市已接近短期底部。所以唯有20%的人可以做到抄底逃顶，80%人是在股价处于半山腰时买卖的。

券商的80%佣金是来自于20%短线客的交易，股民的80%收益却来自于20%的交易次数。所以说，除非有娴熟的短线投资技巧，否则不要去贸然参与短线交易。

如果说只占市场20%的大盘指标股对指数的升降起到80%作用，那么在研判大盘走向时，一定要密切关注这些指标股的表现。成功的投资者用80%时间学习研究，而用20%时间实际操作。然而失败的投资者用80%的时间实盘操作，用20%时间后悔。

通常股价在80%的时间内是处于量变状态的，仅仅在20%的时间内是处于质变状态。成功的投资者用20%时间参与股价质变的过程，用80%时间休息，其实失败的投资者用80%时间参与股价量变的过程，用20%时间休息。

在股市当中20%的机构和大户占有80%的主流资金，80%的散户占有20%资金，因此投资者只有把握住主流资金的动向，才可以稳定获利。

事实上对于投资者而言，假如能够吃透“二八定律”的精髓，把它应用于股市，赚钱就会变得很轻松。

投资需要智慧。需要理性和思考，而不是盲目地辛劳。频繁地交易。那些成功的投资者往往把80%的精力和时间放在研究股票上，而把20%的精力和时间放在交易操作上；而那些失败的投资者往往相反。

在现实生活中，我们常常能看到人性的一个弱点：避重就轻。虽然知道哪个更重要，但总会找到各种借口和理由去躲避它。当然结果是：味淡的莲子尝了不少，却难得有机会去品尝那香甜的核桃了。人的生命短暂，时间有限，我们必须清晰地认识到哪些事情是最重要的，哪些事情是最关键的。我们应该分清事情的轻重缓急，先做那些对实现自己使命而言最重要的事情，这样我们就不会拣了芝麻，却丢了西瓜。我们的人生就不会那么庸俗，那么碌碌无为，那么孱弱，那般难以选择。否则，有一天我们终将发现我们所得的远远大于所放弃的东西。

二八定律有趣而广泛的应用：

给一个公司带来80%利润的是20%的客户。20%的强势品牌，占有80%的市场份额。

20%的罪犯的罪行占所有犯罪行为的80%；20%的飙车狂人，引起80%的交通事故；

世界财富的80%，为20%的人所拥有，世界上大约80%的资源，是由世界上20%的人口所消耗；80%的能源浪费在燃烧上，只有其中的20%可以应用到车辆中，而这20%的投入，却回报以100%的产出；

在一个国家的医疗体系中，20%的人口与20%的疾病，会消耗80%的医疗资源。20%的人手里掌握着80%的财富，另一种人占了80%，却只拥有20%的财富。这些都可以用著名的二八定律来说明。

安全边际——赔钱的可能性越小越安全

事实上价值投资两个最基本的概念就是安全边际和成长性。在这里面安全边际则就是比较难把握的。这其实也是很正常的，因为假如人们学会了确定安全边际，短期虽然难免损失，可是从长期来看，应该是不赔钱的。这么好的法宝，当然也就会不容易掌握。

那么，什么才叫做安全边际呢？为什么要有安全边际这个概念呢？

其实安全边际顾名思义就是股价安全的界限。这个概念是由证券投资之父本杰明·格雷厄姆所提出来的。其实作为价值投资的核心概念，安全边际在整个价值投资领域当中都处于至高无上的地位。实际上它的定义非常简单而朴素：内在价值与价格的差额，就是价值与价格相比被低估的程度或幅度。格雷厄姆认为：值得买入的偏离幅度必须使买入是安全的。最佳的买点是即便不上涨，那么买入之后也就不会出现亏损。格雷厄姆把具有买入后即使不涨也不会亏损的买入价格与价值的偏差称为安全边际。格雷厄姆给出的正是这样一个原则，这个原则的核心是就算不挣钱也不能够赔钱。同时安全边际越大越好，安全边际越大获利空间就会自然提高。

虽然安全边际不能够保证可以避免损失，但是却能够保证获利的机会比损失的机会将更多。巴菲特曾经指出："我们的股票投资策略持续有效的前提是，我们可以用具有吸引力的价格买到有吸引力的股票。对投资人而言，买入一家优秀公司的股票时支付过高的价格，将抵消这家绩优企业未来10年所创造的价值。"这其实也就是说，忽视安全边际尽管买入优秀企业的股票也会因买价过高而难以赢利。

对于投资者而言，不可以忽视安全边际。但是在什么样的情况下股票就达到安全边际，股价就安全了呢？10倍市盈率是不是就安全呢？或者是低于净资产值就安全呢？未必是。倘若事情能够这么简单的话，那就人人赚钱了，股市从而也就成了提款机。

我们可以打一个比方，比如说鸡蛋10元钱一斤，值不值？就现在而言，相当不值。这个10元钱是价格，但是我们其实还可以去分析一下价值，从养鸡、饲料、税费、运输成本折算一下的话，可能就只是2元钱一斤，那么这个2元钱就是鸡蛋的价值。什么是安全边际呢？就是说把价值再打个折，就可以获得安全边际了。比如你花了1.8元钱买了一斤鸡蛋，你就拥有了10%的安全边际，而你花了1.6元钱买了一斤鸡蛋，那你就拥有了20%的安全边际。

因此安全边际其实就是一个相对于价值的折扣，并不是一个固定值。我们只能这样说，当股价低于内在价值的时候从而也就有了安全边际，至于安全边际是大还是小，就看折扣的大小了。

为什么要有安全边际呢？曾经就有人打了一个很好的比方，假如说一座桥，只允许载重4吨，我们只允许载重两吨的车辆通过，显然这个两吨就是安全边际。这样一来，就给安全留出了余地。就内因来说的话，假如在我们设计或施工中有一些问题，那么这个两吨的规定也就非常有可能保障安全；就外因来说，万一要是有个地震或地质变化什么的，两吨可能保障不出事儿。

股价的安全边际同样是如此，就内因来说，我们或许对一个企业的分析有错误，那么安全边际保障我们就不会错得太离谱；而就外因来说，一个企业可能会出现问题，一定会在经营中进入歧途，那么当我们察觉到的时候，或许还吃亏不大。这就是因为我们的选择有安全边际，其实就是股价够便宜，给我们留出了犯错误和改正错误的空间。

本杰明·格雷厄姆曾经这样提到过：我大胆地将成功投资的秘诀精炼成四个字的座右铭：安全边际。也许有人会说，大盘涨起来的时候都没有安全边际了；可是问题是，在市场极度低迷的时候，许多有很大安全边际的股票却根本无人问津。

话又说回来，安全边际能否保障股价就安全了？其实未必。最大的安全边际是成长性。例如一个生产寻呼机的企业只有5倍市盈率，这不算高吧？但是现在连寻呼台都找不到了，安全则就是笑话。足以可见，通常只有在具有成长性的前提下，安全边际才有真正的意义。

事实上对安全边际的掌握更多则是一种生存的艺术。投资就好比是行军打仗，首先就应该确保不被敌人消灭掉是作战的第一要素，否则的话一切都将无从谈起。事实上这一点在牛市氛围中，在泡沫化严重的市场里，显得特别重要。

安全边际不是万能的，但没有安全边际是万万不能的。价值投资大师与一般投资者的区别在于，大师更有耐心，等待安全边际；大师更有勇气，买入安全边际。

洼地效应——资金往往会流向更安全的投资区域

人们在社会经济发展的过程当中总是会把“水往低处流”这种自然现象引申为一个新的经济概念——“洼地效应”。

事实上从经济学理论上来说，“洼地效应”正是利用比较的优势，创造理想的经济和社会人文环境，使之对各类生产要素具有更强的吸引力，从而形成了一种独特的竞争优势，吸引外来资源向本地区汇聚、流动，弥补本地资源结构上的缺陷，促进本地区经济和社会的快速发展。其实简单来说，指一个区域与其他区域相比，环境质量就会变得更高，而对于各类生产要素具有更强的吸引力，从而也就形成了独特的竞争优势。资本的趋利性，决定了资金一定会流向更具竞争优势的领域和更具赚钱效应的“洼地”。

比如说房地产。事实上每当房地产围合一个湖泊中心发展的时候，也便形成了自湖心向四周土地递减的级差地租，大致就会出现“近贵远贱”的圈层分布，这实际上就围合出湖心的价值洼地。一旦因某种特殊原因填湖开发，那么湖心洼地的地价和房价就会突然发生井喷，从而创下区域地产的最大价值，甚至引发周边地产的价值飙升，这样就产生了洼地效应。当然在房地产实际开发中，事实上所谓的洼地不一定就是湖心区，也或许是市政中心、城市广场或历史建筑区等对于区域价值有提升作用的区域。

在经济学的财经分析中我们都会经常看到“洼地效应”。譬如说中国市场的巨大投资潜力和发展空间，吸引到越来越多的国际投资者的目光，使外资投入持续增加，这就说明中国在全球经济中产生了洼地效应；也能够用来形容江浙一带对人才的吸引，说其民间资本的持续发展产生了洼地效应；然而当解释蓝筹股在弱市中的井喷行情的时候，就不免会比较其动态市盈率和平均市盈率，也就是说其产生了价值洼地。

具有日本股神美誉的川银藏曾经这样说过：选择未来大有前途，但却尚未被世人察觉的潜力股，并长期持有，对于投资者来说，“洼地效应”的概念好理解，但是怎样才能在股票市场上找到真正的“洼地”，获得投资的巨大收益呢？

1. 倘若发现有做实体产业，每股的业绩高达 1 元以上，而且其产业方向和经营业绩基本可以处于长期稳定，那么在经济危机当中不但没有遭受到重创，同时还能迅速翻身挺过来的公司股票，则是属于“洼地”的投资目标。

2. 遭受长期的冷落，然而关乎国计民生的股票。比如说属于人民大众最重要的吃饭问题的粮食和农业概念股，这些都是可以而且必须持续发展的永恒产业，假如其业绩和发展预期良好，而且没有被爆炒过的话，则就真正属于价值洼地，非常具有投资价值。

3. 要关注那些属于国家规划扶持发展，真正生产与科研结合，有能力、有规模和实力做新能源产业的，这样也就必然在不远的将来影响到后续人类的生产、生活方式，不论是现在起始阶段多么迷茫，或是股价已被炒得很高，但是只要是符合全球人类革新方向的，就还值得长远投资布局，不过可能需要有一定的耐心。

水往低处流是自然规律，钱往低价走其实也是股市的自然竞争法则。对于投资者而言，如果能掌握股市的自然竞争法则，必然赚钱。

羊群效应——盲从是赚不到钱的根本原因

“羊群效应”其实是一种严重的“从众心理”。通常在投资市场上人们用“羊群效应”来形容那些容易盲目跟风的人。其实我们都知道羊群是一种很散乱的组织，平时在一起也都是比较盲目地左冲右撞，但是假如有一只头羊动起来的话，那么其他的羊也都会不假思索地一哄而上，全然不顾前面可能有狼或者不远处有更好的草。所以说，“羊群效应”很容易导致盲从，而盲从往往就会陷入到骗局或遭到失败。

我们都明白盲从本来就是一种没有主见的表现。通常在股票投资的过程当中，很多的投资者都自觉或不自觉地受到一些错误心态的影响，而其实在这些错误思想的引导下，通常就会做出错误的决定，造成严重的后果，盲目跟风就是比较严重的一种。

在股市上，由于每个投资者对后市的预期不同，总是会有一部分人买，一部分人卖，这其实也就体现了所谓仁者见仁，智者见智。通常初入股市的投资者，一见别人购买一种股票，往往自己也会跟风买进，但是股市有它自身的运动规律，盲目买进通常都是套牢的时候比赢利的时候多。当股价一路下跌，人们一致看空，股评家都遥指某某低位的时候，这时有的投资者的心理防线崩溃了，盲目割肉，而自己一出手通常正好是最低价，结果自己后悔莫及。

索罗斯曾经提到过：股市往往是不可信赖的，所以倘若在华尔街地区你跟着别人赶时髦，那么你的股票经营也就注定是非常惨淡的，记住炒股要有自己的主见，一定要坚持自己的原则，不能人云亦云，被市场狂热或悲观的气氛所左右。事实上也正是因为人们有趋众性，往往很难能够摆脱大众对个人行为的影响，于是随波逐流也就没有任何的个人主见。可惜的是，在投资市场中胜利总是站在少数人一边，而随波逐流的趋众性也就注定大多数投资者是奉献一族。通常能够获利者必定具有不从大众思路、在市场刚转势即坚定站对方向的人。

巴菲特就是一个善于坚持自己的原则，坚持自己的判断的人，他经常会依靠直觉行事，所以千万不要相信别人的判断，“事实上最重要的就是，按照自己的标准行事，”巴菲特曾经说过，一个很好的衡量方式是不断地询问自己，“你愿意被认为是全世界最可爱的人但你清楚自己其实非常糟糕——还是你宁愿自己被公认为十分糟糕，但你心里清楚事实并非如此？’

通常在进行投资的时候，清醒的头脑是不可或缺的——甚至巴菲特也不可能在投资市场保持全胜，20 世纪 90 年代后期，恰恰是因为自己拒绝投资于蓬勃发展的高科技和互联网领域的股票，他曾经也是备受诟病，但是巴菲特坚持自己的原则，例如他甚至很少与所投资的公司的管理层进行接触，他总是宁愿通过研究财务报表来与他们建立联系，这是由于他认为相对而言，这种获取信息的方式更中立、更公正。

巴菲特在进行投资的时候还有一个非常重要的原则：他只是去关注“能力范围之内”的投资，也就是说他只对自己很有信心的领域进行投资，他不会投资自己不熟悉的陌生领域。而对大部分人而言，把自我情绪和商业投资完全分离开来是一件很困难的事情，可是巴菲特就能够轻易做到，虽然看起来和蔼可亲，但是精明的巴菲特竭力避免不必要的干扰，以免影响他的投资判断。巴菲特就是用自己的理性创造了辉煌的成就。

“羊群心理”可以说是人们造成投资损失最为重要的原因之一。如果我们要想在投资市场上赚钱，就一定要摒弃这种心理，学会独立思考，坚持自己的判断。“走自己的路”其实就是投资赚钱的重要秘诀。

羊群心理往往会使投资者损失惨重。不能坚持自己的原则，总是人云亦云，缺乏主见的人，是不适宜做投资的。只有学会独立思考，自我决断，才能让投资者抓住真正的机会，获得投资的成功。

第三章

理财须知的宏观经济因素

宏观经济因素包括了国民经济的总体活动。指的是整个国民经济或是国民经济总体及其经济活动和运行状态，比如总供给与总需求；物价的总水平；国民经济中的主要比例关系；国民经济的总值及其增长速度；劳动就业的总水平与失业率等。其实也正是这些宏观调控的因素的整体方向和趋势从而决定了个人和家庭投资理财的战略选择。

百姓生活的晴雨表——CPI

CPI 全称为消费者物价指数，英文缩写为 CPI，是反映与居民生活相关的产品及劳务价格统计出来的物价变动指标，一般作为观察通货膨胀水平的重要指标。如果消费者物价指数升幅过大，表明通胀已经成为经济不稳定因素。

CPI 的计算公式：CPI=（一组固定商品按当期价格计算的价值）除以（一组固定商品按基期价格计算的价值）乘以 100%。例如，若某年某国普通家庭每个月购买一组商品的费用为 800 元，而 5 年后购买这一组商品的费用为 1000 元，那么该国的消费价格指数为（以 2010 年为基期）CPI=1000/800*100%=125%，也就是说上涨了 25%。

CPI 是一个滞后性的数据，可是它通常是市场经济活动与政府货币政策的一个重要参考指标，具有启示性。CPI 稳定、就业充分及 GDP 增长常常是最重要的社会经济目标。

通货膨胀大家都知道，直接牵扯到我们日常生活。观察通货膨胀水平的最重要指标是居民消费价格指数，也称 CPI，它计算的是居民日常消费的生活用品和劳务的平均价格水平，是一个与基期 100 相比较的数值。计算期的价格指数超过 100，表明该期价格水平与基期相比上升了，小于 100 则表明下降了。如果这一指数开始一路狂飙，表明通货膨胀压力增大。因此，该指数过高的升幅一般不被市场欢迎。例如 2010 年我国居民消费价格（CPI）比上年上涨 3.3%。那就表示，生活成本比 12 个月前平均上升 3.3%。当生活成本提高，你的金钱价值便随之下降。也就是说，一年前收到的一张 100 元纸币，今日只可以买到价值 96.7 元的货品及服务。

消费物价指数水平表明消费者的购买能力，也表明经济的景气状况，如果该指数下跌，反映经济衰退，必然对货币汇率走势不利。但如果消费物价指数上升，汇率是否一定有利好呢？不能肯定，须看消费物价指数“升幅”如何。倘若该指数升幅温和，则表示经济稳定向上，当然对该国货币有利，但如果该指数涨幅过大却有不良影响，因为物价指数与购买能力成反比，物价越贵，货币的购买能力越低，必然对该国货币不利。

目前，从中国的实际情况来看，CPI 的稳定及其重要性并不像发达国家所认为的那样“有一定的权威性，市场的经济活动会根据 CPI 的变化来调整”。近几年来欧美国家 GDP 增长一直在 2% 左右波动，CPI 也同样在 0% ~ 6% 的范围内变化，而中国的情况却和他们不同。首先是国内经济快速增长，近两年来 GDP 增长都在 9% ~10% 以上，CPI 却没有多少波动，表面看来这可以说得上是“政府对经济运行调控自如，市场行为反映十分理性”。其次是一年之内 CPI 大起大落，前后相差几个百分点；通常状态下，除非经济生活中有重大的突发事件（如 1997 年的亚洲金融危机），CPI 是不可能大涨大跌的。再者是随着 CPI 大幅波动，国内经济一时间通货膨胀率过高，民众储蓄负利率严重，一时间居民储蓄又告别负收益，通货紧缩阴影重现。这样一种经济环境令人担忧，因此，如何理解CPI指数便成为一个十分重要的问题。

国家经济是高涨还是低迷——PPI

生产者物价指数（Producer Price Index），简称PPI，也称为产品价格指数，指的是从生产者方面考虑的物价指数，它不光是反映某一时期生产领域价格变动情况的重要经济指标，也是制定有关经济政策和国民经济核算的重要依据。PPI指的是衡量工业企业产品出厂价格变动趋势和变动程度的指数。生产者价格指数的上涨说明了生产者价格的提高，相应地生产者的生产成本增加，生产成本的增加必然转嫁到消费者身上，使得CPI上涨。生产者价格指数（PPI）是衡量通货膨胀的潜在性指标。

生产者物价指数与CPI有所区别，其主要目的是衡量企业购买的一揽子物品和劳务的总费用。理论上讲，生产过程中所面临的物价波动将反映至最终产品的价格上，因为企业最终要把它们的费用以更高的消费价格转移给消费者，所以，通常认为生产物价指数的变动对预测消费物价指数的变动是有用的。

生产者物价指数的主要的目的是衡量各种商品在不同生产阶段的价格变化情形。通常来看，商品的生产分为三个阶段：

1. 原始阶段：商品尚未做任何的加工；

2. 中间阶段：商品尚需作进一步的加工；

3. 完成阶段：商品至此不再做任何加工手续。根据价格传导规律，PPI对CPI有一定的影响。

PPI说明生产环节价格水平，CPI说明消费环节的价格水平。整体价格水平的波动通常最先出现在生产领域，然后通过产业链向下游产业扩散，最后波及消费品。产业链一般分为两条：一是以工业品为原材料的生产，存在原材料→生产资料→生活资料的传导。另一条是以农产品为原料的生产，存在农业生产资料→农产品→食品的传导。在中国，就以上两个传导路径来看，现在第二条，即农产品向食品的传导较为充分，2006年以来粮价上涨是拉动CPI上涨的主要因素。但第一条，即工业品向CPI的传导基本是失效的。

在市场条件不同的情况下，工业品价格向最终消费价格传导有两种可能情形：一是在卖方市场条件下，成本上涨引起的工业品价格（如电力、水、煤炭等能源、原材料价格）上涨最终会顺利传导到消费品价格上；二是在买方市场条件下，由于供大于求，工业品价格不易传递到消费品价格上，企业需要通过压缩利润对上涨的成本进行消化，其结果表现为中下游产品价格稳定，甚至可能继续走低，企业盈利减少。对于部分难以消化成本上涨的企业，可能会面临破产。可以顺利完成传导的工业品价格（主要是电力、煤炭、水等能源原材料价格）目前主要属于政府调价范围。在上游产品价格（PPI）持续走高的情况下，企业无法顺利把上游成本转嫁出去，使最终消费品价格（CPI）提高，最终会导致企业利润的减少。

对于生产企业来说，既然预见PPI会继续走低，那么一方面要加大力度销售库存商品以回避价格风险，另一方面要在保证正常生产前提下尽量减少原材料的定购以降低成本。对于个人理财来说，随着政府对股市采取更进一步维稳措施以及货币政策的逐步放松，是把钱存在银行还是投于股市或用作其他投资，相信大家都会作出明智的选择。

决定你是温饱还是小康——恩格尔系数

恩格尔系数是体现贫富程度的重要标准之一。

恩格尔定律的公式：

（食物支出变动百分 ÷ 总支出变动百分比）×100%＝食物支出对总支出的比率（R1）

或（食物支出变动百分比 ÷ 收入变动百分比）×100%＝食物支出对收入的比率（R2）

（注意：R2 又称为食物支出的收入弹性）

联合国根据恩格尔系数的大小，对世界各国的生活水平有一个划分标准，即一个国家平均家庭恩格尔系数大于 60% 为贫穷；50% ~ 60% 为温饱；40% ~ 50% 为小康；30% ~ 40% 属于相对富裕；20% ~ 30% 为富裕；20% 以下为极其富裕。

通常来看，在其他条件相同的情况下，恩格尔系数较高，则代表收入低，反之，恩格尔系数较低，则表明收入较高，作为国家来说则表明该国较富裕。

我们都认同，吃是人类生存的第一需要，在收入水平较低时，其在消费支出中必然占有重要地位。随着收入的不断上涨，在食物需求基本满足的情况下，消费的重心才会开始向穿、用等其他方面转移。

恩格尔系数是食品支出总额占个人消费支出总额的比重，阐述的是食品支出占总消费支出的比例随收入变化而变化的一定趋势。19 世纪德国统计学家恩格尔根据统计资料，对消费结构的变化得出一个规律：一个家庭收入越少，家庭收入中（或总支出中）用来购买食物的支出所占的比例就越大，随着家庭收入的增加，家庭收入中（或总支出中）用来购买食物的支出比例则会下降。概括言之，一个国家越穷，每个国民的平均收入中（或平均支出中）用于购买食物的支出所占比例就越大，随着国家的富裕，这个比例呈下降趋势。简单理解，一个国家或家庭生活越贫困，恩格尔系数就越大；反之，生活越富裕，恩格尔系数就越小。

恩格尔系数是用来衡量家庭富足程度的重要标尺，表明了居民收入和食品支出之间的相互关系，用食品支出占消费总支出的比例来说明经济发展、收入增加对生活消费的影响程度。

恩格尔定律来自于经验数据，它是在假设其他一切变量都是常数的前提下才适用的，因此在考察食物支出在收入中所占比例的变动问题时，还应当考虑城市化程度、食品加工、饮食业和食物本身结构变化等因素，它们都会影响家庭的食物支出增加。只有平均食物消费水平达到相当高时，收入的进一步增加才不对食物支出发生重要的影响。

使用恩格尔系数时应当注意，一是恩格尔系数是一种长期趋势，时间越长趋势越明显，某一年份恩格尔系数波动是正常的；二是在进行国际比较时应留意可比口径，在中国城市，由于住房、医疗、交通等方面存在大量补贴，所以进行国际比较时应调整到相同口径，要注意个人消费支出的实际构成情况，注意到运用恩格尔系数反映消费水平和生活质量会产生误差；三是地区间消费习惯不同，恩格尔系数也会略有不同。

衡量富豪和贫民的标尺——基尼系数

意大利经济学家基尼（CorradoGini，1884 ~ 1965）于 1912 年提出基尼系数，是根据洛伦茨曲线提出的判断分配平等程度的指标。基尼系数的经济含义是：在所有居民收入中，用于进行不平均分配的那部分收入占总收入的百分比。基尼系数最大值为“1”，最小值等于“0”。前者指代居民之间的收入分配绝对不平均，即 100 的收入被一个单位的人全部占有了；而后者则表明居民之间的收入分配绝对平均，即人与人之间收入完全平等，没有任何差异。不过这两种情况只是在理论上的绝对化形式，在真正生活中一般不会出现。因此，基尼系数的实际数值只能介于 0 ~ 1 之间。

收入分配越是靠近平等，洛伦茨曲线的弧度越小，基尼系数也越小，反之，收入分配差异越大，洛伦茨曲线的弧度越大，那么基尼系数也越大。

我国改革开放以来，经济社会生活发生了巨大而深刻的变化。人们收入水平在整体显著提高的同时，也出现了收入差距拉大的现象。综合各类居民收入来看，基尼系数跨越警戒线已是不争的事实。目前，中国正处于从人均 1000 美元到 3000 美元这样一个关键的发展阶段，只有切实解决收入差距问题，构建和谐社会，我国才能顺利地度过这一关键的发展阶段，进入良性运行和健康发展的轨道。

中国社科院农发所发布的 2011 年《农村经济绿皮书》指出：2010 年全国农村居民收入增速自从 1998 年以来快于城镇，城乡收入差距与上年相比有所下降。但目前的城乡居民收入差距仍然巨大，预计到 2011 年年底，这个比例还将达到 3.26：1。而西部的一些省份这一比例更高，会达4：1以上。另外，中国社科院院士魏后凯博士谈到这一比例与城乡固定资产投资有关，说“我国城镇人口不到50%，社会在固定资产投资方面都投给了城镇，占87%，尤其是把投资投向大都市。”

如今行业间收入差距进一步加大。随着企业改制的不断深入，国民经济各行业间工资水平参差不齐，差距越来越大。一些垄断性行业、新兴行业与夕阳产业间的收入差距越来越大。

而采用基尼系数计算边际消费倾向，且用客观统计的方法取代凯恩斯主义心理分析方法，这种优越性是明显的：不管怎么列举影响边际消费的因素，都无法穷尽；不管采用多么深入细致的分析，也难以理清各种因素之间的复杂相关性，而统计方法综合、全面、客观反映所有因素的影响。从历史唯物主义的观点出发，即便是预期，也是历史客观的反映，因此需要统计分析而不是主观臆断。

你知道什么是“第一大税”么——增值税

增值税为现在世界上非常普遍的一种以法定增值额为课税对象的税种。通常说，商品在生产过程中都会消耗掉一部分生产资料，这部分生产资料在生产过程中仅仅把原有的价值再现于新的产品之中，并不增加新的价值；与此同时，在同一个生产过程中，通过人们的劳动会使新生产出来的产品价值比其所消耗掉的生产资料的价值有所增加，这一部分新增加的价值体现在新生产出来的产品价格比其所消耗掉的生产资料的购入价格要高出许多。那么人们就把这种价格上的差额视为增值额，并将这个增值额作为计征增值税的法定增值额。

自1979年开始中国试行增值税，现行的增值税制度是以1993年12月13日国务院颁布的国务院令第134号《中华人民共和国增值税暂行条例》为基础的。增值税现在已成为中国最主要的税种之一，增值税的收入占中国全部税收的60%以上，是最大的税种。增值税由国家税务局负责征收，税收收入中75%为中央财政收入，25%为地方收入。进口环节的增值税由海关负责征收，税收收入全部为中央财政收入。

在实行增值税制的国家里，人们通过对购入固定资产（厂房、机器、设备等）时所缴纳的增值税是否扣除和如何扣除的区别，把增值税分为三种类型：

收入型增值税。是指在计征产品销售增值税款时，仅允许扣除固定资产折旧部分的已缴增值税金。

2. 消费型增值税。是指在计征产品销售增值税款时，允许将购置固定资产时所缴纳的增值税款一次性全部扣除，并不问其在多长时期内消耗掉。

3. 生产型增值税。是指在计征产品销售增值税款时，不允许企业扣除购入固定资产时已缴纳的增值税款。

增值税实行的是“价外税”，价外税指的是根据不含税价格作为计税依据的税，税金和价格是分开的，在价格上涨时，是价动还是税动，界限分明，责任清楚，有利于制约纳税人的提价动机，也利于消费者对价格的监督，采用价外税的形式，价格是多少，税金是多少，清楚明了，消费者从中可以掌控国家调节消费的方向，从而相应地修正自己的消费方向。

由消费者负担实行价外税，有增值才征税没增值不征税，但在现实生活中，商品新增价值或附加值在生产和流通过程中是不易准确计算的。因此，我国也采用国际上的通常采用的税款抵扣的办法，即根据销售商品或劳务的销售额，按规定的税率计算出销项税额，然后扣除取得该商品或劳务时所支付的增值税款，也就是进项税额，其差额就是增值部分应交的税额，这种计算方法体现了按增值因素计税的原则。

例如：

A公司向B公司购进甲货物100件，金额为10000元，但A公司实际上要付给对方的货款并不是10000元，而是10000+10000×17%（假设增值税率为17%）=11700元。

为什么只购进的货物价值才10000元，另外还要支付1700元呢？因为这时，A公

司作为消费者就要另外负担1700元的增值税，这就是增值税的价外征收。这1700元增值税对A公司来说就是“进项税”。B公司多收了这1700元的增值税款并不归B公司所有，而是要把1700元增值税上交给国家。所以B公司只是代收代缴而已，并不负担这笔税款。

为大众的健康保驾护航——烟酒征税

据1996年12月18日美国《华尔街日报》报道，美国英美烟草公司的走私香烟在中国的销量大增，美国英美烟草公司的香烟占走私到中国的外国香烟总量的一半以上。由此看来，国家税务总局要求各级税务部门要切实加强消费税征收管理，特别是抓好烟酒等重点行业的消费税征管是十分重要的。

在出台烟酒产品印花税之前，美国每年烟酒产品税收流失情况十分严重。据华盛顿州官方网站公布的数据显示，在未实行贴花征税措施前的1997年7月到1999年1月1日止，该州税收执法人员查处未税香烟900000包，预计每年烟类税收的流失额达到1.15亿美元。正是在这样的背景下，烟酒产品印花税才得以出台。

1. 对烟酒产品开征印花税，将烟酒产品消费税负转换为印花税负；取消烟酒产品的消费税。

2. 秉承不加重企业的税收负担和简便征收的原则，烟酒产品印花税按价格划分不同类别和档次，实行从量计征。

3. 烟酒产品印花税纳税环节应与烟酒产品其他税在同一环节。鉴于我们现行消费税在生产环节代缴，而国内烟酒产品消费税的偷逃也主要是在生产出厂环节，因此印花税也应在生产环节征收，由生产商向税务局申购税票，负责粘贴。

4. 加强处罚力度，增加逃税成本，降低逃税概率。对于被举报查出生产和售卖未粘贴税票的烟酒产品的生产商和批发商、零售商，则不仅要吊销其生产和营业执照，追缴税款并罚款，情节严重的还要追究刑事责任，并规定时限不准再从事该行业。只有加大处罚力度，才能督促其合法经营，从而保证国家税收不受侵蚀。

5. 将监督责任放在批发、消费环节。设立举报制度，对消费者举报零售商售卖未粘贴税票产品的，应视为偷税行为进行处罚，并对举报者给予奖励。同样，对零售商举报批发商或生产商分销未粘贴税票的产品时，也应有一定的奖励措施。通过设立举报制度，督促生产商合法缴纳印花税，并且激励销售商进一步监督生产商。

6. 成立专门对印花税的管理机构，对烟酒产品印花税征收进行全面的管理。包括对税票购买入的相关情况以及购买日期、数量等都应备案在录，并且永久保持此记录。同时还要组织相关人员定期或不定期对购进税票的企业进行相关项目的核查。

消费税和增值税为我国烟酒产品适用税，其中消费税为主。现行消费税的征收依据是1993年颁布的《中华人民共和国消费税暂行条例》及其《实施细则》，以及在此基础上修改和调整2001年由财政部、国家税务总局颁布的《关于调整酒类产品消费税政策的通知》和《关于调整烟类产品消费税政策的通知》。根据新规定，卷烟消费税由从价定率的计税方法改为从量定额与从价定率相结合的复合计税方法，同时对税率进行适当调整：即对卷烟首先征收一道从量定额税，单位税额为每大箱（5万支）150元；然后按照调拨价格再从价征税：每条（200支）调拨价格在50元以下的卷烟，税率为30%；50元以上的和进口卷烟，税率为45%。酒类消费税主要是对征税办法和税率水平进行了调整，即：对白酒实行从价和从量相结合的复合计税方法：对粮食白酒和薯类白酒仍维持现行按出厂价依25%和15%的税率从价征收消费税办法不变的前提下，再对每斤白酒按0.5元从量征收一道消费税；适当调整啤酒的单位税额，按照产品的出厂价格划分两档定额税率：每吨啤酒出厂价在3000元以上的，单位税额为250元/吨；每吨啤酒出厂价在3000元以下的，单位税额为220元/吨。这次税收政策的调整和改革适应了加入WTO的需要，体现了扶优淘劣，从源控制了税收，更加规范了烟酒征税秩序。

税收为调控经济、调节分配的杠杆。对于未来，国家根据经济发展变化情况调整税收政策的情况将会越来越多，“取之于民、用之于民”，正是这一次又一次的调整与改革，使得税收距离这个本质目标才越来越近。对烟酒税收的调整，企业应该理性调价，百姓应该冷静对待。开源节流，保持财政稳定，最终的结果毕竟是为了让大家受益。

理财实战篇：多管齐下，广开财源

第一章

理财基本款：银行储蓄

什么是银行储蓄？银行储蓄经营的重点就是企事业储贷业务，个人储蓄业务主要就是补充贷款资金流。事实上没有人会做亏本的买卖，银行也是，银行的业务大致有两种：存款和贷款。通常储户把钱存到银行，银行再把钱贷给需要资金的工商业或者是政府，这就是银行实现的现金流。所以首先了解理财基本款是很必要的。

储蓄是投资本钱的源泉

投资的前提是有钱投资，而储蓄就是积累投资本钱的源泉。许多人错误地认为只要做好投资，储蓄不储蓄并不重要，忽视了合理储蓄在投资中的重要性。很多人不喜欢储蓄的理由也有很多：有的人认为自己虽然现在没有钱，但以后可以赚到很多钱，所以现在不用储蓄；有的人认为要享受当下储蓄就会很难，享受生活会受到限制；还有的人认为储蓄的利息增长还没有通货膨胀的速度快，所以储蓄不合适。

事实上储蓄是投资之根本和前提条件，尤其是对于一个按月领薪水的人来说更是如此。如果一个人不做储蓄，下个月的薪水还没有领到时这个月的薪水就已经花光，四处举债，这样的人是不具备投资的资格的。要想成功投资，就必须学先会合理的储蓄。

首先，致富不能只通过收入所得，而是要借储蓄致富。有些人的错误往往犯在“等”这个字上，总是认为“等我收入够多，一切便能改善”。事实上，我们的生活品质是随着收入的提高同步提高的。你手里的钱越多，需要就会愈多，花费也相应地增多。不懂储蓄的人，即使收入很高，但花的也不少也很难拥有一笔属于自己的财富。

其次，储蓄的实质就是就是付钱给自己。有一些人会付钱给别人，但不会付钱给自己。如买了衣服，会付钱给服装店老板；从银行贷了款会缴贷款利息给银行；却很难会付钱给自己。赚钱是为了今天的生存，而储蓄却是为了明天的生活和以后的创业打基础。

我们可以将每个月收入的10%拨到另一个账户上积累起来，把这笔钱当作自己日后的投资资金，用以达到最终致富的目的；利用剩下的90%来支付其他的费用。也许你会认为自己每月收入的10%是个太小的数目，可当你持之以恒地坚持一段时间之后，你就会发现积少成多是个不变的真理，也就会有意想不到的收获。也正是这种积少成多的习惯成就了很多成功人士的投资之源泉。那么，对于一个普通收入的人来说，该如何建立合理的储蓄规划呢？

第一，我们从一个基础的算式开始讲起，很多人的储蓄习惯是：储蓄＝收入—支出。可是由于支出的随意性，往往会导致储蓄结果与预想的情况背道而驰。对于这样的人而言，应当换一种思维方式，把支出的减少作为储蓄增加的重点，即把算式换作：支出＝收入－储蓄，这种方法叫“强迫储蓄”，有益于将一部分的资金先存储下来，为将来的投资准备好粮草。

花钱很痛快，而存钱有时是很痛苦的。有以下几种有效的方法可以强迫自己存钱，帮助人们改掉爱花钱的小毛病。

1. 写出你具体点的目标。是想换一所大点儿的房子？还是买车？为孩子教育？或去投资？总之，把目标写下来，而且贴在你会经常看到的地方，如冰箱上、厨房门上、餐桌上等，

帮助提醒你时常想起你的目标，增加你存钱的动力。

2. 强迫自己存定期储蓄。活期储蓄最大的特点就是用钱时很自由，尤其是存在借记卡中的钱很方便的就会被提出来花掉，要想有效遏制自己花不必要的钱的冲动就要将手中富余的现金存成定期，只留够基本的生活费用就可以。

3. 选择一种或几种适合你的投资方式是很重要的，尽早还清你的银行贷款，尽早投资。当然如果投资成本能高过贷款利息就另当别论了。

4. 核查信用卡的对账单，看看你每月一共用信用卡支付了多少钱。如果有减少你每月从信用卡中支取金额的可能就不要用信用卡，除非不到万不得已，不得不用。

5. 为自己新开立一个存款账户，定期从你的工资卡（或钱包）中取出 10 元、20 元或是 50 元的小钱存入你新开立的存款账户中，以培养和巩固自己的存款习惯。三个月之后，增加每次的存款额。

第二，选择何种储蓄方式也很重要。相比起活期存款来说，开放式基金、投连险这些储蓄方式可帮助你更早地培养投资意识。还有就是相比起活期存款的易支取性来说，这些储蓄方式的取现相对麻烦些，倒是有可能帮你阻碍提前支取存款的随意性。

总而言之，学会储蓄，并有自己合理的储蓄规划是积累财富的良好开端。希望每一个人都养成良好的储蓄习惯。

每月的储蓄是保证投资资金源源不断的源头，只有先持之以恒的储蓄，才能确保以后投资规划的逐步顺利进行。所以，合理的、良好的储蓄方式和习惯，是万里长征的第一步。

精打细算利息多

俗话说得好，由俭入奢易，由奢入俭难。精打细算，油盐不断。很多人往往看不上存款所得的那一点点利息，活期储蓄的目的多半也只是随用随取，图个方便快捷。其实，储蓄的利息也不是那么好挣的，不好好规划一下存款的发法，很容易就造成所得利息的隐性损失。下面介绍几种可以让利息最大化的存款方法：

一、约定转存

现如今，银行开办了一种“约定转存”的业务，只要你和银行事先约定好存定期的备用金额，储蓄金额一超过约定部分银行就会自动帮你转存为定期存款。这项业务的好处就是只要利用恰当，不但不会影响日常生活消费，还会在不知不觉中为你带来利润。

我们以一家银行的约定转存为例来说明一下，如果你将现在有的 11000 元的储蓄存款全部以活期方式存在银行，那么一年应得利息为：$11000 \times 0.36\% = 39.6$ 元；如果你开办了约定转存业务（此项业务的办理起点为 1000 元），那么你就可以与银行约定好，1000 元以内，包括 1000 元存活期，则超过 1000 的部分存一年定期。这么做实质就是将 11000 元在无形中分成了 1000 元的活期和 10000 元的一年定期。

按现在的储蓄方式算，一年下来，你应得利息为：$1000 \times 0.36\% + 10000 \times 2.52\% = 3.6+252=255.6$ 元。

结果很明显，两者相比，后者得到的利息是前者的 6.45 倍。

这种“约定转存”业务最大的好处就是在方便客户使用资金的前提下还能让效益最大化。如果你储蓄的备用金额减少了，约定转存的资金就会根据“后进先出”的原则自动填补过来。

二、四分存储法

如果你持有 10 万元要存银行，则可将这 10 万元分别存成 4 张定期存单，这么做的好处就是避免了在取小数额的存款时不得不动用“大”存单的弊端。方法如下：将每张存单的资金额分成梯形状，即将 10 万元分别存成 1 万元、2 万元、3 万元、4 万元的 4 张一年期定期存单。假如因需要要在一年中动用 1.5 万元，那么就只需支取 2 万元的存单。这样就可避免影响其他存款的利息。如果 10 万元全部存在一起，动用那“九牛一毛”时对利息来说也是不小的损失。

三、阶梯存储法

阶梯存储法适宜于筹备教育基金与婚嫁资金，是一种中长期投资。存储方法如下：假设持有9万元，可将其分成平均的3份，即3个3万元；将一个3万元存成一年定期；将另一个3万元存成两年定期；再将剩下的3万元存成3年定期。一年后，提出第一份到期的3万元，本息合计后再将其开成一个三年期的存单，剩下的那两份按此方法以此类推，那么你3年后持有的存单就全部为三年期的，只是到期的时间不同而已，依次相差一年。这种储蓄方式的好处就是可使年度储蓄到期额保持等量平衡，既能应对银行储蓄利率的调整，重要的是可获得三年期存款较高的利息。

四、“滚雪球”的存钱方法

此外，如果不嫌麻烦的话，我们为你推荐一种“滚雪球”式的存钱方法。即可以将家中每月余钱存成一年定期存款。一年下来，手中正好有12张定期存单。这样，一年以后，不管哪个月急用钱都可提取当年当月到期的存款；如果这月不需用钱，可将这月到期的存款连同利息及这个月手头的余钱一起接着转存成一年定期。这一招非常适合于有意外开支和收入的家庭。

五、建立正确的储蓄组合

采用正确的组合储蓄方式既能获得相对合理的利息收入，同时又不影响生活质量。

资金情况	储蓄种类	储蓄种类说明
日常开支需随时支取的资金	活期	数额以维持半年左右的日常开支为最佳
有规律的，金额也基本确定的资金	短期定存	定存期限视实际情况而定
每月剩余的资金	零存整取	强制存款，积少成多，适合稳定的工薪族
近期要用，但又确定不了使用日期的资金	约定转存或通知存款	方便随时支取，利息也高于活期
长时间不会动用的资金	整存整取	金额和未来所需支出要匹配，不要提前支取，损失利息
子女教育资金	教育储蓄	实质为零存整取，但免征利息税；计息时也按同档次整存整取利率计算

有效合理的存款方法可以增加存款的利息收益，避免不应有的隐性损失。因此投资者一定要掌握这些存款的方法和技巧。

要想实现存款利息收益最大化，合理有效的存款方式是必需的选择。不积小流无以成江海，细小的累积，往往成就巨大的财富。

储蓄理财需提防五大“破财”

在理财产品泛滥的今天，很多人还是倾向于把手中的闲钱存起来，但是在储蓄的过程中，由于他们的有些行为不当，不仅有时会使自己的利息受损，甚至有时还要令自己的存款“消失”。为了防患于未然，有关理财专家提示，储蓄理财，应注意六大“破财”行为。

“破财”行为一：密码选择“特殊”数

很多人在为存款加密码时却不能很好的选择密码，有的喜欢选用自己记忆最深的生日作为密码，但这样一来就不会有很高的保密性，生日通过身份证、户口簿、履历表等就可以被他人知晓，有的储户喜欢选择一些吉祥数字，如：666、888、999等，如果选择这些数字也不能让密码带来较强的保密性，所以，在选择密码时一定要注重科学性，在选择密码时最好选择与自己有着密切相连，但不容易被他人知晓的数字，爱好写作的可把自己某篇大作的发

表日期作为密码等，但是要切记自己家中的电话号码或工作证号码、身份证号码等不要作为预留的密码。

“破财”行为二：种类期限不注意

在银行参加储蓄存款，不同的储种有不同的特点，不同的存期会获得不同的利息。定期储蓄存款适用于生活节余，存款越长，利率越高，计划性较强；活期储蓄存款适用于生活待用款项，灵活方便，适应性强；零存整取储蓄存款适用于余款存储，积累性较强。

因而如果在选择储蓄理财时不注意合理选择储种，就会使利息受损，很多人认为，现在储蓄存款利率虽增长了一些，但毕竟还很低，在存款时存定期储蓄存款和存活期储蓄存款一样。其实这种认识是不客观的，虽说现在储蓄存款利率不算太高，但如果有 10000 元，在半年以后用，很明显的定期储蓄存款半年的到期息要高于活期储蓄存款半年的利息。

因此，在选择存款种类、期限时不能根据自己的意志确定，应根据自己消费水平，以及用款情况确定，能够存定期储蓄存款三个月的绝不存活期储蓄存款，能够存定期储蓄存款半年的绝不存定期储蓄存款三个月的，还值得提醒的是现在银行储蓄存款利率变动比较频繁，每个人在选择定期储蓄存款时尽量选择短期的。

“破财”行为三：不该取时提前取

有很多人在需要有钱急用时，由于手头没钱备用，又不好意思向别人开口，往往喜欢把刚存了不久或已经存了很长一段时间的定期储蓄存款作提前支取，使定期储蓄存款全部按活期储蓄利率计算了利息，这些人如果在定期储蓄存款提前支取时这么做，在无形中也可能会造成不必要的“利息”损失。现在银行部门都开展了定期存单小额抵押贷款业务，在定期储蓄存款提前支取时就需要多算算，根据尺度，拿手中的定期存单与贷款巧妙结合，看究竟是支取还是用该存单抵押进行贷款，算好账才会把定期储蓄存款提前支取的利息损失降到最低点。

“破财”行为四：逾期已久不支取

我国新的《储蓄管理条例》规定，定期储蓄存款到期不支取，逾期部分全部按当日挂牌公告的活期储蓄利率计算利息，但是现在有很多人却不注意定期储蓄存单的到期日，往往存单已经到期很久了才会去银行办理取款手续，殊不知这样一来已经损失了利息，因此提醒每个人存单要常翻翻，常看看，一旦发现定期存单到期就要赶快到银行进行支取。当心损失了利息。

“破财”行为五：大额现金一张单

通过调查发现，很多人喜欢把到期日相差时间很近的几张定期储蓄存单等到一起到期后，拿到银行进行转存，让自己拥有一张“大”存单，或是拿着大笔的现金，到银行存款时喜欢只开一张存单，虽说这样一来便于保管，但从人们储蓄理财的角度来看，这样做不妥，有时也会让自己无形中损失“利息”。

不管时间存了多长也全部按当日挂牌公告的活期储蓄存款利率计算利息，如此就会形成定期储蓄存单未到期，一旦有小量现金使用也得动用“大”存单，那就会有很大的损失，虽说目前银行部门可以办理部分提前支取，其余不动的存款还可以按原利率计算利息，但也只允许办理一次，正确的方法是假如有 10000 元进行存储，可分开四张存单，分别按金额大小排开，如：4000 元、3000 元、2000 元、1000 元各一张，只有这样一旦遇到有钱急用，利息损失才会减小到最低。

做好“周计划”获得高存款收益

金融危机以来，银行储蓄存款受到股市下跌的影响出现了大幅增长的现象。很多的人因为暂时找不到合适的投资方向，这些资金多是以“活期”的形式放在账户中的，虽然这样有了资金的流动性，但通常因此就会错失了不少理财良机。

在这个时候，银行理财市场会有很多新品的涌现，但是很多的投资者会嫌产品条款太过于复杂，或者还深受产品零收益之“伤”，再加之银行理财频遭监管部门的突击抽查或者叫停的现象，让其他的市场信任度跌至了谷底，最终使得大家还是认为，存款或低风险的保证收益型产品其实也都是更可靠的选择。

通常在这种非常时期，存钱也因此成为了理财之道。有相关的专家指出，大多数的人或许认为存款再简单不过了，与理财也是毫不沾边，事实上存款中学问还是有很多的，关键是要先了解规则。

利用规则理财的时候，首先就必须先熟悉规划。就拿通知存款业务为例吧，假设办理 7 天通知存款，只有 VIP 的客户才可以享受电话的预约服务，否则 7 天一过就必须由本人亲自到银行按时将钱取出。如果你想获得定期的利率的话，就一定要按时提取：假如 7 天之内提前取款，这笔不少于 5 万元的通知存款就连最低的活期利息都没有了；而 7 天约定的时间一到，哪怕是多过一天未按时取钱，那这笔钱也就只能按照活期计息。

这就是所说的理财“周计划”，通常这样的理财方式不仅收益比活期存款高，而且还以 7 天为一个周期循环计算复利，事实上理财收益会大大地提高。通常理财“周计划”的年收益率是活期存款的 2.11 倍，以某人存款额为 200 万元、存期两个月计算的话，单纯存活期存款，利息也就仅仅为 2700 元，而理财“周计划”的收益却为 5800 元，这样一来每两个月张先生就能够多得 3100 元，一年下来也就可以多得利息 18600 元，看来还真是不算不知道，一算吓一跳。

可能会有人问：这种“周计划”的灵活性到底如何呢？是不是和通知存款一样需要提前预约呢？事实上，在你办理周计划之后，你也就随时可以通过自己的银行卡和活期一样随意支取资金，不用通知，你也更不用预约。取款额在“账户预留金额”以下，你就能直接从卡上支取，取款额在“账户预留金额”以上，系统自动将一笔 5 万元的理财资金转入活期账户供支取，剩余资金只要是在 5 万元以上的话，你还是可以继续享受“周计划”的理财收益的。另外还能通过网上银行随时监控资金的流动，随时查询自己账户的收入、支出以及理财收益情况。

理财“周计划”其实相当适合活期账户上有一定的资金（一般在 5 万元以上）、资金使用不确定的个人，比如说中小企业的老板、高收入工薪族、私营企业主、个体经营者和持币观望的购房者等。当然了，也同样适合经常打短线的股民朋友，大家能够凭借自己经常存放资金的银行卡（股票资金托管卡）到银行签订理财“周计划”协议，至此以后，股票账户暂时闲置的、大于 5 万元的资金就会自动转成 7 天理财，需要买入股票或支出现金时，资金将自动从理财账户中支取，不会耽误资金的使用。

储蓄新思路走在正利率时代

国家统计局在今年三月份的时候发布了第一季度国民经济运行情况，情况显示在 2011 年第一季度国内生产总值（GDP）达 96311 亿元，比去年同期增长了 9.7%。同时，根据近期官方发布的 PMI（中国制造业采购经理指数）数据也已经连续 3 个月回落，现在市场也都普遍预测在第二季度 GDP 同比增幅将会弱于一季度的 9.7%。

事实上 CPI 的变化，也就直接牵动着普通百姓的理财神经。理财专家也认为，CPI 的持续回落使得我们进入了正利率时代，理财思路也应该要顺势而变。

就比如说 2008 年一季度，CPI 同比上涨 8%，而当时的银行一年期定期存款利率为 4.13%，这其实也就意味着，就算是存款在银行获得了 4.14% 的收益，但是资金的购买力却下降了 8%。两者相抵，把钱存在银行，实际上是贬值的过程。

而在 2009 年的一季度的情况却大不相同了。即便是一年期存款利率只有 2.25%，但是随着 CPI 的不断走低，2009 年一季度同比下降了 0.6%，这也就意味着资金购买力上涨了 0.6%，居民存款正在变相地升值。

我们来看看理财专家的分析，CPI 的数据下降增加了再次降息的可能性。比如说在 2009 年存款实际利率较高的情况之下，保守型投资者可以把中短期的定期存款当成主要的理财方式。但是千万不能忽视的是，一两年之后随着经济周期的变化，银行利率存在再度转身向上

的可能性。所以说，正利率时代不建议市民将过多的资金投入到长期储蓄中去，不要过多存“长期”。

事实上实际利率转正后，很多人都在坚持着“现金为王”的理念。理财专家认为，这个理念虽然没有错，但在一定程度上也存在风险，不一定要“现金为王”。

在办理银行定期存款的时候，投资者应参照自身对资金流动性的要求和资产组合情况，重点配置 1 ~ 3 年期的中短期存款，并进行了在期限上的搭配。活期利率处于较低水平时，活期存款可以通过通知存款的方式持有。

然而，在金融海啸爆发的初期，信贷市场的“休克”从而也就导致流动性的紧缺，不同类别资产价格均大幅跳水，当时持有现金资产无疑也是正确的。可是如今随着全球央行的联手大幅降息，向市场大量注入货币，贬值压力可能随后会浮现出来。倘若一味坚持“现金为王”的策略，会有些不合时宜，资产全部以现金方式持有也存在一定的风险。

但是理财专家却认为，正利率时代，投资者其实都应当坚持资产配置的理念。要明白在资产类型的选择上，除了银行定期存款之外，具有保值功能的黄金、收益稳健的债券和具有增值能力的基金，都是能够选择的投资方式。

在具体配置上，保守型的投资者可以参考“50% 存款 +20% 债券 +20% 基金 +10%”的黄金组合；而平衡型的投资者可以参考“30% 存款 +20% 债券 +40% 基金 +10%”黄金的组合。

其实在银行利率上调的情况下，建议投资者不要把过多的资金都投入到长期的储蓄当中去，不要过多存“长期”，可以来重点考虑 1 ~ 3 年期的中短期存款，同时加上黄金、债券和基金的合理搭配。

省钱妙招——曲线通存通兑

自从 2007 年 11 月 19 日开始，通常多数银行在开通了个人跨行通存通兑的业务之后，跨行存款、取款多了一种便捷选择。此前如果需要跨行转移资金，已有 ATM、网银、本票等选择，但是上述路径的交易限额、收费标准等均有一定的区别。而对于不同的转账需求，就需要算算细账、仔细比较。

其实自从个人跨行通存通兑开通以来，市民买基金、还房贷、汇款等都可以通过“一卡通”办理，但是通存通兑叫好不叫座，其中的原因也就是不少市民觉得其办理手续烦琐、手续费用偏高。相比之下网点柜台跨行通存通兑，网上银行办理转账不但可以为你免去了跑腿的麻烦，还能帮你省下不少的手续费用。

用 ATM 同城跨行取款，大多数银行的手续费为 4 元 / 笔，而且每笔的限额都在 2000 ~ 2500 元，每日单账户累计上限 2 万元，而在深发展、民生等银行的 ATM 机跨行取款，还能够享受免费或每月前 3 笔免费待遇。跨行取款 2 万元，每笔最多也就能够提款 2500 元，每笔手续费按 4 元计算的话，一共需要 32 元的手续费，可是在在跨行的柜台办理通兑的时候需缴纳 1% 手续费，也就是 200 元。相对来说，同城跨行取款还是 ATM 机更划算，只有低于 400 元的小额取现，通过柜面办通存通兑才可以便宜一点点，但柜面排队却耗时劳神。

事实上，跨行转账和跨行汇款，都可以当日到账，这两项手续费比通存通兑的手续费也要便宜得多，特别是在网上跨行转账的时候，异地本行间的手续费甚至还可以打 9 折。

其实 ATM、网银跨行转账是最接近通存通兑的转账方式，此外要明白本票也可达到同一目的。本票手续费每笔仅需要花费 5 元，不便之处就是需要亲自往来于两家银行之间，柜面排队办理并不是省时省力的。招行、光大、中信等八家中小银行开办的“柜面通”，手续费也是相对比较便宜（多数银行免费），通过银联支付网络也可以实现通存通兑，但是“柜面通”网点还是无法与通存通兑相比。

四大银行的收费标准其实也相对于中小银行要高，所以说应该尽量选择身边的中小银行。此外，沪工行、交行、深发展等也都在开办初期手续费减免，不妨利用这段优惠期合理安排资金往来。

我们还应该注意的就是，中行等一些银行的规定，持开通存通兑业务的他行卡或存折，在柜台办理跨行查询的时候，需要交每笔 10 元跨行查询费。如果有跨行查询余额等需求，应该尽量选择ATM机。实际上，如果你要想避开跨行通存通兑高额的手续费并非不可以，只要能偶通过“拐弯绕道”的曲线方式就可以实现。

绕道方式一：利用ATM机跨行取款。即使ATM机无法跨行存款、跨行转账，可是通过ATM机跨行取款已经成为市民的“家常便饭”。多家银行跨行取款的手续费为4元/笔。比如说你使用民生银行的银行卡跨行取款2000元，每月前3笔交易免收手续费，之后你还可以按照每笔4元的费用收取；如果使用民生银行的卡在招行办理跨行通存通兑，则要缴纳3%的手续费，取款2000元需要支付的费用为60元，远远不划算。所以说急需小额跨行取款的话，可尽量选择到ATM机取款。

绕道方式二：通过网银跨行转账。尽管网上银行不可以进行现金存取款，但还是能进行同城同行、同城跨行、异地同行以及异地跨行的转账业务，而且收费普遍都比较低：各家银行同城同行转账不收费，同城跨行、异地同行和异地跨行手续费不一，通常都是为转账金额的1%。银行一些业内人士指出，相对于跨行通存通兑而言，网银操作非常地简单，根本不需要奔波于银行网点，但要清楚网银转账每笔最多也就1000元，当日累计不超过5000元，假如需要大额转账的话，则就需购买银行的U盾等设备使用网上银行的专业版，费用在五六十元左右。

绕道方式三：通过个人本票结算。通过使用个人本票结算，在任何一家银行存折或银行卡内存入存款，并且持有本人的有效证件，就可以通过开户银行办理个人现金本票业务进行跨行的结算。而且银行间结算见票即付，还可以记名挂失，不受金额限制，只需支付5元/笔的手续费就可以了。然而对于数额较大的取款项目而言，这种方式比ATM机更加省钱。但是办理此项业务的时候，需要同时指定提现的银行网点。

现在有许多银行开设的个人跨行通存通兑业务虽然好用但却不实惠，为了避开跨行通存通兑高额的手续费的问题，你就可以通过网银跨行转账以及个人本票结算等这些“拐弯绕道”的曲线方式来实现。

选择哪个银行存钱也是一门学问

虽然现代社会有着众多的资金投资渠道，但是储蓄仍旧是公众的首选。但是如今的金融网点虽然很多，硬软件设施和服务功能却一直都是参差不齐的。那么，百姓们到底应该如何选择以及选择哪些金融机构和何种方式存钱，才能真正地确保资金的安全和享受现代先进的金融服务呢?

存款的首要条件就是要选择合法、正规的金融机构。当你走进某某银行、信用社存款的时候，首先就应该看一看该机构有没有在最醒目的位置上悬挂中国人民银行准予开业的《金融机构营业许可证》和工商行政管理部门制发的《营业执照》。这两证是当前辨别一家金融机构是否合法最主要的标志。与此同时这些银行信用社都会经过人民银行的每一年的年检，信誉优良、管理正规。在我国目前尚没有私人银行机构，所以在现有的银行、信用社在社会主义制度之下，如果个别机构由于其经营不善等原因所造成存款支付困难甚至关闭清算，那么国家就会立即出面采取一定措施确保对个人存款的支付，确保老百姓的合法权益。然而，对于那些非法的假银行、地下“钱庄”“抬会”“摇会”等，报刊上也是常常有曝光其欺骗群众、诈取钱财的案例，因此我们一定要擦亮自己的眼睛，坚决不为其高利率等优厚条件所诱惑，也绝不可以将自己的辛苦钱、养老钱交给他们。

要懂得尽量去选择那些形象佳、硬软件好、地理位置优越、可以大区域通存通兑的银行。当下有的一些银行实行集约化经营，陆续撤并了一些地处偏僻、余额较低的储蓄所、分理处。过去在这些储蓄点存款的居民，隔了一段时间去存取款的时候，才发现原来的储蓄点已经搬迁撤并，通常是要费上许多工夫才能找到新的储蓄点。所以才选择那些形象佳、规模大、地段好的储蓄网点存款，便可以省去上述东奔西走、“寻寻觅觅”的烦恼。还有，现在各家银行都普遍实现了本地储蓄通存通兑，但你应进一步选择其能在全国主要大中城市可以通存通兑的银行，这可使你今后在外出、旅游或进行商务活动时更方便，实现“一处存钱，到处可取”。

再者就是要选择在银行里当面存入的方式和有电视监控的银行。目前来看，金融机构

存款竞争非常激烈，都纷纷推出了上门服务、上门吸存，这确实给公众提供了很大方便。但其实同时也应当看到其有手续不够严密、缺乏有效监督等缺陷，并有极少数的不法分子利用这种上门吸存进行诈骗储户存款的案件发生，少则几万元，多则几十万元，这样也就严重侵害了储户的利益，扰乱了金融秩序。所以说，对待金融机构上门吸存，居民也一定要慎重，在那些陌生的、感到不踏实的情况之下，还是应该自己亲自跑一趟银行、信用社存款为好。而且存款最好选择那些有电视监控的银行，以确保万无一失。万一你的存单、存折、卡及身份证同时失窃后被人冒领的话，监控录像就能够协助警方查找冒领人，这也无疑为你的存款安全把住了最后的一道关；假如发生存、取款的差错，监控录像还能够查找弄清责任。

还要注意的就是尽量选择开设“提醒服务”“自动续存”“夜市储蓄”等拥有特色服务的银行。现代社会人们的生活节奏逐渐加快，投资理财事务也相应地增多，数月、数年前存入储蓄的种类、期限、利率情况不可能记得非常清楚，有的时候在忙忙碌碌当中，或不经意之间，也就会错失了很多的存款收益。因此，一些银行网点也就推出了“提醒服务”“自动续存”等特色服务，存款到期前应该首先打个电话，使你不管是在家还是在紧张的工作当中也同样能够把握住机会，从容理财。事实上现在有的银行还延长了其营业时间，开办了“夜市储蓄”，这也就成为了城市之夜一道非常亮丽的风景线，假如白天工作繁忙或忘了取钱，但是到了晚上又突然要取钱急用，“夜市银行”就能够解决自己的燃眉之急。

选择好的金融机构存钱对你的理财也是百利而无一害的。通常选择合法、正规的金融机构就是存款的首要条件；选择形象佳、硬软件好、地理位置优越、可以大区域通存通兑的银行会让你更放心；选择在银行里当面存入的方式和有电视监控的银行是安全的可靠保证；选择开设“提醒服务”“自动续存”“夜市储蓄”等特色服务的银行会更加方便快捷。

怎样让储蓄闲钱获益多?

对于稳健理财的那些“铁杆储户”来说，储蓄也就是他们最中意的选择。就比如说有的家庭，备用金因为金额小、不固定，所以随时都有动用的可能性。银行的产品设计专家经过一番测算之后才会发现，原来这是一块大有赚头的肥肉，于是各大银行也就推出了名叫“通知存款”的介于活期和定期的新变种产品。

通知存款的存取通常都有着一定的规矩：个人通知存款需要一次性的存入，可以一次或者分次支取，但是分次支取之后的账户余额不能低于最低的起存金额，当低于最低起存金额的时候银行给予清户，转为活期的存款。个人通知存款按存款人选择的提前通知的期限长短划分为一天通知存款和七天通知存款两个品种。在这其中一天通知存款还需要提前一天向银行发出支取通知，并且存期最少需要两天；七天通知存款需要提前七天向银行发出支取通知，并且存期最少需七天。事实上就国内银行来说，人民币通知存款主要有一天通知存款和七天通知存款两种，外币只有七天通知存款一种。最低起存的金额为人民币 5 万元（含），外币等值 5000 美元（含）。

其实对于通知存款，我们可以给出三个密招：

1. 如果不是不得已，千万不要在七天之内支取存款。假如投资者在向银行发出支取通知后未满七天即前往支取，则支取部分的利息也就只能按照活期存款利率计算。

2. 不要在已经发出支取通知之后再逾期支取，不然的话，支取部分也只能按活期存款利率计息。

3. 千万不要支取金额不足或超过约定的金额。因为不足或超过部分也会按活期存款利率计息；支取时间、方式和金额都要与事先的约定一致，最终才能够保证预期利息收益不会受到不必要的损失。

我们可以再来了解一些关于通知存款的技巧：

1. 学会定存分笔存，提高流动性。如果将闲置的资金全部长期定存，万一临时需要现金的时候，那么提早解约也就会损失两成的利息。但是你不妨将定存化整为零，拆分为小单位，并设定不同的到期日，通常这样的好处是每隔一段时间便有定存到期，资金流动无恙，将定存当成活存用，利息却比活存高出 6 倍多（1 年期 2.2.5% 比活期 0.36%）。比如将手中 5 万元资金，拆分成1万元一份，分别存 1 年期、2 年期、3 年期、4 年期、5 年期定存；等到一年之后，再将第一笔到期的1万元开设一个 5 年期存单，依此类推。

2. 自动转存其实最省心。各家银行都推出了存款到期自动转存的服务，避免存款到期后没有及时转存，逾期部分按活期计息的损失。值得注意的是，有的银行是默认无限次自动转存，而有的只是默认自动转存一次，但是有的需储户选择才自动转存。

3. 提前支取有窍门。假如急需用钱，而资金其实都已经存了定期，不妨考虑以下的方式提前支取，将自己的损失减少到最小：可以根据自己的实际需要，办理部分提前支取，而这剩下的存款依然可以按照原有存单存款日、原利率、原到期日计算利息。在这里需要注意的就是部分提前支取业务仅限办理一次。

五大宝典让你的家庭精明储蓄

我们都知道储蓄是一种最普通也最常用的理财工具，事实上几乎每一个家庭都在使用。但是如何利用好储蓄获得较高的收益，却是很多人比较容易忽略的。事实上储蓄存款组合也就是一种很好的理财手段，它最主要的作用是兼顾家庭开支和储蓄收益。人们能够根据家庭的日常支出情况，从而估算出每个月的日常支出和收入节余，再行之有效地积蓄资金。

不同的家庭财务状况都各不相同，所以选择储备的方式也不尽相同，可是只要根据自己家庭的实际需求，进行比较合理的配置，储蓄也能够为你的家庭收获一份财富。

宝典一：月月储蓄法

月月储蓄法又称作“12 存单法”，也就是说每月存入一定的钱款，所有存单年限都是相同的，但是到期日期分别也都相差一个月。这样的方法，是阶梯存储法的延伸和拓展，不但能可以很好地聚集资金，又能最大限度发挥储蓄的灵活性，就算是急需用钱，也不会有太大的利息损失。

“12 存单法”存钱方式不但能像活期一样灵活，又可以得到定期利息，日积月累，就会积攒下一笔不小的存款，尤其适合刚上班的年轻人和风险承受能力弱的中老年人。但是在储蓄的过程中一定要注意：当利率上行的时候，存款期限越短越好；然而当利率下行的时候，存款期限越长越好。而现在加息预期也已经大大增强，市民能选择半年或者三个月作为定期的期限，这样一来也就更灵活，还可以享受到加息带来的利息增加。

宝典二：利滚利存款法

如果你要想使存本取息的定期储蓄生息效果最好，那么就必须与零存整取储种结合使用，产生“利滚利”的效果，这其实也就是利滚利存储法，又称作“驴打滚存储法”。事实上这是存本取息储蓄和零存整取储蓄有机结合的一种储蓄方法。滚利存储法是先将固定的资金以存本取息形式定期存起来，随后将每月的利息以零存整取的形式储蓄起来，这样一来就获得了二次利息了。

尽管这种方法能获得比较高的存款利息，但还是有很多市民不大愿意采用利滚利储蓄法，这是因为这要求大家经常跑银行。不过现在很多银行都有“自动转息”业务，市民可与银行约定“自动转息”业务，免除每月跑银行存取的麻烦。

宝典三：阶梯存款法

所谓阶梯储蓄就是将储蓄的资金分成若干份，分别存在不同的账户当中，或在同一账户里，然后设定不同存期的储蓄方法，而且存款期限最好是逐年递增的。

通常阶梯储蓄有一个好处就是可以跟上利率的调整，它是一种中长期储蓄的方式。利用这样的存储方法就能为孩子积累一笔教育基金。家庭急需用钱的话，可以只动一个账户，避免提前支取带来的利息损失。

比如说小王家有 10 万元的现金打算储蓄，而小王家每个月的固定开销就在 1 万元左右，

于是就可以把其中的4万元存活期（部分购买货币基金），作为家庭生活的备用金，可以供随时支取；剩下的6万元分别用2万元开设一个1年期的存单，再用2万元开设一个2年期存单，用2万元开设一个3年期存单。一年过后，也就将到期的2万元再存3年期，2年的到期也转存3年，这样每年都会有一张存单到期，这种储蓄方式既方便使用，又能够享受3年定期的高利息。只是到期的年限不同，依次也就相差一年。

宝典四：四份存款法

什么是“四份存款法”？顾名思义，也就是把钱分成四份来存。

四份存款法在具体操作的时候，假定企业有1000万元的现金，那么财务总监就可以把它分成不同额度的4份，金额呈逐渐增多的状况，也就是说分成100万元、200万元、300万元、400万元4张存单，然后再将这4张存单都存成1年期的定期存款。“在一年之内不论何时需要用钱，企业都能够取出与所需数额接近的那张存单，这样一来既可以满足用钱需求，也可以在最大限度得到利息的收入。”举个例子吧，倘若企业在一年之内需要动用400万元，那么就只需要取出400万元那张存单就可以了，其他的存单继续存银行，这样一来也就避免了企业存一张存单那种“牵一发而动全身”的状况，从而减少利息的损失。

通常这样的方法适用于企业在一年之内有用钱的打算，但是不确定什么时候使用、一次用多少的状况。四份存款法不但利息会比活期存款高很多，而且在用钱的时候也能够以最小的损失取出所需的资金。

宝典五：交替存款法

如果说企业手中的闲钱比较多，而且在一年之内没有任何用处的话，那么交替存款法也就会比较适合这类企业。

交替存款法是怎样操作的呢？方法其实非常简单：假定企业手中有500万元的现金，那么财务总监可以把它平均分成两份，每份250万元，然后分别将其存成半年期和1年期的定期存款。直到半年之后，将到期的半年期存款改存成1年期的存款，并将这两张存单都设定为自动转存。

这样交替存款，循环周期为半年，而且每半年财务总监就会有一张1年期的存款到期可以取，这样也能让企业有钱应备急用。“与此同时，企业获得的收益也翻了好几番。”

总之，对于储蓄来说，利息最大化的窍门说来也不难，也就是存期越长，利率越高。因此在其他方面不受影响的前提下，尽可能地将存期延长，收益自然也就越大了。但是在目前加息预期不断强烈的背景下，市民可根据自身的需要调整，如果可以实现的总存期恰好是1年、2年、3年和5年的话，那就可分别存这4个档次的定期，在同样期限内，利率均最高。

通常在银行加息的情况之下，储蓄利率会水涨船高。但是储蓄不止是活期和定期存款。储蓄还是有还能多千变万化的存款模式。比如说月月储蓄法、利滚利存款法、阶梯存款法、四份存款法、交替存款法等。只要你能够依据自己的财务状况，从而给自己进行有序的组合，就能够发现储蓄的智力魔方，它可以帮投资者取得意想不到的财富。

当贷款利率上调时怎样节省利息？

如今利率再次成为了人们关注的焦点。其实大家也根本没有必要谈“贷”色变，完全能够根据自己的情况适当调整打理家财的思路，要学会灵活利用银行推出的住房贷款以及消费贷款新政策，以正确的心态和方式来应对利率的每一次变化。

一、住房贷款

1. 对于住房贷款可以采用“固定房贷利率”。

上调贷款利率之后，假如你认为利率有可能进入加息通道，这个时候可以选择银行新推出的“固定房贷利率”，也就是与银行约定一个固定利率和期限，在这样一个约定期限内，不论是央行的基准利率或市场利率怎样调整，你的贷款利率都不会“随行就市”。从前几年开始，光大银行、招商银行等金融机构推出此项服务。

2.“双周供”可以为你减轻利息负担。

事实上在还款方式上面，为了能够减轻利息的负担，就可以采用“双周供”还款方式，新贷款也同样可以选择这种还款方式，老贷款也可以把“月供”改成“双周供”，但是在手续上会相对地麻烦一些。要清楚“双周供”主要由深圳发展银行办理。

3. 能够缓解压力。

倘若贷款利率上调压力增大，那么贷款人的还款负担也就随之加重，这个时候就可以选用“净息还款法”，部分国内股份制银行也有推出，但通常这种还款法在发达国家还是比较普遍。“净息还款法”是指贷款之后只需要按照月支付贷款利息，而贷款本金可以等贷款到期后一次性偿还，也可以在贷款期内根据个人资金变化的情况随时分次偿还。这无疑也会大大地减轻贷款期内的还款压力，因此非常适合那些未来预期收入较高的贷款人。

4.“宽限期还款法”。

所谓“宽限期还款法”其实就是给贷款人一个偿还本金的暂缓期，它的优势是能减轻贷款之初的还贷压力，从而减少按揭贷款给日常生活带来的影响，事实上也就是给家庭负债带来一个“缓冲”区间，尤其是在利率上调、贷款人负担相对较重的情况之下，采用宽限期还款法会使家庭生活更加从容。通常这种还款法主要由上海银行等金融机构推出。

除此之外，贷款利率调整之后，住房公积金的贷款利率也做了相应的调整，而住房公积金贷款利率却还是远远低于普通贷款的涨幅。因此，办理住房贷款按照先公积金贷款后商业贷款的原则能够相应地减轻利息负担。

二、消费贷款

1. 尽量选择按月还本付息。

事实上对于一年期以内的消费贷款，贷款人目前还可以选择两种还款方式，一是每月只还利息，到期再还本金，二是选择每月本金、利息一起还。

在贷款利率提高的情况之下，应该逐步减少贷款本金会节省利息支出，因此，在加息的情况之下，贷款者能够根据自己的情况，最好是选择按月归还本金和利息，这样逐步递减本金，利息支出也会相应减少。

2. 学会用活循环授信业务。

近来各家银行主推的新贷款业务之一就是个人循环授信业务是，许多银行的循环授信业务包括个人小额信用贷款、个人自助质押贷款和个人抵押循环贷款等，符合条件的贷款人，只要是可以和银行一次性签订循环授信协议，在贷款授信额度和期限内用能够随借随还、循环使用，从而也就避免了资金的闲置，提高了贷款运用率，贷款成本也自然大大降低。

3. 要尽量选择短期贷款。

要明白，与个人住房贷款的利率相比较而言，消费贷款并没有利率优惠政策，而消费贷款通常是一年以内的短期贷款，因此在办理消费类贷款过程中应尽量办理期限在一年以内的短期贷款，以将这次上调利率对个人贷款的影响降到最小。

通常贷款利率上调，对于贷款族而言并不是只有“死胡同”，照样有路可以走，最终也能够达到省息的彼岸。

怎样才能不被扣储蓄卡账户管理费？

我们可能经常会遇到这样的问题：工资卡是这家银行的，贷款又得向另外一家银行还，股票基金账户可以通过这家银行转，水电费通讯费又在另一家银行缴，而且再加上两三张不同银行的信用卡，各自绑定还款的借记卡……我们就如同随身带着银行超市一样，不过如今一人多卡多存折的情况越来越常见。

其实银行卡除了年费以外，还要收取另一项费用——小额账户管理费。

为了安全和方便，大家手头上的众多的银行卡，资金大多都是以小额存款的方式存在的。因此，这样累计起来，一个家庭在一年之内向银行缴纳账户管理费，就有可能高达百元以上，

所以很不划算。那么都有哪些银行会收取“小额账户管理费”？如何才能减少这笔费用的支出？

现在有多家银行都开收了小额账户管理费，可是每家银行的收取方法都不相同。而工商银行规定，银行卡内的余额低于300元的，需要在每个季度收取3元的管理费；建设银行则是低于400元就收取，同样也是3元/季度。还有交通银行对个人存款余额低于500元的个人活期账户，每季度收取3元的账户管费。平安银行也是以500元为底限，可是费用按月收取，每月1元，如果下个月账户内的余额超过了500元，则不用再收取。其实中国银行也已经在北京和上海的分行收取人民币小额活期账户管理费。但是两地的小额标准并不一致：北京收费的对象则是针对存款余额小于500元（不含）的人民币普通活期账户以及活期一本通账户；而上海小额活期存款账户指的是存款余额不足300元（不含）的账户。但要清楚两地收费标准是一致的，都是按季度收取一次，每次3元人民币。

事实上与以上几家银行相比，招商银行的收费门槛明显高出了很多。对于那些总资产不足1万元的普通“一卡通”和存折每月收取账户管理费1元；而对于总资产不足5万元的“一卡通”金卡每月收10元、而对总资产不足50万元的“金葵花”卡每月收取30元的管理费。

现在银行小额账户管理费的收取标准也在不断地细化。就以招商银行为例吧，总共有五种个人账户可以免交小额管理费。

1. 总资产达标的账户。

2. 企业年金账户和用于代发工资、奖金、公积金等或用于代扣保险费、学费，且在统计当月（期）有交易发生的一卡通和一卡通金卡免费。

3. 用于缴纳手机和固定电话话费，且在统计当月有交易发生额的一卡通免费。

4. 正在归还招行个人贷款（含住房按揭贷款、汽车消费贷款、综合消费贷款、个人质押贷款）的一卡通、一卡通金卡和金葵花卡免费。

5. 开通了招行信用卡自动还款功能且信用卡状态正常的一卡通免费。这样一来，许多正在使用的卡片将不用再担心管理费用。

注销多余卡片以便给自己节省管理费用

手中卡片虽然很多，但却不一定都在使用。因此对于长期闲置的账户，储户假如不自行销户的话，那么大多数的银行是根本不会主动给客户销户的。就算是有自动销户业务的银行，也会等上长达2～10年的时间。那么通常在这样一个时期，即使不会对客户个人信用记录产生其他不良的影响，但是客户的个人信息会一直存在银行系统和手里的那张磁卡中。万一哪一天发生了个人信息的泄露，那么对于储户和银行来说，都是一笔不小的损失。同时在销户之前，银行卡年费和小额账户管理费照常收取，假如由于余额不足而未能扣取成功的话，会产生欠费记录，到时候假如客户要销户的时候，还需补齐欠费。

网上银行优选秘籍

当下网上银行已经慢慢成为了一种时尚的理财工具，同时各家银行也都在不遗余力地推销网上银行，许多开户有礼安全工具降价、转账优惠等各种促销的手段层出不穷。而当我们面对各家银行的营销攻势，想尝试着网上银行的用户其实也颇有“乱花渐欲迷人眼”的感觉。但是在网上银行的优选法则有哪些呢？

秘籍一：安全

我们一定要注意在网上交易要提防木马病毒黑客攻击以及钓鱼网站，所以网银安全一定要放在第一位。除了自己的用户名加静态密码之外，一定要有第二因子作认证。如今在国内各家银行提供的第二因子认证工具主要有：动态口令牌、刮刮卡、手机短信验证等。事实上从安全和简便易用角度比较，动态口令牌作为第二因子认证工具是比较理想的。它外形小巧可爱，更不用安装驱动，也不用连接电脑，密码一分钟变化一次而且不能重复使用。

而中国银行向其网上银行用户免费赠送动态口令牌，开通网银就能够免动态口令牌三年服务费，只不过必须是两人以上共同开通才行，一个人去开通只能免去一年的服务费。中行的动态口令牌服务费是每年 10 元，这其实是考虑到可以免费得到动态口令牌，花十块钱保证网上银行安全还是很值得的，何况还能免三年呢。

秘籍二：专业

专业到底是指什么呢？这里为大家总结了三点：网银功能人性化、操作简单、客户服务好。网银功能不是越多越好，专业机构调查过，80% 的网银用户只需要账户查询、转账、缴费、网上支付、信用卡还款这些基本功能，所以功能再多对大多数网银用户也没什么用处，必须在功能细节上下功夫，比如转账成功后可自动向收款人发短信通知，通知存款可以自动转存、支持 7×24 小时服务等。操作简单是必须的，应该只要会上网就能用网银。客户服务好体现在网银开通简单、客服电话接通率高、座席解决问题能力强几方面。

秘籍三：优惠

事实上网上银行的方便与快捷是大家对它的共识，还有一点“优惠”或许有一些人并不是很了解。而网上银行的优惠主要就是通过有转账和基金申购。由于各家银行的网上银行转账优惠程度不一，跨省跨行转账的也有五折、或者七折，还有的才万分之六的收费，最高 12 元封顶。其实网银基金申购的费率也是一样，工农中建四大行基本是八折或七折，中小银行折扣要低一些。事实上比较哪一家银行的网银最优惠还真不是一件容易的事，还好和讯在 2009 年底做过一次调查，网银收费综合比较国内最低的还是中行。

总体而言，四大行以及招行做得都挺不错，但如果从网银服务的短信种类和短信免费幅度来看的话，那么中行无疑是做得最好的。

如何避免储蓄风险

储蓄也有风险吗？我们肯定的告诉你：“有。”世界上没有绝对的安全，说储蓄有风险是科学的，它表现在不能获得预期的储蓄利息收入，或因通货膨胀而引起储蓄本金价值的缩水。在本节我们就教大家如何避免储蓄的风险。

你可能会问怎么储蓄也有风险？按照人们的一般观念，把钱存入银行应该是最安全的。实质上，安全不等于零风险，只不过储蓄风险较其他的投资风险有所隐藏。通常而言，投资风险是每个人都知道的，指投资的资本发生损失或不能获得预期的投资报酬的可能性。

其中，预期的利息收益发生损失主要是由以下两种原因造成的：

其一，提前支取存款。根据目前中国的储蓄条例规定，若提前支取定期存款，利息会按照你在支取日挂牌的活期存款利率来支付。这样，存款人若提前支取未到期的定期存款，利息收入就会遭到损失。存款额愈大，离到期日期越近，提前支取存款所导致的利息损失也就越大。

其二，选错存款种类，导致存款利息减少。储户若在选择存款种类时选择不当，会引起不必要的损失，应根据自己的具体情况作出正确的选择。例如有许多储户为图方便，将大量资金全部存入活期存款账户或是信用卡账户，尤其是目前许多企业不直接把工资发给员工手里，而是委托银行代发，银行接受企业委托后会定期从委托企业的存款账户里将工资转入该企业员工的信用卡账户。这么做的好处是持卡人随用随取，既可以提现，又可以刷卡购物，非常方便。但不足的是信用卡账户的存款都是按活期存款的利率计息，所以利率很低。而很多储户又把钱存在信用卡或是活期存折里，一存就是长时间，个中利息损失可见一斑。还有许多储户认为存定活两便储蓄不就可以了吗？认为其法既有活期储蓄随时可取的便利，又可享受定期储蓄较高的利息。其实根据现行规定，定活两便储蓄的利率在同档次的整存整取定期储蓄的利率基础上打六折，所以从想多获利息角度考虑，宜尽量选择整存整取定期储蓄。

预期的利息收益发生损失的原因还在于存款本金的损失，主要是指在严重的通货膨胀情况下，如果存款利率又低于通货膨胀率，即会出现负利率，则存款的实际收益小于等于零，此时若无保值贴补，存款的本金就会缩水，发生损失。你只有对存款方式进行正确的组合才

能防范储蓄风险，从而获得最大的利息收入，减少通胀带来的影响。在通货膨胀率特别高的时期，则应将储蓄积极进行投资，且将储蓄投资于收益相对较高的投资品种。

总而言之，无论要避免哪种情况的储蓄风险，我们都应根据自己的实际情况出发，对症下药采用不同措施，以减轻损失。

1. 不要轻易将已存入银行一段时间的定期存款随意取出，除非有特殊需要或手中有把握高的高收益投资机会。因为，如果钱不存银行，也不买国债或进行别的投资，就放在家里，那么连名义上的利息都没有，损失将更大。即使在通货膨胀时期，物价上涨较快、银行存款利率低于通货膨胀率而出现负利率的时候，钱存银行还是要按票面利率计算利息的。

2. 若存入定期存款一段时间后，遇到比定期存款取得的收益要高的投资机会，如国债或其他债券的发行等，储户可先将继续持有定期存款和取出存款后改作其他投资方式，两者作一番实际收益的计算比较，从中选择总体收益较高的投资方式。例如：3 年期凭证式国债发行时，因该国债的利率高于 5 年期定期银行给的存款利率，那么，我们就应该取出原已存入银行 3 年或 5 年的定期存款，转而去购买 3 年期的国债。对于如果存款期不足半年的储户来说，这样做的结果是收益更大化损失更小化。但对于那些定期存单即将到期的储户来说，并不适合这种方法，提前支取快到期的存款购买国债，损失将大于收益。这一点很容易就能计算得出来。

3. 在市场利率水平较低的情况下，可将已到期的存款取出，而选择其他收益率较高的投资方式，也可选择转存其他的储蓄期限较短的储蓄品种，以等待更好的投资机会；等到存款利率上调后，就可将到期的短期定期存款取出，改为期限较长利率较高的储蓄品种。

4. 在利率水平可能下调和定期存款已到期的情况下，对于灵活投资时间不充足的人来说，继续将资金转存定期储蓄是较为理想的选择。因为，在当前利率水平较高、利率可能下调的情况下，存入的定期存款的期限越长意味着可获得的利息收入越高，因为利息收入是按存入日的利率计算的，在利率调低前存入的定期存款，在利率下调时不会更改以前的存款利率，即整个存期内都是按原存入日的利率水平计息的，所以可获得的利息收入就较高。

再者，在银行利率水平有可能调低的情况下，金融市场上的有价证券，如股票、国债、企业债券等正好处于价格较低、收益率相对较高的水平，但如果利率下调，就会进一步推动股票、债券收益价格的上升。因此，对具有一定投资经验，并可灵活掌握投资时间的投资者，要把握利率可能下调的时机，将已到期的存款取出，有选择地购买一些股票和债券，等利率下调后将价格上升的股票和债券抛出，可获得更高的投资收益。当然，在利率下调时并不是所有的有价证券都会同步同幅的上升，其中有些升幅较大，有些升幅较小，甚至还有的可能不升，我们应认真分析选择后做决定。

仅仅知道储蓄远远满足不了我们投资积累财富的需求，在懂得储蓄的同时还要多汲取一些经济知识，以便于更好地规避储蓄的风险。

在很多人的心目中，储蓄一直是最稳健的投资理财方式。殊不知它与其他的投资方式一样存在风险，这就需要人们警醒且认真对待。

银行贷款需量力而行

俗话说：“没有金刚钻，别揽瓷器活。”银行贷款要量力而行。

随着中国社会金融政策的放宽和人们消费观念的日渐转变，人们越来越多的通过信贷来支付生活中的消费，其中最为主要的方式是消费贷款和借贷投资。但无论是用于消费，还是用于投资，前提都是合理地预计自己的创收能力和综合评估自己的增收潜力。而且，银行在个人贷款方面也审查得很严格，如果不符合贷款条件，就会拒绝贷款。

以房贷为例，如果每月要还的房贷占自己月收入（大部分人是工资收入）的 30% 以上，还贷就很危险了。目前，银行发放的中长期贷款的计息方式是实行逐年甚至逐月调整利率，近年来，一般每次基准利率多采取的是上调 27 个基点，贷款利率一旦调整，贷款买房的人从下一年度就要开始按照新的贷款利率还贷。尽管只是一次次小幅调整，但积少成多，总体利息还是涨了不少的。

刚参加工作不久的小章向银行申请购房贷款时被拒绝。原因是小章的工资收入一年还不到2万，他要贷的款数是6万元，且决定将还款期限定为3年。这样一来，小章就是不吃不喝将每月的工资收入全部拿来还贷款，也不够还本的。所以银行当然认为小王没有足够的还款能力而拒绝贷款了。但小章又急需这笔贷款，幸好有一个朋友给小章指点了一下迷津，让他将还贷期限由3年推至5年或6年。小章再向银行申请时总算通过了银行的审查，如愿得到了贷款。

对于个人来说，如果所贷款的额度超出自己的还款能力，就会给自己背上沉重的负担。

还有一种房贷是固定利率的。但固定利率一般情况下都会高于现行利率，这其中高出来的部分实质上就是作为贷款者规避利率风险（未来利率上调）的代价。对于固定利率的借款人来说，当市场处于加息周期时，将利率固定对房贷借款人有利；反之，市场处于非加息周期甚至是处于降息周期时，那么锁定的住房贷款利率无疑是对银行有利。借款人要综合分析自己的各种情况，针对对利率走势的分析和判断决定自己的还贷方式，因为固定利率住房贷款合同一旦签署，再想修改合同或者提前还贷，就要向银行缴纳一定数量的违约金。

信贷除住房贷款外，还有个人消费品贷款、汽车贷款、国家助学贷款等种类。其贷款思路和房贷大体相当，要考虑自身量入而出，不可为图一时痛快盲目求多。

有关借贷投资就是善用别人的钱赚钱，只要方式是正当的、诚实的，绝不背叛道德的。借贷投资是获得巨额财富的一条捷径。很多成功人士如：富兰克林、尼克松、希尔顿都曾用过这个方法。他们借用银行的钱来购买一些金融资产、实物资产或者做一些生意投资，且能在一定时期内获得资产增值和一定的预期收入。富兰克林在《给年轻企业家的遗言》一书中写到："钱是多产的，自然生生不息。钱生钱，利滚利。"

但是所有收益的取得都是有风险的，借贷投资掌握好了可以带来巨大的利润，弄不好也可以使投资者破产，因为在你还不上贷款的时候，银行决不会心慈手软的。所以只要是为投资而贷款时更要充分考虑到风险的存在，量力而行。

天下没有免费的午餐，从银行贷款自然就得支付利息。因此，贷款需要量力而行，不可盲目求多被套牢，造成严重后果。

购买银行理财产品的妙招

理财产品种类繁多，我们不能面面俱到，所以如何购买是关键。

在知道如何购买银行的理财产品之前我们要先解释一下什么是"理财产品"。"银行理财产品"按照标准的解释是：商业银行在对潜在目标客户群进行分析研究后，在此基础上针对特定目标客户群而开发设计的、销售的资金投资及管理计划。在运用理财产品这种投资方式时，银行只是接受客户的授权来管理资金，投资收益与风险的承担由客户本人或客户与银行按照约定方式承担。

银行理财产品的分类有：

1. 保证收益理财产品。

保证收益理财产品是指：商业银行按照约定的条件向客户承诺支付固定的收益，并且由银行承担由此产生的投资风险；或是银行按照约定的条件向客户承诺支付最低收益并承担相关风险，如果有其他投资收益那么由银行和客户按照合同约定分配的同时共同承担相关投资风险的理财产品。

2. 非保证收益理财又可细分为：保本浮动收益理财产品、非保本浮动收益理财产品。其中保本浮动收益理财产品是指：商业银行按照与客户的约定条件向客户保证本金支付，而本金以外的投资风险由客户自己承担，并且依据实际投资收益的情况确定客户实际收益的理财产品。非保本浮动收益理财产品是指：商业银行根据双方约定条件和实际投资收益情况再向客户支付收益，但并不保证客户本金安全的理财产品。

那么，投资者该如何具体选择适合自己的理财产品呢？

1. 根据自身的具体情况选择。如果你是一个性格保守的人，希望本金安全性高又不愿意要不确定的收益，就应选择一些预期收益比较固定的理财产品，如预期收益在5.1%的美元理财产品或预期收益4.3%的人民币理财产品。无论别人怎么忽悠，都不要心动，因为选择了适合自己性格的产品才能晚上睡得着觉！而且千万不要做风险上的两面派，一面强调不愿承担高风险，一面又在做股票、单位集资、合伙房地产生意等高风险的投资。

2. 充分了解自己所购买的产品。购买前一定要看看产品说明书，自己有一个判断，比如各家银行推出的打新股产品（用资金参与新股申购，如果中签的话，就买到了即将上市的股票。这叫打新股。网下的只有机构能申购，网上的申购你本人就可以申购），产品说明上这类产品是委托谁运作的，申购是网上还是网下，其收益大概是多少。只要目前国家政策不发生大的变化，银行的打新股产品，其收益应该是比固定收益型的理财产品更高，但高多少要看各家银行的运作水平。另外对理财产品有一个正常的心态去判断也是必需的，如果有人说这个世界上有稳赚不赔的事情，保证收益、保证本金，就不应该去相信。对任何一个别人吹嘘的超过市场平均水平的收益率很多的理财产品，都要打个问号想想，原因是他们的以往历史业绩做到了，还是有更好的理由可以支撑他们所说的话。

3. 选择一个信誉比较好的银行。选择银行这一点非常重要，关键是看这家银行在市场上的信誉和历史业绩。标准是看该银行是否以经营理财产品为重点；是否每次都在第一时间推出创新理财产品和升级理财产品；是否被投资市场一致好评，推出的每期理财产品是否按照当初的预期的收益率实现回报给客户。

有些银行运作经验较少，在竞争中产品推出得也较迟，升级产品也只是跟风，不仅达不到当初广告宣传的预期收益的底线（更不要说宣传的最高线了），但每次会利用老百姓“好了伤疤忘了疼”的习惯，或一些没有涉足过理财产品又想追求高收益的百姓心理，进而推出比市场同业更高的预期收益产品。

有的银行在每次推出好的理财产品时不仅在时间上领先同业3至5个月，而且运作经验和资源也是很好的（当然管理费收得可能也是最高的）。这些银行连续几年被市场评为“最佳理财银行”，发售理财产品量市场排名第一，虽然广告宣传的预期收益不会是市场最高的，但到期兑付收益时却是市场同期产品最高的，甚至多次超出客户当初预期收益的上限。因此，老百姓在选择银行时，就应该多关注这类银行及银行的理财产品历史业绩，而不只是关注银行打出的当前广告预期收益是年15%还是年20%。

4. 选择一个好的理财经理。由于银行理财产品的专业性，可能并不是所有的人都能看懂产品说明，这时就很有必要选择一个好的理财经理。判断一个理财经理的好坏，首先感觉他（她）的长处是在销售还是在理财，如果一个名义上的“理财人员”只是强烈的向你推销产品而不是先倾听你的风险承受能力再给你规划投资理财的方案，他就不是一个值得信任的理财经理；其次，帮你选择哪一类理财产品要能够说出道理。这类产品为何适合你；最后也是最重要的，一个理财周期后这个理财人员是否达到了他给你承诺的预期规划收益。每个人都会选择适合自己的美发店或餐厅，选择理财经理也是同样的道理。

总之，选择银行的理财产品要基于投资者的风险态度、投资期限的要求和收益要求等。选择银行的理财产品要对其相应的市场、产品利率等相关因素做一定的判断，这样才可以避免盲目跟风造成的损失。

三大注意事项让你告别“负翁”

争做“富翁”，不做“负翁”。投资理财的目的是为了做个有财富自由的人，享受快乐，而不是在沉重的财务负担下痛苦地挣扎。

当今社会因超前消费存在着很多“负翁”，他们往往集中在城市，充满了靠自己的能力能够还贷，能够创造美好未来生活的信心。他们的年龄多在25岁至40岁之间，大都拥有高学历、高收入及高职位。尤其是像在北京、上海、深圳、广州等这些“移民”城市，他们还被媒体称为“未来的精英”人群。

赵先生是研究生学历，参加工作已经5个年头，月工资将近10000元，为了自己住着方便，购买了一套商品房，首付父母支援，月供是5000多元，期限为35年的。后来他又贷款买了一辆“保时捷”，现在每月还款3000多元。这样每月的月供的就增加到了8000多元，除去日常开销，赵先生简直就是“一贫如洗”。

每天早上一睁眼，赵先生躺在床上的早课就开始了，先睁左眼，房子每月要还贷5000多元；再睁右眼，汽车贷款还欠十几万。每月的工资条还没捂热，卡里的钱就被银行扣去了大半。剩下的2000元，养车、加油、物业、水电又花去大半，日常花费已所剩无几。赵先生本以为自己思想够新潮，观念够前卫，就奔向了贷款买房买车的“中产阶级”，却没想到之后背上如此沉重的经济压力。以前赵先生挺大方，也很爱面子，但现在和同事吃饭埋单时他能躲就躲了。

赵先生就是现在这个社会非常典型的“负翁”。现在，中国城市中靠向银行举债提前过上有房有车的生活的“负翁”们越来越多，中国社科院的一项统计显示，中国仅北京、上海这两大城市的居民家庭整体负债率就高于了所有欧美家庭的负债率。

事实上，“负翁”本身的经济承受能力在社会经济发展比较稳定的情况下，还是可以支撑的。但如果出现大的经济动荡，他们的经济承受能力就相对脆弱。恶性经济的冲击，必然导致“负翁”们的还贷能力下降，引发拖欠还贷或无法还贷的现象产生。贷款是有利息的，尤其是在中国人民银行调高贷款利率后，这群背负债务的“负翁”就势必要承受更重的利息负担。

我们投资理财的目的是为了获得财富，是为了避免没钱花的痛苦，享受物质带来的快乐。而“负翁”的身份却是一种金钱的“奴隶”的身份，且很有可能变成恶性循环的狼狈身份。我们若要想过上财富自由的生活，就要先摆脱这个身份。回避“负翁”身份，我们要做到以下三点：

首先，要控制个人债务。在借贷之前衡量自己的经济能力，对风险有清醒地认识，过度的负债将成为沉重的负担。借贷的一条基准线是个人负债不超过个人总资产的50%，如果超过这条基准线，个人资产的安全性就难以保证。如购买一套80万元的房子，首付二成而贷款八成，则个人资产负债率就超过了50%。如果自己将来的收入没有一定比例的增长，这种负债就会造成一种巨大的经济压力和精神负担。

其次，要避免过度消费。过度消费是个危险的行为，在进行消费前请确定该项消费是不是在自己的经济承受范围之内，或者该项消费造成的信贷负担是不是自己所能背负得起的。有些人在进入房地产卖场后，本该购买小户型的购买中户型，该买中户型的买了大户型。正是这种个人欲望的扩展，增加了不必要的个人消费，增加了信贷偿还的压力，增加了家庭负债的比例。

再次，谨慎使用信用卡。适度的负债能够让人们享受生活的乐趣，提高生活的质量，但过度负债，利息加重则会成为负担。对于使用信用卡的人来说，要使自己不成为“负翁”，就要避免超出个人还付能力的刷卡消费，因为一旦自己的经济收入不稳定，就有可能陷入经济负债的泥潭。另外，欠信用卡贷款会被银行列为风险客户，增加自己的信誉风险，负债严重还会影响房贷、车贷等个人信贷业务的办理。对于自制力较差、花钱欲望又旺盛的消费者，可抛弃信用卡消费，转而使用储蓄卡消费。储蓄卡的好处在于保持了便利的特点外，它不能够透支，这在很大程度上可以抑制消费的欲望。对“负翁”来说，先学会投资理财后再消费是非常必要的。因为只有足够的闲钱，留存部分额度的可支配收入，才是为以后更好的生活奠定坚实的基础。

第二章

银行卡理财：充分挖掘银行卡的财富

什么是银行卡？银行是由银行发行、供客户办理存取款业务的新型服务工具的总称。银行卡都包括信用卡、支票卡、记账卡、灵光卡自动出纳机卡等。因为各种银行卡都是塑料制成的，又用于存取款和转账支付，所以又称之为“塑料货币”。或许有人会问，银行里有什么财富？要告诉你的是，银行卡的诞生可以说是开启了银行业务的新时代，只要你用心，就一定会发掘这之中的财富。

除了刷卡，银行卡还能干啥？

现在的银行卡业务很多，但很多人只知道银行卡可以刷卡，此外就一无所知了。下面教你几招银行卡除了刷卡，还有不少理财功能。

DIY 信用卡彰显个性

如今，DIY 已广泛出现在我们生活当中。中信银行针对特定用户专门推出了 DIY 信用卡。据了解，这张卡片可由用户亲自动手设计卡版，还可根据喜好对图片进行剪裁，对大小、色彩、明暗进行调整等。中信银行方面表示，通过独一无二的卡版设计，可以充分炫出自己的个性。此外，中信 DIY 信用卡首次推出了竖卡版，为崇尚个性的用户提供了更多选择。

银行卡绑定可上网预订车票

电话可以买彩票，如今上网也可以订火车票，可免除排队之苦。银行理财人士介绍，市民只需要在该行网点进行银联卡的绑定，就可登录网上订票平台。选购好火车票后，只需要自己编写输入一个拿票密码，上车前到火车站的售票大厅凭密码拿票，无需其他任何费用。

航班延误可获赔

只要是个人资产总额达到该行白金卡标准的持卡人，可在全国范围内 33 家机场享受机场头等舱休息室候机服务。该行还为持卡人提供全国范围内的意外伤害险和旅行不便险。旅行不便险可保障班机延误、行李延误、证件重置、旅游中断等项目。

电话遥控“隐身”买彩票

招商银行与湖北省福利彩票中心合作推出了“银彩通”福利彩票无纸化投注业务。“彩迷”可以通过招行“一卡通”进行资金结算，通过直接拨打 96590 或发送短信方式实现福利彩票投注。

这种投注方式的好处在于，投注人不需要露面购买，还可以选择自动定制，十分方便。中奖后，也不需要投注人自己兑奖，采取大奖通知、小奖自动划入账户的方式，不会产生弃奖。

教你巧用信用卡

相信人们会经常说：爱信用卡，是因为它使用起来比较方便，并能够提供增值服务；然而恨信用卡，是由于它的不可控性经常会带来恶性的负债，使得自己每月都需要支付高额的利息。假如你在日常使用信用卡的时候，只是单纯地把它当成刷卡和投资消费工具的话，那么也就真的就是太“委屈”他们了。信用卡的使用，也就重在一个巧字。要学会巧用信用卡，将其变为个人理财的工具之一，不但能够享受诸多的便捷，还能够帮忙省钱、以及享受银行为持卡人提供的增值服务。因此要巧用信用卡，学会用明天的钱改善今天的生活。

巧用信用卡，我们可以尝试从以下几个方面开始：

一、多刷卡就能免年费

通常人们都会觉得信用卡每年所收取的150元或300元的年费是一笔过高的额外开销。这样来看的话办信用卡似乎并不划算。但是在目前国内的信用卡市场，各大银行也都有推出了一年中刷卡若干次，就可以免年费的优惠政策。事实上这样一来，在国内信用卡的拥有和使用基本上是免费的。

二、要学会计算和使用免息期

通常使用信用卡都可以享受50～60天的免息期（各银行有所不同），这其实也就正是信用卡最能够吸引人的地方。免息期指的是贷款日（也就是银行记账日）至到期还款日之间的时间。由于持卡人刷卡消费的时间有先后的顺序，所以享受的免息期也是有长有短的。而在上面说到的50～60天的免息期，则指的是最长免息时间。我们可以举一个比较简单的例子，假设你有一张信用卡的银行记账日是每月的20号，而到期还款日是每月的15号。那么，倘若你在本月20号的刷卡消费，到了下月的15号还款，那么就是享有了25天的免息期；但假如你是本月21日刷卡消费，那么就是在再下一个月的15日还款，也就是享受了55天的免息期。而就在这55天的时间当中，你正在享受着无息贷款。

三、尽情享受信用卡的增值服务

其实在目前来看，国内的信用卡还是处于一个推广期。各大银行也纷纷出奇招来招揽信用卡用户。但是对于银行的各类促销手段而言，持卡人则可以善加利用，尽情地去享受。通常银行的信用卡促销活动是没有单独的通知的，事实上也都是随着每个月的对账单一起寄到持卡人的手中。当持卡人收到对账单的信件后，不要急于丢掉，花上几分钟的时间仔细阅读相关的内容。也就是登录自己所持有的信用卡的银行网站。从而更全面的了解自己所持的信用卡能够在哪一些商户当中享受特殊优惠。

总体而言，目前的信用卡促销手段包括积分换礼、协约商家享受特殊折扣、刷卡抽奖、连续刷卡送大礼、商家联名卡特殊优惠等。可以看出如今使用信用卡比用现金更经济、更优惠，持卡消费一块钱绝对比用现金消费一块钱得到的价值多。

四、信用卡是商旅好帮手

通常那些经常出差或者喜欢旅游的人，会对信用卡更为地钟爱。他们也总是习惯于用信用卡通过各大旅行网来订机票，手续简便而且可以享受免息的优惠。这其实也更多地避免了携带大量现金出行的麻烦。除此之外，信用卡在异地刷卡使用的时候是免手续费的。

五、学会用信用卡理财

我们虽然熟悉用信用卡来消费，但是我们并不知道信用卡事实上也可以用来投资理财。近年来基金大热，但还是有很多的人都苦于缺少资金不知从何入手。信用卡持卡人实际上也能够通过信用卡定期定额购买基金，能够享受到投资后付款及红利积点的优惠。在基金扣款日刷卡买基金，在结账日缴款，不但可以赚取利息，还能够以“零”付出赚得报酬。可是必须说明的就是，这种借钱投资的风险性也是非常大的，而且并不适合用来做长线投资。

六、用卡行为应该有所自律

拖欠信用卡费用的利息是很高的，因此对自己的用卡行为有所自律也是非常重要的。各

种信用卡的条款不同，但是有的卡只要求你在每月结账日后的25天之内还清款项。因此，假如你在会计月度开始的头一天消费的话，就等于可以获得40 ~ 56天的无息货款，具体的天数还要根据信用卡条款而定。

现在有的人总是试图从这种无息贷款期当中多捞一些好处，他们的主意是办几张不同公司的卡，然后在一张卡的会计月度开始的时候付清上一张卡的欠费，这样一直滚动下去，就等于能无限期地占用一笔无息贷款了。这主意听起来还是挺聪明的，但事实上操作起来可能会很难，同时它也偏离了使用信用卡的本来宗旨——获得付款便利。对多数人而言这无异于浪费时间——而且假如你为了申请多张信用卡而做虚假声明，也是违法的。

信用卡的四大使用技巧

信用卡就像一把双刃剑，使用好了可给我们带来益处，用不好就是一种枷锁了。

信用卡的出现给我们的生活带来了很多的方便，它已经成为人们现代生活的重要组成部分，很多人手里都有一张甚至数张信用卡。现在人们去买东西再也不用提心吊胆地怀揣着大量的现金了，更是充分享受到了寅吃卯粮的乐趣，如果刷卡积分的话，积累到一定分数还能收获一些意外的小礼物，真是一卡在手，消费无忧。

但是使用行用卡也是要讲究很多技巧的，平时多留意一些注意事项，合理的使用，才能做到省钱又省心。

一、存款无利息，取款要收费

首先，让我们分清储蓄卡（借记卡）和信用卡（贷记卡）的区别。信用卡跟储蓄卡的区别在于一是可以透支，二来最关键的一点就是：信用卡存款无利息，取款反而要收费！不仅是透支取款时要收费，就连取出溢缴款（多还款的钱，你自己的钱，不是银行的钱）也要收手续费！且手续费在取款金额的1%至3%之间不等。这一点使用者一定要注意。

二、要注意超限费的问题

超限即大多数信用卡支持超信用额度刷卡，不像储蓄卡余额不足就不可以再刷。但是超限部分的钱如果在账单日之前不能还上，就会产生超限部分5%的超限费！信用卡毕竟不像存折，用户可以随时看到明细，如此，用户往往就不知道信用额度还剩多少，稀里糊涂的被收取了超限费。

三、透支取现没有免息期

信用卡的免息期是指刷卡消费额的免息，而对于透支支取的现金并不免息。从取款消费当天开始，只要隔一夜，透支的现金就会产生每天万分之五的利息，并且每月按复利计算！年化利率接近20%，这远远高于贷款的利率，没有钱消费就刷信用卡真不如去办贷款来得划算！

还有，如果你在最后还款日没有还上最低还款额（透支走的现金的10%），不但有万分之五的利息等着你，而且还有5%的滞纳金等你交。

四、不要忽视年费问题

信用卡第一年一般免收年费，从第二年起就要收取年费了。年费数额通常在80至100元之间，具体到每个银行不一样。不过好多银行规定，只要在规定的时间内刷够一定的次数就可以免年费。但需要持卡人注意的是，有的信用卡即使没有激活也收取年费。

此外还有关于还款方式的选择和安全使用的问题：

一、慎选自动关联还款

很多人为了防止忘记还款，会把储蓄卡与信用卡绑定后采用自动关联还款方式。但是这里有个问题值得注意：关联交易最晚必须在最后还款日2天前进行，因为此功能验证成功最长需要2天时间，而且这2天内是不能再次还款的，如果你刚好在最后还款日那天还款，就会还款失败，哪怕储蓄卡里有足够的余额。在这里，还要注意重复还款的问题。有些人在设置了自动关联还款后为了保险起见还手工还款，觉得万一手工还款记错金额，自动还款还可以补救。其实，系统的扣款文件是在自动还款的前一天生成的，如果你手工还款在自动还款之前，那么系统仍会产生重复的自动还款，要命的是这样做就产生了溢缴款，而取回溢缴款又要收费。

二、信用卡的安全问题

信用卡的安全问题是持卡人最为关心的。所以，我们在这里针对此问题进行详细的说明。要确保信用卡的安全使用，必须做好以下几点：

首先，保护好个人资料，杜绝风险源头。

现实中，很多信用卡被盗用或用信用卡的诈骗案件，都是由于持卡人本人不注意保护自己的个人资料，或者随意将信用卡转借而造成的。

这类信用卡盗用案件还占据了金融诈骗案的很大比例。因此，保护好个人资料和不把信用卡随意转借他人是很有必要的，对此要特别注意以下几点：

1. 收到信用卡后，请立即检查信用卡正面的英文凸体字与你在申请表上所填的信用卡内容是否一致，并在信用卡背面的签名栏上签上你的姓名。在收到密码函时，要先检查信封是否完好无损，同时尽快修改原始密码，然后记住销毁密码函，若发现发现密码函破损或其他异常情况应该立即与发卡银行联系。

2. 刷卡消费的时候，尽量让信用卡在你看得的视线范围之内，并且留意收银员的刷卡次数，一定避免重复刷卡。在签刷卡消费的签购单时要先确认上面的金额无误，然后再在上面签名，并且签名要与自己信用卡背面的签名保持一致。在柜面、柜员机上使用时，要注意保护个人密码，防止旁边的人偷窥。信用卡一旦丢失等同于现金丢失，所以必须马上跟银行联系进行挂失，最好记下信用卡号码以及银行的客服号码，以备信用卡遗失或失窃时方便报案之用，然后把有关资料放在安全的地方。

（3）仔细对账，关注账单。收到每个月的信用卡消费账单后，都要第一时间检查每个消费项目及金额和总金额，确保与自己的消费数量相吻合，若发现异常的、有疑问的消费项目，要直接打电话与发卡银行联系，银行会有专人进行调查。

其次，防范网络诈骗风险。

登录网上银行网站购物时，一定要特别留意支付页面的地址是否为该银行的官方网站地址。若进行网上交易则要选择资质比较好的网站，不要在公共场所登录网上银行。同时，务必经常更新网上银行的安全控件，以免被木马程序攻击遭受不必要的损失。

再次，揭穿短信、电话欺诈骗局。

针对信用卡消费每个银行一般都会有自己的固定短信和服务电话号码提醒，如果你突然收到一条陌生号码发送的有关消费记录的提醒短信，告诉你的银行卡在某某地、某某商场消费了多少钱，若有疑问请速与某个电话联系。其实这是不法分子的圈套。此时持卡人因保持冷静，收到的短信既不是银行的固定号码发送的，就不要轻易的回电或给发信息的人提供卡片信息。

总而言之，只要我们多用点心，尽可能多的掌握信用卡的使用技巧，做好风险防范，就能安全轻松地享受信用卡带给我们的方便。

信用卡在人们的经济活动中占有了越来越重要的地位，如何安全用好信用卡就要引起人们的足够重视了。

你知道你的信用值吗

这几年来，随着人们生活水平的不断提高，“信用消费”也开始进入了百姓的生活。但是大多数的人对出现在眼皮子底下的这个新概念，有些是一知半解，而有些则是敬而远之。

那么什么是“信用”？现代汉语词典里的解释就是言而有信，指的是能够履行跟人约定的事情而取得的信任；或者是不需要提供物质保证，可以按时偿付的，例如信用贷款。然而

在国外，人们大多习惯于向银行借钱消费，有借有还，这样也就算是有了信用的基础。倘若借的次数多，就一定要注意积累自己的信用记录，而银行对你的个人信用评价就会逐步升级。事实上说不定哪一天你急需一大笔钱而筹措无门的时候，你就可以凭着自己良好的信用记录去银行贷款渡过所谓的难关。而那些从来不借钱的人，则就被认为是信用空白的人，银行甚至还会怀疑你的偿还能力。

相信我们都听过中美两个老太太的故事。多年以来中国人总是习惯于把自己的钱存在银行里，借给银行用，而不是向银行借钱用。中国老太太在自己 60 岁的时候说："我终于把买房子的钱存够了"，而 60 岁的美国老太太则说："我终于还清了房子的贷款"。

事实上两者的人生历程和生活质量迥然不同：一个是省吃俭用，而另一个则是洒脱自在。其实在几年之前"信用消费"对大多数人而言还是一个陌生的字眼，通常也就是在这两三年，中国人才听说和知道类似"要买房找建行""中行圆你住房梦""贷款买车'零首付'"这样的宣传广告。"花明天钱，圆今日梦"听来颇有诱惑，但只是说说而已，中国几千年形成的传统消费观念，也不是一下子就能改变的。

使用信用卡，要懂得建立起个人信用三原则：

一、早借钱才能早立信

向银行借钱就是建立"信用"的开端。越早借钱，才可以越早地在银行建立借款记录，为逐渐建立个人良好的"信用"打基础。

二、立信之初的最佳帮手是小额信贷

银行往往对个人借贷秉持着审慎态度，尤其是当人们在银行没有任何信用记录的时候，借钱通常是非常困难的。然而在众多借款方式当中，贷记卡作为一种小额信贷的工具，同时也是申请信贷及建立个人信用最便利的工具。贷记卡的借贷额度相对来说是比较小的，而银行的信贷风险也相对减少，并且目前政策正在鼓励贷记卡的发行和使用，所以说利用贷记卡借钱是明智之举。然而信用卡在申请之后必须使用，不然的话它只是张睡眠卡，信用并未被启动，更谈不上建立信用记录了。

三、准时还贷，再借不难

能够尽早地借钱、小额信贷都是在为自己建立个人"信用"做准备，但是假如你光借不还，那么你在银行面前就成了一个无信用可言的人，银行也不会再去继续接受你的贷款请求。即便是有借有还，但却没有按期偿还，同样也不会帮助你建立起良好的个人"信用"。所以说只有准时还贷，良好的个人"信用"才能建立起来，才能真正实现再借不难。

所以说，如果能遵循这三项原则，就在建立个人"信用"之路上有了正确的开端。但是银行还有它一套完备的信用评估标准。大体来说，其标准包括评估人们的还款能力和借款、还款的记录。评估还款能力其实也就是通过看申请人的收入高低、收入是否稳定、资产多少（以净资产值为准）和是否有无形资产，包括社会地位、声誉等来评估的。评估借款、还款记录主要是看是否经常借贷及是否准时还款。

信用卡分期付款误区

孙小姐在某商场看上了一部 2500 元的手机。本来自己并不想购买，毕竟 2500 元对于工薪阶层的她而言不算是一笔小钱。但是商场售货员提醒杨小姐，可以用信用卡分期付款来购买，如果分 12 期的话，每月你只需付上 200 多元，就能够用上新的手机。

其实这样的消费方式也算是既划算又轻松，孙小姐立即决定使用信用卡进行分期付款。但是她却没有想到，在购买手机后的第二个月开始，她就银行提供的信用卡对账单上发现了每月都被扣除了 7.5 元的手续费。但是信用卡开通的却是分期付款免息这一功能，为什么除了手机的期缴金额，还会有其他的费用呢?

近些年来，银行大力推行了信片卡分期付款的消费方式。持卡人则为了减轻一次性付款

的经济压力，看中了信用卡分期付款能够“免息”的特点，也就纷纷开通了这样一个功能，以提前享受到商品和服务。但是经过调查了解到，信用卡分期付款消费大部分都是“免息不免费”，也就是说免收利息，而持卡人每期必须付手续费。而“利息”与“手续费”是两个完全不同的概念。分期付款免息其实也并不意味着不收手续费，手续费的标准一般以分期的期数来确定。而像孙小姐这样没有了解相关银行的分期付款条件，在不知情的情况之下，就被糊里糊涂地扣除手续费的消费者，其实并不没在少数。

多数银行的分期付款手续费率，比银行一年期贷款利率低不了多少。

我们再以孙小姐所使用的某股份制商业银行信用卡为例，凡是商品价格在1500元以上的，且不超过本人信用卡使用额度的商品，即可实行分期付款。分12期（每月为一期）付款，每期支付手续费率0.5%，也就是说手续费为商品总价的0.5%。因为返还首期手续费，所以也就相当于申请了一份贷款利率为5.5%的一年期贷款。即便是银行方面承诺信用卡分期付款是既免利息又免手续费的，但是持卡人还是需要注意，自己所购的商品是否与市场上同一商品的价格一致。曾经有上海银行某部门负责人向记者透露：“目前有相当多的银行都推出了‘免息免费’的信用卡分期付款服务，所以很多消费者也都办理了这些银行的信用卡。可是实际上这些消费者还是中了圈套，因为手续费早加到商品价格上了。”

这位银行人士还透露，消费者其实可以注意到，凡是能够“免息免费”的分期付款信用卡，必定也就只能在指定商家中的指定商品上消费使用。“只有因为这样才能‘做手脚’，商家和银行方面签合作协议的时候，早就达成了一致。通常商家对指定商品的价格进行抬高，使之略高于市场同类商品的价格。这样一来，消费者分期付款多支付的那部分溢价，也还是进了银行的腰包。”他还说，“这部分的溢价款也就可以算作手续费还是利息呢？只有银行方面‘心知肚明’。从部分商品的溢价程度来看的话，真是‘既不免息又不免费”’。

如今我们会发现各家银行的个人信用卡门户网站，也就能够发现大多数银行在网页上都花很大的篇幅，建立起了“信用卡商城”，各种可以使用信用卡分期付款购买的商品琳琅满目，十分诱人。但是关于信用卡分期付款服务的条款和细则，却仅仅占了不起眼的一个角落，甚至有的部分银行对手续费丝毫不提。

倘若持卡人并非手头紧张，那么最好也不要申请分期付款。倘若对于未来什么时候才能够获得还款资金并没有把握，但是时间或许不会很长，可以选择支付最低还款额，当手头宽裕的时候一次性还清。假如未来收入稳定且暂时无法全额还款，那么也就能够根据每月的还款能力确定分期付款期限，同城期限越短，利率越低。消费者在分期付款消费的时候，一定要有理财意识，要对银行信用卡使用条款进行充分了解，并注意到比较所购商品价格与市场价格的差异，切忌花了“冤枉钱”。

揭开分期付款的四大迷惑

事实上对于信用卡消费而言，分期付款其实也早就不是什么新鲜的功能了，而信用卡分期付款“免息不免费”也早就已成为公开的秘密。

虽然我们都知道“世上没有免费的午餐”，但是怎样平衡分期付款的得与失，同样也是做一个精明卡主的必备技能。

那么究竟分期付款的费用如何来算？在使用分期付款功能的时候，怎样才能最划算？细心的你也许能够从中找到晋升信用卡达人的钥匙。

一、如何来算分期付款手续费

事实上在信用卡分期付款业务推出的早期，银行通常是打着“免息”的旗号宣传，确实是有不少的市民“上当”。但实际上，免息不免费，只不过是叫法不同罢了。总体来说，通常信用卡分期付款1年的手续费都是要低于年18%的取现利息，而高于银行1年商业贷款5.31%的利息。值得一提的则是，商业银行贷款利率去年以来多次下调，可是信用卡分期付款的手续费和取现利息的标准却很少有所变动。

虽然各家银行信用卡分期付款手续费的标准都不太一样，但是计算方法却大致相同。我

们可以假设分期付款金额为1200元，总共分为12期，每期（月）还款100元，手续费为0.6%/月，每月实际扣取100+1200×0.6%=107.2元。假如不考虑其他因素的话，能够折算的名义年利率为7.2%，但持卡人并非一直欠银行1200元，直到最后一个月，实际上也就只欠银行100元，但是银行还是会按1200元收取手续费。我们可以根据测算，持卡人所要支付的真正年利率也就约为15.48%。

二、分期付款找大银行还是小银行

据统计，市场占有率偏低的小银行手续费也相对较低。因为各银行客户资源以及品牌成熟度不同，其手续费水平也相同，有时甚至差别较大。比如说光大银行和宁波银行，3期的分期付款手续费率低至1.5%，较招商银行和民生银行低了1.1个百分点。按照年化利率来算，2009年光大银行和宁波银行的18.09%年化手续费率也比招行的32.32%低很多。除此之外，光大银行可以做到首期免手续费，以后每月手续费为0.5%，手续费按月收取，但可提前还款，还款后面的手续费可免。也就是说，理论上两个月分期的手续费总共也只有0.5%。

相反，信用卡领域内的领头羊招商银行以及4大国有商业银行，其同期的手续费相比之下显得并不那么“低调”。

三、到底是分期落空还是一次性付款

315消费电子投诉网上经常会有一些网友投诉道：“由于我经济原因在工行网上商城分期付款买了一部手机，我连手机都没有收到，当天工行就已经把第一期的款项打给了商家，同时工行还冻结了我的账户（我账户上面存有钱的）。我本来就是因为暂时钱周转不过来才分期付款的，这下倒好，账户也被冻结了，我等于还是一次性付款了”。

事实上，分期付款的本意就是为了减轻持卡人的资金周转压力，但实际上银行却一次性将持卡人的消费款项冻结，也就变相向持卡人一次性收取了全额消费金额，而且还要加上使用分期付款所带来的手续费等新增成本。对此，有一些消费者质疑，这里是不是存在着欺骗消费者的成分。

其实根据公开资料显示，工行、交行、建行以及中信在确认分期付款交易以后，都会冻结账户里该次消费的全额款项。而光大则是全额冻结额度，其中被冻结的额度还必须按每期还款而逐期释放，直到最后一期或提前清偿所有分期余额。而广发行则介于上述两者之间，根据审核结果然后再分别予以冻结和不冻结两种方式实现额度控制。

四、退货但是不退已收手续费

令我们值得注意的是，当消费者对商品不满意的时候或者商品出现质量问题进行退货后，大多数的银行把已经收取的手续费不予退还，这个时候一次性支付手续费的消费者损失较大。比如说交行在消费者提出退货申请并提供相关退货签购凭证后，才会终止其分期付款业务，持卡人已支付的各期手续费不会退还。

但是农行分期付款就会按实际还款期数计收手续费，提前结束的期数则免收。工行分期付款如果退货的话，则会全额退还手续费。

通常分期还款的期限为3个月、6个月、9个月、12个月和24个月。分3期手续费率最高的是招行2.6%，最低的是工行1.65%；分12期手续费率最高的是华夏8.4%，最低的是光大6%。其实也就是说，一件10000元的商品，申请12个月的分期，如果选择不同的银行，手续费最高为10000×8.4%=840元，最低为10000×6%=600元，两者相差240元。所以说，持卡人在选择分期付款的时候，要慎重考虑分期期数及手续费，并且选择适合的信用卡，才能更加合算。

选择信用卡自由分期有门道

通常信用卡分期付款可以使持卡人在每月支付少量还款的情况下提前享受物质上的消费，而如今随着社会经济的发展，有越来越多的消费者也都开始接受和喜爱这样的消费方式，其中自由消费分期相比较特约商户分期、邮购分期来说，由于没有商户和商品的限制，从而也更受持卡人青睐。但是面对各发卡银行推出的各种自由分期业务，选择哪一家的信用卡分期消费更合算，消费者却很少作比较。虽然各家银行都打出“零利息零首付”的旗号，但是选择不同的信用卡消费分期，差别还是相当大的。

一、分期金额

通常分期付款按金额的多少可以分为大额分期和小额分期，大额分期付款单笔交易金额通常是人民币 1 万 ~ 15 万元，例如大额家装分期、汽车分期等；而自由消费分期通常也是属于小额分期，也就是单笔交易金额最高不超过人民币 5 万元。

尽管我们说自由消费分期不限定商户和商品，但通常都是有一个限定消费额度，也就是所谓的办理自由分期付款业务的最低门槛。现在各银行在规定分期的办理金额起点上是不同的，工行是 600 元（含）起，中行、建行、招行是 1000 元（含）起，交通银行是 1500 元（含）起，而农行推出的“516”分期付款业务，则规定单笔刷卡金额 500 元或以上就可以申请分期。除此之外，光大银行推出的“自选免息分期”服务，则是对分期起始金额没有限制，但需持卡人致电光大客服中心申请开通此项服务，就能够实现不论交易金额大小即分为 12 期。

二、手续费

即使发卡银行不会要求分期付款的持卡人支付利息，但是通常都要收取一定比例的手续费，手续费有两种收取方式：一种是以月手续费的方式平均每期收取，以农行、建行、交行作为代表；另一种则是在缴付首期款的时候一次性收取，以工行、中行、招行为代表。手续费的费率标准各家银行也略有不同，通常选择不同的分期期数，就能够享受到的费率也不同，其中分 3 期手续费最高的是招行 2.6%，最低的是工行 1.65%；而分 12 期手续费最高的是华夏 8.4%，最低的则是光大为 6%；而分 24 期手续费最高的则是广发 17.28%，最低的是华夏 12%。所以说，持卡人在选择消费分期付款，要慎重考虑分期期数及手续费，选择适合的信用卡分期，才会更加地合算。

如果持卡人申请提前结束分期付款，多家银行规定必须在下一个还款日前一次性把商品金额和剩余的各期手续费都还清。而且有的银行还要另收费用，比如说华夏银行就规定除归还剩余的手续费外，还需要加收提前还款手续费人民币 20 元或 2.5 美元；可是农行、光大等提前还款则会享受手续费减免优惠。农行分期付款规定按实际还款期数计收手续费，提前还款也只能收当期分期手续费，提前结束的期数则免收，对于持卡人来说，也是非常地实惠。

我们还应当注意，如果持卡人所购买的商品发生退货的情况，那么就需要终止分期付款，除了工行的明确规定，“退货退分期手续费”外，多数银行是不会退还已经支付的手续费的。

三、展期服务

虽然说各发卡银行都推出了多种自由分期期数供持卡人选择，但是比如中行、建行、交行等多家银行表示，消费分期一旦申请成功的话，则该笔分期期数及金额是不能更改的。而通常在这种情况下，为了满足持卡人灵活理财的需求，展期业务也就开始推出，展期也就指的是持卡人对分期期数及金额进行调整的服务，当然展期是需要支付一定费用的。

四、消费分期注意细节

自由消费分期通常是可以通过致电发卡银行的客服中心或电话银行进行申请受理，事实上也是有例外的比如工行持卡人可以在工行各网点申请分期付款，招商银行、兴业银行、民生银行、浦发银行等也就可以在该行网上银行申请办理，才可以更加地便捷。

在这里需要我们持卡人注意的是，即使各发卡银行纷纷推出各种优惠措施鼓励持卡人中办分期付款，但这其实并不意味着每个持卡人都能够通过信用卡分期付款。银行通常要根据持卡人的信用额度、持卡消费的信用记录等对持卡人的资信状况进行评估。只有通过评估，持卡人才可以顺利进行分期付款；假如评估结果不理想的话，银行就很有可能拒绝持卡人的分期付款申请，或者不能给予持卡人想要的分期付款额度。

怎样做到信用卡跨行还款免费？

假如持卡人的还款能力不存在问题的话，那么选择的还款方式也是个值得关注的问题。常用的还款方式就是直接到柜台还款，但这样常遭遇排队之苦。可是我们面对信用卡还款收费难题，难道就没有“免费午餐”了吗？

一、免费的自助还款机

便利店的自助还款设备，不但能够进行普通还款，对于信用卡的欠款也同样可以还。自助终端在全国各大城市都有网点。个人持任何一张有银联标识的借记卡，到银行营业网点的自助缴费终端，就可以轻松完成信用卡的还款。除了建行、邮储银行、农商行、交行等四家银行的信用卡之外，终端机上可以为工行、农行、中行、平安、民生等12家银行的信用卡还款，跨行信用卡还款免手续费，并且招商银行、深圳平安银行、兴业银行在还款日前还款，款未到账不收取滞纳金。

二、银联在线还款

通常个人在登录“银联在线”网站注册，执行借记卡绑定操作及信用卡绑定操作之后，就能够每月在网上“不管何时何地”免费地转账还款了。市民可以用招行、中信、民生、华夏、平安、深圳农商行等10家银行的借记卡，向中行、农行、招行、民生、平安银行等13家银行的信用卡进行转账还款。

但这种方式只能为自己同名信用卡还款，且一定要确保已开通借记卡的网上支付功能，为能更好地控制风险，银联在线支付网站设定每月每个用户还款最高额度为2万元，无论绑定多少张借记卡，一旦本月累计还款超过2万元的话，系统就会提示“金额超限”。

三、通过快钱网还款

信用卡在跨行还款方面用得较多的另一个渠道则就是“快钱网”，当我们个人登录“快钱网”之后，就可以在网上操作，随时用借记卡为自己的信用卡还款，由于这种方式在推广期，仍然免收手续费。

我们个人可以使用包括工行、农行、招行、建行、交行、民生等22家银行的借记卡，为工行、农行、建行、招行、平安银行、东亚银行等18家银行的信用卡还款。

四、利用支付宝还款

个人其实也可以用自己的支付宝账户为招行、交行、广发行、工行、农行和建行等6家银行的信用卡还款，同时在支付宝的账户中，个人可以选择直接用支付宝账户余额进行付款，也可使用43家银行的支付宝卡直接付款，支付宝卡已将个人的借记卡和支付宝账户捆绑，可以直接进行在线支付。这项服务暂时也是免费。

五、ATM机上也能还信用卡借款

个人只要把信用卡插入ATM机，就可以把钱存进信用卡，实现还款的功能。为了方便持卡人还款，中国银行也同时推出了信用卡自助还款业务。

据中行北京分行工作人员介绍，该行已经在所有ATM机上增设信用卡还款功能，每台机器上也都能显示简易操作菜单，提示还款的每个步骤。比如说按照提示操作，一分钟内就能够轻松完成还款。

信用卡还款方式目前主要也就是包括自动转账还款、网银还款、柜面还款、电话银行还款等，包括中行、招行在内的多家银行已实现ATM机自助还款功能。

事实上，信用卡跨行还款还是有很多免费的还款渠道，比如说中国银联在线、快钱网、支付宝、自助终端机、短信还款等方式，个人也可以选择最适合自己的还款方式。这里需要注意的就是：通过转账方式还款，由于各银行信用卡到账时间不一，为避免超过还款期，建议提前3～5天还款。

提前还贷也有规则

通常年初是提前还贷的高峰。但是随着监管机构屡屡收紧银行信贷银根，也就导致提前还贷并不是很顺利。而其他一些银行在提前还贷业务上，也就跟客户耍起了“太极拳”，在贷款细则上玩心眼，那些不明就里的客户如果不小心，或许不仅多花了钱还投诉无门，白白吃哑巴亏。那么，提前还贷到底还存在哪些规则呢？

规则一：年限约束

张女士在 2009 年 3 月向某大型国有银行贷款 90 万元用于买房，但是在 2010 年希望提前还掉部分的款项，但是到银行咨询的时候却吃了个闭门羹。原因就是张女士在 2009 年买房的时候享受了利率 7 折的优惠，而该行规定享受 7 折优惠之后，至少在 3 年之内不得提前还贷。

如今越来越多的银行在房贷合同当中附加名目繁多的条件，包括“一定年限内不能提前还贷”“违约金”等，用来约束客户提前还贷。

例如某大型国有银行规定，如果在一年内提前还贷，将支付相当于提前还款金额 3% 的违约金；提前 1 ~ 2 年内，则需要支付 2% 的违约金；提前 3 年的话，违约金降为 1%。而早些年，提前还贷一般不需要支付违约金。有的银行还规定，首付 4 成以上，才能享受 7 折利率，若首付在 2 ~ 2.5 成的，只能享受 8.5 折利率。

还有一些业内人士还表示，存贷利差是银行的主要收入来源，但是经过多次降息，利差越来越小，以 5 年期以上贷款利率为例，7 折后只有 4.158%，而五年期存款利率则为 3.6%，两者利差只有 0.558 个百分点。这其实也就意味着银行的利润大幅缩水。因此银行不得不通过其他渠道来拓宽盈利空间。

一些银行理财专家提醒说，不少借款客户习惯就自己关心的问题口头咨询业务员，但是却很少有人仔细阅读贷款合同中的每一个条款，结果客户在遇到问题的时候才发现自己陷入进退两难的境地。

规则二：计息周期的奥妙

有网友说提前还贷还有一个期限和利息的陷阱。以等额本息为例，如果贷款 100 万元，期限是 30 年，则在每个月的月供当中，也都同时包括了当期的本金和利息，其中利息是按最长 30 年进行计算的。所以说，越先还的月供，本金占比越少，利息占比越大。

假如借款人在 10 年内还清了全部借款，原则上从第 11 年到第 30 年之间并无产生利息。但事实上，之前先期还给银行的月供中，已经包含了大量后期的利息。

网友小宋也曾遇到过类似的问题，他以前向银行借了一笔 50 万元的一年期抵押贷款。可是为了能够节约利息支出，他在到期前 3 天提前归还款项。但是小宋最后发现，他不但没有节约利息，反而还多支出了近 200 元利息。这是怎么回事呢？

事实上据银行业内人士介绍，银行一年期贷款均按 360 日计息，而非 365 日。也就是说，如果小宋如期还款，则银行就按 360 日计息；而小宋提前了 3 天还款，银行则按 362 天计息。

银行理财专家也建议，借款人也一定要仔细阅读借款合同规定的计息周期，以免遭遇提前还贷反而多支付利息的冤枉事。

规则三：提前预约排期较长

2010 年初，公务员陈先生曾打算用自己手头积攒起来的一笔钱加上年终奖，提前还贷一部分。但是他到建设银行咨询的时候，却意外地被告知要提前两个月预约才可以还。

“预约其实可以理解，但是为什么排期需要这么长？”陈先生贷款买房已快 5 个年头了，2009 年和 2008 年他也都曾向银行提出过提前还贷的申请，基本上也都是当天打电话咨询，下午就可以去办理还贷，并不需要等太就。而现在一等两个月，期间利息照算，能否获批还说不定。

在陈先生看来，这恐怕也就是银行拖延时间以收获房贷利息的一种手段。陈先生算了算，

就算不考虑办理手续等系列流程需要的时间，仅仅算预约排期的两个月，陈先生就不得不多支付近 2000 元的利息。

建行客服中心对此解释称，根据2010年央行对个人贷款实施稳步投放、稳步回收的要求，建行现有规定调整为提前还款需提前两个月预约。据了解，各家银行对提前还贷制定的具体规则都不相同，而部分银行每个月对提前还贷也有数量的限制，不少大银行其实也通常都需较长的预约排期，而中小银行的规定则比较相对灵活机动。

据悉，如果借款人提前还贷，那么贷款利率从办理日更新合同的同时变更贷款利率，而预约排期中发生的利息支出，仍将由借款人担负。

如今，提前还贷延迟审批引起的利息争议，也逐渐成为了还贷投诉的集中焦点。法律界人士同时也表示，因为监管部门并未对延迟审批作出明确规定，各家银行的做法并无明显过失，借款人也就很难就此向银行索赔。所以说，建议借款人对提前还贷预留较为充分的时间。

提前还贷也应该有一定的窍门，购房者能够根据自己的资金状况进行选择。一是一次性提前还贷，倘若手头的资金宽裕，没有什么投资理财和其他投资计划，就可以选择这种方式；二是部分提前还贷，部分提前还贷之后，偿还余款有两种选择，一种是保持每月的还款额不变，再将还款期限缩短；另一种则是将每月还款额减少，保持还款期限的不变。

按揭贷款的省息技巧

中外两位老妇人买房经历对比的小故事，颠覆了中国人千百年来“不到万不得已不借债”的传统观念：事实上，适当的负债是可以改善生活品质的。与此同时，怎样寻找适合自己的还贷方式也成为了当下人们密切关注的话题。

小赵在某银行贷得一笔额度为 100 万元的住房按揭贷款，期限为 20 年，但是由于小赵是首次购买普通住宅用于自住，并且个人信用记录良好，银行给予基准利率下浮 30% 的最优惠利率，即执行年利率 4.158%。但这其实在选择银行还款方式上小赵有些不知所措：采用不同的还款方式，利息相差还不少，到底选择哪一种还款方式，才可以合理节省利息支出呢？

不同的还款方式各有千秋。

其实目前在市场上最常见的按揭贷款还款方式就有两种：等额本息还款法，也就是说每期归还的贷款本金与利息合计相等，对于借款人而言，每期还款总额都是一个个固定数，俗称“等额”还款法；等额本金还款法，即每期归还的贷款本金金额相等，每期还款总额随着归还进度因利息逐期减少而减少，俗称“等本”还款法。

1. 采取“等额”还款法，第一个月应还贷款利息应该是 1000000 ×（4.158%/12）=3465 元，归还的贷款本金是 2678.38 元，合计为 6143.38 元；第二个月则应该还贷款利息等于剩余本金乘以利率：（1000000–2678.38）×（4.158%/12）=3455.72 元，归还的本金是 2687.66 元，合计仍旧是 6143.38 元。以此类推，期初还款额中本金所占比例较低，利息占比较高，之后本金占比逐渐提高，利息占比降低，还款总额在还款期间均维持不变（即等额）。

2. 采取“等本”还款法，第一个月应还贷款利息同样也是 1000000 ×（4.158%/12）= 3465 元，归还的贷款本金是 1000000/240=4166.67 元，合计为 7631.67 元；第二个月应还贷款利息 =（1000000–4166.47）×（4.158%/12）=3450.56 元，归还的本金也仍为 4166.67 元，合计 7617.23 元。以此类推，每月还款的本金不变（即等本），利息支出由于前期的还本，而每月所减少 14.44 元，每月合计还款额在还款期间同金额减少 14.44 元。

3. 采取按月“等额”还款法，小赵的每期还款额均为 6143.38 元。

4. 采取按月“等本”还款法，。第一期小赵的还款额为 7631.67 元，每月还款额递减 14.44 元，20 年合计还款 1417532.50 元。

5. 采取“等本”还款法较“等额”还款法，20 年还款总额从而也就足足减少了 56879.12 元，为什么有这么大的差别呢，银行凭什么要多收这么多利息？

事实上，贷款利率一直都是影响还款计划至关重要的因素。近些年来国家频频对贷款利率作出调整，2007 年内连续 6 次升息以及 2008 年下半年连续 5 次降息，同时放宽房贷利率的浮动范围，对于按揭贷款影响非常之大。很多银行也随即推出了利率调整政策，客户满足银行一定的条件之后，也就能享受最低7折的利率优惠。

同样是小赵，倘若是在2008年年初贷款的话，在享受最优惠利率即贷款基准利率下浮15%的情况下，采用“等额“还款法，每月需还款7547.56元，比原来2009年初贷款的还款额足足高了1400多元。

其实像小赵一样有住房公积金的客户还可考虑申请个人住房公积金贷款，享受更加优惠的公积金利率。住房公积金贷款同期限的贷款利率为3.87%，比起普通商业按揭贷款月还款减少约150元。你还可以申请公积金组合贷款，也就是部分公积金、部分住房按揭的贷款组合。

通常一些一般的银行按揭贷款，贷款利率都是采用浮动利率制的，随着国家利率在第二年年初调整为最新利率。这在贷款利率的降息期其实是非常有利的，也就是意味着来年还款减少了。利率的升降都存在周期性，倘若判断目前利率水平已相对见底，在这个时候采取固定利率将利率锁定，以应对将来可能的升息情况，也不失为一种选择。

事实上任何一种的贷款的还款方式，都有其适合的人群。其实就一句话：“合适的才是最好的。”其实我们每个人的家庭收入、支出和投资计划都有所不同。一般而言，每个家庭的信贷支出也都不超过家庭总收入的50%，才不会对其日常的生活产生较大的影响。可是次贷危机、金融海啸却向大家揭示了过度超前消费所伴随着的巨大风险，唯有合理评估自身的收入、还贷能力等才能够在最大限度地节省支出，把自己的“财”“理”好。

警惕信用卡刷额过度的陷阱

现在选择信用卡刷卡消费的人现在变得越来越多，一些人甚至再每个月都会将卡刷爆。但是还是有很多持卡人在透支消费中发现，就算将信用卡额度刷爆，银行也不会提示，而多刷出来的那些钱，持卡人也就必须为之支付相当高的高额的利息成本。

一、刷爆部分银行多收5%超限费

事实上，绝大多数信用卡持卡者对自己刷卡的账目都没有太确切的计算，他们认为只要能继续刷卡就应该没有超过额度。而在银行方面，不会对持卡者刷卡超过限额时及时给予提醒，持卡者都可以很顺利地刷卡成功。

而在费用方面，各家银行也不尽相同。目前大部分银行超限费的收费标准为超限部分的5%，不过银行同时也都限定了最低及最高封顶金额。总体来看，四大国有商业银行的超限费收费标准最低。兴业银行、民生银行、广发银行等股份制商业银行的收费标准较高。例如，建设银行向客户收取超限部分的5%，最低1美元或5元人民币；工商银行收取超限部分的5%，最低为1元人民币；兴业银行收取超限金额的5%，最低3美元或20元人民币；民生银行收取超限部分的3%，最低10元人民币。

此外，利息和手续费的额外产生，也常常导致账户出现超限。而超限的部分不仅要缴纳超限费，还不享受免息还款以及最低还款，需要在还款时一次性缴清。未还完款项的日利息大部分为0.5%。

例如使用交行信用卡，账单日是每月的10日。那么，假设当月1日刷卡消费2980元，2日取现2000元，手续费20元，那么，到账单日时取现产生的利息为8元，总欠款为5008元，如果信用卡额度刚好为5000元的话，那么就会产生8元的超限，超限费为8元 ×5%=0.4元，由于低于最低收费标准，银行将按最低标准5元收取。在这种情况下，消费者最好全额按时还款，否则银行将按日来计息，而产生的利息又将产生一笔超限费。

二、信用卡刷过额度银行无提醒

苏女士乔迁新居，为了给新家购置新房用品，她频繁地使用手中两张信用卡进行消费。账单日两天后，她也就收到了其中一张信用卡的账单，发现在一系列欠费项目之后还有一栏写着“超限费”，标有近50元的欠款。苏女士赶忙致电银行，后被对方告知，其消费金额总计超过银行给予的信用卡额度近1000元，要收取手续费。

“依据银行人员解释，其实所谓超限费，就指的是在一个账单周期内，累计使用的信用额度超过发卡行核准的信用额度的时候，银行将对超过信用额度部分计收的费用。根据央行的规定，银行可以将信用卡刷卡消费的最高额度控制在预先设定的信用额度的110%，这也就相当于可超限10%。

尽管这一项收费标准由来已久，但是对于不少持卡人而言，他们也并不清楚其中的原理，而银行系统也从来没有对此进行专门的提示。

“我觉得银行至少应该在给持卡人办卡时明确告知这一点，而不光是在信用卡申请表背后密密麻麻印上那么多条款。”苏女士对此表示。

信用卡使用客户在刷卡或者取现超过信用额度核准的时候，依旧可以成功刷卡消费，而银行系统却不会进行专门的超限提示。但是银行将会对超过信用额度部分收取高额利息费用，而超限费收取也标准不一。这样一来经常刷爆信用卡的朋友一定要多加谨慎。

巧用临时调高的信用额度理财

事实上如今信用卡对持卡人来说，是消费工具，但是假如你够精明，能够充分挖掘以及运用信用卡的新功能的话，信用卡同样能够成为不错的理财工具！

同样买车、装修、出国旅行这些大事件，通常需要花一大笔钱，这个时候假如想到借助信用卡的临时调高透支额度新功能，把事先积攒好的钱以刷卡形式“对冲”出来，那么之前这一笔相当于从银行零成本融到的短期闲资，实际上也可以很好地理财生利。

这里就有这样一个成功巧用临时信用额度的“发财”案例：2007年底，刘女士相中了一款价值20多万元的轿车，手头上尽管已经积攒了足够的购车款，但是她仍然向银行申请提高临时的信用额度，车款一半（10多万元）用的是刷卡消费，而从银行手中“对冲”出的10多万元闲资，则是被她用到网上申购新股。2007年年底的时候，恰好中海集运等一批新股在A股上市，结果她也就很幸运地中到两个号（2000股）新股，6元多的发行价，在上市首日就让她以差不多12元的价格抛掉，净赚了1万多元钱。除此之外，剩余的也就未到期还款资金，被她投资了打新股理财产品，获利也颇丰。就这样刘女士利用信用卡的临时信用额度，零成本让购车款多在手中停留了一个月，并完成了一个漂亮的“时间差”投资。

其实利用“对冲”而来的闲资，除了可以打新股以外，还有更加稳妥的投资方向：购买以月为单位的理财产品、打新股理财产品或循环计息的通知存款等。真正的刷卡达人啊！思路清晰，方法简单，可以复制，实用价值高。

而现在临时调高信用卡透支额度的新功能，已经在多数的发卡银行普及。假如你有所急用的话，刷卡的时候多透支些钱，可提前（最长1个星期、最短即时生效）给信用卡客服中心先打电话，随后再申请临时调高自己信用卡的透支额度。按规定普卡的最高透支为一万元，金卡的最高透支5万元，而临时信用额度最高就可以一次性提至10万~20万元。据银行的工作人员，只要是能够提前3个月还款记录良好，通常在当天即可提升额度，无息还款期限一般为一个月。

用临时信用额度投资当然也应该要奉行“稳健”原则，绝对不能够超出信用额度，并且投资期限务必控制在1个月内。不然的话，超限还款，持卡人还是需要交纳超限费和利息，这岂不是得不偿失？通常银行收超限费可是毫不留情的，就会收取超限金额5%的超限费和每天万分之五的利息。

我们还需要注意的就是，在我们使用临时额度之前，最好你一定要先弄清临时额度还款期限，以及在此期限前是不是应该有充足的还款能力，以免最后逾期还款给自己的信用记录造成一些不良的影响。

通常信用卡使用客户要让自己学会充分挖掘信用卡免息期进行“时间差”的理财投资，但是投资期限务必要把“时间差”控制在1个月内。当然在1个月之内，我们可以利用信用卡免息期刷卡消费，从而把自己手中的钱购买以月为单位的理财产品、打新股理财产品或循环计息的通知存款等方式最终使得我们自己获利。

如何让免息期“最长”？

事实上大家应该都知道，信用卡的最大好处其实也就是刷卡消费的款项能享受免息期待遇，这就相当于一笔“不用支付利息”的短期银行贷款。通常而言，信用卡的免息期最短是20天，最长50天。只要你能够精打细算，你的信用卡免息期也就总可以尽可能地就长不就短；并且只要你能够巧妙地充分利用银行的政策，你还有可能不违规地延长你的信用卡免息期。

当然，如果你要想充分享受信用卡的最长免息期待遇的话，除了清楚地知道免息期的计算方法之外，还需要掌握一定的技巧和方法。

记住一个要点就是清楚计算免息期长短。

通常影响信用卡免息期时间长短的尤为关键的三个因素就是：刷卡日、账单日、到期还款日。通俗来讲，刷卡日其实就是你刷卡消费的日期，账单日是银行给你的信用卡规定的款项入账、形成账单的日期，而到期还款日就是银行规定你在这个日期之前归还全部的单期账单金额的日期，你就都能够享受免息待遇。

通常而言，账单日的后20天即为到期还款日。比如说你某张信用卡的账单日是9日，那么29日就是该信用卡的到期还款日。那么我们就来以具体的实例来说明刷卡日、账单日、到期还款日三者是怎样影响免息期长短的。

方法一：择卡而用

张小姐拥有两张信用卡，账单日分别是上旬和中旬，所以在择卡上就可以做一番文章。假如她一定要在3月5日要买双开门冰箱，那么她就该选用B卡。

这是因为B卡的账单日是15日，那么张小姐3月5日刷卡消费，3月15日这笔款项就被记入了当期的账单，20天之后的4月5日就是到期还款日。这样一来她享受的免息期是32天（3月5日至4月5日）。

倘若张小姐用A卡消费，那么3月8日这笔款项就被记入了单期的账单上，3月26日的到期还款日那天就要还款。这样她也就只能享受到23天的免息期（3月5日至3月26日）。

方法二：延迟几日消费

倘若不是很着急的话，张小姐也可以将购买双开门冰箱的日期推迟至5天后的3月10日。在3月10日，用A卡消费，那么该笔款项直到4月9日才会被记入账单，4月29日那天才还款，这样就能享受到50天的免息期。

足以可见，有目的地选择用哪一张信用卡来消费，能够使我们尽可能长地享受银行的免息期待遇。因此，有经验的、会理财的持卡人，通常都是会办理三张账单日不同的信用卡，而这三张信用卡的账单日最好分别是上旬、中旬、下旬。这样一来你在消费的时候，也就总是能找到一张合适的信用卡，让你享受到最长的免息期。当然，计算好了最长免息期，也万不可忽略了还款的时间，以免影响了自己的个人信用。

就如上文所讲，为了延长信用卡的免息期，我们能够采用选择信用卡和延迟消费的办法。其实除此之外还有其他的方法呢。

一、到期还款日可以延迟一两天

如今银行为了方便客户还款开通了多种还款的渠道，比如在各网点柜台还款、电子银行还款、自助银行（自助机具）还款，有的银行甚至还开通了特约商铺以及便利店的特定机具的还款功能。

可是在这些还款渠道当中，有的电脑系统与银行信用卡电脑系统的数据传输其实也并不是实时的，也就是说如果通过这些渠道进行的还款，可能会要等到第二天或是第三天才能到达信用卡的账户。这其实也就就导致了还款资金到达信用卡账户时间与客户还款时间有一个时滞差异。事实上这个时滞差异问题经常会导致客户与银行之间的不愉快。因此，银行为了稳固客户关系，就暗地里放宽了对到期还款日的严格限制，将一些在到期还款日次日还款的信用卡也当作是到期还款而非逾期还款。

二、到期还款日逢法定假日可延迟

如今银行营业网点对外营业也变得越来越人性化了，我们都知道通常在国家法定节假日期间是不营业的。这种情况的存在，也就不免会造成一些持卡人的信用卡到期还款日正逢当地该银行网点没开门营业而不能还款。因此，银行为了应对这一类情况，就会针对“正逢法定节假日当地营业网点不上班、持卡人无法按时还款”的情况，规定出于这种原因的持卡人，可以在当地该银行网点恢复营业的当日还款，而不作逾期处理。

事实上对拥有多张不同信用卡的人而言，完全可以利用信用卡来“巧刷卡”。首先，一定要弄清楚每张信用卡的记账日是在哪一天；其次，刷卡前应该想一想日期，记住你千万不要今天刷卡明天还款，这可能会就失去信用卡刷卡透支消费的“时间”优势了；最后，刷卡结束后，别忘了还款。

别指望银行告诉你信用卡额度

通常信用卡的信用额度分为临时信用额度和永久信用额度。

一、临时额度

所谓临时信用额度指的就是指银行给信用卡持卡人临时调整的信用额度，通常而言临时信用额度都是调高的。

当你的信用卡在固定信用额度不够用的情况下（比如：装修、旅游等），你也可以试着拨打发卡银行的信用卡中心电话，同时向客服要求在某一段时间内临时调高用户的信用额度，客服会依据你的用卡记录确定是不是可以为你临时提高信用额度，然而过了规定时间后信用额度调回原来的固定额度。临时额度的有效期通常为 1 个月。

通常而言，假如你的信用卡用卡记录良好，没有任何逾期或其他违规用卡情况都是可以临时提高信用额度的，提高临时信用额度的范围一般控制在固定额度的 20% ~ 50%。除此之外，通常在圣诞、元旦、春节、“十一”等固定长假，银行信用卡中心会主动调整信用卡的临时额度，通常提高的临时额度为固定额度的 20%，供持卡人假期消费使用。当你的假期结束后大概会有一个月的时间能够将你的额度恢复到原来的固定额度。

比如说小王为了装修，看中了一套 7000 多元的家具，刷某行的信用卡就可以打九折，这样一下也就省了几百元钱。但是他的信用卡额度只有 6000 多元，所以根本不够刷，于是在朋友的建议之下，他也就申请提高临时的额度，家具九折拿下，于是也就轻松为自己省下了 700 元钱。

要注意的是，除了银行主动临时调额之外，当持卡人刷卡额度不够的时候也可以要求银行临时增加额度。但是还有一个我们值得注意的是，临时调额的还款时间与正常刷卡额度的还款期限计算方法不一样，而且持卡人需要及时还款。比如说民生银行的临时调额时间为 15 天，而招行临时调额部分会记录在当月的记账单上，还款日时持卡人也就必须全额归还临时调额，而不能按照 10% 的比例归还最低还款额。

二、永久信用额度

事实上，永久信用额度也就是永久性地提高你的额度。一般来说永久信用额度是和临时信用额度相对的。

小莉很烦恼：她的一张信用卡用了 3 年，但却还是 6000 元的额度，她嫌换卡比较麻烦，就想提高额度，但却被拒绝了。“我给银行打电话想要提高我的信用卡额度，可是银行却说不能自己申请，只能由银行申请，是这样吗？”

其实大多数持卡人都会碰到像小莉这样的烦恼。实际上一般来说，在用卡的时间超过半年之后，持卡人就可以向银行提出调高透支额度的申请，相对比较容易通过。倘若持卡人的刷卡频率较高，而且平时的透支额较大，信用记录良好，那么银行也就会酌情调高信用卡的透支额度。通常信用额度调高之后，使用一段时间，可再次向银行提出申请，逐步提高信用总额度。

那么究竟怎样才能提高信用卡永久额度呢?

第一，一定要跟按时全额还款，这表明你有良好的还款能力，这是提额的先决条件。尽量少动用循环信用，即少使用最低还款额还款。

第二，尽量使自己的消费金额数目大，半年内消费总金额至少在额度 30% 以上；消费次数尽量多，平均每月 10 笔以上，若 20 笔以上更易提额；消费商户类型多，比如说商场、超市、加油站、餐饮、旅店、旅游、娱乐场所等；批发类和购房购车等大宗消费越少提额越容易。

第三，如果经常用卡的话，最好常常把额度用满，这样银行才会发现你的额度不够用。

第四，一定要杜绝不良用卡记录，按时还款，不能够全额偿还也一定要按时偿还最低还款额并支付利息。这一条非常重要，倘若忘记了还款，或者还款时忽略了偿还零头，哪怕是 1 分钱也会带来不良用卡记录。

第五，网上购物、支付宝交易及取现越少提高额度申请越易批核，同时，刷卡的商户类型不能总是与所在公司的经营范围性质类似。

通常你的信用卡的永久信用额度和临时信用额度永远都只是一个未知数。只要你常用卡、大数目消费，同时一定要按时全额还款，这样你如果想提高你的永久信用额度和临时信用额度将是很容易的事。

免息期带给家庭“第一桶金”

赵先生的本科和研究生阶段的专业均为经济学，所以赵先生历来非常重视理财，而早在学生时代他就已经投身于股市，十几年的投资也让他经历了多轮牛熊市的转换，从而给他带来了诸多成功的喜悦以及惨痛的教训，不过这也使他百炼成钢，形成了自己的投资理念。

2010 年的 5 月，已到而立之年的赵先生终于与相恋多年的女友结婚，此前赵先生将多年的积蓄全部投入了婚房的购买、装修以及婚礼的筹办，虽然此前赵先生就已经感觉股市见底、新一轮牛市已经开始，但是苦于手头已无余钱，投资一事也只好暂罢。但是婚礼举行即将收到为数不菲的礼金让赵先生看到了投资股市的本金来源。

事实上按照原计划，这笔礼金将主要用于支付数额不菲的婚宴费用，但是在支付后实际余额仅为 2 万多元钱，赵先生显然对此并不满足，就在这时赵先生也就想到了信用卡的透支功能。

通常信用卡都有最少 20 天、最多 50 天的还款免息期，这其实对于赵先生而言就有了资金腾挪的时间和空间。于是，赵先生先用自己的两张信用卡金卡支付了高达近 6 位数的婚宴费用，然后再将自己婚礼上收到的所有礼金全部投入股市。因为其实际也就只有 35 天的免息期，而赵先生凭借自身多年的投资经验主要采用短线操作的方法，凑巧在大盘的牛市氛围配合下，赵先生在短短一个月的收益率达到了 53%。赵先生随后在免息期的最后一天支付了信用卡的账单，而那余下的近 8 万元则就成为了赵先生搏击股市的本金。在随后一年多牛市当中，赵先生的收益率超过了 500%，从而为自己的小家庭积累了一笔不小的财富。用赵先生的话而言，这“第一桶金”也可以说是没有成本，其实也都是信用卡的免息期给他所带来的。

赵先生也表示，他当时的做法事实上还是有很高的风险，万一股市投资出现大幅亏损则将严重影响他的家庭经济情况。但他当时也对这个计划作过相应的风险评估。一方面当时股市的上涨趋势还是比较地明显，同时他也对自己的操作水平有一定的信心；另一方面其实也就是出于风险控制的考虑，当时他与妻子商定一旦亏损达到 10% 即清仓离场，最多其实而也就是损失婚礼礼金原本盈余的部分。

赵先生表示，事实上他还给自己留了一条最后的退路，那就是万一股市被套，他还能够在每个月只还最低还款额来缓解自己资金的压力。

除了上述信用卡的致富传奇，赵先生在信用卡使用方面也是同样地颇有心得。

“我家平时的所有支出只要是可以刷卡的基本都是用信用卡。”赵先生表示，“这一方面能够给我节约一部分银行利息，充分利用免息期的优惠，另一方面也能够使得我获得

更多的信用卡积分，从而也就累计换取一些有用的兑换品，就如同我家的咖啡机就是用积分换来的。”

“利用不同的品种的信用卡对汇率的不同规定也可以帮助你省钱。”赵先生介绍，其中有一次他用双币种信用卡支付了一笔美元支出，在还款的时候才发现，VISA 卡规定的还款汇率是还款日的现行汇率而并不是支付日的汇率，因为在其支付日到还款日期间人民币兑美元的汇率一直在升值，他最后在还款的时候支付的人民币少了几十元。

使用信用卡除了有以上所说的一些好处之外，它同样也会产生一些使用成本，比如说年费、有的时候需要支付的一些利息、不同线路的使用费等，对此，赵先生又是怎样应对的呢？

赵先生表示，他通常会根据不同银行对免去年费的有关规定而安排信用卡的使用计划，而对一些要求一年消费 6 次或 12 次以上就能免去年费的信用卡，他通常会安排在一些频率较高的小额支付的时候使用，基本一个月就可以满足减免年费的条件。而对于那些要求达到一定的消费金额才可以免去年费的信用卡，他则会安排在一些大额支出时使用，这样可能刷两次就能满足减免条件了。

当现金流临时有困难的时候，就可以通过自由分期付款或者是仅支付最低还款额来缓解资金压力。但是一般而言自由分期付款的手续费要低于信用透支的利息，所以说选择自由分期付款将帮你节约一部分利息支出。

临时提额度的超限风险

如今有一些人对于信用卡超限费的问题致电某银行，而银行的客户服务人员表示，银行的此种做法其实都是出于为客户考虑，不想让客户在超过限额时买不成想要的东西。除此之外，持卡人能够在预计超限前向银行申请提高额度。但是否申请了提高额度就能够避免超限费问题了呢？事实并非是如此。

有一位杜先生就遇到了这样的情况。他持有一张信用额度为 1 万元的信用卡。“十一”期间，他带着全家人到上海旅游，心想或许会花很多的钱，于是也就临时向发卡行申请增加了 5000 元的额度。这样几天下来他一共刷掉了 14420 元。直到还款日，因为自己手头有点紧所以也就选择了最低还款，和之前一样，依照信用卡最低还款为消费金额的 10%，最后只还了 1500 元。可是没有想到本月账单寄来的时候，竟然多出了一笔近 200 元的超限费。

这 200 元又是从哪儿来的呢？这一点让杜先生颇为疑惑。据相关银行理财师介绍，假如持卡人的消费数额超过信用卡的额度，其实也可以要求银行临时增加额度，但是持卡人超过限额用卡之后，不享受免息还款期和最低还款额待遇；假如没有在指定还款期还款，发卡银行还能够按超过信用额度部分的 5% 收取超限费。杜先生的信用额度本来是 1 万元，但是刷掉了 14000 多元，他这月最低应该还原有限额的 10%，也就是 1000 元，最后再加上超出信用额度的 4420 元，一共 5420 元，可是他只还了 1500 元，而那剩下的 3920 元就产生了超限费，按未还金额的 5% 罚息比例，共计 196 元。

有理财专家对此则认为，银行临时提高信用卡的消费额度只是为了满足刷卡人的一时之需，持卡者在临时增加消费额度之后，也一定要及时地还上超出额度部分的消费，将自己的欠费控制在原有额度内，不然的话既要被收取超限费，同时也会对信用记录产生影响。

那么，在我们日常生活当中应该如何防控信用卡刷爆的风险呢？

首先就是要养成常记账的习惯，对自己的消费金额以及信用卡额度进行记账；

其次就是要经常查询，不管是致电还是通过网络联系发卡行查询剩余额度及欠款等；

最后就是要经常申请，在有大额消费计划之前，要首先向发卡行申请临时调高额度。这类申请通常会在 5 个工作日内处理完毕，但是还需要符合以下的条件：核卡 6 个月后才能提出调高额度申请，并且距离上一次调高额度申请之间的间隔必须大于 6 个月。

通常信用卡消费数额超过信用卡的额度后，不享受免息还款期和最低还款额待遇。倘若没有在指定还款期全额还款，发卡银行还是会按照超过信用额度部分的 5% 所收取超限费。

合理规划自己的信用授信额度

如果你想要让信用卡成为自己的理财好帮手，除了先必须要根据自身情况，合理地控制信用卡的数量之外，还需要巧用信用卡的授信额度。可是在实际运用信用卡的过程当中，还是有很多人往往会走到两个错误的极端：一是无限度透支沦为“卡奴”，再就是听过太多“卡奴故事”而从此将自己的信用卡打入冷宫。事实上信用卡本身就是个好东西，关键就是要看我们怎么使用。

一、适当提高取现额度

一般而言，我们其实都比较鼓励刷卡消费，但并不鼓励用信用卡透支取现。由于和信用卡刷卡消费相比来说，信用卡透支取现因为没有免息期，因此成本要高得多。信用卡取现也就非常容易让人陷入“拆东墙补西墙”，“以债养债”的恶性循环中。

倘若我们用好了信用卡的透支取现，还可以为家庭资产增值。因此不鼓励信用卡透支取现，并不等于说我们不需要透支取现额度。或许我们每个人都知道，每个家庭都应该准备一定的应急备用金，以备不时之需。但以活期存款为主的应急备用金的投资收益却少得可怜。这个时候拥有一张取现额度较高的信用卡就能很大程度上释放我们的家庭应急准备金。

怎样才能提高自己的授信额度。

现在在国内信用卡取现额度通常在授信额度的30% ~ 50%，也有少数的银行采用国际通行的做法，透支取现额度与授信额度相等。对那些很多有意将信用卡作为存款准备金的消费者来说，取现额度较低是一个难以回避的问题。那么如何才能提高信用卡透支消费和透支取现的额度呢？

1. 办卡的时候一定要要充分准备各种资产证明。由于申请人在银行还没有任何消费信用记录，所以在申请之初银行评估的是各种收入资产状况，然后再决定给多少信用额度。

2. 一定要认真填写表格细节。填写申请表格的时候，还是有几个影响授信额度的小细节，比如受是否有本市的固定电话号码，通常这个号码是否是自己的名字或家人的名字登记办理的，是否结婚及手机号码是否有月租，是否为本市户口等。银行会据此决定是否增加申请人的信用评估。

3. 做到随时随地不忘刷卡。用卡期间，多多刷卡消费，衣食住行都尽量选择有刷卡的商店消费，使用越频繁，每月就有相对稳定的消费额度，只是把原来现金消费的习惯改为刷卡消费。这表明你对银行的忠诚度，银行的信息系统会统计你的刷卡频率和额度，在3个月到半年后就会自动调高你的信用额度。

4. 保持良好信用，按时还款。俗话说得好，欠债还钱，有还才有借。银行也都是严格地遵循这个古老的真理。如果你不按时还款肯定无法积累一定的信用。据银行信用卡部门工作人员介绍，过去的卡片利用率并不是考量额度的关键因素，但是过去刷卡而导致的还款情况记录却是至关重要的。在这其中良好的刷卡还款记录是最基本前提，其他大多是“充分不必要条件”。

5. 一定要主动申请提高信用额度。如果想提高信用额度，那就可以直接打客服电话提出申请，而不是被动等待银行的通知。正常使用信用卡半年后，你可以主动提出书面申请或通过服务电话来调整授信额度，银行需要审批，正常情况下，会在审查消费记录和信用记录后，一定幅度内提高你的信用额度。

二、合理控制透支上限

其实在国外，理财师通常会建议消费者的信用卡总授信额度（一定要注意，不是单张信用卡授信额度）为其6 ~ 12个月的收入。通常这样的额度能够在现金流规划与风险控制这两者间保持一个比较良好的平衡。

但是在国内，信用卡兴起时间通常比较短，而且人们对信用卡的认识其实还存在较多误区，同时目前国内信用卡消费的主力军是年轻人，有些则也是不久踏入职场没多久的社会新鲜人，但其实有些还是没有固定收入的学生族，通常他们的透支还款能力并不强，所以说过

度用卡存在较大的风险。其实对于这一类人群，最好的办法就是控制信用卡的总授信额度，让他们有一个养成良好用卡习惯的过程。因此理财师建议这些年轻人的信用卡透支总额度控制在约3个月的收入，对没有固定收入的大学生来说，2000元的初始信用额度也已绰绰有余。

当然，对于理性消费者而言，信用额度也就能得到提高，以6～12个月的收入为宜，不宜更高。因为通常而言，月收入的6倍足以应付日常的消费支出以及临时的大件商品消费支出。而其实与之相对应的是，工作变动频繁或者是自己当老板的创业者，因为自己每个月收入容易忽高忽低，缺乏稳定性，所以说应该将信用卡授信额度控制在较低的范围内，比如上年收入的20%～40%。

三、学会梯度分配授信额度

对于理性消费者而言，能够运用2～3张信用卡进行组合使用的模式。通常在信用卡授信额度的分配上，同样也是需要几张信用卡进行分工合作。例如张先生工作稳定，月收入6000元，消费理性，拥有两张信用卡：一张银联卡、一张双币种卡，信用卡总授信额度可控制在12个月的收入，即72000元。那么他其实就能将银联卡的授信额度设定为24000元（4个月收入），用于自己日常的消费，而另一张双币种卡的授信额度设定为48000元（8个月收入），平时也不需要使用，只有在出国旅游或者购买大件商品（家具、大型家电等）时使用。

事实上倘若两张信用卡的信用额度都不够高，或者是说自己想享受其他信用卡特约商户所带来的优惠，那么也就可以采用3张或以上不同银行的信用卡搭配使用的办法，但在事实上日常消费最好使用一张信用额度相对较低的卡，这样不但能够让刷卡积分得以集中在一张卡上，让积分换礼品获得更高的“效率”，同时也能够尽量避免冲动消费带来的不良后果。

值得一提的是，现在中国游客最常去的境外30多个旅游目的国及地区已经开通了银联卡的消费业务，通常消费者在这些地方使用银联卡消费的话，就能根据即时汇率进行计价，从而也就避免了汇率风险，并且也就不需要支付货币转换手续费。

怎样玩转信用卡的授信额度是多数信用卡使用客户的一大难题，因此建议信用卡客户合理地控制透支上限、梯度分配好授信额度从而也可以适当提高取现额度。如果要提高授信额度，就必须要主动向银行申请提高信用额度；做好充分的资产证明准备；随时随地不忘刷卡和按时还款，保持良好信用。

利用信用卡积分巧赚获益

事实上用信用卡的人都应该知道，刷信用卡消费就能够有一定的消费积分。通常这个消费积分可以让你用来抵年费、换礼品，所以说不少信用卡族还是挺重视信用卡积分的。但是怎样才能刷同样的金额，赚到更多积分，如何用好积分，可没有大多数人以为的那样简单。

一般来说，信用卡平时的积分是很少的，可是一到节假日就不一样了，通常各大银行在节假日的时候都会推出一些双倍甚至多倍积分的活动来促使消费者进行刷卡消费。因此平时习惯消费刷卡的朋友就可以利用这个机会，赚取更多的积分。而与使用现金相比，信用卡购物安全又可享受折扣，还可以累计积分换购礼品。

去花钱吧——信用卡的奖励计划的最终目标。事实上绝大多数的刷卡兑奖之类的活动都要动一番脑子，有时还需要比拼速度。例如要求顾客在前多少名内刷满特定金额才能获赠礼品。因此，真正要练成“万花丛中过，片叶不沾衣”的高超武功，必须跟银行斗智斗勇。信用卡消费实质就是“拆东墙补西墙”，到最后还是要有借有还，所以说大家千万别捡了芝麻丢了西瓜。

信用卡积分能让你月入过万？

目前，各家银行为了鼓励客户消费都在信用卡上大做文章，除了各种各样的增值以及优惠服务，最大的一个共同点其实也就是“积分”。而客户在刷卡的时候，银行就可以根据你的消费金额进行积分，通常绝大多数银行给出的标准是消费1元钱积1分。所以客户就可以凭借着累积的“分”，在银行兑换礼品、抵用消费等。但是还是有不少的客户在消费后，因为不同的原因忘记了用这些积分。能永久保存的积分还好，但有的银行在一两年后就自动将积分“清零”，实在是非常可惜。但是如今就已经有人能够利用信用卡积分巧赚获益。下面我们就来看一个案例：

刘先生说自己买积分主要是为了能够兑换航空里程，“你们把积分给我，我把钱给你，咱们两清。”据说，刘先生凭借着累积的航空里程，他去各家航空公司兑换免费机票，然后自己再把机票卖出去，“我就赚差价。”刘先生为了确保自己的交易成功，通常都会事先在淘宝网上给卖家提供一个交易链接，在当确认积分转让成功后，刘先生就把约定好的款项转给卖家。于是闲置的积分成了白花花的银子。在刘先生的交易记录上，几乎每天都会有人在卖信用卡积分，从几千分到数百万分不等，而涉及的银行包括工行、中行、民生、兴业等，航空公司则有海航、南航、国航等。

当刘先生有了从全国各地收购来的积分，但还是得琢磨怎样让它们产生效益。所以每天他一边不断地购买积分，一边也就急着四处寻找下家。通常他用买来的积分兑换机票，成本也就相当于 5 折，“所以我也就必须找到不低于这个折扣的买主，比如 6 折和 7 折的，同时他们还不需要拿机票去报账。”

找下家其实非常不容易，更重要的是风险很大。事实上，万一航空公司的里程换机票政策发生变化的话，花钱买来的积分也就会缩水，刘先生说“甚至也有可能变成一串根本就没用的数字。”同时，每一个航班免费机票也就只有两张，现在做这个生意的人也是越来越多，“竞争激烈。”还有就是经常去航空公司换免费机票，难免会引起别人的怀疑，所以他们在私下还得“打点”。扣除其他各方面必需的开销，刘先生说他每个月的收入也就只有 1 万多元。

其实用信用卡还需要注意各家银行的积分规则是存在一定的差异的，大多数银行都是按照 1 元人民币计 1 分，1 美元计 10 分或 8 分，也有一些银行是 20 元人民币计 1 分，2 美元计 1 分。这时需要注意了，倘若刷卡金额是 19 元之类，那么你就不妨再挑选一些小东西，凑满 20 元左右，不然的话这 19 元的消费可就拿不到积分了。而大多数银行对在房地产、批发类、汽车销售类、公用事业、政府机构等消费是不算积分的。假如你不想把自己的积分拿来兑换礼物的话，那么你还可以把这些积分用来卖钱。

在境外也可以省钱

如今，越来越多的人都会选择外出旅游，而且境外旅游更是不少人度假的首选。对于首次出境的人而言，怎样在境外旅行中确保花钱不浪费，就能够成为大多数人所关注的热点话题。

一、大额消费一定要勤刷卡

出境旅游，众多的人还是习惯用现金支付，事实上出门在外，携带大量现金也是十分地不安全，但还是应当尽量选择刷卡消费。而现在人们手中通常都会有两种银行卡，具有银联标识的银联卡和 Visa 或 Master 卡，很多人出游的时候，也通常很困惑，到底这两种卡有什么样的区别，什么时候应该选择什么样的卡。

如今各大银行发行的银联卡都属于不可透支的银行卡，人们如果在国内旅游，就能顺利使用银联卡在任何一台有银联标识的 ATM 机器和 POS 机上取款消费。而现在随着银联卡的不断发展，在我国香港、澳门地区及新加坡、韩国、泰国等地都能够方便地使用银联卡。但是对于选择欧洲、大洋洲、日本等国家的境外游市民，就必须要携带 Visa 或 Master 卡。

不管是工商银行、农业银行、建设银行还是浦发、招商等股份制银行推出的都是双币种的信用卡，即人民币和美元两种货币，当你选择非美元结算国家支付旅游费用的时候，刷卡就应当以当地的货币来结算，回国之后还款的时候，也就可以选择人民币或美元，而其中的汇率换算则由信用卡银行来计算。所以说，在境外刷卡消费时的金额或许与最后实际还款额有所区别。同时还应当注意的是，在境外刷卡消费的同时，还有一笔兑换手续费需要收取。

而理财专家则建议，大额消费能够选择刷卡，而在一些当地特色小店购物就能够使用现金。有一些人在境外现金不够的时候，通常选择 ATM 取款，这种方式事实上损失比较大，需要支付 3 美元 / 笔的手续费，所以说，在现金短缺的情形之下建议还是使用刷卡消费比较

合理。

二、购物清单应当事先列好

不管是国内游还是出境游，很多人都会购买一些当地的特产和纪念品，特别是在出境的时候，面对免税店内的优惠，很少会有人不动心。但是在疯狂购物之前，一定要使自己保持清醒的头脑，列出一张购物清单才是一个很好的办法。

然而理财专家却认为，通常我们在购物的时候非常容易犯两大错误：随众心理，无论需要不需要买了再说；无论好不好，便宜就买。事实上，在打折特卖中，30%以上的消费其实也就属于额外消费。对于出境游的人而言，也更要把握好购物心理。在国外免税店里的化妆品、大牌服饰、手表、烟酒等确实比国内便宜，但其实还是以适量采购为好，毕竟出境游更多的是为了欣赏风景、了解不同的风土人情，如果把过多的精力放在购物上面的话，就有点儿得不偿失了。

三、自费项目不要冲动

通常外出旅游，各个旅游团在行程当中都会或多或少地安排一些自费的项目，是不是值得参加自己要把握好。我们可以从两个方面来判断：一是看个人的兴趣爱好，二是看到底值不值。而对于当地的一些特色景点和风俗活动，其实也还是应该属于值得一看的范畴，但是对于境外类似于赌场这样的自费项目，不去也罢，因为将多数的时间耗费于此实在是有一些浪费。

有理财专家建议，在境外旅游的同时，不必每一次都跟团或者参加自费的活动，有空闲时间，你也完全可以约伴逛逛当地的商业街或者一些小景点。在这些地方，能够看到更多当地居民的生活，而最大的意外也就是买到更多物美价廉的好东西。

在境外旅游的时候，大额消费最好要多刷卡；购物也应该要保持一个清醒的头脑，尤其是在自费的时候千万不要冲动；一定要学会巧用外汇宝处理剩余货币。

信用卡的使用误区

其实信用卡是一种贷记卡，我们大家也都知道它可以用来超前消费，可以透支使用，而且这些透支还有免息还款期，这也是大家所公认的好处。但其实它还有一些潜在的误区是有时候大家察觉不到的。

促销信用卡是“免费午餐”

信用卡不同于借记卡，银行可以直接在卡里扣款，如果卡内没有余额，就算作透支消费，超过免息期后，就会把免息期间的利息一同算上。若一直不交款将被视作恶意欠款，严重的还会构成诈骗罪。因此持卡者若不想继续持卡，应向银行主动申请注销。

异地刷卡免费

不少银行都发行了自己品牌的信用卡，并且提供了“异地外币刷卡，本地人民币还款”等多种异地、跨行的金融服务。并且异地刷卡费用，各家银行对于所提供的这种服务的收费标准不同。因此，持卡人打算在外地或者出国使用之前，无论是信用卡还是普通卡，一定要弄清楚自己享受的银行服务所需交纳的手续费。根据以往的事实来看，异地刷卡往往会给持卡人带来一些意外的支出。所以提醒消费者，不要被广告词中的一些“免费”等字眼所迷惑。

信用卡比现金更“安全”

目前国内的信用卡基本可以等同于现金在各个商家消费结算，因为许多银行发行的信用卡不设密码，而国内又没有一套全国通用的信用联网体系专为可透支的信用卡服务。因此，如果你的信用卡落在了别人手中，那就意味着会有比丢失储蓄卡更大的经济损失。如果发现自己的信用卡被盗，应及时进行挂失，以免信用卡被透支。

信用卡账号是公开信息

信用卡的持卡人不仅应该将卡收好，而且手中的对账单和密码通知单都要让银行寄到稳妥的地址，而且看过后不能随手乱扔。一般说来，客户在网上使用信用卡时，只需要提供卡号和有效期即可，谁偷窥了你的卡号，你的钱就有在网络中“消失”的危险。

提前存入款项待扣

每个月到银行还款太麻烦了，就提前把钱存进信用卡内。这种做法是不可取的。一方面，往信用卡里存钱没有利息；还有一点更为重要的是，存入信用卡的钱，取出来却颇费周折。因为有些银行规定，用信用卡取现，无论是否属于透支额度，都要支付取现手续费。由此可见，在信用卡存现没有任何意义。

信用卡提现手续费不高

不要随便用信用卡提现金，除非是在万不得已的情况下。因为，信用卡的取现手续费用较高，有些甚至高达 3%，也就是说取 1000 元，要缴纳给银行 30 元。

如果是应急，取现后也一定要尽快还款。因为各家银行都有规定，取现的资金从当天或者第二天就开始按每天万分之五的利率“利滚利”计息，这也是信用卡与借记卡的区别之一。

办信用卡有面子

有些人为了要面子在银行开展活动的时候一下子办理了几家银行的信用卡，与朋友出去吃饭的时候拿出来“炫耀”。一段时间后就把这些卡放在一边不用了。一般银行在促销期会开展办卡免年费等优惠活动，在第二年年费就要持卡人自己掏腰包了，如果你不用就要支付年费。而且还有的银行虽然免年费，但前提是刷卡到了规定次数或规定额度，若达不到要求，也要交年费。信用卡年费最高的高达 300 元，你要是一直不缴纳，银行就会“利滚利”的计息，你最后只能等到律师函，如果构成诈骗罪，就只能欲哭无泪了。所以，对于收入不是很高、用卡不多的年轻人还是把信用卡注销掉，省下这笔费用。

挂失非要到柜台

很多人在自己的银行卡被盗或者丢失的时候，第一个想到的是持身份证到银行挂失。然而，许多作案手段高明的犯罪分子在极短的时间内就能从卡中划转大量的资金，尤其是信用卡。

针对这种情况，信用卡中心的工作人员提示消费者，持卡人一旦丢卡后，首先选择通过各个银行的服务热线进行口头挂失。只提供持卡人的账号、身份证件号码以及相关情况，就可以口头挂失。挂失后，银行的工作人员将在第一时间内为持卡人冻结账户资金，然后持卡人持有效证件去银行柜面正式挂失并补办卡手续，这样才能确保自己的账户安全。

第三章

最稳健理财：投资债券

债券是由政府、金融机构、工商企业等直接向社会借债筹措资金的一种方式。通过向投资者发行，并且按照一定的利率支付利息同时按照约定的条件偿还本金，它是一种债券债务凭证。因为债券的本质是债的证明书，所以它是一种有价证券。还有就是债券的利息通常是事先确定的，所以债券是固定利息证券（定息证券）的一种，也是比较安全的方式。所以说投资债券，才是最稳健的投资方式。

债券的基本要素

债券有五大基本要素，它们分别是期限、本金和面值、价格、利息率和收益率、偿还方式。

投资者必须了解债券的基本要素。通常而言，一张债券主要由期限、本金和面值、利息率、收益率、价格和偿还方式等组成。

一、期限

顾名思义，期限即是一个时间段，债券期限的时间段的起点是债券的发行日期，终点是债券上标明的偿还日期。

这个时间段的长短决定了投资者收回本钱的迟早，在利息率不变的情况下，期限越长，利息越多；期限越短，利息越少。这就决定了投资者应得到利息的多少。

二、本金和面值

本金就是我们常说的本钱，即投资者借给债券发行人的总金额。

我国发行的债券，一般都是每张为100元的面额，你用10000元的本金就可以买100张国债券（在平价发行的情况下，溢价发行和折价发行另作别论）。

这里的每张面额100就是指债券的面值。如果没有特别说明，这里的钱币单位就是人民币。

比如，你买了10000元人民币的国债，就相当于你借给国家10000元钱，这些钱就是你投资的本金。

三、价格

债券价格包括：债券的发行价格和转让价格。

债券的发行价格。即它在第一次公开发售时的价格。它的卖价不一定是它的面值100元，不管它是卖100元以上，还是100元以下，只要是市场上第一次发售的价格，我们就认为它是这种债券的发行价格。这就是人们常说的平价发行、溢价发行或折价发行，几种情况的确定都是在它的面值基础上决定的。

债券的转让价格：债券既然是一种可以在市场上流通的金融工具，就可以被投资者将买来的债券转手卖掉，而此时投资者转手卖掉的这个价格，可以看作为该债券的转让价格，如果这个债券无休止地转让下去的话，它就会产生多个转让价格。

四、利息率和收益率

利息率就等于利息比本金。

利息率一般就写在债券的票面上，它在本金的基础上衡量投资者应该得多少钱的利息。

利息的支付形式有到期一次性支付、按年支付、半年支付一次和按季付息等，至于每种债券的支付形式是哪一种，也会在债券的票面上标明。

收益率等于收益比本金。

投资债券，投资者的收益除了利息以外，还会有债券价差，也就是债券发行价格同面值之间的差额（如有溢价发行的情况，在计算债券价差时是要扣除溢价部分的，即债券价差还是等于发行价格减去面值），也可将前期所得利息进行再投资而后又得到的收益。

所以，在投资收益不等于投资利息收入的情况下，利息率当然就不等于收益率。

五、偿还方式

债券发行人把债券购买入的本金在债券偿还期还给他，这就叫偿还。

由于债券在流通中可以不断地转手易人，所以这里的债券购买入不一定就是当初第一次发售时的购买人，所以债券到期偿还时，只还给它的最终持有人。

上文提到了债券票面上写明了偿还的日期，这里的偿还日期并不是一个单纯的数字，它指的是基于日期的几种偿还方式，大致有：到期日之前偿还、到期一次性偿还和延期偿还三种。

都说知识是万能的，你可以不会写字，但你必须用耳去听，用心去记，只有知道了，了解了，才能做到知己知彼，百战不殆。了解投资目标的基本要素，做一个明白的投资人。

债券的主要特点

随着社会经济的发展，为满足融资的不同需要，并更好地吸引投资者，债券融资方式日益丰富，范围不断扩展，债券的形式不断创新，新的债券品种层出不穷。如今，债券已经发展成为一个庞大的“家族”体系。

曾有一则这样的报道：2009 年 3 月 16 日到 25 日，中国财政部发行了 2009 年凭证式（一期）国债共 500 亿元，其中 3 年期的近 210 亿元，票面年利率 3.73%；5 年期的 90 亿元，票面年利率 4%。2009 年凭证式（一期）国债被市场人士称作“金边债券”，在郑州发行的第一天，开门不长时间后即告售罄，多数银行网点大多在 20 分钟之内就卖完了承销额度。

据了解，在客户之中，一些老年人尤其偏爱国债。因为各个银行网点的承销额度有限，一般在十几万元到几十万元，所以能很快就告售罄。不仅郑州如此，在外省也出现了客户排长队购买 2009 年凭证式国债的情况。

国债如此受投资者的青睐其魅力何在？这就得从债券的概念及特点说起了。

概念：债券是指债务人为筹集资金，向债权人承诺按期交付利息和偿还本金的有价证券。

一般来说，债券具有以下四个基本特征：

偿还性：历史上只有持有无期公债和永久性公债的投资者不能要求清偿，因为这种公债不规定到期时间，持有者只能按期取得利息。而其他的一切债券（包括国债）都规定了严格的偿还期限，且在次期限内债务人必须如期向持有人支付利息。

安全性：一般是指债券不跌破发行价的能力，也指其在市场上能抵御价格下降的性能。债券安全性较高，在其发行时都承诺到期偿还本息。有些债券虽然流动性不高，但其安全性好的优点，使它们在经过较长一段时间后就可以收取现金或不受损失地方便地出售。虽然如此，但债券也是有风险的，它的风险以至于发行人不履行债务的风险或市场的风险。前一种风险主要决定于发行者的资信程度，如债券的发行人不能充分的和按时的支付利息或偿付本金的风险。一般来说，资信程度最高的是政府，其次为金融公司和企业。后一种风险即市场风险指：债券的市场价格会随资本市场的利率上涨而下跌，因为债券的价格是与市场利率呈反比的，同理当资本市场利率下跌时，债券的市场价格便上涨。而债券距离到期的日子越远，

它的价格受利率变动的影响越大。

流动性：是指债券能迅速和方便地变现为货币的能力。目前，几乎所有的证券营业部或银行部门都开设有债券买卖业务，且收取的各种费用都相应较低。当债券持有人急需资金时，可以在交易市场里随时将其卖出，上市债券具有较好的流动性，而且随着金融市场的进一步开放，债券的流动性将会不断地加强。再者，如果债券的发行者即债务人资信程度又较高的话，则债券的流动性就更强。

收益性：指的是债券获取债券利息的能力。因投资债券的风险比银行存款的风险要大，所以债券的利率也比银行的存款利率高，在债券到期能按时偿付的前提下，购买债券是可以获得固定的、高于同期银行存款利率的利息收入的。

总之，债券作为投资工具，是最适合想获取固定收入的且长期持有的投资人的最好选择。要想在投资债券上获得良好收益，就需先深入地了解债券的种类及各自的具体特征，然后，再根据自己用于投资的金额数量和目的正确地选择债券。

债券投资的风险与规避

债券投资的风险虽然比股票投资要小，但也决不能忽视！

债券尽管和股票相比，其利率是固定的，但它既然是一种投资，就逃脱不了承担风险的命运。债券风险不仅存在于价格的变化之中，也可能存在于发行人的信用之中。

因此，投资者在做投资决策之前需正确的评估债券投资风险，明确未来可能遭受的损失。具体来说，投资债券存在以下几方面的风险：

一、购买力风险

购买力风险，是债券投资中最常出现的一种风险。指由于通货膨胀导致货币购买力下降的风险。通货膨胀期间，投资者取得的实际利率等于票面利率减去通货膨胀率。若债券利率为 10%，通货膨胀率为 8%，则实际收益率就只有 2%，对于购买力风险，最好的规避方法就是进行分散投资，分散风险让某些收益较高的投资收益弥补因使购买力下降带来的风险。

二、利率风险

债券的利率风险，是指由于利率变动而使投资者遭受损失的风险。利率是影响债券价格的重要因素：两者之间成反比，当利率提高时，债券的价格就降低；当利率降低时，债券的价格就会提高。由于债券价格会随利率而变动，所以即便国债没有违约风险也会存在利率风险。

所以最好的办法是分散债券的期限，长短期相互配合，如果利率上升，短期投资可以迅速地找到买入机会，若利率下降，长期债券价格升高，一样保持高收益。

三、违约风险

违约风险，是指债券发行人不能按时支付给债权人债券利息或偿还本金，从而给债券投资者带来损失的风险。在所有债券之中，财政部发行的国债是最具信誉度的，由于有中央政府做担保，被市场认为是金边债券，没有违约风险。但除中央政府以外的地方政府或公司发行的债券则或多或少地会有违约风险。因此，我国设有信用评级机构，它们要对债券进行评价，以反映其违约风险。一般来说，如果市场认为一种债券的违约风险较高的话，那么就会要求该债券提高收益率，从而降低风险，弥补债权人可能承受的损失。

违约风险一般都是由于发行债券的主体或公司经营状况不佳带来的，所以，避免违约风险最直接的办法就是在选择债券时，仔细了解该公司以往的经营状况和公司以往债券的支付情况，尽量避免将资金投资于经营状况不佳或信誉不好的公司债券上。

四、变现能力风险

变现能力风险，是指投资者无法在短期内以合理的价格卖掉债券的风险。在投资者遇到一个更好的投资机会的情况下，却不能及时找到愿意出合理价格购买的买主，投资者就要把价格降到很低或者再等很长时间才能找到买主卖出，那么，在此期间他就要遭受损失或丧失新的投资机会。针对变现能力风险的抵御，投资者应尽量选择购买交易活跃的债券，如国债等，便于得到其他人的认同，冷门的债券最好不要购买。

五、经营风险

经营风险，是指债券发行人或公司及机构的管理与决策人员在对其经营管理过程中发生失误，导致自身机构的资产减少而使债券投资者遭受损失。为了防范经营风险，投资者在选择债券时一定要对上市公司进行调查，了解其赢利能力、偿债能力和信誉等。国债的利率小但投资风险也极小，而公司债券的利率虽高但投资风险也较大，所以，投资者需要在收益和风险之间做出权衡。

债券投资的风险虽然比股票投资要小，但也决不能忽视！

债券信用是怎样评级的?

作为一个投资者，了解了债券的信用评级，才能选择好的投资对象。

在投资市场里，广大的投资者尤其是中小投资者，由于受时间、知识和信息的限制，他们对众多债券并不是很了解，也无法对其进行分析和选择，此时投资者就需要有专业机构对准备发行债券，及其还本付息的可靠程度进行客观、公正和权威的评定，即进行债券信用评级，以方便投资者们决策。

目前被国际公认的最具权威性的信用评级机构，主要有：穆迪投资服务公司美国标准·普尔公司和惠誉国际评级公司。在中国，虽然债券评级工作在1987年就开始出现，但其发展却相对缓慢。目前，我国证券交易规则规定，企业的信用必须在A级以上，才有资格向社会公开发行债券。按中国人民银行的有关规定，凡是向社会公开发行的债券，都由中国人民银行指定的资信评估机构对其进行评估。

穆迪投资服务公司信用等级标准从高到低可划分为：Aaa级，Aa级、A级、Baa级、Ba级、B级、Caa级、Ca级和C级。

标准·普尔公司将一个上市公司的信用等级标准从高到低划分为了十个阶级，分别为：AAA级、AA级、A级、BBB级、BB级、B级、CCC级、CC级、C级和D级。

惠誉国际评级公司的等级标准的划分和标准·普尔公司一样，从高到低依次可划分为：AAA级、AA级、A级、BBB级、BB级、B级、CCC级、CC级、C级和D级。

其实，这三家机构信用等级的划分大同小异。投资者该如何理解呢？AAA级、AA级、A级、BBB级这前四个级别的债券信誉高，履约风险小，是“投资级债券”，从第五级开始以后的债券信誉度低，是“投机级债券”。

各信用等级的含义

等级	含义	说明
AAA	信誉度高，几乎无风险	表示企业资金实力雄厚，信用程度高，各项指标先进，资产质量优良，清偿支付能力强，经济效益明显，企业陷入财务困境的可能性极小。
AA	信誉优良，基本无风险	表示企业资金实力较强，资产质量较好，经济效益稳定，各项指标先进，经营管理状况良好，有较强的清偿与支付能力，其企业信用程度较高。
A	信誉较好，具备支付能力，风险较小	表示企业资金实力、资产质量一般，但有一定实力。经济效益不够稳定，各项经济指标处于中上等水平。清偿与支付能力尚可，但易受外部经济条件影响，使偿债能力产生波动，但也无大的风险。企业信用程度为良好。
BBB	信誉一般，基本具备支付能力，稍有风险	企业信用程度一般，企业资产及财务状况一般，各项经济指标处于中等水平，可能受到不确定因素的影响，有一定的风险。

BB	信誉欠佳，支付能力不稳定。有一定的风险	企业资产和财务状况差，各项经济指标处于较低水平，清偿与支付能力不佳，容易受到不确定因素的影响。该类企业具有较多的不良信用纪录，其未来发展前景也不明朗，含有投机性因素，有风险。企业信用程度较差。
B	信誉较差，近期内支付能力不稳定，有很大风险	企业的管理水平和财务水平偏低，偿债能力较弱。虽然目前尚能偿债，但无更多财务保障。企业一旦处于较为恶劣的经济环境下，则有可能发生违约。其信用程度差。
CCC	信誉很差，偿债能力不可靠，可能违约	企业盈利能力和偿债能力很低下，对投资者的投资安全保障也较小，存在重大风险和不稳定性。企业信用很差。
CC	信誉太差。偿还能力差	企业已处于亏损状态，偿债能力极低，对投资者而言具有高度的投机性。企业信用属于极差。
C	信誉极差。完全丧失支付能力	企业亏损严重，接近破产，基本无力偿还债务本息。几乎完全丧失偿债能力。即企业无信用
D	违约	企业破产，债务违约。

债券信用评级机构是市场经济发展下的必然产物。对于投资者来讲，信用评级可帮助他们选择好的投资对象，以降低信息取得的成本；而对于企业来讲，较高的信用评级可以帮助它们提高知名度。

个人如何投资公司债券

只有知道了该如何投资，才能很好地规避投资的风险。

公司债也是债券的一种，它的投资风险高于国债小于股票。所以其收益也高于国债小于股票。它对很多投资者来说还是一个新生事物。

目前个人投资者要参与公司债投资的话，主要有两种途径：分为直接投资和间接投资。

其中直接投资又分为两种方式：一是参与公司债一级市场申购，二是参与公司债二级市场投资。

个人投资公司债的方式是首先在证券营业网点开设一个个人证券账户，等公司债正式发行的时候，就可以用该债券账户像买卖股票那样买卖公司债，公司债的交易最低限额是1000元，投资者的认购资金必须在认购前足额存入证券账户。如：长江电力公司债的试点发行采用的是“网上发行和网下发行”相结合的方式。网上发行就是将一定比例的公司债券通过上交所竞价交易系统面向社会广大投资者公开发行，其发行的价格和利率都是确定的。投资公司债券的时候，一级市场申购是不收取佣金、过户费、印花税等费用的。

参与公司债二级市场投资，即个人投资者只能在竞价交易系统中（二级市场）进行公司债买卖。每个交易日的时间为9时15分至9时25分、9时30分至11时30分、13时至15时；其中9时15分至9时25分为竞价系统开盘集合竞价时间，而9时30分至11时30分、13时至15时为连续竞价时间。公司债现券实行T+0交易制度，即当日买入当日卖出。投资者在二级市场交易时还需支付成交金额1%的费用。

而间接投资就是投资者买入券商、基金、银行等机构的相关理财产品，然后通过这些机构参与其公司债的网下申购。

虽然投资公司债券的风险没有股票投资大，但投资过程中也要注意投资的风险，不能掉以轻心。一般来说，投资公司债券的风险大致有以下几种：

1. 利率风险。当资金利率提高时，债券的价格就会降低，此时便存在风险。如果债券的剩余期限越长，则利率风险就越大。

2. 流动性风险。投资者如果持有了流动性差的债券，那么在短期内无法以合理的价格卖掉，从而有遭受损失或丧失新的投资机会的风险。

3. 信用风险。指发行债券的公司不能按时给投资人支付债券利息或偿还本金，而给债券投资者造成损失。

4. 再投资风险。没有购买长期债券而购买短期债券，会有再投资风险。例如，长期债券利率为6%，短期债券利率为4%，投资者为减少利率风险而购买短期债券。但在短期债券到期收回现金时，用于再投资所能实现的报酬，可能会低于当初购买该债券时的收益率。即：如果此时的利率降低到了3%，就不容易再找到高于3%的投资机会，还不如当期投资于长期债券，继续持有下去仍可以获得6%的收益。

5. 回收性风险。有回收性条款的债券一般都规定了利息，如果市场利率下降，此前发行的，有回收性条款的债券就不会按照当初没降的利率支付给你，而会按照现在的利率被强制收回。

6. 通胀风险。通胀期间，投资者投资的债券实际利率应该是票面利率扣除通货膨胀率。如：债券利率为6%，通货膨胀率为4%，则投资者实际的收益率只有2%。

那么，对于投资者来说该如何规避这些风险呢？

针对上述不同的风险，其主要防范措施有：针对利率风险、再投资风险和通货膨胀风险，都可采用分散投资的方法，购买的债券长短期相配合或购买不同的证券品种；针对信用风险、回收性风险，就要求我们在选择债券时一定要对公司进行调查，通过对其报表进行分析，了解其营利能力和偿债能力、经营状况和公司以往债券的支付情况，尽量避免投资经营状况不佳或信誉不好的公司债券。防范流动性风险，就要求投资者尽量选择交易活跃的债券。而且，投资者在投资债券之前要准备足够的周转现金以备不时之需，有时债券的中途转让不见得会给持有人带来好的回报。

投资公司债券一定要考虑其信用等级，注意投资的风险。债券发行者的资信等级越高，其发行的债券风险越小，对投资人来说收益就越有保证。

帮你选择债券的三个关键词

通常投资者在阅读债券的分析文章或者媒体提供的债券收益指标的时候，通常就能够发现几个专有名词：久期、到期收益率和收益率曲线。然而，这些名词对于投资者选择债券而言都意味着什么呢？

久期在数值上与债券的剩余期限近似，但是又有区别于债券的剩余期限。通常在债券投资当中，久期就能够被用来衡量债券或者债券组合的利率风险，它对于投资者能够有效把握投资节奏有着很大的帮助。

通常而言，久期和债券的剩余年限以及票面利率成正比，和债券的到期收益率成反比。对于一个普通的附息债券，假如债券的票面利率和其当前的收益率相当的话，那么该债券的久期也就等于其剩余的年限。事实上还有一个特殊的情况就是，当一个债券是贴现发行的无票面利率债券，那么该债券的剩余年限就是其久期。除此之外，债券的久期越大，利率的变化对该债券价格的影响也就会越大，所以说风险也越大。通常在降息的时候，久期大的债券上升幅度较大；在升息的时候，久期大的债券下跌的幅度也较大。所以说，投资者在预期未来升息的时候，也就可以选择久期小的债券。

其实在目前来看，在债券分析中久期事实上已经超越了时间的概念，投资者更多地把它用来衡量债券价格变动对利率变化的敏感度，并且经过一定的修正，以使其可以精确地量化利率变动给债券价格造成的影响。通常修正久期越大，债券价格对收益率的变动就会越发敏感，收益率上升所能够引起的债券价格下降幅度就越大，而收益率下降所引起的债券价格上升幅度也就会越大。事实上，同等要素的条件之下，修正久期小的债券要比修正久期大的债券抗利率上升风险能力强，但是抗利率下降风险能力较弱。到期收益率国债价格即使没有股票那样波动剧烈，然而它品种多、期限利率各不相同，经常让投资者眼花缭乱、无从下手。事实上，新手投资国债光是靠一个到期收益率就能够作出基本的判断。通常到期收益率 = 固定利率 +（到期价 — 买进价）/ 持有时间 / 买进价。我们也可以举例说明，某人以98.7元购买了固定利率为4.71%，到期价为100元，到期日2011年8月25日的国债，持有时间为2433天，除以360天后折合为6.75年，那么到

期收益率就是（4.71%+0.19%）/98.7=4.96%。

如果掌握了国债的收益率计算方法，就能够随时计算出不同国债的到期或者持有期内的收益率。只有准确地计算你所关注国债的收益率，才可以与当前的银行利率作比较，最终作出投资决策。还有就是债券收益率曲线，它所反映的是某一时点上，不同期限债券的到期收益率水平。利用收益率曲线就能够为投资者的债券投资带来很大的帮助。

债券收益率曲线一般表现为以下四种情况：

1. 正向收益率曲线，它其实意味着在某一时点上，债券的投资期限越长，收益率越高。换言之就是社会经济正处于增长期阶段（这是收益率曲线最为常见的形态）；

2. 反向收益率曲线，它表明在某一时点上，债券的投资期限越长，收益率越低，也就意味着社会经济进入衰退期；

3. 水平收益率曲线，表明收益率的高低与投资期限的长短无关，也就意味着社会经济出现极不正常情况；

4. 波动收益率曲线，这其实表明债券收益率随投资期限不同，呈现出波浪变动，也就意味着社会经济未来有可能出现波动。

事实上，在一般情况之下，债券收益率曲线一般都是有一定角度的正向曲线，也就是长期利率的位置要高于短期利率。这其实就是由于期限短的债券流动性要好于期限长的债券，而且作为流动性较差的一种补偿，期限长的债券收益率也就一定要高于期限短的收益率。不错，当资金紧俏导致供需不平衡的时候，也很有可能出现短高长低的反向收益率曲线。

投资者还能够依据收益率曲线不同的预期变化趋势，采取相应的投资策略。假如预期收益率曲线基本维持不变的话，那么目前收益率曲线是向上倾斜的，就可以买入期限较长的债券；假如说预期收益率曲线变陡，则就可以买入短期债券，卖出长期债券；假如预期收益率曲线变得较为平坦时，则可以买入长期债券，卖出短期债券。假如预期正确，上述投资策略可以为投资者降低风险，提高收益。

债券投资分析及债券投资收益率的计算

我们再来看看债券收益率也就是债券收益与其投入本金的比率，一般用年率来表示。债券收益不同于债券的利息。因为人们在债券持有期之内，能够在市场进行买卖，所以说，债券收益除利息收入外，还包括买卖盈亏差价。

我们通常说投资债券，其实最关心的就是债券收益有多少。为了精确衡量债券收益，通常使用债券收益率这个指标，同时决定收益率的主要因素，有债券的票面利率、期限、面额和购买价格。

最基本的债券收益率计算公式为：

债券收益率 =（到期本息和－发行价格）/（发行价格 × 偿还期限）×100%

由于持有人或许在债券偿还期内转让债券。所以说，债券收益率还能够分为债券出售者的收益率、债券购买者的收益率和债券持有期间的收益率。他们各自的计算公式如下：

出售者收益率 =（卖出价格－发行价格 + 持有期间的利息）/（发行价格 × 持有年限）×100%

购买者收益率 =（到期本息和－买入价格）/（买入价格 × 剩余期限）×100%

持有期间收益率 =（卖出价格－买入价格 + 持有期间的利息）/（买入价格 × 持有年限）×100%

以上的计算公式其实并没有考虑把获得利息以后，进行再投资的因素量化考虑在内。然后把所获利息的再投资收益计入债券收益，再根据这个结果计算出的收益率即为复利收益率。

我国发行的债券有哪些类别?

发行和买卖债券的场所就是债券市场。金融市场的一个重要组成部分就是债券市场。我们可以根据不同的分类标准，债券市场可分为不同的类别。以下几种是最常见的分类：

1. 依据债券的运行过程和市场的基本功能，就能够将债券市场分为发行市场以及流通市场。

（1）债券发行市场，也称作一级市场，是发行单位初次出售新债券的市场。通常债券发行市场的作用是将政府、金融机构以及工商企业等为筹集资金向社会发行的债券，分散发行到投资者手中。

（2）债券流通市场，又叫做二级市场，指的是已经发行债券买卖转让的市场。债券一经认购，也就确立了一定期限的债权债务关系，但是通过债券流通市场，投资者可以转让债权，把债券变现。

债券发行市场和流通市场相辅相成，同时也是互相依存的整体。发行市场是债券流通市场的前提和基础，也是整个债券市场的源头。而发达的流通市场则是发行市场的重要支撑，流通市场的发达是发行市场扩大的必要条件。

2. 依据市场的组织形式，债券流通市场又可进一步分为场内交易市场和场外交易市场。

我们都知道证券交易所通常是专门进行证券买卖的场所，比如我国的上海证券交易所和深圳证券交易所。所以说在证券交易所内买卖债券所形成的市场，也就是所谓的场内交易市场，这种市场组织形式其实也就是债券流通市场的比较规范的形式。交易所作为债券交易的组织者，本身也就不参加债券的买卖以及价格的决定，通常也只是为债券买卖双方创造条件，提供服务，并进行一定的监管。

一般来说，场外交易市场是在证券交易所以外进行证券交易的市场。柜台市场为场外交易市场的主体。很多的证券经营机构其实也都设有专门的证券柜台，通过柜台可以进行债券买卖。而在柜台交易市场中，证券经营机构既是交易的组织者，又是交易的参与者。除此之外，场外交易市场还包括银行间交易市场，以及一些机构投资者通过电话、电脑等通讯手段形成的市场等。现在我国债券流通市场由三部分组成，也就是沪深证券交易所市场，银行间交易市场和证券经营机构柜台交易市场。

3. 依据债券发行地点的不同，也可以将债券市场划分为国内债券市场和国际债券市场。国内债券市场的发行者以及发行地点其实同属于一个国家，而国际债券市场的发行者和发行地点也就不属于同一个国家。

债券投资三原则

我们应该都知道投资债券既要有所收益，同时还要控制风险。根据债券的主要特点，投资债券的原则主要有以下几点：

一、收益性原则

一般国家（包括地方政府）发行的债券，通常认为是没有风险的投资，它是以政府的税收作担保的，具有充分并且安全的偿付保证；然而企业债券却存在着能不能按时偿付本息的风险，作为对这种风险的报酬，企业债券的收益性其实也必然要比政府债券高。事实上，这仅仅是其名义收益的比较，其实收益率的情况还要考虑其税收成本。

不同种类的债券收益大小也不尽相同，投资者还是应该根据自己的实际情况选择。但是不管怎么样，都应该要坚持其收益性的原则。

二、安全性原则

如今，由于经济环境有变、经营状况有变、债券发行人的资信等级也不是一成不变的，投资债券安全性问题依然存在。就以政府债券和企业债券来说的话，政府债券的安全性是绝对高的，企业债券则有时面临违约的风险，特别是企业经营不善甚至倒闭的时候，偿还全部本息的可能性不是很大，所以说，企业债券的安全性也远远不如政府债券。

对抵押债券和无抵押债券而言，有抵押品作偿债的最后担保，其安全性也就相对要高一些。然而对可转换债券和不可转换债券，由于可转换债券有随时转换成股票、作为公司的自有资产对公司的负债负责并承担更大的风险这种可能，所以安全性一定要低。

三、流动性原则

债券的流动性原则表示着收回债券本金速度的快慢。债券的流动性强从而也就意味着可以按照较快的速度将债券兑换成货币，同时再以货币计算价值不受损失，反之则也就表明债券的流动性很差。债券的期限是影响着债券流动性的主要因素。期限越长，流动性也越弱；期限越短，流动性也就会变得越强。除此之外，不同类型债券的流动性也不同。倘若政府债券，在发行之后就能够上市转让，因此流动性强；企业债券的流动性通常会有很大的差别，然而对于那些资信好的大公司或规模小但是可以经营良好的公司，他们发行的债券其流动性也通常是很强的；反之，那些规模小、经营差的公司发行的债券，流动性要差得多。所以说，除了对资信等级的考虑之外，企业债券流动性的大小在相当程度上其实也就取决于投资者在买债券之前对公司业绩的考察以及评价。

学会运用电子式储蓄国债购买

什么是电子式储蓄国债呢？电子式储蓄国债是我国财政部面向境内中国公民储蓄类资金发行的，是一种以电子方式记录债权的不可流通人民币债券。

电子式储蓄国债同时具有以下几个特点：

1. 针对个人投资者，不向机构投资者发行；
2. 采用实名制，不可流通转让；
3. 采用电子方式记录债权；
4. 收益安全稳定，由财政部负责还本付息，免缴利息税；
5. 鼓励持有到期；
6. 手续简化；
7. 付息方式较为多样。

电子式储蓄国债通过经财政部会同央行确认代销试点资格的中国工商银行、中国农业银行、中国银行、中国建设银行、交通银行、招商银行和北京银行（以下简称承办银行）已经开通相应系统的营业网点柜台销售（除中国农业银行和交通银行只开通了部分分行，其余5家银行绝大部分分行都可办理该项国债业务），总共预计有近6万多个营业网点参与此次发行，覆盖了全国绝大部分省份和地区。

中国人民银行选择部分商业银行为试点，面向境内中国公民发行的电子式储蓄国债，是丰富国债品种、改进国债管理模式、提高国债发行效率的一种有益创新，不仅有利于最大限度地服务和方便人民群众，而且也符合国际通行做法。

一般来说，投资者购买的电子式储蓄国债首先就是需要在一家承办银行开立或拥有个人国债托管账户，已经在商业银行柜台开立记账式国债托管账户的投资者不必重复开户。通常投资者能持本人有效身份证件，上述七家承办银行柜台办理开户。开立只能是用于储蓄国债的个人国债托管账户不收取账户开户费和维护费用。而在我们开立个人国债托管账户的同时，还应该在同一承办银行开立（或者指定）一个人民币结算账户（借记卡账户或者活期存折）作为国债账户的资金账户，用来结算兑付本金和利息。

事实上，拥有个人国债托管账户的那些投资者可用于发行期携带相关证件到账户所在的承办银行联网网点购买电子式储蓄国债。

由于电子式储蓄国债属于不可流通国债，未到期的储蓄国债可以通过提前兑取的方式变现，也就是可以在规定的时间到承办银行柜台申请提前兑取未到期电子式储蓄国债本金和利息。提前兑取也必须要做一定的利益扣除并交纳相应的手续费，而各期电子式储蓄国债提前兑取的具体条件将在各期发行公告中予以公布。投资人如果需要提前兑取，应该还要持有本人的有效身份证件、个人国债托管账户以及资金账户到原承办银行的联网网点办理相关手续。付息日以及到期日前15个工作日起开始停止办理提前兑取业务，付息日后恢复办理。

因为使用了计算机系统管理债权，所以投资者不需要专门再到银行柜台办理付息和到期兑付业务，财政部委托承办银行于付息日和到期日将储蓄国债的利息或本金直接存人投资者指定的资金账户。

电子式储蓄国债在收益方面有优势。依照规定，银行存款利息收入需要按照 20% 的比例缴纳。目前银行 3 年期的储蓄为 3.24%，缴税后的实际收益为 2.59%。

我们就来以 1 万元为例，在银行存入 3 年期定期存款，到期之后扣除 20% 利息税，存款人实得利息 777.6 元；假如购买票面利率为 3.14%（低于储蓄存款名义利率 0.1%）的 3 年期的固定利率固定期限电子式储蓄国债，每年就能够获得利息 314 元，三年下来的总和为 942 元，高于存款利息 164.4 元。假如计算国债利息重复投资收益，电子式储蓄国债的累计收益还会更高。

倘若投资人的流动性需求只是短期的，并且不愿意接受提前兑取从而带来的利益扣除，也能够用电子式储蓄国债的债权作为质押品，再到自己承办银行办理短期质押贷款。

凭证式国债不适合提前支取

事实上，股市持续地下跌甚至暴跌，就会使得投资者再次领教到股市的高风险，然而比较稳健的国债却又在手有余钱的人面前闪闪发光。如今，买国债也就慢慢地成为了越来越多市民不约而同的选择，曾经在 2007 年备感凉意的国债现在却受到投资者追捧，到银行买国债的人又排起了长队。

债券市场的有很多的投资机会：企业债风险小、收益高和流动性强；新债和热门债券有套利的空间；国债回报稳定且无风险；可转债则是“保证本金的股票”。事实上投资者能够根据自己的实际情况，把握债券市场的许多机会，或者是进行价值投资获得稳健收益，也能通过波段操作进行套利。

通常国债以国家信用为基础，所以资金安全性方面很高；回报也超过同期定期存款。目前我国发行的国债主要有两种：一种为凭证式国债，一种为记账式国债。凭证式国债和记账式国债在发行方式、流通转让及还本付息方面有许多差别。因此人们在购买国债的时候，一定要根据自己的实际情况来选择究竟应该选择哪一种方式。

而凭证式国债的前身正是国库券，到期的时候一次性发放利息、归还本金。市民对它还是比较熟悉，它同时也是国家发行国债的主要方式。

投资者购买凭证式国债从购买之日起计息，可以记名，可以挂失，但不能流通。如果购买之后需要变现，可以到原购买网点提前兑取。除偿还本金外，在半年外还能按照实际持有天数及相当的利率档次计付利息。凭证式国债能为购买者带来固定并且稳定的收益，但是购买者有一点需要弄清楚：假如凭证式的国债想提前支取，那么在发行期之内它是不计息的，而在半年内支取，则就按照同期活期利率计算利息。

通常那些对于自己的资金使用时间不确定的人，最好不要去买凭证式国债，不要由于提前支取而损失了钱财。国债提前支取还要收取本金千分之一的手续费。这样的话，假如国债投资者在发行期内提前支取，不仅得不到利息，反而还要付出千分之一手续费的代价。因此凭证式国债更适合那些资金长期不用的人，尤其就适合把这部分钱存下来进行养老的老年投资的人。

什么是记账式国债？就是财政部通过无纸化方式发行的，以电脑记账方式记录债权并且可以上市交易。这类国债能够自由买卖，其流通转让较凭证式国债更安全、更方便。相对于凭证式国债，记账式国债更适合 3 年以内的投资，其收益与流动性都好于凭证式国债。事实上记账式的国债的净值变化是有规律可循的，记账式国债净值变化的时段其实也就主要集中在发行期结束开始上市交易，通常在这样的时段，投资者所购买的记账式国债将有可能获得溢价收益，也有可能会遭受到损失。只要投资者避开这个时段去购买记账式国债，就可以规避国债净值波动带来的风险。

记账式国债上市交易一段时间之后，其净值也就会相对稳定，通常随着记账式国债净值变化稳定下来，投资国债持有期满的收益率也将相对稳定，可是这个收益率是由记账式国债的市场需求决定的。事实上对于那些打算持有到期的投资者来说，只要是能够避开国债净值多变的时段购买，实际上任何一只记账式国债将获得的收益率都相差不大。

股市风险相对比较大，而银行存款收益又相对较低，对于那些偏好低风险品种的投资者来说，国债为首选投资之一。在这里建议投资者的久期保持在5年左右。

个人比较适合买短期的记账式国债，倘若时间较长的话，万一市场有变化，下跌的风险也就会非常大，记账式国债投资者一定要多加注意。相对来说，年轻的投资者对信息及市场变动非常敏感，因此记账式国债更适合年轻投资者购买。

信托理财不能说的秘密

银信（信托）产品作为银行理财产品的重要组成部分，在经历了2009年的极度辉煌过后，被银监会的《关于进一步规范银信合作有关事项的通知》规范了。这个《通知》上明确要求：银信合作理财产品不得投资于发行银行自身的信贷资产或票据资产。

或许有人会问：为什么要被叫停，这种产品的背后到底隐藏着什么不能说出的秘密呢？

就在2009年7月，某市民张先生说银信产品存在着法律瑕疵。抛开不完善的法律，这样的《通知》的出台应该是基于银行业的明显道德风险和潜在的业务风险。让我们举例分析一下银信理财产品背后都藏着些什么？

某商业银银行向A集团发放了一笔高达10亿元短期贷款，期限为一年，贷款利率5.31%，由B公司作担保，当贷款发放之后，该银行与信托公司一起将这笔贷款包装成了一款信托理财产品，取名为A稳健固定收益理财产品，期限1年，固定利率3.8%，向个人客户发行，募集来10亿元资金将这笔贷款“暂时归还”。

客户通过这样的转换能够得到预期3.8%的利息收入。信托公司从中抽取约0.5%的佣金，A集团借款人的义务不变、B公司的担保人义务不变。但是这家商业银行摇身一变不再是贷款人而是服务商了，自此之后银行增加了一笔10亿元的表外信托产品，同时减少了一笔10亿元的表内贷款，在不再承担贷款风险的前提下，直接赚取了5.31%–3.8%–0.5%=1.01%，1010万元的中间业务收入。

事实上购买这个产品的客户变成了实际意义上的贷款人，也就是说：这些老百姓把手里的钱凑在一起向A集团发放了一笔10亿元的短期贷款，大家的收益也就同时取决于A集团能否归还利息，本金能否收回取决于A集团到期是否能够归还贷款。

假如说这一笔贷款最终还是按期归还了，那么客户就可以得到比同期存款利率高90%多的利息收益，而银行和信托公司从而也就赚取了无风险收益，而且某银行也能够在不占用贷款规模的前提下支持贷款客户，或者也可以得到其他方面的收益。

如果说这笔贷款不能够还本付息的话，客户也就将承担所有的损失，从而自己的储蓄也就全部变成了不良贷款。通常来说信托不承担任何责任，损失的也许会是佣金。但是该银行也不会承担任何的责任（需要承担的是声誉损失），这家银行也一定会帮助客户主张权利力争收回这笔贷款，可是这笔贷款存在着最终损失的可能。

我们要清楚的认识到这个现实是：几乎所有的客户购买银信理财产品是基于对该银行的信任，而并不是对这笔贷款的认知！

其实从根本上来说，客户并不是太关心自己是把钱借给了银行还是借给了由B公司担保的A集团公司。有时候这样过分的信任会让很多人承受着巨大的贷款风险……这也就是银信产品中存在的最大问题和风险。尽管很多客户已经签署了风险告知函，但是大部分的客户可能都不会全部看完，也不会研究自己的权利和义务，不是非常了解其中的风险。人们可能都会有这样的误区：通常在人的潜意识当中认为买的是银行的产品，所以只有超额回报就不会有太大的风险，而这个风险的告知也不过是一个必需的手续。

事实上有一些银行也就无疑成为了最大的受益者：低风险甚至是没有任何的风险获利，把表内资产变成了表外资产，同时越过了存贷比的限制，还能发放更多的贷款，从而赚取了更多的收益。但是要当心如果这笔贷款出了某一些问题，那么银行也就会有很大的麻烦，但与巨大资金的损失相比，面子也就太不值钱了！

认清信托产品的种类与风险

所谓信托，即一方将资金通过信托公司融出给第三方，信托公司不过是这个融资过程的中介，负责募集资金，并监督资金的去向，借款人需要按照约定，将资金投向指定的项目。对于个人投资人，即购买信托的投资人来说，要想购买信托，最重要的是需要了解信托公司的资质、借款人投资的去向、抵押物的价值，还有收益是否符合自己的预期。还有些其他细节，比如说根据投资者自身的要求，选择相应期限、适当风险度和流动性的产品。

信托产品不同于债券

与基金相比，虽然同样是信托但却有所区别。基金只能投资于证券市场，信托产品的投资领域非常宽泛，既可以是证券市场、货币市场、房地产和基础设施，也可以是基金本身；基金是标准化的信托，可以按照单位基金在交易所上市或进行赎回申购，信托产品的认购目前主要通过签订信托合同，信托合同的份数、合同的转让和赎回等都受到限制；基金的监管方是证监会，而信托公司的监管者是银监会，两者的监管体系和监管方式存在较大差异。

债券和信托的区别在于债券有明确的票面利率，定期按照票面利率支付利息，信托只有预计收益率，到期收益的支付可以是按照预计收益率，也可以在预计收益率上下浮动；债券是债务的权证，发债主体以其全部资产作保证，信托是信托财产受益权的体现，以独立的信托财产作保证；债券一般都能上市，流动性较强，信托目前的流动性主要体现为投资者之间的转让，流动性存在不足。

其实信托理财产品的特性更接近于企业债券，尽管没有票面利率，也不能上市交易，但稳定的收益是该品种最大的特点，如天津信托一年期的“天津休波顿钢铁有限公司贷款信托”预计年收益为 6.6%。而没有具体投资项目、仅确定投资方向的信托产品，如有一定的收益担保措施，其特性接近于稳定收益的实业类基金，如中信信托的“国元农业基金一号”。还有一类确定投资方向而又无收益担保措施的信托产品，若投资于证券市场则与证券投资基金类似，若投资于其他市场则与该市场的投资基金类似。

信托产品的风险随不同项目的资金运用方向、资金运用的风险控制措施、发行信托产品的公司实力等大相径庭。一般来说，资本实力较强的公司发行的、以贷款方式运用于市政项目并有相应担保措施的信托产品的风险较小，有的甚至不比发行的企业债券质量差。而运用于资本市场，或者是股权投融资的信托产品，在没有相应的风险转嫁机制下，单个产品的风险相对较大。

根据资金运用不同信托可分六大类

按照其信托计划的资金运用方向，集合资金信托可分成以下六种类型。

证券投资信托，即受托人接受委托人的委托，将信托资金按照双方的约定，投资于证券市场的信托。它可分为股票投资信托、债券投资信托和证券组合投资信托等。如国元信托的“芜湖县建设投资债权转让信托计划”。

组合投资信托，即根据委托人风险偏好，将债券、股票、基金、贷款、实业投资等金融工具，通过个性化的组合配比运作，对信托财产进行管理，使其有效增值。如中信信托的“国元农业基金一号信托”。

房地产投资信托，即受托人接受委托人的委托，将信托资金按照双方的约定，投资于房地产或房地产抵押贷款的信托。中小投资者通过房地产投资信托，以较小的资金投入间接获得了大规模房地产投资的利益。如中融信托的“园丁房地产信托贷款项目信托”。

基础建设投资信托，是指信托公司作为受托人，根据拟投资基础设施项目的资金需要状况，在适当时期向社会（委托人）公开发行基础设施投资信托权证募集信托资金，并由受托人将信托资金按经批准的信托方案和国家有关规定投资于基础设施项目的一种资金信托。如中铁信托“绿洲 13 期凤凰湖国际生态湿地公园基础设施建设项目信托”。

贷款信托，即受托人接受委托人的委托，将委托人存入的资金，按信托计划中或其指定的对象、用途、期限、利率与金额等发放贷款，并负责到期收回贷款本息的一项金融业务。如新华信托的“梨园镇砖厂村贷款信托”。

风险投资信托，受托人接受委托人的委托，将委托人的资金，按照双方的约定，以高科技产业为投资对象，以追求长期收益为投资目标所进行的一种直接投资方式。如西安信托的“阎良国家航空高技术收益权信托”。

在我国信托业中，使得信托机构的经营状况发生恶化，不能按信托合同的约定支付信托收益和偿还信托资金的原因有三方面：一是对融资者、承租人、被担保人的资信情况，项目的技术、经济和市场情况缺乏必要的调查研究；二是对担保、抵押、反担保的各项要件审查不细，核保不严，抵押物不实，缺少法律保护措施；三是在政府干预下产生的非市场化业务。

我国信托业的流动性风险，一方面是由缺乏稳定的负债造成，信托机构不能比较方便地以合理的利率介入资金以应付资金周转不灵，从而发生支付困难；另一方面是指一些信托投资公司用信托资金投资房地产、股票、基金，由于大量资金被套牢而产生的流动性风险。

信托投资公司往往在投资中追求高回报，管理又缺乏风险控制，造成由于投资项目和合作对象选择不当使投资的实际收益低于投资成本，或没达到预期收益以及由于资金运用不当而形成的风险。

道德风险在信托业中主要是指受托人的不良行为给委托人或受益人带来损失的可能性。在目前的情形下，大多数的信托投资公司都能在主观上避免发生此类风险。

从目前信托投资公司的信托产品看，多数为集合资金信托计划，那么对于比较大型的投资项目，就不可避免地碰到数量和金额上的限制。为了规避这种限制，许多信托投资公司在进行产品创新的过程中，所用的方法就可能存在一定的政策监管风险。

不同信托产品提供的收益特性不同。因此，投资者需要仔细研究信托产品类型，在对风险收益有一个基本判断的情况下做出是否投资信托产品的决定。

学会用法律保护信托产品

信托类理财产品因其收益率较高（高于定期存款和国债）、安全性较高（高于基金和股票）的特点，越来越受到投资者的青睐。但是，“风险与利益共存”这一普遍原理同样适用于信托理财领域。尽管信托理财产品通常都采取了各种各样的风险控制措施，例如资产抵押、权利质押、第三方保证、项目公司资信审查等，但凡是投资，就注定会有风险。市场环境、监管政策、操作环节等多种因素均可影响信托理财产品的风险，例如从2008年5月底开始，监管部门要求商业银行不得再为融资性信托提供担保，这意味着银信合作类理财产品的风险系数较此前有所增加。充分认识信托理财产品的风险性，并掌握尽量避免风险和增加收益的选购技巧，这是投资者们进行信托理财时应该注意的问题。借鉴专业信托顾问机构北京信泽金理财顾问有限公司的理财经验，投资者应仔细研究信托产品，在对风险和收益有一个基本判断的情况下再做出是否投资于某一信托理财产品的决定。

第一，要选择信誉好的信托公司。投资者要认真考量信托公司的诚信度、资金实力、资产状况、历史业绩和人员素质等各方面因素，从而决定某信托公司发行的信托产品是否值得购买。

第二，要预估信托产品的盈利前景。目前市场上的信托产品大多已在事先确定了信托资金的投向，因此投资者可以透过信托资金所投资项目的行业、现金流的稳定程度、未来一定时期的市场状况等因素对项目的成功率加以预测，进而预估信托产品的盈利前景。

第三，要考察信托项目担保方的实力。如果融资方因经营出现问题而到期不能“还款付息”，预设的担保措施能否有效地补偿信托“本息”就成为决定投资者损失大小的关键。因此，在选择信托理财产品的时候，不仅应选择融资方实力雄厚的产品，而且应考察信托项目担保方的实力。一般而言，银行等金融机构担保的信托理财产品虽然收益相对会低一些，但其安全系数却较高。

第四，从各类信托理财产品本身的风险和收益状况来看，信托资金投向房地产、股票等领域的项目风险较高，收益也较高，比较适合风险承受能力较强的年轻投资者或闲置资金较丰裕的高端投资者；投向能源、电力、基础设施等领域的项目则安全性较好，收益则相对较低，比较适合于运用养老资金或子女教育资金等长期储备金进行投资的稳健投资者。

另外，投资者在选购信托理财产品时，还应注意一些细节问题。例如：仔细阅读信托合同，了解自己的权利、义务和责任，并对自己可能要承担的风险有一个全面的把握。信托理财产品绝大多数不可提前赎回或支取资金，购买后只能持有到期，如果投资者遇到急事需要用钱而急于提前支取，可以协议转让信托受益权，但需要付出一定的手续费，因此应尽量以短期内不会动用的闲散资金投资购买信托理财产品。

以吴先生为例子：吴先生经营一家制衣厂已经有五六年了，这几年对外出口形势很好，吴先生和妻子拼命工作，总算为自己挣下了百万家财。夫妻俩有一个10岁的女儿，由于生意繁忙，实在没办法照顾到她，只好把她交给外婆照顾。由于自己从事外贸出口生意，吴先生很担心万一哪天由于一些客观原因没有按定订单交货，那就要赔上一笔较大的赔偿金。为了让女儿将来的生活有一定的经济保障，吴先生想为孩子留下一笔钱。

经过多方咨询，又找了一些金融界的朋友商量，吴先生夫妇决定投资信托产品。有了这个想法后，吴先生自己买了一些关于信托的书来看，了解了一定的信托知识。最后决定购买当地一家信托公司推出的一个3年期组合投资信托计划，他们一共投入100万元人民币购买了这个信托产品，并制定自己的女儿作为唯一的财产受益人。做完这一切，吴先生和妻子总算松了口气，觉得这下子不用成天提心吊胆了，不管怎么说，孩子的优质生活有了保障，对父母来说算是解决了最大的一块心病。

没想到，过了两年，吴先生夫妇在一次生意中蒙受了巨大的经济损失，不仅自己所有的积蓄血本无归，还欠下一屁股债。为了还债，吴先生夫妇把他们早年买下的一套别墅和家中的两部轿车都出售掉，却仍然没有还清债务。这时，吴先生的债主得知夫妇俩人还有一笔100万的信托投资，便向法院提请要求取得这笔信托财产的收益权。法院受理后进行调查，发现这笔信托财产的受益人并不是吴先生而是其女儿，根据《信托法》规定，驳回了债权人的要求。吴先生为女儿设置的信托资金终于发挥了作用，如今，吴先生已经还清了所有的欠款，决心重整旗鼓，东山再起。先前设立的信托资金为他们解决了最大的后顾之忧。

根据我国《信托法》第十五条规定：信托财产与委托人未设立信托的其他财产有区别。设立信托后，委托人死亡或依法解散、被依法撤销、被宣告破产时，委托人不是唯一受益人的，信托存续，信托财产不作为其遗产或清算财产。吴先生的女儿是他设立的信托资产的唯一受益人，这是当初在契约中特别强调的，因此吴先生的债主无法剥夺他女儿享受信托资产收益的权利。如果当初吴先生没有想到为孩子留下这么一笔财产，在他生意失败后，可能会觉得失去动力，一蹶不振，也就不会有后来的重新努力和奋斗了。这便是信托的财产转移和保护功能。

目前，信托法规对信托公司的义务和责任做出了严格的规定，监管部门也要求信托公司向投资者申明风险并及时披露信托产品的重要信息，不少信托公司已定期向受益人披露信托财产的净值、财务信息等，广大投资者应充分行使自己的权利并最大程度地保障自己的投资权益。

用信托延续你的财富

放眼海外，声名显赫的肯尼迪家族、洛克菲勒家族，历经百年而弥新。家族财富没有因为家族主心骨的让位、辞世而分崩离析，究其原因，家族的前辈没用像往常传统的遗产继承方式进行财富转移，而是运用信托，在家族成员没有能力进行管理和掌控庞大的家族财产之前，把财产以信托的方式，委托有能力的专业机构或者人员进行管理，使家族财产得以永续及传承……

中国人有句古话："富不过三代。"后人由于太容易得到先人的财富，不懂得珍惜，挥霍无度，纵使家财万贯，最终落得惨淡收场。所以，将巨额财富留给后人不见得是一件好事。温州正泰集团董事长南存辉意识到：下一代不仅不一定愿意"接棒"，而且有可能没有资质来承负这样的家族财富。因此，南存辉倡议设立"败家子基金"。子女"若是成器的，可以由董事会聘请到集团工作；若不成器，是败家子，原始股东会成立一个基金，请专家管理，由基金来养那些败家子。"

实质上，南存辉提出的还是一个如何对个人财产进行长期管理的问题，而利用个人信托，这一目的就可以轻松得到实现。

个人财产的不断壮大，使人们在日常消费之余开始追求财产的保值、增值，考虑养老和子女抚养等问题。但不是每一个人都有能力、专业知识和足够的时间和精力去管理自己的财产，产生了对值得信赖的个人或专门机构提供理财服务的需求，同时，随着财产观念从传统重消费到注重财产增值与积累的转变，人们对理财方式产生多样化的渴求，普通人缺乏理财专业知识和信息，很难做出科学、稳妥的理财方案，个人信托业务收益稳定、风险水平较低、顾客高端化，利润回报率高、市场需求潜力巨大等特点，吸引了越来越多有专业优势的信托投资公司为这个市场注入强大的资金，加速了个人信托市场的创建和完善。

随着我国 20 多年经济的持续快速发展，经过几代人的努力积累，社会上涌现出了一大批民营企业家、企业高级管理层，社会知名人士、知名律师、金融财务高级专业人士、教授专家以及通过其他方式积聚大量财富的隐形富翁，而如何防范风险，保证财富稳定安全，如何将奋斗一生辛苦积累的财富用来保证自己的晚年生活、保障家庭及子女将来的生活、教育和创业，并进而使所创基业持久传承都成为他们所面临的困扰。而个人信托无疑是一个非常适合的选择。

个人信托制度弥补了许多财产制度的不足。财产的所有者不仅可以通过信托设计实现自己的各种未了的心愿，而且，通过信托这一工具避免了很多财产上的纷争，更好地协调了人与人之间的关系。在欧美发达国家，个人信托占到全部信托市场 70% 左右，机构信托占 30% 左右。而目前，我国个人信托还有待发展，个人信托的观念和信任关系还需要培育，相关法律还不完善，但随着社会财富的不断增加，人们会越来越认识到个人信托制度具有的财富保值增值的巨大作用，进一步，也会有越来越多的人利用信托来达成自己的生活及人生的目标。

第四章

保障性理财：投资保险

投资保险属于保障性的理财，它又称政治风险保险，承保投资者的投资和已赚取的收益因承保的政治风险而遭受的损失。事实上投资保险的投保人和被保险人是海外投资者。其实开展投资保险的主要目的是为了鼓励资本输出。如今作为一种新型的保险业务，投资保险于20世纪60年代在欧美国家出现以来，现在已成为海外投资者进行投资活动的前提条件。

未雨绸缪，认识保险为人生护航

你的人生是否有为你护航的舵手，遮雨的风帆，如果没有，那就请你买保险吧！未雨绸缪，让保险为你的人生护航。

无论个人还是家庭都希望未来有一个保障，这就需要我们对未来做出良好的规划，而投资保险就是现代家庭保障未来生活的一种明智选择。保险是指投保人根据合同约定，向保险人支付保险费，保险人对于合同约定的可能发生的事故和因其发生所造成的财产损失承担赔偿保险金责任，或者当被保险人死亡、伤残、疾病或者达到合同约定的年龄、期限时承担给付保险金责任的商业保险行为。保险虽然有如此好处，但购买保险也要根据自己的经济实力，选择投保最适合自己的保险项目及保险金额。

选择适合自己的险种需要从以下几个方面考虑：

一、明确投保的目的

干什么事情都要有明确的目的，投保也不例外。投保即是投资，有了明确的目的，才能选择合适的险种。例如：爱车的人就应该选择车险；爱享受生活的人就应该选择养老保险；为了保障以后的身体健康，就要选择重大疾病保险；或者，你也可以这些险种同时选。总之，明确投保目的，避免选错险种。

二、确定保额数量，量力而行

根据保险标的不同，保险可分为人身保险和财产保险两大类。其中比较好的属财产保险。财产保险的支付金额与家庭财产保险价值大致相当。如果保险金额超过保险价值，合同中超额部分是无效的；如果保险金额低于保险价值，除非保险合同另有约定，保险公司就将按照保险金额与保险价值的比例承担赔偿责任或只能以保险金额为限赔偿。

但人身险就不同了，人身保险要求的保险金额由投保人自己确定，并按时缴纳保险费，如果自己经济状况不支出现不能承担保险费的情况，已缴的保险费会遭受很大损失，保险也就成了泡影。

三、险种期限要长短相配

保险期限长短决定投保金额的多寡，直接关系到投保人的经济利益。比如重大疾病险，一般为两年期，人寿保险至少要五年期，有些保险投保人可在期满后选择续保或停止投保。投保人可以选择适合自己的保险时间跨度、合理缴纳保费，以期获得获得最大收益。

四、投保重在合理投资组合

保险是风险最小的一种投资方式。懂得理财的人大都懂得将保险投资主险和附险进行组合，以期收益最大，风险最小，得到更好的保障性。如果你购买了多项保险，那么就以综合的方式投保。不仅确保资金安全，而且节省保险费，受到较大的优惠。

投保的最大好处就是未雨绸缪，为我们的人生护航。

保险的种类有哪些

我国按以下五个标准为保险进行了分类，即保险期间、保险标的、实施的形式、业务承保方式、保险机构的性质。所以我们将保险分为五大类。

一、人身保险与财产保险

根据被保险标的的不同，保险可分为人身保险与财产保险。

人身保险是以人的寿命和身体为保险标的的保险。当人们遭受不幸事故或因疾病、年老以致丧失工作能力、伤残、死亡或年老退休后，根据保险合同的规定，保险人对被保险人或受益人给付保险金或年金，以解决病、残、老、死所造成的经济困难。财产保险广义上讲，是除人身保险外的其他一切险种，包括财产损失保险、责任保险、信用保险、保证保险、农业保险等。它是以有形或无形财产及其相关利益为保险标的的一类实偿性保险。

二、社会保险与商业保险

根据国内保险机构的性质，保险又可分为社会保险和商业保险。对个人投保而言，社会保险是基本，商业保险是补充。

社会保险俗称社保，是指收取保险费，形成社会保险基金，用来对其中因年老、疾病、生育、伤残、死亡和失业而导致丧失劳动能力或失去工作机会的成员提供基本生活保障的一种社会保障制度。社保是最基本、最重要的保险，参加社保的好处也有很多。第一，单位、国家分担了社保的大部分保费，个人所缴比例很小。第二，享受国家的补贴。如养老、医疗等，国家给参保人不少补贴，相当于国家给参保人的福利。

商业保险又称为金融保险，是指按商业原则所进行的保险。是指投保人根据合同约定，向保险人支付保险费，保险人对合同约定的可能发生的事故因发生所造成的财产损失承担赔偿保险金责任，或者当被保险人死亡、疾病、伤残或者达到合同约定的年龄、期限时承担给付保险金责任的保险行为。商业保险根据保险的范围或保险标的不同，又分成财产保险、人身保险、责任保险、信用保险等。

三、原保险与再保险

发生在保险人和投保人之间的保险行为，称为原保险。发生在保险人与保险人之间的保险行为，称之为再保险。

具体地说，再保险是保险人通过订立合同，将自己已投保的风险，全部或部分转移给一个或几个保险人，以降低自己所面临的风险的保险行为，我们把分出自己承保业务的保险人称为原保险人，接受再保险业务的保险人称为再保险人。

四、强制保险与自愿保险

根据实施形式的不同，保险可分为强制保险和自愿保险。自愿保险是在自愿协商的基础上，由当事人订立保险合同而实现的保险。

强制保险即法定保险，它是由国家颁布法令强制被保险人参加的保险。如建筑工人意外伤害险、煤矿工人意外伤害险、旅游意外保险、旅行社责任险、铁路旅客意外伤害险等。

五、长期业务险和短期业务险

按照保险期间分类，人身保险可分为保险期间 1 年以上的长期业务和保险期间 1 年以下

（含 1 年）的短期业务。其中，人寿保险中大多数业务为长期业务，如终身保险、两全保险、年金保险等，其保险期间长达十几年、几十年，甚至终身，同时，这类保险储蓄性也较强；而人身保险中的意外伤害保险和健康保险及人寿保险中的定期保险大多为短期业务，其保险期间为 1 年或几个月，同时，这类业务储蓄性较低，保单的现金价值较小。

“备者，立身处世之大要也。国有备，则外侮不能侵；人有备，则忧虑不足虑。”了解保险的种类，进行合理的、有目的的投资，使自己做到“有备无虑”。

什么人最需要买保险?

如今的保险已经是越来越普及，但是我国的保险密度和深度仍旧很低，尽管现在的保险业发展也快，国家也全力支持，但还是因为受以前不规范的保险市场的伤害以及经济和保险业的发展，导致国民的保险意识不是很高，因此人们现在依然对保险有一种潜在的需求。而到底什么人最需要买保险呢?

中年人：主要指的就是 40 岁以上的工薪人员，他们通常是上有老、下有小，还要考虑自身退休后的生活保障，所以说必须考虑要给自己设定足够的“保险系数”，使得自己可以有足够的能力来承担家庭责任，也是为自己晚年的生活提前做好准备。

高薪阶层：由于这部分人本身收入可观，又有一定数量上的个人资产，加之自然和不可抗力的破坏因素的存在，他们也急于寻找一种稳妥的保障方式，使自己的财产更安全。保险能为他们提供人身及财产的全面保障计划。

身体欠佳者：我国目前正在进行医疗制度的改革，就是在原有的职工负担一部分的医疗费以及住院费的基础之上，一定要适当地加大职工负担的比例。这其实对于身体不好的职工而言，与公费医疗那个时代相比，还是有着很大的差别，所以他们迫切需要购买保险。

少数的单身职工家庭：通常单身职工家庭经济状况都不富裕，无法承受太大的风险，因而，他们也迫切需要购买保险。

岗位竞争激烈的职工：主要指的就是“三资”企业的高级雇员和政府部门的公务员，通常他们比一般人更加有危机感，从而也会更需要购买保险，以寻求一种安全感。

如今随着人们生活水平的不断提高以及保险意识的增强。现在的人寿保险也从而进入了千家万户。但是家中保单结构是否合理呢?

通常就可以根据家庭成员的构成、年龄、职业、收入以及健康状况为基础，然后再结合现有的保单，最终找出家庭保单最薄弱的环节（超买、不足和适度），把家庭的有限资金合理分流，以用来整合成较为合理的保障结构。

一、以职业为线

通常城镇市民大多都在享受基本医疗保险，他们应选择医疗津贴、大病医疗保险，以弥补患病时的损失。事实上这一类险种具有缴费低、保障高的特点。倘若是没有基本医疗保险（如个体工商户、自由职业者等）的人群，风险保障显得更为重要，患病及意外事故不仅增加支出，还会导致收入急剧减少。因此，保障型寿险（住院医疗、大病医疗和意外伤害保险）首选，养老保险次之，以防范意料不到的疾病、灾害打击。当然，收入颇丰的家庭，可将部分资金购买投资型寿险，以期得到高额回报。

二、以收入为线

家庭购买寿险毕竟要有一定的经济能力，通常寿险除保障功能之外，还有投资理财、储蓄的功能。一般工薪家庭可将全年收入的 10% 部分，用来购买寿险；家庭经济支柱更需在买保险时“经济倾斜”。

我们应该注意的是，保障型寿险适合任何人群，投资、储蓄型寿险则需量力而行，家庭保单应避免畸形现象，如巨额养老保险却无医疗、意外保险。合理组合家庭保单，防范家庭成员的风险，保障家庭资产安全、稳健地运作，是人们选择寿险的最大愿望。

三、以家庭为线

比如说一个三口之家，给孩子就应该首选学生健康险，由住院医疗、意外伤害、医疗三个险种组成，每年缴费大约在 60 元上下。而在孩子的成长过程中所遇到的疾病住院以及外伤门诊费用都能获得赔偿。通常来说经济宽裕的家庭，还能够加投教育储蓄、投资型寿险为未来孩子生活“锦上添花”；所以说青年、中年人应该先要考虑养老、大病保险为主，因此也要记住同时也不要遗漏高保障的意外伤害险。

投保的基本原则

并不是保险买得越多越好，因为投保是需要成本的，其根本原则是早买，按需选择等。

一、保险买得越早越好

早买保险更早地得到保障。一般情况下 25 岁以上，收入相对稳定的年轻人，就应可以开始考虑自己的养老计划了。为自己买一份保险，不仅保费相对不高，投资时间长，回报率大。

在年轻时，没有什么负担，经济压力比较小，缴费的压力也相对较轻。因为年龄越小，所需支付的保险费用也越少。而随着岁数增大，不仅受保障晚，经济压力大，更糟的是还可能被保险公司拒保。

二、按需选择

每个人的需求不同，所以选择的种类也不同。例如，家庭中男主人是主要收入者，且从事危险程度较高的工作，则此家庭的首要保险就应该是男主人的生命和身体的保险。

市面上针对个人或家庭的商业险种非常多，选择适应自己的，才是最有必要的。

三、优先有序

投保要重视优先有序原则，即重视高额损失，自留低额损失。人们购买保险一般要考虑两点：一是发生频率，二是风险损害程度。对损害大、频率高的风险要优先考虑投保。而且保险公司一般都有一个免赔额，低于免赔额的损失保险公司是不会赔偿的，所以对于那些较小的损失，自己能承受得了的，就不用投保了。

四、诚实填写合同，及时合理变更内容

投保要填写保险合同，在填写合同时，要本着诚实的原则，病史不用隐瞒，以免在具体理赔时得不偿失。而且填写之前要看合同条款是不是很全面，通常情况下，我们应注意：常见的烧伤、撞伤等意外伤害是否被列入保险合同等。

五、不要轻易退保

退保有以下损失：一是退保时往往拿回的钱少，往往只有全部保费的 20% 退给客户，可以说是损失惨重；二是万一以后要又想投保新的保单，就要按当下的年龄计算保费，年龄越大保费就越高；三是没有了保障。

保险是给自己的人生做了一个全景的规划，关系着我们自身与整个家庭的未来。一份合理的保险投资，带来的将是无法比拟的巨大保障。

别让保险成为你的负担

买保险本身是一件很美好的事情，但如果超出了自己的经济承受范围，投保就变成噩梦了。

购买保险要根据自身的年龄、职业和收入等实际情况，量力而行。适当购买保险，既要使经济能长时期负担，又能得到应有的保障。需要澄清的一个投保误区是，未必高收入就能随心所欲地大量买保险。一个人的保险支出水平其实与其本人的可支配收入成正比。大家在

购买保险前，不妨用自己的可支配收入去除以自己的总收入，如果这个比重比较大，那么可以酌情多购买一些保险，反之则要谨慎了。

在某寿险公司的宣传点前，一位50岁左右的先生拿着近几年来买的8份保单进行咨询，包括投资连结险、万能险、医疗险和意外险在内，每年交费近8万元，但他到现在也没有弄清楚自己到底买的是什么保险，这些保险会为他带来哪些好处。这位先生讲，这些保险都是熟人介绍买的。看得出，这位先生的经济状况的确不错，但像他这样年龄和家境的人最需要考虑的是个人的补充养老保险、重大疾病和医疗保险，以及其儿女的养老险，那些以分红为主的投资连接、万能保险并不适合他，但在代理人的劝说下就这样糊里糊涂买了这么多的保险。可见不少人依然缺乏对保险知识的了解。

从传统意义上讲，保险就是纯保障类保险，但伴随着保险行业的发展，除了很少一部分人只投基本保障功能的保险外，更多的人则倾向于买投资类保险。各家保险公司也因此而推出了各种侧重点不同的新产品，但最终都把重点放在"理财"上。一般来说，保险理财产品主要分为三类：分红险、万能险和投资连结险（简称投连险）。

1. 分红险投资策略较保守，收益相对其他投资险为最低，但风险也最低；分红险是长线投资，具有合同时间长、约束性强的特点，一般要等5年后甚至更长时间才开始体现出长线投资的优势。

2. 万能险设置保底收益，保险公司投资策略为中长期增长，主要投资工具为国债、大额银行协议存款、企业债券、证券投资基金，其特点是存取灵活，收益可观；万能险跟分红险一样具有长线投资的特点。所以这种特点就决定了投资者在购买时必须充分了解保险公司的资本实力和运营状况。同时，关注保险公司的资金运作能力，如果资金运用能力不强，那么你的投资收益就有限。

3. 投连险的主要投资工具和万能险相同，不过投资策略相对激进，无保底收益，所以存在较大风险，但潜在增值性也最大。

理财专家表示，一般情况下，个人投资的合理配置应为：首先要余下10%的资金做应急；其余的90%分别为：投资类保险理财产品在个人货币资产中的比例应占30%；股票等高风险产品约30%，银行储蓄约占30%。投保者可以根据这种比例，大致确定投资类保险的购买额度，只有适合自己的才是最好的。

在保险的同时进行投资是一项非常不错的理财计划，但其中利弊都有，投资者应慎重，量力而行很重要，不要让原本为保障自己而进行的投资变成了压迫自己的负担。

不同阶段如何购买保险

不同的人生时期需要购买不同的保险。买少了，会影响保障；买多了，带来经济压力，影响生活质量。在本节就为大家推荐几种不同人生时期的不同险种。

一、青年时期

人在青年时期，刚踏入社会，收入还不太稳定，这时最是需要迅速积累资金的时候，要为将来结婚、购置房产做准备。因此要求投资类型收益稳定，所以购买保险时最好选择保费较低的消费型保险，如：意外保险、健康保险、定期寿险。

个人情况：小刘，女，23岁，工作3年多，年收入3万元左右且单身。

专家推荐：个人综合意外险，社会医疗保险

推荐理由：年轻人充满活力，热爱运动，但一旦发生意外，没有太多的经济能力来支撑医药费的开支。而意外险属于消费型保险，用很低的保费就可以拥有一份回报高额的保障。所以买以上的两份保险是必不可少的。

二、家庭时期

在人到中年，有了自己的家庭后，虽然收入处于上升阶段，但上有老，下有小，面临的风险也多了起来，而自己也慢慢变老。这时在投保时就应考虑整个家庭，具体如下。

（1）教育险。孩子还小，将来上学是一笔不小的开销，为筹措教育经费可以选择教育金等储蓄性的保险品种。为孩子的当前保险起见，还可以购买一些儿童保险的复合险种。这些险种能够覆盖孩子的教育、医疗、创业、成家、养老等，能有效保障孩子的方方面面。

（2）购买意外疾病险。自己是家里的经济支柱，所以也是重点的投保对象，首先，为避免遭遇不幸离世，为其购买人寿保险，所投保的寿险也会全额给付养老金。其次，为避免天灾，买意外疾病险，赔偿金将给家庭设置一个保险屏障。再次，可为其他家人选择重大疾病和医疗保险，以避免万一有人患病时对家庭经济造成冲击。

（3）购买养老保险。投资此类险种经济上有较大的自由度可以把握，因为此险种的产品有的是按年支付年金，有的是按月支付，总之可根据自己的偏好做出选择。每个人都有年老的岁月，在年轻时早做打算，为我们老了后的生活奠定基础，购买养老金类产品就是一种较好的选择。

在投资这些险种时，可对其进行适当分配，大人收入相当，就可以用收入的30%购买保险，孩子用10%的资金。

三、养老期

人到老了以后，子女都已成家立业，赡养老人的担子也逐渐移除，经济上没有什么负担了，但身子骨没有以前硬朗了，有可能患上各种慢性疾病，医疗费用是一笔不小的支出，为自己做好养老规划是必需的。不妨考虑购买医疗险。为以后可能的突发疾病早做打算。

此外，在前几个年龄阶段积累下来的积蓄都比较充分的情况下，还可以投资一些稳健型的理财产品。

购买保险就相当于规划自己的人生，规划好了，就省去了许多不必要的麻烦。

不同家庭如何购买保险

对于温饱阶层的家庭而言，经济支出有限，投保就应该先保家庭支柱。

保险的功能不仅在于提供生命的保障，而且可以转移风险，规划财务需要，因此成为一种理财的方式。但随着保险业的发展，各保险公司的险种名目繁多，销售人员也是将自家的保险说得天花乱坠，让购买者无所适从，其实，不同的家庭可以“量体裁衣”，购买不同种类的保险。

一、对于温饱阶层的家庭而言，应该先保家庭支柱

针对人群：工薪家庭，收入不高

对于收入不高的普通工薪家庭而言，如果一个四口之家年收入在6万元以下，保险的侧重点应该是大人。适合考虑险种为健康型保险，如意外伤害医疗险等。由于收入的大部分都用于家庭的日常生活开支和孩子的教育，为减轻经济压力，保险支出达到10%左右就可以了。

二、对于小康阶层的家庭来说，可以选择购买综合保险

针对人群：人到中年，收入稳定，有子女，有房有车有贷款。

推荐保险组合：车险（费用型）+家庭综合意外保险（费用型）。

如40岁的张先生是个成功的个体经营者，年收入在10万元左右，孩子刚上幼儿园，妻子有工作，像这样经济压力比较小的家庭，受险人可将全家都包括，如可以为孩子投两全寿险、教育险、附加住院医疗、健康险等；为爱人投重疾终身寿险、附加住院医疗险等费用型的保险；为自己投分红型的重疾终身寿险、费用型的附加定期寿险和附加住院医疗等。

三、对于比较富裕阶层的家庭来说，投保就应该以追求投资为目的

针对人群：退休在即，子女独立，积蓄丰厚。

推荐保险组合：家庭综合意外保险（费用型）+车险（费用型）。

对于这类人其财力相对而言比较丰厚，其规划重点是拥有高质量的晚年生活和将资产安全的传承。可以为自己投一些费用型及分红型的保险，如重疾终身寿险、附加住院医疗险，还可投一些理财型险种，如两全寿险、投资连结险等；为自己的爱人投一些重疾终身寿险、两全寿险、附加住院医疗险等；孩子可以投两全寿险、附加住院医疗等。其中万能险的选择不错，万能险的险种有两种，两全寿险和终身寿险。前者适合在晚年享用。后者适合资产雄厚的投资者，将来把资产定向免税转移给亲人等。

李嘉诚曾说："别人都说我很富有，其实真正属于我个人的财富，就是给我和我的家人买了充足的人寿保险。"保险是一种未雨绸缪的科学计划，想给家庭买保险应多了解一些保险的基本知识。

签订保险合同时的注意事项

保险合同是投保人将来索赔的重要依据，签订时一定要认真仔细，据实以告。签订保险合同是投保过程中非常关键的一步，但很多投保者在读完合同以后还是不知所云。其实，看保险合同条款时，把握保单的要点是关键，一般情况下注意以下几方面内容就可以了。

一、必须仔细核实保险合同上填写的内容

在填写合同中的投保人、被保人和受益人的姓名、身份证号码时一定要是自身情况的真实反映；投保单上是否是自己的亲笔签名，还有合同中的保险品种与保险金额、每期保费是否与要求相一致等。

李琦性格外向，酷爱旅行。她的足迹遍布了大江南北。2010年底，李琦又一次决定利用年假赴云南旅行。

可不巧的是李琦在行前身份证不慎丢失。为了不耽误自己计划好的旅行，她特意赶到旅行社，询问是否可以用妹妹李冉的名义报名参加旅游活动。

在征得旅行社同意后，李琦缴纳了各种活动费用，办理了登记手续，并在旅行社保险代理处购买了《境内旅游人身意外保险》，保险费用50元，保险金额25万元，保险期限为：自旅游团出发时起至旅行结束时止，保险受益人是法定受益人。由于李琦以妹妹的名义参加旅行，在旅行社经办人员的指点下，她在保单被保险人的名字一栏里亦填写了妹妹李冉的名字。

李琦在随后的旅行团出游时，意外受伤，不治身亡，家人知道其死讯后悲痛欲绝，后发现李琦身前的投保单，于是要求保险公司赔付。认为其应当给付保险金额25万元。保险公司非常重视这项理赔要求，立即开始了仔细的审核。在核保过程中，保险公司了解到，被保险人是李冉，但真正的死者却是李琦。李琦冒其妹妹李冉的名义赴云南旅游，而真正的被保险人李冉至今安然无恙。于是在2011年1月，保险公司正式作出不予给付意外死亡保险金的决定。

面对保险公司的拒赔通知，李琦的家人非常愤怒，认为当时李琦的冒名行为是经过旅行社同意的，投保也是在相关人员的指点下才填写妹妹李冉的名字，这些都是有人证明事实存在的，不存在欺瞒的诚信问题。于是，李琦家人一气之下将该保险公司告上了法庭，最后，尽管法院判决原告胜诉，保险公司应该承担给付保险金的责任，并承担本案的诉讼费用，但原告也耗了不少精力。

综观本案，由冒名而导致的理赔困扰也恰恰证明了投保者缺乏对填写保单应有的严肃态度。

二、耐心阅读合同条款中的保险责任条款

即保险公司在哪些情况下须理赔或如何给付保险金的条款。该条款主要描述了保险的保障范围与内容，关系到投保人的核心利益，一定要仔细查看，不可敷衍了事。

三、阅读除外责任条款

该条款列举了保险公司不理赔的几种事故状况，因投保人的故意行为导致的事故，如自杀等。消费者购买保险后应避免这些情况的发生。消费者往往对此条款极不满意，尤其是在医疗险中，有些保险公司一旦被要求赔付，就依据该条款开出“除外责任书”推却责任。

四、看合同中的名词注释

此项内容所包含的名词解释是保险专用名称的正式的、统一的、具有法律效力的解释，主要是为了帮助投保人更清晰地理解保险合同的条款，是合同中必须含有的内容。在购买保险时，一定要看清、读懂这些名词解释，有的保险公司抠词抠句，有时只一字之差也可能得不到赔付。

五、看合同解除或终止情况的规定或列举

这一条说明主要规定了双方的权利与义务，投保人或保险公司在何种情况下可行使合同解除权。保险公司有不能擅自解除或终止正在履行的合同的义务，而投保人则有可随时提出解除或终止合同的权力。

在整个合同履行期间，若发生纠纷或对合同产生异议，《保险法》规定：对于保险合同的条款，保险人与投保人、被保险人或者受益人有争议时，人民法院或者仲裁机关应当作出有利于被保险人和受益人的解释。

总之，保险合同是投保人将来索赔的重要依据，要全面维护自己的权益，就要对其慎重对待，彻底弄清楚保险条款的内容后再决定要不要签署。

快速获得理赔有绝招

许多人之所以不买保险，原因之一就是“投保容易理赔难”。理赔不及时不仅影响了保险消费者的利益，也使保险公司的信誉受到了损害，那么，一旦出险后，如何才能及时得到赔付?

其实保险公司的理赔还是比较快的，就看索赔人是否清楚理赔程序。

我们可以对以下案例加以分析：

在某年9月10日，广西省桂林发生一起重大车祸，造成7人死亡、3人受伤。死难者中包括一名上海交通大学学生，她曾在学校投保了中国人寿上海分公司一年期的重大疾病、寿险、住院医疗团体保险。

上海交通大学在获悉后，于9月11日向中国人寿报了案。中国人寿上海分公司接到交大学生工作部报案电话后，相关工作人员立即启动重大事件理赔处理程序，在交大老师的配合、支持下，迅速确定保险责任，简化理赔手续。

因中国人寿保险公司在云南还没有设立分支机构，9月16日，中国人寿北京分公司派专人飞赴广西桂林，到现场处理这起理赔案，并很快将30万元理赔款送到了学生家属手中。

在这起理赔案中，上海交通大学及时报案确保了理赔的进行。此外，在进行取证调查时上海交通大学方面的配合也让索赔材料的核查进展顺利。由于该公司设立了重大事件理赔处理机制，虽然事故发生在法定节假日期间，但应对及时，赔偿还是进行得顺利快捷。

根据以上案例不难得出结论，要获得快速索赔，要做到以下几点：

一、及时向保险公司报案

报案是保险索赔的第一个环节。一般情况下，投保人在发生保险事故后，要根据保险合同的规定及时报案，将保险事故发生的性质、原因和程度报告给保险公司。报案时间一般限制在10日；报案方式有：电话报案、上门报案、传真式委托报案。

二、符合责任范围

报案后，保险公司的业务员会考察客户发生的事故是否在保险责任的范围内，并予以通知。保险公司只对被保险人确实因责任范围内的风险引起的损失进行赔偿，对于保险条款中的除外责任，如自杀、犯罪和投保人和被保险人的故意行为造成的事故，保险公司并不提供保障。如客户对保险公司给予的回复不满意，也可以通过阅读保险条款、向律师咨询或拨打保险公司的电话要求进行再确认。

三、提供索赔材料

索赔材料就是要求保险公司理赔的依据，主要有三类：一是事故证明，如意外事故证明、伤残证明、死亡证明等；二是医疗证明，包括诊断证明、医疗费用收据及清单等；三是受益人身份证明及与被保险人关系证明。

四、注意事项

在向保险公司索赔时，需注意的三个问题：

（1）保险期限。根据保险合同，保险公司在约定的时间内对约定的保险事故负保险责任，这一约定时间就成为保险期限。即保险事故要求的索赔必须是发生在保险期限内，保险事故发生在保险期限内，索赔有效；保险事故发生在保险期限外，索赔无效。

（2）索赔时效。指法律规定的被保险人和受益人享有的向保险公司提出赔偿或给付保险金权利的期间。

保险法第二十七条的规定：

人寿保险以外的其他保险的被保险人或者受益人，对保险人请求赔偿或者给付保险金的权利，自其知道保险事故发生之日起二年不行使而消灭。

人寿保险的被保险人或者受益人对保险人请求给付保险金的权利，自其知道保险事故发生之日起五年不行使而消灭。

（3）给付保险金。保险公司收到投保方给付保险金的请求后，对属于保险责任内的，应及时对其核定，并将核定结果通知投保方。在与投保方达成给付保险金额的协议后10日内，应履行给付保险金义务。

要求理赔并不难，关键是要了解自己所投保险的内容，要熟悉理赔流程。

买保险与银行储蓄谁更划算?

如今有很多的人靠储蓄来增加自己的安全感，但却不知道什么时候才会是尽头。我国的储蓄存款每年总是以1万亿元增加，成为世界上储蓄率最高的几个国家之一。可是政府现在已经发愁：消费率太低。经济增长主要也就是依赖于投资拉动，出现了种种的弊端，但是什么时候才可以出现主要依赖消费拉动的经济增长健康模式？

通常在一些发达国家，个人工资的三分之一是用来买保险的，把生病、养老等统统交给保险公司去打理，剩余的工资想储蓄、投资还是消费都可以，完全没有后顾之忧，让自己自由地去享受生活的乐趣。这不是家庭理财的目的吗？事实上当我们的钱包鼓起之后，我们除了储蓄之外，还应该要留出部分资金购买保险。所以说我们通过保险就可以把未来生活当中很多无法预知的风险转嫁给保险公司，给家庭带来更持久的安全感。

就近10年来看，保险业已经被越来越多的人所认识和接受。但是因为很多人总是缺乏相关的保险与银行储蓄方面的知识从而误将人寿保险作为“第二储蓄”进行投资，这事实上也就是十分不理智，同时也是不可取的，甚至在有的时候会适得其反。那么买保险与银行储蓄究竟是谁更划算呢，这需要从多个方面来进行比较选择：

1. 从所有权上来看，无论到什么候你在银行存的钱还是你的，只是暂时地让银行使用；而你自己花钱买保险花的钱就不再是你的了，这归保险公司所有，保险公司按保险合同的规定履行其义务。

2. 从存取方式上来看，在银行储蓄是存取自由的；通常保险都是带有强制储蓄的意味，

其能够帮助你较迅速地积攒一笔资金，但是只有在保险期满或保险事故发生时才能拿到。

3. 从预防风险上来看，事实上保险和银行储蓄都可以为将来的风险作一定的准备，但是在它们之间总是会有很大的区别：因此用银行储蓄来应对未来的风险，其实是一种自助的行为，并没能把风险转移出去；而用保险则能把风险转移给保险公司，事实上也是一种互助合作的行为。

4. 从约期收益上来看，在银行储蓄过程当中，金额包括本金和利息，它其实也是确定的；然而在保险当中，你能得到的钱大多会是不确定的，它其实也就取决于保险事故是否发生，并且金额或许也远远高于你所缴纳的保险费；少数的一些险种除外，比如说定期养老险等，你能够得到的钱通常也会是确定的。

总而言之，其实最重要的就是必须搞清楚，保险的主要作用是保障，然而银行储蓄的主要作用也就是资金的安全以及一定的受益。通常买保险与银行储蓄，到底是哪一个更加划算，只要是能够根据自家的经济状况、身体条件以及风险防范等方面的实际出发，由你自己考虑和进行抉择。

投保少儿保险的诀窍

要想投保少儿保险，就要先从“准妈妈”开始

一、通常在怀孕期间投保女性健康险。而普通寿险和意外险对女性孕期内发生的意外都免责，为了保障女性生育期间的风险，一些保险公司推出了针对妊娠期疾病的女性健康保险，但是通常这类保险通常都有 90 ~ 180 天或者是一个更长的等待期，假如说在等待期内发生保险事故，保险公司不予理赔。

二、孕期应该投保母婴保险。母婴健康保险是一种专门为孕妇以及即将出生的宝宝设计的母婴健康类保险。通常这样一类保险不但要对孕妇的妊娠期疾病、分娩或意外死亡进行保障，而且还对胎儿或新生儿的死亡、新生儿先天性疾病或者新生儿一些特定手术给予一定的保险金给付。

三、越早投保才能够越划算。事实上确定保险费率的一个主要的因素其实就是风险发生的几率，通常风险越高，保险费率也就会越大，通常被保险人年龄越大，风险发生的概率也就会越高，保险公司也就能够相应提高费率。例如 10 周岁的时候投保比 1 周岁的时候每年要多交保费 1600 多元。因此，在孩子年龄越小的时候投保，所交的保费也就会越少。

四、大人孩子要兼顾。通常而言，大人是家庭的主要经济支柱，是孩子的保护伞，是孩子最大保障，所以，购买保险的原则是先保大人，再保孩子；或者选择以父母一方或双方为投保人，孩子为被保险人的家庭型组合产品，这样大人和孩子就都有了保障。倘若要是大人发生意外，整个家庭的经济就将受到重大打击，更别谈孩子的保障了。

一定要尽量选择那些有豁免保费条款或附加险的险种，这一类保险的最大的优点是，通常在家长发生意外的时候，就能够豁免保费，而通常孩子的保险利益可继续享受。缴费期限越灵活越好。如年缴、三年缴等，以免由于家庭经济状况的变化而导致无法按期缴纳保费。

五、学会注重保障兼收益。通常孩子所承担的很多风险往往都是我们所无法预料的，这是因为孩子的抗风险能力较低，在给孩子挑选保险时其保障一定要尽可能地全面，不要一厢情愿地认为“我的孩子是一定不会出事的”。因此，在对孩子保险的支出预算内，家长不能只去考虑高额的教育保险金给付，还应给孩子配备一定的保障防范疾病或意外风险。

比如说 0 ~ 6 岁的儿童最易生病、发生小意外，给孩子准备医疗保险也是非常必要的；而 7 ~ 12 岁的青少年教育基金、医疗保障都应该有，这个时候年龄偏大，相对保费也就较贵，投保时可选择有现金返还功能的保险；12 岁以后要培养孩子的理财习惯，可以选择现金返还类寿险，解决教育基金问题，也可选储蓄养老类保险，提前投资孩子的未来。

六、考虑孩子住院医疗保险及住院费用补贴。或许我们都知道，如今孩子生病比大人生病要可怕多了。一是相对于成年人而言，孩子的免疫力要差，非常容易得病，而且病情往往比较严重，对孩子的伤害较大；二是孩子的医疗费非常昂贵。因此，孩子一次住院的平均花费与成人没有太大差异，甚至比成年人还要多。同时，由于孩子免疫力差，生病就医的次数远远超过成人，所以投保少儿保险一定不能少了住院医疗保险及住院费用补贴。

境外出行需要买哪些险？

异国风光总是吸引着众多游客前往猎奇、采风，可是由于语言不通、人生地不熟等的问题，很多的游客在境外发生意外的可能性也就大于境内，万一遭遇险情的话，及早得到救助的概率也小于境内。所以，保险对于境外游的市民，就显得尤为重要。

在日常生活当中，人们通常忽视境外出行的特别风险。第一，仍旧是意外事故以及意外医疗。第二，则就是被盗风险，特别是护照。第三，医疗急救的不便，所以就要注重防范罹患疾病的风险，特别是一些水土不服消化系统紊乱等。第四，避免因为不了解当地法规和风俗而引起法律纠纷。

所以说通常针对境外出行，都可依实际的天数、当地的消费水平等众多因素，综合考虑来选择适合的保障方式和类似产品。

事实上现在大多数的欧美国家，都是要求“先投保后签证”。所以依据欧洲这些申请国家的签证要求，所有的短期签证申请者都必须在递交签证申请材料时购买境外旅行保险和旅行紧急救援服务医疗保险，一定要证实自己可承担其在境外期间发生意外时能提供的住院费用，及医疗运返等费用不低于 30 万元人民币（即 3 万欧元），而且保险期限不少于 1 个月。虽然其他的国家没有这么严格的要求，但是如果你去美国、新加坡、日本这些国家医药费较高的国家旅游，医疗险的保额最好不要低于 20 万元人民币。而到埃及、东南亚等国，倘若行程较短的话，医疗险的保额应该在 10 万元人民币左右。

我们在投保方式与保险产品选择当中，还需要关注以下几个方面：

1. 旅游意外伤害保险。这类保险主要是为游客在乘坐交通工具出行时提供风险防范服务。

2. 旅游求援保险。不管是在外遗失钱包或者是丢失了自己的护照，都能够致电救援热线寻求帮助。对于出境旅游的游客，购买 24 小时全球紧急救援保障的保险是必备的项目。

3. 旅游救助保险。保险公司与国际（SOS）救援中心联手推出的旅游救助保险险种。消费者在投保之前一定要问清楚保险公司是和哪一个家国际救援机构合作，比如说国际 SOS 组织就是比较好的选择。

4. 考虑购买保险的保障期限。按自己的旅游行程，根据所需保额和天数投保，为自己选择一份量身定做的保单。

5. 住宿旅客人身保险。旅客由于遭遇意外事故，或者外来袭击或随身携带物品遭盗窃、抢劫等而丢失的，保险公司按不同标准支付保险金。

6. 根据旅行地区的消费水平选择保险金额。欧美消费通常会比较高，投保金额一般在 20 万 ~ 30 万。而那些消费水平低的国家，像泰国、越南等地 10 万元左右的保额就够了。

7. 出境保险，因为期限并是很长，通常费用都不高。大致的水平就是：1 ~ 3 天，保费 50 ~ 70 元，保险金额 30 万元；4 ~ 7 天，保费 80 ~ 100 元，保额 30 万元，如一款安盛境外旅行紧急救援保险，7 天的保险期限、最高保额 100 万元，保费也仅 90 ~ 215 元。一个月的保费，普遍在 250 ~ 400 元。

不小心被忽悠买了保险怎么办？

2010 年 4 月 10 日，小刘让自己的姐姐帮自己去农业银行存 24 万元。可是没想到的是，小刘的姐姐在现场工作人员的一番建议之下，改买了一份保险公司的保险，而且于次日就要签订保险合同，约定被保险人是小刘。条款规定：假如被保险人身故，保险公司赔付 105% 保险金。

小刘得知之后，马上就起诉至法院，认为姐姐是受到了诱导投保，且合同未经她本人签署认可，所以请求退还保险费 24 万元，赔偿利息损失 9432 元。但是该保险公司则称，以前小刘也曾经让其姐姐代购过其他的保险产品，所以说这一次是因保险收益不好提出异议，购买过程中不存在诱导。

但是法院认为，该保险合同是以被保险人身故为保险金给付条件，因此依法须由被保险

人书面同意，现在没有任何被保险人书面同意的材料，所以说这应该是一份无效的合同。

市民张女士在不久之前就经历了这样一场大风波。张小姐在儿子过完生日之后，拿着生日时亲戚朋友给的钱还有过年的压岁钱一共约有5000元，去一家银行去存。当她在一个窗口存款的时候，营业员听说需要存1年定期的，就告诉她说有一种更为合适的理财产品，称只要投入资金，每年便有分红，比银行利息高出许多。张女士也没有问具体情况，觉得自己能多拿钱就是好事，于是就很快办了手续。到了单位上班和同事说起的时候，才得知自己是买了分红保险。第二天她到银行去问此事，那位营业员才承认所谓的理财产品就是保险，在张女士的要求下，最后办理了退保手续。

很多市民对这一规定恐怕并不知晓，就是："银行储蓄柜台人员不能误导销售保险产品。"。银监会出台的《关于进一步规范银行代理保险业务管理的通知》规定，商业银行其实也就应该合理授权营业网点代销产品的业务种类，而对于那些具有投资性的保险产品应在设有理财服务区、理财室或理财专柜以上层级（含）的网点进行销售，严禁误导销售与不当宣传。此外，代理保险销售人员要与普通储蓄柜台人员严格分离。

事实上，我们应该知道银行代售保险业务通常只是一种普遍现象，同时持有保险从业证书的银行员工能够在银行内销售保险。通过了解银保产品通常都具有一定盈利性，但是在销售的过程当中，有不少的推销人员玩文字游戏、模糊关键字眼，客户稍不留意，很难在未完全弄明白的情况下买回自己并不想买的保险。

如今随着商业银行与保险公司的合作不断地加强，银行代理保险业务得到了快速的发展，规模也就在不断地扩大，银行现在成为保险产品销售的主要渠道之一；银行开展保险代理业务，对提高商业银行的中间业务收入，满足个人多元化理财需求、提供投资渠道以及拓宽保险公司经营渠道，扩大业务规模等方面均发挥了积极的作用。并且只要你利用得合理，银保产品也就能给客户带来一定的实际效益，而且比存款收益还要高。

那么，我们购买银保产品，是否就真的像推销中所说的"零风险"？业内人士对此谈到，只要是能够利用合理，银保产品会给客户带来实际效益，就像那些手头长期有余钱的客户，假如说购买一份分红型保险，会比存款收益更高。但是与储蓄相比来说，保险业务流动性通常都比较差，客户在约定期限内，不能够自由地支取本金，不然的话就会带来较大损失。

曾经有一位消协的工作人员表示，银行代售保险不可以片面地夸大投资收益水平，如实告知保险责任、退保费用、现金价值和费用扣除等关键要素，否则就是侵害了消费者的知情权，误导消费者，消费者在遭遇保险陷阱后，可凭有力证据进行投诉。

家庭汽车保险购买有诀窍

自2010年以来，我国的家庭用车市场异常火暴，如今拥有私家车已经不再是梦想了，但是当我们买了车，随之而来的也就是保险等养车费用的问题，如今有许多的车主在买车时认为保险买得越多、越全面越好，这样一来就是出了事故也就能够得到更多的赔偿，才能万无一失。事实上在国家规定的强制保险之外，再增加一些保险，能够给爱车和自己更多的安全保障。可是确实是大家所认为的：买车险越多越好吗？

其实对于那些刚刚买车，或者是准备去买车，以及从未接触过车辆的朋友而言，普遍都应该有这样的想法，总是会认为买的保险越多，自身就会越有保障。这其实是随着社会经济不断发展，所带来的风险防范意识的加强和投保意识的提高。

但是并非所有的保险都是必需的和万无一失的，买保险其实也只是转移风险、分摊损失的一种手段。

一、商业险可以酌情选择

车主除了要买交强险之外，还需要投保一些商业保险。这其中主要就包括：机动车损失保险、第三者责任险、盗抢险、车上人员险、划痕险等。

例如车损险，主要就是针对车辆之间的意外碰撞等。通常情况之下，买车的人大多是新手，开车的经验有限，比较容易出现道路交通意外，通常这个时候车损险也就能有效地减轻损失；商业第三者责任险的主要功能是，当机动车与路人出现意外时，投保人可以将理赔责任转嫁到保险公司身上，从而转移风险；需要提醒大家的是，如果居住的地方是无车库以及物业管理不到位的小区，那么盗抢险和划痕险也是必须购买的险种。

我们应当注意的就是，不计免赔的选择，许多车主都不太熟悉。简单说来，不计免赔就是补充保险公司理赔的剩余部分。举个例子来说，如果车辆只投保了车损险，在发生单方事故后，汽车的维修费为 1000 元，那么保险公司只按照规定承担维修费中的 80%；如果购买了车损险的不计免赔，那么保险公司则承担 100% 维修费。换言之，车损险只投保了 80%，不计免赔所保的是另外的 20%。

二、交强险是必买险种

目前来说，车辆保险所涉及的险种主要就是分为交强险（国家强制性）和商业险（自愿性）。在这之中，交强险同样是车主必须购买的险种，是由保险公司对被保险机动车发生道路交通事故造成三者（不包括本车人员和被保险人）的人身伤亡、财产损失，在责任限额之内予以赔偿的强制性责任保险，是国家强制性购买的险种。

通常交强险的分项赔偿限额为：死亡伤残赔偿限额 11 万元、医疗费用赔偿限额 1 万元、财产损失赔偿限额 2000 元。

三、车辆保险什么时候才能生效

通常车辆保险条款对于保险期间的约定为一年。保险有效期起点也就为保险生效日的零时，但是保险起期不能早于投保日期。换句话就是说，当天签订的车险保单，正式生效期限为第二天零点的时候，在此之前发生的车损事件，保险公司不予理赔。

四、超额投保与重复投保的误区

1. 一定更注意避免不足投保或超额投保。假如你的汽车价值 15 万元，但是你却为其投保了 20 万元的保险，或者相反你的投保金额小于你的车价，这两种方式都是不合理的，而且也不一定能得到有效的保险保障。

2. 一定要避免重复投保。假如你在一家保险公司购买保险后，一般要再到另外的保险公司投保。

所以说，重复投保与超额投保在车险投保中并不是好事，车险赔付主要根据的是补偿原则，并不是多保就可以多赔，当补偿达到车辆实际价值时就停止赔偿了。需要提醒投保者的是，通常代理人所说的“全险”，只是多项险种投保的总称，但是并非包括全部意外。因此，投保者在购买保险的时候一定要看清合同，避免不必要的纠纷。

事实上投保也不是越多就越好。通常保险公司赔多少完全根据汽车出险的实际情况而定，并不会是因为保得多你就可以赔得多。一些保险业务人员对各种保险进行捆绑销售，从而也就谋取了利益。譬如许多银行把责任险、防盗险以及车损险捆绑起来作为基本险来销售。那些没有经验的车主从而也就糊里糊涂买了不该买或者可买可不买的保险。因此，车主在投保之前一定要细心挑选，才能够花最少的钱去获取最大的保障利益。

购买银行保险需要考虑些什么？

通过银行购买保险产品方便、快捷、网点密布……这些都是其优势所在。对于那些希望寻找到保本、稳健、并且带有一定人身保障的客户来说的话，银保其实也不失为一种选择。

选购银行保险，不管是主动到银行咨询购买相关产品，还是被动地接受了代理人员的介绍，客户其实也都必须对银保产品选购中的一些相关事宜保持“清醒的头脑”，以免最后跌入“陷阱”。

一、预期收益并不代表肯定能够实现

对于普通大众而言“收益”就是硬道理，“收益”也是激发其进行投资理财的引路者，

大多数客户在咨询理财产品的时候首先就要询问的也是收益率。

其实这样的情况挺无奈，摆在一起销售的产品，客户当然会比较收益率，还不仅仅是各家公司银保产品的比较，甚至还要与银行理财产品、基金进行比较。

即使保监会早有规定，不允许保险公司以”收益比较”来推销产品，但是邮政、银行的银保产品广告上常将收益水平的内容尽量放大以吸引客户的眼球。

业内资深人士曾经说过，“不要轻信销售人员口中的预计收益、过往收益之类的数据，过往的收益数据只能代表当时的情况，保险公司并不会保证这个收益。多数情况下，分红类产品的收益与保险公司经营情况直接挂钩，倘若保险行业环境发生波动，产品分红必会受到影响；万能和投连则挂钩国债、基金、资本市场，因此还会受到投资大环境影响。”

我们也应该明白用高收益吸引顾客其实也并不一定是恶意误导，这其实是与银行保险的销售特点有着很大的关联。“假如我跟保险代理人购买，他们一般会用半个小时的时间解释分红、投连产品，尤其是在分红收益方面，合同上都会以高、中、低三个层次的收益率来进行演示。可是银行的销售人员就不会有那么多的时间，通常就要挑吸引人眼球的高收益举例。”

二、银保产品属于保险责任

其实对于客户来说，购买产品的第一步也就是要搞清楚，这个产品都是谁发行的。

事实上除了银行自有产品，代理最多的也就是基金和保险，因为基金从名称上非常容易分辨，消费者容易明白，但是保险产品通常冠之以某某理财产品的名字，消费者自然而然地觉得，不是基金就应该是银行产品。甚至将保险产品看作是新型的储蓄方式或是基金产品的也大有人在。

所以说，专家提醒客户，特别是在银行客户选择理财产品的时候，一定要问清楚该产品。以免造成产品责任不清的问题。而这一句“这到底是保险产品，还是银行理财产品、基金？”通常就能够“震慑”到销售人员，让客户从一开始就可以买得明明白白。

三、被保险人也需要签字

事实上其他理财类的产品也就只需要客户自己签字就可以完成手续，但是保险产品因为涉及到多个个体概念，所以说根据规定，假如投保人和被保险人不是同一个人的话，那么所有保险合同上也就必须有两个人的签名。

事实上一些长者会在银行选购保险作为送给子女甚至是孙辈的礼物，根本不会想到带着被保险人去签名，此时销售人员会让投保人代替签名。

通常这样的做法很普遍，但是也属于违规操作。即使现在很多保险公司对此睁一只眼闭一只眼，然而一旦发生保险事故，保险公司完全有理由拒绝赔偿。

所以专家提示，如果存在这种情况，客户可以与保险公司沟通，寻找合适的解决方法。

四、投资期限就是一把双刃剑

一般银行保险产品的年限从一年到十年不等，到底应该选择长期的还是短期的产品呢？

“时间越长，收益就越好，这一点是肯定的。银行利率、国债收益不都是这样的规律么？”位精算师说。

可是这样的时间对于客户来说却是一把双刃剑。长期以来就能够带来更高收益，但是同时也影响资金的流动性。特别是你保险产品，退保成本比较高。所以说，客户必须在高收益和低流动性之间做出选择。

因此，客户最好明确自己未来几年内的消费计划，是不是有买房、买车、留学等大笔开销，只有那些在闲散资金才能购买银保产品，由于退保的成本实在太高。

事实上客户在签订合同之前，或者是签订合同后的七天犹豫期内，一定要仔细阅读保险合同条款。同时也要拿出打破砂锅问到底的精神，清楚保险合同中的规定，因为如果一旦保险生效的话，那么所有的处理都会按照合同办事，以后觉得自己吃了亏也很难解决。

所以说，客户必须了解产品特性、利益分配、满期时间、退保方法等问题。分红险客户还要问清楚退保时的手续费；万能险客户要问清楚进入账户的资金比例；投连险客户要问清楚资金比例、各种手续费如何收取以及各个账户的投资特征。明明白白地买保险。

医疗保险不可不知的购买技巧

众所周知的医疗保险除了具备社会保险的一些共性的功能外，还有一些特殊的功能。第一就是提高全民的健康意识。第二，促进社会生产力的发展。第三，促进卫生事业的健康发展。第四，保障劳动者的身心健康，减轻其经济负担。

我们应该都知道各单位在参加医疗保险之前都会填写《年度职工基本医疗保险缴费呈报表》和《年度退休职工基本医疗保险名单》一式三联，经社会保险局审核盖章后返给用人单位一联，用人单位依据此表缴纳了基本医疗保险和超限额补充医疗保险后，即成为参保单位。

外地急诊住院的参保职工，必须都在住院后的 72 小时之内把急诊诊断结果电话通知市社会保险局，同时办理口头登记手续。等到自己的病情缓解后，转回城市定点医疗机构治疗，住院费用按急诊规定结算。经外地接诊医院确诊不属于规定急诊病种范围内住院，个人不需要急诊登记，费用自行承担。

通常而言超限额补充医疗保险都是基本医疗保险的补充，而作为医疗保险每年最高保障限额 17 万元。这其中基本医疗保险统筹基金支付限额为 2 万元，超限额补充医疗保险最高支付限额为 15 万元。

因此如果要想购买医疗保险，首先就是要去选择适合自己的险种。目前来说我国保险市场上主要有以下几种类型的医疗保险：住院医疗保险、综合医疗保险、手术医疗保险、女性医疗保险、各种各样的津贴保险和重大疾病医疗保险等。通常来说综合医疗保险涵盖了按日定额支付住院津贴和一些特殊疾病或手术等类的补偿。如果你不享受社会医疗保险保障，如自由职业者等，应考虑投保一些包括门诊、住院等在内的综合医疗保险，另外再辅之以重大疾病、意外伤害医疗和津贴等保险。

当我们在选择险种的时候，一定要注意阅读保险公司对投保年龄的限制。通常来说，最低投保年龄是出生后 90 天至年满 16 周岁不等；而最高投保年龄大致在 60 ～ 65 岁。事实上投保年纪越轻，保费也就会越便宜，所以说买医疗保险一定要趁自己年轻，越早买就越合算。除此之外，对险种和责任范围务必弄清楚。

只要我们能够明白了这些，那么接下来就是要请保险经纪人或保险代理人为自己或家人做一份能全面满足你保障需求的保险计划，把各有侧重的险种进行有机组合。此外，还应该要向保险中介人详细了解下列事项。

需要了解保险单上，对免赔额是如何规定的。而免赔额即在一定金额下的费用支出由被保险人自理。假如说医疗费用低于免赔额，那么也就不能获得赔偿。

实际上如果你想了解保险合同中的犹豫期。在这段时间之内，你完全有权利向保险公司提出撤销保险合同，假如你退保的话，那么保险公司也应该无条件地退还给你所缴纳的全部保费。

通常在订立保险合同时，一定要认真去履行如实告知义务。事实上把自己目前的身体健康状况以及既往病史一定要如实地向保险公司陈述，以便让保险公司判断是否承保或以什么样的条件承保。否则保险事故发生后，保险公司可以不承担赔付责任。

我们还需要注意的一点就是，通常在订立保险合同后，假如出现不能按时缴纳保费等意外情况，最好不要轻易采取退保的解决方式，一旦退保将会给自己带来重大的损失。不妨听听保险代理人或经纪人的意见，采取灵活的方式处理。

现在绝大多数医疗保险通常都设有最高保险金额限制。就拿青少年及幼儿的情况来说，孩子一旦真的得了大病，以单一险种的赔付用来支付孩子的医疗费用，必然显得捉襟见肘。解决这种尴尬局面的最好办法就是依照自身的实际经济能力，更多地为孩子提供更全面的保障。

办理的方法就是：当地城镇居民，带着户口、身份证件及两险指定托收账户，到区社保机构就能办理，12333 是全国统一的社保咨询电话，具体地址、手续、金额请向当机机构询问。

总而言之，每个人应该根据自己的实际承受能力，选择参加各种不同类型的医疗保险，因为保得越多，虽然交费越多，但保险的系数也就越大，生活也就越安心可靠。

第五章

高风险高收益：投资股票

股票投资是高风险的投资方式，但也拥有着高收益的回报。它的风险具有明显的两重性，即它的存在是客观的、绝对的，又是主观的、相对的；它既是不可完全避免的，又是可以控制的。投资者对股票风险的控制其实就是针对风险的这两重性，运用一系列的投资策略和技术手段把承受风险的成本降到最低限度。

股票怎样入市?

近些年以来股市大热，而随着股指以愈来愈快的速度突破了一个又一个整数关口，沪深两市的新开户的股民数量也同样在急剧增加。那么新股民入市到底应该注意哪些问题呢？如何才能迅速地了解股市，逐渐成为一个成熟的投资者呢?

一、入市的准备

想买卖股票吗？非常简单。只要你有身份证，当然你还需要有买卖股票的保证金。

1. 办理深、沪证券账户卡。持自己的个人身份证，就可以到所在地的证券登记机构办理深圳、上海证券账户卡。法人持营业执照、法人委托书和经办人身份证办理。

2. 开设资金账户（保证金账户）入市前，在选定的证券商处存入你的资金，证券商也就将为你设立资金账户。

建议你订阅一份《中国证券报》或《证券时报》。知己知彼，然后上阵搏杀。

二、股票的买卖

事实上与去商场买东西所不同的就是，买卖股票你不可以直接进场讨价还价，而需要委托别人——证券商代理买卖。

1，首先去找一家离自己的住所最近以及一个你信得过的证券商，然后走进去，按照你自己的意愿、按他们的要求，填一、二张简单的表格。假如你想要更省事的话，还能够使用小键盘、触摸屏等玩意，也可以安坐家中或办公室，轻松地使用电话委托或远程可视电话委托。

2. 深股采用“托管证券商”模式。股民通常在某一证券商处买入股票，在未办理转托管前只能在同一证券商处卖出。如果要从其他证券商处卖出股票，那么就应该先办理“转托管”手续。沪股中的“指定交易点制度”，与上述办法相类似，只是没有必要办理转托管手续。

三、转托管

就目前来说股民持身份证、证券账户卡到转出证券商处就可直接转出，然后凭打印的转托管单据，再到转入券商处办理转入登记手续：上海交易所股票只要是能够办理撤销指定交易和办理指定交易手续即可。

四、分红派息和配股认购

1. 红股、配股权证会自动到账。

2. 股息通常是由证券商负责自动划入股民的资金账户当中。股息到账日为股权登记日后的第 3 个工作日。

3. 股民在证券商处缴款认购配股。缴款期限、配股交易起始日等以上市公司所刊《配股说明书》为准。

五、资金股份查询

股民持本人身份证、深沪证券账户卡，到证券商或证券登记机构处，就可以查询个人的资金、股份及其变动情况。和买卖股票同样，如果你想更省事的话，还能够使用小键盘、触摸屏和电话查询。

六、证券账户的挂失

1. 如果说账户卡遗失的话股民持身份证就可以到所在地证券登记机构申请补发。

2. 身份证、账户卡同时遗失股民持派出所出示的身份证遗失证明说明股民身份证号码、遗失原因、加贴股民照片并加盖派出所公章）、户口薄及其复印件，到所在地证券登记机构更换新的账户卡。

3. 为保证自己所持有的股份和资金的安全，如果委托他人代办挂失、换卡，则需要公证委托。

七、成交撮合规则的公正和公平

不论你身在何处，不管你是大户还是小户，你的委托指令都会在第一时间被输入证交所的电脑撮合系统进行成交配对。证交所的唯一的原则其实也就是：价格优先、时间优先。

八、股票投资的关键在于如何选股

通常我们从事股票投资就是要买进一定品种、一定数量的股票，可是当我们面对交易市场上令人眼花缭乱的众多股票，究竟买哪种或哪几种好呢？这其中牵涉的问题有很多，事实上股票投资，关键也就是在于解决买什么股票、如何买的问题。在这里我们首先给大家列举几条基本性的原则：

1. 学会选择各类股票中具有代表性的热门股。什么是热门股？这不好一概而论，通常而言在一定时期内表现活跃、被广大股民瞩目、交易额都比较大的股票常被视作热门股。由于其交易活跃，所以买卖容易，特别是在做短线的时候获利的机会也就会比较大，抛售变现的能力也较强。

2. 要选择那种业绩好、股息高的股票，其特点也就是具有较强的稳定性。不管是股市发生暴涨或暴跌，都不大容易受影响，这种股票特别是对于做中长线的人最为适宜。

3. 学会选择知名度高的公司股票，而对于不了解其底细的名气不大的公司股票，应该持一种慎重的态度。不管是做短线、中线、长线，都是如此。

4. 学会选择稳定成长公司的股票，这类公司经营状况好，利润稳步上升，而不是忽高忽低，所以这种公司的股票安全系数较高，发展前景看好，特别适于做长线者投入。

K 线图一定要看懂看透

什么是 K 线图？如何看懂 K 线图？要做一个成熟的、成功的股民就要弄懂这一切。

证券投资的基本功是必须能看懂 K 线图。如果你作为投资者不能看懂 K 线图，就不能对你所投资的股票做最基本的分析，也就不能在股市上做出相应的趋利避害的判断。

所谓的 K 线图，又俗称阴阳线、棒线、蜡烛线或红黑线，就是将各种股票每日、每周、每月的开盘价、收盘价、最低价、最高价等的涨跌变化状况，用图形的方式表现了出来。

K 线图的特点是直观、立体感强、携带信息量大，能充分显示股价趋势的强弱、买卖双方力量平衡的变化，而且用以预测后市走向较准确，是各类电脑实时分析系统应用较多的技术分析手段。下面我们来系统认识一下 K 线图：

K 线分为三条，最上方的一条细线称为上影线，中间的一条粗一点的线称为实体，最下面的一条细线称为下影线。

K 线又有阳线和阴线之分。阳线。当股票一天的收盘价高于开盘价，即股价走势呈上升趋势时，此时，K 线中部的实体以空白或红色表示，在这种情况下的 K 线我们称之为阳线。这时，K 线上影线的长度就表示股票最高价和收盘价之间的价格之差，其中实体的长短代表股票收盘价与开盘价之间的价格之差，下影线的长度则代表开盘价和最低价之间的价格差距。

阴线。而当收盘价低于开盘价，即股价走势呈下降趋势时，我们称该情况下的 K 线为阴线。此时 K 线中部的实体为黑色。上影线的长度就表示最高价和开盘价之间的价格差，实体的长短就代表开盘价比收盘价高出的幅度，而下影线的长度则由收盘价和最低价之间的价格差大小所决定。

K 线有时是阳线，有时是阴线，有时带上影线，有时带下影线，有时是十字星。不同形态的 K 线代表着不同的意义，反映出多方和空方双方争斗的结果，无论是多方打败空方，还是空方打败多方，或是双方势均力敌，这些情况都可以在 K 线形态中得到全面表现。

具体来说，不同的 K 线形态代表着不同的含义：

1. 光头光脚（即无上下影线）小阳线。此形态表示最低价（指在汇市、股市、期货市场、或其他金融衍生市场，某一金融产品在指定时间区间内的最低成交价格，如：人民币汇率最低价、某股票历史最低价、黄金期货当日最低价）与开盘价相同，最高价（与最低价相对的概念）与收盘价相同，即上下价位窄幅波动，此时表示买方力量逐步增加，买卖双方多头力量暂时略占优势。这种形态常在上涨初期、回调结束或盘整的时候出现。

2. 光头光脚小阴线。此形态常在下跌初期、横盘整理或反弹结束时出现。表示开盘价就是最高价，收盘价就是最低价，价格波动幅度不大，表示卖方力量有所增加，买卖双方空头力量暂时略占优势。

3. 光头光脚长阳线。没有上下影线，表示多方走势强劲，买方绝对占优势，空方毫无抵抗力。此情况经常出现在脱离底部的初期，回调结束后的再次上涨，及高位的拉升阶段，有时也在严重超跌后的大力度反弹中出现。

4. 光头光脚长阴线。即没有上下影线，表示空方走势强劲，卖方占绝对优势，多方毫无抵抗。经常出现在反弹结束后、头部开始下跌的初期或最后的打压过程中。

5. 带上下影线的阳线。一是上升抵抗型，表示多方在上攻途中遇到了阻力，此形态常出现在上涨途中、上涨末期或股价从底位启动遇到密集成交区，上影线和实体的比例可以反映多方遇阻的程度。上影线越长，表示压力越大，阳实体的长度越长，表示多方的力量越强。二是先跌后涨型，反映股价在低位获得买方支撑，卖方受挫，常出现在市场底部或市场调整完毕。

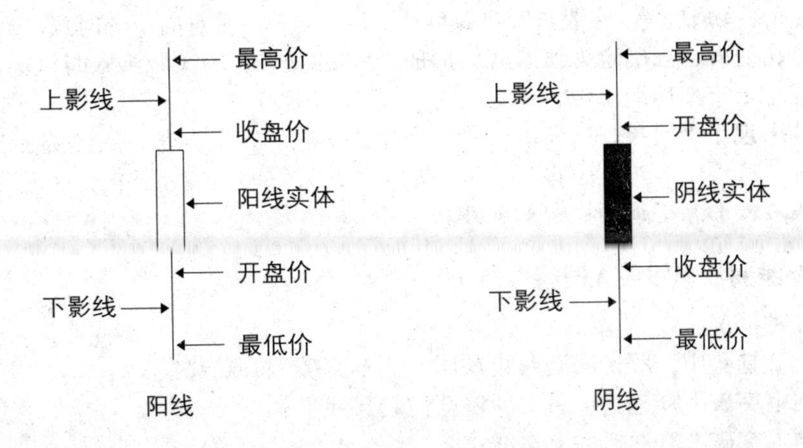

6. 带上下影的阴线。表示上有压力，下有支撑，总体空方占优，阴线实体越长，表明空方做空的力量越大。常出现在市场顶部或下跌途中。

7. “一”字形。此种形态常出现在股价涨停板或跌停板的时候，表示多方或空方绝对占优，被封至涨停或跌停的位置。

8. 十字星图形。表示开盘价和收盘价相同，多空力量暂时处于平衡。

9. “上”字形。表示开盘价和收盘价相同，上影线表示上方有一定的压力，常出现在市场的顶部或横盘整理中。

10. “T”字形。表示开盘价和收盘价相同，下影线表示下方有一定支撑。“T”字形常出现在市场的底部或顶部。

投资者可以通过K线的形态分析出股票的具体情况。然而，K线图用其预测股价的涨跌并非能做到百分之百的准确，它往往受到多种因素的影响。另外，很多人对于同一种图形也会有不同的理解，或做出不同的解释。因此，要想使K线图发挥准确的效用，一定要与其他多种因素以及其他技术指标结合起来，进行综合的分析和判断。

K线是一种特殊的股市市场的语言，其不同的形态有不同的含义。如果投资者能准确读懂K线的含义，把握机会，投资就会变得很轻松而有效。

如何确定最佳买入时机

股票价值的实现在于买卖，如何能在最佳时机买入优质的股票是每一个投资者关心的问题。

买股票主要是买未来，希望买到的股票在未来会涨。时间上是个很重要的因素。只要介入时间选得好，就算股票选得差点也会有赚，但如果介入时机选得不好，即便选对了股价格也不会涨，而且有被套牢的可能。那么，投资者该如何把握股票的买入点呢？具体来说，可以根据以下几个方面来确定股票的最佳买入点：

一、根据消息面判断短线买入时机

当大市处于上升趋势的初期出现了利好消息，就应及早介入；逢低买入是在当大市处于上升趋势的中期出现利好消息的时候。

二、根据股盘基本面判断买入时机

看股市的大盘行情，如有反转，就坚决选择股票介入。

根据长期投资的个股的基本面情况，如业绩属于持续稳定增长的态势，那就完全可以大胆买入。

三、根据K线形态确定买入时机

1. 底部明显突破时为买入时机

比如：W底、头肩底等，在股价突破颈线点，为买点；在相对高位的时候，无论什么形态，也要小心为妙；另外，当确定为弧形底，形成10%的突破，为大胆买入时机。

2. 低价区小十字星连续出现时

底部连续出现小十字星，这表示股价已经止跌企稳，有主力介入的痕迹，若有较长的下影线出现更好，这说明多头位居有利地位，是买入的较好时机。重要的是：价格波动要不扩散而是趋于收敛，形态必须面临向上突破。

四、根据趋势线判断短线买入时机

有以下几种情况

1. 中期上升趋势中，股价回调时止跌回升又不突破上升趋势线

2. 股价向上突破下降趋势线后又回调至该趋势线上；

3. 股价向上突破上升通道的上轨线；

4. 股价向上突破水平趋势线时还是买入时机。

五、短线买入时机根据成交量判断

1. 缩量整理时。

股价久跌后变得价稳量缩。在空头市场，媒体上都很看坏后市，但一旦价格企稳，量也缩小时，也可买入。

2. 在第一根巨量长阳宜大胆买进。

底部量增时，价格稳步盘升（即震荡上升，涨涨停停但还是在涨），此时投资者即会加入追涨行列中，放量突破后即是一段飙涨期，所以在第一根巨量长阳宜大胆买进，就可有收获。

六、根据周线与日线的共振、二次金叉等几个现象寻找买入点

1. 周线二次金叉。

当股价（周线图）经历了一段下跌后又反弹起来突破30周线位时，我们称此次金叉为"周线一次金叉"。实际上此时只是庄家在建仓而已，股民不应参与，而应保持观望的态度。当股价（周线图）再次突破30周线时，此时为"周线二次金叉"，这意味着庄家已经洗盘结束，即股价将进入拉升期，后市将有较大的升幅。此时投资者可密切注意该股的动向，一旦其日线系统发出了买入信号，就可大胆跟进。

2. 周线与日线共振。

一周的K线反映的是股价的中期趋势，而一日的K线反映的是股价的日常波动，若周线指标与日线指标同时发现买入信号，该信号的可靠性便大增。如周线KDJ与日线KDJ生产共振，常是一个较佳的买点。日线KDJ变化快，随机性强，是一个敏感的指标，经常发出虚假的买卖信号，使投资者无所适从。此时只要运用周线KDJ与日线KDJ的共同金叉（从而出现"共振"），就可以过滤掉虚假的买入信号，找到高质量的真实的买入信号。不过，在实际操作时往往会碰到这样的问题：由于周线KDJ的变化速度比日线KDJ的慢，当周线KDJ金叉时，日线KDJ已提前金叉好几天了，股价也上升了一段，买入成本已经抬高。为此，激进型的投资者可选择在周线K、J两线勾头、将要形成金叉时就提前买入，以求降低买入成本。

介入的时机把握得不好是投资者没有赚到钱的通病，只有把握好介入时机才能取得预期盈利。

什么是A股、B股、H股、N股、S股

在我国上市公司的股票有A股，B股，H股，N股和S股等的区分。这一区分主要就是依据股票的上市地点和所面对的投资者而定。

人民币普通股票就是A股的正式名称。它是由我国境内的公司发行，供境内机构、组织或个人（不含台，港，澳投资者）以人民币认购和交易的普通股股票。在1990年的时候，我国A股股票一共仅有10只，直到1997年年底，A股股票增加到720只，A股总股本为1646亿股，总市值达17529亿元人民币，与国内生产总值的比率为22.7%。1997年A股年成交量为4471亿股，年成交金额为30295亿元人民币。事实上，我国的A股股票市场经过几年的快速发展，现在也已经初具规模。

B股的正式名称其实就是人民币特种股票。它是以人民币标明面值，以外币认购和买卖，在境内（上海，深圳）证券交易所上市交易的。现阶段B股的投资人，主要是上述几类中的机构投资者。B股公司的注册地和上市地都在境内，只不过投资者在境外或在中国香港、澳门及台湾。它的投资人限于：外国的自然人，法人和其他组织，香港，澳门，台湾地区的自然人，法人和其他组织，定居在国外的中国公民，中国证监会规定的其他投资人。

自从1991年底的第一只B股——上海电真空B股发行上市以来，在经过了长达6年的发展，中国的B股市场也已经由地方性的市场从而发展到了由中国证监会统一管理的全国性市场。直到1997年年底，我国B股股票也就只有101只，总股本为125亿股，总市值为375亿元人民币，可以发现B股市场规模与A股市场相比要小得多。但是近些年以来，我国还在B股衍生产品及其他方面作了一些有益的探索。比如说1995年深圳南玻公司成功地发行了B股可转换债券，蛇口招商港务在新加坡进行了第二上市试点，沪、深两地的4家公司还进行了将B股转为一级ADR在美国柜台市场交易的试点等。

H股，也就是注册地在内地，上市地在香港的外资股。香港的英文是HongKong，所以就取其字首，在港上市外资股就叫做H股。依此类推，纽约的第一个英文字母是N，新加坡的第一个英文字母是S，纽约和新加坡上市的股票就分别叫做N股和S股。

事实上自从1993年在港发行青岛啤酒H股以来，我国也就先后挑选了4批共77家境外上市预选企业，通常这些企业都处于各行业领先地位，在一定的程度上也都体现了中国经济的整体发展水平和增长潜力。直到1997年底，已经有42家境外上市预选企业经过改制在境外上市，包括上海石化、镇海化工、庆铃汽车、北京大唐电力、南方航空等。实际上其中还有31家在香港上市，6家在香港和纽约同时上市，2家在香港和伦敦同时上市，2家单独在纽约上市（N股），1家单独在新加坡上市（S股）。42家境外上市企业累计筹集外资95.6亿美元。

股市操作误区

其实在股市当中由于利益的驱动特别地强烈，所以几乎每一分每一秒都会有人在犯错误。有句话是这么说的“错误是伟大的导师，要想让自己变得聪明，就要向错误和挫折学习”。虽然说股市没有记忆，但是同类的错误始终在不断地发生。所以就需要我们弄清股市操作的通病，下面我们就来看一下股市的操作误区：

一、错误地买卖习惯

股民通常依赖消息，指望别人替自己找到发财的路子，甚至别人怎么骗自己怎么都信。而且经常随意操作，没有自己的理念与原则，选股靠蒙，靠赌运气，看着哪个顺眼买哪个，指望一朝蒙对一夜暴富。

过度操作，偶尔也就做对一两次便就认为自己是股神，追高杀低，成十成百次犯同一种错误，不断交学费而毫无长进，这样炒股的历史便是一部被套、等套、解套、又套……的历史。

二、低效的资金管理

1. 滥买，总是听信“不将鸡蛋放在一个篮子”之类的胡言乱语，经常是东买一点西买一点，而通常几万块的钱买了十几支股票，最后才会将账户弄成杂货铺。

2. 瞎买，无论是地雷股、冬眠股或者是乱买一气，结果宝贝的现金没有生儿育女而是发霉变质，不断地缩水。

3. 不会空仓，不管是牛市还是熊市，一年四季都总是处于满仓的状态，最好的时机到来时却弹尽粮绝，春天到来之前自己却在冬天冻僵了。

事实上以上的这三点只能是低效的资金管理的三个表现，事实上还有一些别的方面需要引起我们股民的注意。

三、控制不好不同波段位置的仓位

其实通常在人气极旺的时候，很多的新股民就迫不及待地入场，经历了几次小赢之后，就自我感觉非常良好，迅速作出满仓的决定，生怕资金放着浪费了利息，而不仔细判断大盘是处于波段底部，无论是在中部还是顶部，以致先赢后输。一些老股民，包括机构，也通常会因为对形势、政策、供求判断不准，在缩量的波段底部，人气惨淡的时候恐惧杀跌轻仓。在放量的波段中部，人气恢复时从众建大半仓。而在放巨量的波段顶部、人气鼎沸时贪婪，追涨满仓。

四、不恰当的时间管理

1. 不会等待合适的买入时机，通常当大盘步步走低的时候硬是要在冬天播种，结果颗粒无收还倒贴种子。

2. 不会选择合理的持股时间。很多股民总是应该中线持股时却坚持“短线是银”，往往在金稻刚刚长芽时便割青苗；或是盲目信奉“长线是金”，苹果熟透了也不知采摘，结果终

点又回到起点。

3. 不会选择合适的卖出时机，曲终人散的时候仍然是流连忘返，总是会津津有味地饱食一顿，“最后的晚餐”之后却被庄家捉去买单。

五、热衷小差告别“黑马”

通常在当大盘或个股经三大浪下跌见底后，主力为了拣回低价筹码，往往会反复震荡筑底，甚至将股价“打回老家去”。这个时候，很多的人通常心态“抖忽”，将抄底筹码在赚到几角钱小差价后就拱手相让；套牢者见股价出现反弹，便忙不迭地割肉，指望再到下面去补回来。有谁知道，主力通常在底部采取连拉小阳，或者是单兵刺探再缩回的手法建仓，通常是将底部筹码一网打尽后，从而就一路拔高，甚至创出新高，使“丑小鸭”演变成“小天鹅”。现在有很多人就是因为贪图小差价而痛失底部筹码，甚至在走出底部时割肉，酿成了与“黑马”失之交臂的悲剧。

六、总是患得患失，止损过晚

我们或许都明白这个道理患得患失是人们通过成功之路上的一块绊脚石，如果你要想在股市中有自己的立足之地，那么就不得不搬掉它。

事实上大多数的人买进股票之后，总是抱着一种“非赚不卖”的念头，心往一处（上涨）想，劲往一处（上涨）使，而害怕考虑“亏损了怎么办”的问题，以至于指数或个股从顶部下跌 5% ~ 7% 时，依旧死捂不放，执迷不悟，不甘心割肉认赔。哪怕指数、个股一跌再跌，也迟迟不愿作出反应，直到人气出现恐慌，损失扩大到难以承受的地步，才如梦初醒地杀跌出局。而此时，股价往往已接近底部，割肉不久，股价便出现了大涨。

七、在反弹的时候孤注一掷

其实有的人在底部踏空，心态非常坏。总是当大盘反弹到中位的时候，就会手忙脚乱，急于凭印象补仓，全线买进以致在整轮跌势中不跌反涨的高价强势股，试图赌一下。孰知刚一买进，大盘反弹就夭折，所买的个股跳水更厉害，“整筐鸡蛋”全都被打碎。如果说适当分仓，买 3 ~ 5 只股票，还有获利个股与亏损个股对冲的机会。

事实上孤注一掷的做法是最不可取的，特别是在股市当中，我们要在前人的教训之下不断学习、成长，在股市中生存不可存有丝毫的马虎。

众人皆醉我独醒——炒股就是炒心态

现在有不少的投资者总是在一味地精研各种技术图形，但是当了解了上市公司基本面之后，投资成绩依旧不怎么理想，原因更是多种多样，其中之一也就是心态的问题，不会在恰当的时机舍弃，心中之结总也解不开。

进入股市的目的在于投资致富，切勿本末倒置，让股票害了你的人生。股票赚钱的机会永远在，今天没赚到，永远还有明天。为了不让你成为股市宿命输家，建设“今天没赚，永远还有明天”的观念和心态很重要。

错过买点没关系，股票向来是怎么上就怎么下，不怕没有低点让你买；这次没参与到多头行情没关系，股市操作是比气长，是场龟兔赛跑。依据经验，很少进入股市的人赚了一次或赔了一次钱就永远退出的，乌龟是比气长的，沉住气很重要。许多操作股票失利的人，通常都是涨时追高、跌时停损卖低、或融资操作断头出现。为何散户永远被讥为“追高杀低”的一群，因为他们永远是在错过买点时自怨自艾，而忍不住追高，寄望能赚上一支涨停板，往往成为涨势末端最后一只套牢的白老鼠。而散户在股票套牢后，又常常受不了长期套牢亏损的心理压力，在跌势末端认赔出场。

心理学家认为，人的性格、能力、兴趣爱好等心理特征各不相同，并非人人都能投入“风险莫测”的股市中去的。据研究，以下几种性格的人不宜炒股。

1. 环型性格。表现为情绪极不稳定，大起大落，情绪自控能力差，极易受环境的影响，赢利时兴高采烈，忘乎所以，不知风险将至，输钱时灰心丧气，一蹶不振，怨天尤人。

2. 偏执性格。表现为个性偏激，自我评价过高，刚愎自用，在买进股票时常坚信自己的片面判断，听不进任何忠告，甚至来自股民的警告也当耳边风，当遇到挫折或失败时，则用心理投射机制迁怒别人。

3. 懦弱性格。表现为随大流，人云亦云，缺乏自信，无主见，遇事优柔寡断，总是按别人的意见做。进入股市，则为盲目跟风。往往选好的股号改来改去而与好股擦肩而过，后悔不迭。

4. 追求完美性格。即目标过高，做什么事都追求十全十美，稍有不足，即耿耿于怀，自怨自责，其表现为随意性、投机性、赌注性等方面多头全面出击，但机缘巧合的机会毕竟少，于是不能释怀。

有以上性格缺陷的人最好不要炒股，因为在遭受重大的精神刺激时，这些人容易出现心理失衡。因此，要控制赚赔的情绪，勿将不当的情绪影响自己和家人的生活。进入股市一定会赚会赔，如果你无法控制赚赔情绪，那请你“立即退出股市！”

需要强调，投资致富的目的是要带给自身和家人幸福，千万别落得财没发到，又将赚赔反复无常的情绪带给自身和家人的痛苦，如果这样，不如做个老实人，过个平平凡凡的生活就罢了。

股民炒股的悲剧或身心健康损害，大多是不懂得自我心理调适。没有一颗“平常心”的人，对挫折的防御，对突变应付都缺乏应有的认识和分析，更缺乏心理承受能力，最容易造成经常性或突发性的“急性炒股综合征”，轻者怨天尤人、长吁短叹，产生恐惧、幻觉、焦虑、妄想等心理障碍，重则精神完全崩溃，而发生精神疾病或自寻短见。

事实上在股市当中几乎所有的人都遭受过套牢之苦。就算当时自己有一万个理由也一定要支持去买某只股票，但往往就被市场中不是理由的理由弄得美梦落空。通常处于市场的复杂环境之中，万一被套住，大多数人还是采取守仓之策，即使守住不动也总会有解套之日的，但是如果一年两年五年都解不了套，资金的快速流动和增值就都是一句空话。守仓是一策，但不是上策。

其实股票炒作成败往往也就在于心态的调整，同样系于取舍之间，不少的投资者看似素质都非常高，但是他们因为难以舍弃眼前的蝇头小利，最后忽视了更长远的目标。炒股就是炒心态，其实股票成功者也就只是一年抓住了一两次被别的股民忽视的机遇。而通常机遇的获取，关键就在于投资者是否能够在投资道路上进行果断的取舍。因而进入股票市场后，大多数投资者资金都不会闲置，很多的投资者不是投资在这只股票上就是套在另一只股票上的。由此可见，炒股的心态有多么的重要。学会舍弃，有的时候要比学会技术分析重要，而更重要的是要善于化解心中之结。

抢反弹五大定律

其实反弹就是在股票市场价格连续下跌一段时间后，通常就会有一个小幅的回升，这种在下跌趋势下的回升就称之为反弹，而抢反弹指的是在股票回升的时候抢购股票的行为。下面我们就来了解一下抢反弹的五大定律：

一、抢点定律

抢反弹一定要抢到两个点：买点和热点，这两者缺一不可。因为反弹的持续时间不长，涨升空间有限，假如没有把握合适的买点，就不可以贸然追高，以免陷入被套的困境。

除此之外，每次参与的反弹行情当中必然有明显的热点，热点板块也就很容易激发市场的人气，引发较大幅度的反弹，主力资金往往以这类板块作为启动反弹的支点。通常热点股的涨升力度强，在反弹行情中，投资者只有把握住这类热点，才能真正抓住反弹的短线获利机会。

二、弹性定律

股市下跌就像皮球下落一样，跌得越猛，反弹也就会越快；跌得越深，反弹就会越高；

缓缓阴跌中的反弹通常是有气无力，缺乏参与的价值，而且操作性不强；但是在暴跌中的报复性反弹和超跌反弹，也就因为具有一定的反弹获利空间，因此具有一定的参与价值和可操作性。

因此，长期在股市奋战的股民要特别注意这一点，须知“月满则亏”；另外，这一条弹性定律对于初涉股市的人来说更为重要，不要因为看到自己手中持有的股票的价格稍稍下降，就急着抛出，这样做是极为不科学和不理智的。

三、决策定律

投资决策通常以策略为主，以预测为辅。反弹行情的趋势发展通常不是很明显，行情发展的变数较大，预测的难度较大，因此，参与反弹行情一定要以策略为主，以预测为辅，当投资策略与投资预测相违背的时候，要依据策略做出买卖决定，而不能依赖预测的结果。

没有人敢肯定预测得百分之百正确，所以在紧急关头，我们还是要当机立断，以决策为主，不要执迷不悟，以预测为希望。

四、时机定律

买进时机要耐心等、卖出时机不宜等。抢反弹的操作和上涨行情中的操作不同，上涨行情中一般要等待涨势结束时，股价已经停止上涨并回落时才卖出，但是在反弹行情中的卖出不宜等待涨势将尽的时候。

抢反弹操作中要强调及早卖出，一般在有所赢利以后就要果断地卖出；如果因为某种原因暂时还没有获利，而大盘的反弹即将到达其理论空间的位置时，也要果断卖出。因为反弹行情的持续时间和涨升空间都是有限的，如果等到确认阶段性顶部后再卖出，就为时已晚了。

五、转化定律

反弹未必能演化为反转，但反转却一定由反弹演化而来。一轮跌市行情中能转化为反转的反弹只有一次，其余多次反弹都将引发更大的跌势。为了一次反转的机会而抢反弹的投资者常常因此被套牢在下跌途中的半山腰间，所以千万不能把反弹行情当作反转行情来做。

这是股民特别需要注意的一点，不要以为股票下跌就一定会反弹，如果发现情况不对，你要及时调整，以免被套牢。

网上炒股八大注意事项

虽然网上炒股以其方便、快捷等优势赢得了越来越多的投资者的青睐，但作为在线交易的一种理财方式，其安全问题一直受到人们的关注。因此，掌握一些必要注意事项，对于确保网上炒股正确使用和资金安全是非常重要的。

如果想要在网上炒股，自己先要选择一家证券公司，如国泰君安，南方证券等。现在入市保证金很低，2000 元左右就可以了。有了自己的股东代码后，你就可以在证券公司办理网上炒股业务。你可以根据具体证券公司的软件进行下载，比如君安证券用的是大智慧，你只需到公司提供给你的网址上下载软件后就可以开始网上炒股了。

有些投资者由于自身防范风险意识相对较弱，有时因操作不当等原因会使股票买卖出现失误，甚至发生被人盗卖股票的现象。所以，笔者总结了网上炒股要注意的八个要点，以供读者参考：

1. 谨慎操作。网上炒股开通协议中，证券公司要求客户在输入交易信息时必须准确无误，否则造成损失，券商概不负责。因此，在输入网上买入或卖出信息时，一定要仔细核对股票代码、价位的元角分以及买入（卖出）选项后，方可点击确认。

2. 正确设置交易密码。如果证券交易密码泄露，他人在得知资金账号的情况下，就可以轻松登录你的账户，严重影响个人资金和股票的安全。所以对网上炒股者来说，必须高度重视网上交易密码的保管，密码忌用吉祥数、出生年月、电话号码等易猜数字，并应定期修改、更换。

3. 注意做好防黑防毒。目前网上黑客猖獗，病毒泛滥，如果电脑和网络缺少必要的防黑、防毒系统，一旦被“黑”，轻者会造成机器瘫痪和数据丢失，重者会造成股票交易密码等个人资料的泄露。因此，安装必要的防黑防毒软件是确保网上炒股安全的重要手段。

4. 莫忘退出交易系统。交易系统使用完毕后如不及时退出，有时可能会因为家人或同事的误操作，造成交易指令的误发；如果是在网吧等公共场所登录交易系统，使用完毕后更是要立即退出，以免造成股票和账户资金损失。

5. 及时查询、确认买卖指令。由于网络运行的不稳定性等因素，有时电脑界面显示网上委托已成功，但券商服务器却未接到其委托指令；有时电脑显示委托未成功，但当投资者再次发出指令时券商却已收到两次委托，造成了股票的重复买卖。所以，每项委托操作完毕后，应立即利用网上交易的查询选项，对发出的交易指令进行查询，以确认委托是否被券商受理或是否已成交。

6. 关注网上炒股的优惠举措。网上炒股业务减少了券商的工作量，扩大了网络公司的客户规模，所以券商和网络公司有时会组织各种优惠活动，包括赠送上网小时、减免宽带网开户费、佣金优惠等措施。因此大家要关注这些信息，并以此作为选择券商和网络公司的条件之一，不选贵的，只选实惠的。

7. 同时开通电话委托。网上交易时，遇到系统繁忙或网络通讯故障，常常会影响正常登录，进而贻误买入或卖出的最佳时机。电话委托作为网上证券交易的补充，可以在网上交易暂不能使用时，解你的燃眉之急。

8. 不过分依赖系统数据。许多股民习惯用交易系统的查询选项来查看股票买入成本、股票市值等信息，由于交易系统的数据统计方式不同，个股如果遇有配股、转增或送股，交易系统记录的成本价就会出现偏差。因此，在判断股票的盈亏时应以个人记录或交割单的实际信息为准。

网上交易手续办好后，带上你的个人证件包括股东卡，到本地证券交易厅办理开户手续。最少存一千元，一次最少买 100 股。

其实在网上炒股之前，你所在的公司都会给你一个操作手册，其中会告诉你怎样看盘子，看消息，分析行情等，非常多也非常详细，最好可以自己认真钻研。不要急于买股票！首先要学习。观望一段时间，感觉入门懂了再入市，设好止盈止损位！

在这里问一句两句，不能解决根本问题。想多学习一些炒股的基本知识，不妨去书店转转，重要的是选好个股，买基本面好又超跌的股票，买价值被低估的个股，股价低有补涨要求，在底部放量；蓄势待发的股票可以适当介入消费、零售业、能源、医药行业是投资热点。当然如果自己感觉看不太懂，你可以每天关注各个地方电视台的股评，他们也会告诉你一些分析的方法。同时购买证券报或杂志什么的，早点入门。

中国股市的五字箴言

我国是文化悠久的国家，传统文化博大精深，而往往一个字就可以蕴含丰富的内容。其实股票投资就可以用五个字，作为我们炒股的原则：

忍

股票市场的行情升降、涨落并非一朝一夕，而是慢慢形成的。多头市场的形成是这样，空头市场的形成也是这样。古代的圣贤们就特别讲究一个“忍”字。忍对于人们来说非常重要，所谓成大事者，必须学会忍。对于股市来说，忍也是非常重要和必要的。

因此，势未形成之前决不动心，免得杀进杀出造成冲动性的投资，要学会一个“忍”字。小不忍则乱大谋，忍一步，说不定就能赚钱。

狠

现在有一句比较时髦的话，就是“做人要对自己狠一些”，所谓的狠并不是心狠手辣地去对付别人，而是指的是要有坚强的耐心和忍耐力，以及当机立断的勇气。“狠”用在股票

投资上也是很有意义的，在有些时候也是特别需要的。

在股市上，“狠”有两方面的含义。一方面，当方向错误时，要有壮士断腕的勇气认赔出场。另一方面，当方向对时，可考虑适量加码，乘胜追击。股价上升初期，如果你已经饱赚了一笔，不妨再将股票多抱持一会儿，不可轻易获利了结，可再狠狠赚他一笔。

稳

中国有句俗话叫做“没有学会爬，就要跑了”，这句话的大概意思就是教育人们做事要一步一个脚印，要稳中求进。在股市中投资也要求稳。涉足股票市场时，以小钱作学费，细心学习了解各个环节的细枝末节，看盘模拟作单，有几分力量作几分投资，宁下小口，不可满口，超出自己的财力。

患得患失之时，自然不可能发挥高度的智慧，取胜的把握也就比较小。所谓稳，当然不是随便跟风潮入市，要胸有成竹，对大的趋势做认真的分析，而非随波逐流；所谓稳，还要将自己的估计，结合市场的走势不断修正，并以此取胜。

准

所谓“准”，就是要当机立断，坚决果断。如果像小脚女人走路，走一步摇三下，再喘口气，是办不了大事的。如果遇事想一想，思考思考，把时间拖得太久那也是很难谈得上“准”字的。

准不是完全绝对的准确，世界上也没有十分把握的事。如果大势一路看好，就不要逆着大势做空，同时，看准了行情，心目中的价位到了就进场做多，否则，犹豫太久失去了好机会，就只能看板兴叹了。

跑

“贪”是人的一大心理敌人，自古以来就有很多人失败于这个字。所谓的“人心不足蛇吞象”，就形象地说明了贪心的害处。在股市上，贪心更是不可取的，它造成的后果可能是把原来的利润也赔进去。

在股票市场投资中，赚八分饱就走，股价反转而下可采用滤嘴原理及时撤兵，股价下跌初期，不可留恋，要壮士断腕，狠心了结。当空头市场来临，在股票筹码的持有上应尽可能减少，此时最好远离股市，待多头市场来临时，再适时进入。

做短线与反抽

看盘做短线的每个人都有些技巧：

一、看成交量

成交量对于股市来说是一个非常重要的事情，对于股民有很大的参考价值，所以说看成交量是看盘做短线的一个窍门。

股民需要密切关注成交量。成交量一般需要按照小时分步买，成交量在低位放大时全部买，成交量在高位放大时全部卖。

二、大盘狂跌时最好选股

对于股民来说，什么时候选股、选什么样的股票，都是一件十分头痛的事情，他们往往请教资深的股票评论家或者操盘手，但是没有人能够保证可以稳赚不赔的。

但是，根据股市行情的长期观察，有人总结出大盘狂跌时最好选股票，这时就把钱全部买成涨得第一或跌得最少的股票！这样做虽然不能百分之百保证你可以赢利，但是根据以前的经验来说，把握还是很大的。

三、在涨势中不要轻视冷门股

大家都知道，股市的行情是千变万化的，你有可能会一夜暴富，也有可能在一夜之间从百万富翁沦为叫花子。所以，在股市中涨势的情况下，也不要轻视了冷门股。

在涨势中也不要轻视问题股，它可能是一只大黑马。但这种马适合胆大有赌一把勇气的人，心理素质不好的人不要骑。

四、均线交叉时技术回调

交叉向上回档时买进，交叉向下回档时卖出。5日和10日线都向上，且5日在10日线上时买进，只要不破10日线就不卖，这一般是在做指标技术修复。如果确认破了10日线，5日线调头向下就应卖出。因为10日线对于做庄的人来说很重要，这是他们的成本价。他们一般不会让股价跌破。但也有特强的庄在洗盘时会跌破10线。但是20日线一般不会破，否则大势不好庄家无法收拾。

五、回档缩量时买进，回档量增卖出

回档量是衡量股票买进或者卖出的一个重要标志，我们在平时对此要特别关注。根据回档量来确定股票的买卖原则是回档缩量时买进，回档量增卖出。

一般来说回档量增在主力出货时，第二天会高开。开盘价大于第一天的收盘价，或开盘不久会高过昨天的收盘价，跳空缺口也可能出现，但这样更不好出货。

六、RSI在低位徘徊三次时买入

在RSI小于10时买入，在RSI高于85时卖出，或在RSI在高位徘徊三次时卖出。股价容易创新高，RSI不能创新高时一定要卖出。KDJ可以做参考，但主力经常在尾市拉高达到骗钱的目的，专整技术人士，故一定不能只相信KDJ。

心中不必有绩优股与绩差股之分，只有强庄和弱庄之分。所以，股票也只有强势股和弱势股之分。

七、追涨杀跌有时用处大

经常在股市游荡的人经常告诉我们，不要被眼前的假象所蒙蔽，股票价格的涨和跌往往只是一瞬间的事情，所以追涨杀跌是不可取的做法。其实这并不是绝对的事情，有时候追涨杀跌的用处也是很大的。

强者恒强，弱者恒弱。炒股时间概念很重要，不要跟自己过不去。

八、看准时机快进快出

机会对于每个人来说都是平等的，差异就在于看你能不能抓住机会，该出手时就出手。在股票市场，机会的重要性也是特别需要注意的，看准时机快进快出是股民应该具备的一种素质。

高位连续三根长阴快跑，亏了也要跑。低位三根长阳买进，这是通常回升的开始。

九、看“领头羊”

中国有句老话叫作“擒贼先擒王”，可见领导对于整个队伍的作用，在股市上这句话也同样十分有效。

每个板块都有自己的领头者，看见领头的动了，就马上看其他的股票，说不定能从中分析出有用的东西呢。

反抽是指当股市形成头部或者出现破位行情后不久，大盘出现短暂的恢复上攻，对原来的头部区域和破位的位置加以确认，涨势结束之后股市仍将继续下寻支撑的一种短暂行情。在这种走势中，只有充分了解，才能把握事态：

1. 唯一结局：下跌。反抽的结局与反弹的结局有所不同，反弹行情结束后的走势变化是多样的。而与反弹明显不同的是，反抽行情的结果只有一个，那就是继续下跌。

2. 唯一策略：减磅。市场处于跌市形成初期时，投资者不宜在股指短线连续急跌之后盲目斩仓出局，这样往往损失较大。比较稳健的投资策略是要选择大盘出现反抽走势时再择机卖出。反抽行情给投资者提供了在跌市初期的最佳减磅机会，这种卖出时机通常是要选在发

现反抽的上涨行情露出疲态，或触及上档阻力线的时候。

3. 唯一机会：休息。由于反抽不能改变弱市格局，结局必将是向下运行的。因此，投资者不能由于大盘稍涨了几点就盲目作出决定，这时投资者在投资思维方面应继续保持冷静谨慎，耐心等待市场机遇。

炒股要有全局观点

对于广大的股票投资者而言，值得去借鉴一些体育比赛的经验，要从全局入手。炒股也要应该要有全局的观念，因为只有那些具有全局观念的投资者，才能够成为股市当中真正的赢家。

在实际操作当中，全局观念主要体现在两个方面：

其一，重个股，更要重大势。近年来，股市里有一种非常流行的说法，叫做：轻大盘，重个股；又说：撇开大盘炒个股。事实上，这种说法是非常片面的。在大盘不稳的情况下，想要冒险出击，在看重个股的同时，首先更应看重大盘的走势。虽然当大盘处在一个相对平稳或者是稳步上扬的市况下时，这种说法具有一定的可行性，但在单边下跌特别是急跌的市道里，这种做法无疑是非常荒谬的。

其二，重时点，更要重过程。在股市里，投资者是比较注重股票在某一时间里的价格的，比如最低点和最高点、支撑位和压力位等。这些点位当然很重要，但相对于股指或股价运行的全过程来说，这些又不是最重要的了。也许在强势上扬的市道里，那最高点之上还有最高点，那压力位根本就没有压力；而在弱势下跌的市道里，情况正好相反。又如，沪指1800点下方，被视为是空头陷阱，跌破1800点，大盘会孕育反弹。然而既然只是反弹，那投资者就没有必要抱太大的希望，更加没有必要重仓出击。相反，如果是反转那就大不相同了，投资者大可满仓介入，不赚大钱绝不收兵。

而不少炒股强人总结了以下几个实战技巧：

一、超跌反弹的技巧

这是一些老股民喜欢的一个操作方法，主要是选择那些连续跌停，或者下跌50%后已经构筑止跌平台，再度下跌开始走强的股票。

所谓“物极必反”，指的是事情到了一个极限就会出现逆转，所以对于持续下跌的股票，我们应该重视。

二、追强势股

这是绝大多数散户和新股民追求的一个方法，最常见的方法有三：分别是强势背景追领先涨停板，强市尾市买多大单成交股，低位连续放大量的强势股。

追强势股是民间炒股的一种技巧，这招对于炒股经验不多的股民来说十分有用，应该引起股民的广泛重视。

三、经典形态的技巧

这是一些大户配合基本面、题材面的常用方法，最常用的经典形态有：二次放量的低位股，回抽30日均线受到支撑的初步多头股，突破底部箱体形态的强势股，与大盘形态同步或者落后一步的个股。

这些都是建立在大盘成交量够大的基础上的，对于资金比较少的股民来说，这个技巧要慎用。

四、资产重组的技巧

资产重组是中国股市基本面分析的最高境界，这种技巧需要收集上市公司当地党报报道的信息，特别是年底要注意公司的领导层变化与当地高级领导的讲话，同时要注意上市公司的股东变化。

股民不仅要时常关注股市的行情，对于所买股票公司的运作也要有一定的了解，这样才能加强自己所购股票的安全性。

五、环境变化的技巧

环境对于事情变化的影响是不可小视的，可以说环境和时间阶段不同，上市公司流行的基本面也不同。

股民对环境需要特别注意，因为环境的变化关系到你的股票价格，也关系到你的切身利益。

六、成长周期的技巧

成长周期也是民间炒股技术中的一个技巧，对于特定的人来说也是非常有效的，可以一试。

它是部分有过券商总部和基金经历的人喜欢的方法，因为这种信息需要熟悉上市公司或者有调研的习惯。一般情况下，这种股票在技术上容易走出上升通道。如果发现上升通道走势的股票要多分析该股的基本面是否有转好因素。

七、技术指标的技巧

一些痴迷技术的中小资金比较喜好这个方法，最常用的技术指标有三，强势大盘多头个股的宝塔线，弱市大盘的心理线（做超跌股），大盘个股同时考虑带量双 MACD。

这三个技术指标是比较有效的民间炒股技术方面的技巧，衡量自己的情况，可以选用这些一试。

八、扩张信息的技巧

有时候有的上市公司存在着股本扩张或者向优势行业扩张的可能，这种基本面分析要在报表和消息公布前后时期。

这种扩张信息的技巧并不是每个人都可以选用的，选用需要具备一定的条件，还要信息比较灵通，但是很大程度上能够促使人们在股市上获得胜利。

弱市投资误区

急于获利

弱市中是否能获利并不重要，重要的是保证资金的安全性，当趋势不明朗时，要坚决停止操作。

有的处于弱市中的股民急于获利，从而做出让自己以后后悔的事情。这是我们在股市中经常可以发现的，所以警告股民不要再闯入这个误区。

逆势而为

股市投资重在顺势而为，当行情回落时，要顺应市场趋势适当作空。具体的做空操作方式有三种：止损、先卖后买、盘中 T+0。

逆势而为对于处于弱市中的股民来说是非常不可取的一种做法，股民要谨记不要有此做法。

恐慌杀跌

在弱市的后期阶段，投资者往往被长年累月的反复持续下跌而拖累得逐渐丧失信心。一旦看见大盘再次下跌，就不计成本地盲目斩仓，这是非常不明智的。

须知，有些大盘很有可能还会东山再起，说不定以后会一路高涨呢，所以遇到这种情况还是不要恐慌，更不能盲目杀跌。

盲目抄底

弱市中有的投资者认为股价跌得深了，就大胆抄底，可是在弱市中，股价即使跌深了仍

能继续下跌。

而且，投资者往往认为股价低廉才抄底的，因而往往没有后续的风险控制措施，一旦股价继续下跌。投资者往往不是及时止损，而是越跌越买，结果越套越深。

被动观望

弱市中投资者不能轻举妄动，应该以观望为主。这种观望不是一种静止不动式的观望。而是要采取积极的动态观望。在观望的过程中，随时注意市场的变化，积极选股，把握时机重新介入。

但是不要采取被动观望的方式，否则会贻误股票买卖的大好时机，让自己在股市中处于非常被动的地位。

重仓操作

当出现反弹行情时，可以用轻仓参与炒作，但不要投入过多资金，以免在遭遇市场风险时，缺乏回旋的余地。

如果此时你还要重仓操作的话，就太鲁莽了。股市行情千变万化，说不定你投入的这些资金会在短时间内被套牢呢。要有科学思维，努力探索股市运行的奥妙，避开误区，在股市里获胜。

五大素质教你成为股市达人

想要在股市里混得开，就要懂得锻炼自己，以下是几点需要锻炼的达人素质：

素质一：注意循序渐进

不要幻想着自己一夜之间就练成股市中的“绝世武功”，然后就战无不胜了。投资水平的真正提高，很多时候都必须经历市场的磨练，需要有领悟的时间过程。

所以你在股市的“功力”是需要很长时间才能够练就出来的，不是一朝一夕就可以的。循序渐进就是指你要想成为股市高手，就必须经过一段时间的磨练才能到达成。

素质二：有独立思维，不随大流

历史上，能够成就一番事业的人莫不具有自己的独立思维和想法，随大流的人什么时候也不可能闯出一片属于自己的天地。

投资者学习和应用投资技巧时，要从实际出发，根据自己的素质、经验和资金条件，选择适合自己并符合目前市场行情变化的投资方法，才能发挥最大的投资效果。

素质三：注意取长补短

我们都知道，每个人都有自己的长处，同时也绝对有自己比不上别人的短处，没有一个人能够只具备长处而没有短处的。所以，投资者要明白这一点，要想成为股市的高手，首先应该注意取长补短。

投资者自己已经掌握了哪些投资理念、技术指标、投资技巧、方法、自己拥有了什么投资工具。自己的长处在哪里，如何更好地发挥；自己的薄弱环节在哪里，如何补充学习。通过不断取长补短的学习，使自己的投资技能体系日益完善。

素质四：股市舍得之道

人们的好恶之情与使用心理决定了取舍，比如像乌鸦未必坏，可人们心理上总觉得不好而不喜欢；有时感情尚处于悲伤或喜悦状态，这种情绪也移之于物，对人对物同样存在这种问题。而在证券市场中，投资者也往往凭借自己感性上的喜好进行投资，由此而导致自己感觉良好，股票天天下跌的局面。其实，我们对于事物不要太主观。需用冷静的头脑去思考，然后判断对错。如果能去掉私心杂念，冷静思考，就会明白。万物都是根据规律而形成的，我们不可凭主观见解随意区分对错。同样不可只凭主观臆断，凭一时的好恶按自己的忧喜取舍，这样就能在市场中保持一个好的心态，而真正做到有舍有得，取舍自如。

难怪古人曾说：放得下功名富贵之心，便可脱凡；放得下道德仁义之心，才可入圣。要做到“超凡人圣”就需要先要放下，要舍去；这才能有收获，能得到。所以，股市的“取舍”之道特别重要，是股市获利的必要条件之一。

素质五：要持之以恒

中国有句老话，叫做“坚持就是胜利”，无论我们做什么事情，都是贵在坚持，对于股市来说也是如此。那些自以为学有所成，因而固步自封的投资者，总是将以往的老套路沿用到已经改变的市场中，而不愿及时学习适应市场新变化的新理论、新技巧的投资者，终将被市场所淘汰。

股市是一个日新月异的市场，无论是理论技巧、还是策略方法都不可能永远有效，学习是一个不断的过程。

第六章

靠专家理财：投资基金

投资基金通常都是由发起人设立，通过发行证券募集资金。而基金的投资人一般是不参与基金的管理和操作，只定期取得投资收益。其实投资基金也就是众多投资者出资、专业基金管理机构以及人员管理的资金运作方式。一般基金管理人都是根据投资人的委托而进行投资运作，并收取一定管理费收入。

基金到底是什么

通俗地说，基金就是通过汇集众多投资者资金，交给银行托管，由专业的基金管理公司负责投资于股票和债券等证券，以实现保值增值目的的一种投资工具。

"基金单位"是基金的单位，在基金初次发行时，将其基金总额划分为若干等额的整数份，每一份就是一个基金单位。基金增值部分，也就是基金投资的收益归持有基金的投资者所有，专业的托管、管理机构收取一定比例的管理费用。

我们做一个假设，进一步了解基金：假设你有一笔钱想投资债券、股票等这类证券进行增值，但自己又一无精力二无专业知识，而且你钱也不算多，就想到与其他10个人合伙出资，雇一个投资高手，操作大家合出的资产进行投资增值。但这里面，如果10多个投资人都与投资高手随时交涉，那时还不乱套，于是就推举其中一个最懂行的牵头办这事。定期从大伙合出的资产中按一定比例提成给他，由他代为付给高手劳务费报酬，当然，他自己牵头出力张罗大大小小的事，包括挨家跑腿，有关风险的事向高手随时提醒着点，定期向大伙公布投资赢亏情况等，不可白忙，提成中的钱也有他的劳务费。上面这种运作方式就叫做合伙投资。将这种合伙投资的模式放大100倍、1000倍，就是基金。

这种民间私下合伙投资的活动如果在出资人间建立了完备的契约合同，就是私募基金（在我国还未得到国家金融行业监管有关法规的认可）。如果这种合伙投资的活动经过国家证券行业管理部门（中国证券监督管理委员会）的审批，允许这项活动的牵头操作人向社会公开募集吸收投资者加入合伙出资，这就是发行公募基金。

基金管理公司就是资格经过中国证监会审批的合伙投资的牵头操作人，不过它是个公司法人。一方面基金公司也是合伙出资人之一，另一方面由于它牵头操作，要从大家合伙出的资产中按一定的比例每年提取基金管理费，替投资者代雇代管理负责操盘的投资高手（就是基金经理），还有帮高手收集信息搞研究打下手的人，定期公布基金的资产和收益情况。当然，基金公司的这些活动必须经过证监会批准。

基金公司和基金经理只管交易操作，不能碰钱。为了大家合伙出的资产的安全，中国证监会规定，基金的资产不能放在基金公司手里。要想不被基金公司偷着挪用，记账管钱的事要找一个擅长此事又信用高的人负责，于是这些出资（就是基金资产）就放在银行，而建成一个专门账户，由银行管账记账，称为基金托管。

当然银行的劳务费（称基金托管费）也得从大家合伙的资产中按比例抽一点按年支付。所以，基金资产相对来说只有因那些高手操作不好而被亏损的风险，基本没有被偷挪走的风险。从法律角度说，即使基金管理公司倒闭甚至托管银行出事了，向它们追债的人都无权碰基金专户的资产，因此基金资产的安全是很有保障的。

基金投资就是让专家替我们打理财富。虽然基金不能保证年年赚大钱，但起码不太可能出现大亏损，在高风险的股市中能做到这点已经很不容易。

证券基金概述

人们常说的基金，是指证券投资基金。证券投资基金是一种利益共存、风险共担的集合证券投资方式，即通过发行基金份额，集中投资者的资金，由基金托管人托管，由基金管理人管理和运用资金，从事股票、债券等金融工具投资，并将投资收益按基金投资者的投资比例进行分配的一种间接投资方式。按投资标的分类：

1. 债券基金。债券基金是一种以债券为主要投资对象的证券投资基金。由于债券的年利率固定，因而这类基金的风险较低，适合于稳健型投资者。

2. 股票基金。股票基金是指以股票为主要投资对象的证券投资基金。股票基金的投资目标侧重于追求资本利得和长期资本增值。基金管理人拟定投资组合，将资金投放到一个或几个国家，甚至是全球的股票市场，以达到分散投资、降低风险的目的。

3. 货币市场基金。货币市场基金是以货币市场为投资对象的一种基金，其投资工具期限在一年内，包括银行短期存款、国库券、公司债券、银行承兑票据及商业票据等。

4. 指数基金。指数基金是20世纪70年代以来出现的新的基金品种。为了使投资者能获取与市场平均收益相接近的投资回报，产生了一种功能上近似或等于所编制的某种证券市场价格指数的基金。

通常债券基金收益会受货币市场利率的影响，当市场利率下调时，其收益就会上升；反之，若市场利率上调，则基金收益率下降。除此以外，汇率也会影响基金的收益，管理人在购买非本国货币的债券时，往往还在外汇市场上做套期保值。

投资者之所以钟爱股票基金，原因在于可以有不同的风险类型供选择，而且可以克服股票市场普遍存在的区域性投资限制的弱点。此外，还具有变现性强、流动性强等优点。

通常，货币基金的收益会随着市场利率的下跌而降低，与债券基金正好相反。货币市场基金通常被认为是无风险或低风险的投资。

其特点是：它的投资组合等同于市场价格指数的权数比例，收益随着当期的价格指数上下波动。当价格指数上升时基金收益增加，反之收益减少。基金因始终保持当期的市场平均收益水平，因而收益不会太高，也不会太低。

证券投资基金存在的风险主要有：

1. 市场风险。基金主要投资于证券市场，投资者购买基金，相对于购买股票而言，由于能有效地分散投资和利用专家优势可能对控制风险有利。分散投资虽能在一定程度上消除来自个别公司的非系统性风险，但无法消除市场的系统性风险。因此，证券市场价格因经济因素、政治因素等各种因素的影响而产生波动时，将导致基金收益水平和净值发生变化，从而给基金投资者带来风险。

2. 管理能力风险。基金管理人作为专业投资机构，比普通投资者在风险管理方面确实有某些优势，如能较好地认识风险的性质、来源和种类，能较准确的度量风险，并能够按照自己的投资目标和风险承受能力构造有效的证券组合，在市场变动的情况下，及时地对投资组合进行更新，从而将基金资产风险控制在预定的范围内等，但是，不同的基金管理人的基金投资管理水平、管理手段和管理技术存在差异，从而对基金收益水平产生影响。

3. 技术风险。当计算机、通讯系统、交易网络等技术保障系统或信息网络支持出现异常情况时，可能导致基金日常的申购或赎回无法按正常时限完成、注册登记系统瘫痪、核算系统无法按正常时限显示基金净值、基金的投资交易指令无法即时传输等风险。

4. 巨额赎回风险。这是开放式基金所特有的风险。若因市场剧烈波动或其他原因而连续出现巨额赎回，并导致基金管理人出现现金支付困难时，基金投资者申请巨额赎回基金份额，可能会遇到部分顺延赎回或暂停赎回等风险。

像局内人一样买基金

金融产品比世界上任何一种商品都奇特，这种“莫衷一是”的特质就像是包装盒里的冰箱，在拆开之前，你永远都不会知道压缩机的产地。2010年的基金是怎么赚到钱的？这个问题被回答了无数次，专家的智慧、2010年底的方向把握、对宏观经济的洞悉等。局内人避开了这些“花哨”的修饰词，他们的回答简单而有力——甚至有些瞠目：仓位。

有局内人曾经这样说过：“基金就是一场赛狗大会，无论你看起来多光鲜、多像一位出色的金融从业人士，一张座次表就能决定你的地位。赛狗，是澳门人喜闻乐见的博彩，在赛狗前一日，各大报章都会公开赛狗次序表，这张表上详细地写着每场比赛的狗的排位、以往的成绩、现在的赔率。这与投资者不厌其烦的排序涨跌类似，每天、每周、每个月……排名，稍有差池，‘失败’的基金会被马上扫出投资清单。不管你使出的手段多恶劣，排名就是王道。”

而提到仓位，“很简单，在2006年的市场，谁敢满仓谁就赢了”，局内人说：“从数据上看更明显。40%仓位的不如60%仓位的基金，60%仓位的基金做得不如80%仓位的。你能说保持60%不好吗？从专业角度，这部分基金可能更谨慎一些，万一大盘不是单边上涨，可能仓位高的基金就要冒很大的风险。但结果就是2006年市场只有上涨，投资者只认表现最好的，风险控制的细节等，没有人关心。”

一位业界的经理曾经说：对于同一家基金，局外人看到的可能是：这家基金公司做过广告，当然有实力！这种印象在银行客户经理的介绍中又加深了一层：这经理看上去很成功，这是一家老基金公司，有丰富的经验和齐全的产品线，特别是某几只债券型基金，做得相当不错啊！但局内人却说：“我绝对不会碰这家公司的任何产品！里面乌七八糟的，可能有老鼠仓、捧角儿等不规范的行为。”所以说，我们要像局内人一样买基金，或许也已经听惯了“长期投资”的思路，几乎每一个基金公司都会宣誓似的表达“价值”与“长期”的取向。但总会有一些奉行“价值投资”理念的基金阳奉阴违。某些基金投资究竟是“价值投资”，还是类似以前券商的“庄家做股”？

但是有关资料显示，在2004年底基金持仓最多的10只股票中，中国联通、上海汽车、招商银行、宝钢股份等名列前茅。在多家基金的眼中，这些股票是具有“价值”的蓝筹股，他们声称将“长期持有”。但短短三个月的时间，2005年的第一季度，中国联通成为基金减仓量最大的股票，合计减持量达到6.57亿股，减持幅度超过44%。

种种迹象都很让人怀疑，局内人透露，有一些一直能维持高净值的基金，其中也大有奥妙。一些基金公司为了树立自己所谓的业绩“标杆”，要么通过旗下几只基金一起为某只基金“抬轿子”。因此，像局内人一样买基金，我们就能够获得更多的收益，避免不应该的损失。

其他基金概述

除上文所述之外，基金还有多种分类方式。下面我们就来看一下都有哪些其他的基金：

一、公募基金和私募基金

这是根据基金的募集方式划分的。公募基金就是那些已经通过证监会审核，可以在银行网点、证券公司网点以及各种基金营销机构进行销售，可以大做广告的，并且在各种交易行情中可以看到信息的那些基金。

私募基金是我们都看不到的，私下悄悄进行的。由于国内私募基金还不合法，他们一般都以投资公司、投资管理公司、投资咨询公司、资产管理公司等身份存在。操作方法比公募基金简单一些。一般收益比较高，但风险也比较大。

私募基金跟公募基金比较，最大的不同是，私募基金是不受基金法律保护的，只受到民法、合同法等一般的经济和民事法律保护。也就是说，证监会是不会来保护私募基金投资者的，出了问题你们自己解决，或者上法院，或者私了。

二、开放式基金和封闭式基金

这是根据基金规模和基金存续期限的可变性划分的。如果这种公募基金在宣告成立后，仍然欢迎其他投资者随时出资入伙，同时也允许大家随时部分或全部地撤出自己的资金和应得的收益，这就是开放式基金。

如果这种公募基金在规定的一段时间内募集投资者结束后宣告成立（国家规定至少要达到1000个投资人和2亿元规模才能成立），就停止不再吸收其他的投资者了，并约定大伙谁也不能中途撤资退出，但以后到某年某月为止我们大家就算账散伙分包袱，中途你想变现，只能自己找其他人卖出去，这就是封闭式基金。

封闭式基金与开放式基金的区别：

1. 基金规模和存续期限的可变性不同。封闭式基金规模是固定不变的，并有明确的存续期限；开放式基金发行的基金单位是可赎回的，而且投资者可随时申购基金单位，所以基金的规模和存续期限是变化的。

2. 影响基金价格的主要因素不同。封闭式基金单位的价格更多地会受到市场供求关系的影响，价格波动较大；开放式基金的基金单位买卖价格是以基金单位对应的资产净值为基础，不会出现折价现象。

3. 收益与风险不同。由于封闭式基金的收益主要来源于二级市场的买卖差价和基金年底的分红，其风险也就来自于二级市场以及基金管理人的风险。开放式基金的收益则主要来自于赎回价与申购价之间的差价，其风险仅为基金管理人能力的风险。

4. 对管理人的要求和投资策略不同。封闭式基金条件下，管理人没有随时要求赎回的压力，基金管理人可以实行长期的投资策略；开放式基金因为有随时申购，因此必须保留一部分基金，以便应付投资者随时赎回，进行长期投资会受到一定限制。另外，开放式基金的投资组合等信息披露的要求也比较高。

三、公司型基金和契约型基金

这是根据基金的组织形式划分的。公司型基金依公司法成立，通过发行基金股份将集中起来的资金投资于各种有价证券。公司型投资基金在组织形式上与股份有限公司类似，基金公司资产为投资者（股东）所有，由股东选举董事会，由董事会选聘基金管理人，基金管理人负责管理基金业务。

公司型基金的设立要在工商管理部门和证券交易委员会注册，同时还要在股票发行的交易所在地登记。公司型基金的组织结构主要有以下几个方面当事人：基金股东、基金公司、投资顾问或基金管理人、基金保管人、基金转换代理人、基金主承销商。

契约型基金，也称信托型投资基金，它是依据信托契约通过发行受益凭证而组建的投资基金。该类基金一般由基金管理人、基金托管人及投资者三方当事人订立信托契约。基金管理人可以作为基金的发起人，通过发行受益凭证将资金筹集起来组成信托财产，并依据信托契约，由基金托管人负责保管信托财产，具体办理证券、现金管理及有关的代理业务等；投资者也是受益凭证的持有人，通过购买受益凭证，参与基金投资，享有投资收益。基金发行的受益凭证表明投资者对投资基金所享有的权益。

四、成长型基金、平衡型基金和收益型基金

这是根据基金的风险收益特征划分的。成长型基金的目标在于长期为投资者的资金提供不断增长的机会，相对而言收益较高，风险也较大。

收益型基金则偏重为投资人带来比较稳定的收益，投资对象以债券、票据为主，收益不是很高，但风险较低。

平衡型基金则介于成长型和收益型中间，把资金分散投资于股票和债券。

五、特殊种类的基金

除了上面介绍的一些分类方法，还有一些比较特殊的种类基金类型，较常见的有以下

几种。

1. 可转换公司债基金。投资于可转换公司债券。股市低迷时可享有债券的固定利息收入。股市前景较好时，则可依当初约定的转换条件，转换成股票，具备“进可攻、退可守”的特点。

2. 伞型基金。伞型基金的组成，是基金下有一群投资于不同标的的子基金，且各子基金的管理工作均独立进行。只要投资于任何一个子基金，即可任意转换到另一个子基金，不需额外负担费用。

3.QDII 是 Qualified Domestic Institutional Investor（合格的境内机构投资者）的首字缩写。它是在一国境内设立，经该国有关部门批准从事境外证券市场的股票、债券等有价证券业务的证券投资基金。和 QFII（Qualified Foreign Institutional Investors）一样，它也是在货币没有实现完全可自由兑换、资本项目尚未开放的情况下，有限度地允许境内投资者投资境外证券市场的一项过渡性的制度安排。

4. 基金中的基金。顾名思义，这类基金的投资标的就是基金，而非股票、债券等，因此又被称为组合基金。基金公司集合客户资金后，再投资自己旗下或别家基金公司目前最有增值潜力的基金，搭配成一个投资组合。

5. 对冲基金。对冲基金英文名称为 Hedge Fund，意为“风险对冲过基金”，起源于 50 年代初美国，当时的操作宗旨是利用期货、期权等金融衍生产品以及对相关联的不同股票进行实买空卖、风险对冲操作技巧一定程度上可规避和化解投资风险。这类基金给予基金经理人充分授权和资金运用的自由度，基金的表现全赖基金经理的操盘功力，以及对有获利潜能标的物的先知灼见。1949 年世界上诞生了第一个有限合作制琼斯对冲基金，虽然对冲基金 20 世纪 50 年代已经出现，但是它接下来三十年间并未引起人们太多关注。直到上世纪 80 年代随着金融自由化发展，对冲基金才有了更广阔投资机会，从此进入了快速发展阶段。

每个类型的基金都有各自的特点，投资基金应该选择适合自己的投资类型，可以减少风险，提高收益。

基金申购问题解答

基金申购是指投资者到基金管理公司或选定的基金代销机构开设基金账户，按照规定的程序申请购买基金份额的行为。其实基金申购的办法并不复杂，申请途径也是比较多的，一般来，投资者可以在以下几个地方申购按照适合自己的办法申请。

1. 直接到基金公司直销柜台申购。

2. 到银行网点申购。银行的大部分营业网点都有专门营业人员负责此项业务。

3. 到有代销资格的券商营业部购买。大部分大型券商都开通了申购通道，投资者可以直接到这些券商的营业部申购。

4. 有些公司还开通了网上申购服务，投资者足不出户即可申购，方便快捷。

另外，知道了申购途径，就要了解基金的申购方法，包括以下几种：

一、成本平均法

即每隔相同的一段时间，以固定的资金投资于某一相同的基金。这样可以积少成多，让小钱积累成一笔不小的财富。这种投资方式操作起来也不复杂，只需与销售基金的银行签订一份“定时定额扣款委托书”，约定每月的申购金额，银行就会定期自动扣款买基金。

二、价值平均法

价值平均法指的是在市价过低的时候，增加投资的数量；反之，在价格较高时，则减少投资，甚至可以出售一部分基金。

这是一种安全性比较强的基金申购方法，一般不会出现什么大问题，求稳的投资者可以考虑选用这种方法。

三、金字塔申购法

一次申购法即一次性将基金申购完毕，是最常见的申购方法，除此之外还有三种申购方法。

一般先用 1/2 的资金申购，如果买入后该基金不涨反跌，则不宜追加投资，而是等该基金净值出现上升时，再在某价位买进 1/3 的基金，如此在上涨中不断追加买入，直到某一价位“建仓”完毕。这就像一个“金字塔”，低价时买的多，高价时买的少，综合购买成本较低，赢利能力自然也就较强。

投资者购买基金的目的是能够获利，除了抛售基金收回投资外，基金分红也是投资者获得收益的一个重要渠道。基金分红方式是指基金公司将基金收益的一部分派发给投资者的一种投资回报方式。

基金分红方式可以分为现金分红方式和红利再投资方式两种。

一、现金分红方式

现金分红方式就是基金公司将基金收益的一部分，以现金派发给基金投资者的一种分红方式。

二、红利再投资方式

红利再投资方式就是基金投资者将分红所得现金红利再投资该基金，以获得基金份额的一种方式。

根据《证券投资基金运作管理办法》的规定，如果投资者没有指定分红方式，则默认分红方式为现金分红方式。也就是说基金管理公司默认的分红方式为现金分红方式。但是，基金投资者可以在权益登记日之前，去你所购买基金的基金销售机构进行分红方式的选择和修改所需的分红方式。

基金投资及持有基金投资逐渐为广大个人投资者所接受，业内人士认为，投资者应更好地把握好基金投资的方法。基金持有期的确定是一个非常重要的因素，它关系到基金的收益，所以应该引起大家的广泛重视。

买基金不仅要选好基金和分批买入，基金作为一种专家理财产品，讲究的还是长期投资收益，要长期持有。

挑选老基金和新基金。投资者在挑选老基金和新基金时常会左右为难。认购新基金感觉建仓期太长，但是净值低手续费便宜；而申购老基金却觉得净值太高手续费也贵。其实是因为大家都没有正确地认识基金净值的含义，所谓基金的净值是由基金的净资产和基金总份额的比值。就是指根据每个交易日证券市场收盘价所计算出该基金的总市值，除以基金当日的总份额，得出的便是每单位基金净值。所以老基金不存在净值高了就缺乏上涨动力了，相反基金如果选股不佳的话，净值再低的基金仍能继续下跌。绝对不是净值低的就比较容易涨，净值高的就很难上涨。而作为老基金和新基金的选择更主要着重于对短期行情的判断，因为老基金的股票组合已经建仓完毕，而新基金还需要重新建仓。如果近期的行情为上涨的话选择老基金更好，但近期的行情为震荡和下调的话选择新基金能以更低的价格建仓。

区别对待股票投资和基金投资。股票投资的周期通常比较短一点，当一个价值型低估的股票上涨至合理价位或者溢价之后便会出现滞涨和下调，而有较长投资周期的成长型股票价格一般是由这个上市公司的经营情况来决定。

基金投资的是一个经过设计的股票组合，这样的投资组合能够很好地抵御市场的风险，通过投资有价值低估的股票或者具有成长型的股票来获取利润。基金的专家团队也会在股市变化的行情中，为投资者进行合理的调仓，对股票组合进行改变。可以说投资基金的收益更为长久更为稳定，所以投资偏股型基金应该尽量减少操作，通过长期慢慢积累的收益达到一个好的回报。股票投资的周期有长有短，但是基金投资的周期是以长期为主的。

现以股票型基金为例，向大家介绍基金持有期的理财窍门。

1. 一味持有无效率。时刻关注个股的走势，不断调整自己所拥有的基金，是使财富增值

的捷径。买股票型基金不比买国债，买了之后就攥在手里，以为持有一段时间就可以获得安全收入的想法，并不是最有效率的赚钱之道。

2. 至少以 5 年为周期。有些股票从一年来看是亏损的，三年来看是持平的，到了五年来看则很有可能是赢利的。投资个股，要抱定长线投资的决心，至少以 5 年为投资周期。

如何计算基金费用

购买投资基金一般有三种费用：一是在购买新成立的基金时要缴纳“认购费”；二是在购买老基金时需要缴纳“申购费”；三是在基金赎回时需要缴纳“赎回手续费”。一般认购率为 1.2%，申购率为 1.5%，赎回率为 0.5%（货币市场基金免收费用）。

基金认购计算公式为：认购费用 = 认购金额 × 认购费率。净认购金额 = 认购金额－认购费用 + 认购日到基金成立日的利息认购份额。

基金申购计算公式为：申购费用 = 申购金额 × 申购费率。申购份额 =（申购金额－申购费用）÷ 申请日基金单位净值。

基金赎回计算公式为：赎回费：赎回份额 × 赎回当日基金单位净值 × 赎回费率。

如何把握基金赎回时机

1. 确定资金的投资期限。建议至少半年之前就关注市场时点以寻找最佳的赎回时机，或先转进风险较低的货币基金或债券基金。

2. 有计划性的赎回。如果投资者因市场波动而冲动赎回。却不知如何运用赎回后的资金，只能放在银行里而失去股市持续上涨带来的机会。

3. 获利结算时可考虑分批赎回或转换至固定收益型基金。如果不急需用钱，可以先将股票基金转到风险较低的货币市场基金或债券基金作暂时停留，等到出现更好的投资机会再转向更好的。如急需用钱，市场已处于高位，不必一次性赎回所有基金，可先赎回一部分取得现金，其余部分可以等形势明朗后再作决定。

如何选购基金?

人们常说，做事要有目标，只有有了目标，才可以保证不断前行。选购基金也是一样，也需要了解自己的理财目标。因年龄、收入、家庭状况的不同在投资时每个人会有不同的考虑。那么应该怎么选购基金?

一、确定资金的性质

投资前最好要保留 3 ~ 6 个月的日常费用，剩余的钱才可能用来考虑投资。进行投资，考虑到收益的同时也要考虑风险。

如果将日常家用的钱全数用做投资，一方面很难保持投资的平静心态，而且风险太大所以说确定资金的性质，也是选购基金的一个重要的原则。

可以选择“三好基金”。所谓“三好”基金，第一是好公司和团队。考察一家公司首先要看基金公司的股东背景、公司实力、公司文化以及市场形象，要考察管理团队，主要看团队中人员的素质、投资团队实力以及投资绩效。同时还要进一步考察公司治理结构、内部风险控制、信息披露制度，是否注重投资者教育等。

第二是要看好业绩。首先要看公司是否有成熟的投资理念，是否契合自己的投资理念，投资流程是否科学和完善；是否有专业化的研究方法、风险管理及控制，公司产品线构筑情况等。其次看公司的历史业绩。虽然历史投资业绩并不表明其未来也能简单复制，但至少能反映出公司的整体投资能力和研究水准。

市场上表现优秀的基金公司，有着在各种市场环境下都能保持长期而稳定的盈利能力。好业绩也是判断一家公司优劣的重要标准。此外选择基金时还要关注那些风格、收益率水平比较稳定、持股集中度和换手率较合理的产品。

第三是好服务。从交易操作咨询、公司产品介绍到专家市场观点、理财顾问服务等，服务质量的高低也是投资者在选择基金时不容忽视的指标。作为代客理财的中介服务机构，基金公司的重要职责之一就是提供优质的理财服务。

投资人在准备买基金前，除了要考虑资金的性质、自身的投资目标和风险承受能力外，还应该考虑哪种方式对自己最适合。

由于基金运作方式采取的是投资组合方式，看重投资标的的长期投资价值和成长性，在控制风险的基础上，追求基金资产的长期回报和增值。所以投资者不必过于关注市场的短期波动，通过中长期投资，以分享经济成长所带来的收益。

二、确定资金使用的期限

开放式基金可以每天申购赎回，但是投资基金应该考虑中长期，最好是 3 ~ 5 年，甚至更长。

投资人在考虑投资时，最好首先确定这笔资金可以使用的期限。如果是 3 ~ 5 个月的闲置资金，应该考虑的是风险相对较小、流动性较好但收益也比较低的基金品种。但如果是为尚年幼的孩子积攒上大学的费用，可以考虑一只以长期资本增长为目的的产品。

新手基金投资要领

关于新手基金投资我们共总结了三大要领：

一、尽量选择伞形基金

伞形基金也称系列基金，即一家基金管理公司旗下有若干个不同类型的子基金。伞形基金主要有以下优势：一是收取的管理费用较低；二是投资者可在伞形基金下各个子基金间方便转换。投资人将某种子基金转换成同一伞形基金旗下的其他子基金，可能需要支付一定的手续费用，费用标准依各基金公司的规定而有所不同，有的甚至免收手续费，有的则酌收某一固定比例的手续费。国外的基金公司手续费率一般在 0.5% 左右。

由以上伞形基金的优点可以看出，它是一种适合初学的投资者采用的投资技巧，所以此类的投资者尽量选用伞形基金。

二、尽量选择后端收费方式

投资基金时，一般有两种收费方式，即前段收费和后段收费，这两种收费方式各有自己的特点，投资者要根据自己的情况予以选择。不过，一般来说，投资者还是要尽量选择后段的收费方式。

前端收费是在购买时收取费用，后端收费则是赎回时再支付费用。在后端收费模式下，持有基金的年限越长，收费率就越低，一般是按每年 20% 的速度递减，直至为零。所以，当准备长期持有该基金时，选择后端收费方式有利于降低投资成本。

三、从经济形势把握认购基金的时机

基金投资的第一个技巧就是把握认购基金的时机，很多的基金投资经验告诉人们，投资需要从经济形势方面去考虑。

一般应在股市或经济处于波动周期的底部时买进，而在高峰时卖出。在经济增速下调落底时，可适当提高债券基金的投资比重，及时购买新基金。若经济增速开始上调，则应加重偏股型基金比重，以及关注已面市的老基金。这是因为老基金已完成建仓，建仓成本也会较低。

货币市场基金的投资要领：

1. 流动性。投资人在选择这类基金时，首先考虑申购赎回的方便性，应该选择托管、销售行网点分布较广的货币市场基金，而且最好选择托管、销售行与自己的现金账户为同一家银行的基金，如工资账户在同一家银行，这样就方便随时申购赎回。

2. 安全性。投资人不能再将货币市场基金视为投资品，它仅仅是一个现金管理工具。

3. 收益率。货币市场基金的收益率差异总体而言不会特别大，对于一些短时间内收益率

奇高的基金，投资者反而应该提高警惕，也许是由于该只基金变现一些高收益券种而得到暂时高收益，这种收益率是不能长久的。

保本基金的投资要领——流动性是软肋

保本基金曾是市场红极一时的产品，但由于其产品内在的缺陷使其渐渐被投资者冷落。现在，保本基金的业绩尚可，均为正的净值增长，增长率较高的天同保本还曾经达到3%。但是由于保本基金只是对到期的资金保本，中途赎回要收取相当高的赎回费，因此，短期内的收益高低，对保本基金的投资人来说意义不大，因其扣除赎回费后。收益所剩无几。不仅如此，对于一些收益率不高的保本基金来说，中途赎回甚至可能带来损失。

所以说，流动性对于保本基金的投资来说是一条软肋，投资者要想在保本基金的投资中得到预料的收益，就要避免这条软肋。

债券基金的投资要领——关注投资品种

投资的品种对于债券基金的投资来说是非常重要的，要想掌握债券基金的投资要领，必须关注投资的品种。

作为低风险低收益品种，如果债券基金过多将资产配置在高风险的股票和可转债上，不仅可能错过债券市场应有的收益，还会增加这一品种的投资风险。因此，以低风险低收益为目标的投资者应谨慎对待那种看似“进可攻退可守”的既投资股票又投资债券的债券基金。

如何判断赚钱的基金

买基金不怕贵的只挑对的，判断一只基金赚钱能力，比较简单的做法是比较基金的历史业绩，即过往的净值增长率。

目前各类财经报刊、网站都提供基金排行榜，在对收益率进行比较时，我们要关注以下几点：对同种类型基金的收益率提供了苹果对苹果式的比较。

1. 业绩表现的持续性。投资者在对基金收益率进行比较时，应更多地关注6个月、1年乃至2年以上的指标，基金的短期排名靠前只能证明对当前市场的把握能力，却不能证明其长期盈利能力。基金作为一种中长期的投资理财方式，应关注其长期增长的趋势和业绩表现的稳定性。从国际成熟市场的统计数据来看，具有10年以上业绩证明的基金更受投资者青睐。

2. 投资者在评价一只基金时，还要全面考察该公司管理的其他同类型基金的业绩。“一枝独秀”不能说明问题，“全面开花”才值得信赖。因为只有整体业绩均衡、优异，才能说明基金业绩不是源于某些特定因素，而是因为公司建立了严谨规范的投资管理制度和流程，投资团队整体实力雄厚、配合和谐，这样的业绩才具有可复制性。

3. 风险和收益的合理配比。对于普通投资者来说，这些指标可能过于专业。投资的本质是风险收益的合理配比，净值增长率只是基金绩效的外在体现，要全面评价一只基金的业绩表现，还需考虑投资基金所承担的风险。考察基金投资风险的指标有很多，包括波动幅度、夏普比率、换手率等。

实际上一些第三方的基金评级机构就给我们提供了这些数据，投资者通过这些途径就可以很方便地了解到投资基金所承受的风险，从而更有针对性的指导自己的投资。专业基金评级机构如晨星公司，就会每周提供业绩排行榜，对国内各家基金公司管理的产品进行逐一业绩计算和风险评估。

基金转换技巧

基金转换是指资金从原先持有的基金转换到同一公司旗下的其他基金中，相当于卖出现在持有的基金，以该笔赎回款项申购其他基金。基民在不同的基金品种间换仓操作，选择不同基金公司之间的产品，要先赎回一只，再申购一只，来来回回要花掉1.5%甚至2%的成本，时间上也得花上好几天，而在同一家基金公司的基金间转换，则既省钱又省时。

转换后的基金份额数量 = 转出基金份额数量 × 申请日转出基金份额净值 ×（1 －转换费率）/ 申请日转入基金份额净值。

基金不能频繁转换，其中的重要影响因素就是来回的申购赎回费率。货币市场基金的来回费率为零，而各大公司中对于同一公司的基金转换费率又都有优惠，两个优惠加起来，便大有文章可做。以招商基金为例，按照基金转换规则，认购或申购而来的招商现金增值基金转换到股票基金、平衡型基金或先锋基金，转换费率仅为 1%。而直接申购这三种基金，申购费率都为 1.5%。因此采取先申购招商现金增值基金，再转换到目标基金的方式，可以节省交易费用。

可别小看这笔费用，如果购买了 20 万元的基金，节省下的申购费用为：200000 × 0.5% = 1000 元。

很多基金公司提供基金转换业务，即在同一基金公司旗下的不同基金之间进行转换，可享费率优惠。一般情况下，股票型基金互相转换，转换手续费要比先赎回再申购更优惠。例如：将国投瑞银基金管理公司旗下的国投景气（121002）转换为国投融华（121001）只需交纳 0.3% 的费用即可，比赎回国投景气再申购国投融华整整省了 1.7% 的手续费。

而对于部分基金来说，巧用基金转换，还可以买到打 5 折的基金。例如，假如基民想申购易方达旗下的股票型基金，直接申购偏股票型基金的费率是 0.6%。但是，先买易方达旗下的货币基金，再转换成股票型基金，申购费率只要 0.3%。在两天时间内，先买货币型基金再转为股票型基金，手续费等于是打了 5 折，可省下一笔小钱。

基金公司旗下基金转换的费率并不统一，部分基金对转换业务甚至不收任何费用。例如：易方达旗下股票型基金之间的转换费率为 0，旗下货币市场基金和月月收益基金的转换费率也为 0。嘉实基金对持有时间在 2 年以上的股票基金转成其他偏股型基金也不收取费用；大成基金对投资者在一年之内进行的头 2 次基金转换不收费。因为转换成本较低，聪明的投资者可以跟随市场大势在不同基金品种间进行多次转换，收益提高几个百分点易如反掌。

巧用基金转换，还能尽可能发挥资金的使用率。直接买股票型基金一般最少要 1000 元或 1000 元整数倍，而买货币基金则无这个限制。如果银行卡有 9950 元，直接申购股票型基金则只能申购 9000 元，而剩余的 950 元则只能闲置在银行账户上。但是，先用 9950 元申购货币型基金，再在第二天全部转换成股票型基金，则可以充分利用 9950 元的资金，申购更多份额的股票型基金。

基金转换，还可以缩短手续办理时间，股票型基金的赎回一般需要 4 个工作日，申购需要 1 个工作日，即完成基金的赎回和申购总共需要一个星期的时间，而基金转换最快可以当天生效，最晚也只需三个工作日。

同一家基金公司的基金转换，在节省费率上也有门道可循。对于倾向于在不同风格基金之间频繁换仓的基民来说，选择伞型基金，只需要很低的成本或零成本转换，就能节省不少的交易费用。这是因为伞型基金作为一种“自助餐”式的基金组合，其子基金之间具有互补的特性，可以让基民换仓更为便利。巧用基金转换，既省钱又省时，还可以提高资金的利用率。

“基金定投”的投资要领

一、明确目的制定计划

我们都知道，目的和计划对于做一件事情来说，其重要性是十分巨大的。我们要进行“基金定投”投资的话，首先就需要明确目的，制定一个详细的投资计划。具体来说，应该从以下几个方面来考虑：

1. 投资额度，每月最低扣款金额 200 元，并以 100 元的整数倍递增。

慎重额度选择，以实现投资的连续性。由于此产品适于长期投资，因此客户在进行投资额度确认时，不宜占全部收入的比例过大，以免影响正常的生活及最终投资目标的实现。

2. 期限，一般为 3 年和 5 年以上，也可以不约定扣款月数。

对有一定精力愿意参与投资的客户，可注册网上银行，时时关注净值情况，通过网上转账功能，自行选择月最低点进行调整扣款，以加强投资人对资金的自由支配性，从而实现收益最大化。

3. 受理时间：开放式基金正常申购时间。

4. 基金赎回：随时可以在交易时间内办理基金赎回。

5. 是否有优惠活动等。

二、正视风险理性参与

只要有投资，就少不了风险；风险并不可怕，可怕的是没有理性。所以我们在投资基金时，还应该做到正视风险，理性地参与投资。

首先，收益与风险永远并存，基金业务的风险不容回避。“基金定投”不做保本承诺，不能把银行宣传品和媒体列举的“收益案例”中的“预期收益”等同于“固定收益率”，从而简单地理解“定投业务”为：零存整取的方式 + 高于银行储蓄的利率。

另外，也要看到“基金定投”采用分散的投资方式将使风险充分得以弱化，同时，采用积少成多的购买方式将使投资更加趋于稳定。长期积累分散风险的“基金定投”，作为投资者再次进入基金市场的优势产品，值得一试。

三、中长期投资理念

投资“基金定投”是一件时间比较长的事业，不可能在一时半会儿就可能完成，更不可能在几个小时之后就会收到预期的收益，所以投资者还要应该有中长期的投资理念。

不论购买基金的方式如何，中长期投资的理念都是需要的。因为“基金定投”的产品特性决定了适宜投资于波动性较大的市场，而中国股市一般 18 个月为一个周期，像三年期限正好是两个周期，这样，长期投资的时间带来的复利效果，就可以一定程度上分散股市多空、基金净值起伏的短期风险。此外，长期持有也可以减少投资的各种手续费，像广发、融通等基金的定投品种，就采用后端收费的方式，持有超过一定期限，赎回费可以减免。工行的基金定投之所以有 3 年或 5 年的投资期限，其业内人士也解释说，这只是对投资者正确投资的一种引导，以尽可能减小投资的风险，对投资的流动性并没有任何影响。

四、挑选投资基金品种

“基金定投”产品的关键是对于基金的选择，这也是投资的关键步骤。所以，我们应该谨慎地进行基金品种的选择，总的来说，应该注意以下几点：

1. 应选择投资经验丰富且值得信赖的基金公司。因为定期定额投资期间长，选择稳健经营的基金管理公司可以维持一定的投资水准。

2. 不是每只基金都适合以定期定额的方式投资，如何在众多的基金中挑选适合自己投资的基金呢？一般来说，可从以下几个方面进行考察：

（1）考察基金累计净值增长率，基金累计净值增长率 =（份额累计净值 – 单位面值）/ 单位面值。

（2）考察基金分红比率，基金分红比率 = 基金分红累计金额 / 基金面值。

（3）可将基金收益与大盘走势相比较，如果一只基金大多数时间能够跑赢大盘，说明其风险和收益达到了比较理想的匹配状态。

（4）可以将基金收益与其他同类型的基金比较。

稳健的基金“定投”方式

面对股市行情的跌宕起伏，不少“基民”开始趁着股市大调整时逢低买入基金。基金交易基本上处于净申购状态，其中多数投资者将基金定投作为理财的首选。

股市不断下跌，使得不少基金的净值又下来了，尤其是前期分过红的优质基金，面值达到了 1 元左右，这符合了市民喜欢购买 1 元钱左右的基金的要求，因此基金申购量呈现出增多趋势，特别是基金定投成为投资者的新选择。业内人士分析，股市的大调整让基民感受到了什么是风险，基金成为投资者追求稳健的投资项目。

一、帮助月光族理财

如今，不少刚刚参加工作的年轻人由于不会合理理财，每个月的工资不到月底就花光了，被人们称为是“月光族”。他们觉得，每个月的工资收入虽然不低，但是每月除去交房租、请客、购物之后，所剩的钱也不多了，依靠每个月攒的这笔钱根本实现不了买车买房梦，因此觉得还不如好好享受一下生活。其实收入的高低并不是真正的问题，即便每个月工资结余不多，如果选择合适的投资工具和理财方式，不仅可以培养自己的理财习惯，还能够积累一笔不小的财富。

基金定投是个不错的选择，这种理财方式既不会影响生活质量，还能够在财富累积的同时，逐步改掉月月光的消费习惯，是个一举两得的好方法。现在很多人，特别是一些年轻人对于日常开支都没有一个明确的规划。发了工资会疯狂地买名牌、吃大餐，不到月底就开始企盼发薪日的到来，甚至出现了借钱消费的情况。但是随着年龄增长，适当的财富储备也是很有必要的。从某种程度上说，基金定投平均成本和分摊的风险都比较低。除了月光族，由于工作繁忙、无暇关注投资市场，却也想实现财富累积的人们都可以加入到这一行列中来。

一项统计显示，定期定额只要投资超过 10 年，亏损的几率接近零。显然，在 A 股市场长期牛市格局中，基金定投将有望帮助投资者更好地分享长期牛市的良好收益。投资者在选择基金定投时，第一，要选对基金。相对于基金规模、基金风格、量化指标和基金评级等因素，基金管理者的投资思想和投资行为是非常重要的因素，因此选择基金，可以重点看基金投资管理团队的稳定性，基金经理是否具备丰富的投资管理经验，经历过不同市场阶段的考验；基金管理团队是否重视衡量风险因素，风格不过于激进；基金长期历史业绩如何，是否具备良好的第三方评级；是不是所属基金公司的旗舰产品等。

第二，要尽量遵守基金定投的三个规律，即及早投资、长期投资和复利再投。

第三，要避免犯基金定投的两大戒律，即因恐惧而暂停、因上涨而赎回。因为基金定投必须通过长期持续投资才能实现以时间换空间的财富积累效果。因此在选择基金定投产品时，要在充分考证基金公司是否具备长期的可持续发展的能力的同时，还要看基金产品的收益是否稳定并且具有一定弹性，能够充分利用复利效果。

第四，要对基金定投所需的费率精打细算，及时了解银行在基金申购费率的优惠活动。投资者在优惠活动期间申购可以减少一笔支出费用。

二、小钱变大钱

30 岁的刘女士在一家私企上班，在理财师的推荐下，她购买了博时价值增长基金和东方精选基金，每月分别定投 500 元。“听说基金定投可以分散风险，我就尝试着买了 2 只”，刘女士说。

对于很多人来说，“基金定投”可能还是个新鲜词，但是许多人对银行存款“零存整取”肯定不陌生。基金定投其实就是另一种方式的零存整取，不过是把到银行存钱变成了买基金：每月从银行存款账户中拨出固定金额，通常只要几百元购买基金。据业内人士表示，基金定投不仅可以让长期投资变得简单化，减少在理财规划上面花费的时间和精力，也会减少长期投资的波动，让投资者轻松解决养老规划和子女教育经费等问题，真正发挥积少成多的效果。

举例来说，假定投资在报酬率为 6% 的产品上，如果 35 岁开始作退休规划，投资至 59 岁，那么每月只需投入 177 元，退休后即可每月领取 1000 元。点滴积累，定投的投资方式是不论市场的情形如何波动，都会定期买入固定金额的基金，当基金净值走高时，买入的份额数较少，反之较高。长期以来，时间的复利效果就会凸现出来，不仅资金的安全性较有保障，而且可以让不起眼的小钱在长期累积后成为客观的一笔财富。

三、分散风险

在股票市场长期牛市未改、短期震荡可能加剧的情况下，投资者心里没有把握，但是他们又不想错过行情，在这种情况下，可以选择基金定投，将风险分散到每个月。基金定投作

为分散风险、获取长期收益的基金投资方式，不仅使投资变得简单，参与定投的手续也非常简单。基金每月扣款的最低额度为 100 ～ 200 元，门槛非常低。

如果一个人平时只有小钱但是在未来却要应对大额支出的话，可以选择定期定投的方式进行投资，诸如年轻的父母为子女积攒未来的教育经费，中年人为自己的养老计划存钱等。有时候一些投资者为了急用，中止或者赎回多年的定期定额基金投资，损失也不小。

投资者可以考虑同时定投不同性质的基金，比如货币型基金和债券型基金，组成一个定投组合，在万一出现急需用钱的时候，可以先赎回货币型和债券型基金以及持有股票比重相对较小的基金。

基金不是拿来炒的

基金是一种很好的理财工具，而不应该像“炒股票”那样“炒基金”。不少投资者习惯将基金当作股票来“炒”，在净值下跌的时候申购，在净值上涨的时候赎回。

基金坚持高分红既是为了方便广大基金持有人，为持有人节省赎回和申购的交易成本，得到实实在在的回报，同时也可以使基金持仓不断更新，保持活力和后劲，更为重要的是，要向基金持有人传递这样一种理念，基金是一种很好的理财工具，而不应该像‘炒股票’那样‘炒基金’”。

国内理财市场经过多年发展，已经有涵盖多个层次的多种理财方式可供投资者选择，包括银行存款、货币市场基金、国债、平衡型基金、股票型基金，以及自己投资股票等。基金属于专家理财，利用基金经理的专业优势，投资者即可在控制风险的前提下，无需劳力费神获得较高的收益水平。自己投资股票的收益率可能是最高的，但同时面临的风险却是最大的，而且需要投资者自己动手，投入不少的时间和精力。

始于 2000 年 7 月的熊市已经于 2005 年 6 月结束，中国的经济将在 2025 年以前保持稳定快速增长，中国股市已经具备长期投资的土壤。现在出现了一个较为奇怪的现象，一些投资者将基金当作股票来“炒”，在净值下跌的时候申购，在净值上涨的时候赎回。但部分投资者由于没有踏准节拍，不仅没有分享到基金的收益，甚至还可能亏了不少。这种情况的症结之一是股权分置问题，由此带来的系统性风险导致了基金净值与大市齐涨齐跌。

而股权分置问题得到解决以后，系统性矛盾得到解决，非流通股股东和流通股股东的利益趋于一致，上市公司的质量得到提升，基金经理将有更多发掘优质上市公司的机会。

某业内人士表示，投资者的这种心态可以理解。此前，基金净值跟随大市齐涨齐跌的情况十分普遍，很多投资者都沉不住气。建议投资者买基金应该抱有买商铺一样的态度。投资者买了商铺以后，只要具有稳定的租金收入，即使商铺的价格涨了，投资者也不会轻易将其转让；作为一种理想的理财工具，基金也一样可以给持有人带来持续的现金流，投资者又何必频繁地申购赎回呢？

另外，投资者应该合理配置自己的金融资产。假如某投资者有 10 万元金融资产，那他可以将 1 万元存在银行，1 万元购买国债，1 万元购买货币市场基金，1 万元用于投资股票，剩下 6 万元用于购买平衡型或者股票型基金。但不能将所有的 6 万元都投资于一只基金，而应该多买一些基金，这样心态就会平和一些，不会因为某只基金净值的短期波动而坐立不安，导致频繁的申购赎回，浪费时间精力和手续费，收益率还未必有保证。

当然，这对基金公司提出了更高的要求，一方面不能让净值波动过大，另一方面要有持续稳定的分红，只有这样，才能借此扭转部分持有人对基金的看法，真正将基金作为一种优秀的理财工具来看待，而非拿来像股票那样“炒基金”。

购买基金不可不知的风险

大家都明白只要是投资就会有风险，基金也不例外。基金投资分散风险，但并非绝无风险，不同种类的基金，其风险程度各异。如积极成长型的基金较稳健成长型的基金风险大，投资科技型股票的基金较投资指数型基金风险大，但投资风险大的基金收益也比较大。

投资者一旦认购了投资基金，其投资风险就只能由投资者自负。基金管理人只能替投资者管理资产，他们不承担由于投资而导致的各种风险。投资基金的特点在于由专业人士管理，进行组合投资，分散风险，但也并非绝无风险。

因此，我们应了解基金投资中可能出现的风险。通常来说，投资者购买基金的风险主要有以下几个方面：

1. 机构运作风险。开放式基金除面临系统风险外，还会面临管理风险（如基金管理人的管理能力决定基金的收益状况、注册登记机构的运作水平直接影响基金申购赎回效率等）、经营风险等。

2. 流动性风险。投资者在需要卖出基金时，可能面临变现困难和不能在适当价格变现的困难。由于基金管理人在正常情况下必须以基金资产净值为基准承担赎回义务，投资者不存在通常意义上的流动性风险，但当基金面临巨额赎回或暂停赎回的极端情况下，基金投资者可能无法以当日单位基金净值全额赎回，如选择延迟赎回则要承担后续赎回日单位基金资产净值下跌的风险。

3. 不可抗力风险。主要指战争、自然灾害等不可抗力发生时给基金投资者带来的风险。

4. 申购、赎回价格未知风险。对于基金单位资产净值在自上一交易日至交易当日所发生的变化，投资者通常无法预知，在申购或赎回时无法知道会以什么价格成交。

5. 基金投资风险。不同投资目标的基金，有不同的投资风险。收益型基金投资风险最低，成长型基金投资风险最高，平衡型基金居中。投资者可根据自己的风险承受能力，选择适合自己财务状况和投资目标的基金品种。

了解了基金投资的风险，就要想方设法防范这种风险，避免给自己造成投资的损失。对于我国的投资者来说，可以运用下面的几种方法来规避基金投资的风险。

1. 进行试探性投资。“投石问路”是投资者降低投资风险的好办法。新入市的投资者在基金投资中，常常把握不住最适当的买进时机。

对于很多没有基金投资经历的人来说，不妨采取“试探性投资”的方法，可以从小额单笔投资基金或每月几百元定期定额投资基金开始，然后选择 2 ~ 3 家基金公司的 3 ~ 5 只基金。买基金后还要坚持做功课，关注基金的涨跌，经过几个月后，你对投资基金就会有一定的了解。

2. 长期持有。长期持有也可以降低投资基金的风险。市场的大势是走高的，因此，若你不知道明天是涨还是跌，最聪明的办法就是猜明天是否会涨。因为猜的次数越多，猜对的概率就越高。既然每天都猜股市会涨，那么最佳的投资策略就是：有钱就买，买了就不要卖。这种办法看起来非常笨，却是最管用的投资方法。

3. 基金定投，平摊成本。基金定投也是降低投资风险的有效方法。目前，很多基金都开通了基金定投业务。投资者只需选择一只基金，向代销该基金的银行或券商提出申请，选择设定每月投资金额和扣款时间以及投资期限，办理完相关手续后就可当甩手掌柜，坐等基金公司自动划账。目前，好多基金都可以通过网上银行和基金公司的网上直销系统设置基金定投，投资者足不出户，轻点鼠标，就可以完成所有操作。

4. 进行分散投资。进行分散投资有两个方面需要大家注意。

（1）分散投资标的，建立投资组合。降低风险最有效同时也是最广泛地被采用的方法，就是分散投资。由于各投资标的间具有不会齐涨共跌的特性，即使齐涨共跌，其幅度也不会相同。

（2）选择分散投资时机。分散投资时机也是降低投资风险的好方法。在时机的选择上，通常采用的方法是：预期市场反转走强或基金基本面优秀时，进行申购；预期市场持续好转或基金基本面改善时，进一步增持；预期市场维持现状或基金基本面维持现状，可继续持有；预期市场持续下跌或基金基本面弱化时进行减持；预期市场大幅下跌或基金基本面持续弱化时赎回。

每个人都想在最低点买入基金，但低点买入是可遇不可求的。定额投资，基金净值下降时，所申购的份额就会较多；基金净值上升时，所购买到的份额就变少，但长期下来，会产

生平摊投资成本的结果，也降低了投资风险。

投资者的五个内幕

我们应该都知道，内幕交易一直以来都被视为是证券市场的“顽疾”，也是各国监管者面临的一道共同的难题。尤其是随着近几年以来证监会切实地加大了对内幕交易的打击力度，“内幕交易”也慢慢地走入了公众投资者的视野，成为了市场各方都关注的焦点。

内幕一：明星基金经理也许只是“挂牌”

如果你冲着某明星基金经理购买某只基金，那么，你知道他为你“打理”基金的时间会有多长吗？一年？很可能。因为根据证监会相关规定，基金经理一年内不许离职。然而，这并不代表你心中的明星，能为你管理基金至少有一年的时间。

什么叫挂羊头卖狗肉？有位身兼三职的基金经理曾坦言，其实他现在只管两只基金，另一只基金基本不管。但是，他的“离职”没有对外公布，因为证监会有相关规定。许多基金公司在发行新基金时，为了吸引投资者，一个惯用手法，是把过往业绩出色的基金经理任命为新基金的基金经理，激起人们的购买欲，但谁也不知道他是否只是“挂牌”。

内幕二：银行是基金公司的“关系户”

在美国，投资顾问和券商主导基金销售市场，两者销售额加起来，占新基金发行总量60%。他们都是与基金公司无关的独立的第三方，最大的优势是中立性，不收取销售佣金。由于中立性，第三方财务顾问不会受到佣金限制，可以向顾客推荐最适合的产品。

然而，在中国，绝大多数投资人仍然依靠银行渠道获得基金信息，同时购买基金，这是国情。孰不知，这种模式，早已被美国淘汰。

当然，客户经理不会告诉你，他们更卖力地销售某基金公司的基金，是因为他们与这家公司关系好。他们只会说，这是一只不错的基金。

内幕三：直销比代销更便宜

一般投资人都是通过银行或证券公司营业部购买基金，它们是基金销售的两大主力。然而，很少人知道，基金除了委托银行和券商代理销售外，还有直销中心，即基金公司利用自己的理财中心自行销售。

基金通过银行代销，银行会收取相应费用。如果基金公司自行销售，就减少了一个流通环节，因此，直销比代销要便宜得多。

与银行代销相比，直销的申购费普遍执行4折及以上手续费费率，但各公司的规定会略有不同。客户经理当然不会告诉你这些，因为如果人人都到直销中心买基金，客户经理就要下课了。

这并不是鼓励每个人都通过直销购买基金。事实上，基金公司的直销中心主要是针对投资金额相对较大的客户，因此，一般直销中心对客户的金额有限制。

内幕四：A股基金业绩与QDII业绩没有必然联系

这是同样发生在陈女士身上的故事。在她众多基金中，有一只是QDII。陈女士说，当初客户经理跟她说，这家公司基金业绩很好，她一动心，就买了这只QDII。不到几个月，她发现，自己买的QDII是所有QDII中，跌幅最大的一只，而且下跌速度“比基金还要快”。陈女士感到很“冤”。

买基金看过往业绩，已经成为人人都知道的常识，客户经理也会说类似的话。然而，A股基金业绩好，与QDII业绩好不好，其相关性比A股基金之间的相关性要差很多。

首先，QDII与A股投资对象不同。国内做得好的公司，在国外不一定能做好。

其次，QDII投资范围不同，风险程度不同。比如很多QDII主要投资香港市场。业内人士认为，在对海外市场并不完全熟悉的情况下，从香港市场入手，是现实的考虑。也有的

QDII，如上投亚太优势，则尝试投资除香港之外的新兴市场，风险更高。当然，如果运作得力，收益也更好。

最后，产品设计不同。有的 QDII 是基金，有的则是 FOF（基金中的基金）。比如南方全球精选。理论上说，FOF 投资对象主要是海外基金，比直接投资海外股市风险要低。

总之，不能片面认为，A 股基金业绩好，QDII 业绩就一定好。虽然从理论上说，公司的整体实力对两者均产生正面影响，但是具体还要看产品性质以及风险偏好。

内幕五：买多只基金不能有效分散风险

陈女士为了分散风险，一口气买了七八只基金。每只基金资金量都不大，几千元至一两万元不等。2010 年以来，股市下跌，她“检阅”自己的基金时发现，所有基金跌幅都在 30% 以上，无一幸免。这让陈女士大为不解：“不是说把鸡蛋放在不同的篮子里，可以分散风险吗？”

把鸡蛋放在不同的篮子里，是分散风险。然而，把资金放在不同的基金里，不一定能分散风险。这要取决于基金的类型是什么。如果像陈女士那样，只是把资金投资于风格相似的基金，分散风险的能力自然有限。分散风险强调的是把不同风险偏好的资产组合在一起。比如投资基金，把股票方向、债券方向以及货币方向基金做组合，才能有效分散风险。

因此，某种程度上，投资多只基金，并不一定能分散风险，数量太多，甚至会产生负效果。

有人曾做过一个假设的投资组合。该假设最后有几个发现，其一，单只基金组合的价值波动率最大，因此，长期来看，增加 1 只基金可以明显改善波动程度，虽然回报降低，但投资者可以不必承担较大的下跌风险；其二，组合增加到 7 只基金以后，波动程度没有随着个数的增加出现明显下降，也就是说，组合个数太多，反而不能达到分散风险的目的。

基金经理不会告诉你关于基金的一切，他们推荐某只基金给你，依靠这些只言片语来决定购买某只基金，是过分鲁莽的行为。

申购低成本的技巧

随着证券市场的不断上涨，基金净值也是水涨船高，因为基金作为一种中长期的投资产品，其投资的优势是显而易见的。在不考虑基金赎回的情况下，还有没有机会（认）申购到低成本的绩优基金呢？答案是肯定的。其中也存在技巧：

第一，连续追踪一只绩优基金进行持续性投资，往往会起到摊低购买基金成本的作用。各基金代销渠道都提供了定期定额买基金的办法，而运用到牛市行情中买绩优成长性基金，也是一种理想的投资办法。但面对基金回调的机会，一次性地投入较多的资金购买，也是一种不错的选择，而并不一定要按照既定的定额扣款的形式。加上证券市场变幻莫测，在看好证券市场的中长期发展时，局限于每月扣款一次也不是明智之举，而应当根据证券市场的变化随时做出调整。因为一个月内不进行调整的机会不是没有，而连续几次进行大幅度的调整也不是不会发生。因此，根据投资时机的不同而灵活运用定期定额买基金的方式，是一个不错的选择。

第二，低成本不应忽略认／申购、赎回费。相对于证券市场的股票交易手续费来讲，基金的交易费率较高是显而易见的。这也是投资者不适宜进行频买频卖基金的主要原因。但为了更好地为投资者提供交易上的便利，及对基金转换的需求，基金管理人根据不同的营销渠道及所提供的服务要求的不同，而制定了相应的费率优惠措施。而网上服务成本低，基金费率打折优惠幅度较大，为投资者节省较多的手续费，因此网上购买基金是一种不错的摊低成本的渠道。

第三，利用牛市中的震荡机会，捕捉其中的投资机遇。证券市场任何的变动，都有可能引起市场的震荡，从而使基金的净值在大盘的调整中受到冲击和影响。但这种影响毕竟是短期的，对于选择基金中长期的投资者来讲，是难得的低成本购买的机会。俗话说，千金难买牛回头。对于基金投资来讲，同样如此。

第四，利用基金转换优惠费率做桥梁。因为不少基金公司对股票基金和货币市场基金之

间的转换也有优惠费率。如果直接申购费率较高时，可另辟蹊径先购入无申购赎回费用的货币基金，再以优惠的转换费率转入股票型基金或债券型基金。

第五，利用红利再投资节省申购费。基金投资者可以选择两种分红方式，一种是现金红利，另一种是红利再投资。为鼓励大家继续投资，基金公司对红利再投资均不收取申购费，红利部分将按照红利派现日的每单位基金净值转化为基金份额，增加到投资人账户中。这种方式不但能节省再投资的申购费用，还可以发挥复利效应，从而提高基金投资的实际收益。

第六，用基金分红进行再投资，也是降低基金申购成本的理想渠道。为了鼓励投资者进行中长期的基金投资，基金管理人都会推出一定的红利再投资的费率减免措施，这对于投资者降低购买基金成本是有帮助的。

第七，选用优惠幅度较高的渠道。投资者购买的基金渠道一般有银行、券商、基金公司网站直销。银行柜台基本采用基金原申购费率，网银一般可提供申购费八折优惠。券商大多数也采用原申购费率，少部分针对代销的不同基金有阶段性的费率优惠政策。基金网站直销一般是较稳定的有费率优惠政策。目前多数基金均开通网上直销系统，基民只要在基金公司网站注册开立基金账户，并按照要求办理银行卡或开通网银，就可通过基金直销系统买卖基金。

第八，选用较便宜的交易方式。投资者如果准备长期持有时，选择后端付费比较划算。认/申购费的后端收费模式其费率是按持有期限递减，基金赎回费用也是随着持有年限而递减。投资者如果要短期操作，选择可以在二级市场交易的基金在交易费用上会更为划算，比如LOF、ETF或者是封闭式基金。二级市场卖出基金，第二天即可转出资金，这对有流动性需求的投资者来说，更为便利。

便宜的基金不一定是最好的。投资者选择基金时尽可能选择费用较低并适合自己的基金。主动型基金肯定是先看基金业绩和风险，在同等条件下，选择费用低的。买指数基金则要选择跟踪标的指数好的，跟踪误差越小越好。固定收益类对一次性费用也就是申购和赎回费的敏感度最高，因为其收益本身就不是很高，所以比其他基金要更多地考量收费情况。

如何防范基金投资风险

由于对基金缺乏必要的认知，所以投资者对基金投资产生了很多误解：

第一，高估基金投资收益。由于近两年股市持续上涨，基金平均收益率达到100%以上，其中不少股票型基金的回报率超过200%。投资者由此将当前的火爆行为当作常态看待，认为购买基金包赚不赔，忽视了风险。

第二，偏好买净值低的基金。很多投资者认为基金净值高就是价格贵，上涨空间小，偏好买净值低的便宜基金，甚至有些投资者非一元基金不买。事实上，基金净值的含义与股票价格不同，基金净值代表相应时点上基金资产的总市值扣除负债后的余额，反映了单位基金资产的真实价值。

第三，把基金投资当储蓄。很多投资者把原来养老防病的预防性储蓄存款或购买国债的钱全部都用来购买基金，甚至于从银行贷款买基金，误以为基金就是高收益的储蓄。其实基金是一种有风险的证券投资，与几乎零风险的储蓄完全不同。

然而，基金收益风险主要来自于以下三个方面：

第一，基金份额不稳定的风险。基金按照募集资金的规模，制订相应的投资计划，并制定一定的中长期投资目标。其前提是基金份额能够保持相应的稳定。当基金管理人管理和运作的基金发生巨额赎回，足以影响到基金的流动性时，不得不迫使基金管理人作出降低股票仓位的决定，从而被动地调整投资组合，影响既定的投资计划，使基金投资者的收益受到影响。

第二，市场风险。投资者购买基金，相对于购买股票而言，由于能有效地分散投资和利用专家优势，可能对控制风险有利，但其收益风险依然存在。分散投资虽能在一定程度上消除来自于个别公司的非系统风险，但市场的系统风险却无法消除。

第三，基金公司管理能力的风险。基金管理者相对于其他普通投资者而言，在风险管理方面确实有某些优势，例如：基金能较好地认识风险的性质、来源和种类，能较准确地度量风险并能够按照自己的投资目标和风险承受能力构造有效的证券组合，在市场变动的情况下，及时地对投资组合进行更新，从而将基金资产风险控制在预定的范围内。但是，基金管理人由于在知识水平、管理经验、信息渠道和处理技巧等方面的差异，其管理能力也有所不同。

那么如何防范基金投资风险呢？

第一，密切关注基金净值，理性投资。基金净值代表了基金的真实价值，投资者无论投资哪种基金都应该密切关注基金净值的变化。特别是投资 LOF 时，基金净值尤为重要，由于 LOF 同时具备申购、赎回和二级市场买卖两种交易方式，场内交易价格必然与基金份额净值密切相关，不应该因为分红、拆分、暂停申购等基金日常业务与基金份额净值产生较大偏差，因此投资者应通过基金管理人网站或交易行情系统密切关注基金份额净值，当 LOF 二级市场交易价格大幅偏离基金份额净值时，注意理性投资，回避风险。

第二，认真学习基金基础知识，树立正确的基金投资理念。我国基金市场规模迅速膨胀，基金创新品种层出不穷，投资者参与基金投资，应及时学习各项基金基础知识，更新知识结构，树立长期投资基金的正确理念，增强投资基金的风险意识，做到防患于未然。

第三，仔细阅读基金公告，全面了解基金信息。基金公告信息包括招募说明书、上市交易公告书、定期公告以及分红公告等临时公告，投资者应该通过指定证券报刊或网站认真阅读基金公告，全面了解基金情况。对 LOF 等上市基金，为充分向投资者提示风险，当基金场内交易价格连续发生较大波动时，基金管理人会发布交易价格异常波动公告等风险提示公告，投资者应及时阅读基金公告，获取风险提示信息，谨慎投资。

第四，根据自身风险偏好选择投资基金。国内投资基金的类别丰富，无疑增加了投资者的选择机会。投资者应对各类基金的风险有明确认识。风险偏好较高的投资者可以选择投资股票型基金、混合型基金等高风险基金，风险偏好较低的投资者可以选择投资保本基金、债券型基金等低风险产品。

开放式基金的投资技巧

购买开放式基金时投资者可以根据自己的收入状况、投资经验、对证券市场的熟悉程度等来决定合适的投资策略。

第一，适时进出投资策略

即投资者完全依据市场行情的变化来买卖基金。通常，采用这种方法的投资人大多是具有一定投资经验，对市场行情变化较有把握，且投资的风险承担能力也较高的投资者，毕竟，要准确地预测股市每一波的高低点并不容易，就算已经掌握了市场趋势，也要耐得住短期市场可能会有的起伏。

第二，定期定额购入策略

如果你做好了长期投资基金的准备，同时你的收入来源比较稳定，不妨采用分期购入法进行基金的投资。不论行情如何，每月（或定期）投资固定的金额于固定的基金上，当市场上涨，基金的净值高，买到的单位数较少；当市场下跌，基金的净值低，买到的单位数较多，如此长期下来，所购买基金单位的平均成本将较平均市价为低，即所谓的平均成本法。平均成本法的功能之所以能够发挥，主要是因为当股市下跌时，投资人亦被动地去投资购买了较多的单位数，只要你相信股市长期的表现应该是上升趋势，在股市低档时买进的低成本股票，一定会带来丰厚的获利。

以这种方式投资证券、基金，还有其他的好处：一是不必担心进场时机。二是小钱就可以投资。在海外，通过“定期定额”投资于基金，最低投资金额相对很低（在香港每个月只需要 1000 元港币；而在台湾的最低投资金额则为每月 3000 元台币）。三是长期投资报酬远比定期存款高。尽管“定期定额投资”有些类似于“零存整取”的定期存款，但因为它投资的是报酬率较高的股票，只要股市长期来看是向上的，其投资报酬率远比定期存款高，变现

性也很好，随时可以办理赎回，安全性较高。四是种类多、可以自由选择。目前，一般成熟的金融市场上可供投资的基金种类相当多，可以让投资人自由选择。

第三，固定比例投资策略

即将一笔资金按固定的比例分散投资于不同种类的基金上，当某类基金因净值变动而使投资比例发生变化时，就卖出或买进这种基金，从而保证投资比例能够维持原有的固定比例。这样不仅可以分散投资成本，抵御投资风险，还能见好就收，不至于因某只基金表现欠佳或过度奢望价格会进一步上升而使到手的收益成为泡影或使投资额大幅度上升。

例如，你决定把 50%、35% 和 15% 的资金分别买进股票基金、债券基金和货币市场基金，当股市大涨时，设定股票增值后投资比例上升了 20%，你便可以卖掉 20% 的股票基金，使股票基金的投资仍维持 50% 不变，或者追加投资买进债券基金和货币市场基金，使他们的投资比例也各自上升 20%，从而保持你原有的投资比例。如果股票基金下跌，你就可以购进一定比例的股票基金或卖掉等比例的债券基金和货币市场基金，恢复原有的投资比例。

当然，这种投资策略并不是经常性地一有变化就调整，有经验的投资者大致遵循这样一个准则：每隔 3 个月或半年才调整一次投资组合的比例，股票基金上涨 20% 就卖掉一部分，跌 25% 就增加投资。

第四，顺势操作投资策略

又称“更换操作”策略，这种策略是基于以下假定之上的：每种基金的价格都是有升有降，并随市场状况而变化。投资者在市场上应顺势追逐强势基金，抛掉业绩表现不佳的弱势基金。这种策略在多头市场上比较管用，在空头市场上不一定行得通。

投资于开放式基金有哪些小窍门？

窍门一，做好长线准备。

窍门二，不要进行过度频繁的操作：有别于投资股票和封闭式基金短线进出的操作方式，开放式基金基本上是一种中长期的投资工具。

窍门三，不要借钱投资。

窍门四，多元化：如果你的资金足够多，你可以考虑根据不同基金的投资特点，分散投资于多个基金。

窍门五，定期检讨自己的需要和情况：尽管我们应该作长线投资，但也需要根据年龄增长、财务状况或投资目标的改变而更新自己的投资决定。

窍门六，确实了解所选择投资基金的特性：在作出投资决定之前，你需要先了解个人的投资需要和投资目标。

封闭式基金的投资技巧

投资封闭式基金时，需要掌握以下一些原则。

第一，关注封转开基金

按照基金契约，封闭式基金一般都有存续期，到期后基金应该清算，投资者拿回基金净值，基金结束。但是，大部分基金管理公司并不愿意就此让一个基金结束，因此封闭式基金转为开放式基金成了绝大多数封闭式基金的选择。把封闭式基金转型为开放式基金，让基金可以继续存在，就叫到期封转开。

实行封转开已经成为眼下即将到期封闭式基金的一致选择，而封闭式基金开放后，二级市场将消失，基金的折价问题也必然会得到解决。

在实施封转开以前，一般都会有一个停牌复牌的过程，基金价格往往会上涨以消除折价率。已经封转开的基金都在这个过程中出现大幅度上涨时，折价率也迅速归零。净值回归、折价归零，这就是封转开带来的投资机会。

第二，关注小盘基金

投资者要关注小盘封闭式基金的持有人结构和十大持有人所占的份额。如果基金的流通市值非常小，而且持有人非常分散，则极有可能出现部分主力为了争夺基金份额而大肆收购的情况，使得基金价格急速上升，这就为投资者带来短线快速盈利的机会。

第三，关注分红潜力

每年年底和第二年年初，封闭式基金的分红或者是分红预期都会对其市场价格产生较大影响。要想把握住封闭式基金的分红行情，就要从多个方面入手。

首先看预期分红规模，在此基础上把握投资机会。根据规定封闭式基金可供分配基金收益中90%以上需要进行分红，因此，预期分红规模其实主要是预期基金的可供分配基金收益，而和可供分配基金收益关系最大的是基金单位净值，能够实现高比例分红的基金首先都是单位净值较高的基金。基金在分红后的单位净值一般不会低于1元。

其次看基金的净值增长率。多数基金习惯于把每年的净值增长都兑换成基金收益。但是要特别注意那些上一年出现大额损失但是本年度业绩优秀的封闭式基金，要考虑到这些基金在弥补基金损失之后的收益才可以进行分红。

此外，封闭式基金投资者还要看每只基金的未分配收益和已实现基金净收益情况。某些基金由于上一年分红比例不高，剩下的未分配收益也较为可观。

牛市买老基，熊市买新基

很多人有疑问，买老基金好还是买新基金好？其实，两者各有优势，视时机而定投资新基金还是买老基金。老基金有它的优势：由于已经有过一段时间运作，透明度比较高，可以更多地了解其之前的投资业绩。就当前的震荡市来说，新基金的优势明显。

基金圈里流传这样一句话："牛市买老基，熊市买新基。"意思是说，如果后市大盘上涨，老基金仓位重，上涨也快，因此在股市大幅上涨阶段，老基金业绩会超过新发基金业绩。反之，如果大盘下跌，老基金受到的影响也最大，在熊市其表现往往不如新基金。2008年老基金的表现远远不如新基金，已经证明了这点。

至于新基金，由于刚发行，投资者只能通过其招募说明书、管理团队和基金公司的实力了解其情况。但是招募说明书再精美，普通投资者并不能看懂其背后的运作情况，新基金风格形成需要一段时间才能研判，业绩到底怎么样也需要观察。所以，从老基金中找到好基金比在新基金中找到好基金要容易得多。另外，老基金在投资风格上更加成熟，其业绩和能力得到较充分体现。

基金分析师普遍认为，震动市场中新基金的优势明显大于老基金。另外，市场分析人士认为，新基金的认购费率也比较低，认购费率一般为1%，而老基金的申购费率往往是1.5%。从这一点上看，买新基金也可以便宜一些。在大盘走势不明的情况下，新基金有6个月的建仓期，它们可以通过拖长建仓期保护本金，静等市场转好时再进行投资。2008年，不少新基金都是通过这种办法取得了良好的收益。而那些已经运作了一段时间的老基金，由于已经有一定的股票仓位，看到新的投资机会也需要先卖掉手中的部分股票，才能买新的股票，因此可能会错过一些投资机会。

对投资者来说，要想掌握好判断新基金的技巧，关键就是要学会"五看"，即：

一看基金经理投资理念及基金经理投资理念是否与其投资组合吻合：了解基金经理的投资理念后，投资者即可大致判断新基金的投资方向。如果新基金已经公布了投资组合，投资者则可进一步考察，一是考察基金实际的投资方向与招募说明书中的陈述是否一致；二是通过对基金持有个股的考察，可以对基金未来的风险、收益有一定了解。

二看基金费用水平：新基金费用水平通常比老基金高。许多基金公司会随着基金资产规模增长而逐渐降低费用。投资人可以将基金公司旗下老基金的费用水平和同类基金进行比较，同时观察该基金公司以往是否随着基金资产规模的增加逐渐降低费用。需要说明的是，基金的费用水平并不是越低越好，低到不能保证基金的正常运转，最后受害的还是投资者。

三看基金经理是否有基金管理的经验：虽然新基金没有历史或者历史较短，但基金经理的从业历史不一定短。投资人可以通过该基金经理以往管理基金的业绩，了解其管理水平的高低。投资者可以从招募说明书、基金公司网站上获取基金经理的有关信息，并对其从业资历进行分析。

四看基金公司是否注重投资人利益：投资人将钱交给基金公司，基金公司就有为投资者保值增值的责任。在历史中，基金公司是否充分重视投资人的利益，应成为投资者考察的重点。

五看基金公司旗下其他基金业绩是否优良：如果基金经理没有管理基金的从业经验，投资者是否就无从判断呢？也不是。投资者可以通过新基金所属的基金公司判断这只新基金的前景。如该基金公司旗下其他基金过去均表现优异，投资者也可以放心购买。

掌握了以上的“五看”，投资者在购买新基金时，就基本不会出错。

第七章

把外币当商品：投资外汇

外汇的简称是“国际汇兑”，通常有动态和静态两种含义。动态的含意指的是把一国货币兑换成另一国货币，一种专门借以清偿国际间债权债务关系的经营活动。而静态的则是指能够用于国际间结算的外国货币及以外币表示的资产。我们通常所讲的“外汇”这一名词是就以这个静态含义来说的。

揭开外汇市场的神秘面纱

全面地了解外汇交易市场，增强投资信心。

1. 概念。外汇市场是指进行货币买卖的市场。从广义讲，外汇市场包括：外汇存单、货币兑换、外贸融资、外币信贷、货币期权、期货合同、外汇远期、外币掉期合同等。外汇市场与其他市场不同，它没有固定的交易场所，没有统一的交易时间，只是由个人投资者、公司和银行组成的、通过计算机和电话连接而成的全球网络运作。

2. 成交量。外汇市场每日的成交量约 1.9 万亿美元，是美国股市和国债市场交易额总和的几倍。然而美国股市和美国国债市场是全球第二大金融市场，可见外汇市场是就全球最大、流通性最强的金融市场。外汇行情每分每秒都在变，特别是在交易密集的时段，单笔交易额普遍能达到 2 亿至 5 亿美元的外汇交易值。

美洲区的美元、欧洲区的欧元、亚洲区的日元为当今世界三大经济发达地区货币的代表，此三种货币之间的买卖构成了全球外汇买卖的主体，其成交量约占全球总成交量的 80% 以上，其他比较活跃的交易货币包括：英镑（GBP）、瑞郎（CHF）、澳元（AUD）、加元（CAD）等。

3. 全天候交易性。由于世界各个国家的时差性，导致了不同国家或不同地区的金融中心在营业时间上存在着一些交叉，造成外汇市场实行 24 小时的全天候交易。金融中心的运作除周末略有间断外，基本上都是昼夜运行的，银行和其他机构每时每刻都在交易。由于时差的原因在全球范围内有的金融中心还未开市，有的金融中心就早已开市交易。如：根据地域时区的划分，每天凌晨，外汇交易首先由亚洲区开始，然后逐步传递到欧洲区及美洲区，等到美洲市场晚上收市的时候，亚洲市场主力早已开始为第二天的开市做准备了。这种传递就是世界金融交易 24 小时都在运作的原因。

4. 组织系统和规则系统。外汇市场由为数不多的大做市（指具备一定实力和信誉的证券经营机构）银行组成，这些做市机构分散在不同的地方，分设在全球众多的金融中心，但机构之间通过电话、计算机和其他电子手段时刻保持密切联系。它们彼此之间进行交易的同时也与客户进行交易。全球经济一体化的趋势使外汇市场成为真正意义上的全球化市场，把全球外汇交易中心变成了一个整体，形成了纽约、东京、加拿大、伦敦、法兰克福、巴黎、芝加哥、苏黎世、米兰等金融中心。

每个国家的外汇市场都有其自身存在的基础条件，而且每个国家针对其外汇市场的运作和相关问题制定有自己的法律、会计制度和规则、银行管理条例，更重要的是创立了自己的支付和结算体系。虽然各国的金融体系和基础设施不尽相同，但全球外汇市场只有一个，并且对所有国家的投资者开放。

5. 新的发展前景。自 20 世纪 70 年代初期以来，随着金融交易的日益国际化，外汇市场无论是在规模、范围还是基础条件等方面都经历了深刻的变化，融合了世界经济和金融体系的结构性变化。

首先是布雷顿森林体系的崩溃，使国际货币体系发生了根本性的变化，越来越多的国家汇率制度由固定体制转向浮动体系，现在每个国家都可以选择浮动汇率，奉行不同的汇率制度或选择符合自身经济体系的操作方法。

其次是全球范围内的金融改革浪潮使得政府管制和限制被废除，此举为金融企业松绑，提高了国内、国际金融交易的自由度，同时也加大了各金融机构之间的竞争。

再次是国际贸易自由化的纵深发展趋势。国际贸易的自由化步伐加快得益于北美自由贸易区、世界贸易组织、美国对华及对日双边贸易的飞速增长等因素。同时技术的进步与发展降低了市场信息成本，加快了实时信息传播速度，便于投资者把握市场机会，快速、准确地交易，极大地提高了金融市场的效率。

由外汇发展带来的衍生市场也发展迅速，使得投资主体多元化，交易方式就实现了质的飞跃。

总之，随着全球范围金融改革的进一步深化，国际贸易自由化的纵深发展，外汇投资的国际化，外汇市场将面临着更良好的发展前景。金融实践的不断创新，信息技术的不断升级，也使外汇市场的发展如虎添翼。

投资者全面地了解外汇交易市场的各种信息，有利于完善其投资意向，增强对投资的信心。

盘点常见外汇交易术语

本节学习和掌握各种外汇交易术语，让你不再做外汇投资的“外行人”。外汇交易术语是由外汇市场发展而衍生的产物，它的出现也促进了外汇市场的发展。由于外汇术语在实际业务中的广泛运用，对于简化交易手续、节省交易时间及费用起到了重要的提高效率的作用。学习和掌握各种外汇交易术语，对于个人外汇投资者来说，将会有力地促进外汇投资水平的提高。

直盘：美元对其他货币的交易。如：美元／欧元，美元／英镑等。

交叉盘：是除却美元之外的两种货币间的交易。如欧元／日元、欧元／英镑、英镑／日元、欧元／澳元等。

卖出价：交易者当前卖出特定货币时可以使用的汇率。

买入价：交易者当前买入特定货币时可以使用的汇率。

升值：当某种货币价格上升时，即称该货币升值。

对冲：用于减少交易商主要头寸风险的头寸或者头寸组合。

Cable（电缆）：英镑对美元汇率的行话。

贸易差额：国家出口总额减去进口总额的差值。

基础货币：投资者用以计账的货币。在外汇交易市场，一般都将美元作为报价用的基础货币。但英镑、欧元和澳元除外。

点差：平台在交易的过程中报出的一个买入价及一个卖出价，点差为两者之间的差价。对于投资者说，点差是在交易过程中必须支付的成本，在不考虑平台整体性能的前理下，点差越小，无疑就是越划算的。

地雷：券商为达到保障自己利益的目的而在交易平台中动的一些手脚，也可能是平台存在严重损害投资者利益的漏洞（或有可能是券商人为有意制造的）。

滑点：此现象一般有两种，一种是在市场波动较激烈的时候，点差或成交价发生变化（这种变化几乎都是不利于客户的），造成的原因可能是由于各个银行提供的报价不同，券商出于保护自己的利益而发生这种情况。要完全避免这种现象是不可能的，这种情况只要不是很过分，还是可以接受的。重点要说的是第二种滑点现象，当你确定交易时，提交的价格在成交后，会向不利于你的价格方向移动了几点，而不是你当时提交的价格。这种现象不会每次都发生，但也不会少见，是平台地雷常见的一种。

做市商：提供报价并准备以报出的买入或卖出价格交易的交易商。

中央银行：指管理国家货币政策的政府或准政府机构。例如：美国联邦储备委员会就是美国的中央银行。

佣金：在交易中给经纪人的费用。

软货币：指在国际金融市场上汇价疲软，不能自由兑换他国货币，信用程度低的国家货币，主要有印度卢比、越南盾等。

硬货币：指在国际金融市场上汇价坚挺并能自由兑换、币值稳定、可以作为国际支付手段或流通手段的货币。主要有：美元、英镑、日元、欧元等。

隔夜交易：指在晚 9 点至次日早 8 点进行的买入或卖出。

当日交易：指在同一个交易日内开立并关闭的头寸。

货币对：由两种倾向组成的外汇交易汇率，例如：欧元 / 美元。

头寸：在金融、证券、期货、股票交易中经常用到的一个词。“建立头寸”在外汇交易中就是开盘的意思，即买进一种货币的同时卖出另一种货币的行为。开盘之后，短了（空头）另一种货币，长了（多头）一种货币。选择恰当的汇率水平和时机建立头寸，是外汇投资赢利的前提。

未结头寸：指任何尚未通过实际付款结清的交易，或指被相同交割日的等量反向交易冲销的交易。

保证金：作为头寸的抵押，客户必须存入的资金。

保证金追缴：由经纪人或者交易员发出的，对额外资金或者其他抵押的要求，以便能保证向不利于客户方向移动的头寸的业绩。那么，客户也可以选择清算一个或多个头寸。

止损：止损是指在交易过程中，当损失达到一定数额的时候，及时平仓（斩仓）出局，结束交易，避免损失的进一步扩大。可以说止损是新手最难攻克的难关，但如果不学会止损，除非鸿运当头，否则几乎注定血本无归。

止损订单：当价格朝你预期的相反方向波动时，为平仓而设置的保护性订单。

即期价格：当前市场价格。即期交易结算通常在两个交易日内发生。

限价订单：以指定价格或低于指定价格买入，或者以指定价格或高于指定价格卖出的订单。揸：买入（源自粤语）。

沽：卖出（源自粤语）。

区间：货币在一段时间内上下波动的幅度。

波幅：货币在一天之中振荡的幅度。

上档、下档：价位目标（价位上方称为阻力位，价位下方称为支撑位）。

持平 / 轧平：既不买空也不卖空同样被称为持平或轧平。交易商如果未持头寸或所有头寸均相互抵消，即为拥有持平账本。

漂单：就是做单后，处于亏损状态，不及时止损或平仓，任由漂着，抱着侥幸心理等待市场回头。

锁单：是保证金操作常用的手法之一，就是揸（买）沽（卖）手数相同。

双向报价：包含同时报出的买入和卖出价格的报价。

同业拆借利率：银行同业隔夜拆借利率。

爆仓：由于行情变化过快，投资者在没来得及追加保证金的时候，账户上的保证金已经不够维持原来的合约了，这种因保证金不足而被强行平仓所导致的保证金“归零”，俗称“爆仓”。

平仓：就是将手中的外币换回本币。比如你原来买入了欧元 / 美元，现在汇价到了你的目标价位，你将手中欧元卖出了结，这个过程叫平仓。

入金：即客户入金。指客户将用于期货交易的资金划入自己在期货公司的交易账户。

出金：即客户出金。指客户将存放在期货公司的自己交易账户中的资金提出（提现或银行划转）。

学习和掌握各种外汇交易术语，对于个人外汇投资者来说，将会有力地促进其外汇投资水平的提高。

外汇交易的四种方式与三大途径

只有了解外汇交易的方式和途径，投资者才能清晰地根据自己的实际情况选择最适合自己的投资模式。

在外汇交易中，一般存在着远期外汇交易、即期外汇交易、外汇期权交易以及外汇期货交易等四种交易方式。

一、远期外汇交易

远期外汇交易跟即期外汇交易相区别，是指市场交易主体在成交后，按照远期合同规定，在未来（一般在成交日后的3个营业日之后）按规定的日期交易的外汇交易。远期外汇交易是有效的外汇市场中必不可少的组成部分。20世纪70年代初期，国际范围内的汇率体制从固定汇率为主导向转以浮动汇率为主，汇率波动加剧，金融市场蓬勃发展，从而推动了远期外汇市场的发展。

二、即期外汇交易

即期外汇交易又可称为现货交易或现期交易，是外汇市场上最常用的一种交易方式，即指外汇买卖成交后，交易双方必须于当天或在两个交易日内办妥交割手续的一种交易行为。占外汇交易总额大部分的都是即期外汇交易，主要原因是即期外汇买卖不仅可以满足买方临时性的付款需要，而且可以帮助买卖双方调整外汇头寸的货币比例，以避免外汇汇率风险。

三、外汇期权交易

外汇期权常被视作一种有效的避险工具，因为它可以消除贬值风险以保留潜在的获利可能。在上面我们介绍了远期外汇交易，其外汇的交割可以是特定的日期，也可以是特定期间。但是，这两种方式双方都有义务进行全额的交割。外汇期权是指交易的一方（期权的持有者）拥有合约的权利，并可以决定是否执行（交割）合约。如果愿意的话，合约的买方（持有者）可以听任期权到期而不进行交割。卖方毫无权利决定合同是否交割。

四、外汇期货交易

随着期货交易市场的不断发展，原来作为商品交易媒介的货币（外汇）也成为了期货交易的对象。外汇期货交易就是指外汇买卖双方于将来时间（未来某日），以在有组织的交易所内公开叫价（类似于拍卖）确定的价格，买入或卖出某一标准数量的特定货币（指在合同条款中规定的交易货币的具体类型，如3个月的日元）的交易活动。

另外，随着外汇市场的不断发展，进行外汇交易的门槛越来越低，你只要有250美元就可在一些引领行业的外汇交易平台只进行交易，也有一些需要500美元就可以开始交易的，低门槛使期货交易在某种程度方便了普通投资者的进入。

想投资外汇市场的朋友们一般可以通过以下三个交易途径进行外汇交易。

一、通过银行进行交易

通过交通银行、中国银行、招商银行或建设银行等这些在国内设有外汇交易柜台的银行进行交易。其时间规定在周一至周五。其交易方式为：实盘买卖、电话交易或挂单买卖。

二、通过境外金融机构在境外银行交易

可通过电话进行交易（免费国际长途）。其交易时间为：周一至周六上午，每天24小时营业。交易方式为：保证金制交易或挂单买卖。

三、通过互联网交易

即这种交易通过互联网进行，其时间为周一至周六上午，每天 24 小时营业。交易方式为保证金制交易，也可挂单买卖。

互联网交易是绝大多数汇民采取的交易途径。但要注意的是，在网上外汇交易平台进行交易是以外汇保证金的制度进行的。方式是：在外汇保证金交易中，集团或是交易商会提供一定程度的信贷额给客户进行投资。如：客户要买 10 万欧元的外汇，只要先付 1 万欧元的押金就可以进行这项交易，当然上限不限，客户愿意多投入多少资金都可以。保证金就是集团或交易商要求客户必须把账户内的资金维持在 1 万欧元，作为维持此项交易的押金。

在保证金制度的前提下，所用的相同的资金可以比其他传统投资获得更多的投资机会，获利或亏损的金额都会相对扩大。投资者如果能灵活地运用各种投资策略，利用这种杠杆式的操作就可以起到以小搏大、四两拨千斤的效果。

在保证金制度下，投入少量的押金就可以运作，所以不会导致一次性投入大量的资金而造成资金的积压，也不怕套牢还可买升或跌相向获利。在时间上，除了周六、日外，投资者可以全天候 24 小时运作。另外，少于五千分之一的手续费使获利的机会更高。

影响外汇的价格的四大因素

影响汇率的因素是极其复杂的，投资者要想立足于外汇市场，将其吃透是根本。

外汇的价格又被称为汇价，就是用一国货币表示另一国家货币的价值，即两种货币之间的兑换比率。外汇汇率不是固定不变的，它会因各种因素的影响而不断变动，这也正是投资者投资外汇市场获利的途径。影响外汇价格的因素有很多，但概括起来，主要因素有经济因素、心理预期因素、信息因素和政府干预因素。

一、影响外汇价格变动的经济因素

1. 一国的经济增长速度。一个国家的经济增长速度是影响外汇价格变动的最基本因素。一个国家国民生产总值增长后会引起国民收入和支出的增长，国民收入的增加会导致进口产品的需求扩张，就扩大了对外汇的需求，本国货币即贬值。而国民支出的增长就意味着国民社会投资和国民消费的增加，其有利于促进本国生产力的发展，刺激出口，增加外汇供给。所以，经济增长会引起外汇价格变动。

2. 国际收支平衡的状况。这是影响外汇价格最直接的一个因素，国际收支中进口小于出口，资金就流入，意味着国际市场对该国货币的需求增加，那么该国货币就会升值。反之，若出口小于进口，资金就流出，国际市场对该国货币的需求就下降，该国货币自然就会贬值。

3. 物价水平和通货膨胀水平的差异。汇率本质上是由货币所代表的实际价值决定的。如果一个国家的物价水平上涨，产生通货膨胀，会促使本币贬值，本国货币的购买能力就要下降。反之，本币就趋于升值。

4. 利率水平的差异。在一定条件下利率对汇率的短期影响还是很大的，利率通过对不同国家的利率差异引起资金的流动，特别是短期资金的流动而对汇率产生影响。在一般情况下，如果两国利率的差异大于两国的远期和即期汇率的差异，此时，资金便会由利率较低的国家流向利率较高的国家，从而有利于利率较高的国家的国际收支。同时也抑制了那个国家的国内需求，使得进口减少，本币升高。

二、影响外汇价格变动的心理预期因素

国际上一些外汇专家认为，外汇交易者对某种货币的预期心理，是决定这种货币市场的外汇价格变动的最主要因素。由于外汇交易者预期心理的形成大体上取决于一国的经济增长率、货币供应量、利率、国际收支和外汇储备的状况、政府经济改革、国际政治形势及一些突发事件等复杂的因素。在这种预期心理的支配下，转瞬之间就会诱发大规模的资金运动。因此，外汇交易者的预期心理带有捉摸不定、十分易变的特点，不但对汇率的变动有很大影响，而且还对解释短线或极短线的汇率波动起着至关重要的作用。

三、信息因素

现代社会的商业竞争打的就是信息战，谁最先掌握了核心信息谁就是赢家。由于现代外汇市场通讯设施的高度发达，交易技术的日益完善和各国金融市场的紧密连接，使外汇交易发展成为一个具有高效率的信息市场。因此，市场上任何风吹草动的微小的赢利机会，都会立刻引起全球范围内的资金大规模的移动，这种赢利机会迅速而来，迅速而去归于消失。在这种情况下，谁能最先趁其他市场参加者尚未了解实情之前就获得有关能影响外汇市场供求关系的信息，谁就可以立即做出反应，抓住赢利机会。由此可见，信息因素在外汇市场日趋发达的今天，对汇率变动已具有相当强烈的影响。

四、影响外汇价格变动的政府干预因素

汇率波动会对一国经济产生重要影响，目前各国政府（央行）为稳定外汇市场，维护自身经济的健康发展和运行，经常要对外汇市场进行宏观调控，因此在一定程度上也会引起汇率的变动。其宏观调控的途径主要有四种：

1. 直接在外汇市场上买进或卖出外汇。
2. 调整本国货币政策和财政政策。
3. 与其他国家联合，进行直接干预或通过政策协调进行间接干预等。
4. 在国际范围内发表表态性言论以影响市场心理。

在浮动汇率体系下，各国央行都尽力使自己国家的汇率政策和货币政策与其他国家相协调，力图达到支持货币市场稳定的目的。

五、投机因素

在 1973 年实行浮动汇率制以来，外汇市场失去枷锁，其投机活动越演越烈。进行投机活动的投机者往往拥有雄厚的实力，他们在外汇市场上推波助澜，使汇率的变动偏离均衡水平。投机者常利用市场变动对某一币种发动攻击，其攻势之强，使各国央行甚至西方七国央行联手干预都无法阻挡。过度的投机活动使外汇市场动荡加剧，歪曲了外汇供求关系。

还有一些因素包括政局的稳定性、政府的外交政策、政策的连续性以及战争、经济制裁和自然灾害等，对外汇市场的影响也是直接而迅速的。

影响汇率的因素是多种多样的：这些因素有时共同起作用、有时个别因素起作用、有时又起互相抵消的作用。由此可见，汇率变动的原因是极其复杂的，因此投资者想要投资外汇市场就一定要先将这些情况全部吃透，千万不可冒进。

你知道几种外汇交易币种?

知识决定了一个人的眼光和高度，对外汇交易来说尤其如此。了解外汇币种是进军外汇市场的基础。

知己知彼，方能百战不殆。外汇交易的本质是不同国家货币之间的兑换，所以个人在进行外汇投资时，首先要对一些主要的外汇交易币种烂熟于胸。但也不是所有的国家的货币都可以自由兑换，在外汇市场上交易的货币品种是以可以自由兑换的货币为基础的，所以只要记住一些主要的货币类型就可以。它们主要有美元、欧元、日元、澳元、英镑、加元、瑞士法郎等。外汇市场的大部分交易也是围绕着这些货币进行的。在此我们要说一下美元，它的国际地位是与它的实力和国际汇率制度形成与发展的历史相联系的。所以在目前的世界外汇市场，大多数货币之间的基石定价以美元为主。

下面就对几种主要的外汇交易币做简单的介绍。

一、美元

发达的美国在世界政治、经济中的强悍地位，决定了美元在世界经济领域中的重要作用。

美元是全球硬通货，各国央行主要的货币储备。它的发行机构是美国联邦储备银行，发行权属于美国财政部。目前市场上流通的美元纸币的形式还是美国 1929 年版。发行的各版

钞票主要是联邦储备券。

美国不仅国内金融资本市场发达，而且同全球各地的金融市场联系紧密。在全球外汇交易中，美元的交易额占 80%，具有重要的国际地位，它是目前国际外汇市场上最主要的外汇。所以要想进行外汇投资，就必须了解美元。美元资金随时能在逐利的目的下在债市、股市、汇市间流动，也随时能从国内流向国外，这种资金的流动对汇市产生着重大的影响。

二、欧元

欧元的诞生源于 1989 年提出的道尔斯计划。欧元由欧洲中央银行发行。欧元纸币由各参与国中央银行责成的欧洲中央银行负责发行。欧元硬币由各个参与国政府负责发行。

1991 年 12 月 11 日，马斯特里赫特条约启动欧元机制，到 1999 年初，十七个欧盟成员国都把它们的货币以固定的兑换比例同欧元联结了起来。在 1995 年 12 月，欧洲委员会将欧洲单一货币改名为欧元“Euro”。自 2002 年 1 月 1 日起，欧洲国家的所有收入、支出包括工薪收入、税收等都要按欧元计算。2002 年 1 月 1 日，“欧元”正式流通，其后欧元区的各成员国原货币从 2002 年 3 月 1 日起停止流通。各参与国中央银行之间要保持互相协调。欧盟政治家推动欧元的潜在意图就是要结束“美元的专制统治”。

另外，欧元走势平稳，交易量大，人为操纵因素较少。因此，从技术角度讲，欧元历史走势比较符合技术分析，对其较长趋势的把握更有效。

三、日元

日元由日本银行发行。日本的经济形态为出口导向型经济，出口是日本国内经济增长的救生稻草，保持出口产品竞争力成为日本习惯的外汇政策。日本央行是世界上最经常干预市场汇率的央行，其干预汇市的能力也较强，好使日元汇率不至于过强。因此，汇市投资者关注日本央行是必需的。与此同时，日本经济与世界经济紧密联系，特别是与其贸易伙伴美国、中国、东南亚地区的联系更是密切。因此日元汇率也较易受外界因素的影响。

四、英镑

英镑由英格兰银行发行，是英国的本位货币单位。由于英国是世界最早实行工业化的国家，所以曾在国际金融业中占据着统治地位，所以英镑也曾是国际结算业务中使用最广泛的货币。但在第一次世界大战和第二次世界大战以后，英国的经济地位不断下降，但基于历史的原因，英国金融业还是很发达，英镑在外汇交易结算中还是占有相当地位的。

五、澳元

澳元由澳大利亚储备银行负责发行，是澳大利亚联邦的法定货币。目前，澳元是国际金融市场上重要的硬通货和投资工具之一。

由于澳元是商品货币也是高息货币，澳大利亚的煤炭、铁矿石、铜、铝、羊毛等工业产品和棉纺织品等商品在国际贸易中占优势地位，因此当这些商品的价格市场上涨时，就会对澳元产生重大的影响。

黄金、石油虽然在生产、出口方面不是澳大利亚的强项，但是澳元和黄金、石油价格的相关性较为明显。近些年来由于代表世界主要商品价格的国际商品期货指数的一路攀升，黄金、石油的价格也大涨，而且一路推升澳元的汇价随之上涨。

六、瑞士法郎

瑞士法郎由瑞士的中央银行发行，是瑞士和列支敦士登公国的法定货币。众所周知，瑞士是的中立国，而且它曾在 2003 年举行了一次全民公决，根据公决的结果，拒绝让欧元成为瑞典的货币。但在瑞士境内也有些商铺、机构通行欧元。但法郎还是他们的法定货币。瑞士法郎是一种传统的避险币种，在世界发生政治动荡时，人们就会将资金投入到瑞士进行避险。说瑞士法郎同黄金价格具有一定心理上的联系，是因为历史上瑞士宪法有过规定，每一

元瑞士法郎必须有40%的黄金储备做支撑，虽然现在这一规定已经失效，但当黄金价格上涨时，还是能在一定程度上带动瑞士法郎的上涨的。

更多的外部因素决定了瑞士法郎汇率的涨跌，但主要还是受美元汇率的影响较大。因为说到底瑞士法郎也属于欧系货币，所以，一般瑞士法郎汇率的走势基本上会跟随欧元汇率的走势。

七、加元

加元即加拿大元，由加拿大银行负责发行。加拿大国家经济主要依赖于农产品和海产品的出口，而加元又是美元集团（指的是与美国经济有密切关系，同时与美国签署自由贸易协定的国家。其中加拿大、拉美和澳洲为主要代表）货币中的一员，而且大部分产品出口于美国，所以美国经济的兴衰对加拿大经济起着较大的影响。加拿大是石油出口国，因此国际石油价格的波动也会对加元产生一定的影响。

个人外汇投资就是与各种币种打交道的活，所以对美元、欧元、日元等的这些常见币种要极其的了解。

外汇交易重在交易平台

外汇交易平台数不胜数，你不见得要选择最好的，但要选择最适合的。

几乎所有的外汇保证金投资者都面临一个相当困难的问题，那就是在进行外汇保证金交易时，如何选择一个好的交易平台。市场上提供外汇交易平台的公司太多了，目前只进入中国的外国保证金公司就大约有几百家，而且咱们自己的国有银行也已经开始开办外汇保证金业务。那么外汇投资者有面临着该怎样找到适合自己的交易平台的问题，其实，只要注意以下方面就可以了。

一、好的监管制度

虽然保证金公司至今没有发生过将客户的保证金赤裸裸地卷走的情况，但风险控制能力较弱的保证金公司在市场出现较大波动时，也不是没有亏钱或者破产的可能。有的保证金公司为了逃避监管，将公司注册在一个小岛上或是注册在根本没有外汇监管机制的国家里。因此，投资者在选择时，监管适度的国家的保证金公司会比较安全，其破产的风险较小，特别是当出现系统性金融风险时，投资者的保护网就有大银行和国家两层了，中小投资者也会得到一定程度的保护。

二、公司要有诚信

现在有很多保证金公司存在道德缺陷。有的保证金平台在海外注册，就认为投资者不可能告它们，经常变换收费标准、变换隔夜利息计算方法、调整点差，甚至制定“霸王”条款。因此，在投资者选择保证金公司时一定要问清楚佣金等的收费标准；交易点差是不是固定，会不会随着行情变化而任意调整；隔夜利息的计算方法会不会任意变动等。在确定选择某一公司前先到网上查一查它们有没有“霸王开店”的“前科”，有没有做过随意变更交易费用的行为。选择一个有诚信的公司才有益于双方的长期合作，投资者赚钱才更稳定。

三、重在稳定性

主要体现在保证金平台本身的性能上，运转的稳定性或其与国际市场（报价）的数据是否一致。必须承认，风险管理水平和能力不同的公司，给保证金平台安装的软件也不同，主要表现在性能和先进程度（服务器大小）上；还因为网络服务器距离中国内地的距离不同，造成各家保证金平台的运转的稳定性差别大。

有的平台就恰恰在国际市场发生大波动时死机，使投资者无法交易，这样的平台不能选。有的平台虽然不死机，但稳定性差，佣金或点差总是随着价格的变动幅度而浮动，这种平台最好不选。有的保证金平台经常发生与国际市场（报价）数据不一致的情况，而且这种情况还往往是单边的，即总是对投资者一方不利。这显然是在交易软件中进行了恶意设置，是将风险转嫁给投资者。这样的平台更不能选。

四、交易成本要合理

目前市场上的各家保证金平台都是收取交易费的。不过其收取的费用千差万别，有的高达20点，有的只有两三点，有的甚至宣称没有点。其实任何保证金交易平台都是必须支付交易成本的，因此，宣称没有成本或收取的成本很低，未必是好事。按正常来说，一般4个点左右是保证金公司维持正常运转的基础保本点；6个点有正常的赢利目的（维持正常的赢利水平对保证金公司和投资者来说非常重要，保证金公司不能赚钱，就要想歪门邪道了）。当然，如果该保证金公司客户很多，交易量非常大，收取4到5个点也能达到很好的赢利目的。总之，只要是高于6个点，就属于费用偏高，而低于3个点就是自欺欺人，投资者就要小心为妙了。

五、交易渠道畅通

出入金渠道即指出金渠道和入金渠道。与出金相比，入金可能更重要，因为保证金交易可能出现必须立刻补仓的需求。如果渠道不畅通，一笔款汇三天才能到，那时投资者的仓可能早就爆了。当然，出金也要求快，但是安全要求更重要。由于保证金公司与客户在大多数情况下都是不见面的，只通过网络保持联系，为了避免公司内部人员“盗窃”客户资金，许多保证金公司都要求客户在要求出金时签署“出金申请”。有的投资者认为这很麻烦，其实这正是在保护投资者自己。投资者最好选择有正规出入金渠道的保证金公司，避免在不正规的保证金公司交易。

六、尽量选择在国内设有代理咨询服务机构的保证金公司

客观地讲，现在在国内代理境外保证金公司业务的机构非常的少，但并不等于没有。有的投资者会选择境外保证金交易平台，但境外保证金平台的服务机构也大都设在国外，如果有什么事需要咨询都打国际长途，那么对于投资者来说也太不公平了。如果国内有代理就好办多了，可以随时帮助客户解决开户、出入金问题，提供各种各样的咨询服务等。所以，对于个人投资者来说，选择在国内有代理咨询服务机构的保证金公司是上上之选。

七、保证金平台设计要人性化

操作简洁、双机备份、电话下单对于投资者来说十分重要。保证金公司的人性化设计是吸引客户的前提，人性化设计越多投资者就越喜欢。如：交易平台的页面设计简洁明了，平台上明示了各个货币对每天的隔夜利息损益；市价、限价、止损、对冲都有；直盘、交叉盘齐备；备选交易币种丰富；具有重点价位提醒功能，界面保留较长时间，便于短线操作；结合交易的看图功能等，这些都方便客户下单操作。还有就是非市价单都不占用保证金，便于资金的最大化使用；多单可以灵活调整平仓顺序；交易单位可以灵活选择，最少是0.1单位；独特的下　单成交单便于客户不实时盯盘操作；只要是限价单没有点差，最大限度地维护了客户的利益。上述这些设计都是为方便客户交易而考虑的，投资者在对保证金平台进行选择时可注意是否有类似设计。

掌握以上七个要点，恰当选择保证金交易平台，这对投资者来说非常重要。

规避外汇投资风险的六大技巧

作为投资者，首先心理上要有一定的抗风险能力，然后在实际操作中也要规避错误操作，将风险降到最低。

投资者在进行外汇交易过程中必须面对的重要问题是对风险的控制和规避。投资有风险，只有控制风险才能减少损失，增加利润。方法就是要做好投资计划，再顺势而为巧妙赚钱。

一、制定投资计划

制定投资计划是投资者要经常性做的重要的工作。在外汇投资过程中也是如此。没有计

划盲目行动，只能导致失败。投资大师乔治·索罗斯曾说过，他可以大谈他的投资哲学，也会谈他的投资策略，但他绝不会谈他的投资计划。因为，那是重要的商业秘密，是核心竞争力的集中体现。每个投资者水平如何，业绩差异多大，最终要落脚在投资计划上。由此可见投资计划的重要性了。投资理念是宏观的，投资策略是中观的，只有投资计划才是微观概念的，是最具体最实际的。

二、建仓资金需留有余地

由于外汇投资的杠杆式效应，建仓的资金会在无形中被放大很多倍，所以建仓时的资金管理就显得非常重要了。建满仓或重仓进行交易的人实际上都是在赌博，必将被市场所淘汰。所以，外汇建仓一定要留有余地。

三、止损是炒汇赚钱的第一招

波动性和不可预测性是市场的固有属性，也是最根本的特征。它是市场存在的基础，是风险产生的原因。交易中所有的分析预测仅仅是一种可能性，依据这种可能性而进行的交易结果自然是不确定的。所以，不确定的行为必须得有措施控制其风险的扩大，而止损就是最得力的措施。

市场的不确定性造就了止损存在的必要性和重要性。它是投资者在交易过程中自然产生的一种本能的保护自己的反应行为，成功的投资者可能有各自不同的交易方式，但止损却是保障他们获取成功的共同特征。

四、市场不明朗决不介入

在外汇市场上要学会等待，特别是在市况不明朗的时候，没有必要每天都入市炒作。初入行者往往热衷于入市买卖，但有经验的投资者则会等待时机。他们在外汇交易的时候，一般都秉持“谨慎”的策略，当他们入市后感到市况不明朗时就会先行离市。

做外汇交易，需要稳扎稳打，切忌存有赌博心态，那些一看到市场状况不明朗，就想着用博的心态赌一把的人，十有八九都要输。而且，外汇保证金的交易方式，具有杠杆放大的效果，赢利可以被放大，亏损同样也会被放大。所以投资者一定要学会在市场不明朗时绝不介入。

五、用好交叉盘，使其成为解套的“万能钥匙”

外汇市场上实盘投资者经常使用的一种解套方法就是做交叉盘，在直盘交易被套牢的情况下，很多不愿意止损的投资者就转而选择交叉盘进行解套操作。

外汇市场中，以美元为汇率基准。美元以外的两种货币的相对汇率就是交叉盘。比如欧元对英镑，澳元对日元等都是交叉盘。平时多数投资者喜欢看直盘，而忽略了交叉盘，其实在套牢时可以在交叉盘上找到解套的机会。例如：如果有投资者做多欧元对美元被套，那他就可以以被套牢的货币作为本币，通过交叉盘买入当前比欧元强势的货币，比如在欧元对英镑中，欧元在跌，英镑在涨，那么就可以买入英镑，通过交叉盘的波段操作，使手中的本币越来越多，达到盈利的目的。交叉盘行情的波动空间较大，任何币种之间都可以自由交易。所以在交叉盘盈利之后，就可以在回到原来的欧元，也可以选择直接回到美元。以此类推，可以转换为任何一种货币上，如日元、澳元等。在获利后再转向欧元，如持有的欧元的数量增加，则交易成功。

交叉盘的操作是两个非美元币种之间的直接买卖，而不需要通过美元进行，这样可以减少点差，降低交易成本。但任何事物都是两方面的，交叉盘也有不可避免的劣势。如果运用得不好将会取得相反的效果。交叉盘尽管波幅大，机会多，但风险同样很大。

六、自律是炒汇成功的保证

华尔街有这样一句名言：市场是由贪婪和恐惧而推动，而克服贪婪和恐惧最好的办法就是自律，如果能真正做到自律，也许你的投资境界就到了一个新的领域。在外汇交易过程中，最大的敌人就是贪婪和恐惧。可以说，贪婪和恐惧才是资本市场最难跨越的屏障。所以，自律是炒汇成功的保证。

对任何一种投资来说，风险与收益同抗风险的能力不仅表现在行动上也表现在心理承受能力上。

投资外汇

外汇交易市场，顾名思义，就是不同国家货币交换的市场。汇率就是在这里决定的。外汇汇率是用一个国家的货币折算成另一个国家的货币的比率、比价或价格；也可以说，是以本国货币表示的外国货币的“价格”。

一、期权型存款

期权型存款则介于两者之间，它的投资期较短，通常为一到三个月。投资者获得的收益除了定期存款利息之外，还附加了较高的期权收益。但是这种外汇投资方式本金也不保障，到期时银行可能会根据市场情况将本金和利息用另一种事先约定的货币支付。

它不保本，但年收益率通常能达到 10% 以上，如果操作时机选择合适，同样是一种期限短、收益高且风险有限的理想外汇投资方式。

二、外汇买卖

外汇买卖俗称“外汇宝”，是通过低买高卖外汇来实现获利的一种外汇投资方式。“外汇宝”推出时间早，是市场上相当流行的投资方式，但风险较大，本金并不保障，盲目进入很容易被“套”。

由于很难判断美元走势，长线投资的获利程度已没有以往那么可靠，而短线投资的收益空间也已大幅缩窄，显然操作难度比较大。

三、外汇理财产品

外汇理财产品与“外汇宝”恰恰相反，最适合大部分不具备专业知识的普通投资者。这类产品通常本金完全有保障，投资者在承担了有限的风险后，即可获得高于普通存款的收益。

外汇理财产品都有一定的期限，投资者一般不可提前支取本金，由此必然将牺牲一定的资金灵活性。但如今的外汇理财产品大都期限较短，收益率又能保持较高水平，投资者在稳定获利的同时还能拥有一定的资金流动性。

相对国际市场利率，国内的美元存款利率仍然很低，但外汇理财产品的收益率却能跟随国际市场利率稳定上升。

四、与利率区间挂钩的结构性存款

这种产品与 IJBOR 利率区间挂钩。其存款期限可设为 M 年，每季结息一次。每一年存款利率都按约定期限 IJBOR 在某一约定区间的天数计息，如果该 LJBOR 利率超过上述规定的利率区间，该日将不计息。

五、与利率挂钩的结构性存款

这种产品与某一利率指标(如LJBOR)挂钩。银行与储户约定: 在一个存款期限内，如3年，第一年固定利率较高，第二三年则为一固定利率水平减去挂钩利率水平。半年付息，银行有权在每半年行使一次提前终止存款的权利。如果挂钩利率上升幅度很小，那么客户将获得较高利息，如果超过一定幅度，将损失利息收入。

六、与汇率挂钩的结构性存款

这种产品是一种结合外币定期存款与外汇选择权的投资组合商品。银行与储户约定：如果利息支付日的实际汇率在客户预期的参考汇率范围内，则按照预先订立的高利率计算利息；如果利息支付日的实际汇率超过客户预期的参考汇率范围，则按照预先约定的低利率计算利息。

由于国际间的贸易与非贸易往来，各国之间需要办理国际结算，所以一个国家的货币，对其他国家的货币，都规定有一个汇率，但其中最重要的是对美元等少数国家货币的汇率。外汇市场与其他市场一样，主要由两大因素决定。

1. 各国货币的价格，这种价格是以各国自己的单位标定的。

2. 货币的供给和需求。

尽管外汇市场上有种种不同的交易，但汇率决定的基本原则是一样的。

新手要掌握的九个外汇投资技巧

对于复杂多变的外汇市场而言，掌握一般的投资策略是必须的，但在这个基础之上，投资者更要学习和掌握一定的实战技巧。在任何投资市场上，基本的投资策略是一致的。一些经过大量实践检验的投资技巧在实战中有很强的指导意义，充满哲理涵义。我们在这里总结了许多汇市高手归纳提倡的 9 条外汇买卖投资技巧，供读者参考，希望投资者能从中获益。

一、主意既定，勿轻率改变

如经充分考虑和分析，预先定下了当日入市的价位和计划，就不要因眼前价格涨落影响而轻易改变决定，基于当日价位的变化以及市场消息而临时作出的决定，除非是投资圣手灵机一闪，一般而言都是十分危险的。

二、逆境时，离市休息

投资者由于涉及个人利益得失，因此精神长期处于极度紧张状态。如果盈利，还有一点满足感来慰藉；但如果身处逆境，亏损不断，甚至连连发生不必要的失误，这时要千万注意，不要头脑发胀失去清醒和冷静，此时，最佳的选择是抛开一切，离市休息。等休息结束时，暂时盈亏已成过去，发胀的头脑业已冷静，思想包袱也已卸下。相信投资的效率会得到提高。有句话，“不会休息的将军不是好将军”，不懂得休养生息，破敌拔城无从谈起。

三、以“闲钱”投资

记住，用来投资的钱一定是“闲钱”，也就是一时之内没有迫切、准确用途的资金。因为，如果投资者以家庭生活的必须费用来投资，万一亏蚀，就会直接影响家庭生计。或者，用一笔不该用来投资的钱来生财时，心理上已处于下风，故此在决策时亦难以保持客观、冷静的态度，在投资市场里失败的机会就会增加。

四、小户切勿盲目投资

成功的投资者不会盲目跟从旁人的意见。当大家都处于同一投资位置，尤其是那些小投资者亦都纷纷跟进时，成功的投资者会感到危险而改变路线。盲从是“小户”投资者的一个致命的心理弱点。一个经济数据一发表，一则新闻突然闪出，5 分钟价位图一“突破”，便争先恐后地跳入市场。不怕大家一起亏钱，只怕大家都赚。从某种意义上说，有时看错市场走势，或进单后形势突然逆转，因而导致单子被套住，这是正常的现象，即使是高手也不能幸免。然而，在如何决策和进行事后处理时，最愚蠢的行为却都是源于小户心理。

五、止蚀位置，操刀割肉

订立一个止蚀位置，也就是在这个点，已经到了你所能承受的最大的亏损位置，一旦市场逆转，汇价跌到止蚀点时，要勇于操刀割肉。这是一项非常重要的投资技巧。由于外汇市场风险颇高，为了避免万一投资失误时带来的损失，因此每一次入市买卖时，我们都应该订下止蚀盘，即当汇率跌至某个预定的价位，还可能下跌时，立即交易结清。这样操作，发生的损失也只是有限制、有接受能力的损失，而不至于损失进一步扩大，乃至血本无归。因为即使一时割肉，但投资本钱还在，留得青山在，就不怕没柴烧。

六、不可孤注一掷

从事外汇交易，要量力而为，万不可孤注一掷，把一生的积蓄或全部家底如下大赌注一样全部投人。因为在这种情况下，一旦市势本身预测不准，就有发生大亏损甚至不能自拔的可能。这时比较明知的做法就是实行”金字塔加码”的办法，先进行一部分投资，如果市势明朗、于己有利、就再增加部分投资。此外，更要注意在市势逆境的时候，千万要预防孤注一掷的心态萌发。

七、忍耐也是投资

投资市场有一句格言说：“忍耐是一种投资”。但相信很少投资者能够做到这一点，或真正理解它的含义。对于从事投资工作的人，必须培养自己良好的忍性和耐力。忍耐，往往是投资成功的一个“乘数”，关系到最终的结果是正是负。不少投资者，并不是他们的分析能力低，也不是他们缺乏投资经验，而仅是欠缺了一份忍耐力，从而导致过早买入或者卖出，招致损失。因此，每一名涉足汇市的投资者都应从自己的意识上认识到，忍耐同样也是一份投资。

八、学会风险控制

外汇市场是个风险很大的市场，它的风险主要在于决定外汇价格的变量太多。虽然现在关于外汇波动的理论、学说多种多样，但汇市的波动仍经常出乎投资者们的意外。对外汇市场投资者和操作者来说，有关风险概率方面的知识尤其要学一点。也就是说，在外汇投资中，有必要充分认识风险和效益、赢钱与输钱的概率及防范的几个大问题。如果对风险控制没有准确的认识，随意进行外汇买卖，输钱是必然的。

九、小心大跌后的反弹与急升后的调整

在外汇市场上，价格的急升或急跌都不会像一条直线似地上升或一条直线似地下跌，升得过急总会调整，跌得过猛也要反弹，调整或反弹的幅度比较复杂，并且不容易掌握，因此在汇率急升二三百点或五六百个点之后要格外小心，宁可靠边观望，也不宜贸然跟进。

保持外汇资产价值

时下拥有外汇的市民越来越多，但国内外汇的投资渠道屈指可数，仅限于B股、“外汇宝”和外币储蓄三种投资品种。就算是风险最小的银行外汇储蓄存款，也可能会由于汇率的波动而导致外汇资产的缩水。因此如何合理地调整外汇存款结构，对于降低投资风险来说，是非常重要的。人民币和外币理财产品收益相差不大。

很多市民都认为，人民币升值了，美元贬值了，是不是就意味着现在应该去购买一些人民币理财产品？尽管目前美元理财产品的收益率大都在5.2%至5.34%之间，而人民币理财产品的收益率基本在3%至3.5%之间，但实际上刨去汇率波动的因素，二者产品的投资回报率相差并不多。

目前美元投资产品的回报率基本比人民币投资产品高2.5%左右，但近期美元投资产品的收益仍会高于美元贬值带来的损失，这部分汇率损失也仅是账面损失，但美元投资收益却是实际的到账收益。

首先，在存款的时候，要考虑利率这一最直观地反映投资收益的因素。一般来说，利率也有一个周期性的波动，交行理财师建议储户在利率水平高的情况下，存款的期限尽量放长；在利率水平低的情况下，存款期限尽量以短期为主。就2003年的利率水平来看，明显是处于低利率水平，因此储户应该以短期1个月或者3个月的存款期限为主，不超过6个月。

其次，不同的币种之间，由于存在汇率波动的因素，因此在选择存款币种的时候，要充分考虑到汇率的情况。就拿美元兑日元来说，如汇率在105 ~ 135的波动内区间，那么如果汇率接近下轨，则长期选择日元存款风险相对比较大，在这种情况下，可以适当减少日元比重，增加美元比重，来降低存款的汇率风险。

另外，在利率水平较低的情况下，选择具有一定风险的外汇宝投资也不失为一种能够适当提高投资收益的好办法。虽然外汇宝风险比较大，但是可以通过优化币种结构和存款期

限来适当降低风险。如果人民币的利率很低而英镑和澳元的利率比较高，一年期利率均为2.5625，半年期的利率也达到了2.1875和2.3125。这样的话，可以30%～50%的存款选择这两种高利率货币，存款期限以半年或1年为主。由于在外汇宝中，最主要的交易汇率是美元兑日元和欧元兑美元，因此余下的存款可以在欧元、日元和美元中选择，结合汇率的走势来选择存款币种，存款期限尽量以1个月为主，欧元由于利率稍高，可以选择3个月。

专业炒汇收益大

目前外汇资产有四个投资渠道可供选择：银行的定期存款；购买外汇理财产品；投资B股市场，或是做个人外汇买卖。

炒汇可以规避一定的个人风险，带来不错的收益。例如美元定期存款的年利率为3%，算下来和人民币定期存款年利率2.25%也差不多，因此市民手中的美元资产通过存款来获益并不理想，而炒汇是一个不错的保值渠道，因为人民币升值是相对于美元的，市民可以通过把美元兑换成欧元、日元等避免汇率风险。

炒汇收益虽然比较好，但炒汇需要相应的专业知识和一定的时间投入，比较适合资金规模较大、有一定抗风险能力的投资者。

理财产品不应只看收益率

年关将至，银行也紧盯老百姓手中相对宽裕的资金，陆续推出了很多理财产品。面对种类繁杂的理财产品，没有一定的金融知识，市民还真难选择。理财产品虽多，但并不是是适合每一个消费者，每款产品都针对不同的客户群。因此，挑选理财产品要把握好是保本型的还是非保本型的。

目前很多市民到银行买理财产品，大多只是关注理财期限和预期收益率，谁家银行产品收益率高，就去买谁。这一点，在中小投资者群里表现得特别明显。其实，银行推出的理财产品都有比较详细的说明书，购买者可以通过银行网站、电话银行或直接到银行网点了解，最好向专业的金融理财师详细咨询，他们对理财产品都比较熟悉，同时还能给客户提供专业的理财建议。

外汇理财的风险规避

如今随着经济国际化以及市场国际化的逐步加强，特别是在我国进入WTO之后，很多企业的经济国际化以及外币性也日趋地明显，其实在巨大利润的背后也同样隐藏着不同的风险，而企业又将如何在收获高利润的同时将风险降到最低，换句话说企业应该如何规避外汇风险技巧呢?

一、合理选择对外经济活动的货币种类

对外贸易和非贸易业务往来中，对外支付应多使用软货币，收汇应多使用硬货币。在对外融资中，应争取使用软货币，以便减轻债务负担。

二、保持外币资产与负债的币种匹配

出口企业应尽可能将成本外币化，如增加国外原材料、零部件和半成品的进口，将部分生产经营活动转移至境外等；利用外资的企业应争取资金的借、用、还使用同种货币。当出现外币借款与内地人民币收入的币种不匹配时，应及时利用外汇市场工具规避汇率风险。在签订对外贸易合同时必须考虑汇率变动因素。

三、提前或推迟结算

企业可以根据对外经济活动的结算货币汇率的走向提前或推迟结算。规避汇率风险。如果预测结算货币相对于本币贬值，内地进口商可推迟进口，或要求延期付款；内地出口商可及早签订出口合同，收取货款。如果预测结算货币升值，内地进口商可提前进口或支付货款；内地出口商可推迟交货，或允许进口商延期付款。

四、合理运用外汇市场避险工具

中国人民银行允许符合条件的非金融企业和非银行金融机构进入即期银行间外汇市场，扩大银行对客户远期结售汇业务范围，允许银行开办人民币对外币掉期业务，为企业规避汇率风险提供更多便利。银行开办的远期和人民币对外币的掉期业务，可用于规避外汇风险。

而实际外汇投资风险包括以下几类：

1. 结构风险。强势货币被换成弱势货币。一家银行曾推出与黄金挂钩的外汇理财产品，其投资期限为 6 个月，产品设定一个价格，6 个月内在此价格区间内即可获益。但是实际上，该产品获利取决于黄金的价格，风险较大。在有的银行产品设计中，到期归还美元本金或其他货币，此时投资者更要事前弄清楚各种货币走势，否则存在一种强势外币投资期满后会被替换成其他强势货币的可能，导致真正的投资收益缩水。

2. 信用风险。附加条件中暗藏玄机。现在有些金融机构在宣传时，将 3 年甚至 5 年的收益加起来告诉投资者，15% 甚至 20% 以上的收益率的确吸引人的眼球，但是其中的信用风险、结构、逆市以及终止和赎回等四大风险，却被营销人员全部忽略了。在购买理财产品时，一定要注意"预期收益、保底收益、累计收益、年收益"这几个极易混淆的关键词，并注意理财产品的附加条件。其中预期收益到期后，并不一定能兑现。

3. 终止和赎回风险。许多银行允许投资者对理财产品进行提前终止和赎回，这是对投资者权利的一个保护，但是有些附加规定，如客户在产品到期前如需赎回，则需要扣除 3% 的本金。而当期预期收益也是 3%，这意味着投资者提前终止的收益就是零。但是当银行提前终止时，银行对自己的惩罚却丝毫不提。银行提前终止，客户可要求更高收益。

4. 逆市风险。收益"雪球"可能越滚越小。有的银行设计的产品是与货币的大势相反的，这样无疑将增加投资者的投资风险。有的产品是"滚雪球"式的收益，下一期的产品收益与上一期紧密相连。这样的产品好处是，在对行情进行正确判断的情况下，投资者的收益会像"滚雪球"一样越滚越大，但是如果对行情判断错误，则收益'雪球'可能就会越滚越小。

5. 国人的投资偏好。目前外汇理财产品多是结构性产品，其中大部分本金将被用于投资固定收益产品，达到保本的目的，剩余资金将被用来投资期权产品，"以小搏大"赢得较高收益。值得注意的是，这些期权产品大多数为看涨期权，上涨得越多，投资者获益越多。在境内市场，"看涨"的市场，总是更能吸引投资者的目光。但问题是，在经历连续数年的牛市之后，国际商品市场走势正变得扑朔迷离。其中，美国发现大油田以来，原油价格和金价联袂跳水，油价一路下滑已跌破 58 美元 / 桶，创下年内低点。尽管不少理财师认为，这种下滑并不一定意味着长期牛市的结束，但在商品价格屡创新高之后，继续看涨的投资者面临的风险也与日俱增。

总的说来，随着内地外汇市场的不断发展，企业可以通过更多的方式管理外汇风险，同时，企业还需强化内部管理。加大技术创新力度，努力降低经营成本，提升出口产品的竞争力，不断提高自身的赢利能力和抗风险能力。

出国留学用汇的多途径汇款

随着市场经济的发展，私购汇网点的不断增加，市民办理出国留学汇款越来越方便。

一、国际卡和旅行支票

对出国留学人员来讲，支付学费、大笔生活费，最方便、快捷的是使用电汇、票汇，但这两种方式也只是银行结算产品中的一个组成部分。现在，越来越多的留学生和海外商务人员采用了银行卡和旅行支票来应付日常的消费和支付。

国际信用卡：信用卡在国外是最主要的支付工具之一。以中行为例，长城国际卡可以"先消费，后还款"，而且通行于全球 200 多个国家和地区的 1500 多万家商户，出国留学者可以在境外持卡在信用额度内透支消费。并享有至少 20 天的免息还款期，而且在境外刷卡消费不收取手续费，还可以用人民币购汇还款。使用国际信用卡可在全球 VISA 等组织的会员银行办理取现业务，更可在全球贴有 PLUS、CIRRUS 标志的 ATM 机上提取当地法定货币。这样就免去了使用现金消费的烦琐和风险。持卡人还可为配偶、父母或经济未独立的子女申领附属卡，共享主卡的信用支

付额度。为了防止附属卡过度透支，主卡持卡人还可以为附属卡设置支付限额。

旅行支票：具有固定面额、全球见票即付、可挂失补偿等优点。在需要紧急用款而到达当地又没有中国银行海外分行的时候，旅行支票就很有用处。

此外，如果要将美元或其他外币兑换成所前往国家的货币，可以通过银行柜台或通过电话、网上银行办理外汇宝，也就是个人外汇实盘买卖业务，以国际外汇市场价格直接兑换，避免汇率损失。

跨国商旅可用旅行支票对于偶尔出国的人而言，旅行支票是个非常不错的选择。对于老人和那些出国求学的学子们，身处异地他乡安全可靠的旅行支票更能省去他们不少麻烦。而在需要大量现金支付的场合，旅行支票优势更加明显。

旅行支票是银行或旅游公司为方便旅行者在旅行期间安全携带和支付旅行费用而发行的一种同定面额票据。购买时，须本人在支票上签名，兑换时，只需再次签名即可。由于，兑换旅行支票时，银行人员会仔细核对客户的护照和两次签名，所以即使丢了的支票也很难被人冒用，况且失主可以立即挂失以保障自己的权益。

二、现汇与现钞

出国留学专用购汇：根据国家外汇管理局的有关规定，客户在取得留学签证后可以凭相关文件前往外汇管理局申请办理出国留学专用购汇，经批准后即可前往银行指定的营业网点（中国银行等）享受购汇服务。按照外汇管理局的规定，出国留学专用购汇的额度高于普通因私购汇的额度。出国攻读正规大学预科以上（含预科）的自费留学生可按年度购买当年学费和生活费所需外汇。而且，第一年购汇必须本人亲自办理。

开具外币携带证：按照国家外汇管理局的有关规定，我国居民可自行携带低于 2000 美元现钞或等值外币现钞过关出境，高于此限额的必须在出境时向我国海关出示外币现钞携带证。出国留学人员一次出境携带总金额等值 2000 美元至 4000 美元（含 4000 美元）的现钞，可凭本人护照、有效签证等材料到中国银行签发《外币携带证》。一次出境携带总金额等值 4000 美元以上。携带人还须凭以上材料先向所在地外管局申请核准批件。

汇出汇款：居民个人现汇账户存款，一次性汇出 10000 美元以下的等值外汇现汇；居民个人外币现钞账户存款或持有外币现钞，一次性汇出 2000 美元以下的外币现钞，直接到银行办理汇出手续：超出上述金额需外管局核准件方可办理汇出手续。

三、票汇与电汇

电汇：汇出行接受汇款人的申请，以加押电报、电传或 SWIFT 方式（目前较多采用 SWIFT 方式），通知收款人所在地的分行或代理行，即汇入行（也称解付，指示其解付一定金额给收款人的一种汇款方式）。选择电汇方式需要提供收款人姓名、开户行名称、地址、账号等相关信息。

票汇：汇出行应汇款人的申请，开立以其分行或代理行为解付行的即期汇票交给汇款人，由汇款人寄给收款人或自行携带出国，由指定的付款行凭票支付一定金额给收款人的一种汇款方式。选择票汇方式只需提供收款人姓名和所在国家及城市名称即可。

票汇和电汇的收费标准有所不同，以中国银行上海市分行为例，客户汇出一笔 2000 美元的现钞，电汇的收费由 150 元电报费（港澳地区 80 元人民币）和最低 20 元的手续费组成（手续费一般为汇出金额的 1%，最高收取人民币 250 元，最低收取人民币 20 元）；如果是票汇就只要收取最低 50 元的手续费。美元现钞还要收取钞换汇的差价费。这样算起来票汇要比电汇便宜许多，但是如果汇票不是本人携带出境就要通过邮寄，会产生邮寄费用及相应风险，同时要是留学城市没有中行网点，还需要办理托收手续，会产生银行间票据托收的费用，票汇的到账时间也比电汇慢。因此，票汇价廉，电汇快捷，各有优势，留学人员可以从自身的需要和所去城市的情况出发，选择合适的汇款方式。

有些市民在汇款时发现同样金额电汇到同一个城市的收费会有不同，这种收费差异是由于银行之间的中转费用产生的，因此选择正确的汇款路线是节省费用的重要步骤。客户汇款前最好请银行为之做合理设计。

“期权宝”和“外汇宝”

“期权宝”简单来说，就是个人客户基于自己对外汇汇率走势的判断，选择看涨或看跌货币，并根据中行的期权费报价支付一笔期权费，同时提供和期权面值金额相应的外币存款单作为担保；到期时，如果汇率走势同客户预期相符，就能获得投资收益。

越来越多的投资者试图通过“外汇宝”的操作来为自己的外汇增值，如何做“外汇宝”呢？这里有一个基本的要点，是初学者必须掌握的。

一、经济指标

外汇市场分析人士通过对于各同经济情况以及经济政策分析和预期，确定合理的汇率水平，并判断当前的汇价是低估还是高估，据此对汇率水平的中长期变化趋势作出预测。

西方主要发达国家几乎每天都会公布新的经济数据，这些经济数据是反映各国经济状况的晴雨表，受到市场的普遍关注。其中美国公布的经济数据尤为全面详尽，通常有准确的时间预告。在数据公布之前，经济分析专家往往已经对数据作出预测。一项重要经济数据的公布结果可能会使外汇市场出现较大的波动。特别是当数据结果与市场预期差异较大的时候，市场往往会迅速做出反应，令汇价大幅度震荡。

因此，与经济分析专家相比，交易员往往更关心每天公布的经济数据，把握入市时机，决定操作的策略。

二、突发事件

投资者要从容搏击汇市，不仅要了解各国家的经济面情况，还要关注一些突发事件。通常汇率对于突发因素反映敏感，大到武装冲突、军事政变，小到政坛丑闻、官员言论，都会在汇率走势上留下痕迹。

比如，市场经常围绕中东局势的变化产生波动，中东冲突紧张的时候，资金流向欧洲货币避险，美元汇率就下跌，局势缓和的时候，避险货币下跌，投资者重新买回美元。

例如 1991 年苏联的八·一九事件。德同与前苏联地区在政治、经济以及地理位置上有着密切的联系，在事件发生之后的短短几天内，美元兑马克汇率上下震荡了 1000 点。投资者纷纷把资金转向美元，把美元看作避险货币。大量的美元买盘使美元兑马克以及其他货币的汇率骤然上升。

这给“外汇宝”投资者的操作带来难度。在这种情况下，投资者不妨坚持两条原则：一是“宁可信其有，不可信其无”；二是“顺势而为”。

三、央行干预

随着外汇市场上投机力量日益壮大，由各种投资基金、金融机构组成的投机力量经常使汇率走势大幅升降，给有关国家的经济带来冲击。

在这种情况下，政府会通过中央银行出面，直接对外汇市场的汇率走势进行必要的干预。

据统计，目前外汇市场的日交易量已经达到了 1.2 万亿美元，相当于全球所有国家外汇储备的总和。一家中央银行即使倾其所有外汇储备来干预市场，也不过是杯水车薪。1992 年，英国中央银行英格兰银行为维持英镑汇率而干预市场，竟然不敌索罗斯的量子基金，损失达十多亿美元。因此在某些情况下，几家中央银行会采取联合行动，以壮声势。从 1994 年至 1995 年，美、德、日等国的中央银行多次联手干预市场，动用数十亿美元资金试图拉抬美元汇价，其中规模大的一次干预行动由 17 国中央银行参加。

令人印象深刻的一次是日本为了推动日元贬值，连续 9 次干预市场，共动用 250 亿美元的资金买入美元，将美元兑日元汇率由 116 附近推到 120 上方。之后美元兑日元一路走高。

“期权宝”和“外汇宝”，两者的共同点是同样适合在国际汇市出现大幅波动时进行投资。区别在于：

1. 投资“期权宝”时，客户作为期权的买入方，享有了到期时是否执行外汇买卖交易的决定权，如果汇率走势一如客户预期，客户即可执行交易，获取投资收益；如果汇率走

势与客户预期相反，客户则可选择放弃执行外汇交易，损失的也仅是在客户承受范围之内的期权费。从理论上来说，客户在承担了有限的资金风险之后，将得到获取极大盈利空间的机会。

2. 操作“外汇宝”的客户经常会遇到这样的尴尬情况：手中持有的货币一路上扬，却无法分享到该货币升值带来的收益：抛得早了怕踏空，抛得晚了怕回调。“期权宝”就完全解决了这个问题，无论客户的存款货币为何种货币（须为中行提供“期权宝”交易的货币），都能任意选择看涨货币和看跌货币，充分享受了自由选择，轻松获利的权力。

3. 中行的“期权宝”还有一个创新功能，即提供中途平盘交易：如果汇率波动一如客户预期，客户完全可以选择中途反向平盘、锁定期权费收益，而不必等到期权到期，以免错过稍纵即逝的机会。即使市况发生逆转，客户也完全可以通过平盘交易减少损失，交易的主动权完全由客户自由掌控。

4. 客户进行“期权宝”交易所提供的存款担保。在交易期间还可同时进行“外汇宝”交易。

利用借记卡出境旅游有技巧

虽然不少准备出境旅游的朋友已经收拾好了自己的行囊，但是你们的购物支付工具也准备好了吗？其实出发前应该仔细地盘算一番，以免出境购物的时候吃亏。这一节就将告诉大家出境游如何巧换货币的技巧。

一、现金购物选准币种

现在出境旅游前可兑换到相应的外币，可供选择的币种主要有美元、欧元或者是港币等。很多人出境时不考虑出行地使用的币种，而是将所有的外汇额度全部换成美元。其实这种做法很不理性。兑换美元出行，还是兑换成出行地的货币，主要依据外汇市场走势情况来决定。这样可以避免汇率转换带来的损失。

二、多次兑换损失大

出发前，先了解出境地货币使用情况，事先兑换好当地货币，兑换时应尽量选择合适的比率，而在境外消费时，则可根据汇率、消费多少及当时环境决定使用何种货币。当人民币对出境地汇率明显上升时，若可以选择人民币消费，应首选人民币。对于比较热门的澳洲游、日本游，建议出门前先换好当地货币。以澳洲游为例，在澳大利亚的当地商场、大型超市一般只以澳元结算，当然，也可随身携带美元和人民币前往，DFS免税店及特色店铺通常也收取此类货币，兑换价格以每天的官方报价为准。

由于兑换比率的不同，为避免多次兑换产生损失，建议外出尽量使用当地货币。同时，在一些小国家，尽量选择手中已有货币，也可小量兑换。在出游新西兰的行程中，除了新西兰机场需交人均25纽币机场建设费外，新西兰许多商店都可以用澳元结算。若大量兑换新西兰纽币，回国后兑换比较麻烦，目前，在各大银行基本没有人民币和纽币的结算。

三、巧用借记卡招数多

有没有省钱的刷卡“路线”呢？事实上，在能刷银联卡的韩、泰及中国港、澳等出游地，使用银联卡刷卡消费，即采用银联网络，中间只需经过一次货币兑换过程，汇率折算最精准，因此也最省钱。

目前，信用卡几乎各家银行均可办理，主要以美元双币卡为主，也有港币、欧元银行卡。出国前咨询自己的发卡银行在境外取现的费率，去收费最少的银行办理一张借记卡，并存入人民币。出国时带一张借记卡和一张双币种信用卡，需要现金时，用借记卡在境外合作银行的ATM机上取现。消费时使用信用卡，并告诉收银员使用银联网络进行支付。根据出游地不同，可选择不同币种的一卡双币银行卡。在欧洲大部分城市的商场、超市均可刷卡，出镜游带欧元双币卡最方便，也最合算。

当进行大额消费时，建议使用借记卡进行消费，因为你存多少进去，你就可以消费多少了。回国后，你的卡账单会显示该还多少人民币。因为当你在境外期间，银联已帮你购汇，没有信用卡的额度限制，并且不收取任何手续费，还免去了前往银行购汇还款的繁琐手续。目前在境外消费，是不会收取任何费用的。

据悉，现在中国银行柜面可以兑换的境外货币，有美元、英镑、欧元、港币、日元等13种。在回来时，要尽可能地将硬币换成纸币，目前国内银行尚不兑换硬币。

出国留学换购外汇

面对人民币的持续升值，留学生家长为孩子换购外汇，怎么才能做到既省钱又省心？每年的8月底、9月初都是学生出国留学的高峰期，在这个时间段，使手里的钱得到最优利用，成了学生和家长们最关心的话题。

一、热门国家留学换汇攻略

美国：带美元出国方式一般有3种：随身携带美元现钞、开汇票或买美国运通公司旅行支票。

直接带美元现钞风险大，不提倡。开汇票可到中国银行等办理，缺点是要到美国后去银行开户，再存进去方能使用。而留学生到美国需有社会安全号才能在银行开户，曾有学生到美国3个月后才拿到社会安全号。

英国：该国学校收学费方式各有不同，但银行汇票、国际信用卡、电汇或旅行支票、现金等付费方式一般学校都会接受。

学生在支付学费时，最好使用银行汇票，既方便手续费又低。生活费可用银行汇票或随身携带国际卡。在国内办理国际信用卡只能存美元，部分银行有美元和人民币双币业务。

爱尔兰：爱尔兰使馆签证处和中国光大银行签有合作协议，光大银行可为赴爱尔兰留学人员量身定做一站式安全、快捷的专业化金融服务，学生在光大银行办理环球汇票、境外电汇和购买旅行支票等，可享受汇款手续费优惠等众多优惠。

澳大利亚：学生持澳洲有效学生签证和通知书复印件，可到当地中国银行最大的分行换汇。家长可在银行给学生办理旅行支票或汇票，学生到澳洲后在当地合作银行换兑即可。同时，学生临行前最好随身换3000 ~ 5000澳元以备抵埠需要。建议家长首先选择在国外有支行或合作伙伴的银行，如中国银行、建设银行、中信银行等。

二、利用差价分期换汇更划算

既然“省钱”已经成为目标，那么如何省更多的钱则是门学问。从历年换汇业务来看，每年的换汇高峰一般从国外学校开学前两个月开始，所以开始为出国留学做准备的学子们不妨稍微花点功夫研究换汇小窍门，可能会有额外的收获。

理财专家表示，许多银行都有外汇买卖业务，学子们完全可以利用该业务在换汇中节省一些支出。因为，银行的外汇人民币牌价是一天一个价钱，而外汇买卖的汇率又是随时随地在变化的。

例如，需要换取1万澳大利亚元，按照银行某日的人民币牌价，需要支出人民币49080元，而如果选择外汇买卖，换取美元的话，情况就不同，按照某日的汇率0.5862/0.5892，1万澳大利亚元需要支出5892美元，而5892美元的换汇只需支出人民币48844.09元，这样就可以节省人民币235.91元。

另外，许多客户在换汇后，往往都选择电汇这种汇款方式，而忽略了其他汇款方式。

其实，票汇也是一种很好的汇款方式。如果首次出境在国外尚未开立银行账户，而所去留学的城市正好有中国银行，那票汇将是不错的选择，因为它携带方便，并可以节省费用。

例如，去英国伦敦留学，学费1万英镑，在换汇后，选择电汇将支付手续费人民币283.20元，而票汇只需手续费人民币133.20元。如果选择电汇，最好选择收款行为中信银行的签约银行，这样将省去汇款的中转费用，加快款项到账的时间。

三、牢记三个关键词

无论兑换哪个国家的货币，客户首先要注意当地外管局对于一次性换汇的上限规定。同时特别提醒出国留学换汇须牢记三个关键词——5万美元、5000美元、换汇材料。

对于即将赴海外求学的留学人员来说，5000美元这个额度也必须注意，因为这是留学人员携带外汇现钞的上限。除了固定的学费外，留学人员在国内换汇时，可以将其中生活费的一部分换成外币现钞，随身携带不超过等值5000美元的外币现钞出境。

上述三个因素的确是换汇前必须知晓的“规矩”。首先，办理出国留学换汇，等值5万美元的外汇数额是一个标准。若购汇金额在年度总额内（即每人每年等值5万美元），凭本人身份证明向银行申报用途后，即可办理。若购汇超过年度总额，银行按外汇管理规定审核本人真实需求凭证后，可办理购汇。若留学生购汇额度高于5万美元，就要到当地外汇管理局审批，审批获准后，留学人员持外管局开立的购汇证明才可到银行购汇。

另外，去银行换汇，材料一定要带齐全。第一学年要带齐因私护照、有效签证、写明姓名的正式录取通知书、收费通知书及翻译件、身份证或户口簿。第二学年需要带的材料包括：本年度收费通知、上一学年或学期的缴费证明、本人委托书、学生证等在读证明、因私护照及有效签证复印件、本人或代办人身份证或户口簿。

人民币升值时外汇理财秘方

2007年以来，受人民币加息预期升温及美联储降息等因素影响，人民币对美元汇率持续走高，人民币升值的速度明显加快。人民币升值时怎样对外汇进行理财成了热爱外汇人士关注的热点。

QDII产品投资须谨慎

各银行外汇理财产品层出不穷，不管如何花哨，对于老百姓来说，收益高一点、风险低一点才是真理。许多投资者反映，外汇理财产品看不懂，不知道到底投资什么。理财专家指点，投资不熟悉的产品关键是把握好四点：投资方向、投资收益、是否保本、投资期限。

由于QDII产品可分享境外投资收益，既可用人民币投资，也可用外汇投资，受到投资者的追捧。

美元可尽早结汇

从事外贸工作的杨先生，有5万美元存在银行已经一年了，并且今后相当长一段时间内没有使用美元的计划。理财师建议，从投资收益角度考虑，如果短期内不出国使用外币的话，最简单的做法就是尽早结汇，把手中的美元换成人民币，以减少“资金缩水”。

面对人民币每年的升值幅度大约在5%左右。因此，杨先生的美元存款一年多没做其他投资，实际上在人民币升值这方面已经缩水，5万美元 ×5%：2500美元，相当于损失人民币2万元左右。

理财专家表示，在国家外汇管理局放宽外汇兑换政策后，市民每年可总换不超过5万美元，一般的出国事务基本可以满足需求。因此，市民只要没有短期外汇需求，可以考虑把手中美元结汇。

选择购买外汇产品

人民币升值是相对于美元的，除了结汇以外，投资者可以将美元兑换成欧元、日元等方式实现保值，或者通过炒汇实现保值增值。但这些需要投资者有一定的金融知识，特别是炒汇。

投资者可通过银行的外汇报价系统，以各外币种之间的买卖赚取收益，实现外币资产的保值增值。

此外，各家银行都有外汇理财产品，收益率略高于存款利息，如果握有外币的市民不想兑换的话，购买外汇理财产品也是一个不错的投资渠道。

总体而言，人民币升值对普通百姓的消费影响目前并不算大，但在投资理财方面却有值得重视的问题。专家提醒说，个人在选择银行外汇理财产品时，应尽量选择期限较短或客户有优先终止权的产品，这样就可以在提高收益的基础上减少风险。据了解，许多银行推出的外汇理财产品最高预期收益可达30%，虽然不一定能最终实现，但未尝不是市民避免外汇资产缩水的一个方法，尤其适合于没有金融专业知识或没有时间的一般投资者。

投资须防汇率风险

理财专家提醒，如果投资者现在用人民币购买外汇理财产品或者投资 QDII 等产品，一定要考虑到汇率风险。人民币升值，会导致一些外汇理财产品隐性降低收益率，特别是美元理财产品。因为这些外汇理财产品在到期后，将兑换成人民币返还给投资者，收益率就会受到汇率的影响。

按人民币的年升值幅度为5%推算，意味着外币理财的收益必须在5%以上，投资者才会产生收益。其实这也是近年部分外汇理财产品出现零收益甚至负收益的原因。不过，也有部分外汇理财产品设置了汇率保护条款，只要人民币升值不超过规定幅度，收益就不受汇率的影响。

善用外汇期权

国内可以合法交易的外汇期权，一般指的是客户向银行买入或出售的在未来某一时刻或一定期限内以特定的汇率购进或卖出一定数额的某种外汇的权利，它通常以标准合约的形式出现。期权的买方有锁定的成本以及无限的获利可能，而期权的卖方则有固定的获利和无限的亏损可能。

银行获取的是每手0.07元的差价，而对于投资者而言，则主要是通过期权合约价格（期权费）的波动获利。投资者看涨某种货币，即可以买入该货币看涨期权。实盘涨，期权费即涨；实盘跌，期权费即跌。

面对外汇市场的新变化，银行专业人士提醒持有美元等外汇的投资者，为了不让外币资产缩水，结汇或购买外汇理财产品比较划算。

第八章

“敢”字当头：投资期货

期货投资是在期货市场上以获取价差为目的的期货交易业务，又称为投机业务。之所以说“敢”字当头，是因为期货市场是一个形成价格的市场，供求关系的瞬息万变都会反映到价格变动之中，用经济学的语言来说的话，期货市场投入的原材料是信息，产出的产品是价格。对于未来的价格走势，在任何的时候都会存在着不同的看法，这其实和现货交易、股票交易是一样的。有的人看涨就会买入，而有的人看跌就会卖出，最后预测正确与否市场会给出答案，预测正确者获利，反之亏损。

什么是期货?

期货事实上就是一种合约，它并不是具体的货物，而是一种将来必须要个履行的合约。合约的内容是统一的、标准化的，唯有合约的价格，会因各种市场因素的变化而发生大小不同的波动。通俗而言，这个合约对应的“货物”称为标的物，而期货所要炒的那个“货物”就是标的物，它是以合约符号来体现的。实际上期货交易就是对这种“合约符号”的买卖，通常都是广大期货参与者，看中期货合约价格将来可能会产生巨大差价，依据各自的分析，进而搏取利润的交易行为。从大部分交易目的而言，也就是投机赚取“差价”。

我们要注意一点，现在成交的期货合约价格，是大家希望这个合约将来的价格变动（通常几天或几个月），因此它不一定等于今天的现货价。

一、期货交易和现货交易的区别

期货交易与现货交易不同，尽管它们都是一种交易方式，真正意义上的买卖、涉及商品所有权的转移等，但区别也是不少的：

1. 交易的目的不同。现货交易是一手钱、一手货的交易，马上或一定时期内获得或出让商品的所有权，是满足买卖双方需求的直接手段，期货交易的目的一般不是到期获得实物，套期保值者的目的是通过期货交易转移现货市场的价格风险，投资者的目的是为了从期货市场的价格波动中获得风险利润。

2. 买卖的直接对象不同。现货交易买卖的直接对象是商品本身，有样品、有实物、看货定价。期货交易买卖的直接对象是期货合约，是买进或卖出多少手或多少张期货合约。

3. 交易场所不同。现货交易一般不受交易时间、地点、对象的限制，交易灵活方便，随机性强，可以在任何场所与对手交易。期货交易必须在交易所内依照法规进行公开、集中交易，不能进行场外交易。

4. 交易方式不同。现货交易一般是一对一谈判签订合同，具体内容由双方商定，签订合同之后不能兑现，就要诉诸于法律。期货交易是以公开、公平竞争的方式进行交易。一对一谈判交易（或称私下对冲）被视为违法。

5. 结算方式不同。现货交易是货到款清，无论时间多长，都是一次或数次结清。期货交易实行每日无负债结算制度，必须每日结算盈亏，结算价格是按照成交价加权平均来计算的。

6. 商品范围不同。现货交易的品种是一切进入流通的商品，而期货交易品种是有限的。

主要是农产品、石油、金属商品以及一些初级原材料和金融产品。

二、期货合约

期货合约指的是期货交易的买卖对象以及标的物，它是由期货交易所统一制定的，规定了某一特定的时间和地点交割一定数量和质量商品的标准化合约，期货价格则是通过公开竞价而达成的。

一般期货合约规定的标准化条款有以下内容：

1. 标准化的商品质量等级。在期货交易过程中，交易双方就无需再就商品的质量进行协商，这就大大方便了交易者。

2. 标准化的数量和数量单位。比如上海期货交易所规定每张铜合约单位为 5 吨。每个合约单位称之为 1 手。

3. 标准化的交割期和交割程序。事实上期货合约具有不同的交割月份，交易者可自行选择，一旦选定之后，在交割月份到来之时如仍未对冲掉手中合约，就要按交易所规定的交割程序进行实物交割。

4. 标准化的交割地点。通常期货交易所在期货合约中为期货交易的实物交割确定经交易所注册的统一的交割仓库，以保证双方交割顺利进行。

5. 交易者统一遵守的交易报价单位、每天最大价格波动限制、交易时间、交易所名称等。

三、期货交易结算

期货交易结算指的是交易所结算机构或结算公司对会员和对客户的交易盈亏进行计算，计算的结果作为收取交易保证金或追加保证金的依据。所以说结算指的是对期货交易市场的各个环节进行的清算，既包括了交易所对会员的结算，同时也包含会员经纪公司对其代理客户进行的交易盈亏的计算，其计算结果将被记入客户的保证金账户中。

期货市场的种类及显著特性

在期货市场中，博弈各方都有其各自不同的命运，只有符合游戏规则的人才不会被淘汰。

1. 期货概念及来源：交易双方不必在买卖发生的初期就交收实货，而是共同约定在未来的某一时候交收实货，其英文为 Futures，即由“未来”一词演化而来，因此就称其为“期货”。

期货由民间的口头承诺和买卖契约走向正式化道路是在 1985 年，芝加哥谷物交易所推出了一种被称为“期货合约”的标准化协议之后。在中国，期货品种主要分为商品期货和金融期货两种。中国期货市场在中国的诞生是源于粮食流通体制的改革。随着国家取消对农产品的统购统销政策、农产品正式迈入市场化时代，市场对农产品生产、流通和消费的调节作用越来越大，但因农产品价格的大起大落和现货价格的不公开或失真现象，粮食企业又缺乏保值机制，所以这些问题引发了期货市场在中国的诞生。

2. 交易场所的种类。期货交易也有其固定的交易市场。期货市场基本上是由四个部分组成的，包括期货交易所、期货结算所、期货经纪公司以及期货交易者（包括套期保值者和投机者）。

一、期货交易所

期货交易所是为期货交易提供一个有组织有秩序和交易规则的非营利机构而存在的，它保证期货交易公开、公正、公平地进行。它不仅要求使交易有秩序进行，在提供统一的交易规则和标准的同时也提供良好的通讯信息服务，而且还须使交易有保证作用，所以要提供交易担保和履约保证。实行公开场所的交易所一般都采用会员制，其入会条件都很严格。不过各交易所都有自己具体的规定。如想加入首先要向交易所提交入会申请，然后交易所会调查申请者的财务资信状况，通过考核后，提交理事会，经其批准方可入会。交易所的会员席位一般可以转让。

交易所的董事会或理事会一般由会员大会选举产生，最高权力机构是会员大会。交易所总裁由董事会聘任，总裁负责交易所的日常行政和管理工作。期货交易所的一切收入都来源于会费。目前中国国内上市的期货交易所有：大连商品交易所、郑州商品交易所、上海期货交易所、中国金融期货交易所。

二、期货结算所

期货结算所的组成形式大体有三种：第一种是结算所隶属于交易所，只有一部分财力雄厚的交易所会员才成为结算会员；第二种是结算所独立于交易所之外，成为完全独立的结算所；第三种是结算所隶属于交易所，交易所的会员也是结算会员。期货结算所大部分实行会员制。结算会员须缴纳全额保证金存放在结算所，以保证结算所对期货市场的风险控制。期货结算所主要履行的责任是负责期货合约买卖的结算；监督实物交割；承担期货交易的担保；公布市场信息。

三、期货经纪公司

期货经纪公司（或称经纪所）是交易所与众多交易者之间的桥梁，是客户参与期货交易的中介组织。其主要功能是拓宽和完善交易所的服务，同时又为交易者从事交易活动向交易所提供财力保证。期货经纪公司在代理客户期货交易时要收取一定的佣金。在期货市场构成中，一个规范化的经纪公司要做到遵守国家法规和政策，服从政府监管部门的监管，具备完善的风险管理制度，恪守职业道德，维护行业整体利益，严格客户管理，经纪人员素质高，严格区分自营和代理业务等条件。

四、期货交易者

我们将期货交易者根据其参与期货交易的目的划分为：投机者和套期保值者。投机者又叫风险投资者，他们愿意承担价格波动的风险。希望以少量的资金来博取更多的利润。投机的做法远比套期保值复杂得多。在期货市场上，投机者的参与，其回避风险和发现价格两大功能得到了充分实现，增加了市场的流动性。

套期保值者从事期货交易的目的是利用期货市场进行保值交易，确保生产和经营的正常利润，以减少价格波动带来的风险。较适合做这种套期保值投资的人一般是生产经营者、贸易者。

显著特征。期货市场有三个显著的特性：

1. 期货交易双向性。期货交易与股市交易的一个最大区别就是期货可以进行双向交易，做期货的人在买空时也可以卖空。做多可以赚钱，而做空也可以赚钱；价格上涨时可以低买高卖，价格下跌时可以高卖低补。所以人们说期货永无熊市。

2. 期货交易的对抗性非常强。期货交易是一种极具对抗性的竞争方式。期货市场和战场非常相似，它残酷、激烈，胜者为王。

3. 期货交易的杠杆作用。杠杆原理是期货投资魅力所在。期货市场里交易无须支付全部资金，目前国内期货交易只需要支付5%保证金即可获得未来交易的权利。由于保证金的运用，原本行情被以十余倍放大。所以一个好的期货交易者不仅需要敏锐的嗅觉以及超强的判断力和分析能力，还需要有足够丰富的经验。

每一个市场都有其游戏规则，投资者在介入任何一个市场时重在了解所有的参与者，所谓知己知彼，百战不殆。

了解期货交易常用语

掌握期货交易常用语，做期货市场的行家。

保证金：指期货交易者开仓和持仓时须交纳的一定标准比例的资金，用于结算和保证履约。

开仓：开始买入或卖出期货合约的交易行为称为“开仓”或“建立交易部位”。

持仓量：某商品期货未平仓合约的数量。

平仓：卖出以前买入开仓的交易部位，或买入以前卖出开仓的交易部位。

穿仓：指期货交易账户中：浮动赢亏＝总资金－持仓保证金，即客户账户中客户权益为负值的风险状况，也即是客户不仅将开仓前账户上的保证金全部亏掉，而且还倒欠期货公司的钱。

移仓：由于期货合约有到期日，若想长期持有，需通过买卖操作将所持头寸同方向的由一个月份移至另一个月份。

期货合约：由期货交易所统一定制订，规定在将来某一特定的时间和地点交割一定数量和质量实物商品或金融商品的标准化合约。

主力合约：某品种系列期货合约中成交最活跃或持仓量最大的合约。

交割：指期货合约到期时，根据期货交易所的规则和程序，交易双方通过该期合约所载商品所有权的转移，了解到期未平仓合约的过程。

现货月：离交割期最近的期货合约月份，又称交割月。

结算价：以交易量为权重加权平均后的成交价格。

结算：只根据期货交易所公布的结算价格对交易双方的交易赢亏状况进行的资金清算。

出市代表：又称“红马甲”，指证券交易所内的证券交易员。在早期没有远程自助交易，所有的客户交易指令都要先通过电话报给交易员，再由交易员敲进交易所的交易主机内才最后成交。

升（贴）水：1. 指某一商品不同交割月份间的价格关系。当某月价格高于另一月份价格时，我们称为高价格月份对较低价格月份升水，反之则成为贴水；2 当某商品的现货价格高于该商品的期货价格时，亦称之为现货升水；反之则称之为现货贴水；3. 交易所条例所允许的，对高于（或低于）期货合约交割标准的商品所支付的额外费用。

要想在期货交易中如鱼得水，就要了解期货交易常用语。

期货交易技巧

“闲钱投机，赢钱投资”，这应该是每一投资者的座右铭。同样期货交易也要遵守这个法则。对于市场突如其来的变化，一定要控制情绪，沉着应对。下面我们就具体了解一下期货交易的技巧：

一、要顺势而行

其实很多的交易者最容易犯的错误就是从本身的主观愿望出发买卖，明明大市气势如虹，一浪比一浪高的上涨，再猜想已到行情的顶部，强行去抛空；眼看走势卖压如山，一级比一级下滑，却以为马上要反弹了，这样贸然买入的话，结果也就当然是深陷泥淖，惨被套牢。

顺市而行要转身快。没有只升不跌的市，也没有只跌不升的势。原来顺而行，一旦行情发生大转折，不立即掉头，“顺而行”就会变成“逆而行”。一定要随机应变，认赔转向，迅速化逆为顺，顺应大市，才能重新踏上坦途。

事实上行情向上升或者向下滑的时候，这本身其实也已经揭示了买卖双方的力量对比。向上表示买方是强者；向下显示卖方占优势。常言道：“识时务者为俊杰”，我们如果顺着大市涨跌去买或卖，就是站在强者一边，大势所趋，人心所向，胜算自然较高。相反，以一己“希望”与大市现实背道而驰，等于同强者作对，螳臂挡车，哪有不被压扁之理！我们就以外汇为例，全球一天成交量达一万亿美元以上，就算你投入几千万美元开户做买卖，都不过是沧海一粟，兴风作浪没资格，跟风赚点才是上策。

二、冲破前市高低点

通常一个成功的交易者，对大势不作主观臆断，并不是“希望”大势怎样走，而是由于大势教自己去跟。一个秘决其实也就是从冲破前市高低点去寻求买卖的启示：

冲破上日最高价就买入，跌破上日最低价就卖出；升过上周最高点就入货，低于上周最低点就出货；涨越一个月之顶就做多头，跌穿一个月的底就做空头。

通常我们所说的的“顺势而行”其实就是期货买卖的重要原则，但是最难掌握的却是对大势的判断。别说整个大走势呈现出曲折的、波浪式的轨迹，就以即时走势来说，升升跌跌，也是相当曲折。

事实上期货走势是千变万化、错综复杂的。冲破前市的高低点决定买卖也并不是次次都能灵验的。低开高收，高开低收，什么样的事情都会发生。但是历史的经验总结下来，十次有六次通常是这样就值得参考采用了。

三、重势不重价

每个人都一样，我们在现实生活当中的购物心理总是会希望能够便宜些，售货心理总是希望卖得昂贵些。而很多的期货交易者之所以会赔钱，事实上也正是由于抱着这种购物、售货心理，重价不重势，犯了做期货的兵家大忌。

期货买卖是建立在这样的基础上：通常价格现在看来也是便宜的，但是预计未来的价格趋势会变得昂贵，所以说为了将来的昂贵而买入；价格现在看来是昂贵的，但预期未来的价格趋势会变得便宜，因此为了将来的便宜而卖出。

其实所谓“重势不重价”，全部的意义也就在于：买卖其实也就要着眼将来，而不是现在！

四、不要因小失大

其实许多交易者在期货买卖操作中，总是会过于计较价位，买入的时候也就非要降低几个价不可，卖出的时候却总想着卖高几个价才称心。这种做法往往因小失大，错失良机。

一定要记住不要太计较价位，这其实并不等于鼓励盲目追市。而盲目追市是指涨势将尽时才见高追买或跌势将止时才见低追卖；不要太计较价位是指一个涨势或跌势刚确认时，入市要大刀阔斧，属掌握先机，两者是不同的概念，不能混淆。

事实上，计较价位有一个危险，就是非常容易导致逆市而行。因为在一个涨势中，如果你非要等便宜一点才买的话，只有走势回跌时才有机会；而这一回跌，可能是技术性调整，也或许是一个转势，让你买到便宜货不一定是好事。反过来，在一个跌势当中，如果你硬要坚持高一点才卖空，也就是要走势反弹时才有机会，而这一反弹，或许就是大跌小回，也可能是转市，让你卖到高价也不知是福是祸。贪芝麻丢西瓜往往在这种情形下发生。

期货交易的六大特点及合约组成要素

期货交易是有着鲜明的特征，是一种不同于其他交易的特殊交易。只有在投资前扎扎实实做好功课，才能成功。

期货交易的实质是通过买卖合同来获利，而不必等到实物交割时再获利。即是商品生产者为规避风险，将现货交易转换成了远期合同交易。在早期的期货交易中，交易者们都要集中到商品交易场所后交流市场行情，寻找交易伙伴，谈妥后通过拍卖或双方协商的方式签订远期合同，再等合同到期后双方以实物交割来了结义务。后来在频繁的远期合同交易中交易者发现：由于汇率、利率或价格波动，合同本身就具备价差或利益差，因此为适应期货业务的发展，期货远期合同交易应运而生。

因此它具备了以下一些基本特征：

一、商品特殊化

许多适宜于用现货交易方式进行交易的商品，并不一定适宜于期货交易。期货交易对于期货商品表现出选择性的特征。商品是否能进行期货交易，取决于以下四个条件：一是商品的拥有者和需求者是否渴求避险保护；二是商品能否耐贮藏并运输；三是商品是否具有价格风险即价格是否波动频繁；四是商品的质量、规格、等级是否比较容易划分。只有符合上述条件的商品，才能作为期货商品进行期货交易。

二、合约标准化

由于期货交易的实质是通过买卖期货合约进行，因而期货合约就必须是标准化的。这种标准化体现在要预先规定好要进行的期货交易的商品数量、质量、等级等，除此之外只有价格是变动的。期货合约的标准化，简化了交易手续，降低了交易成本，最大限度地减少了交易双方因对合约条款理解不同而产生的争议与纠纷。这也是期货交易与现货远期交易想区别的一个重要特征。

三、交易经纪化

期货交易不是由实际需要买进或卖出期货合约的买方或卖方在交易所内直接见面进行交易，而是经由场内经纪人下达指令进行交易，即出市代表代表所有买方和卖方进行交易，最后所有的交易指令也都由场内出市代表负责执行。交易经纪化使交易简便，寻找成交对象十分容易，提高了交易效率。

四、场所固定化

期货交易一般不允许进行场外交易，要求在依法建立的期货交易所内进行，这是由于期货的有组织、有秩序性、公平公正公开的原则决定的，因此期货交易是有高度组织化的。期货交易所是非营利组织，旨在提供期货交易的场所与交易设施，方便买卖双方会聚进行期货交易。期货交易所本身并不介入期货交易活动，它只是制定交易规则，充当交易的组织者，所以也不会干预期货价格的形成。

五、交割定点化

期货交割必须在指定的交割仓库进行。在国外，成熟的期货市场运行经验表明，在期货市场进行实物交割其成本要高于直接进行现货交易的成本，所以包括套期保值者在内的交易者多以对冲了结手中的持仓，即期货交易的“对冲”机制免除了交易者必须进行实物交割的责任。交易者最终进行实物交割的占很小比例。

六、保证金制度化

期货交易为了为所买卖的期货合约提供保证需要缴纳一定的保证金。按照交易所的有关规定，交易者在期货市场开始交易前必须缴纳一定的履约保证金，并在交易过程中维持这个最低保证金水平。保证金制度的实施，不仅使期货交易具有“以小搏大”的杠杆原理，而且使得结算所、交易所双方为经结算后的交易提供履约担保，以确保交易者能够履约。

期货合约的组成要素

一般期货合约规定的标准化条款有以下几个要素：

1. 期货合约的要素。

（1）交易数量和数量单位，每个合约单位称之为1手。

（2）交易商品质量等级。

（3）交易的交割地点。期货交易所在期货合约中为期货交易的实物交割确定经交易所注册的统一交割仓库，以保证双方交割顺利进行。

（4）交割期和交割程序以及最后交易日。期货合约具有不同的交割月份，交易者可自行选择，一旦选定之后，在交割月份到来之时如仍未对冲掉手中合约，就要按交易所规定的交割程序进行实物交割。最后交易日指某一期货合约交割月份中进行交易的最后一个交易日。

（5）交易者统一遵守的交易报价单位、每天最大价格波动限制、交易时间、交易所名称等。

（6）交易保证金。

（7）交易手续费。

了解期货合约的要素和特征是进入期货市场的必经之路。决不要因为失去耐心而退出市

场，也决不要因为迫不及待而进入市场。

2. 可以投资的期货品种有多少。

期货市场是庞大的，其交易品种也是名目繁多。

期货总体划分为商品期货与金融期货两大类。

其中，商品期货中又可以分为农产品期货、金属期货（包括基础金属与贵金属期货）、能源期货三大类主要品种。

金融期货的主要品种又可分为外汇期货、利率期货（包括中长期债券期货和短期利率期货）和股指期货三类。

在此我们主要研究金融期货。金融期货交易在20世纪70年代的美国市场产生。标志着金融期货开始交易的两点标志是：1972年，美国芝加哥州商业交易所的国际货币市场开始国际货币的期货交易；1975年芝加哥商业交易所开展房地产抵押券的期货交易。

再说属于金融期货的外汇期货，它是金融期货中最早出现的品种。指以汇率为标的物的期货合约，其作用用来回避汇率风险。目前，外汇期货主要品种有：美元、英镑、日元、德国马克、加元、瑞士法郎、澳元等。从世界范围看，美国是外汇期货的主要市场。

利率期货：利率期货的种类繁多，分类方法多样。但一般按照合约标的期限，可分为短期利率期货和长期利率期货两大类。利率期货主要指以债券类证券为标的物的期货合约。它的作用是回避银行利率波动引起的证券价格变动的风险。

股指期货是指以股票指数为标的物的期货。买卖双方交易的是在一定期限后的股票指数价格变化水平，往往通过现金结算差价来进行交割。

农产品期货主要包括四大类：林产品、畜产品、经济和粮食。林产品类有木材、天然橡胶等；畜产品类有活猪、活牛、羊毛等；经济类有棉花、原糖、咖啡、可可、棕榈油、油菜籽等；粮食类有大豆、小麦、玉米、豆粕、黄豆、红小豆、花生仁等。

包括在商品期货类的金属期货又包括：基本金属和贵金属两大类。贵金属类有黄金、白银、铂和钯等，基本金属类有镍、锡、铜、铝、锌、铅等。

能源期货包括汽油、天然气、原油和取暖油。

期货投资，资金管理是关键

资金是进行投资的保障，在期货投资中管理好你的资金，是你投资成功的关键所在。

在期货交易模式中，资金管理告诉投资者如何掌握好自己的钱财，它是期货投资的重要的部分，甚至比交易方法本身还要关键。可以说资金管理所解决的问题，关系着投资者在期货市场的生死存亡。

在任何时候，投资者投入市场的资金都不应该超过其总资本的一半，剩下的一半作为储备，用来保证交易的顺利进行。如要在单个市场上投入资金，就必须限制在总资本的10%～15%。这样做可以防止投资者在一个市场上投入过多的本金，从而避免在“一个市场中损失过大”的风险。

而且在单个市场上所投入的总资金的亏损金额要控制在总资本的7%以内。这个7%是投资者在投资失败的情况下所能承受的最大亏损。投资者应把决定做多少张合约的交易和止损指令的设置作为重要的出发点加以考虑。

在整个市场上所投入的保证金总额限制在总资本的30%～50%。这样做是防止投资者在同一群类的市场陷入过多的本金，如果投资者把全部资金注入同一群类的各个市场，就违背了多样化的风险分散原则。例如：金市和银市是贵金属市场群类中的两个成员，它们通常处于一致的趋势下。因此，投资者应当对同一类商品的资金总额的投入进行控制。

选择合适的经纪公司四大注意事项

一家好的期货经纪公司不光是以优质的服务来吸引投资者，更能帮助投资者成功。

期货经纪公司是依法成立，以期货经纪代理业务为主要业务，用自己的名义进行期货买卖，并对客户收取一定佣金的独立核算的经济实体。它的主要职责是根据客户指令代理买卖期货合约、办理结算和交割手续；控制客户交易风险，为客户提供期货市场信息，进行期货交易咨询；充当客户的交易顾问，对客户账户进行管理。它的作用是承上启下，做交易者与期货交易所之间的桥梁。如果缺少经纪公司，每个客户自行入市交易，根据一般规律总会有部分客户穿仓（客户穿仓既是客户风险也是期货公司的风险）导致缺乏支付能力，交易所就会面临损失。经纪公司就是要指导客户理性操作，对追加保证金和强制平仓等制度规定坚决进行贯彻，这样做经纪公司不但可以自己规避风险，同时有效地防止交易所风险，从而减少客户风险。

由于投资者参加期货交易只能通过期货经纪公司进行，而经纪公司服务质量的高低又直接关系到客户的利益，所以在进行期货交易前慎重选择期货经纪公司是至关重要的。现在各国政府为最大限度地保护投资者的利益，增加了期货经纪公司的抗风险能力，各国的期货监管部门及期货交易所都针对期货经纪公司的行为制定了相关法规，对期货经纪公司可谓是要求严格。作为投资者，在选择期货经纪公司时就更需注意了：

1. 选择的公司必须是规范运作的。期货经纪公司应严格按照国家有关法律、法规的要求（如《期货经纪公司管理办法》《期货交易管理暂行条例》等）规范经营行为，以适当的技能、小心谨慎和勤勉尽责的态度执行投资者的委托，遵循诚实信用原则，维护投资者的合法权益。在期货经纪公司为投资者开立账户前，应当向投资者出示《期货交易风险说明书》，并由投资者对《期货交易风险说明书》的内容签字确认，双方签订期货经纪合同。规范运作的期货经纪公司会按照一定的标准收取合理的保证金和手续费，不会出现违规的透支交易和手续费的恶性竞争情况。投资者也要明白“便宜无好货”这句俗语在各种市场都适用，所以在选择期货经纪公司的时候应当对各方面综合考虑。

2. 经纪公司的硬件设施很重要，是保障投资者交易是否能够安全、稳定、迅速的进行的重要环节。尤其是在电子化期货交易日益普及的今天，安全、稳定、迅速尤为重要。

根据中国期货业协会颁布的《期货经纪公司电子化交易指引》要求，经纪公司的电子化交易系统必须遵循安全性、实用性和可操作性的原则。其中安全性原则体现在对投资者的资金能否安全交易上。期货经纪公司无论是在电子化交易运行维护的各个环节，还是在硬件、软件、数据、网络通信、管理制度等都必须贯彻这一原则。实用性原则要求期货经纪公司注重采用先进成熟的技术，本身也要加强电子化交易技术的管理。而对于投资者而言最为实际的是可操作性原则。通常，成熟的期货经纪公司都会有一套包含电子化交易系统的服务手册，详细介绍各种行情及交易软件的操作方法。

3. 信息资讯服务质量的高低也是投资者选择期货经纪公司考虑的一个重要因素。由于各经纪公司紧跟电子化技术的发展水平，硬件方面的优势差别已经不大，因而信息就成为期货交易赢利的一个关键性因素。网站是经纪公司提供信息资讯服务的最直接渠道，重视信息资讯服务工作的经纪公司的网站除了内容丰富，具有大量共享数据和资讯外，还有自己独一无二的信息，例如：独家视点、调研报告等。

有的优秀经纪公司还能够针对投资者各自不同的情况提供个性化的信息资讯服务。如针对具体客户的资金状况、交易风格、持仓状况以及风险承受能力，做出与其相适应的投资建议或报告。有的经纪公司与国家部委、统计部门建立友好协作关系，追踪政策面和现货基本面的最新变化；有的则经常参加相关企业组织的考察调研活动，了解现货企业的生产经营状况与期货经营的情况；此外，有的优秀经纪公司一到农产品收获季节就专门派人员去农产品产地调查收获情况，掌握第一手资料，帮助客户正确决策。

4. 经纪公司要靠收取手续费来赚钱，客户交易量和交易次数的多少决定了经纪公司挣钱的多少。因此，交易者应掌握经纪公司以前的交易计划及交易结果，尽力评定经纪公司的业绩。如果经纪公司太频繁的向客户推荐交易，就会使客户很快用完账户中的资金而失去账户。

俗话说“货比三家”，投资者在选择期货经纪公司的时候最好做到多接触多了解，一家好的期货经纪公司不光是以优质的服务来吸引投资者，更能帮助投资者成功。

期货投资的风险及规避

与现货市场相比，期货市场交易的远期性带来更多的不确定因素，其价格波动也较大较频繁。可以说，期货投资的风险是非常大的。再者交易者的过度投机心理，保证金的杠杆效应，又在一定程度上增大了期货交易风险产生的可能性。因此，投资期货市场应首先考虑的问题是如何规避市场风险，选择入场交易的时机必须是在市场风险较小或期货市场的潜在利润远大于所承担的市场风险时。

一般而言，期货投资的风险主要体现在以下几个方面：

1. 杠杆使用风险。期货的资金放大功能就使得收益放大的同时也放大了风险，因此如何运用杠杆效用，用多大程度也要因人而异。水平高一点的投资者可以用 5 倍以上甚至用足杠杆，但水平低的投资者要量力而行，如果运用杠杆效应太高，那无疑就会使风险失控。

2. 强行平仓和爆仓风险。交易所和期货经纪公司要在每个交易日对投资者的投资资金进行结算，如果投资者账户里的保证金低于规定的比例时，又不能及时补仓的话，期货公司就会强行平仓。有时候如果行情比较极端甚至会出现爆仓现象，即亏光了账户里的所有资金，投资者甚至还需要期货公司帮着垫付超过账户保证金的亏损部分。

3. 交割风险。普通投资者做空铜不是为了几个月后把铜卖出去，做多大豆也不是为了几个月后买大豆，如果双方合约一直持仓到交割日，投资者双方就需要凑足足够的资金或用足够的实物货进行交割（货款是保证金的 10 倍左右）。

4. 委托代理风险。如果投资者把账户交给职业操盘手做，就要承担委托代理的风险。

期货风险的产生与发展也有自身的运行规律，抓住规律，做好交易风险管理就可以帮助投资者避免风险，减少损失而增加投资者在交易过程中的收益。

规避期货风险可以从四个方面来入手：打好基础、计划交易、资金管理、及时止损。

1. 打好基础即熟练掌握期货交易的相关知识。因为进行期货交易会涉及到金融、宏观经济政策、国内外经济走势等多方面的因素，同时，不同的上市品种还具有各自的走势特点，尤其是农产品期货受到天气等自然因素影响很大。所以在进行期货交易之前，对期货交易基础知识和交易品种进行详细的了解是非常必要的。只有准确了解了上述内容才能准确地把握行情走势，做好期货。

2. 计划交易即指投资者在交易前制定好科学的交易计划。包括对建仓比例、建仓过程、可能性亏损幅度制定出应对方案和策略；严格执行此计划进行交易，严格遵守交易纪律；交易后还应对计划进行及时的总结和归纳，以完善计划。当然为使自己的投资能够获得巨大利润，除了严格执行其交易计划，还应有强大的资金管理的能力。

3. 资金管理在期货交易中占有重要地位。因期货交易的杠杆效应，期货交易切忌满仓操作，投入交易的资金不可太多，最好不要超过保证金的 50%。而作为中线投资者，投入的资金比例最好不要超过保证金的 30%。实际操作中，投资者还应设置更为合理有效的仓位。设置时要根据其自身资金实力、风险偏好、结合所投资品种在历史走势中逆向波动的最大幅度及各种调整幅度出现概率的统计分析。

4. 及时止损对中小投资者来说是十分必需的，尤其是那些在证券市场上养成了“死捂”习惯的投资者，更要学会及时止损。投资者应根据自己的资金实力、心理承受能力，以及所交易品种的波动情况设立合理的止损位。清醒地认识到期货市场风险的放大性，才不会死捂期货，才不会使带来的实际损失超过投入的资金，因此，及时止损至关重要。只要能做到及时止损，期货投资的风险就会降低很多。

总而言之，投资者只有在充分了解了期货市场风险的基础上，才能合理地做好期货交易的风险管理，才可有效地控制期货交易风险，提高自身盈利水平。

杠杆效应降低投资成本的同时也加大了期货投资的风险。因此“风险控制”一样是期货投资中的必修课。

期货投资的策略

选择一个好的策略是投资成功的重要因素，学会期货市场的投资策略是进入期货投资市场的必修课。期货市场的投资策略主要分为有投机策略、跨期套利策略、期货现货套利策略三种。

一、投机策略

期货市场中的投机策略包括最主要的两个问题：入市方向和入市时机。入市方向又涉及到期货价格走势的预测，包括长期走势和短期走势预测；入市时机只涉及对期货价格波动的规律的认识。

1. 入市方向。对于期货入市方向的选择，要分析基本面因素、技术面因素、长线投机、短线投机。

2. 入市时机。无论长线投机、短线投机，期货投资入市时机的选择均结合基本面，以技术分析为主。

选择在何时入市，运用图表分析法可以充分发挥作用。有时基本因素分析表明，从长期看期货价格会上涨（或下跌），但当时的市场行情却在步步下滑（或升攀），这时可能是某些短期因素对行情具有决定性的影响，使价格变动方向与长期趋势出现暂时的背离；也可能是基本分析出现了偏差，过高地估计了某些因素。不管发生了哪种情况，投资者均要对其分析进行检验。如果检验后无误，价格在长期仍将上升（或下跌），就等到市场行情逆转，与基本分析的结论相符时再入市买入（或卖出）合约。因此，投资者在期货市场的变化趋势不明朗，或不能判定市场发展趋势时就不要建仓。只有在市场趋势明确上升时才买入，在市场趋势明确下降时再卖出。

长线投机者可以选择远期合约。这是因为远期合约处于不活跃状态，价格可能比较合适，可以用稍长的时间去建仓。

短线投机者则应该选择近期活跃月份，这样进出市场的成本较低，入市也才会便利。

二、跨期套利策略

跨即指套利的操作方式是根据不同合约月份的价格关系，买入一个合约的同时卖出数量相等的另一个合约，在有利时将两个合约同时对冲平仓获利。

不同合约月份的价格通常会存在价差的变化，同向不同幅度变化是经常现象。因此，当一个合约和另一个合约的价格比较，出现不正常价差时，可以买入价格相对较低的合约，卖出价格相对较高的合约。当价差趋于合理时可以平仓套利，持仓盈利。

假若两个合约的价格同时上涨，但买入的合约上涨幅度大于卖出的合约，则盈利，小于则亏损；假若买入的合约价格不变，卖出的合约价格上涨，则亏损，下跌则盈利；假若同时下跌，买入的合约下跌幅度大于卖出的合约，则亏损，小于则盈利；假若卖出的合约价格不变，买入的价格上涨，则盈利，小于则亏损；假若两个合约月份的价格都不波动、同幅度上涨、同幅度下跌，投资者无盈利。由此可知，根据两个合约月份的价差变化趋势进行操作即可跨期套利。单方向投机的风险大于跨期套利的风险，所以，跨期套利成为一些投资者常用的交易策略。

1. 牛市跨期套利。投资者在买入近期月份合约的同时，卖出远期月份合约需要的具备的条件是：正向市场中，当合约价差大于交割仓单成本时，导致远期月份合约价格的上升幅度小于近期月份合约，或者远期月份合约价格的下降幅度大于近期月份合约。这时就可进行牛市套利。如果价差不缩小，考虑交割对主体的要求后通过仓单交割方式获利。

2. 熊市跨期套利。投资者在卖出近期合约的同时，买入远期合约而进行熊市套利的原则是：在反向市场上，远期月份和近期月份价差超过正常水平，则会导致远期合约价格的跌幅小于近期合约，或者远期合约价格的涨幅大于近期合约。

跨期套利存在的作用是保证合约的价格差趋于合理。期货市场为鼓励此种交易行为，为此专门制订了有关跨期套利的管理办法，对跨期套利在交易中给予优待。

三、期货现货套利策略

怎样在期货与现货之间进行套利呢？当现货价格低于期货价格时，投资者就可以从现货市场买进商品再到期货市场卖出，其方法是交割月临近时，将现货注册成标准化的仓单后，在期货市场交割获利。但是，期货、现货套利过程中也有一些要注意的问题。

1. 交割商品的质量要严格执行规定的标准。期货市场对质量标准的要求极为严格，因为涉及买卖双方的利益，而买卖双方又互不见面，目前对期货交割检验又实行国家公检制度，有关检验机构也会严格执行规定的标准。所以要由交割仓库对交割质量负责，确保交割顺利进行。

2. 交割货物的价格必须达到国家有关标准。期货市场交割的商品和现货市场不同，它必须符合交割品的有关规定，如果不符合就不能交割。由于一些初入市的投资者对期货交割规则不熟悉，按现货商务处理的方式进行，往往等到货物到了交割仓库后才发现货物不能降价交割。

3. 交割成本核算低于期现货价格差。由于期货交割实行定点交割仓库制度，除货物购入价外，还需花费一定的交割成本。其中包括期货交易费、配合公检费、卸车费、短途运费、交割费、税收资金利息和一些人员差旅杂费等。

期货投资就像打仗，要分析之后决定什么时候该用什么策略，只有做好对战局的精心布局，这样你才能打赢期货投资这场仗。

期货交易，讲究技巧是关键

期货交易灵活多变，要想赢利讲究技巧是关键。在期货交易市场中的每个交易者都有一套自己的交易策略、交易理念、具体的交易方法。虽然如此做期货成功的人也没有超过25%。但那些25%的人又是怎么做到在期货交易中累积上百万美元的利润呢？他们为什么就能如此的不同呢？人们开始竞相研究这些百万富豪遵循的买卖规则，可研究来研究去，这些规则都是大家熟知的啊，为什么人家就可以赚钱呢？关键在于他们对期货规则内涵的深入了解和灵活运用。而不是像某些投资者只是依据对规则一知半解就来进行分析和交易。来看看下面这则实例。

邢伟在12月3日做多了新鲜蔬菜，做多的理由是：新年马上就要到了，不久后还有春节，那么蔬菜需求肯定多。需求多，价格肯定会大涨。结果邢伟买后只微微上涨了3天，然后就停止步伐，随后开始大幅下跌，后来他在26号出局，买入资金也亏损了30%。

那么接下来我们来看看他的交易理由是否能站住脚吧。投资动机要靠基本分析，什么是基本分析？就定义来说基本分析就是在具备丰富的专业知识和分析能力下，对市场供求变化、经济形势以及政治形势与期货市场的关系进行的分析。从这个定义看来，邢伟进行的就不是基本分析，一没有翔实可靠的数据和需求统计资料，二没有影响价格变动的各种供求因素及之间相互作用的关系，他根据的只是个人的主观想象和猜测。另外，更重要的是基本分析只能提供一个大的方向，从来不会提供具体的起始时间。所以，按照邢伟的分析，蔬菜确实可能会上涨，可是到底哪天开始上涨？以什么方式上涨？这些我们在12月2日都是无从知道的。我们敢肯定地说，如果过后蔬菜又涨起来了，邢伟一定会后悔，觉得自己的判断没有错，将一切损失都归咎于心态不好，如果不放弃一直抱着，那么现在不仅不亏损，反而会赢利很多呢！

就是因为投资者对投资知识理解得不透彻，才使交易以失败告终。如何才能成为那25%的成功者中的一员，就让我们来看看以下期货交易高手的期货交易心得吧。

一、闲钱投机，赢钱投资

用来投资的，必须是你可以赔得起的闲钱。不要动用生活必须的资金或财产，如果是以家计中的资金来从事期货投资而失败也是有因可查的，因为你从来就没有从容过，思前想后，左顾右盼早就错失了赢钱的时机。在投资者市场上有句话说“买卖的决定，必须不受赔掉家用钱的恐惧感所左右。”若赢钱了，就拿出赢利50%，转而投资不动产。资金充裕，心智才自由，才能作出稳健的买卖决定，才能成为期货商品买卖的成功者。

二、忌随波逐流，适当的“我行我素”

历史经验和经济规律证明，当大势极为明显之际，如经济剪刀差的最高点和最低点，可能是大势发生逆转之时，多数人的观点往往是错误的，而在市场中赚钱也仅仅是少数人。当绝大多数人看涨时，或许市场已到了顶部，当绝大多数人看跌时，或许市场已到了底部。因此投资者不要轻易让别人的意见、观点左右投资者的交易方向，必须时刻对市场大势作出独立地分析判断，有时反其道而行往往能够获利。

三、小额开始，循序渐进

冰冻三尺非一日之寒，对于初涉市场的投资者而言，必须从小额规模的交易一步步做起，选择价格波动较为平稳的品种入手，掌握交易规律并积累经验，最后增加交易规模，逐渐做大。

四、不要期望在最好价位建仓或平仓

在顶部抛售和在底部买入都是小概率的事件，逆势摸顶和摸底的游戏都是非常危险的，当投资者确认市场大势后，应随即进入市场进行交易。投资者追求的合理的投资目标是获取波段赢利。

五、赚钱不宜轻易平仓，要让赢利积累

将赚钱的合约卖出，获小利而回吐，将可能是导致商品投资失败的原因之一。假如你不能让利润继续增长，则你的损失将会超过利润把你压垮。成功的交易者说，不可只为了有利润而平仓；当市场大势与投资者建仓方向一致之际，投资者不宜轻易平仓，在获利回吐之前要找到平仓的充分理由。

六、不要以同一价位买卖交易，亏损持仓通常不宜加码

投资者开仓交易之际，较为稳妥的方法是分多次开仓，以此观察市场发展方向，当建仓方向与价格波动方向一致时用备用资金加码建仓，当建仓方向与价格波动方向相反时又可回避由于重仓介入而导致较重的交易亏损。当投资者持仓处于亏损之际，除了投资者准备充足资金进行逆势操作之外，一般来说，投资者不宜加码，以免导致亏损加重、风险增加的不利局面发生。

七、选择买卖市场上交投活跃的合约或最活跃的合约月份进行投资

投资者交易时一般选择成交量、持仓量规模较大的较为活跃的合约进行交易，以确保资金流动的畅通无阻，即方便开仓和平仓。而在活跃交易月份中做买卖，可使交易进行更为容易。

八、金字塔式交易

当投资者持仓获得浮动赢利时，如加码持仓必须逐步缩小，即逐渐降低多单均价或提高空单均价，风险逐渐缩小；反之，将逐渐增加持仓成本，即逐渐提高多单均价或降低空单均价，风险逐渐扩大。

九、重大消息出台后或有暴利时应迅速行动

买于预期，卖于现实。当市场有重大利多或者利空消息，应分别建仓抑或卖空，而当上述消息公布于众，则市场极可能反向运行，因此投资者应随即回吐多单抑或回补空单。当投资者持仓在较短时间内获取暴利，应首先考虑获利平仓再去研究市场剧烈波动的原因，因为期货市场瞬息万变，犹豫不决往往将导致赢利缩小，或者导致亏损增加。

十、要学会做空

对于初入市的投资者来说，逢低做多较多，逢高做空较少，而在商品市场呈现买方市场的背景下，价格下跌往往比价格上涨更容易，因此投资者应把握逢高做空的机会。

十一、放宽心态，学着喜爱损失，随时准备接受失败

“学着喜爱损失，因为那是商业的一部分。如果你能心平气和地接受损失，而且不伤及你的元气，那你就是走在通往商品投资的成功路上”。期货投资作为一种高风险、高赢利的投资方式，投资失败在整个投资中将是不可避免的，也是投资者吸取教训、积累经验的重要途径。投资者面对投资失败，只有仔细总结，才能逐渐提高投资能力，回避风险，力争赢利。

最重要的成功因素，并不在于用的是哪一套规则，而在于你的学习领会的功夫。正所谓师傅带进门，修行在个人。成功的投资从来都是艰苦的较量。

期货操作误区

通过前几节的了解，大家可能已经知道能否正确地分析和预测期货价格的变化趋势，这才是期货交易成败的关键。但是不论是什么样的投资，都有一定的风险和误区，下面就让我们来了解一下期货操作都有哪些误区？

一、逆势开仓

现在许多的新投资者，都非常喜欢在停板的时候开反向仓，尽管有的时候运气好能够侥幸获利，可这是一种非常危险的动作，是严重的逆势行为，一旦遇到连续的单边行情便会被强行平仓，直至暴仓。

所以绝对不要在停板处开反向仓。

二、满仓操作

“满仓者必死！”满仓操作尽管有可能让你快速地增加财富，但是更有可能让你迅速暴仓。事事无绝对，就算是基金也不可能完全控制突发事件以及政策面或消息面的影响。事实上财富的积累是和时间成正比的，这是国内外期货大师的共识。靠小资金赢取大波段的利润，资金曲线的大幅度波动，其本身就是不正常的现象，只有进二退一，稳步拉升方为成功之道。

在这里建议投资者每次开仓不超过总资金的30%，最多为50%，以防补仓或其他情况的发生。

三、测顶测底

其实现在是有一些投资者总是凭主观臆断市场的顶部和底部，结果是被套在山腰，最终导致大亏的结局。

依赖于图表，仔细分析顺势而为；绝不测顶测底，坚决做一个市场趋势的跟随者。

四、持仓综合症

这其实是投资者的一种通病。当你手中无单的时候手痒闲不住，非要下单不可；手中有单却又非常地恐慌，万一市场朝反方向运作，就不知该如何是好；总是认为机会不断，想不停地操作，结果就越做越赔，越赔越做。事实上究其原因，主要也就是因为没有良好的技术分析方法作为后盾，心中没底。又有谁知道休息也是一种操作方法。

因此，守株待兔，猎豹出击；当市场没有机会的时候便休息，有机会果断跟进；止盈止损坚决执行。

五、逆势抢反弹

抢反弹到底可不可以？假如方法对了，那么其实当然可以。不然的话，犹如刀口舔血。如果从空中落下一把刀，你应该在什么时候去接？毫无疑问的是，一定是等它落在地上不动之后，如若不然，必定会被伤得伤痕累累。期货市场与之同理。

抢反弹需要一定的技巧。无经验者，不必冒险，顺势而为即可，且参与反弹时一定要注意资金的管理。

六、死不认输

事实上很多的投资者就是犟脾气，做错了从不认输，总是不知道在第一时间解决掉手中的错单，以至让错误不断地延续，那么后果也就可想而知。“我就是不信它不涨，我就是不信它下不来……”这种心态万万要不得。所以说承认自己有错的时候。不存侥幸心理，坚决在第一时间止损这才是有效防止损失的最佳选择。

七、频繁“全天候”操作

如今很多的投资者，都想做全能型选手，“多”完了就“空”，“空”完了就“多”，在没有一股力量打破另一股力量时，不要动反向的念头，多头市就是做多，平多、再多、再平多……空头市则坚持开空、平空、再开空、再平空……尽管对自己要求很“严格”，但这其实也违背了期货市场顺势而为的原则。

八、中线与短线的弊端

有人甚至会错误地认为短线与中线就是持仓时间的长短，其实不然。所谓中线，其实也就是在大周期大波动的趋势出来后，通常在这样一股力量没有被打破前有节奏地持有一个方向的单子，而不能以时间的长短为依据。短线、中线本是一体，不过也就是时间周期与波动的幅度不同而已，所应用的方法其实也都是一样的。

九、主力盯单心态

很多投资者一定有这样的经历：你做多，就跌；做空，就涨；你一砍多，就还涨；一砍空，就跌。做期货有时运气是很重要的，主力并不缺你这一手。这时候你应该立马关掉电脑，休息一下，冷静之后重新来做。

十、下单的时候犹豫不决

通常在做多的时候害怕诱多，害怕假突破，做空的时候又害怕诱空，从而导致机会从眼前白白消失。我们理解火车启动后总是会有一个滑行惯性的道理，当趋势迈出第一步的时候，我们通常在一步半的时候就跟进去，直至平衡被打破，趋势确立时，采取“照单全收”的操作策略，当假突破的征兆出现后，反方向胜算的几率是很大的。

第九章

保值增值：买房置业

买房置业又被称作是房产置业，是对于购置土地、房屋，房屋买卖，租赁进行房地产交换等一系列活动的总称。其实每当我们为房子津津乐道、为房价琢磨不透、为房型左右为难的时候，买房最冷静最理性最无风险的前提其实也就是明白自己所有后再取所需——保值增值。所以什么才是自己最想要的、最满足自己所需的、自己能够承受的，这才是最重要的。不要为了一房而居，更不要一烦到老，也不要为了要面子而忘了过日子。

黄土变黄金的魔法游戏——房产投资

通常而言房地产的投资价值，往往看的就是物业的租赁产出效率如何。一位投资者这样形容房地产投资：住宅实现租赁的周期通常是“年”，而写字楼实现租赁的周期往往是“月”，而酒店则是“天”，简单来说，如果把三者比喻成商品的话，住宅租赁是大批发，写字楼租赁是小批发，酒店租赁则是零售。

其实不同的时间、不同的地段、不同的供求环境、不同的房地产项目以及不同的投资理念，各种房地产将体现不同的投资力与价值。

一、选择长线为住宅投资最佳

事实上从投资角度来看，一个大城市的近郊，都是随着城市化进程的推进，近郊的住宅由于基础价格比较低，升值的空间也就相对会大一些，这样也就更具投资价值。而随着后期人们不断入住，周边配套逐渐增多，商业投资机会和价值就会慢慢体现出来。

近年来政府所推出的宏观调控政策都是针对短期的投资行为，例如提高首付比例和利率、征收房地产税等。这些其实对于正常行为的长期投资影响不大。但这意味着投资者在投资住宅前需要考虑到更多的因素。

通常在投资门槛逐渐提高以及平抑房价的大方向下，房价上涨的速度也就会减慢。住宅投资前景就可以选择长线为佳。

二、选择区域是写字楼投资的重点

我们或许都知道写字楼的增值主要是市中心区及商贸区繁荣的商务气氛以及稀缺性。写字楼投资通常应该是从区域的环境政策、人才、技术、商贸等方面的综合因素去考虑，同时我们还应该关注区域基础设施配套以及周围现有的行业业态。一般来说写字楼租金价格呈现出两极分化的特点，即越破旧、地段不好的租金越低，相反越高档的、地理位置越好的写字楼租金比较高。

三、酒店式公寓投资关键就要看配套设施

如今酒店式公寓作为市场的新宠，作为近年来一种新兴的房地产投资品种，投资者把它作为新兴物业，而开发商则就把它作为新的利润增长点。

事实上酒店式服务公寓兼具传统酒店和公寓的长处。它们大多数都位于成熟商务中心，

客商和公司人员流动地带，周围的服务配套设施完善。其服务也更家庭化，聘请专业的酒店物业管理公司或酒店式公寓管理公司入驻管理。提供普通公寓所没有的有偿商务服务。

由于它吸收了传统酒店与传统公寓的长处，并且月租和各种服务费加一起比传统酒店少。

怎样才能让二手房卖个好价钱？

如今在中介公司挂牌的二手房比比皆是，人们都为了让住了十多年的老房子能够卖出或租出个好价钱，就必须要花点心思，把老房子再打扮一下。

用于出售或出租的旧房再装潢思路，自然也就不同于自住房，这需要来点换位思考，从下家的角度考虑，这房子够这个价吗？

事实上当你考虑出卖住宅的时猴，只是有针对性地整修一新，确实可以卖一个好的价钱。通常来说家庭再装潢有两种方式：一是将资金投入某些舒适的奢侈品，例如你梦寐以求的采暖地板；另一种是遵循实用主义的装潢原则，例如添一个节能热水器或修复漏雨的墙面。事实上这两种思路的装潢对提高住宅的市价效果迥然不同。无关紧要的奢侈品投资一般无法收回。让我们来举一个简单的例子，哪一个房屋买家肯为浴室里新装的豪华电话埋单呢？

以下几点重新装修项目是最有可能获得回报的：

一、厨房需要再装修

其实对于大多数的买家而来首，厨房是住所的“心脏”。所以在卖房之前整修厨房可起到事半功倍之良效。需要做或吊顶或油漆甚至重新铺地砖等基础工作。把油漆剥落并看上去脏乎乎的碗橱给换掉，花费不多，但是这就会使厨房增色不少。需要注意的是如重新装修还是尽量采用传统的设计，这不易过时，同时尽量地去使用国产名牌。这样既可以经得起岁月的考验，又能够得到买主的认同。据统计，重新整修厨房的花销 80% ~ 87% 能在房屋的卖价中得到补偿。

二、重新油漆

如果我们打算卖房子的话，那么粉刷一新的房屋在市场上更受欢迎。没有任何一个人想买有问题的房子，而粉刷和油漆能掩盖大部分房屋原先的毛病。据统计，重新粉刷的成本能在卖价中收回 74% 左右，一套干净、整洁、鲜亮的房屋——这就是重新油漆的卖点所在。

三、增加一个卫生间

在家里再增添一个设施齐整的盥洗室。这其中包括吊顶、同定洗脸盆、浴缸和淋浴设施等，出售住宅时 81% 的开销会得到补偿。

四、创造一个新空间

按照常理，增加房间空间的功能比简单地粉刷房间更有价值，开销也不大。比如受将房间里原有的三层阁改造成卧室的套间，通常改造费用的 69% 可得到补偿。

五、基础设施的维修和改进

基础设施的完善是房屋物有所值的保证。如果说屋子里的厨房装修一新，非常漂亮，但水龙头是漏的，怎么可能卖出好价钱呢？因此，如果决定出售房屋的话，一定要先解决房子结构和配套系统的问题，虽然这些问题可能比较棘手或处理起来比较麻烦，但也必须先处理完毕。然后再动脑筋使其焕然一新，卖出大价钱。

六、安装宽敞的新窗户

据统计，一般用那种新型的标准尺寸的塑钢窗户替代老式的铁窗会使二手房卖出意想不到的好价钱。但是新装的窗户讲究的是标准尺寸而不是花哨的形状和样式。为别致的款式而开销的费用好比是扔在水里的。

事实上家庭重新装潢费用的收回取决于以下两个因素：一个是住宅所处地段的整体房价水平。当房产市场火爆的时候，你自己所付出的重新装修费用轻而易举就挣回来了。第二个则是重新装潢与卖出之间的时间差。装修一新而没有及时出手的住宅，装修费用的回收将大打折扣，因为装修风格随时间的推移很快过时。

房产吸引人们投资的因素

房价的居高不下和可以快速的创造财富的特点是吸引人们投资房产的主要因素。衣食住行，没有人能够逃避，既然人们要穿衣、吃饭、住房、出行，所以对于由它们衍生的四大产业是永远会存在的，是真正的“实业”。在本节我们来说一说人们的“住”。

中国的土地是有限的，但中国的人口是不断增长的。户籍制度的建立，并不能限制人们就呆在一个地方。伴随着中国经济实力的不断发展，中国的城镇化进程的加剧，使得大城市的人口越来越集中，城镇的有限的土地资源就显得更值钱了。再者，房产业是国家拉动内需，促进经济增长的最有效方式。它能够抵消通货膨胀带来的负面影响，在通货膨胀发生时，房产成本也会随着其他有形资产的建设成本的不断上升而上升，房产价格的上涨也比其他一般商品价格的涨幅大。因而投资房产成为投资者们的首选。

众所周知，房产投资是以买卖形式进行的交易。它存在着较大的风险性：一是低买高卖的时机可遇而不可求；二是交易成本高，缺乏灵活的变现能力。对于一般收入的家庭来说，购置房产也算是一笔不小的开支，可能会影响到以后的家庭生活。但是与其他投资理财工具相比，投资房产是快速创造财富的最好途径。

黄炳祥名列港澳十大富豪榜首，他靠地产业发迹，是名副其实的地产大王。

即使是靠着黄金珠宝业起家的李厚霖，致富也离不开地产。他对地产业津津乐道：“凡与民生有密切关系的生意都可大有作为。人要住屋就像吃饭一样必不可少，尤其是年轻人，总是只要独立的，在成家后都会自辟小天地。人类生生不息，对楼宇便有大量需求，做这生意不会错到哪里。”

房产投资让许许多多的人着迷，最突出的一点就是可以用别人的钱来赚钱。越是有钱人，越是如此。他们在投资房地产生意时都会向银行贷款，而银行也乐意贷款给他们，是源于房产投资的安全性和可靠性。一般情况下，银行对那些回报不太有保障的项目都采取很谨慎的态度。除房产外，你要是投资其他类型的项目，就可能没有这么好的运气，轻而易举的借到钱了。

没有人可以长期成功地预测投资市场，但房产市场却是个例外。其市场动向往往能够集中反映总体走向。

房产投资的类型

房子跟人一样也有不同的类型，那么你是适合哪种房产投资类型的人呢？让我们拭目以待吧！

很多人都有这样的疑问：投资房地产业是不是就等于投资住宅就可以赚钱了？实际上不尽然，房地产业的投资内容很丰富，包括住宅房产、商业房产、工业房产、土地等。那么哪项投资类型才是适合自己的呢？正确的方法是要先了解每个不同产业类型的特点，然后再选择适合自己的投资项目。那么我们就先同投资者一起来了解一下投资类型及其特点吧。

一、土地投资

随着土地资源的日益紧缺，土地具有巨大的保值安全性和增值的潜力。所以投资者应重点考虑对土地的投资，关注国家对土地出台的法规、计划、区域、经济等因素对土地价值的影响。

二、住宅房产投资

投资商铺、商务楼等房产产业，其具有高风险、高回报的投资特点，而投资则具有相对投资金额小、风险小、回报稳定的特点。住宅房产作为一项长期的投资项目，目前无论是从政策还是市场调整的角度看，其投资价值仍在逐渐凸显，依旧是较为突出的投资热点。

投资一项住宅房产，除了获取租金这一种收益外，投资者更应看中它的资产升值空间。不动产投资的升值主要取决于两个方面，一方面是资源的稀缺性，因为土地是不可再生资源，土地稀缺会引发房产升值；另一方面是通货膨胀，房产可有效抵御通货膨胀导致的购买力下降，又可从通货膨胀中受益。

三、商业房产投资

在房地产投资中所占比例最大的应属商业房产投资，它的投资回报率也最高，往往是投资者投资房地产的重要目标。影响商业房产价格的主要因素是商业区收益的高低。投资商业房产时应注意看其物业面积的大小、所在地区的交通状况、经营项目的类别和本地区竞争情况、顾客的类型与流量、城市规划程度与周边发展趋势等。商业房产投资者获利的首要条件是看其商业房产投资的地理位置。因为地理位置和城市土地级差地租所能产生的超额利润有关，也能体现它将来的作用和增值的潜力。商业房产的投资成本往往要高于其他类型房产的投资成本原因就在此。但是投资者为了获取高额的商业利润，也甘冒投资成本高、风险大的险，所以商业房产投资依然是投资者们青睐的热点投资项目。

四、综合商住楼、办公楼房产投资

决定此类房产投资成败的关键是要全面考察交通、通信和金融服务的便利程度。其相关因素包括；消防安全系统、停靠车位设计容量、娱乐、休闲、通信网络配置情况、健身房配置等情况。投资者要投入的大小由商住楼、办公楼房产投资门槛的高低决定，标准是是否能通过银行按揭购买，先首付，后通过“以租养贷”的方式来供楼。根据国际专业理财公司的原则计算，衡量一处房产价格合理与否的基本公式是：“年收益 ×15 年房产购买价”。若投资的房产年收益 ×15 年大于支付的购房款，那就表明该投资项目尚具升值空间。

五、工业房产投资

基于工业房产用房适用性差，技术性强，对投资者的吸引力小的特点，很多人一般都不投资于该类房产。其中技术性强是指：一旦科学技术水平提高，往往会造成原有厂房的不适应，甚至废弃。而适用性差主要是指：工业用房的形式需要服从其生产工艺，市场狭窄。另外，交通运输状况、能源状况与工业用水、供排水系统状况是影响工业区房产投资的价值因素之一。工业房地产并不一定靠近市中心，所以工业房产的一次性投资远低于商业房产。所以投资者对该房产的投资吸引力远小于商业房产投资。

不是所有的房产品种都是赚钱的，每个类型的成品都有不同的消费者。如同任何投资一样，盲目跟风是大忌，对投资产品一定要精挑细选，慎而又慎。

选择哪里的楼盘会尽快升值

投资的目的就是为了挣钱，哪里的楼盘会尽快升值是投资者们共同关注的话题。

投资者进行楼盘投资首先要做的是楼盘选择，在竞争如此激烈的市场状态下怎样选择优质、保值、抗跌性强的楼盘，已成为当下的热门话题。只有具有投资价值的楼盘，才会给投资者带来巨大的收益。

让我们来看看被世界主流城市的投资市场验证过的投资准则，和目前国内投资市场上的主流观点，希望为其他投资者带来好的箴言及客观的判断，以此能更准确地选择上自己满意的楼盘。

一、城市中心

在楼市的动荡时期选择楼盘显得更加地扑朔迷离。在此能为投资者们提供的最好的成功

案例就是：李嘉诚在香港楼市低迷时秉着“地段为王”的准则，果断地选择那些地段好的楼盘，进行大量的购进和累积，等市场一旦转好，就赚得钵满盆满。

把握城市中心的“价值洼地”。所谓“价值洼地”就是一个城市中心在被政府开采出来以后因为其发展成熟度较缓慢，开发相对滞后等原因被大多投资者低估了其价值。众所周知，城市中心是政治、经济、文化、商业中心，是交通枢纽。这里环境优越、商业繁荣、交通便利，能够迅速地连通该城市各功能区域。加之政府的大力投资建设，其辐射范围广及周边区域，不仅眼前可见的地段价值巨大，周边区域的地段更是蕴涵着无限的价值潜力。所以投资者切不可低估该区域整体的居住、办公及商业价值。

二、要注重投资环境

首先应充分考虑国家对房产投资的经济政策及房产市场的发展走势，这些都会对当下房价及以后的升值潜力有一定的影响；在此基础上还要考察项目周边的环境，包括周边地区的规划前景、环境美化及绿化的面积、配套设施和物业甚至楼盘的设计造型、装修标准等，也好对未来的投资前景有个构想。

三、追求回报率

因投资而买房都是要求回报率的，投资者在关注收益的同时也更加关注风险，通常情况下投资收益越高，其投资的风险就越大。投资房产按其风险高低排序一般为：商铺、别墅、写字楼、服务式公寓、公寓。投资者明确了自己的风险高低后，就可在此基础上大体计算出投资的回报率是多少。计算时应根据物业的质量、寿命、大小、环境、位置等推断出投资所需的成本费用，如贷款定期支付额、卖出前期的装修投入费用、装修期的物业管理费用；空置损失、租赁或转让行为的应纳税额等。最终计算出净现金流量、投资回收期和收益率。

四、房子周边的配套设施

人们选择楼盘时考虑的一个重要因素是楼盘周边的商业配套设施、物业自身配套设施是否齐备。一个完善的、成熟的配套反映了一个楼盘的“生命力”，是能否坚定人们的购买信心致使未来升值的重要条件。配套设施齐全的房子包括购物、社交、休闲、娱乐、医疗场所等，这些将会极大提高住户日常生活的方便程度，省去很多不必要的麻烦。就会在很大程度上得到租户或投资者的喜欢和认可。

在楼盘选择时，要找到风险最小化和收益最大化的平衡点。只有灵活运用那些久经市场考验的投资准则，做出理性的判断，在适当的时候出手，才会有可观的未来收益。

房产投资与房产交付时值得注意的问题

差之毫厘谬以千里，往往细节决定一切。房产以其特殊的增值、保值功能吸引了越来越多的人进行投资。但所有的投资都不是万无一失的，房产投资更应注重细节问题，除那些大的因素需要考虑外，房产类别、所在地区、贷款、与代理打交道、抵押财产、税收以及房屋维修等都是投资者在投资房产时应当注意的。具体来说有以下几项注意事项：

1. 要根据投资前景进行投资。有些投资者在投资时通常犯的错误是购买居家型的房产或是本地的房产，用来满足自己的喜好。不要忘了投资房产是出于投资目的，是为了让房产给投资者带来利润。因此，要根据投资前景来买，不应根据个人的喜好来买。

2. 明确投资策略。在决策之前要确定投资策略，因为有些房产易于出租，但是升值潜力不大，而有些房产又恰好相反。

3. 估计所投资房产的潜力。研究一下房产过去的升值情况和潜在的出租前景，以估计所投资的房产将会为自己带来的收入状况。

4. 明确所投资房产的身份。在选好了房子签合同以前还应着重看一下房子的“五证”。只有这些证件都齐全以后，才能确保将来顺利地办理产权证。这“五证”包括：“国有土地使用证”“商品房预售许可证”“建设用地规划许可证”“建设工程开工证”和“建设工程规划许可证”。这“五证”中又有最主要的两证要看，一个是“商品房预售许可证”，另一个是“国有土地使用证”。有这两证的一般就没有问题。不过在查看“五证”的时候一定要看其原件，复印件很容易作弊，是不可以的。

除了上述问题以外，投资者为了避免与物业起纠纷，在房产交付的过程中应在商品房质量及配套设施问题上达成一致。因此，在开发商交房时还应注意以下问题：

1. 房子交付的时候要验收“两书”。“两书”分别是“住宅质量保证书”和“住宅使用说明书”。是竣工验收合格后，开发商通知购房者入住时，为其提供的两份法律文件。其中“住宅质量保证书”又包括工程质量监督部门核验后做的登记，和在使用年限内承担的保修责任。在对房产的正常使用情况下，其各部件的保修期分别为防水三年，墙面、管道渗漏一年，墙面抹灰脱落一年，地面大面积起沙一年。

2. 以上所述的“两书”验收合格后，接下来向开发商索要“住宅质量保证书”和“住宅使用说明书”，用作日后出现质量问题时好按约定要求维修。

3. 要看交付的商品房与合同签订的要购买的商品房是否一致，其结构是否和原设计图相同。房屋面积是否经过房地产部门测量，与合同签订面积是否有差异。

4. 要看所购商品房整栋楼的“建设工程竣工验收备案表”，有此表方能说明该栋楼已经有关部门验收合格。

5. 要和开发商共同对所购商品房进行验收交接工作。开发商的“建设工程竣工验收备案表”只能说明整栋楼是合格的，不能说明购房者所购买的这套房就没有质量问题。如果购房者自己不懂工程质量的相关知识，可以请专业的人员来帮助验收。这是一项细致工作，一定要做好做到位，以便及时发现问题。

如果购房者和开发商在房子质量和配套设施问题上最后没能达成一致，按照《商品房销售管理办法》的规定，出现以下四种情况之一就可以退房：一是开发商擅自变更规划设计，二是套型与设计图纸不一致，三是商品房确属主体结构不合格，四是面积误差绝对值超过3%。具备上述条件之一，就可要求开发商退房，如果开发商不同意，购房者就可向有管辖权的人民法院提起诉讼，要求开发商退房；在不具备上述条件情况下，出现质量问题后可要求开发商维修，因其造成的损失由开发商赔偿。

细节决定成败，尤其是在房产投资的过程中一定要注重细节问题，防患于未然。古人云：“千里之堤，毁于蚁穴。”是有一定道理的。

走出房产投资的三个误区

在经过一番折腾后终于将购置房产的事办完了，投资者可千万不要以为现在自己就可以坐收渔利了，这里面还有一些投资误区要弄明白以及时避免。

一、要折旧

所投资的固定资产不是永远都不会坏的，它也是要旧的，投资者要为此计提折旧。这一点真正想到的人很少。先说送什么是计提折旧。譬如说，我们买了一台彩电，预期的使用寿命是 10 年，价格是 2000 元。那么它每年的折旧费用就是 200 元。通俗点说，就是我们所说的家庭主营业务成本除了日常开销外，还要包括折旧。

实际上，家庭固定资产包括的东西除了家具、家电外，还应包括房产和装修。一套房屋装修的成本是很高的，但随着时间的流逝，房屋的装修也会变得陈旧起来，到时候要再装修。一般家庭可以以宾馆的装修年限做参考，而通常宾馆的装修是按照 10 年折旧的。如果你装修一套房屋用了 5 万元的话，那么每年的折旧费就是 5000 元。同理，房产本身也是要计折旧的，其折旧的年限通常是 50 年，所以一套 50 万元的产权房一年的折旧费就是1万元。对于自住房，大家估计都不会算折旧，反正是自己住。但你是投资性房产情况就不同了，如果该套房子是靠出租赚钱的话，不计折旧会使实际的收益受到损失，虽然账面的利润看似很高。许多开发商为吸引投资者购房，就常利用人们不注意折旧这一点，在广告上打出年收益率接

近20%的收益广告以蒙蔽投资者。如果真有这么高的利润率，开发商就不会卖房了。所以具备一定的基础财务知识是很重要的。

二、不要将月还款当成本

有的购房者在资金不足时需要银行贷款做支持，这样就产生了每月一笔按揭还款。通常这笔钱被投资者记入了成本，觉得每月的收入中大部分都要还按揭的钱，其实这样想是不够科学的。我们可以这样来分析，当你把首付款和从银行贷来的钱都付给开发商后，说明你已经全额付了房款，这就和我们一次性付款没有什么区别。房产到手后要对银行进行按揭还款，其中的一部分本金已经体现在固定资产中了，因此就不用再作为成本计算了。而对银行付的利息则应该算做财务费用。随着投资者不断的还息行为，利息按月递减，固定资产中的折旧是每个月相同的，因此只是在开始几年，费用和成本比较高，到后期会相对减少了。

三、房价上涨不应入账

我们经常听到买了房子的人说："我去年买的房，今年这种房又升值了多少多少。"实际上，只要你手里的房子没出手，升值再多也跟你没关系，不能想当然的认为自己赚了。也许有人会说："既然房屋要计提折旧，为什么升值的部分就不考虑呢？难到我买了房子只有贬值的份儿？"

这就是使人们产生误解的地方。先说是否贬值吧。任何事情都不是绝对的。房价也是会出现波动的。像今年国家出台的新房政策，就使新开盘的楼房价格有所降低。根据会计学审慎性原则，房价的上涨不能算到收益里面去。相反，如果遇到房价下跌，当市价低于成本价时，还必须做好固定资产减值的心理准备。

我们再从另一个角度分析这个问题，既然房产升值了，就绝对不会是一套、两套升值的问题，肯定是周边的房产都升值了。即使将手里的房产变现取得一定的利润的，也不见的能用这些钱在同样的地区再买一套房。所以房产即使升值一倍，也不可能让你的一套房变成两套房，除非是你买到更偏远的地方去。

走出投资房产的误区，市场不相信眼泪，知道得更多，才能在以后的投资过程中少犯错误。

选择合理的房贷，轻松还贷款

你是一个新世纪的房奴吗？你为房奴的生活烦恼吗？本节告诉你如何合理选择房贷，摆脱房奴压力。

房价"噌噌"地涨，总让老百姓觉得再不抓紧买就更买不起了，于是不管有钱没钱纷纷贷款买房，付个首付，以后按揭还贷。这些都无可厚非，主要是贷款买房是一笔较大的投资。贷款人怎样申贷还贷更合理，如何选择贷款年限、贷款金额以及还贷方式就显得尤为关键。

一、自身评估

在贷款之前最好要对自己的购房能力进行一次综合性的评估，这包括：自己是否具备了几乎所有的房产商都要求的硬性指标——不低于所购房价30%的首期付款；自己是否有能力偿还每月的住房贷款；家庭月收入与每月必需支出的资金的差额，是否大于住房贷款每月所需还的贷款本息。评估时可以参考银行为贷款者们设计的"家庭月收入与个人住房商业性贷款对照参考表"，做到心中有数。

二、房贷种类

当上述事项都办妥后就可根据自己的实际能力选择适合自己的房贷了。目前银行的贷款品种主要有"个人住房公积金贷款""个人住房装修贷款""个人住房商业性贷款"三大类。

三、选好还款方式

选择好合适自己的贷款方式后，还要根据自身情况选择还款方式。

1. 等额本息还款。它的最大特点是消费者每月供款金额都是一样的，这种月供款中包含本金和利息，但每个月本金和利息所占的比例都不一样，利息所占的部分是根据当月的供款余额所计算所得出来的。

例如购房者向银行借了还款年限为10年的10万元贷款，那么月供款就在1062元左右，以5年以上4.2‰的月利率计算，第一个月还款中本金是642元，利息是420元；而在第二个月，所还本金为1062−415.5=646.5元，利息则为（100000−1062）×4.2‰ =415.5元；第三个月，所还本金为1062−411=409元，利息是（100000−1062×2）×4.2‰ =411元……

以此类推，越往后，月供款中本金所占的比例就会越大，而利息所占的比例就会随着供款余额的减少而减少。

2. 等额本金还款。这种方式每月的供款中所占的本金是一样的，月利息也是按当月供款余额计算，不同的是每月月供款额。

如购房者向银行贷还款年限是10年的10万元贷款，每月的还款本金统一为833元；实际上第一个月还款是833+100000×4.2‰ =1253元；而第二个月还款则是833+（100000−1253）×4.2‰ =1248元；第三个月还款为833+（100000−1253−1248）×4.2‰ =1242元……以此类推，月供款额会逐渐减少。

要根据预计还款时间而定你是选择等额本息还款还是等额本金还款，因为利息是不一样的。例如选择等额本息的还款方式，贷款期限为20年的30万元贷款额，月均还款约为2297元，那么20年共需还款约55万元，利息约25万元；如果选择等额本金的还款方式，贷款期限同样是20年，首月还款额约为2960元，20年还款约为50万元，其中利息约20万元相比之下减少了5万元。所以对于一笔金额相同的贷款，缩短其贷款年限或能选择合适的还款方式就可以达到减少利息的目的。

俗话说有多少钱，办多少事。贷款和还款方式也分利弊，省钱之道的关键，是要根据自己的经济情况选择最适合自己的方案。

如何签订购房合同

要避免“竹篮打水一场空”，就必须要检查合同的合法和规范性如何。近年来，投资者与开发商总是产生购房纠纷，其原因或是因面积不符，或是因价格有诈，要么就是因交付太迟等，这些无疑给投资者带来了金钱和精神上的一定损失。为避免产生纠纷投资者在跟开发商签订购房合同时一定要小心仔细。投资者不要任由销售人员填写合同，拿过来只看看价格就马上签字，而使合同失去了它应有的作用。在签订购房合同时投资者的权利和义务都规定在内了。在合同中，投资者必须要把全部有疑惑的问题落实下来，通常，开发商会将一些承诺印在宣传品中，或由售楼人员口头答应，但是等到实际交付的时候，很可能就会出现问题，而引起纠纷。开发商会把先前的承诺推翻，说合同中没写。所以，我们千万不要疏忽大意，任何值得注意的问题都要落实在合同里。一旦与开发商发生纠纷，购房合同就是解决纠纷的重要根据和凭证。

在签合同之前，还要查验开发商的资格和“五证”。如果是现房，根据规定，开发商就要有《房屋产权证》。投资者一定要看清楚开发商持有的《房屋产权证》是否包括了自己要买的房子。一切检查完毕后，才可签合同和交纳一定数额的定金。

如果投资者对签订合同没有经验，可以找律师委托协助办理此事，律师可以帮助你审查税费明细表、起草补充协议、制定签约后的付款进程表、审核契约须知、审查付款情况等。还有一个情况特别值得注意的就是在投资者在交付了定金之后，随着对该房产项目了解的加深而感觉不好，不想购买的时候，开发商能否退还定金？这就需要投资者和开发商进行双方协议了，明确在何种情况下购买者才可以终止协议，拿回定金。

签订购房合同是购房的所有环节中最重要的一环，其签约的具体过程如下：

1. 先谈妥价格，购房者后签订认购书（附录样本），并交付一定额度的定金；认购书主要内容包括：认购物业、认购条件（包括认购书应注意事项、定金、签订正式条约的时间、付款地点等）、房价（包括户型、面积、单位价格、总价）、付款方式。双方在协议中应明确购房者在什么情况下可终止协议、索回定金。

2. 签完认购书后，销售方应给投资者发放《签约须知》，其内容包括：签约地点、贷款凭证说明、缴纳有关税费投资者应带证件的说明。

3. 完成以上环节后才该签订正式的购房合同了。在签订购房合同时，购买者一定要坚持使用由国家认定的商品房买卖合同的规范文本，不要使用房地产开发商自己制定的合同文本，以防日后出现法律问题不利于买房者维护权益。正式的《商品房买卖合同》是在当地房管部门登记过的格式合同，由开发商提供。该合同由三部分组成：协议条款，选择条款，格式条款。投资者对合同中的各项条款一定要弄清楚，特别是有关房屋面积和购房者付款金额、付款方式等关键条款。尤其是在违约条款中，必须写明如果产生质量问题、面积不符问题、交房拖后、配套设施不全以及其他与合同内容不符时的索赔办法和赔付金额。其中，格式条款是合同双方不能变更的，双方都必须同意的，没有商量的余地；而选择条款和协议条款必须由双方协商一致，并且以补充协议的形式在合同中表现出来，只有把握好选择条款和协议条款，才能充分保障购房人的权利。基本内容包括：

（1）售房人土地使用依据及商品房状况，包括位置、面积、现房、期房、内销房、外销房等；

（2）付款约定，包括优惠条件、付款时间、付款额、违约责任等；

（3）房价，包括税费、面积差异的处理、价格与费用调整的特殊约定等；

（4）交付约定，包括期限、逾期违约责任、设计变更的约定、房屋交接与违约方责任等；

（5）保修责任；购房人使用权限；

（6）产权登记和物业管理的约定；

（7）质量标准，包括装饰、设备的标准、承诺及违约责任和基础设施、公共配套建筑正常运转的承诺、质量争议的处理等；

（8）违约赔偿责任；

（9）双方认定的争议仲裁机构；

（10）其他相关事项及附件，包括房屋设备标准、平面图、装饰等。

在签订上述各项条款时，以下两项基本问题是投资者尤其需要关注的：

（1）合同上的项目名称，一定要与项目位置联系在一起，以免日后有出入。标明项目位置时，一定要具体、明确，如 ×× 市 ×× 区 ×× 街 ×× 号 ×× 花园 ×× 号楼 ×× 层 ×× 房。

（2）购房合同的各项内容要尽可能全面、详细，各项规定之间要避免相互冲突，尤其是不能与国家的政策法规相冲突；文字表述要清晰、准确；签订合同的买卖双方身份、责任要明确，如合同中的甲方（卖方）不能是代理商或律师，而应是项目立项批准文件的投资建设单位，也不能以上级主管单位或下属机构的名义签订合同，签字人应是法人代表本人，或公司章程上授权的主要负责人。

备全收房工具，细心走好收房三部曲

细心往往能帮我们办成很多事情，技巧为妙，细心为上。中国社会普通家庭多于富有家庭，对老百姓来说，买房无疑是一笔不小的消费，不敢掉以轻心是正常的。那么在全面地了解房屋质量后，收房的过程中又要注意哪些问题呢？出了问题又该如何解决呢？让我们一起学习收房技巧吧！

首先，收房时的常用工具要带上，包括以下工具。

垂直检测尺（靠尺）：垂直检测尺是家装监理中使用频率最高的一种检测工具，用来检测地板龙骨是否水平、平整，墙面、瓷砖是否平整、垂直。

卷尺：卷尺是日常生活中常用的工具，在收房时主要用来测量房屋的净高、净宽和橱柜等的尺寸、检验预留的空间是否合理等。

检验锤：这个可以自由伸缩的小金属锤是专门用来测试墙面和地面的空鼓情况的，通过敲打时发出的声音来判断墙面是否存在空鼓现象。

塞尺：将塞尺头部插入缝隙中，插紧后退出，游码刻度就是缝隙大小，检查它们是否符合要求。

试电插座：试电插座是用来测试电路内线序是否正常的一项必备工具。试电插座上有三个指示灯，从左至右分别表示零线、地线、火线。当右边的两个指示灯同时亮时，表示电路是正常的，当三个灯全部熄灭时则表示电路中没有相线；只有中间的灯亮时表示缺地线；只有右边的灯亮时表示缺零线。

方尺：方尺主要用来检测墙角、门窗边角是否呈直角，使用时，只需将方尺放在墙角或门窗内角，看两条边是否和尺的两边吻合。

对角检测尺：将尺子放在方形物体的对角线上进行测量。检测方形物体两对角线长度对比偏差。

磁铁笔：这个貌似笔头的工具里面是一块磁铁，具有很强的磁性，用来测试门窗内部是否有钢衬。由于合格的塑钢窗内部是由钢衬支撑的，可以保持门窗不变形，如果门窗内部有钢衬就能紧紧吸住这个磁铁笔。

其次，按以下步骤对房屋进行检查：

第一步：查验门窗

初次收房的购房者在面对房子时觉得“无处下手”，收房专家建议你先对需要检验的细节进行划分，然后按照不同门类的次序进行检验。这样既理清了头绪，也不会因为忙乱而将某些细节遗忘。我们要进入一个房间，门是必经之处，所以进行收房可以从检查门窗开始。

第二步：检查墙面、地面、天花板

收房的第二步，则是对房屋主体进行检验。主体包括有墙面、地面、天花板。其中，对墙面的检查则比较复杂。内容包括检测墙面有无空鼓、墙面是否倾斜、建筑主体有无裂缝等。首先是对裂缝的检查，重点查看房屋卧室和客厅靠近露台的地面及顶上有无裂缝，如有裂缝，要视情况而定。一般来说，与房子横梁平行的裂缝，基本不存在危险，修补后不会妨碍使用。如果有的裂缝与墙角呈45度或与横梁垂直了，就说明该房屋存在结构性质量问题。此外，要严格检查阳台，看阳台的两侧墙面是否有裂缝，如果有裂缝就属严重的质量问题。表面的都检查完毕后要检查内在，即检查墙壁后有无空鼓。检查的所需工具是一个小橡皮锤子，用它逐一轻轻敲打墙面，若听到“空空”的声音，就说明面层与墙（地）的面接不严密，触有缝隙；若听到的声音是沉闷的碰击声，则表明它们接触良好。

第三步：检查水、电、气与其他附属设施

第三部分主要集中检查厨房、卫生间这样一些管线比较多的区域。需要检查的主要设施是电门开关、电插座、暖气片等。这一过程中，可用万用表测量各个强弱电是否畅通。电闸及电表在户外的，要看拉闸后户内是否完全断电。

检查卫生间、厨房时，要看地面是否有倾斜，安装的地漏要在卫生间最低处，看水能否通畅无阻地排向出水口。地面没有积水存在就是合格的。一般情况下，卫生间都已做过闭水测试，如果没有做那就要求物业管理处补做。

除了以上这些，还应该查看室内的预埋管道处是否有墨线标注，若无，要求物业标注，以免将来安装好后装修施工时又不小心凿破。查看完水、电之后，如果有天然气的话，最好检查一下天然气表的配件是否齐全完好。就算是那些管道附属的盖子、螺丝等小的物件也不能放过，如果有缺损，一定要让物业及时补上，以免以后因小失大。

守好最后一关，不要因为自己的疏忽大意而冒以后劳财伤神的风险。

购房一定要擦亮眼睛捡实惠

打折是那些房产开发商们最常用的促销方式，尽管通常来说折扣不高，比如9.8折、9.9折，但是倘若你要买一套房总价50万的房子，那么就可以省去上万元，这其实也就是一笔不小的数目，这样的实惠是实实在在的，事实上对购房者而言，能省钱总是好事。有的时候开发商还会开展送汽车、送装修等活动，你要打算买房一定要留意这些信息。因此，购房者在准备购买的时候，一定要擦亮自己的眼睛，假如有打折、优惠、送东西等活动时，一定不要白白地放过；但是也不能被这些小恩小惠所蒙蔽，房子的质量还是最关键的。在关注房子质量和价格的同时，对于优惠、打折最好不要放过。

一、分期首付

事实上除了以上的购房优惠之外，还有一种叫做分期首付的促销方式。对于购房者而言，首付款其实是一笔不小的数目，例如一套总价50万的房子，如果首付30%，就是15万。为了减轻购房者的首付压力，有的房产开发商推出分期首付的促销方式。以“10%首付”的方法为例，在一个月的期限内购买楼盘，第一笔首付款只需5万，相当于总房款的1成，余下10万首付款，可从某专业投资公司处无息获取，这笔款项的还款期限为交房时。

分期首付就能够减少首期付款和获得2成首期款的无息贷款，但增加了今后的还款压力，现在没有多少人能够在这个促销方案中获益，所以选择这种分期首付方式购买房子的人很少。

二、买房送现金

如今买房送什么才是最实惠的？现金。事实上现在有的开发商为了吸引消费者从而打出了买房返还4万～6万元现金的促销方式。例如购买两居房可获4万元现金、三居房和复式可以获得6万元现金返还。这样的促销方式和打折有相似之处，只是形式略有不同，购房者得到的实惠是现金支付首付款减少了。

倘若一套房子的成交价为50万元，送现金5万元，这其实就等于打了个9折，对购房者来说，这比一般的打折活动更实惠。假如说银行按总房价发放八成贷款，房产商再给购房人5万元现金，很显然首付款可以减少5万元。当然你也可以选择保持首付款不变，减少银行贷款，减轻还款压力。因此倘若出现这种买房送现金的情况，你千万要把握机会，这就好像是捡了一个大便宜，如果放过这个机会，以后后悔就晚了。

三、无理由退房

其实在目前的房屋促销手段当中，“无理由退房”的优惠被开发商叫得比较响。“无理退房”是指在一定期限中，凡购买房屋并已付房款（含银行按揭）的购房者，从购买之日起一定年数内，享有对所购房屋无条件地继续保留或退房的选择权，如果说购房者在前述规定的期限内提出退房申请的，就必须以书面形式作出。开发商在接到书面申请的一定期限内，退还购房者的购房款本金及利息。

退房并不是一件很划算的事情，因为大多数人买房的目的是供自己入住，对房子进行过装修，退房的手续也很繁琐，比如开发商是项目公司，房子卖完后项目公司就不存在了，业主退房需要找到原来项目公司的上级公司，即使找到也未必能顺利退房。所以，除非房子存在质量问题或其他问题，一般不要考虑退房。

四、差价补偿

差价补偿同样也是房屋销售商采取的一种促销方法，即购房的消费者购房后在一定期限内倘若房价下调的话，就可以将获得相应的差价补偿，这里所指的房价是区域平均房价。例如在一定的期限内楼市行情如果走低，开发商将按照区域平均价格，把落差部分补偿给客户。但是目前房价成上升趋势，所以房价下跌的可能性很小，消费者得到的实惠很少。因此也是一种很不切合实际的销售方法，这只不过是给购房者的一种口头实惠，是一座空中楼阁，人们对此兴趣不大，因此没有受到购房者的青睐。

房子出租有门道

我们通常准备出租的二手房更要控制再装修的花费，这是由于出租房损耗厉害，而且租户更关心的是房子的基本设施完善，最好有实用的配置。通常来说一般在同一家中介店挂牌出租的两套小户型房子，总是处在同一个区域，面积房型亦相差不大。但是房主却开出了不同的出租价，一户的租金要比另一户整整高上一截，但反而比租金便宜的更好租。究其原因就是房主为自己的房子设计了“新形象”。

一位颇有经济头脑的房主在出租自己的房子之前，先向中介公司作了一个咨询，了解到所属区域离商务区较近，来租房的其实大多都是在附近公司上班的年轻人后，就针对这一客户群开始对自己的房子进行“修饰”。

首先他自己就将墙面重新粉刷了一下，将卫生间中间几块破损的瓷砖稍作了修补，将厨房操作台、脱排油烟机、门窗等都擦拭干净，使房子内部显得整洁而大方。屋主认为尽管房子的外立面比较陈旧，但是由此与内部整洁的装修形成的反差，反而更加有助于看房者对该套房子留下良好的第一印象。除此之外，通常来租房的年轻人大多生活节奏较快，房子其实也不必太过修饰，这种简洁的风格更加符合他们的口味。

假如说简单的装修只能让这套小户型房子相比同类房子更容易出租的话。那么，房主之所以敢开出比同类小户型更高的价钱主要也就是因为屋主为这套房子精心选择了配置。通常房主在搬走前除了一些旧家具外，还将使用过几年的空调以及热水器留了下家，其实当时也就主要考虑到现在空调、热水器的价格相对比较便宜，而将旧的拆装也比较麻烦，搬进新居则不如买新的。事实上房子在出租的时候，有了空调、热水器一方面更容易租出去，另一方面租金也可适当调高一些。除此之外，房主还留下了使用过的微波炉，对于现在租房的年轻人而言，这无疑也就给他们提供了一条解决吃饭问题的“快速通道”，自然大受欢迎。

其实除了这些搬走的时候留下的配置之外，房主还针对客户群的需要，对这套小户型进行了他认为必要的“投资”。

首先，房主花费了一千元左右买了一台外观颇为时尚的液晶电视。而对于年轻人而言，每天洗衣服无疑是一个既无聊又费时的“苦差使”，夏天还算可以，但是赶上冬天的时候身上的衣服又厚又重，用手洗太麻烦。因此，屋主花八百多元买一台小型全自动洗衣机，看似不值得，却是帮租房者解决了很大的一个问题。

屋主最大的投资其实莫过于向一位搞电脑的朋友购买的二手电脑，配置尚可，而且价钱也不算太贵。屋主深知如今许多的年轻人的生活已经离不开电脑。对于年轻人来说，在所租的房子当中，一台电脑的吸引力可能比其他任何配置都大。屋主还知道，现在有了电脑还需要网络，因此电话和 ADSL 也成了该套小户型的“标准配备”。

所以说，中介店的房源信息里实际上也就有了“简装、简单家具、空调、淋浴、洗衣机、电视、电脑、可上网”这么一条极富吸引力的房源信息，不少租房者甚至没有同其他同类型房屋租价作比较就决定要承租。

购买二手房的 8 点注意

通常人们在购买二手房的时候，只要能够查看清楚以下几个部分就不太会有大问题出现了：

一、一定要弄清所有权

我们应该要清楚所有权是房产交易的基础，是购买房屋最重要的一点，因此在购买“二手房”之前一定要确定房屋所有权的真实性、完整性、可靠性。如房屋所有权人是否与他人拥有“共有权”关系，房屋有没有其他债权、债务纠纷，这些其实都是比较重要的方面。

所以说只有弄清楚所售房屋的所有权，才能够放心地购买。通常在这其中最关键的是一定要由卖方出示、提供合法的“房屋所有权”证件。倘若没有这样的所有权，奉劝购房者最好不要轻易购买。

二、弄清面积

房产的价格与面积的相关性很大，通常我们都是根据房子的面积来计算价格的。因此在购买“二手房”的时候一定要弄清楚准确的建筑面积。一些二手房时间比较长了，属于较老的房子，由于当时测绘的误差、某些赠送的面积等原因，有的时候就会出现所售房屋实际面积与产权证上注明的面积不符的现象。所以合同中约定出售房屋的面积应以现在的产权证上注明的为准，其他面积不计在内。

三、弄清转让权

我们需的一个常识就是——拥有所有权不一定拥有转让权，所有权并不等于转让权。例如一些公有住房，是不能转让的；通常房主用于抵押的房子，在抵押期满前也是不允许出售的，所以在交易前一定要清楚所购“二手房”是否属于允许出售的房屋。

假如说出售房屋的人不拥有转让权，最好不要购买他的房子，即使价格再低也不行，以免以后引起纠纷。

四、弄清交验细节

常言道“细节决定成败”，足以可见细节的重要性，通常在房产交验过程中，也要对一些细节给予充分的重视。一些条件要尽量写进合同，落实在纸上，以免出现不必要的麻烦，例如业主只是口头向你保证屋内装修的铝合金门窗、地板、空调以及柜子、热水器可以全部赠送，结果到实际交房时客户却发现门窗被卸、地板被撬、屋内狼藉不堪，而业主承诺的空调、热水器更是不见踪影，或是业主要求把房中的一些物品折价卖给客户，那就很不愉快了。

五、要弄清程序

事实上房产交易需要办理一系列的手续，一定要清楚地购买“二手房”规定程序是十分必要的，这样就可以减少不必要的麻烦，节约购买所花费的时间。

通常都要经过以下几个步骤，由买卖双方签订《房屋买卖合同》，并到房屋所在区、县国土房管局市场交易管理部门，办理已购住房出售登记、过户和缴纳国家规定的税费手续。其实对于这些程序，购房者务必要牢记在心，这样会大大方便购房，使你轻轻松松入住心满意足的房子。

六、弄清交房时间

我们一定要清楚，除了要弄清付款的方式之外，还应该弄清交房的时间。通常我们在合同签订的时候应该明确注明房屋交验时间，比如在过户后第几个工作日或双方约定的其他时间；而房屋交验前产生的费用及房屋交验时产生的费用由谁承担，以及双方的其他约定也要在合同中注明，以免以后引起争执。

如今有一些房地产商与购房者经常会在交房时间上出现纠纷，房地产商有时还会以提前让购房者入住为幌子来欺骗顾客，让他们购买自己的房子。假如以合同的方式确定交房时间，就可以避免出现以上的麻烦，避免上当受骗。

七、要弄清付款方式

付款是房产交易过程中很重要的一个环节，因此在签订购房合同时，需要注意付款方式的每一个环节。

例如双方可以约定，在付款方式的选择上标明，在签订《房屋买卖合同》时，客户支付相当于房价款百分之多少的定金给业主或中介公司等。这样弄清付款方式就可以很有效地避免很多的麻烦，对于保障购房顺利十分必要。

八、弄清违约责任

虽然出售房屋者和购房者签署了合同，但还是会存在违约的可能性。假如业主违约则会给购房者带来不必要的麻烦以及损失，事实上前期的工作前功尽弃，谈判期间的其他机会也放过了，因此为了避免这种损失，违约责任也就一定要在合同中写明，约定好双方的责任义务，比如说违约责任、违约金款项、逾期付款责任、滞纳金款项及其他违约情况等，这样可避免纠纷的发生。

除此之外，责任还必须要规定明确。丝毫不能含糊，从而也就把两者的责任混淆，这样做其实对任何一方都是不负责任的。

选房诀窍知一二

在购房者选择自己的住房的时候，应该注意到以下三个重要环节，希望对大家有所帮助。

一、看地段

事实上对于购房者而言，房产所处的地理位置是一件十分重要的需要考虑的因素，房产所处的地理位置对房产现有价值和增值能力起着决定性的作用。所以说，房子所在的区位，其实也就是购房的时候首先就需要考察的对象。

其实投资者和自用型购房者，应该会有不同的侧重点。而对于一般的投资者而言，不光是要看现状，同时还要看发展。在区域各项配套设施尚不完善的时候，低价购入的房产，其价值同样也会随着区域环境的改善得到相应提升；而对自用型购房者而言，选择区位也不仅仅是一个绝对位置的概念，还应该看交通条件和自身实际需求。

而作为自用型的购房者不光是要考虑房产的绝对地理位置，还应该要考虑到交通、周边环境、区域内的服务设施等，这是由于当入住以后，这些因素都会影响到自己的生活质量。

假如为做生意而买房或租房，特别是要注重地段的选择，因为这会对以后店面的经营产生决定性的影响，只要是地段好的话，房价或者是房租高一些也值得，同时也要注意周边店面的经营环境，尽量避开激烈的竞争。

假如你是为投资而买房的话，那么关注的重点也就应该放在房产的增值空间上，一些刚刚开发的区域，各项配套设施尚不完善，房产价格较低，其价值会随着区域环境的改善得到相应提升，当然这需要眼光和魄力。

二、看性价比

事实上楼盘并不是越便宜越好，价格也并不能够作为评价房产交易满意度的标准，那么如何才能判断房子买的划算不划算呢？不光是要看价格，还应该看性能，看性价比。通常购房者在看中了某个区域或具体楼盘后，应当对同一区位、同等档次楼盘的价格和性能进行一定的比较。

一般来说楼盘报价往往就有这几种形式，比如起价、市场价、评估价、均价、毛坯价、装修价等，有的楼盘则在开展促销活动，你还需要分清报价和实价。楼盘的起价也就同样叫开盘价，是开发商在最早销售房屋时所定的价格，房子买完后价格叫市场价，而评估价指的是买新房后出售，买主需要银行贷款的时候，银行就会派出房产评估师实地勘察后给出的价格，评估价也就通常要低于市场价。均价通常都是楼盘的平均价格，是开发商根据当前的市场情况专门制定的，以收回成本并获得利润的价格，代表一个项目的整体价位水平。但均价与房子实际价格有很大差距，事实上当一个楼盘计算出均价后，根据每户垂直位置和水平位置差以及每个户型的朝向、采光、通风等的不同定出价差系数，均价乘以价差系数才能得出实际价格。

通常来说性能越好的楼盘价格越贵，对楼盘性能的评价也就应该因人而异，并非越多越好。其实自用购房者必须分清楚，哪些性能是必须的，哪些是对自己影响不大的，同时一定要避免为了一些用处不大或者华而不实的卖点，而负担不必要的支出。事实上现在有一些楼盘会采用新工艺或新技术，推出节能、生态等概念。购房者也一定要清楚这些技术的成熟度，是否经得起市场检验达到预期的效果。

三、看交通

当然住宅离工作单位越近越好，倘若在单位附近找不到房子或者是房价太高，就可以退

而求其次，从而选择距离远一点和交通便利的住宅。同样的，时间也是一种成本，假如把大量的时间浪费在路上，就会让你变得筋疲力尽，不能够全身心投入工作，充分休息，因此在选房的时候要注意以下三点：

1. 耗时。一定要确定房子离工作地点的距离。你可以先按照乘坐公交车来计算一下往返时间。倘若在半小时内的，则就属于近距离，超过 1.5 小时的就不用考虑了。

2. 耗油。假如自己有车，开车上班的单程时间超过 1 小时的，就得仔细考虑一下了，因为油费等是不得不考虑的大问题。

3. 直线距离和路程距离。在计算距离的时候，一定要亲自计算，一些房地产开发商只说两点之间的直线距离，实际上路程距离则可能多出一倍。

投资白领公寓的技巧

事实上白领公寓以白领作为出租对象，看好这个市场，一方面是因为房地产形势非常好，租金回报率高；另一方面是因为白领阶层的收入稳定，信用良好，回报率也会比较稳定，不易出现不能及时收回租金的现象。

一、地段品质

其实投资白领公寓最主要的就是地段的选择，当然品质也不可缺少。投资白领公寓，最好就是要选择位于商务区内的楼盘，这样也就能够保证其满租率，根本不用担心会租不出去。另外，房子面积小，相应的费用也减少。

通常来说，目前白领公寓的回报率就能够达到 7% ~ 8% 左右，优质的物业回报率还可能高一些，最好的也能达到 10% 以上。空置率比较低，一般两个月以内就可以租出去。由于不少白领对生活品质都有一定要求，所以说白领公寓如果有会所、网络设备、健身设施等，会更加抢手。

二、住户素质和附属设施

事实上住户的素质也是一个对小区品质有影响的因素，而且也是一个不得不考虑的因素。唯有住户素质较高的物业，租金才有可能变高。所以说，投资一个公寓时，不妨先观察目前小区内住的都是些什么人。

除此之外，小区里面的附属设施也是比较关键的一个因素。针对不同的目标租客，要有不同的配套设施，像白领租客，就会有会所、健身、网络设施等方面的要求。

尽管有一些住户素质和附属设施对于投资白领公寓比较重要，但是还要注意根据自己的资金量确定合适的总房价，有的回报率虽高，但超出自己投资购买的承受能力，这就不太合适了。

三、物业和交通

其实对于投资白领公寓而言，物业和交通是两个特别值得注意的因素。因为发展商和物业管理公司的品牌值得关注。对于像公寓这样的产品，物业管理的质量对房子能否保值有重要影响，并且不同的服务将会决定不同的租金，环境、治安、管理对租金有很大影响。

除此之外，交通也是白领选择住房的一个主要考虑因素，白领通常都是工作比较繁忙的一族，他们的生活节奏都比较快。因此，只有交通便利，方便出行，才能够吸引更多的租客。

投资商业地产途径

一、投资底商

如今开发商开发住宅的时候底层通常都带商铺，但是价格比较高，最小分割面积也就在二三百平方米，投资成本要上百万，投资回报期也比较长。能不能得到理想回报也就很难预测。投资底商一定要考察周边购买力情况，包括未来数年内的潜在购买力，对周边城市规划要了如指掌，除此之外看所投资商铺的可视度，可视度越高，商铺投资价值也就会越高。

二、承租铺位

现在大型商业地产在开业的时候通常都会采取养铺战略，铺位的租金会非常低。当然，有些商业地产开业火爆，有些则就属于慢热型，但只要不是经营太差的商场，转手的时候至少能保证收回成本。此类投资成本相对较小，风险也小，可作短线投资。但是倘若你想做长线的投资，同时投资成本又比较大，这种投资方式就不适合了。

三、投资售后返租

要清楚售后返租这种投资方式其实也是一种优缺点比较分明的投资策略，它的最大优点就在于只需投资，不需要任何打理，倘若顺利的话，每年还可以拿到一定数量的返租款，返租结束之后还能得到一个称心如意的商铺。对于那些没有时间或者是不懂投资经营的人是一个很好的投资选择。不过投资售后返租也存在着一个比较大的缺点，那就是风险比较大，假如项目经营出现问题，投资者可能血本无归。

当我们了解售后返租的开发商实力和信誉很重要，还要看这个项目的地段、经营管理团队、经营理念、开发商的资质、是否有成功开发的经验等。投资售后返租的风险较大，应该谨慎选择。

选择合理的房贷，摆脱房奴的压力

我们都应该知道消费信贷在一定的程度上无疑提高了生活的水平。原来那些离我们相当遥远的汽车、别墅现在却似乎近在咫尺。用未来的钱提前享受，这正是目前收入稳定、且有一定资金实力人士的首选。住在一幢漂亮的房子里，有一辆时尚的轿车，心情不知要舒坦多少，尽管每个月的还款是一笔不小的数目，增加了一定的经济压力，但通常只要是不超过总收入的20%～30%，并且算准了其他的开支，那么每个月的生活也就照样可以过得有声有色。

然而到底怎样才可以获得银行贷款呢？按照以下程序一步一步地走，就能够顺利地办妥一切，并且尽可能地少走弯路，从而最终得到贷款。

第一就是进行咨询。咨询的内容包括银行已开办的个人住房贷款种类、贷款对象、贷款条件、贷款额度、期限、利率、还款方式、贷款程序，以及需要提供哪些证明材料等，五花八门。市民可以根据自己的需要通过银行个人住房贷款经办部门、售房单位、银行咨询电话、银行设摊或银行设立的网站等途径了解上述咨询内容。

第二，提出借款申请。当借款人通过咨询大致了解整个贷款的过程之后，就可以凭购房协议或合同向银行领取一份《个人住房借款申请书》，然后按照要求填完该份申请书后连同要求提供的证明及材料递交给银行，最后正式提出申请。一般在5个工作日以后，借款申请人就能够收到银行作出的是否批准贷款的答复。

第三，签订合同。借款申请人如果收到了银行同意贷款的答复，那么就可与银行签订《借款合同》《抵押合同》。在签合同的时候，银行信贷委员会负责协同借款人办理抵押合同公证，抵押登记证明文件交由银行收押保管。

第四，办理保险。当你办妥以上手续之后，借款人还需要到银行指定的保险公司办理抵押物业财产保险手续。这项手续也可委托银行办理。抵押期间保险单正本交由银行保管。

第五，办理放款手续。当借款人完成了以上各步之后，他就会收到银行的通知办理放款手续。银行会计部门会为借款人开立贷款账户并根据借款合同的借款人委托划款。直接将贷款以借款人购房款名义划入售房单位账户。

房奴应该如何理财还贷？

当今社会买房贷款占到收入四成以上的“房奴”们，在职场上也就应该开始渐渐地丧失了一定的冒险精神。人们都为了确保能够有一个稳定的收入可以还贷，他们害怕降薪、跳槽、失业，职业发展陷入困顿。

所以说，买房不应该成为个人职业发展的阻碍和负担，因此积蓄不多打算贷款买房者尤

其要注重将职业生涯规划和买房投资理财规划两者相结合。

而银行方面的专家则这样提醒背负房贷重担的置业者，贷款利率比存款高得多，而且贷款利息是硬性支出，所以说“负翁”们其实更需理财。假如说能够合理地安排支出，“房奴”也就可以翻身做主人，减轻压力。

第一招：选准银行

跟其他金融产品相比，房屋抵押贷款风险小，利润高，目前已成为各大银行的“兵家必争之地”。房奴还有选择哪家银行的权利。假如你有迫切的贷款买房需要，这一招可供你参考。

现在各家银行之间，为了争夺房贷客户，经常就会推出一系列的优惠措施，缓和矛盾。在这里值得一提的就是，目前市场上的房贷产品个体差异较大，置业者可根据自身需求来选择银行及其房贷产品，以减轻还贷压力。

第二招：进行合理的理财规划

现在有很多人都会认为每月的工资扣除房贷和日常生活开销之后所剩无几。事实上除了存进银行没有别的选择，其实倘若对剩余的资金进行合理的理财规划，房贷的压力是可以在一定程度上减轻的。

而对于那些每月固定收入的工薪阶层，投资一些风险低、回报相对存款利息要高的理财产品也能够减轻不少房贷的压力。比如说人民币理财产品、货币市场基金、债券基金和保本基金等，投资这些理财产品本金较安全，尽管给出的收益率都是预期收益率，没有绝对的保证，但实际上收益率波动范围并不大，而且要比银行存款利息高。

第三招：出租转移压力

购房原本应该是一件令人愉快的事，但是倘若它让你的生活质量下降、居住空间浪费、职业发展受制，那么就不妨选择将房屋出租转移压力。倘若自住房的资金明显高过普通住宅的租金，可以考虑将房子出租，暂时牺牲为未来的生活换得更为广大的空间。

除此之外，考虑到小家庭以后还需要“添丁进口”，那么就不妨将不堪重负的大房子出售，再购买一个适合自己的小户型居住，提升家庭的生活品质也未尝不是一个实用的办法。

第四招：要学会买房要和职业发展规划相结合

那么究竟在什么样的职业发展阶段买房才算最合适呢？如何处理买房和职业发展两者的关系呢？

可是依据职业生涯理论，在25岁之前是职业探索期，不稳定因素居多；25～30岁才是职业建立期，通常在工作中不断调整自己的职业定位；30岁以后，职业发展基本形成，具有一定的事业和经济基础。对于一些职业发展方向尚不清晰、随时可能跳槽，甚至不知道自己下一步在哪里的人，若匆忙做出买房决定，风险将会比较大。

在这里建议那些还尚未买房的青年，不妨先给自己制定一项详细的个人职业发展规划，在这样的基础上确定一个事业发展方向清晰、综合状态较为平稳的时期再买房。假如在未来几年有跳槽计划，也能够根据职业规划提前进行资金储备，由此规避将来因失业或跳槽带来无力还贷的风险。

还有另外一种情况是已经买了房，而且开始因不堪房贷压力而出现“工作奴症状”的人群，这个时候就应该对此做一个评估，以事业发展作为立足点，一定要考虑清楚买房究竟是为了什么。房子只能够作为事业发展的一个副产品，而不应该成为束缚职业发展的绊脚石，如果它让你的生活质量下降、职业发展受制，不妨选择将房屋出租等方法转移压力。

第十章

高雅的理财：投资艺术藏品

如今的收藏品的种类是越来越多，刚开始的时候人们都热衷于古玩、名家字画，现在一些新奇特的艺术品也都被列入了收藏品的范围。但是我们应该提醒自己，收藏品市场鱼目混珠，龙蛇复杂，并不是每个艺术品都是适合投资的。

了解收藏投资的市场现状

收藏市场的现状就是一个字“热”，这个热度还在不断地升温，估计达到炙手可热的地步还不算，进入白炽化状态也有可能！

收藏是一种涉及范围很广的社会活动和兴趣爱好。收藏并不是有钱人的专利，其实人人都可以成为收藏家。只要针对自己爱好的藏品种类入手，了解藏品的特性，沉浸在自己的爱好里，收藏就变成了一门学问和艺术。不同的收藏家与收藏爱好者，有不同的鉴赏眼光、收藏标准、收藏目的与行为方式。在你决定参与收藏活动之前，要了解藏品的特点和决定自己想做什么样的收藏家。

一、收藏品的特点

收藏品能够保值、增值的特点主要体现在以下三个方面：

1. 独一无二。诠释古玩或艺术品用“物以稀为贵”是最好不过的了。“古”在收藏界不一定有价值，如一枚宋朝的“宣和通宝”要几千元，其原因就在于“宣和通宝”的历史虽然短但存世量稀少。一枚古时的贝币不过几十元，就是因为它虽“古”但存世尚多。

2. 有特殊纪念意义。你相不相信一张小小的节目单能被拍出上百元？1985 年 9 月在北京人民大会堂里，为纪念抗日战争和世界反法西斯战争胜利四十周年而进行了一场文艺晚会，其节目单保存至今，因其具有特殊的纪念意义，而被拍出了上百元的高价。

3. 名人效应。朱熹的书法藏品值钱不是因为他是大书法家，而是因为他是名人，所以他的书法遗墨价值才很高。

二、各种类型的收藏人

1. 文物商。俗称文物贩子，顾名思义，收藏藏品只为转手卖钱。是纯粹的手疾眼快、出手大方的商人。收藏家与文物商的区别在于：文物商买进就是为了卖出，只要能获利就愿意出手。收藏家则视珍贵藏品如生命，只要是自己喜爱的宝贝到了手，即使给他再多的钱他也舍不得出售。因此，从文物商手中过的古玩虽然多，但存货却没有收藏家丰富。

2. 投资型收藏家。首先这些人有雄厚的经济实力，喜欢选购那些比较高档且能够保值、增值的古玩商品。他们“玩”的原则是“少而精”，“精而贵”，他们为了发财而进行收藏，把收藏古玩当作是一种投资手段。古董收藏投资的增值潜力非常大，但也讲究长期的投资效益。

3. 学者型收藏家。这些人主要是为了研究某一段历史而对某一类古代艺术品而收藏。因为有限的财力为自己规定一个收藏范围：凡与自己的研究课题有关的藏品就收藏。最后逐渐

形成系列藏品。在反复的比较研究中求得真知，争取有成为某一个种类收藏的专家。

4. 娱乐型“收藏迷”。这种类型的人一般受过高等教育，学识渊博，有钱又有闲，他们进行收藏只是为了增长见识，陶冶性情。纯粹是一种属个人喜好的娱乐活动。收藏的方式不限，有事没事逛逛古玩市场，要么在大街看见自己喜欢的古玩工艺品就买下来。如此日积月累，家里摆满了令人赏心悦目的玩意儿。当一帮藏友来做客时就一起交流切磋，翻翻有关的历史书籍或收藏类工具书，加深对这些藏品的理解。

由于我国经济的发展，人民生活水平的提高，越来越多的人开始关注收藏行业，使得收藏热潮一浪高过一浪，再加之媒体对藏品的天价炒作，收藏品必将成为一个新的投资热点，因此，如果你有兴趣，可以在喜欢、了解的同时进行收藏。

收藏品家族的成员

我国历史悠久，文化灿烂，具有收藏价值的文物数不胜数，所以我们对它们进行归类，方便以后的收藏。

我国五千年的文明史，导致收藏品的种类具备了丰富多彩的特性。收藏品的种类包罗万象，书画、宝石、瓷器、玉器、钱币、名人印章、邮品、家具，甚至是创刊号报纸、期刊、票据、门券等数不胜数。用“没有什么不可以收藏”来形容实在不为过。现在又是国泰民安的盛世，收藏领域不断扩展，民间收藏队伍不断扩大。那么我们如何将这些种类繁多的收藏品进行分类呢？

总体来说，我们可先从时间上对其进行一个大的划分，以第二次世界大战为界：第二次世界大战以前的是古代藏品与近代藏品，主要种类有文物、古董类；

第二次世界大战以后的是现代藏品与当代藏品，主要种类有工艺品、美术品、科学技术产品、民间艺术品、自然资源和日常生活用品。

如随着收藏者阅历的增加，许多收藏者不仅意识到“藏得珍品方为成功”的信条，还逐渐形成了自己的一套系统的收藏理念。其收藏目标也越来越明确。很多收藏者不仅开始想方设法提升自己的收藏品位和收藏档次，还越来越注重藏品的经济价值。他们为了盘活收藏资金，将某些藏品推向拍卖市场、交易市场，从市场上获得必要的经济效益后，再从市场上觅取新的更喜欢的藏品，有计划地使藏品保值、升值。很多不起眼的东西有时也能作为藏品得到收藏爱好者的青睐，这就要求收藏爱好者有一双善于发现藏品种类的眼睛，关注身边的各种跟收藏有关的动态，从而发现有价值的东西去收藏。

不仅如此，在国外的收藏市场上，一些在人们看来似乎全无价值的东西也成为收藏品，并且价格不菲。

例如：一般人认为广告标贴不属于收藏品的种类，可谁能想到一个 20 世纪 40 年代的可口可乐的广告标贴竟然在 2007 年被卖到了 115 英镑。

再者，在中国广州，广州亚组委与广东省邮政于 2009 年 6 月 30 日，发行了《第 16 届亚洲运动会会徽吉祥物》纪念邮票一套两枚以及首发封、原地纪念封、极限片、票封卡书等相关邮品。这一活动标志着广州亚运纪念邮票发行计划正式进入实施阶段。集邮的收藏爱好者就应抓紧这个特殊机会买入这套邮票用来收藏，其以后的价值肯定是很高的。

收藏是一门科学，它从无到有，从简单到复杂，从低级到高级，其内涵是相当丰富与广泛的。要做一个成功的收藏者不仅需要具备一定的文物知识，更要学会专一，书画、瓷器、杂项，投资收藏者不可能一一涉足其中，只有专而精才能识得好的藏品，才不会迷失于藏品的广阔海洋里。如果收藏者再把收藏与理财相结合，那么做收藏的发挥空间就更大了。

另外，当下的收藏品市场存在着严重的投机炒作行为，不论是价值连城的瓷器，还是鲜人问津的票证都有很大的水分在里面。所以投资收藏要谨慎，量力而行。收藏与股市一样都存在风险，千万不能做出超出自己经济承受能力范围以内的投资行为。

著名投资收藏专家马未都说过：“人们急功近利地追逐那些升值快的东西，而事实是，当你看到一个东西升值很快时，意味着它也已经快接近尾声。就好像盛开的花朵，它离凋零已不远。对收藏者而言，难得的是你要找一朵含苞待放的花骨朵，这才是真本事！”

怎样依靠投资收藏获利

品牌货已经成为了新潮收藏概念，如今的消费者已经越来越注重品牌效应，品牌经济也已经为市场带来了巨大的收益。品牌收藏，对大多数人来说还是一个全新的概念。

一、标价 5000 美元的“古董”可乐

美国佐治亚州药剂师彭伯顿恐怕怎么也想不到，就在自家后院里用断了一半的船桨和一个大铜锅创制可乐的时候，会在全球掀起一股收藏可乐瓶的风潮。同时在中国台湾台中的一家可乐收藏店里，一个纪念英国查尔斯王子与戴安娜王妃结婚的可乐瓶，叫价竟然高达 18 万新台币（约 5000 美元）。这是因为在众多可乐收藏迷眼里，可口可乐永恒的红白标志和无数设计独特的产品，已成为经典摆设和藏品。

据了解，现在国外的品牌收藏已经是十分稀松平常的事，大到汽车，小到纽扣，远至葡萄酒收藏，近至现代软件光碟，许多品牌都有一群忠实的收藏爱好者。而且，许多网站都专门设有一个进行品牌收藏的网页，网友不计其数。

二、收藏能够带动品牌发展

目前我国的收藏门类有很多，譬如字画、奇石、玉器、古旧家具等，并且随着收藏活动的迅速发展，近几年又涌现出大量的专题收藏，如文革文物收藏、雷锋专题收藏等，但专门对一个品牌的产品进行收藏的还不多见。

比如说在上海的几家大商场里，陈列着风靡全世界的芭比娃娃。在美国，几乎每个女孩都藏有数款，但是在国内来买芭比的人大多是小孩，他们只是将其当作普通的洋娃娃，并不用来收藏。

事实上每一个知名品牌都蕴含着丰富的文化，都是一种品牌文化。我国的品牌收藏才刚刚起步，国人的品牌意识其实也就还停留在注重产品质量的层次上，一个品牌的喜好，仅局限于这个东西的使用价值上。实际上一个品牌它包含的内容极为丰富，就像都彭打火机，质量只是其中的一部分，它的品牌中还包含了文化价值。这是一个收藏观念的问题。

三、大众参与意识逐渐形成

虽然多数的人对品牌收藏的概念还很模糊，但只要稍微留意一下周边，就会发现这方面的“苗头”还真不少，而且有些人已参与其中，只是没有意识到。

比如色彩丰富、充满时尚气息的斯沃琪手表，每年都会推出数款限量发行的珍藏版，刚一推出便告售罄；快餐业的两大巨头肯德基和麦当劳，每隔一段时间就会推出一批同一品种多种款式的促销玩偶，像 HelloKitty、史努比等，不仅受到许多孩子们的喜爱，还成为了众多年轻人追捧的藏品。就连世界名牌化妆品 ChristianDior，也都纷纷挤上了品牌收藏的“地铁”。

我们都知道收藏可以获利，这已是收藏界公开的秘密，但具体到某一位藏友，且一年能获利多少，决定因素有两个：一个是能否找到货源，另一个是能否找到合适的买主。

但是对于摆地摊的藏友，只要手里有好货，哪怕你所处的位置差点，也同样能够把它卖掉；倘若手中没有好的收藏品，你也就是在市场上占了个好位置，也是枉然。寻找好的货源，无论用什么样的方法，只要把货源搞到，钱就等于赚了一半。

倘若已经有了货源，那么如何找合适的买主，这是赚钱多少的关键。因为同一件收藏品，卖给张三就有可能只卖到 500 元，卖给李四可能就是 1000 元，而卖给王五可能就是 2000 元或更多。找买主分为三种，一是主动找买主，根据收藏报刊上的地址与买主取得联系；二是被动找买主，如在收藏报刊上打广告，注明姓名、地址和电话，写明有何收藏品，让需要的买主与你联系：三是从收藏市场上留心别人买什么东西，然后假如自己有此种收藏品就介绍给他，并记下他的联系方式，有货后直接与其联系。有买主的好处是，有货能及时出手，还能卖个好价钱，收藏品快速循环，资金灵活周转，就实现了良性循环。

你要清楚地认识到，只要一种藏品找到了买家，他还会让你找其他的藏品，还会告诉你他用多少钱去买倘若你不懂，碰到类似的收藏品，你可以介绍给他，不用你下本，就能赚一

笔不菲的中介费。收藏这池深水是能养得起大鱼的。只要你有能力，能找到货源，能找到合适的买主，你就能发大财，获暴利，这毫不夸张。有的买主还会教给你一些鉴定方法，与此同时你又可以免费学到很多宝贵的经验。这样两全齐美，何乐而不为呢？

因此，搞收藏要动脑筋，寻找货源才真正是基础，找好买主是关键，唯有这样，可以靠收藏发大财、获大利。

收藏三诀

实际上收藏也是一种投资，它也具有很多投资的属性。或许会有人问把收藏作为投资，倘若不能变现，那么这样的投资又有什么意义呢？事实上投资的精要在于流通，在资金的流动中才能获益，只投资不变现，只能被套牢，无法持续收藏。

传统的观念是收藏的价值全在“藏”这一环，通常而言藏得越久的东西身价也就越高。可是如果你换一种思路来理解收藏，那么，在必要的时候，不妨变通一番，灵活一下，即根据自身的经济情况和外界行情变化，“该换钱时就换钱”。这样一来，随机应变，无疑能够使得收藏收到投资理财的实效。

由此可见，收藏的学问不光是在于藏什么，而且还要把“死”藏品变“活”。这样才能够从中获得收益，才不会使收藏失去它的意义。

真，就是说所谓真正的古董。现代人总是处于激烈的社会竞争和繁杂的生活环境中，从而古代物品就成为了人们思古寄情的载体。所以，从收藏这个角度来说，所选物品一定要有历史感，即人们常说的“够代”。当然“够代”是相对的，明清的时候收藏家钟情于夏、商、周所谓老三代的古玉。而当今一块清代、民国时期的玉件价格亦不菲。

精，即看收藏品是精美还是粗俗，是不是有较高的艺术价值和历史价值。收藏物品的年代固然重要，但是其精美与否也是重要标准之一。我国历史上各朝代由于审美习惯都有所不同，所遗物品其风格迥异，如汉代的粗犷豪放，唐代的富丽堂皇，宋代的清新隽雅，明代的精雕细琢，清代的繁花似锦。各朝代有代表性的物品艺术价值高的可以不惜重金买下，否则宁缺毋滥。

新，也就指的是完整性。任何一件藏品其完整性不容忽视。古玩、字画等都有不可再生性。随着时代的推移就算是收藏条件再好，也难免受到损伤，所以其完整性就尤为珍贵。以人们津津乐道的明、清官窑瓷器为例，哪怕是口沿稍有脱釉即“毛口”，价格也在大幅地下降。所以收藏品要品相上乘，才会有较大的升值空间。

收藏品的三大投资魅力

收藏品的三大投资魅力：无门槛、提修养、不会受经济环境变化的影响。收藏品市场的火爆是中国经济长期稳定发展的必然结果。随着国家经济实力的增强，中国收藏品的价值得到了迅速的提升，中国收藏品市场也出现了蓬勃发展的势头。那么收藏品的投资魅力究竟在哪里？我们就在本节讨论一下收藏品的三大投资魅力。

1. 从经济的角度讲，收藏品适合各个阶层的人投资，投资收藏品不一定必须具备很强大的经济实力，多则上万，少则几千几百元都是可以的。所以，适合普通大众投资参与，也因藏品的不可再生的特性决定了它是永远的稀缺资源，双方只能通过交易获取实物，这就确定了投资收藏品回报整体向上的趋势。所以，入市后无论你以什么方法得到了藏品，只要东西是真的好的就不愁投入的资金没有回报。再者，你也可以把收藏作为自己的爱好，对其进行学习，研究和鉴赏，即使是别人眼中的破铜烂铁只要是你认为它具有收藏的价值一样可以收藏。

2. 收藏品市场不会受经济环境变化因素的影响，而且无论怎样暴涨暴跌，也不会像债券市场、股市那样，受到通过调整利率、停止或增加发行量、行政干预和出台规范引领性政策等手段的调控。因此，只要你投资的藏品具备不是赝品和品相良好两个因素，基本上就只会增值不会贬值。

3. 藏品是我们先辈智慧、灵感、劳动的结晶，是中国五千年灿烂辉煌，博大精深的文明的传承。不同的收藏品蕴含了不同历史阶段的特殊文化。既有较高的历史研究价值，又有传承文明的艺术价值。对美的欣赏是无国界的，无论是在先进发达、还是贫穷落后的国家，都可以不受干扰地流通。并且，随着时空的推移，藏品的增值空间就越来越大，回报率也就越来越高。

当然，尽管投资收藏市场安全稳定、回报率高，但也不是毫无风险。投资周期长、变现能力差、保管不当损坏品相、造假之风盛行等都会给投资收藏带来风险。当然，作为收藏爱好者，这一切都不能阻挠他们的收藏热情，相反，对藏品要引起足够重视的呼声越来越高。这就使得收藏热也一波未跌一波又起，收藏品价格也一路飙升。

收藏品的投资风险相对其他投资工具小得多，而且收益较高。在此基础上，投资者要多看多学，增加专业知识，提高收藏品识别能力，争取自己的投资可以获得更高的回报。

掌握影响藏品价格三要素，远离盲目投资

中国有句古话叫"物有所值"，意指其物的价值就等于它本身所具有的价值，但这句话用在收藏界就有些不恰当了，因为藏品的价格受诸多因素的影响，其水分很大，所以掌握影响藏品价格的要素，远离盲目投资。

影响收藏品价格的因素有很多，并不是人们所认为的一件藏品的价值越高，其价格也就越高。实际在收藏品市场上，对藏品价值因素的影响除直接的藏品自身的历史地位、民族性、文物性、学术价值、存世量、知名度外还有就是来自外界的影响因素，即媒体炒作、专家认可、经营机构是否参与交易等。收藏品的价值与价格相背离的现象从古至今并不鲜见。但对收藏品市场的经验研究表明，影响收藏品价格的因素主要有以下三点：

一、收藏品对市场的吸引力

真正影响收藏品的价值的并非它本身的艺术价值和收藏品的存世量，而是市场对收藏品的吸引力。

在20世纪20年代初，齐白石名不见经传时，他的画作鲜有人问津，后来齐白石的作品逐渐被收藏家所认可，是因为其本人得到了徐悲鸿的提携，作品价格才开始稳步提高。再说数量，齐白石的作品并不具有物以稀为贵的特质，其传世之作至少在3万件以上。他的书画作品就没有因为数量太多而受到人们抵制。正好相反的是一直备受青睐，经久不衰。在2008年5月31日，齐白石于九十五岁创作的《花卉草虫十二开册页》拍出了2464万元的天价，一举刷新白石大师书画作品的历史最高成交纪录。这一事件也再次激起了收藏界对"册页"独特魅力的青睐，使得"册页"这一独特的书画形制受到市场的格外关注。这就是源于他的书画作品对市场具有持久的吸引力。还有一个与此有关的典型例子，众所周知，齐白石的画多以虾为主题，但在1997年中国嘉德国际拍卖公司举办的一场拍卖会上，齐白石的唯一的一幅以"苍蝇"为题材的书画作品最后拍出了19.8万元的高价，虽然尺寸仅为9.7cm×7cm，但由于其题材的特殊性而成为全场的焦点。所以被一些媒体报道为"最昂贵的一只苍蝇"。

由此可见，吸引力真正影响了藏品的价值，它起着与藏品价格相互作用的关系。吸引力可以为投资者赢得高价，投资者能否在将来能获得更大的利润，全看他的藏品是否具有市场吸引力，这也是关系到投资成败的因素之一。

二、收藏品的巨大投机性

在1955年，因为一幅习作而免试进入中国美术学院学习的张正恒曾经以自己的亲身经历谈到过有名和无名的不同遭遇。当初，他把自己的精心之作给别人看时，总是不能得到公允的评价。一气之下，他做完画后，题上了黄宾虹的名字。出人意料的事情发生了，别人在看过后皆称之为精品。张正恒长叹道："我的画上写自己的名字就是不会画画的，而写上黄宾虹的名字就是精品，到底是人画画还是画画人？"这就说明了人们心理上的投机性。

收藏市场上那些供给弹性大的收藏品往往能多赚钱，如邮票、金银币、电话卡等。所以

也往往成为投机者的目标。他们参与收藏品交易的目的是为了利用收藏品价格的波动来赚取差价。当价格下跌时，投机者迅速买入自己看好的品种，以期在价格上涨时卖出谋利。

还有一些大投机商，他们并不跟着市场规律走，而是经常利用一些小道消息，人为操纵市场，通过推动收藏品的价格上涨或者下跌从中赚取差价。有的大投机商甚至利用投资者的信心，制造谣言、哄抬价格，以此来谋利。

这种心理上的投机，同样也影响着收藏品价格。

三、收藏品带来的炫耀性

正如理论经济学里所说：攀比心理引发的一些消费商品，人们拥有它的目的不在于它本身的实用价值和它所带来的乐趣，而在于"向上看齐""人无我有"的炫耀性心理。同时也是吸引其他人购买收藏品的又一重大因素。

例如，在2008年，在纪念法国著名印象派画家莫奈逝世80周年的热潮中，莫奈的作品《阿让特伊的铁路桥》，在拍卖会上以4148万美元的成交价被一个不知名的买主买走，打破了此前莫奈作品拍卖价格的纪录。但此买主还大呼"便宜"。这些看似"非理性"的购买行为，极大地满足了这些人的炫耀性消费心理。所以，收藏品带给人们心理上的炫耀性也成为了影响收藏品价值的另一重大因素。

上述三大因素虽然不是藏品本身的因素，但也能引起藏品价格的变化，甚至起到决定性的作用，因此在实际的投资过程中，投资者的藏品一定要多少符合这些条件，好使藏品增值。

收藏投资重在规划

有规划的事情进行起来才有条理有步骤，才能明确地到达目标。很多人被收藏所吸引就是源于藏品带给人名和利。但收藏品投资也并不是只赚不赔，像其他的投资一样存在风险，要规避风险就要进行合理地投资规划。

一、要确立收藏方向

其实，收藏是一门很深奥的学问，对于成功的收藏者来说，就是因为他们具备了一定的专业知识。所谓"专"就是指"专一"，对于初涉收藏的人来说，藏什么是个很头痛的问题。因为在收藏界，有那么多的藏品，还有那么多名气大的收藏家，他们的收藏也只是在一方面——要么瓷器、要么书画，绝不会什么都收藏。所以确立收藏方向是初涉收藏的人必须做的。当具备一定的专业知识后，可在专家的指点下进行收藏。刚而且初涉收藏的人往往财力有限，所以也决定了不能见什么收什么。

二、收藏就是中长期投资

有时候"收藏"卖的就是一件藏品的时间段，时间越久数量越少其价值越高。而短期的投资就做不到这一点，只能算作是一种投机行为。要想真正体现出艺术品的价值就要做长期投资或中期投资，这样就可以尽量降低风险又得到收益的最大化。

三、收藏要学会"以藏养藏"

在收藏界，著名大收藏家张宗宪先生，从起家的24美元，到拥有亿元藏品。张先生在接受媒体采访时曾说，"如果不会买卖，也不能造就我今天拥有亿元的丰富藏品"。可见，在收藏中学会买卖是十分重要的一环。在收藏过程中学会买卖，不仅可以使资金周转加快，还可以通过市场来检验收藏品的流通性。在收藏市场上，有的投资者平时过着节衣缩食的生活，收藏过程中只买不卖，虽然拥有一些自以为丰厚的藏品，最终却可能因为藏品的流通性差而受损失。

四、收藏要有超前意识

在20世纪70至80年代的古玩市场上赝品还不是很多，而且当时的真品价格也比较低，林散之、黄宾虹、张大千的书画每幅才卖50多元，但在当时很多人认为买那个东西有什么用啊，还不如听个戏或聚集三五好友到茶馆喝口茶。而到现在这些书画的价价值早已经高达几十万甚至几百万了，再想买可没那么容易了。

所以说，作为一名收藏投资者就要具备前瞻性眼光。在什么东西还没有火起来的时候就得看见它的发展前景，也就是对未来市场趋势的把握。当时一些地方的古玩交易就已经十分活跃，再结合我国的经济发展形式，人民生活水平的提高，艺术品收藏必将成为一个新的投资热点。当时由此看来，收藏投资者超前的意识对于收藏投资而言非常重要。

五、收藏要量力而行

收藏品投资的风险也是比较大的，这就要求投资者要有较多的“闲钱”，不要将日常开销的钱也用于收藏投资。如果举债投资，又找不到很好的变现渠道，那么在经济上就会有很大压力。生活都得不到保证，收藏投资就失去了它的意义。

收藏投资作为一种高雅的理财，其名利双收的特性更是吸引了无数人投身于此，其中不乏投机者。然而，世界上没有免费的午餐，高收益带来高风险，面对各类投资品种，投资者应具有良好的规划能力。

古玩投资切记“三不买”原则

收藏者们都希望自己淘到有价值的藏品好大捞一笔，但市场上的那些文物贩子们也摸准了投资者的心理，赝品层出不穷，为防上当受骗，谨记“三不买”原则。

做古玩投资的人完全是“玩并赚着”，古玩在帮投资者赚钱的同时，也满足了投资者的兴趣爱好。当下，全国各地掀起了一场古玩收藏的热潮，不管是大资本家还是小老百姓有事没事总喜欢往古玩堆里凑，电视上的鉴宝节目也是广请专家，为大家指点一二。收藏者们都希望自己淘到有价值的藏品好大捞一笔，往往急功近利，而市场上的那些文物贩子们也摸准了投资者的心理，大肆通过各种手段，设置陷阱，如造价、制假。初入行的人稍不留神就会落入圈套，造成财产的严重损失。因此，收藏者在古玩投资中要切记“三不买”原则。

一、不懂行不要买

收藏是件非常有魅力而又会给收藏者带来极大乐趣的文化活动。但因为投资者的不懂行其成功的难度很大，加之古玩收藏其种类繁多，包含有书画、古陶瓷、玉器、青铜器、木器、杂项等几大门类，如果收藏者对这些门类的知识不够了解，没有进行过深入研究，千万不要轻易冒险去买，以防上当受骗。

不少收藏者低估了它的难度，致使收藏品总是不理想。以收藏古字画者为例，五十个人中有一个成功的就算不错了，很多人将剩下的那部分的人的收藏状况概括为：“辛辛苦苦，赝品为主”“起早贪黑，破烂一堆”。所以，成为一个合格的收藏者也不是一件容易的事。古玩行当里有这样一句流传许久的警示语告诫人们：“不入其行，不捡其利”，就是劝收藏者不懂行就不要买。

二、不符合市场价位的不买

有的人总想在古玩市场里“查漏捡缺”，殊不知现在古玩市场里的真品已经不多，而真品中的精品更是少之又少。好多高品位高价值的藏品都掌握在少数资深收藏家或大拍卖公司的手里，藏品值多少钱，他们是绝对不会卖错的，而行情往往是跟着这些人对古玩的定价走的，所以初学者根本没有机会捡漏。如果是你到古玩市场上转悠，发现了一件“低价位高品质”的藏品可不要认为自己好运，高兴之时小心掉进陷阱。所以，对于初学者来说，一定要买符合市场价位的藏品，所谓“一分价钱一分货”，真品就要用真品的价钱来买。

三、有怀疑的不要买

随着仿造技术的发展，造假也达到了相当高的水平，一些不法商贩利用“三结合”（以

传统的工艺为基础，结合现代的科学技术，又以先进仪器相辅助）的制假手段制作的仿品简直是以假乱真。但假的真不了，这些仿品总会有一些破绽，收藏者们就是要凭这微小的破绽来辨别真伪。只要有一点点怀疑，就要推翻心中那百分之九十九的信任，坚决不买。

投资市场也是讲求原则的，无论你是投资高手还是菜鸟，遵循原则才能让你立于不败之地。

在寂静中酝酿行情——古董家具

古董指的是古人所留下来的珍奇物品。以前古董的“古”字，是用骨头的“骨”字，现在用古今的“古”，是因为音同而混淆。直到后来我们所称的“古玩”这两个字，其实是从清代才开始流传下来的，那是因为古董可以作为一种玩物，因此才有了这样的说法。

通常我们现在所说的古董家具指的是我国明至民国时期生产制作的家具，其精华部分在明、清两代，明代家具尤为出类拔萃。在1996年，当时纽约举办的一场中国明清家具拍卖会，创下了百分之百的成交记录，轰动世界收藏界。可是能纳入古玩市场的古董家具，应主要指那些珍贵硬质木材的家具，比如黄花梨、紫檀、铁力木、红木等。

综观2010年的中国古董家具在国内拍卖市场行情，虽然比不上前两年那样风光，但拍卖场上的价格行情，也并不能够代表整个古董家具收藏的趋势。根据古董家具近年来在全国各大市场的情况分析。有关行家认为，古董家具仍以年增长率35%的涨幅上升。2005年的行情只是一种表面现象，随着收藏群体的不断增加，以及艺术品市场走向成熟，古董家具今后酝酿的将是一轮不断走高的行情

除此之外，通常那些制作于明至清的高品位及书卷气较浓的白木家具，也是行情看好的古董家具，比如说楠木、柞针木、核桃木、梓木等。此外，制作精美、保存完好的漆器家具，也具有较高的市场价值。

明清家具在内地真正形成收藏热潮，是在改革开放后。1985年，我国著名古器物专家王世襄先生编撰了《明式家具珍赏》一书，并由香港三联书店正式出版，这是我国第一部系统介绍中国古典家具的大型图书。事实上也正是因为这部巨著的问世，让世界全面认识了中国古董家具的投资与观赏价值。

直到现在20多年来，古董家具的市场行情发生了日新月异的变化，并且也一直呈上升的趋势。比如说上世纪90年代初，一对明式黄花梨官帽椅价格在2000元左右，现在的价格则在50万元以上，且行家认为仍有很大的上升空间。再比如清代红木太师椅，上世纪80年代也就仅仅为800元一对，直到上世纪90年代达到8000元，如今其已经在万元以上。即使一件清晚期的六角老红木玻璃橱，10年前只要800元左右，到了今天价格也在6万元以上。

而如今，古董家具也就更因为它的实用性，在现代家居装饰中的地位不断地提升，越来越得到了人们的追捧。在目前的红木市场上，新料价格的迅速上涨，令圈内人士咋舌，比如现在海南黄花梨的木材价，已经由每吨10万元上涨到20万元以上。最好的小叶紫檀也涨到每吨25万元，就连普通的酸枝木，它的涨幅也在20% ~ 30%以上。作为中国最早与陶瓷器共同走向世界的艺术品种，古董家具仍具有非常广泛的国际性，它的价值空间是显而易见的。

事实上如今在全世界艺术品投资热潮中，中国艺术品的价值在国际市场不断升温，古董家具也就更是其中的佼佼者。而高档名贵的硬木与传统国粹文化的融合使它成为高品位和高价位的代名词。收藏古董家具已经成为一桩颇为风雅且迅速流行的活动，于是也就致使许多原本就缺乏起码鉴赏力的人难以保持冷静的头脑；所以，古董家具市场亦是鱼龙混杂、泥沙俱下。

书画投资有窍门可进

书画投资的收藏窍门要从提升自我鉴赏水平做起。我国著名书画家徐邦达先生说过：“市面上卖的我的画，百分之九十九是假的。”看来书画藏品市场也是滥竽充数的情况多。这就更要我们在投资之前掌握一些投资窍门了。

一、投资前要掌握的三要素

1. 购买书画不要贪便宜。如果一幅画署名为名人之作，但价格不高，这里可能有问题，要仔细琢磨。因为作品的价格往往与画家的艺术水平、名声大小、作品的精粗、画幅的大小成正比。在正常的市场条件下，“一分钱一分货”是绝对的真理。

但这也不代表价格高就是名人的真迹，也有人把假货当真货卖高价。总之名人好作品，在市场价格低时，就不能图便宜，要认真鉴别。

2. 作品个性不显著者不能取。个性是艺术的生命，是艺术品的灵魂。没有个性的艺术品是乏味的。那些大路货往往经不起时间的考验。而那些个性鲜明、特色独具的作品，虽一时未被人们所认识，但其潜在的价值较大。如中国画家林风眠、黄宾虹等人，以前不为人们所重视，后来却成了有名的大画家，因为他们的作品富有鲜明的个性，艺术价值极高。有的书画家的作品虽说看上去不错，但与某派、某家相似，这类跟风之作大多不可取。艺术作品应具有独特的艺术价值，而不是重复别人的翻版之作。

3. 不被画家的名气所迷惑。一般人收藏往往趋名而忘画，遇到名家的作品就认为是好的，殊不知名家也有“劣质产品”，如果不巧你得到的是这样一件作品，不仅不划算，还会被贻笑大方。因此购买之时，一定要十分认真，千万不可大意。

二、收藏过程中要注意看画家等级

1989年2月，国家文化部制订了《建国后已故著名书画家作品限制出境的鉴定标准》，作了三条规定：一是其作品一律不准出境的有7人，徐悲鸿、傅抱石、潘天寿、何香凝、董希文、王式廓、李可染；二是各时期代表作品和精品不准出境者有66人；三是地方性书画家作品可参考第二项名单和标准，适当限制出境。

而对于古代书画家其等级划分，史书已有定论，基本形成三个概念：一般书画家，是指书画水平较高而成绩可观者。二是著名书画家，是指在书画艺术方面成绩突出者；三是杰出的书画家，是指在书画史上成绩卓著者。再者投资者不要误入一个误区，那就是画家的等级越高其作品就越贵。讲价格的时候书画家的级别只是一个前提，而制约价格的直接因素还有其他三点：题材、画幅、品位。如果一级画家的作品是普通题材，画幅较小，品位不高；而二级画家的作品不仅题材好，画幅大，艺术品位还比较高，那么二级画家的这幅作品的价格就必然会超过一级画家的那幅作品的价格。所以衡量书画家作品的价值时，也不能单以等级而论。

三、收藏的基本技巧

1. 多学多问。广泛收集有关自己的藏品的资料，进行系统的学习和分析，多多请教专家，与藏友多交流。这个时代是一个讲求信息竞争的时代，谁掌握的信息多谁就把握了的制胜的关键，“入一行学一行，才能干好一行”是亘古不变的真理；“独学无友则孤陋而寡闻”，“三人行必有我师焉”，多多交流，虚心求教也让我们获益良多。

2. 不要四面出击，广泛收集。“专一”是取胜之道，泛泛而学的结果往往是多而不精。收藏也要选择一个门类，集中精力弄懂弄通，练就一项投资收藏的“必杀技”。只有一个目的地才能快速到达。

3. 不要购买有争议的作品。因为书画市场上的伪品甚多，如一件藏品广受争议就不要坚持已见，不去买。买错了丢了资金不说，还挫了锐气，伤了胆识。如果甚是喜爱，可请行家先行鉴定。

“窍门”还是要基于扎实的知识水平，鉴赏基础之上的，俗话说“艺无古今，书画作品要按其本身所含的艺术价值去衡量”。所以投资者要进行投资，还是重在提高自身鉴赏能力。

珠宝投资的技巧

人们面对珠宝总是迈不动脚了，但要做珠宝投资生意也要讲求技巧。

随着珠宝进入拍卖市场，很多人就将其作为投资工具的一种。和股票、房地产等金融投资相同，投资珠宝具有一定的风险，且具有一定的局限性。所以，我们总结了一下投资珠宝的三大投资技巧，以规避不必要的风险。

提起珠宝，很容易让人们联想到美丽与高贵。但由于珠宝身价水涨船高，特别是蕴涵着巨大的升值潜力，市场上的赝品也层出不穷：将合成祖母绿当作天然祖母绿，将合成碳硅石冒充天然钻石，将石榴石标为红宝石……

现在，许多人喜欢收藏翡翠玉器，但由于原材料含有杂质及氧化物，成品较多瑕疵，为了让器物更加漂亮，商人通常会将其用化学方法漂白或加色，再以树脂充填，这样看起来就“完美无瑕”了，内行称之为“B货”。还有的将颜色等级很低的“泛黄”杂质白钻当成黄钻石销售，或采用高温成型工艺将白色钻石“染”成蓝色钻石。如果用精品的价格买入这些珠宝，就等于钱打了水漂。珠宝的价格受色泽、做工、重量等诸多因素的影响，因此，珠宝投资的风险也更大，小心买到赝品上当受骗。为此，在选购时一定要索取国际公认的鉴定书，以确保珠宝的品质与价格。

相比之下，股票、债券不管是亏了还是赚了，可以马上变成现金，而珠宝却没有这样的快捷性。其次，珠宝价格不像股票、黄金那样涨跌明显。珠宝市场特别是钻石市场多年来始终呈单线上升的状态，略有所降但不明显。在这升与降之间，降得少市场比较难赚钱。但从另一方面也说明了珠宝投机机会少，一般珠宝都得收藏3年以上，会有约50%的增值。所以珠宝投资不能有投机心理。

中国家庭中有很多都收藏有珠宝，不少人还将珠宝作为一种投资工具。但是，由于珠宝收藏门槛不低，有时花大钱买来的却不值这个价，更没有升值潜力可言。因此，只有做足功课，才能找到真正的投资机会。

珠宝投资，必须选购具有市场价值的珠宝，即数量稀少，但需求量日益增加，价格不断上涨的珠宝。

不论选购何种珠宝，最好到专业水平较高、信誉良好的珠宝店去选购，不要选购打过折的珠宝。因为投资必须选择佳品，才能确保其市场性与增值性。

小心驶得“万年船”，虽然珠宝属奢侈品行列里的“细软”，具有很高的保值增值的作用。但也因其这个原因造假层出不穷，所以，投资者应做到以上投资原则，谨慎为之！

小邮票赚大钱的基本技巧

掌握市场行情、确定投资目标、讲究进票与放票的时机等，这些都是邮票投资的基本技巧。

刚开始进行邮票投资，首先应掌握一些有关邮票方面的基本知识，如邮票的种类、品相、真假邮票的鉴别等。这样，面对各式各样的邮票才知道从何下手，还要逐渐学会一些有关邮票交易的基本技巧，这对于邮票投资者来说是至关重要的。

一、掌握邮票市场行情

要掌握邮票市场行情即了解邮票的发行情况，了解邮电部门一年内将发行多少套邮票，在哪个时间段发行，每种邮票的发行量等。了解国家对邮市的基本政策动态。

二、确定投资目标

在对邮市行情有了一个基本的了解之后，就该确定投资目标了。首先，应确定是短期投资还是长期投资。如果经济基础雄厚，就做长期投资；如果钱不多就做短期投资。再次，确定合适的投资对象。不光中国有邮票，国外也发行邮票，那么面对成千上万的邮票品种，是投资中国票还是外国票；是投资整版、整封的整票，还是经营散票。这就要根据自己的自身状况来确定了。对于初入邮市的投资者来说，投资对象以散票为宜，特别以小型张为宜，它们具有增值快，出手快的特点。也可适当选择一些热门票。

三、掌握进票与放票的时机

通过对邮票的进票与放票可得到较高的利润。但需要把握好进票与放票的时机，否则就有亏本的可能。但是，邮市上的价格瞬息万变，进票与放票的时机不是一下子就能掌握的，它需要不断地学习和磨炼，需要冷静分析和积累经验。

大凡是投资者都希望在最高价格时抛出，最低价格时吃进，那么，如何把握票价的较低和较高价位呢？这需要对影响邮票价格的经济、政治、舆论、社会、资金等因素进行全面分析、比较，然后再得出结论。一般情况下，邮市的低潮期正是进票的大好时机，高潮期是放票的最佳时期。

在选择进与出的时机时，要抓紧时机，当机立断。面对失败，要总结经验教训，在实践中逐步学会把握进与出的时机。

四、步入邮市需要讨价还价

为什么有的人在邮市上买的邮票就价格便宜还质量上乘，而有的人却花了不少钱买的是冤枉货呢？这差异就在于会不会讨价还价。如果你是卖主，开得价就不能太高，因为人们决不会只在一个地方问一个价就买。开价过高等于把顾客推给别人。而如果你是买主最主要的就是看邮票的品相，找缺陷、挑毛病，品相不好的价给的就不要太高。

五、对抗邮价暴跌的策略

邮价下跌的原因不外乎两点：第一点是人为因素的影响，大户把邮价炒到一定高度后，然后大量抛出手中的邮票，就引起了邮价的暴跌。这种因素造成的邮价暴跌持续时间一般不会太长，少则五六天，多则半个月至一个月。第二点是外界各种因素的影响。该种因素的影响时间一般比较长，差不多时间段在半年或几年。

对抗第一种邮价暴跌的策略是：等大户抛出的邮票被邮市消化，价格出现反弹时不急于卖出，因为此时由低价位开始向高价位发展的邮价其涨幅很可能比上次没跌时还高。所以，沉住气，等到邮价涨到一定程度时再抛出。对抗第二种邮价暴跌的策略是：在那种情况下，邮票压在手中的人应该看清形势，及时卖出，即使是“跳楼”价也要卖，不要怕亏本，否则，邮价可能还会在长时间里跌得更低。

要想在邮票投资中实现效用最大化，不光要掌握邮票的基本知识，提高鉴别能力，还要结合巧妙的投资策略。

规避收藏投资风险的四大技巧

虽然现在人们常说：“改革促发展，盛世收藏兴。”但风险还是要注意的。加入收藏行列也需要一定的风险意识，因为收藏市场瞬息万变，稍有不慎便可能遭到财产损失。因此只有了解收藏行业的风险，才能有效地进行风险规避。

一、规避品相风险

在收藏品市场交易中，绝大多数收藏者都倾向于购买品相买尽善尽美的收藏品。

如在 1997 年广州中国首届字画拍卖会上，一枚品相较好的鲁迅诞辰一百周年纪念票小型张以 3 万元成交，一枚品相较差的鲁迅诞辰一百周年纪念票小型张仅以 1.30 万元成交。同样在邮市上，一枚上品生肖龙票能以 6000 元左右成交，而一枚下品的生肖龙票恐怕 600 元也难以出手。所以，艺术品的品相在市场交易中至关重要。

既然如此我们就要规避品相风险。从收藏投资的角度来看，买方的选择余地是很大的，所以要选品相一流的邮票，要么就以此作为讨价还价的筹码，规避因品相问题而带来的风险。

二、规避价格风险

在收藏品行业中至今都没有哪个品种的藏品的价格是固定的，而且藏品的价格也不会像股票行情那样一目了然地显示在股盘上；经常有拾荒人在乡下以几十元的价格买入一件物品，到城里的地摊儿交易市场卖几百元，到了懂行的专家手上，价格可以达到数万元甚至上百万元。所以投资者就要规避价格风险。

20 世纪 80 年代后期到 90 年代初期，日本泡沫经济魔术般地不断膨胀时，日本企业不惜巨资在国际上大肆收购世界名画。毕加索的《波埃莱特的婚礼》油画，当时被一家日本旅游开发企业以 75 亿日元买进，后来该企业破产，此画所有权转给负责旅游点工程建设的企业，岂料后者也很快又陷入困境，于是再抵押给银行，根据美术商估价，这幅画最多值 20 亿日元而已。

通常而言，影响收藏品的价格的因素有：买入时机、买入地点、卖出时机、卖出地点和买卖双方的不同而不同。这些因素直接或者间接地影响收藏品收益率的高低。因此，规避风险要做到积累关于收藏的相关经验，及时掌握市场行情。

三、规避赝品风险

藏品投资的市场里赝品比比皆是，投资者一不小心就会花个大价钱买个不值钱的假文物，造成经济损失。也许很多人会说："我从拍卖市场上拍不就得了，总不会有假吧。"殊不知拍卖市场也有赝品啊。

一位藏家去为一企业老板鉴定，这位老板共花了 700 多万元购买了五六十件现当代名家字画，结果鉴定下来只有 3 件字画是真的，其他都是假的。尽管他这些字画几乎都是从拍卖场上买来的。

此时，也许又有人会说"那我就将拍卖公司告上法庭，让他赔偿我的损失。"说到这一点，更要提醒大家了，我国《拍卖法》中规定"拍卖人、委托人在拍卖前声明不能保证拍标的真伪或者品质的，不承担瑕疵担保责任"。可见艺术品拍卖并不对推出的拍品做真赝担保，无疑，其买卖风险就完全的转嫁到买家手里了。所以，避免赝品风险就是投资收藏品中最主要的一条。投资者在进行投资时一定要慎之又慎，冷静分析，查明真相。必要时请专家鉴定。

四、规避政策性风险

投资藏品有一个禁区，那就是国家明令禁止的保护文物不能用于投资买卖，一旦违法，就会受到国家法律的制裁。因此，投资收藏者还应对国家出台的相关法律有一定的了解，如对《中华人民共和国文物保护法》《文物藏品定级标准》《中华人民共和国拍卖法》《中华人民共和国文物保护法实施条例》等相关的法律法规进行学习，不至于无心办坏事，最后钱没挣到反而使自己锒铛入狱。

改革促发展，盛世收藏兴。但收藏市场里还是有很多陷进和政策上的不完善，使买家承担了大多比例的风险，所以，如履薄冰，规避风险是很有必要的！

不同市况的不同操作策略

任何投资市场都有牛市、熊市、猴市的情况划分。牛市和熊市大家都不陌生了，那么什么是猴市呢？猴市即指在所考察的交易日里，投资的价格没有明确的上升或者下降的趋势，市场分化比较严重，价格变化不稳定，猴子总是蹦蹦跳跳的，所以就用它来比喻投资物价格的大幅振荡。那么，面对这几种情况该如何应对呢？具体情况具体对待，让我们从最坏情况的熊市说起。

首先，处于熊市状况时的操作策略：

降低平均买入成本：

在收藏者错误的预期下，买下了某种收藏品，结果该收藏品的市场行情一天冷似一天，那么，他要么抛出，要么就继续持有，理论上我们建议投资者继续持有，而且在持有该藏品的过程中，可以慢慢买入价格在平均下跌的这类藏品，从而降低平均买入成本。不过也要适可而止，不可大量吞进，要为以后的出手做打算。一旦这种收藏品的价格开始反弹，就要寻找机会快快出手，这就是人们常说的"慢慢买，快快出"，以免错失时机而被再度"套牢"。

其次，处于猴市时的操作技巧：

积少成多。在行情出现猴市时，投资者可不必观望，行情一旦上涨就卖，行情一旦下跌就买，不要觉得自己这是在投机倒把，猴市时规避风险最重要。尽管每次所获收益不大，然而，如果反复多次，积少成多，总收益还是相当可观的。

再次，处于牛市时的操作技巧：

积极入市，以藏养藏，利上加利。收藏市场处于牛市时，收藏者手头的资金又充裕就要积极入市，以期获得更大的收益。收藏者可以适当的买入某种收藏品，当其价格上涨时，适时卖出。如果预期的市场还在涨的话，就应继续买入，同时也可以相应的出货，然后用所得利润继续买入，这就是以藏养藏，利上加利的策略。这种操作技巧，在于把握好买入和出货时机，只要时机不差太多，就只是赚多赚少的问题。

在投资过程中，每个投资者都有自己的一套技巧和方法，但无论是哪种技巧方法，能够规避风险，取得收益才是关键。

藏品并不是越老越值钱

其实现在有很多的收藏爱好者总是认为，年代越久的收藏品就越值钱。其实这是一个误解。藏品的收藏价值主要也就是体现在历史文化价值、稀罕程度以及工艺水平上。比如说一些高古陶器，虽然有着数千年的历史，但因其存世量大、制作粗劣，其价值远远低于后世的一些珍稀藏品。汉代、唐代一些存世量很大的铜钱，今天在市面上不过几毛钱一枚。而一些现代工艺的翡翠器物，却能卖到数十万元。

我们也应该知道收藏界有这样一个说法，当时就很值钱的东西，现在仍会很值钱；而当时不值钱的东西，现在还是不值钱。

事实上在我国明清时期，皇帝集中了全国最优秀的制瓷人才到景德镇，专为皇家烧制瓷器。通常这一时期的官窑瓷器不计成本，极为精良，在当时已经是身价不菲。而在近些年的一些拍卖会上，明清官窑瓷器的精品动辄拍出数千万元的惊人价位。而一些民用陶器、瓷器，因做工较为粗糙、没有什么工艺价值，当时也只卖几文钱一个，直至数百年后的今天，其收藏价值仍然不高，只有三五十元一件。

即使是同一件收藏品，它的价格弹性很大，其价格也会因人、因地、因时而异。而且有的一些藏品可能收藏价值并不高，但是却有人为了寄托某种特别的感情，有人为了配齐系列藏品中的缺品，却视其为珍宝，不惜以大价钱购得。

正是因为各地的收藏氛围、购买能力不尽相同。而一件藏品在不同场合的“身价”或许就会有非常大的悬殊。而“地区差”也就因此便成为精明商人的生财之道。例如：某国画大师的一件作品，多年前在一般小城市的拍卖会上成交价仅 1 万元，在大城市则拍出了 6 万元，再拿到北京，成交价变成了几十万元。

其实我们都清楚收藏是件很奇妙的事，既可以被人称为花钱的“无底洞”，有多少钱都能投进去；但同时也就会有人说，钱少照样可以搞收藏。其中诀窍就在于要学会以藏养藏，即以有限的资金投资于有升值潜力的藏品，在适当的时候兑现收益，再进行下一次投资。日积月累下去，收藏的资金投入才会逐步地减少，但是藏品却会逐步增多。

收益不少的艺术品小拍

现在许多的大中城市也都开设了小拍，仅上海就有数十家拍卖行加入了小拍的阵容，几乎每一个月也就都有公司举槌开拍。

一、小拍其实并不小

作为投资者或许都应该知道艺术品市场价位太高，而脱离老百姓实际承受能力，会阻滞艺术品收藏群体的发展。所以说低价起拍就是针对画廊等中介机构虚开高价的现象而采取的一种培育艺术市场的举措。事实上一些真正的好作品并不会受到太大的影响，虽然起拍价低，但是在最后的成交价还是比较高的。而对于老百姓最关心的质量问题，拍品最重要的是有质量保证。

虽然小拍比较小，但却不见得就没有好货，而小牌推出的品种同样齐全，书画、瓷器、书刊、邮品、钱币……各类收藏品可谓无所不包。虽然拍品质量参差不齐，但其中也不乏具有诱惑力的上品，比如像瓷器中可见古代皇家官窑小品，书画也有各种各样的流派，不少为名家之作。这能使收藏者花费较少的资金，得到与大拍同等声誉的艺术作品。

其实对普通收入者来说，价格便宜是小拍最突出的优点。因为许多实力雄厚的大买家将注意力集中在“尖儿”上，很多价位偏低或尚未被炒热的拍品反被忽视，中小买家从中也就能够得到有升值潜力的佳品，回家偷着乐。

一位竞拍者曾经这样说过，每月一次的小拍他几乎场场必到，而且像他这样的民间收藏爱好者其实也并不在少数。一位藏友曾经就以 3300 元拍进原在文物商店里标价 1 万元的清乾隆粉彩小笔筒，令很多朋友羡慕不已。但也有人认为这个价格偏高。其实，我们可以这样算：多数藏家几乎每周都要光顾古玩市场，在仅含 10% 左右真品的货物中淘金。但是随着人们对收藏认识的不断加深，地摊市场中宝贝越来越少，通常搜罗大半年也没有什么成绩。与其如此，不妨把淘地摊的钱积累起来参与门槛较低的小拍，只需交 2000 元保证金，不仅有机会以底价或低价竞得满意的藏品，而且一些二三千元的精致小品还可作为人们装饰家居、馈赠亲友的首选。

二、竞拍的时候需要掌握策略

其实近年来，由于诸多媒体纷纷报道有关投资字画的保值增值潜力远远超过其他方式的投资，从而掀起了一股抢购热潮，很多人更是将原先委托金融机构投资的资金转移过来，想要寻求更大的收益。

但是可供挑选的余地多了，难免就会出现鱼目混珠的状况，对众多买家而言，还得多长一个心眼。在入市的时候，特别是在参加这些低价拍卖时，应选择一些名气响、品牌好、口碑佳的大型拍卖公司。另外，还应懂得一些选择策略。据一位拍卖行的鉴定师介绍，近些年来，中青年画家的作品受到藏家的追捧，尤其是低价位的中青年作品更是走俏市场。一些字画爱好者比较注重他们的绘画风格，购进后便于自己临摹研究和学习。还有一些投资者购进后，目的非常明确，就是等待时机出手获利。

三、差价获利

事实上和许多交易市场一样，在拍卖过程当中，买方与卖方的角色也可随时互换或同时“兼职”。当你处在买与卖双重身份的时候，你会体验到“买的没有卖的精”此话之精辟，并可以充分利用拍卖差价这一方式买进卖出，得到意想不到的收获。

宋先生几年前迷上了拍卖，所以就经常去观看小拍专场，他也曾经数次从拍卖图录中看到面值壹元的民国三年“袁大头”，当时的市场价为 60 多元一枚。而拍卖成交价往往就在 700 元至 1500 元之间。于是，宋先生动了通过小拍赚钱的念头。他在邮币卡市场讨价还价后以 90 元的价格买入 1 枚“袁大头”，几个月后，他抱着试一试的想法将钱币送到拍卖公司，并要求底价为 150 元。出乎意料的是，该拍品经过竞价，竟以 1000 元成交，在支付了佣金和保险费等相关费用后，还净赚了 800 元，这一利润几乎是成本价的 9 倍。他说自己要是单纯通过地摊市场买进卖出，绝不会得到这样一个好价。

通常而言，拍卖公司常年接收拍品委托，小拍接收的标准是价值在 100 元以上的物品，只需双方商定底价并签一个委托拍卖协议即可。拍卖公司收取的佣金一般是成交价的 10% 左右，另加 1% 的保险金，即一件以 500 元成交的物品，扣去佣金和保险金，委托人可拿到 445 元。而对小拍中未拍出的物品，拍卖公司一般不收取任何费用。

典当行有特色融资服务

典当公司最新推出的房地产特色融资服务有所改变，随着将房屋进行典当，融资多出了一条新渠道。之前的一些问题，先买房还是先融资、不可售房是否真是“鸡肋”一块、通过银行按揭购买的房屋是否成了套牢的“枷锁”等都得到了解决。

方案一：按揭再融资计划

有抵押原来已按揭购买的物业进行融资理财的意愿，却无力一次性付清未到期银行贷款的投资者可通过按揭再融资计划，使“不动产”真正动起来。如果你的房子在银行贷款抵押期间变成了呆滞的“不动产”，是否觉得有点可惜？其实，抵押给银行的住宅并不仅仅是一种负担，也是可以充分利用的资源。

操作方式：客户向典当行提供已按揭房屋的相关材料及他处有房证明，经典当行审核后，办理融资手续。期间，客户须与典当行和中介机构三方签订借款有回购约定的按揭方买卖行为协议，并由典当行出资向银行进行提前还贷。获得原来抵押在银行的产权，使客户在可履约赎回的前提下完成抵押融资。同时，客户需与中介机构签订房屋买卖合同。融资期限最长为 3 个月，每月的综合服务费为 2.3%（1.8% 综合费率 +0.5% 利率）。借款期满后，客户可履约回购，如无法还款，则房屋买卖合同自动生效，房屋将由中介公司按约定价格收购。

方案特点：克服了按揭房产上市交易的障碍，还贷融资过程简捷、迅速，不会影响房地产权属过户（抵押）手续的办理，使原来呆滞的按揭不动产真正动起来。

友情提醒：如果客户不能或不愿履约赎回，中介公司将按约收购该房屋。

方案二：置换回购计划

只需通过置换回购计划，将承租权进行转让实现融资，拥有不可售花园洋房、公寓、新里、旧里的居民，就可获得投资良机。

操作方式：客户向典当行提供租用公房凭证、身份户籍证明、同住人同意书和他处有房证明，经典当行审核后，办理融资手续。期间，客户须与典当行和中介公司签订置换回购合同，并与中介公司签订住房承租权转让合同。融资期限最长为 3 个月，每月的综合服务费为 2.3%（1.8% 综合费率 +0.5%）。借款期满后，客户可履约回购，办理房屋承租权过户返还手续，如不能完成回购行为，中介公司将拥有该房产的处置权。

方案特点：开创了全新的利用房屋承租权进行融资的模式，拓宽了此类房屋使用者置业理财的渠道。

友情提醒：但是在这类方案实施的过程中，须权衡自己的还贷能力，如果贷款金额过大，不能偿还，该房产的承租权将按协议转让给中介公司。

方案三：置业安家计划

如果你急着卖掉旧房去买新房，旧房往往不一定能卖出好价钱。因此，急需资金购买新房，但又不愿将原有物业在短时间内出售的客户，可申请参加置业融资业务，通过置业安家计划，将原物业抵押给典当公司，以获得贷款支付房款。

操作方式：融资客户向典当行提供旧房权属证明及新房购房合同、定金（或首付款）的支付凭据，经典当行审核后，办理融资手续。融资期限最长为 3 个月，每月的费率为 2.3%（1.8% 综合费率 +0.5% 利率），客户可在约定时间内将新房向银行办理按揭贷款。

在借款期限内或到期后，客户可选择三种还款方式，一是如数还款，二是委托中介将旧房挂牌出售，并支付 1% 的佣金，三是委托拍卖行将旧房公开拍卖，并支付 1.5% 的佣金，待出售或拍卖后将所得房款抵冲借款。

方案特点：客户能在不影响正常居住的情况下，并且使用原物业的同时迅速获得购置新房所需的资金。

友情提醒：需对原有房产的价值有一个合理的估计，将急于卖房有可能遭受的损失与所支付的综合服务费做个比较，判断是否有利润空间。

巧借典当

拍卖公司竞拍的二手房价格往往是二级市场，因此备受市民的青睐。

但由于拍卖公司极大多数的二手房源来自司法委托，需要拍卖方款齐才能结案，因此需要拍得者在短时间内付清全部成交价款，是一大难题。

李先生在拍卖有限公司的拍卖会上，以141万元的总价拍下202平方米的高级公寓房产，当场与某典当有限公司的工作人员商妥了抵押、质押手续，抵押的是他本人在同一地段的一套房产。李先生之所以敢这样做，是基于对位于繁华区域投资的信心，和对拍卖公司和典当行作了详尽的了解与联系，主要是有一套产权房可供抵押、质押，手里有钱可以付清款项。

通过这简单而又充满刺激的过程，你就盘活了存量资产，一套房玩转了两套房，而你付出的代价又相对较小，何乐而不为？

典当现在有这样几种方式：

1. 股票典当且照样可以买卖。如今，沪上典当行推出的这种不限投资用途的股票典当，使融资者的投资范围更加宽泛。

方式：股票典当相对比较复杂。客户将其股票质押给典当行时，典当行会对股票进行选择和评估，所贷款额一般只有股票市值的50%。客户必须与典当行签订合同，将股票转托管到与典当行合作的证券公司营业部的账户上。这个账户处于半冻结状态，客户仍可自由操作自己的股票，但合同到期前，不能取走账上的钱。

为了控制风险，典当行一般都会在协议中加入平仓条款，即当典当者在专有账户中的股票市值达到一定的警戒线时，典当行有权委托证券公司将其股票强行平仓。

时间：当天即可取款。

费率：每月的综合费率在2.5%左右，当期为1～6个月，可以续当。房产典当且仍可居住。

2. 汽车典当且不必封存。据了解，有很多人用汽车做抵押以解燃眉之急。但以往典当时，车辆是要被作为抵押物封存在专门的车库进行专人保管的，直至日后当户偿还当金解除典当合同，才能赎回车辆。可是如今，不必封存亦可典当这种全新操作方式的推出，为票子车子两急需的融资者带来了极大的便利。

方式：与以往传统的操作方式基本相同，只需带齐典当机动车的全套手续，即所要典当机动车的购车发票、购车附加费证及附加费发票、行车执照、养路费交纳证明、验车合格证和保险凭证，如果是企业，还须提供企业营业执照副本和法人代码证书，私车则须提供与行车执照相应的个人身份证、车辆过户变更表，就可办理。

时间：工作人员会根据车况评估价格并给款，最迟不超过两天。

费率：每月按典当金的3.5%收取，当期一般为半年，可以续当。

3. 房产作为居民拥有的主要大宗资产，相对于其他物品可以典当到更多的钱。但以往房产典当要求比较高，通常需要当户在当期内搬离该房屋。所以典当房屋需要付出很多，生活压力很大。如今，被当房屋仍可居住，当户不再需要急吼吼地搬离住所，轻轻松松即可获得所需资金。

方式：一般包括验证、看房、估价、签署协议、办理公证、抵押登记、发放贷款、偿还本息、注销登记等环节。典当人必须将房产的所有资料，如房产所有权证、土地使用证、契税证、购房发票、房产所有人（共有人）的身份证、户口本完整地交给典当行审核并保管，由典当行实地看房并由双方协商确定典当价格后，签署房产典当贷款合同和房产抵押合同，办理公证，在完成抵押登记手续并拿到各项权证后，即可发放典当贷款。

时间：2至3天之内即可办妥并放款。费率：每月的综合费率为3.5%，当期一般为1～6个月，可以续当。此外，当主还需负担评估费、保险费等必要的手续费用。

刷卡典当，简单融资

“融资一卡通”一改以往传统的典当模式，类似于信用卡式的借贷。省却了以往房产、物资等均需的评估、办证、公证的过程。

典当费用按天计息，而且典当房产或大宗物资的当金可当天获得。使更多的市民和中小企业客户能够根据自己的实际需求，来拟定最适合自己的融资计划。

申请办理“融资一卡通”业务50万元以下的当天取款，50万元以上的只需提前预约，次日即可取款，利息按天计算，不取款不收费，且借款期限可以延长，还款可以部分进行，与以往房产典当和部分动产典当相比，这种新方式的人性化特点可见一斑。会员在借款有效期内，“一卡通”可重复使用，不受次数影响（最高额度总和不超过500万元）。典当行将根据你所提供财产的抵押值，来设定你的借款额度，最高能达500万元。

在有效期内你可以随时随地使用借款，这大大减少了典当者的时间成本和融资成本，真正做到灵活便捷，某种程度上可与信用卡媲美。

申请条件：只要你是能提供权属清晰、价值稳定的动产、不动产或财产权利作为借款担保的自然人或法人，即可申请办理。

典当行里借点旅游费

如何筹措到保证金，让出国游能更轻松地成行呢？也许你想不到，典当绝对是一个不错的选择。作为专门为出境旅游的游客提供代为支付保证金的短期典当融资服务，“旅游融资宝”的办理过程十分简单易行，可分为三大步骤：第一步，去特约旅行社报名，确定确切的保证金金额；第二步，用自己有权处置的民品、房产、机动车、物资、有价证券等到典当行来办理相关的抵押质押手续，筹集到所需保证金；第三步，回国后，赎回质押物。

赴澳旅游须交付20万元的保证金。王先生夫妇报名参加，但是保证金手头不够，正准备拉下脸来向亲友借钱时，忽然在报上看到有“出境旅游融资宝”业务的消息：“只需带着自己的汽车、房产证、有价证券、金银珠宝、古玩字画等值钱的东西和证件，就可到典当行办理典当融资借款手续”。

手续相当简便，于是，王先生打消了向亲友借钱的念头，把自己的宝马车当了20万元，支付了10天共2400元的当金，高高兴兴地携妻赴澳旅游了。

“旅游融资宝”业务还提供一附带服务——免费为客户进行旅游保管业务。如果出国旅游时间较长，可以将家中贵重的东西存放进典当行的金库中。然后等回国后，赎回自己质押的东西，取回贵重物品，多么轻松放心啊！

第十一章

理财金权杖：投资黄金

我们都应该知道黄金长久以来都是一种投资工具。它的价值高，并且是一种独立的资源，不受限于任何国家或贸易市场，它与公司或政府也没有牵连。所以，投资黄金通常可以帮助投资者避免经济环境中可能会发生的问题，同时黄金投资是世界上税务负担最轻的投资项目。黄金投资其实也就意味着投资于金条、金币、甚至金饰品，投资市场中存在着众多不同种类的黄金账户，所以把黄金叫做理财金权杖。

“黄金屋”的基本情况

了解黄金市场是迈入市场的第一步。黄金独特的自然属性决定了它不仅是一种特殊的商品，且具有明显的金融属性。1976 年，世界进入牙买加体系时代，黄金不再作为货币平价定值的标准，但仍然具有金融属性，只是这种属性更多地体现在投资与保值方面，从而使黄金市场在世界金融体系中依然具有独特的地位与作用。众所周知，国际货币体系经历了金本位制度、布雷顿森林体系、牙买加体系这三个体系。在金本位制和布雷顿森林体系下，黄金只充当了一般等价物或者准一般等价物，而且各国都必须努力维持金价的稳定。

国际黄金市场的主要参与者共分为国际金商、银行、各个法人机构、对冲基金等金融机构、黄金期货交易中有很大作用的经纪公司、私人投资者等。

世界各地约有 40 多个黄金市场。黄金市场的供应主要包括：世界各产金国的矿产黄金；回收的再生黄金；一些国家官方机构，如国际货币基金组织、央行黄金储备；还有私人抛售的黄金。目前美洲的黄金市场主要集中在纽约，欧洲的黄金市场所在地是伦敦、苏黎世等，亚洲的黄金市场在香港。目前，世界上最大的黄金市场是伦敦。伦敦黄金市场交易所的会员主要有具有权威性的五大金商及公认的有资格向五大金商购买黄金的公司、各个加工制造商和商店等连锁组成。伦敦没有实际的交易场所，灵活性非常强，交易时由金商根据各自的买盘和卖盘，报出各自的买价和卖价；黄金的重量、纯度都可以选择等。交易模式是黄金现货延期交割，这些特点吸引了大量的机构和个人投资者参与进来，造就了全球最为活跃的黄金市场。

国际上的黄金市场交易体系完善、运作机制健全，在国外黄金市场的投资环境较为成熟，因为黄金投资在发达国家已超过 100 多年的历史了。中国的黄金市场起步较晚，目前只拥有两大黄金交易市场，它们分别是香港黄金交易市场和上海黄金交易市场。

香港黄金市场有 90 多年的历史，其形成的标志是 1909 年香港金银贸易场的成立。目前香港有三个黄金市场，一是以华资金商占优势有固定买卖场所的传统现货交易贸易场。二是由外资金商组成在伦敦交收的没有固定场所的本地伦敦金市场，同伦敦金市联系密切，也是实金交易。三是正规的黄金期货市场，交投方式正规，制度完善，但成交量不大。因为香港黄金市场有其优越的地理条件，可以连贯亚、美、欧地区而一跃成国际性的黄金市场。

目前，上海黄金交易所是国内最大的黄金交易平台。上海黄金交易所是经过国务院批准，在国家工商行政管理局登记注册，由中国人民银行组建的。它的性质是不以营利为目的，实行自律性管理的法人，遵循公平、公正、公开和诚实信用的原则组织黄金、白银、铂等贵金属品的交易。目前，上海黄金交易所对个人开放的黄金投资，与国际市场的连贯性等方面都有着极大的优势。这一优势无论是从交易成本，还是从市场流动性、市场有效性等方面来看都有较强的竞争力。这样的交易模式只有当市场达到相当高的容量后才具备较高的有效流动性。就目前较一般个人黄金投资与中小机构而言已经足够。上海黄金交易所与其他交易所一样，本身也并不参与市场交易。

在 20 世纪 70 年代以前，世界黄金价格比较稳定，波动不大；是在 20 世纪 70 年代以后金价才开始大幅地波动。随后的岁月里金价都表现出大幅走高的剧烈振荡的态势。2008 年上半年，国际黄金价格创出超过 1000 美元 / 盎司的历史最高点位，因此，很多人相信黄金投资是继证券、期货、外汇之后又一个新的投资宝藏。近年来，受美国金融海啸次贷危机的影响，美元持续贬值，石油持续涨价，地缘政治的不稳定都引发投资者不安，此时黄金作为最可靠的保值手段，又以其能够抵抗通货膨胀的特性迅速地在投资地位中攀升。直到今天也没有任何一种商品能取代黄金的这种特殊功效。放眼而望，黄金投资市场的开放与电子商务的完美结合使黄金这一崭新而又古老稳健的投资品种，给投资者带来了不可估量的财富！

黄金在政治、经济环境不稳定的情况下，与其他金融产品不同的相关运行的特性，成为了对抗通货膨胀最理想的工具。

了解黄金投资的品种

黄金投资种类繁多，在投资黄金各类产品之前，必须分析自身的风险承受能力，充分了解产品的特点和风险，审慎决定。

黄金作为投资种类的一个重要组成部分，从资产的安全性、变现性考虑，可作为一种投资标的，纳入整个家庭资产的投资组合中，不失为一种理智的选择。随着国内黄金市场的逐步开放，为个人投资提供了方便，个人黄金投资品种的先后出台，又给普通黄金投资者提供了多种选择。那么作为普通黄金投资者应怎样理智地进行黄金投资呢？

一、黄金投资品种及特点

1. 国内可供选择的品种：上海金交所提供的黄金品种包括：现货延期交易 Au（T+D）、现货黄金 Au99.99、Au99.95、国有银行提供的黄金账户产品（又称纸黄金）等。其中，纸黄金采用投资者开立黄金账户的方式进行，交易起点较低。

2. 民间黄金投资通常采用实物黄金投资。通常的实物黄金包括包括：标金、金币、金饰等。

（1）黄金首饰和饰品是现在最常见的实物黄金。由于黄金首饰和饰品其价值在于它的观赏价值，并且有着非常高的制造费用，它已经脱离了黄金投资的本质，不容易变现而且损失很大，显而易见它是不利于黄金投资的。

（2）金条、金块的变现性好，一般情况下在全球任何地区都可以方便地进行买卖，而且大多数地区还不征收交易税，操作简便容易，其利润也比较可观。

（3）金币是国家法定发行的。金币投资虽然是一种灵活的黄金投资方法，但投资增值的功能不大。金币投资随时可以购进，但因为没有专门的回收地点，所以金币投资并不是很好的投资方式。

3. 国际黄金交易商提供的黄金期权、黄金期货、远期黄金交易。这些投资品种虽然都可放大资金 30 ~ 60 倍，但利润与风险共享。随着我国对黄金市场监管和相关的政策出台，目前国内黄金市场还没有的品种也会逐渐开放。

二、投资黄金应注意选择市场

我们了解了黄金的投资品种以后，在此基础上就可选择适合自己投资的黄金市场了。黄金价格会在 24 小时里不间断地波动，并且在世界不同地区，黄金价格的波动空间也有很大的差异。但亚洲金价总是随着欧美地区金价而变动的，因此正确地选择黄金市场，成了很大程度上决定了普通黄金投资者成败的关键。

三、国际黄金市场和国内黄金市场

1. 国际黄金市场：以现货为主的黄金市场是伦敦市场、苏黎世市场；以黄金期货为主的市场是纽约市场、芝加哥市场。

投资这些品种需要高超的运作技巧和雄厚的资金，主要适合于机构、基金投资者或大批发商们参与，不适宜普通的黄金投资者。

2. 国内黄金市场：而中国香港黄金市场既有现货又有期货；上海金交所提供的黄金现货延期和黄金现货交易；国有银行推出的纸黄金等，都是可操作性较强的投资品种。

随着时间的推移上海金交所也逐渐地降低了门槛，为更多的普通大众开辟了黄金投资的便利。

纸黄金就是在黄金市场上买卖双方交易的标的物是一张黄金所有权的凭证而不是黄金实物，因此也叫黄金凭证，是一种权证交易的方式。现行的一些“黄金宝”“金行家”“账户金”等，比较适宜广大普通黄金投资者参与。

四、要想在黄金市场投资成功就要把握趋势、顺应市场

黄金投资市场实行全球统一的报价体系，每天24小时双向交易机制，体现了黄金市场的公平与公正。它是一个全球性的投资市场，任何机构甚至欧美中央银行都无法操控其市场，每天的成交额巨大。它所具有的全球流通、赢利稳定、无税金、保值性强等特点更是房产股票、期货等投资无法比拟的，而这些优势让越来越多的投资者产生了共鸣。随着当下国际黄金市场的逐渐升温。黄金投资市场可以说商机无限，而且黄金是最有价值的投资品种。了解黄金特殊性，把握好市场趋势，就能在黄金大牛市中赚取巨大利润。

从中国黄金市场开放以来，不少国内投资者参与一些现货黄金保证金交易，由于存在做空机制以及杠杆效应，使得不少踏反节拍的投资者损失惨重。大量“学费”进入到他人的腰包。原因基本都是市场的选择与自己对市场的驾驭能力不相吻合。那些踏准行情的黄金私募基金赚得盆满钵满，资金转了几番的也是凤毛麟角。只有提高对黄金市场的选择和认识，提高自身对市场方向的驾驭能力，培养成熟有效的投资理念，多多锻炼参与黄金衍生品市场的资金管理能力，学到相关联的金融交易经验，才能做好黄金投资。

影响黄金价格的六大基本因素

作为一个有着自己投资原则的投资者，想要进一步了解场内其他投资者的动态，对黄金价格的走势进行预测，以达到合理进行投资的目的，就应该尽可能地了解任何影响黄金价格的因素。

20世纪70年代以前，国际上黄金价格比较稳定，因为黄金价格基本由各国政府或中央银行决定。到了20世纪70年代初期，美国将黄金价格与美元挂钩的关系切断，黄金价格就逐渐市场化，影响黄金价格变动的因素也日益增多。除此之外，由于黄金的特殊属性，以及宏观经济、国际政治、投机活动和国际游资等因素，黄金价格变化变得更为复杂，更加难以预料。

民间力量是参与世界黄金市场的主角，他们占了当前世界黄金交易量的95%以上。他们包括：各种类型的投资基金、大银行、国际大财团、大保险公司等，还有数量庞大的各类黄金投资经纪商下面的联结分布在世界各国的散户黄金投资者。

概括起来，影响黄金价格变化的基本因素主要包括以下六个方面：

一、供求关系

众所周知，黄金交易是市场经济的产物。而商品价格的波动又主要受市场供需等基本因素的影响。按照地球上的黄金存量、年供应量、新的金矿开采成本等都会对黄金供给产生影响。

二、美元走势

美元比黄金的流动性要好得多，虽然它没有黄金那样稳定。因此，美元被认为是第一类的钱，而黄金是第二类。一般在黄金市场上，美元涨了金价就会跌，美元降了则金价就会上

扬的规律。因为这一规律，通常投资人士在储蓄保本时，取美元就会舍黄金，取黄金就会舍美元。例如：1971 年 8 月和 1973 年 2 月，在没有汇价大幅度下跌以及通货膨胀等因素作用下，美国政府两次宣布美元贬值，其市场上的黄金价格迅速升高。

三、石油价格

原油对于黄金的意义在于，油价的上涨将摧生通货膨胀，而黄金本身则是抑制通胀的保值品。所以，石油价格上涨意味着金价也会随之上涨。一般来说，原油价格的小幅波动对黄金市场的影响不大，当石油价格波动幅度较大时，会极大地影响到黄金生产企业各国的通货膨胀，因而影响黄金市场的价格趋势。

四、通货膨胀

对黄金价格的影响这一点要看通货膨胀是长期还是短期了，结合通货膨胀在长短期内的程度而定。从短期来看，物价大幅上升，引起人们的恐慌，货币的单位购买能力下降，持有现金根本没有保障，收取利息也赶不上物价的暴升，金价才会明显上升。而在长期，若是每年的通胀率在正常范围内变化，物价相对就较稳定，其货币的购买能力就稳定。那么其对金价的波动影响就不大。不过总的来说，黄金还是不失为对付通货膨胀的重要投资者工具。

五、利率

政府紧缩或扩张经济的宏观调控手段是进行利率调整。利率对金融衍生品的交易影响较大。投资黄金不会获得利息，黄金投资的获利全凭自身价格上升。对于投机性黄金交易者而言，在利率偏低时，黄金投机交易成本降低，投资黄金会有一定的益处；但是利率升高时，黄金投资的成本上升，投机者风险增大，收取利益会更加吸引人，无利息黄金的投资价值因此下降。特别是美国的利息升高时，美元会被大量地吸纳，金价势必受挫。

六、国际政局动荡、战争等

国际上重大的政治、战争事件都将会影响金价。政府因为战争为了维持国内经济的平稳而不得不支付费用，大量投资者转向黄金保值投资。黄金的重要性立刻淋漓尽致地发挥出来了。如第二次世界大战、美越战争、国际恐怖主义等，都使金价有不同程度的上升。关注市场的过程中，对新事物的研究程度比消息本身更重要。“不进行研究的投资，就像打扑克从不看牌一样，必然失败”！

掌握黄金交易的基本程序

世界上没有那个行业是轻松就能赚来钱的，都要经过一定的基本程序，虽然繁琐，但是必不可少。

根据上海黄金交易所代理业务进行交易的程序，我们把黄金交易分为：交易前、交易中、交易后，后续手续四部分。其中，交易前是客户委托会员单位办理开户手续以及双方签订代理交易协议书；交易中是由客户通过被委托会员下达交易指令；交易完成后是会员单位将执行指令结果及时通知客户；最后还要办理财务及交割等后续事宜。下面我们就来了解一下黄金交易的基本程序。

1. 交易以商业银行为例来说明黄金投资的交易过程：

首先，投资者要成为上海黄金交易所的会员，或通过具有上海黄金交易所会员资格的人代理黄金交易。在开设账户后，就要首先将购买黄金所需的全额保证金存存入委托代理业务的受理会员“代理黄金买卖保证金存款”账户内，或者将所持有的黄金以代理会员（例如商业银行）的名义缴存到上海黄金交易所指定的开设在当地的黄金交割库中，并将黄金交割库出具的《黄金解缴入库凭证》送至代理黄金买卖业务受理行。代理业务的会员（如受理的商业银行）与委托人签署《委托代理黄金买卖业务申报单》要在收到客户的保证金或“黄金入库单”后才可进行。

其次，总行资金部客户受理处接收到其业务受理行发来的《委托代理黄金买卖业务申报单》后，就可根据委托申请的各项要约，通知场内交易员做黄金买卖交易。“需注意的是，代理黄金买卖交易系统”应有份《支行申报入场交易辅助登记》的记录，以明确三方责任、控制风险。再次，场内交易员报价成交后，马上向资金部客户受理处返回成交信息，资金部客户受理处接到场内交易员的成交信息后，要在“代理黄金买卖交易系统”中输入相关内容，然后制成《委托代理黄金买卖清算交割单》，再发送业务受理行。然后，业务受理行在接到总行的成交通知后，要马上在“代理黄金买卖交易系统”中打印出《代理黄金买卖业务清算交割单》并交与客户。最后，黄金投资客户凭《委托代理黄金买卖业务申请单》的第一联来银行办理清算交割手续。

2. 清算和交割。在清算和交割方面，交易所每日收市后进行无负债清算，实施风险准备金制度。实行集中、净额、直接的资金清算原则。所谓清算，就是黄金客户委托商业银行买卖黄金的数量和收付货币金额可分别予以抵消，再计算交割净额黄金与结算净额价款的过程。

因为在上海黄金交易所的交易规则中规定：黄金会员入场交易，买入黄金的价款应先通过清算银行划入上海黄金交易所的保证金账户，卖出黄金应将黄金先缴存到上海黄金交易所指定的开设在工商银行、中国银行、建设银行三家银行的41个黄金交割库。所以，实际上黄金会员入场交易成交以后的资金清算和黄金交割即时完成。

参与全额交易的会员，要将资金在交易日从买入会员（自营或代理）资金账户上扣除，将其划入卖出会员（自营或代理）资金账户，在下一个交易日时再将资金划入卖出会员在清算银行开立的（自营或代理）专用账户。

因非黄金会员的委托代理买卖，要占用大量的财力、人力、物力和时间。成交以后其清算交割手续则比较复杂。委托代理成交后，银行在交易市场上每天都有许多笔买卖业务，如果每笔业务都要求与客户一手交钱，一手交货，程序就会变得繁多。为了解决这一矛盾，所以银行一般以每一营业日为一个清算期，集中与黄金交易所办理清算业务。所谓交割，是指卖方向买方交付黄金，买方向卖方交付价款。黄金交易清算后，就可以办理该手续。且交割时必须足额办理。由交易所规定黄金的标准交割品种。交易所对最小提货量进行了规定并且实物存入提取为整条块，不切割。办理价款交割时，客户要对交割单进行确认，买入黄金的客户要先将交割款项如数开具划账凭证，然后划到委托代理业务的商业银行的保证金账户上；而卖出黄金的客户则由代理该业务的商业银行自动将款项划入其清算账户。卖出黄金的投资者要将黄金如数缴存到当地所在的黄金交割库，然后将缴存凭证送代理业务的银行。买入黄金的客户如要提取黄金，可由银行向黄金交易所提交提取黄金申请，将取得的黄金提取凭证交与客户，再由客户去当地黄金交割库自行提取。

3. 过户。因为对于实金交易来说，清算交割完成以后，整个交易过程就算完成，所以过户是专门对纸黄金交易而言的。因为纸黄金是一种黄金物权证书，代表持有者对黄金的请求权。所以纸黄金的转让即意味着物权的转让，就是使卖者丧失其权利，买者获得权利而成为新的持有者。因此必须在黄金所有权的权证上变更所有者的姓名、地址、所持数额等，这一过程这就是过户。大多数纸黄金的过户手续都由黄金交易所或银行（如商业银行）的电脑统一办理，因为它们是黄金权证的出具人。只要电脑显示变更索引权证名卡成功，过户手续即告完成。世界上没有哪个行业让你轻松就能赚来钱的，“不熟不做，不做不熟”入一行就得学一行。如果在黄金投资过程中没有耐心，最好不要来赚这行的钱。

“投金”高手是怎样练成的

顺势而为，把握市场焦点，学会建立头寸，斩仓和获利等都是一个黄金投资高手的必备条件。

在黄金市场上，一个成功的投资者所依靠的是正确的操作理念和方法。只有尊重趋势顺势操作，避免武断，才能积小胜为大胜，最后跻身赢家之列。下面就为大家介绍五种投资黄金的投资理念，来看看怎么才能修炼成“投金高手”：

1. 市场永远是对的。投资市场上流行这样一句话：市场永远是对的。越聪明的人，越容易自以为是，投资者犯的最大错误往往就是固执己见，在市场面前不肯认输，不肯止损。请记住，市场价格已经包含了一切的市场信息，按市场的信息来决定行动计划，顺势而为，这才是市场的长存之道。

2. 对市场焦点的把握一般情况下，都是某一个市场的焦点决定市场中线的走势方向，同时市场也会不断地寻找变化关注的焦点来作为炒作的材料。以2005年2月份的朝鲜和伊朗的核问题使国际局势紧张为例，金价受其影响，在一个月内从410美元迅速上扬到447美元的高点。后随着美国的让步，紧张的气氛才开始逐渐缓和。之后召开的美联储议息会议又转化了市场的焦点，此次会议强调了美国通胀压力有恶化风险，金价随之从447美元滑落。

2005年三四月份中，一系列的美元经济指标显示高油价及利率上升已打击制造业，并使消费信心恶化，市场对美国经济降温的忧虑逐渐占据主导地位，一直处于盘整阶段的金价从牛皮中突围上扬至437美元。到5月初，随着美国贸赤、非农就业数据、零售销售表现强劲，经济降温的担心持续，基金多头陆续止损离市，金价也再度从437美元滑落。5月中旬之后发生的欧盟宪法公投，使市场的目光转向此焦点，在公投失利引发欧洲政治危机的情况下，欧元价格拾级而下，同时金价也创出了413美元的年内第二低点。随着2006年6月伊朗核问题进入谈判阶段，中东局势的暂时平缓，金属和原油也都出现高位回落。当之前的所有热点因素重归平静的时候，美元又成为影响黄金走势的新的热点因素。

从上述事例可看出，市场在不断变换关注的焦点，决定金价在相应阶段的方向性的走势。当然市场焦点的转换不可能有一个明显的分界线，只是在不知不觉当中完成的，只有通过关注市场舆论和相关信息才能做出市场走势的推断，而且不排除有推断错误的可能。

3. 尽量使利润延续缺乏胆量的投资者，在开盘买入之后，一见有赢利，就立刻平盘收钱。虽然这能在一定程度上避免风险，但是却会失去进一步获利的可能。进入金市投资，人们最主要的目的就是为了赚钱，有经验的投资者，如果认为市场趋势会朝着对他有利的方向发展，会耐着性子，根据自己对价格走势的判断，确定准确的平仓时间，使利润延续。

4. 要学会建立头寸，斩仓和获利。入市建立头寸的良好时机在于，无论下跌行程中的盘局还是上升行程中的盘局，一旦盘局结束突破支撑线或破阻力，市价就会破关而下或上，呈突进式前进的时候。赢利的前提是选择适当的金价水平以及时机建立头寸。如果入市的时机不当，就容易发生亏损。相反，如果盘局属长期关口，突破盘局时所建立的头寸，必获大利。

获利，就是在敞口之后，价格已朝着对自己有利的方向发展，平盘可获赢利。掌握获利的时机非常重要，卖出太早，获利不多，卖出太晚，可能延误了时机，金价走势发生逆转，赢利不成反而亏损。

斩仓是金融投资者必须首先学会的本领。斩仓是在建立头寸后，突遇金价下跌时，为防亏损过多而采取的平仓止损措施。一斩仓，亏损便成为现实。未斩仓，亏损仍然是名义上的。从经验上讲，任何侥幸求胜、等待价格回升或不服输的情绪，都会妨碍斩仓的决心，会给投资者造成精神压力。如果不斩又有招致严重亏损的可能，所以，该斩即斩，必须严格遵守。

5. 小心大跌后的反弹和急升后的调整。在金融市场上，价格不会一条直线地持续下跌或一条直线地持续上升，因为升得过急总会调整，跌得过猛也会反弹。当然，反弹或调整的幅度比较复杂，不是很容易掌握。当上帝关上一扇门的时候就打开了一扇窗。更大的机会总是潜藏在虚掩的一扇门中。有策略地进攻市场比起无头苍蝇式的瞎闯好得多。

黄金投资的风险及应对

风险在本书中可谓是老生常谈了，在此我们不做过多的赘述，来说一说黄金投资如何规避风险。因为黄金投资在市场、流动性、信用、操作、结算等上面都有风险。所以主要针对这几方面谈一下黄金投资的风险特性。

1. 投资风险的广泛性在黄金投资市场中，从投资研究、行情分析、投资决策，投资方案、资金管理、账户安全、风险控制、不可抗拒因素导致的风险等，黄金投资的各个环节几乎都存在风险，因此具有广泛性。

2. 投资风险的可预见性黄金市场价格是由黄金现货供求关系、美元汇率、国际政局、全

球通胀压力、全球油价、全球经济增长、各国央行黄金储备增减、黄金交易商买卖等多种力量平衡的结果。所以虽然不能对其投资风险进行主观控制，但却可以根据性质可预见。这一点只要投资者对影响黄金价格的因素进行详细而有效地分析即可得。

3. 投资风险的相对性。黄金投资的风险是相对于投资者选择的投资品种而言的，投资黄金现货和期货的结果是截然不同的。前者风险小，但收益低；而后者风险大，但收益很高。所以风险不可一概而论，它有很强的相对性。黄金价格的剧烈波动，也使一些投资者开始考虑如何能既不承担亏损的风险，又能分享黄金市场的高收益。最低限度地说，投资者投资与黄金挂钩的理财产品，不失为一种较理想的选择。这些产品一般都有保本承诺，投资者购买这样的理财产品，既可实现保本，又可根据自己对黄金市场的判断进行选择，获得预期收益。

4. 投资风险的可变性。由于影响黄金价格的因素在不断地发生变化，所以对投资者的资金造成亏损或赢利的影响，并且有可能出现亏损和赢利的反复变化而具有很强的可变性。和其他投资市场一样，在黄金投资市场，如果没有风险管理意识，就会使资金处于危险的境地，甚至失去赢利的机会。既然投资风险会根据客户资金的赢亏减小或增大，所以这种风险即使不会完全消失也可以有小规避。只要对其采取合理的风险管理方式，就可合理有效地调配资金，把损失降到最低。最终将风险最小化，创造更多的获利机会。

5. 投资风险存在的客观性。投资风险是由不确定的因素作用而形成的，而这些不确定因素是客观存在的，之所以说其具有客观性，是因为它不受主观的控制，不会因为投资者的主观意愿而消逝。单独投资者不控制所有投资环节，更无法预期到未来影响黄金价格因素的变化，因此投资的风险性客观存在。

那么，了解了风险的特点，有了风险意识，怎样做才能真正的降低黄金投资的风险？以下几种方式可供借鉴。

1. 多元化投资。多元化投资也是我们常提到的规避、分散风险的办法。因为风险有系统性风险和非系统风险组成，从市场的角度来看，外部的、不可控制的、宏观的风险，如通货膨胀、利率、战争冲突、现行汇率等这些是投资者无法回避的因素是系统分险，是所有投资者共同面临的风险，也是单个主体无法通过分散化投资消除的。所以能消除的只是非系统风险，是投资者自身产生的、有个体差异的风险。此类风险就可通过多元化投资来降低，从而也就降低了组合的整体风险。分散的方法要根据炒金种类的不同而不同对待。对于黄金投资市场，如果投资者对未来金价走势抱有信心，可以随着金价的下跌而采用越跌越买的方法，不断降低黄金的买入成本，等金价上升后再获利卖出。如果是炒“纸黄金”的话，投资专家建议采取短期小额交易的方式分批介入，如每次只买进 10 克，只要有一点利差就出手，这种方法虽然有些保守，却很适合新手操作。

2. 采用套期保值进行对冲。套期保值指的是：购买两种收益率波动的相关系数为负的资产的投资行为。例如：投资者卖出（或买入）与现货市场交易数量相等、方向相反的同种商品的期货合约。这样，无论现货供应市场价格怎么波动，即使另一个在一个市场上亏损的同时最终总有一个能取得市场赢利的目的。这样也可以做到规避包括系统风险在内的全部风险。

3. 对自身制度建立风险控制流程。由于投资者自身因素产生的风险，如财务风险、内部控制风险、经营风险等。这些是由于人员和制度管理不完善引起的，所以建立相应的系统风险控制制度、完善管理流程，对防范人为因素造成的风险具有重要的意义。

4. 树立良好的投资心态理性操作是投资中的关键。做任何事情都必须拥有一个理性的心态，投资也不例外。心态理性，思路才会清晰，面对行情的波动才能够从容客观地看待和分析，减少慌乱情绪带来的盲目操作，降低投资的风险率。风险就跟误差一样是不可能不存在的。面对风险我们只能规避，将风险最小化。如果你没有做好承受风险的准备，那就离开吧，因为世界上不会有毫无坎坷的成功。

实物黄金的投资方法与技巧

不同品种的黄金理财工具，其收益与风险是不同的。实物黄金的买卖要支付检验费和保管费等，成本略高；纸黄金的交易形式类似于期货、股票，对于这类虚拟价值的理财工具，黄金投资者要明确交易时间、交易方式和交易细则。

一、直接购买投资性金条

投资金条的优点首先是其加工费低廉，包括的各种附加支出也不高，在全世界范围内标准化金条都可以方便地买卖。其次，世界大多数国家和地区对黄金交易都不征交易税。再次，黄金是全球 24 小时连续报价，无论你在哪里都可以及时得到黄金的报价。投资黄金最合适的品种之一是投资性金条，但这并不包括市场中常见的“饰品性金条”即纪念性金条、贺岁金条等，不光它们的售价远高于国际黄金市场价格，而且回售相当麻烦，兑现时还将打较大折扣。所以投资者投资金条之前要先学会识别“饰品性金条”和“投资性金条”。

二、投资性金条通常有两个主要特征

1. 金条价格与国际黄金市场价格相当接近（只有因加工费、成色、汇率等原因不可能完全一致）。

2. 投资者购买回来的金条能很方便地再次出售兑现。投资性金条的交易方式是由黄金坐市商提出卖出价与买入价。黄金坐市商在同一时间报出的卖出价和买入价越接近投资者投入的交易成本就越低。

如果投资者闲置资金充足，但日常工作忙碌，没有足够的闲余时间关注世界黄金的价格波动，不愿意也无精力追求短期价差的利润，投资实物黄金就是最好的选择。购买金条后，就可将其存入银行的保险箱中，做长期投资。但应注意的是一定要确认购买的是投资性金条，而不是“饰品性金条”。一般的工艺性首饰类金条只适合用做收藏，而投资性金条才是投资实物黄金的最好选择。

在我国，实物黄金是黄金交易市场上较为活跃的投资产品。对于一般的投资者来说，黄金投资选择实物金更实在。投资者可以通过以下不同渠道进行实物黄金的投资：

金店：人们购买黄金产品的一般渠道都是在金店。但是一般金店里出售的黄金更偏重于它的收藏价值而非投资价值。因为金饰在很大程度上已经是实用性商品，购买黄金饰品只是比较传统的投资方式，其买入和卖出的价格相距也较大，所以投资意义不大。

银行：银行是投资者进行黄金投资的渠道之一。目前，上海金交所对个人的黄金业务就主要通过银行来代理。在银行可以购买到的实物黄金包括金币、标准金条等产品。如农行的“招金”、中行的“奥运金”，中国人民银行的“熊猫金币”，（也是一种货币形式），即使黄金再贬值也会有相当的价值，因黄金的投资风险相对较小。

黄金延迟交收业务平台投资黄金：该投资渠道是时下较为流行的一种投资渠道。黄金延迟交收指：投资者在按即时价格买卖标准金条后，可延迟到第二个工作日后或延迟至任何一个工作日再进行实物交收的一种现货黄金交易模式。如“黄金道”平台推出的 HBI（黄金俱乐部）的黄金标准金就是目前国内“投资性金条”的一种，“黄金道”兼顾了银行里的纸黄金和实物金的两种优势，它的人民币报价系统与国际黄金市场的同步，投资者既可以通过黄金道平台购买其实物金条，又可以通过延迟交收机制进行“低买高卖”，利用黄金价格的波动赢利，对于黄金投资者来说这无疑是非常好的投资工具。

三、黄金首饰投资

目前我国国内可以方便投资的黄金投资品种还非常少，又因为投资渠道较为狭窄，就造成了社会民众对黄金知识的匮乏。有的人迫切想投资黄金，却存在不少的黄金认识误区，为此有必要先掌握以下知识。

在国内我们经常看到的黄金最多的就是黄金饰品。但因其黄金饰品受附加费用的影响，并不是一个好的投资品种。购买金饰品应把饰品看作对个人的形象装扮或馈赠亲友的礼品，不能与投资相提并论。

按照黄金和其他金属成分的构成，黄金制品可分成包裹金制品、纯金制品和合金（K 金）制品三大类别。

虽然目前国内黄金市场需求量大，但其价格还是会跟着国际市场的变化而变化。因此，

黄金投资者和收藏爱好者要注意国际市场动向，时刻调整交易策略。

四、金银纪念币投资

中国自1979年发行现代金银纪念币以来，不仅为国内外收藏爱好者提供了大量的金银币收藏精品，而且还充分展现了中国现代金银币的风采和新中国在各领域所取得的成就，而中华民族悠久灿烂的古代文明也在现代金银币上得到完美的体现。但目前国内所有金银纪念币的销价相对金银原材料的溢价水平都很高，因此并不适合长线投资。金银币的特点是工艺设计水准高、发行量较少、图案精美丰富，因而具有较高的艺术品特征。

投资金银币的具体操作过程中要遵循以下原则：

1. 顺势而为。金银纪念币行情的涨跌起伏变化也是与其他投资产品的市场行情相同的，其行情运行趋势也可以分为牛市和熊市两阶段。大的行情趋势实际上已经表明了各种对市场不利或者有利的因素。一旦投资市场行情的运行趋势形成，就不会轻易改变，所以操作者只有看清行情大的运行趋势并且能够顺大势而为，所承受的市场风险就小，其投资成功的概率就高。

2. 投资、投机相结合。对一般投资者而言，单纯的投资操作投资获利不多，时间成本较大，可以减少市场风险。而纯粹的投机性操作，虽然可能踏准了牛市的步伐，会一夜暴富，但是暴涨暴跌的行情也毕竟是难以把握的。所以，最理想的操作思路和操作手法就应该是投机、投资相结合，并且以投资为主投机为辅的手段，相辅相成进行投资。

3. 重点研究精品。经常可以看到在钱币市场上，有些金银纪念币刚面市时价格很高，随后却一路下跌；也有些品种虽然在市场行情处于熊市时上市，上市时价格也不高，但随后的市场价格却不断上涨。尽管这些投资品种价格短时间里高低变化受到诸多因素的影响，但其长期价格走向还是由其真正内在的价值决定的，如制造、题材、发行时间长短、发行量等综合因素。

4. 资金的使用安全。任何投资市场都存在可避免的非系统风险和不可避免的系统风险，所以钱币投资者也应该有风险意识。并学会采取一定的投资组合来回避市场风险，有效的抵御资产大幅缩水，令资产增值。

投资金银币，还要要注意以下几点：

1. 要区分清楚金银币和金银章。金银纪念币和金银纪念章最主要和最明显的区别就是金银纪念章没有面额而金银纪念币具有面额；同样题材、同样规格的币和章，其市场价格也不同，一般来说金银纪念章的市场价格要远低于金银纪念币的市场价格。其中，有没有面额说明了两个问题。一是是否为国家的法定货币；二是说明了纪念币的权威性高于纪念章的权威性，原因是具有面额的法定货币只能由中国人民银行发行。所以使金银纪念币的权威性达到最高。

2. 要区分清楚金银纪念币和金银投资币。金银币纪念币顾名思义，是具有明确纪念主题的、限量发行的、设计制造比较精湛的、升水比较多的贵金属币。而金银投资币是世界黄金非货币化以后，专门用于黄金投资的法定货币，是一种在货币领域存在的重要形式。其主要特点为发行机构在金价的基础上加较低升水溢价发行，以易于投资和收售，每年的金银币图案可以不更换，发行量也不限，质量也为普制。

买金银纪念币的时候首先要注意它是否有证书。金银纪念币基本上都附有中国人民银行行长签名的证书，买卖的时候如果缺少证书就得当心了。其次，从投资的角度分析，由于金银纪念币是实物投资，所以其品相非常重要，如果品相因为保存不当而变差，就会导致在出售时被杀价。

黄金投资不仅是世界上税务负担最轻的投资项目，而且是抵御通货膨胀最好的投资产品，其理所当然的成为了财产保值的最佳投资选择。

纸黄金的投资方法与技巧

炒做纸黄金对投资者的投资能力提出了更高的要求，投资者必须明确各种有关的知识，积累更多的经验，才能赚取更多的财富。

对于有“炒金”意愿的投资者来说，纸黄金的交易更为简单便利，因为与实物黄金相比，纸黄金全过程不发生交收和实金提取的二次清算交割行为，从而避免了黄金交易中的重量检测、成色鉴定等手续，就节省了黄金实物交割的操作过程。目前国内主要的纸黄金理财产品有四种：工行的“金行家”、中行的“黄金宝”、中信银行的“汇金宝”以及建行的“账户金”。但这四家银行的纸黄金业务也有一定的差别。

首先是交易时间的差别：一般来说，银行的交易时间开放得越长越好，这样就可以方便投资者随时根据金价的变动进行交易。在这方面，工行“金行家”、中信“汇金宝”是24小时不停盘，而建行“账户金”、中行“黄金宝”每日有1到2小时的停盘时间；在开盘时间上，其他银行都是周一早07：00至周六早04：00。只有中行是周一早08：00至周六早02：30。

其次是交易点差：纸黄金的投资回报就是用金价差减去银行的交易点差。因此，选择低的交易点差可以让投资者的收益率更高。建行“账户金”和中信银行“汇金宝”采用单边点差，而中行“黄金宝”和工行“金行家”采用双边点差。并且，在建行和中行投资纸黄金，单笔交易达到一定克数，还可享受大额点差优惠。

最后是报价方式：一般采用两种方式：按国际金价报价和按国内金价报价。在报价上，中信银行“汇金宝”则以国际金价为准；建行“账户金”直接采用了依据上海金交所的AU99.95和AL199.99的实时报价为基准的报价方式；中行“黄金宝”的报价参考国际金融市场黄金报价，通过即时汇率折算成人民币报价而来；而工行“金行家”则把美元和人民币分开，综合采用了按国际金价报价和国内金价报价。

投资纸黄金需要注意以下几点：

首先，投资者要有目标。通常从时间上人们投资黄金可分为长期、短期和中期投资；从获利要求上可分为增值和保值；从操作手法上可分为投机和投资。上述因素再结合黄金价格的波动和个人投资的风格，家庭可供使用的资金、黄金品种的熟悉程度和个人对黄金价格等，就可以基本确定自己的黄金投资目标了。

其次，不同时间段投资标的侧重点，不同的风险控制要求和投资目标，也会影响黄金在家庭投资组合中的比例。对于普通家庭而言，通常情况下黄金占整个家庭的比例最好不要超过10%。只有在黄金预期会大涨的前提条件下，可以适当地提高这个比例。如现金、证券、房产等大部分资产价格就往往与黄金价格背道而驰。合理的调整各种投资产品所占的比例，能更有效地规避风险，获得最大赢利。

再次，信息准备。个人炒金者首选的炒金工具是“纸黄金”。影响“纸黄金”价格的涨跌因素非常多，但重要的还是信息因素。全球范围黄金市场的交易时间都是24小时不间断的，决定了投资者对于信息的要求把握必须及时。目前，可供投资者获取与黄金相关信息的渠道也越来越多，除了银行网点外，不少财经类杂志、报纸、各网站都有相关的信息。

最后，要明确黄金投资和黄金储藏是两回事，盲目进入投资市场一样会深度套牢。因此，投资者在防范市场风险的同时，对自身权益的保护和交易的完成是相当重要的。炒作纸黄金对投资者的投资能力提出了更高的要求，投资市场就是使有经验的人获得更多的金钱，有金钱的人获得更多经验的地方！只有投入到这个广大的黄金投资海洋中，投资者才能赚取更多的财富。

黄金期权的五大投资策略

黄金期权具有风险确定和收益“无限化”的特性，因它的这个特性而吸引了大量的投资者。很多投资者不仅能在黄金市场价格下跌时维持所持的黄金头寸，还能把自己放在准备迎接价格大变动的位置上。尽管还不知道市场价格是要涨还是要跌，但他们可以通过做黄金期权组合，进行有效的高风险、高收益的投资。以下是黄金期权的五大投资策略：

1. 买入看涨期权。是黄金期权交易里最基本的交易策略之一，期权所有者对一手黄金看涨期权只拥有权利，而无需承担义务。当黄金价格上涨的幅度高于看涨期权的折平价格时将给投资者带来无限赢利的可能。买入看涨期权的风险，仅局限于买入该看涨期权的价钱和佣金上。所以，投资者为避免风险就可以放弃行使期权，虽然中国国内的黄金期权都是仅在到

期日才能行使的欧式期权，但在到期日前，期权价格也会随着价格的变动而波动，投资者可随时将期权。卖出对冲，其受到的最大损失也仅为期权费。

2. 卖出看涨期权卖出看涨期权是指卖出者获得权利金，若买入看涨期权者执行合约，卖出方必须以特定价格向期权买入方卖出一定数量的某种特定商品。看涨期权卖出方往往预期市场价格将下跌。这一期权交易策略要将资本保全放在首位，而将投资的期望回报置于次要地位。因此卖出看涨期权是一种谨慎和保守的交易策略。

卖出看涨期权还有两个特点，第一个是收益的确定；第二个是流动性风险。

1. 收益确定性：即期权费收入。是投资者一旦建立头寸，就能够准确计算出投资回报的少数投资方式之一。

2. 流动性风险。由于卖出期权需将头寸冻结，所以无论金价下跌到什么程度，投资者都无法将头寸平仓，只能承担其不断下跌的风险。目前在世界范围来看，只有海外市场的投资者可以无须质押黄金头寸就可卖出看涨期权，当然，这一权利的行使也是要承担相应的风险的。而中国内地的投资者就只能在期权到期日解冻头寸，要想在金价不断下跌时止损，唯一的办法是再买回看涨期权做对冲。

3. 卖出看跌期权实际交易中，卖出看跌期权可以让投资者以确定的价格建仓，同时获得权利金。相对于等待金价回落再买入的策略更占成本上的优势。

卖出看跌期权的一方需要承担的义务是：按照约定的价格向期权买入方买入一定数量的黄金。以中行的"黄金宝"为例：若客户要卖出手中的黄金看跌期权，那么客户账户内的美元就会被银行冻结，客户的存折或美元存单也将被质押。等到期权到期被行使时，客户账户上的美元才会按行价兑换成纸黄金；如果未被行使，则客户账户内的美元继续解冻，只归还客户的存单或存折。

卖出看跌期权的缺点是缺少了市场状况变化时改变交易计划的灵活性。当然，投资者也可以通过买回相应的看跌期权作为对冲。

4. 买入看跌期权。买入看跌期权是指购买者支付权利金，获得以特定价格向期权出售者卖出一定数量的某种特定商品的权利。看跌期权买入者往往预期市场价格将下跌。其原理适用于已经明确趋势判断的市场状况。如：在金价做出跌破前，尽管我们不能准确定位趋势方向，但我们可以确定任何一个方向的跌破都将造就一轮趋势行情。因此，我们可以买入一份看跌期权，实际上相当于确立了一个最低的卖价，金价从任何一个方向大幅波动都将能带来可观的收益。

5. 跨式期权。所谓的跨式期权是一种非常普遍的组合期权投资策略，是指投资人以相同的执行价格同时购买或卖出相同的到期日相同标的资产的看涨期权和看跌期权。

通常情况下，金价将大幅上扬时投资者买入看涨期权，金价将显著下跌时就买入看跌期权。但有时市场经过长时间的盘整后很难让人判断最终是上涨还是下跌，此时，投资者就可以同时等量地买入协定价格相同、到期日相同的看涨期权和看跌期权，左右开弓。无论是上涨还是下跌，总会有一种期权处于实值状态，因此，这种组合期权投资策略等于为买方提供了一个双向保险。

"投资的成功是建立在已有的知识和经验基础上的"。前人的经验使我们少走了很多的弯路，与其自己去碰壁积累经验，不如努力学习前人的实战经验。

黄金投资风险及技巧

我们应该了解黄金它是属于比较活跃的金属，在上升的同时，也就意味着即将下降。假如购买黄金只是为了收藏，则就不适宜大量买进，因为人们收藏黄金并不能为自己带来利息。

通常来说实物黄金的价值是财富储藏和资本保值。因为必须要承担很大的风险，因此在购买金条及其他实金产品的投资者就根本不可能根据金价的波动，通过黄金买卖来赚钱。可是黄金投资的基本属性还是存在的——黄金无论过了多少年还是原来的样子，可以再把它出售，重新变成货币。

而炒卖实物黄金也同样蕴藏着巨大的公司信用风险。由于目前的火爆行情从而带来了巨大市场，出售金条、实物黄金产品的公司也就慢慢开始变得多起来。所以一定要擦亮自己的眼睛，最好选择银行等信用较好的机构进行炒金业务，以避免不必要的损失。

一、快进快出难获利

其实所谓的“闲钱买黄金”，同样作为非专业的普通投资者，想要通过快进快出的方法来炒金获利，可能会以失望告终。一方面是因为投资黄金需要具备相当的分析能力；另一方面是与股票、外汇等相比，金价变化较为温和，鲜有大起大落的情形。

而投资黄金和投资别的股票、债券等却有着很大的不同，也并不是一朝一夕就可以完成交易的。假如你想要一夜暴富的话，奉劝你不要选择投资黄金，因为它不可能实现你快进快出的愿望。

二、炒金收藏一定要分清

通常来说一个黄金品种的投资价值要从定价体系、交易方式、流动性、交易费用、加工费等多方面考察。如同贺岁金条一年发行一次，都有当年的生肖，发行数量有限，增值的可能性也就比较大，但是变现的手续费也高，偏重收藏的人选择贺岁金条比较适宜。

因此要把炒金和收藏分清楚，对于不同的黄金来说，其收藏价值和收益情况是有很大区别的，我们对此应该多加注意。

三、谨慎操作防风险

我们都知道进入投资市场要学会的第一个本领就是谨慎，因为投资市场处处暗藏危机，但是稍有不慎就有可能会损失惨重。事实上对于投资黄金而言，这一条也是非常重要的。黄金不能带来利息，国内金价会随着国际金价的涨跌而出现较大波动。

四、介入时机一定要有讲究

除了美元价格、原油价格、国际政治形势之外，通常影响着黄金价格走势的因素还有很多很多，比如说欧美主要国家的利率和货币政策、各国央行对黄金储备的增减、黄金开采成本的升降、工业和饰品用金的增减等，都会对国际市场上的黄金价格产生影响。因为最低点可遇而不可求，所以我们建议在黄金价格相对平稳或走低的时候“吃进”为好。

由上就可以得知，对于投资黄金来说，介入的时机也是非常重要的。介入的时机不对或者不恰当，会大大影响你的收益；相反，可能会给你带来很大的意外惊喜。

五、投资比例不宜过高

黄金属于中长线的投资工具，所以作为投资人一定要有长期投资收藏的心理准备，不要过多看短期走势，更不要存在侥幸的心理。在投资过程当中，当金价已上涨不少的时候，投资人对是否应该大量购买或马上“抢进”必须三思而行。同时也必须要看到，即使黄金具有长期抵御风险的特征，但是相对应的是其投资回报率也较低。所以说，黄金投资在个人投资组合中所占比例也就不宜太高。

所以说投资比例过高的话，就会使你得不到意想中的高收益，还会加重你对投资市场的反感和恐惧。

黄金投资的三大种类

通常而言黄金投资可分为以下三大类：

1. 实物黄金，包括金条、金币、黄金饰品等；
2. 纸黄金，不直接给实物，而是给一张凭证，靠黄金价格的涨跌获取收益；
3. 期货黄金，它能做到黄金的套期保值。

事实上在我国，由于黄金期货还没有被批准，所以说，居民的投资渠道主要也就是实物

黄金和“纸黄金”两大类。

其实纸黄金指的就是投资者按银行报价在账面上买、卖“虚拟”黄金获取差价的一种投资方式，作为现代黄金投资的一种主要形式，“纸黄金”具有一定的流通速度快、变现能力强、交易费用低、进入门槛低等特点。

而实物黄金则指的是个人通过银行柜台购买金块、金条等有纪念意义的实物黄金的交易方式，这其实就是一种类似于收藏的黄金投资方法，许多的人对此非常青睐。

“纸黄金”的投资分析

所谓“纸黄金”，其实就指的是黄金的纸上交易。投资者的买卖交易记录只会在个人预先开立的“黄金存折账户”上体现，而根本不需要进行实物金的提取，这样其实也就省去了黄金的运输、保管、检验、鉴定等步骤，其买入价与卖出价之间的差额要小于实金买卖的差价。

无论是投资“纸黄金”还是实物金，最终能否赢利还是要依赖于国际金价的走势。理财专家提醒，投资“纸黄金”都应该综合考虑影响价格的诸多因素，特别是要关注美元“风向标”。

其实我们应该知道黄金投资的收益可能远优于股票和债券等传统投资工具，但是也一定要注意市场风险，毕竟金价目前处于相对高位，尤其黄金是一个“慢热”投资品，不会像股票那样频繁涨跌，因此也不适于频繁买卖。

实物黄金投资分析

纪念金币由于带有纪念价值，或许就会被炒到一个较高的价格，但是同时投资者也将面临风险，一旦没有摸准行情，就有可能会遭受较大损失。

首先我们要清楚黄金首饰保管难度较高。一旦出现损伤，其价值将出现大幅度的缩水。相比较来说，标准金条流动性较好，可在银行网点随时变现，它的报价每天两次根据国际市场波动而变动，投资相对便宜。

此外，投资标准金条的时候，也应该要注意风险，必须关注国际经济和政治局势，因为这些因素都会影响你手中黄金的价格波动。投资者在买卖金条时应该计算好投资成本，只有当黄金价格上涨了 1.5 元 / 克的时候才有会有利润出现。

家庭黄金理财不适合投资首饰

我们都看到近期的黄金价格屡创新高。但是业内人士认为，目前国际黄金市场需求旺盛，供不应求的情况也不会在短期内改变。并且各种各样的指标长期显示为对金价的利多影响，黄金的长期走势如今也还是依然看好。如今随着国际黄金价格的不断上涨，我国国内市场的金价更是水涨船高。从而飙升的金价也就使黄金饰品受到消费者的热情追捧。但是家庭黄金投资要谨慎，不是很适合投资首饰。

黄金投资专家表示，实金投资适合长线投资者，而投资者也就必须具备战略性的眼光，无论其价格怎样变化，不急于变现，不急于盈利，而是长期持有，主要是作为保值和应急之用。对于进取型的投资者，特别是有外汇投资经验的人来说，选择纸黄金投资，则可以利用震荡行情进行“高抛低吸”。

可是目前由于人民币升值，给纸黄金投资者的收益带来了一定的影响。银行给纸黄金投资者的价格是以人民币计的，但是国际市场上的黄金价格却是以美元每盎司来计算的。事实上在国际金价不变的情况下，假如人民币升值，则纸黄金价格是下跌的。但这种影响短期来看并不明显，特别是现在黄金市场正处于大牛市，只有牛市见顶，金价长期不动或者回调的时候，这种汇率变化才值得关注。

对于家庭理财来说，黄金首饰的投资意义不大。因为黄金饰品都是经过加工的，商家一般在饰品的款式、工艺上已花费了成本，增加了附加值，因此变现损耗较大，保值功能相对减少，尤其不适宜作为家庭理财的主要投资产品。

如今，由于各国外汇储备体制的变化，各国的中央银行也都正在提高黄金储备比例。中、印等发展中国家珠宝需求的强劲增长，也使得黄金价格有了长期上涨的基础。而根据世界黄金协会的统计，全球的黄金需求量也已经连续6个季度增长，去年的第四季度以来需求也一直保持了两位数的增长。

与此同时，从黄金供应方面来看，由于供应下降，供求缺口较大。所以黄金的开采量也会因印尼、南非以及澳大利亚等地的产量骤降而下降。

如今又加上国际市场原油价格居高不下，从而也就加大了通货膨胀的可能。金融市场投机产品比如说石油、铜等不确定性增大，导致了黄金最有可能成为投机资金投机的新产品，从而也就扩大了黄金价格的波幅并助推黄金价格的上涨。事实上作为对冲通胀危险的最好的一种工具——黄金，大量的基金持仓是金价的强力支撑，预计未来仍然会有大量的基金停留在黄金市场上，对黄金的需求会进一步加大。

五大黄金理财定律

当今社会黄金投资作为一种金融保值品、资源品、消费品，无疑是在经济不稳定时期的最好的投资机会！本节就来为大家解读黄金五大理财定律：

定律一：凡是发现了可以让黄金为自己获利，并且使黄金像牧场羊群那样不断繁衍增值的英明主人，黄金也就将殷勤不懈且心甘情愿地为他努力工作。

黄金确实是一个乐意为你工作的奴仆，它总是渴望着在机会来临的时候替你多赚几倍的黄金回来。对每一个存有黄金的人来说，良好的投资机会便能使它发挥最有利可图的用处。其实随着时光的推移，这些黄金将以令人惊讶的方式神奇增加。因此，作为一个黄金投资者，首先就应该具备一定的知识能力和心理素质，这样才可以让黄金在自己的手里不断地增长和繁衍，这也意味着你手中的财富会越来越多。

定律二：凡是能够把全部所得的1/10或者更多的钱储存起来，留着为自己和家庭未来之用的人，黄金就将很乐意进入他的家门，而且快速地增加。

任何人只要是能够认真履行将收入所得的1/10储存起来，同时明智地进行投资，那么也就必将创造出可观的财富，确保了自己将来依然有所进账，并且进一步确保自己辞世后家人的生活无忧。事实上积攒的钱财愈多，那么源源不断流进来的钱财也就愈多。这便是第一条法则的魅力所在。它保证黄金将乐意进入这种人的家门，有些比较成功的人士的一生便已充分证明了这一点。

定律三：凡是在自己不熟悉的行业或者用途上进行投资，或者是在投资老手所不赞成的行业或用途上进行投资的人，黄金都将从他的身边悄悄地溜走。

对那些拥有黄金但却不会投资运用的人来说，很多的方法看起来都好像是有利可图。实际上这中间其实充满着让黄金遭受损失的极大风险。如果让智者和行家分析，他们必定可以判断出有些投资只有很小的获利性，有些投资会被套牢，还有一些投资者将会血本无归。所以说，没有理财经验的黄金主人若盲目信赖自己的判断力，把钱财投资在他不熟悉的生意或用途上，他通常会发现自己的判断愚蠢至极，从而最终赔掉了自己的财富。依照投资高手或智慧之人的忠告而进行投资的人，才是真正聪明的人。反之，自以为是、瞧不起别人的投资者是世界上最愚蠢的人，到最后，黄金只会离开他们。

定律四：凡是能够谨慎保护黄金，且会运用和投资黄金的人，黄金就会牢牢地被攥在他的手里。

黄金总是会紧紧跟随着审慎操持并守卫它们的主人，相反它们迅速逃离那些漫不经心的主人。向那些有理财智慧和经验丰富者寻求忠告的人，不但不会让自己的财富陷入任何的危险，还能够确保财富的安全和增值，并且享受着财富不断增加的满足感。足以可见，黄金也同样是可以“挑选”主人的，凡是谨慎行事并且具有智慧的人就会引来越来越多的黄金向他靠拢；相反，假如你粗心大意、鲁莽行事的话，黄金会在很短的时间离你而去。

定律五：凡是能够将黄金强行运用在不可能获得的收益上，以及听从骗子诱人的建议，或者是盲目相信自己毫无经验以及天真的投资理念从而付出黄金的人，也就将使黄金一去不返。

其实初次拥有黄金的人，常常会遇到如同冒险故事一样迷人而又刺激的投资建议。通常这些建议就仿佛能赋予财富神奇的力量，似乎能够轻松赚进超乎常理的利润回报。但是务必要当心，有智慧的人都是非常清楚，每一个能让人一夜之间成为暴发户的投资计划，背后一定隐藏着危险。所以，投资者要一步一个脚印，不要盲目贪大、求大，这样会适得其反。

黄金投资的误区

我们都知道现在黄金炒得很热，金价也一直在攀升。很多人认为世界将会面临大贬值，因此他们都认为黄金应该继续升值。但是应该注意的是不管是什么样的投资它都同样存在着风险和误区，下面我们就来看一下黄金投资都有哪些传统的误区？

一、金饰是主流投资品

如今有很多的老百姓提到黄金投资，都不约而同地会联想到著名的黄金珠宝销售商场。通常在金价上涨的时候，很多的媒体也都会报道消费者购黄金的火爆情景。对于相当多的大众投资者来说，买金首饰就等于投资黄金。事实上这是一个投资误区。

严格地来说，目前正规的黄金买卖交易当中，黄金饰品其实并非主流投资品种。因为在市场上黄金饰品需要变现出售的时候，通常按二手饰品估价，价格最高不超过新品的三分之二。如果出现了磨损或碰撞的痕迹，价格就会被压得更低。投资者买入价与卖出价之间往往相差巨大。

一位黄金行业资深人士曾经说过，消费者出售黄金饰品的时候，金商会提出一些看似“合理的要求”：比如说在被要求铸成标准金条，不足标准金条克数要由消费者贴钱铸；不是标准金条的成色，还须交纳一定的鉴定费等，但这其中暗藏“猫腻”，一定要小心。

二、长线投资

假如错误地认为长线持有黄金就能够抵御通货膨胀对个人资产的侵蚀，那么投资结果也就很有可能事与愿违。

投资者通常无法了解黄金开采、加工、消费等环节的情况，或者没有时间每天关注短期的黄金价格波动，因此多数投资者买入黄金就长线持有，希望实现资产的保值增值，抵御通胀的风险，但投资结果很可能事与愿违。

三、频繁交易

事实上那些非专业的普通投资者，如果想要通过快进快出的方法来炒金获利，有可能就会以失望而告终。投资黄金需要关注国际国内政治经济等大量的信息。并且要具备相当的分析能力，事实上这一点对于大多数的投资者来说要求似乎高了些。此外目前国内较多的纸黄金买卖手续费也是一笔不可忽视的费用，在一般的行情条件之下，如果想要在扣除这些费用后赚取价差几乎是没有可能的。

所以说投资黄金，更好的选择其实就应该作为一种中长期的投资。当前黄金正处于一个大的上升周期中，即使在相对高位买进，甚至被套，其实也不是什么严重的问题。

投资者不适合把黄金作为主要长线投资品种一共有以下三个原因：

第一，从供求关系上来看，黄金开采的平均总成本也就在大约只有 260 美元每盎司，远远低于现在的年平均价格 600 美元每盎司。因为开采技术的发展，而黄金开发成本在过去 20 年以来持续下跌。事实上黄金的需求在表面上看起来非常强劲，但是实际上却主要是工业用金和首饰用金，其实在工业上可替代黄金的新材料不断被发现，而首饰用金的需求在黄金价格太高的时候会明显减少。同时现在各国央行手中持有的储备黄金数量也相当于世界黄金 13 年的产量。所以我们如果从供求的角度来看，黄金价格很难保持长期上涨势头。

第二，由于我国经济发展迅速，GDP 增长率高于美国 2 至 4 倍，所以长期通胀压力明显大于美国，然而国际黄金价格却是用美元标价，主要也就受美国通胀水平的影响。所以在我国使用黄金抵御通胀难度比国外还要大。

第三，我们从长期来看，黄金稳定的收益率几乎一直低于股市、债市、外汇市场、房地产业的收益，由于黄金本身不产生利息收入，而投资其他工具可获得股息、利息、租金等稳定收入，这些稳定的现金流入对长线投资收益会产生重大影响。我们来以美国 PowerShare 的外汇 ETF 的基金模型计算，该基金在过去 10 年炒外汇的年回报率是 11.48%，但其中仅仅外汇利息差异的收益就达到了 4.77%，这其实也就充分显示了长线投资品种有稳定现金流入时才可获得稳定高收益率。

炒金也要有一定的知识储备

知识储备对于投资黄金的人而言，是一个十分重要的素质，投资黄金者只有具备了丰富的知识储备，才可以放心地去投资黄金。

因为我们都知道黄金市场的开放程度介于外汇和股票之间，而炒金者既不能像外汇理财那样，一心往外看，主要关注国际政经的形势；更不能像炒股者那样，两耳不闻窗外事，只关心国内金融市场，事实上炒金者必须关注国际与国内金融市场两方面对于金价的影响因素，特别是美元的汇率变动以及开放中的国内黄金市场对于炒金政策的变革性的规定。

一、审慎选择投资的黄金品种

选择所投资的黄金品种是至关重要的，这是由于不同品种的黄金理财工具，其风险、收益比也是不同的。投资黄金主要分为实物交割的实金买卖和非实物交割的黄金凭证式买卖两种类型。而实物黄金的买卖要支付保管费和检验费等，成本会略高；黄金凭证式买卖俗称“纸黄金”，其交易形式也就同样类似于股票、期货这类虚拟价值的理财工具，炒金者须明确交易时间、交易方式和交易细则。实物黄金也分为很多种类，不同种类的黄金，其投资技巧也是不同的。

而作为那种纪念性质的金条金块，有些类似文物或纪念品，溢价幅度也相对比较高，而投资加工费用低廉的金条和金块可享受较好的变现性。投资纯金币的选择余地较大，兑现也就变得很方便，但是保管难度相当大。也能够投资在二级市场溢价通常较高的金银纪念币。所以我们依据个人爱好，个人也能够选择投资金饰品，但金饰品加上征税、制造商、批发零售商的利润，价格要超出金价许多。而且金饰品在日常生活的使用中会产生磨损，从而消耗价值。在选择黄金投资品种时，不同品种的这些优缺点和差异性都应当着重考虑。

二、做好心理准备

除了知识方面的储备，一定的心理准备对于投资黄金者来说也是必须要有的。因为投资市场并不是风平浪静的，常常会有一些风浪来历练我们。

黄金尽管是保值避险类理财工具，但既是投资理财工具，就有一定的风险，因此个人炒金者同样应该做好心理准备，即投资获利与风险的预期。在国际市场上，金价的变动是一条在大海上翻滚不定的波浪，它的起伏左右着我们的情绪和理财的决策，只有那些心理强健、跳出自我、在浪尖上舞蹈的人才是炒金的赢家，才是金融市场上的赢家。

三、要因人而异

道理很简单，投资理财应密切结合自身的财务状况和理财风格。个人炒金的目的需要明确，你如果要投资黄金，那么意图是在短期内赚取价差，作为个人综合理财中风险较低的组成部分？还是意在对冲风险并长期保值增值呢？其实对于大多数非专业炒金者来说，后一目的占了大多数，因此用中长线眼光去炒作黄金可能更为合适。应看准金价趋势，选择一个合适的买入点进入金市，做中长线投资。

当然，不同状况的理财者总是会有不同的选择。闲钱较多的大富人家就能够选择投资实物黄金，充分地利用实物黄金的保值和避险功能，为个人家庭做好一定的黄金储备。而热衷于在金融市场上杀进杀出、投资获利的理财者可以选择黄金凭证式买卖，假如这类理财者可以较好地把握股市，那么将类似的技巧挪到金市上来，如果再花上一定的时间和精力加以关

注、分析国际经济政治形势，就可以大胆进入纸黄金的交易市场了。熟悉邮品市场或收藏品市场的中老年投资者即艺术性理财者可以投资金银纪念币，其溢价程度和行情走势类似于邮品。那些爱好珠宝首饰的女性投资者其实也就可以选择投资金饰品，在把玩奢侈品的同时也能达到理财的目的。

第十二章

理财新宠：实业投资

实业投资也可以称之为产业投资，通常产业投资机构要求参与管理，并且协助企业制定中长期的发展战略以及营销战略规划，同时评估投资和经营计划的时间进度，还有销售和财务预测的合理性等一系列方案。其实对于创业投资而言，产业投资如今成为理财的新宠，它总是关注一些成长速度高于 GDP 增长速度的行业，可以快速发展同时有着超额的利润。

选择最熟悉的行业来投资

孙子曰：“兵者，国之大事，死生之地，存亡之道，不可不察也。”战争如此，投资更是如此，都必须认真考察研究。投资是一种前瞻性的经营行为，对未来的不确定性，造成了投资的风险。因而我们将投资比作一把双刃剑，它在创造财富的同时也可以吞噬投资者的金钱和精力，陷投资者于投资失误的泥潭。就实业投资来说，业界就流行一句老话：不熟不做。意思是不轻易向自己不熟悉的产品或行业领域进军。俗话说“隔行如隔山”，对投资者来说完全不熟悉的行业是非常难做的，看着别人能赚钱的行业，自己做就不见得能顺利赚钱。每个行业都有其独特的门道，所以最好不要盲目投资于此，别听着别人说得天花乱坠，自己就去做冤大头了。因此要投资就涉足于自己有经验的，相对熟悉的行业，以免介入进来的时候遭遇障碍还一头雾水。

让我们来看看现任香港锦兴集团总裁翁锦通的成功事例。

1957 年，翁锦通在自己 40 岁生日那天踏上了香港土地，当时是 1957 年，身上只有 4 港元的翁锦通目标只是找一份工作。翁锦通在后来的经营中，原则是“不熟不做”。1962 年开始自己创业，从自己熟悉的潮汕抽纱做起，他自信自己对抽纱积累有数十年的经验，对于抽纱行业的经营管理有绝对的把握，对于抽纱任何细微技术性问题也了如指掌。他办起了“锦兴绣花台布公司”和“香港机绣床布厂”。从此，翁锦通在抽纱工艺领域稳扎稳打，不断拓展，逐步建立起他的“抽纱王国”。从香港到中东、美国、欧洲等地市场都有他的抽纱工艺品。他的锦兴绣花台布公司在香港、美国、意大利、加拿大等地都设有分公司，发展成为销售网络遍布全球的“锦兴集团”。后来，翁锦通为自己的创业总结了四条经验：其一是要绝对内行，才可能得到业精于勤，才能成其专长专业；其二是要有勤奋的精神和坚韧的毅力，不辞劳苦而百折不挠，脚踏实地，以信立足；其三是计划要缜密，处事要周祥。不可轻举妄动，意气用事；其四是要品行端方，要干实业，而勿投机；要近正经商人，勿近狡商市侩。

常言道：隔行如隔山。每个行业都有自己的核心内容，不管做什么生意，越是本行业专家，越是有优势。看到别人做的生意是赚钱，自己就跟着入行，执著于自己不懂的生意场上，往往是钱财和精力两失，重者血本无归。所以建议大家在选择生意行业的时候，一定要找一个自己懂的行业，不要在自己不熟悉不了解的市场中较劲。俗话说：“内行赚外行的钱”，任一个行业，都有自己的一套东西；每一种生意，也都有自己的特点。要想更早的成功就选择自己熟悉的行业。

选择项目投资要有七大基础

干什么事情都要有基础，掌握了关键基础，就迈出了成功的第一步。无论是个人还是公司投资，选择的投资项目一定要具备某些基础。这些需要具备的基础不仅仅包括人们常想到的资金，还包括其他方面的基础条件，只有综合考虑才能做好投资。做好投资包括如下七个基础：

1. 市场的供求关系投资的目的是为了资本的增值，增值是由市场的供求关系完成的，投资者不等同于政府——可以完全不考虑增值。为了资本的增值，投资者必须在确定投资项目前调查市场的实际供求情况，并正确预计投资项目的未来走势。这是确定投资项目的前提。

2. 资金即人们通常认为的用于投资的本金数量，有钱才能投资，这是投资的一大“经典”看法。其实有时候，投资并不完全局限于钱，它也可以演变成不同的投资形式，如技术跟头脑。有的人即使有了钱也干不成大事，那是因为他没有投资的头脑，所以说钱的作用也是有限的。如何用有限的钱去开创出无限的发展未来，才是投资的关键。

3.21 世纪的科技发展靠人才，有了人才，钱才能发挥它应有的作用。商品经济时代的竞争非常残酷，人力资源在资金基础形成之后几乎就成为投资成功与否的决定因素。

4. 科学技术是项目的生命，投资项目或多或少的会涉及技术能力的问题，小到开个小饭馆，大到投资一个企业，都需要有技术基础作为后盾。至于要投资的项目是高科技的项目，那么技术基础就是它的生命。

5. 国内政治经济大环境。俗话说顺者生逆者亡，投资一个项目也是如此。国家出台的方针策略，社会经济发展的趋势，这些大环境都是一个项目实施的基础保障。顺应时代发展的潮流，与时俱进，开拓创新才能顺利地打拼出一片天下。

6. 国际经济发展状况基础。牛顿说：“我之所以成功是因为我站在巨人的肩膀上。”投资者对国际经济发展状况的关注，不仅决定了依赖出口型产品的项目的存亡，也是任何一个项目投资需要依赖的，只有立足国际化视野，才能从大局上把握项目投资的方向。

7. 公共关系。有人的地方就有人情，人情既是一种俗不可耐的存在，又是一种亲切可爱的寄托。公众关系学家莱斯·布吉林说过：“一个人事业成功的三个要素，一是公共关系；二是机遇；三是忍耐。”中国也有句老话叫“天时地利人和”。可见公共关系是事业成功不可或缺的要素，没有良好的公共关系，投资者不但很少得到社会的支持和帮助，甚至会将处处碰壁，受到排斥和打击。

选择投资项目的四个原则

成功就像靠“冰棍”起家的蒙牛；靠卖矿泉水创业的农夫山泉；靠方便面屹立的华龙企业。“三十六行行行出状元”，成功的实业投资方式有很多，只有适合自己的才是最好的。

找到一个好的投资项目等于一只脚已经迈进了成功的大门，选择投资项目有四个原则，可以为我们起到指引的作用。

1. 要有风险意识。风险这个话题是老生常谈了，在选择投资项目时不要光想着赚钱，还要想着怎样做不会赔钱。要有风险意识，规避风险，使收益最大化。

2. 确定你的最大风险承受底线。如果你现在的投资资本是 100 万，其中的 50 万是借来的，那么，实际上，你的风险承受底线最大就是 50 万，而不是 100 万。甚至要考虑将其缩减至 30 万至 40 万的范围，因为你生存也是要花费的，不能将家底都投进去。在这个基础上，你的投资目标才会更明确，投资时才会更谨慎。

3. 高科技是多数人失败少数人成功的投资项目。有的人投资总爱选择高科技项目，其实，高科技项目并不是投资的唯一优选。细观国内的一些成功项目，往往是一些大家并不认为“高科技”的项目得到了长远的发展。

4. 资本大的时候创造市场。如果是二次投资，或者可以一次性筹到比较多的投资资本，可以不必跟风，这就要自己来创造市场，把潜在的市场由投资者自己开发出来，以此获得超常的利润回报。总而言之，选择投资项目要因人而异、因时而异、因地而异。如果不这样做的话，即使找到的项目是座金山，也会在自己不会投资的手中变成土山。理念到位了，还要有行动，世界上只存在脚踏实地的结果，项目选择固然重要，但要想成功努力是必不可少的。

实业投资时要避开的五大误区

创业本来就很艰苦了，避开那些不必要的误区，降低风险，可以使企业的生命力更加长久。

在做决定进行实业投资之前，一定要考虑市场需求，细致分析自己的资金状况，投资项目、技术、人力等条件，以回避投资的误区，减少投资的风险。

1. 过度相信他人，不亲自进行市场调查。市场的真相只存在于实践中，并不是从他人口中得来的，如果你觉得自己已从所谓的专家或是信任的亲友口中得来了，无须再对市场进行调查了，那么，你错了，因为实践是检验真理的唯一果实，不亲自尝一尝梨子的滋味的人永远不知道梨子是什么味的。

2. 投资规模过大，资产负债比率过高。在市场经济势头发展强劲的时候，人们往往过于乐观而忽视风险，致使投资规模过大，或是负债比率过高。一旦形成投资泡沫，市场的风吹草动都会使泡沫迅速破灭，投资者就会陷入危局和困境。因此，投资者应从风险与收益平衡的角度考虑其投资导向，选择合适的投资项目，进行符合投资规模的投资。最好是在具体投资中将资金分批次、分阶段投入。避免一次性投入，风险发生，满盘皆输。

3. 投资项目过于单一虽然说专一是好的可取的，但是投资项目过于单一也就将风险高度集中了。风险一旦发生，就会以几倍的效果放大，就可能使投资者多年积累起来的财富毁于一旦。如果由多种项目构成投资组合，就可以大大降低风险。作为一名缺乏经验的创业投资者，更要在投资时拓展思路，培养多元化投资思维方式。

4. 没有过硬的技术，急于求成。创业者在初涉投资时，勿要受眼前利益驱动，而忽视长远利益。上海有家民营企业的老板，看到别人因生产某种电子产品财源滚滚，于是自己赶紧筹集了资金，决定尽快投资这一项目。

就在这时，他手下的一名开发人员劝告他说："老板，你只要将开工时间推迟 3 个月，我们就能研发出目前市场上最先进的一种集成元件，用这样的元件生产出来的产品一定能领先市场，相信也会十分畅销。"没想到这位老板根本不听这一套，还很不高兴地说："推迟开工 3 个月？你知道推迟开工 3 个月意味着什么吗？那意味着我们将白白丢掉上百万元的利润。"并且命令马上开工。结果不出那位开发人员所料，这一先进技术被他人研发出来以后先行投入市场，使得老的电子产品无立足之地，很快市场淘汰，而他们的工厂开工没几个月，就因为产品落后而陷入滞销。这位老板不得不重新投入巨资对新产品进行研发。

5. 寻求投资合作伙伴。投资者在投资活动中要学会与人合作。当然选择可靠的投资伙伴是必要的。好的合作（包括合资）可以弥补双方的缺陷，有助于企业迅速地在市场中站稳脚跟，发展壮大。反之，如果创业者不顾实际情况，一门心思单打独斗，就很有可能延误企业的发展。

筹措投资资金的方式渠道

不怕办不到，只怕想不到，要想筹资办法总是会有的，就看你有没有坚持下去的创业决心与热情。

一个成功的、成长型的企业要壮大，最终是需要外部资金来推动的。当你有一项好的投资计划而苦于资产太少时，何不尝试去筹措资金呢？本节为大家介绍几种筹资的渠道。

一、股权筹资

指以发行股票的方式进行筹资，是企业经济运营活动中一个非常重要的筹资手段。其优势有以下四点：一是所筹措的资金无须偿还，具有永久性，可以长期占用；二是一般来说，以这种方式一次性筹措的资金数额相对较大，用款限制也相对较为宽松；三是与发行债券等方式相比较而言，发行股票的筹资风险相对较小，且一般没有固定的股利支出负担，同时，

由于这种方式降低了公司的资产负债率，为债权人提供了保障，有利于增强发行公司的后续举债能力；四是以这种方式筹资，有利于提高公司的知名度，同时由于在管理与信息披露等各方面相对于非上市公司而言，一般要求更为规范，有利于帮助其建立规范的现代企业制度。

二、政策性筹资

政策性筹资是根据国家或者地方的有关政策而得到无偿或者优惠的扶持创业的资金。

各地政府部门为了调节产业导向，为了鼓励大学生或者下岗员工等个人创业，每年都会拿出一些扶持性资金。

这些资金主要通过两种方式来扶持符合国家产业政策的创业者。

一是加强基础设施建设，为创业者提供创业的良好环境和氛围。例如近年来许多城市建立了高科技园区，为有发展前途的高科技人才提供免费的创业园地。

二是建立创新基金，这是国家为了扶持、促进科技型中小企业技术创新而设立一种引导性资金，其目的是通过对中小企业技术项目的支持来扶持新企业的发展，增强其创新能力。对于刚毕业的大学生，国家还提供更多的优惠政策，如2005年国家就出台鼓励高校毕业生自主创业的政策，为他们提供税费优惠和小额贷款，组织开展创业培训、创业指导、政策咨询、项目论证和跟踪辅导等服务。所以创业者一定要随时了解国家的相关政策，好好利用这些政策，为自己创业争取到更多的创业资金。

三、负债筹资

负债筹资是指利用发行债券、银行债务和其他债务形式向债权人获得资金的方式。负债筹资获得的只是资金的使用权，债务的使用是有成本的，债务人一般需要支付利息，到期归还本金。其优势是负债一般不会产生债权人对企业的控制权问题。

东方集团总裁张宏伟说过这样一段话："不会借别人的钱，不会利用外资，就永远会落在别人的后面；你借别人的钱，借别人的脑袋，就等于踩在别人的肩膀上。"这话不是没有道理的。

1. 学会向银行借款。我国从1994年开始实行政策性金融业务分离，政策性银行如国家开发银行就能专门给一些创业新项目实行贷款，以扶持项目成功开发和运营。

向银行借款，要遵循一些相关的政策和申请贷款的程序，只要符合条件即可贷款。随着外资不断地进入银行，银行的闲置资金增加，于是展开了一些针对创业者的免担保贷款。

2. 学会向亲朋好友借钱。亲戚朋友往往是你创业的第一支持者，他们相信你、认同你的创业想法，虽然在公司创办处于起步阶段时，公司存在着较大的经营风险。但他们一样会支持你，并且不像银行那样需要个人担保来拖累你。因此他们是创业初期最重要的融资来源。

四、其他筹资方式

1. 利用个人魅力抓住一切机会寻找投资者。创业起步阶段，对将来有很大的不确定性，很难有企业信用可言，但创业者的个人魅力和人脉关系到是可以拿来利用一下，用以提高信用而获得融资还是有可能的。这就要求创业者拥有良好的个人信用和他人认可的能力。即使信任你的人暂时无法在资金上帮助你，但他会提供他的人脉帮助你，这在无形中拓宽了你的融资渠道。

2. 在经营过程中筹资创业者有时会走进一个误区，认为创业就得要把所有资金全部到位才能开始运行，但事实上只要有第一笔资金让你的项目运作起来，接下来就可以以运做起来的项目筹资，渐渐扩大实力。

3. 争取免费创业场所。创业之初很大的一笔投资就是用来支付房租的，因此只要你能转换一下脑筋，想办法获得一处免费的创业场所，那就相当于得到了一笔可观的创业资金。总而言之，资金不足并不是创业的绝对障碍，不怕你办不到只怕你想不到，只要努力一切都会有的。

创业投资的一般流程

创业是一个过程，也重在过程。创业不是说创就能创的，一个全面的计划和合理的安排是必不可少的。因此，想要创业，了解创业投资的一般流程是必要的。

一、产生创业的灵感

一个新的企业的诞生往往是伴随一种灵感或创意而诞生的。

诺兰·布什内尔是将电子游戏真正带入大众市场的人，但这完全取决于一次灵感的闪现：1962年，布什内尔在一所大学的大型主机上见到了史蒂夫·拉塞尔的游戏先锋之作：《太空大战》，从此开始对电子游戏产生了巨大的兴趣。然后到了1972年，布什内尔开发出了世界上第一台业务用投币式游戏机——即我们俗称的街机——《电脑空间》，从而改写了电子游戏在商业市场的空白。最后，他预见电子游戏未来巨大的市场潜力，因此他开办了阿塔里公司。

二、制订企业计划

企业计划书，是一份全方位描述企业发展的文件，是企业经营者素质的体现，是企业拥有良好融资能力、实现跨式发展的重要条件之一。

一份完备的商业计划书，不仅是企业能否成功融资的关键因素，同时也是企业发展的核心管理工具。一份有吸引力的企业计划书要能使一个创业者认识到潜在的障碍，并制定克服这些障碍的战略对策，这样才算完备。

三、寻找资本支持

大多数创业者没有足够的资本创办一个新企业，他们会从外部寻求风险资本的支持。创业者往往通过朋友或业务伙伴把企业计划书送给一家或几家不同的风险资本公司。如果风险家认为企业计划书有可行性，就会进行投资，成为公司将来的股东。

四、建立合作团队

组建一个各方面都很有实力的团队，对创办风险企业是很有必要的。组建团队的核心在于一个有凝聚力的领导人，这样的人才能组建起一个精诚合作、具有献身精神的团队。其团队能力应当包括：有管理和技术经验的经理和财务、销售、工程以及相关的产品设计、生产等其他领域的能人。

五、企业初步定型

具备了以上条件一个企业就初步形成了，接下来就是考验企业团队的实干精神的时候了。通过获得现有的潜在市场的信息，选择项目，马上着手开发某种新产品。

当Sequoia的合伙人麦克·莫利茨第一次造访Yahoo工作间时，看到的是“杨致远和他的同伴坐在狭小的房间里，服务器不停地散发热量，电话应答机每隔一分钟响一下，地板上散放着比萨饼盒，到处乱扔着脏衣服”的情景，他感慨地说：“在这一阶段里创业是很苦的，创业者没有报酬，而且一般每天工作10到14小时，每周工作6到7天。”

这期间，风险资本公司也很少有资金投入在这个阶段的企业，支撑创业者奋斗的主要动力还是创业者的创业冲动和对未来的美好向往。

六、企业开张

创业者的企业计划书被风险资本家所认可后，风险投资家会向该创业者进行投资，这时，创业者和风险投资者的“真正”联合就开始了，一个新的企业就开张了。当新公司的规模逐渐扩大，名气不断上升，以后银行就开始关注该企业，为其提供贷款，这时，风险资本家开始考虑撤退。

七、上市

若创业公司开办五六年后，获得成功，风险资本家就会帮助它“走向社会”，办法是将它的股票广为销售。这就要求企业上市，企业上市后能广泛吸收社会资金，迅速扩大企业规模，提升企业知名度，增强企业竞争力。世界知名大企业，几乎都是通过上市融资，进行资本运作，实现规模的裂变，迅速跨入大型企业的行列的。这时，风险资本家就会拎起装满了的钱袋回家，到另一个有风险的新创企业去投资。

创业投资的流程看似简单，实际创业的每一步都充满了荆棘和挑战，所以，成功只属于那些有头脑、有行动、有热诚，付出艰辛的努力的人们。

从“小”起步，逐渐做“大”

成大事者不一定开始就很辉煌。很多成大事、赚大钱者并不是一走上社会就取得如此业绩的，很多大企业家就是从伙计做起，很多政治家是从小职员做起，很多将军都是从小兵做起。人们很少见到一个一走上社会就开始“做大事，赚大钱”的人。潮汕人之所以是中国最会赚钱的群体，一个很重要的原因就是他们能盯住别人不屑一顾的小的赚钱机会，最终由小变大，打下一片天地。从小做大也有它的方法和技巧。让我们一起来看看成功创业者们在由小到大的创业过程中的经验：

1. 从小方面做起，只满足一部分人的需要。有的人在创业之初资金很少，所以就要将创业的目标细致化，不要看不见蝇头小利，觉得赚不了什么钱，其实，积少成多，干什么事都得有个过程，小事都做不好怎么做大事；有的人希望自己可以把所有赚钱的点子都用上，开一个大大的杂货铺。事实上，在资金很少的情况下，只有抓住一种让消费者喜欢的产品做下去就不错了，最后总会做大的。

2. 专注支流业务，不做主流业务。不做主流业务，一是因为资金少，二是因为主流业务竞争力强，有时候剑走偏锋，只用小本钱专注支流业务，说不定就能取得意想不到的收获。

3. 依托一个成熟的，有发展空间的行业做小本生意，要选择一个成熟度高的行业，这样可以利用现成的消费群，省去开拓市场的费用和唤醒消费者的途径。再者，要把生意由小做到大，一定要找一个有发展空间的行业。行业大，做细分市场才能够有钱可赚。

4. 以服务到位谋财。小本经营往往饱受消费者的“挑剔”，但最主要的来源还是靠顾客，只有一流的服务才能留住一批老顾客，发展新顾客。只有把服务做到位了，最后才能通过顾客关，找到财富。那些一心只想“赚大钱”的人总是不想拣芝麻还摘不到西瓜，抱怨市场不景气，在埋怨中错过了赚钱的机会。而明智的生意人从来都不会拒绝一笔生意，“挣小钱，发大财”是他们的座右铭。无论生意是大是小，他们都会因善于积累而变得富有。

投资必知的经营战略

好的经营战略更能有效地促进实业的发展。一个公司的生命力在于有好的经营模式，这样才能取得好的效益，要想做强做大就要会打经营战略。以下经营战略供创业者借鉴：

首先，最低成本战略。低成本决定了低售价，低售价决定了高销量，高销量决定了可观的利润，所谓薄利多销就是如此。较低成本是每个企业的战略主题。低成本采用扩大销售的竞争战略有力地打击了对手，扩大了市场；低成本对于生产者来说，它更能承受原材料采购价格的上涨。低成本对于潜在的进入者来说，可以作为进入障碍，保持已有的市场。

其降低成本主要途径是：1. 采用能降低成本的先进技术。2. 采用先进的管理方法确保企业、组织间的协调并降低管理费用。3. 建立规模最佳、最经济的工厂。确保研究开发、服务、分销和广告等领域有效性的同时，降低其费用。

其次，追求产品差异的战略。没有个性的产品在广袤的产品海洋里只能被淹没，所以，实行产品差异战略是产品的生命，成功的产品差异可以使客户对企业的品牌产生偏好，甚至使客户愿意为之支付较高的价格。从而消除竞争对手。其可采用的方式有：不同的包装、独具的性能、便捷的配件、可靠的质量，甚至是细致的售后服务、良好的企业形象等。具有了这些条件的产品必将产生持久的吸引力和竞争优势，立于不败之地。

再次就是专业化战略。

我国的格力电器是唯一一家坚持专一化经营战略的大型家电企业。长期以来，格力的专业化经营被业界人士认为是“一篮子鸡蛋”战略，是不可取的。可是在2004年11月份格力企业却荣登美国《财富》排行榜第46位，入选《财富》“中国企业百强”。《财富》中文版揭晓的消息表明：格力作为我国空调行业的领跑企业，其股份创下了7.959亿美元的营业收入、0.33亿美元的净利润，以及6.461亿美元的市值，成为连续两年进入该排行榜的少数家电企业之一。充分显示了专一化经营的魅力。

哈佛大学商学研究院著名教授迈克尔·波特曾说过：“专一化策略使企业的经营在产业竞争中高人一筹。如果企业的基本目标不只一个，则这些方面的资源将被分散”。

所以，企业只有在商战中选择和确定了自己的专一化发展战略，并且运用这种发展战略才能取得明显的经济效益。

实业投资要想获得成功，关键在于实业发展选择的竞争战略。好的经营战略更能有效地促进实业的发展。

个人创业致富的十大宝典

从当今社会经济发展特点来看，人们的工作也就大致可分为三种类型：国家公务员、雇员、老板。

或许会有很多很多的人都想着自己能够当老板，但是又有谁都知道，老板也有老板的难处，并非人人都可以当老板。做一个赚钱的老板，一个事业有成的老板是需要勤奋和智慧的。我们都知道其实任何事业也都是由小到大，总是在不断总结经验、积累资金的过程中，慢慢发展起来的。

我们在总结前人经验的基础上，结合当代社会发展特点，总结出了以下十大个人创业的宝典：

一、要学会销售自己

作为一个企业经营者，只要你知道怎样销售自己，初期投资并不需要准备大笔资金。开业30天内，你就能找到客户，现金60天内就会进来，帮助推动业务成长。

二、将创业资金数额减到最低

不要举债，也不要投入全部家庭的储蓄。

成功的机会其实也就只有20% ~ 30%的新事业，并不值得你这样冒险。而你计划的事业要由现有的构想和你个人才华及专长做起，而且只需要少许现金。

三、对待客户一定要大方

一般新的事业不宜对顾客收费过高，甚至为顾客提供免费服务，让他们知道你能做什么。就算没有签约，他们也会介绍其他付费客户。有的时候，要懂得小鱼钓大鱼的道理。

四、开始的时候条件不妨简陋些

有的人曾在卧房一角，以一桌、一椅、一台小电脑，开创顾问公司。5年之内，公司收入超过50万，规模逐渐扩大至有自己的办公室和12位员工。

五、保持长时间的工作

要学会把会计、书信等行政工作留到夜晚。这些事绝对不可以占用朝九晚五的时段。这个黄金时段只能用来建立人际关系，作简报，打电话，或与客户面对面交谈，晚上回家后才从事不会产生收入的工作。

六、一切电脑化

通常打字机及人工作业方式，在目前的市场上已经没有了竞争力，而书信往返、会计、市场、文书、销售都不例外。从第一天开始营业即要使用电脑。

七、开始不成功也要继续努力

要始终牢记绝对不要放弃，成功经常就在失败的前方。失败代表你已经在正确的道路上，只要失败次数增加，努力的时间够长，途中做出聪明的选择，你终会成功。

八、学会爱你的顾客

记住永远都要有礼貌地和顾客说话，无论他们有的时候是多么地令你生气。记住，顾客不仅是上帝，也是独裁者，要尽力使顾客满意。我的做法是，介绍上虽指明服务项目，但我经常超越合约项目，提供更多服务，超过顾客期望，这便是小企业主最好的广告方式。

九、学会独自经营

开始创业的时候，一定要避免邀其他人合伙。合伙就如同婚姻，你真的愿意接受这样的束缚吗？统计显示，婚姻般的合伙关系，两对中就有一对以“离婚”收场。一般而言，假如你想创业，最好就是要自己创业。

十、懂得安排休闲时间

虽然待办事项堆积如山，但也一定要强迫自己在星期六或者星期日休息一天。你所损失的那一天，会因为下周生产力增加而加倍补回，而且家人和顾客也希望你这样做，因为休假使人愉快和喜悦。抽出时间运动，和家人出游或者是去看场一电影，暂时抛开业务，工作反而更有效率。

赚钱的商业模式就在你眼前

机会稍纵即逝，有的人眼明手快，抓住不放，事业就出现了转机；有些人面对机会却依然无动于衷，机会反而付之东流了。能抓住机会的人，一定善于发现机会；而错过机会的人，根本就没有发现机会曾擦肩而过。因此，识别机会才是把握机会的前提。

19 世纪末美国刮起一阵淘金热。淘金大军涌向加利福尼亚州。有一位 17 岁的少年也想加入到淘金者的队伍，但到了加州后，他发现金子并没有传言中没那么好淘，于是他放弃了淘金的想法。这个时候，他看到淘金人在炎热的天气下干活口渴难熬，决定卖水赚钱。于是他在附近挖了一条沟，将远处的河水引来，经过三次过滤变成清水，然后卖给淘金人喝。金子没淘到，但是他却成功赚到了 6000 美元。这人就是后来被称为美国食品大王的亚尔默。从亚尔默的事例中，我们发现了成功创业者的一项宝贵品质：善于从别人遗漏的角落中发现闪着金光的机会，并能牢牢抓住。

我们都知道霍英东是赫赫有名的企业家。他早年由于母亲管教颇严，并没有机会展现商业上的天赋。一次偶然的机会，霍英东发现当时香港政府的宪报上时常刊登一些战后物资拍卖的广告。二战之后，菲律宾、冲绳岛等地方遗留了很多战备物资。当地政府就把这些物资运到香港当作废弃物拍卖。霍英东想，战时物资质量可靠，而且便宜，拍下来再转手卖可能会赚到钱。

于是，霍英东开始关注宪报上的拍卖消息，并且四处打听。一次，他看上了一批机器——40 台轮船机器，只要是稍加修理就可以使用。但是参加拍卖会，需要支付 100 元，霍英东的母亲账务管理非常严格，除了日常生活用度外，霍英东分文没有，于是霍英东从姐姐那里借到钱，用 1.8 万港币拍下了机器。但是怎么卖呢？霍英东又犯了愁，但就在这个时候他想到了一位朋友，打算从他那借点钱。更没料到的是，这位朋友和他看了机器后，直接说：“这批机器直接卖给我好了。”霍英东这才喜出望外，以 4 万港元出手转卖，最后从这次空手套白狼的买卖中，净挣了 2.2 万港币。霍英东凭着平时对日常生活中的关注，赚到了他的第一桶金。

有些人总是抱怨，为什么致富就那么难呢？为什么发财的好事全让别人抢了去呢？其实商机就在生活里，很多人其实并不是没有机会，而是没有睁开发现机会的眼睛。擦亮眼睛，仔细观察生活中的点滴小事，有一天你会发现琐碎的家事也能成就一番大事业。

在国际化大都市的上海，开一家咖啡店早已经不是什么新鲜的事了。但是小菲仍然在看似没有机会的咖啡店行业中闯出了一片天空。她自己创立的“壹咖啡”同时开创了“外带咖啡店”的市场，从而也就带动了更多的人每天多喝几杯咖啡的消费行为。

店主小菲在开店之前特意观察了上海人的饮茶以及喝咖啡的习惯，她发现一天内喝咖啡与喝茶的时段不同，人们很少会在一大早就饮用浓郁的红茶与绿茶，但是却有一群很忠实的消费者会在上班途中，带一杯咖啡到办公室一边工作一边喝。有鉴于此，“所有的壹咖啡加盟店都规定早餐时段不煮茶，只供应咖啡饮品。”小菲指出，壹咖啡在早上的上班时段集中火力专攻外带咖啡，事实上这样也就大幅减少了所有连锁加盟店的作业流程，早餐过后再推出茶类饮料，并且提供外送的服务。

小菲的经营理念是专选办公大楼附近不到5坪的小店面，是壹咖啡直接贴近市场的绝招，并且提供下午外送饮料的服务，下午两点，部分壹咖啡加盟店的外送生意好到必须拉下铁门做生意。

可以见得，壹咖啡与其在竞争已经很激烈的热咖啡抢占市场，很辛苦地创造差异化，其实倒不如退出热咖啡的市场，专攻从来没有人专心经营的外带冰咖啡市场，开创了无人竞争的咖啡店蓝海。

其实寻找创业灵感的方法有很多，只要你肯下功夫琢磨，相信我们每一个人都能够找到市场的“真空地带”。创业者能够借助别人成功的经历来激发自己的创业灵感，也能够从别人遗漏的细节当中发现创业的机会。

如今我们生活的这个社会日新月异。在这种变化中，市场创生出很多需求，也诞生了很多不为人注意的机会。这些变化可能源自产业结构的调整、科学技术的进步、通信手段的革新、政府管制的放松、经济信息的公开化、价值观的改变，以及人口结构的变化等方面。随之而变的消费市场应是创业者需要关注的焦点。比如，现代人工作压力增加，很少人能天天守在家做家务。花钱买时间、买效率、买舒适逐渐成为新的消费观念。在这个消费背景下，诞生出了一种新兴行业——社会化家务劳动业。搬家公司遍地开花，也为市民提供了诸多便利。

相信大家都听过这句话：生活处处有黄金，这句话一点也不为过。很多致富的人就是从生活中发现创业的灵感。平时多花一点时间，多动一点脑子，也许你就是下一个霍英东。

网络店铺唯有“惊鸿一瞥”

当今社会，很多的赶在潮流前面的年轻人，都对网络购物情有独钟。很多人已经不再迷恋在商场徜徉、受卖家蛊惑的购物方式了。他们更偏爱静静地浏览网页，挑选自己喜欢的商品。网络销售模式，已经越来越来成为年轻人的新宠儿。

据统计，截止2011年6月底，我国网民总数已经达到4.85亿，仅北京、上海、广州这三个中心城市网购人数已经超过了3000万。想想看，这是一支多么庞大的购物大军，他们必将创造数目不菲的消费大群落。在感叹这个惊人数字的同时，创业者恐怕得偷着乐一乐。由此可见，在网上开个小店，也是不错的创业方式。

小李是服装学院毕业的学生，对中国传统服装非常感兴趣。在学校学习设计的时候，常常研究中国各个朝代的衣帽配饰。毕业后，小李在一家服装厂工作，工资不高但非常稳定。工作之余，小李依然没有放弃自己对中国传统服装的喜爱，常常自己设计一些样本出来，并且把这些图片放到博客上和别人分享。没想到，她的这些设计受到了很多人的喜欢，博客的点击率迅速上升。小李大受鼓舞。后来，她想到如果把这些设计元素放到婚纱或者晚宴服上，是不是也会有很多的买家呢？小李联系到了一家可以定制礼服的工厂，产品经理看了小李的

设计后，非常赞赏，当机决定与小李签订合同，负责加工成衣。

小李在网络上开办了自己的一个网店，专门经营自己设计制作的礼服。由于小李的设计极具中国风情，很多中产阶层女性非常喜爱她的服饰，加之每件礼服的设计几乎独一无二，小李的作品深受客户欢迎。小李还把她的网店和博客链接在一起，和顾客、朋友一起讨论设计方案。以前小李只是在下班之后兼职做做网店的工作，后来订单越来越多，小李现在已经全职投入在设计和网店经营当中。

网店通常具有传统实体店不具备的显著优势，比如，手续简单、不必花费巨额的店面租金、只要有便捷的网络连接就可、经营者不必每天12个小时都守在店里，兼职也可做等。偶尔登陆淘宝、拍拍网、易趣等网站，可以浏览到大大小小、形形色色的网店，商品五花八门、各具特色，一点也不亚于商场和精品店。这些网店风格各异，网民们可以根据自己的喜好，几乎在网站上都可以拍到自己倾心的商品，购物方式轻松自在、悠然自得。网店经营是个很有发展前景的创业空间。但是怎么才能够使自己的网店独树一帜、迅速创造利润呢？

首先，创业者必须对自己的宝贝精心地“量身定制”一番。以服装为例，很多网店都标榜自己的商品最潮、最物美价廉，但是不同的网店却依然会产生出不同的等级和信誉。这又是为什么呢？究其原因，很多卖家在开店前，并没有对同类产品的其他网店做一个详细的调查。如何从同类产品的网店中脱颖而出，是开店制胜的重要法宝。就算是衣服的质地也分棉麻纶绸、产地也分欧美韩日，自己设计还是代销代售，门道也非常多。一些自创品牌的网店，拼的不是价格，拼的是风格，衣服一个款式“仅此一件”，即使价格高也有下单的买家。因此，创业者开店前，必须得好好琢磨琢磨：我的宝贝应该具有什么风格？设计元素应该重点体现在哪里？怎样才能被买家们一眼相中？

其次，开发出“独具匠心”的优质服务。为顾客提供优质、贴心的服务也是扩大店铺声誉的好方法。有些卖家的营销方法就非常有“人情味”，他们对自己的顾客非常用心，每次都会随商品附送一件小礼物，比如几颗漂亮的糖果、一张精美的小卡片等。产品包装得非常用心，就算是没有当面交易，买家也会感受到卖家的体贴、温馨。顾客群保住了，还怕财源不广进吗？

再次，一定要记住网络交易一定要保证信誉。网络交易不同于传统交易方式，不是一手钱一手货。在某种程度上，买家比卖家承担更多的风险。卖家买了东西，用过之后出了问题，买家和卖家之间必须得“掰扯”清楚。这种交易方式和商场购物差别很大，一方面退换货问题容易引起纠葛不说，另一方面，网络销售中，消费者的心理非常“脆弱”，他们秉承着“信任只有一次”的敏感的心理预期。只要有一次产品质量问题没有如愿顺利解决，买家就会对网店的印象大打折扣。同时由于买家和卖家天南海北，沟通也会存在很大问题，如果卖家不能设身处地为买家着想，恐怕日后的生意就难做了。

凡此种种，网店要赚钱，一定要“物以稀为贵”，不论商品、服务，还是信誉都要保质。至于如何开店、进货、销售、拍照、店面美化、物流控制等不做赘述。无论创业者选择怎样的经营模式，都需要坚持一条“万变不离其宗”的原则——网店一定要具有“惊鸿一瞥”的风格。相信“世界上没有两片相同的叶子”，把自己的风格发扬光大，让不同之处差别更大，网店才会受到更多的瞩目。

“懒人”创业模式——加盟连锁

每天早上起来，在永和豆浆吃完早饭，中午在公司附近的肯德基买份套餐，晚间下班后和朋友走进星巴克喝杯咖啡……一天的生活就这样开始、结束。我们的生活，渐渐离不开连锁店的帮助。这些连锁店为周边的居民提供了便利的生活所需，因此越来越受到人们的喜爱。事实上加盟连锁业的发展前景是非常乐观的。有人预测，未来的社会，有三件事将会深深地影响到我们的生活——数码科技、生物科技、连锁业发展，事实上这三个领域就像三个巨大的金矿一样，正在或将要造就许多白手起家的年轻富翁。

加盟连锁店是一种“懒人”的开店方式，只要加盟者投入一笔资金，按照厚厚的加盟连锁指导手册按部就班地去做就好了。加盟者不需要考虑太多的产品或服务创新，根本不需要担心品牌宣传效应，也不用为原材料的供给发愁，特许商已经为你规划好了所有的经营环节。由于加盟连锁店具有前期投入小、经营风险低、管理较规范的独特优势，已逐渐成为创业领域中的一片芳草地。不少创业者都表示，更愿意选择加盟连锁店作为自己的事业起点。

陈晓，2005年结婚后搬进了一片多为小户型的小区。小区刚开发，周边环境并不很成熟，很难找到一家放心的洗衣店，于是陈晓萌生了开洗衣店的念头。但是因为自己手头的资金并不很充裕，她打算前期投入尽量少一些，规模也尽量保证在力所能及的范围之内。由于自己对这个行业没有什么经验，为了尽可能的减少风险，她决定采取连锁加盟的方式。

开店前，陈晓花费了不少心思，她用了大半年的时间，熟悉服装面料、洗涤方面的知识。为了解洗衣店经营中常会出现的问题，她还经常拿自己家的衣服去周围不同的洗衣店去尝试。陈晓为了吸引小区居民的光顾，精心装饰了店面，特别开辟了一块供顾客休闲的地方，摆放舒适的沙发供顾客在等待时阅读书籍。陈晓还发现小区的住户虽然很多并不是户主，大都是租户，为了方便这类顾客，她还特意买了两台投币洗衣机。

陈晓细心周到的服务很快受到小区居民的欢迎。她投入的20万元在开店后的一年半就全部收了回来。

通常加盟连锁都是特许人和创业者之间的合同关系，各自承担一定的责任和义务。连锁加盟公司作为特许人向受许人提供品牌、经营管理经验、原材料或商品的供给等，而创业者作为受许人，则负责筹备资金、人力等硬件资源。在这种合作经营的模式里，连锁加盟公司作为集中管理方，可以充分吸纳社会资金，扩大自己的品牌影响，进而实现规模经济；而创业者作为品牌受益者，则在公司统一、规范的经营系统中得到实惠，所以不必担心创业初期的店铺选址、产品设计、员工培训、市场开发等一系列复杂的过程，可以大大降低创业风险。

加盟连锁确实能够帮助创业者致富，这一点毋庸置疑。但是这也并不是说选择加盟特许经营，创业者就可以高枕无忧了。就算特许经营公司夸口说他们的业务模式已经完美到无可挑剔的地步，创业者也不要掉以轻心。即使经营同一品牌的连锁店，不同老板获得的盈利水平也会有差别。虽然在加盟连锁的经营模式下，连锁店的业务流程基本一致，但通常加盟连锁公司只会给出大略的指导，细节处的经营还是需要创业者自己去构思和创新。就像案例中的陈晓，就在她经营的洗衣店的店面设计上添加了一些小巧思，很快就赢来了小区居民的青睐。毋庸置疑，一位成功的加盟者一定是善于在独立经营和遵循指导之间巧妙游走的人。创业者还能够在很多类似琐事的经营细节中开发出新意，体现自己的“独具匠心”，同时保持加盟连锁共同的品牌榜样。所以说选择加盟连锁经营，并不意味着你可以坐享其成，要想成功，还是需要花费心思来琢磨自己的经营策略。在固定模式中添加些许变化对业务发展很有帮助。另外，选择合适的地点开店也很重要，这是加盟连锁的关键决策之一。在一些成功的加盟者的眼里，选错地址是最严重的失误。往往开一家分店，他们要实地勘察20多个备选地址之后才最后敲定。地段优劣直接决定了客流量大小，好地段的简易店面有时候比劣地段的精巧店面还要好百倍。

加盟者的用心良苦当然不仅仅体现在店面设计或选址上，在行销、员工管理方面都能表现出来。一心扑在事业上的加盟者对销售走向淡季的倾向具有敏锐的洞察力，这样的经营者往往能及时弥补经营不足，或采取最快速度追加投资的措施，或采取必要的促销方案主动出击等。往往视店如家的人，对待员工也能细致入微、视同家人。这样，员工感受到关爱，工作也会热情高涨。

所以，不论是哪一种经营模式，独辟蹊径的创业者也好，步他人“后尘”的加盟者也好，都需要用创业的热情投入事业当中。多花心思多下工夫，是创业过程必需贯彻的理念。

兼职创业，“外快”越多越好

兼职创业已经成为了时下流行的一类特别的工作方式。在不影响正业的前提下，找到一

个赚外快的机会，并且时间上互不干涉，因此兼职创业的致富方式使得很多上班族趋之若鹜。一般兼职行业的工作特点大都时间短、收效快，创业者们可以很快积累财富。有些人甚至因为自己在兼职行业做得非常出色，转副业为正业，专心致志投身在兼职行业中。

社会发展越来越多元化，分工越来越细化，种种趋势造就了兼职创业这个新行当。如果你的工作自由度和随意性都比较大，就可以在工作之余，做一份副业。可以说，兼职创业是打工族的第二道战线。

刘先生现是某软件开发公司的业务主管，同时还是自家小区内一家便利店的老板。他身兼双职，自然生活得不亦乐乎。刘先生说自己是个不安分的人。前几年他在一家外贸公司工作，干了一年多，转而投身家电百货销售行业，不久又加入到了电脑软件行业。刘先生是个典型的工作狂人，刚刚踏入电脑软件行业的时候，他几乎对IT知识一窍不通，他总是边工作边学习，每天下班后恶补缺漏，就这样经过了半年多的努力，他成长为部门的行家里手。一次十分偶然的机会，他投入了5万元，加盟了一家便利店。开始他对便利店投注了很多热情和心血，如同对自己的孩子一样悉心照料，甚至辞掉了自己的工作全情投入在店里。没干多久，他发现便利店一旦走上正轨，尽管会花费很多时间但是经营模式相对简单，其实对他来说，这样的工作不能满足他的成就感。因此他自行开发出一套行之有效的操作规范和流程，并雇佣了两个员工，分别负责财务和门店。而他自己又应聘了一家软件公司，当上了业务主管。

白天他为别人打工，下班后，再去店里查查账，和员工聊聊便利店的情况。他还在经营的过程当总不断摸索设计出了不少促销方案来吸引顾客，比如开办小区会员卡进行特别商品优惠，过节时的礼品绑定，送货上门等。他的这些方案付诸实践后，得到了不错的回报，现在便利店成了小区居民习惯并且喜欢光顾的地方，小店的利润也逐日增加。

一个成功的兼职创业者，是个跷跷板高手。他能够在本职工作和兼职工作之间找到完美的平衡点，既不影响正常工作，还能够将兼职事业做得红红火火。其实要想做到这一点，并不容易。兼职者首先要根据自己的实际情况衡量孰轻孰重，摆正正业与副业之间的关系。而在职人员由于受工作时间所限，不可能在创业初期投注全部的精力，日常经营中很难事必躬亲，这样兼职与正职之间的时间平衡就显得十分重要。同时，兼职创业者还要“摆平”主业老板和兼职单位老板的关系。一是创业者要让主业老板和同事相信自己工作效率高，能够在很短的时间里完成工作，二是还要让兼职单位的老板和同事相信自己规划时间的能力，并且向他们证明自己能够做到工作尽责、遵守约定。

其实一个人身兼数职，势必就要花费比从事一项工作要多好几倍的精力和时间，承担的压力之重可想而知。所以说，决定兼职创业之前，一定要做好职业规划。根据这个规划选择适合自己的兼职行业。在选择行业时，也要仔细斟酌。在职人员创业通常都会面临两个主要问题的挑战：

第一，没有雄厚的资金支持；

第二，投入的时间有限。

通常在这两种情况下，兼职创业者要充分利用资源发掘相对安全稳定的创业途径。在工作中积累的资源和人脉，都可以作为上班族可充分利用的优势条件。社会关系和客户资源，使创业者不必担心产品或服务无人问津，这样大大减轻了兼职创业者的销售压力。时间精力有限不要紧，找个创业好帮手荣辱与共，也是上班族创业的可选方式。还有一点小建议，选择做产品代理也是一项不错的兼职创业方式。翻开报纸、杂志，随处可见产品代理的广告。有些人对这类广告抱着本能的排斥心理，以为都是骗子，其实并非如此。这里同样隐藏着一座座金山，关键是你要有眼光。选择产品代理，最重要的是看清代理产品的发展前景。成熟的产品是不需要满世界打广告来寻找代理，不打广告也自会有许多代理人找上门。打广告招代理的产品，一般都是尚处于市场拓展阶段的新产品，对产品的市场前景做出清晰判断，直接决定了代理商的“钱”景，这也是一门大学问。

学会在企业内部创业，当老板又做员工

俗话说得好："大树底下好乘凉"。依傍着所在公司的资源，开发出自己的一条创业之路，其实也未尝不是一条通往成功的捷径。因此，内部创业，成为一种相对安全而又容易获得收益的致富方式。内部创业中，对依傍的企业而言，用自己人放心；对创业者而言，与知根知底的公司合作安心。内部创业对合作的双方来说，都有明显的优势。当然合作成功的前提是，利用合适的合作契机，相互信赖共同发展。

内部创业的双方，类似比翼双飞的对鸟。相互依赖，同时有一方拥有决定发展方向的大权——决定"飞"的方向，且有能力可以庇护对方。而对于相对弱势的一方来说，跟随另一方的脚步，随时调整自己的合作模式，相互配合，才能够到达预期中的目的地。

老周是某市国有汽车公司的老员工。凭借着自己工作十几年的经历，练就了他在零部件设计上的过硬技术。他本人坦诚实干，得到领导的赏识，职业发展上平步青云。而现在他已经是技术开发部的经理和业务骨干。随着公司的发展壮大，公司开始考虑将一些盈利较低的业务模块外包出去。老周很快得到这个消息，并且他还得知，在技术开发业务上，某些零部件的设计也打算外包出去。老周认为这是一个不可多得的创业机会。他积极和领导沟通，表达自己内部创业的意愿。凭着过硬的技术经验，领导相信老周可以承担技术外包的业务，于是欣然同意。去年5月份，老周注册登记了一家设计公司，业务主要来源于所在公司。由于既要做好公司的本职工作，又要处理好设计公司的事务，老周觉得自己的时间和精力都有限，所以说公司并没有开拓更多的外部市场，老周仅雇佣了两个技术员，公司的人力成本很低。加之所在公司的业务需求已经足以支持老周公司的正常运转，老周决定长期保持这种合作，稳步做好自己的创业事业。

我们或许都知道，内部创业的公司依傍于创业者所在的公司，或者是处在生产链条中的上游或下游，或外包公司某一模块的业务，无论哪一种形式，不可避免的是，创业者所设立的公司在某种程度上像藤蔓一样攀附生存。经营这种类型的公司，最大的好处莫过于"不愁没饭吃"。只要合作的公司在运转，创业者就能够在这个庞大的利润体系里分得一块蛋糕。只要收益得到保障，创业者做好公司内部的费用债务控制，就可保证现金流的良好周转。从这个方面来看，内部创业在很多创业途径中显得更为稳妥。不过唯一需要创业者关注的问题是，由于与所依附的公司有千丝万缕的关系，创业公司必须时刻保持步调一致，既可以包括战略定位的适当调整、生产方式的适当配合，还包括人员的适当调配等。

内部创业有很多好处，谁都想分得一杯羹，如何才能把握住这个难得的机会呢？首先，保持良好的人际关系很重要。良好的人脉如同一渠活水，既可以化解很多问题，还可以增进与公司领导、同事的关系。依赖不错的人际关系，创业者可以方便得获得更多的信息和机会，同等条件下，那么只要你先人一步就决定了最后的胜局。而且交往深浅也暗含了信赖程度的高低，人都会习惯与值得信赖的朋友合作，更何况内部创业这种方式中，双方之间将建立一项长期的合作关系。慎重考虑之下，相互信任是很重要的决定因素。事实上除了良好的人际关系之外，内部创业还要求创业者自身"功夫"得过关。创业者在某一技术领域或管理技能上，一定要有独当一面的本事。虽然隐形的人脉疏通了很多郁结，可是公司作为利益驱动的经济组织，势必会在收益上投注更多的考虑。如果创业者不能为公司承担某一模块的责任，不能创造盈利，即使有了初期合作，长期看来并不乐观。"没有金刚钻，勿揽瓷器活"，也是创业者值得注意的地方。

虽然说内部创业的机会不可多得，但限定的条件也有很多。创业者所在的公司规模必须足够庞大，或者在市场中拥有绝对的领先优势，才会有分割低获利业务模块的可能。但是处在市场领先者的企业毕竟少数，这也决定了内部创业在市场中出现的机会不会很多。内部创业虽然在规避风险方面具有天然的优势,但是由于创业者同时扮演打工者和老板的双重身份，而公司双方频繁密切的业务往来，也决定了创业者必须在人际管理能力上出类拔萃。

直营创业让你直击客户的现实需求

在当今这个信息技术越来越发达的现代社会之中，各类产品种类、品牌特性、供货渠道丰富繁杂。而在众多的选择面前，由全球排名前列的计算机厂商戴尔公司倡导的独特经营模式——直营模式，因其独有的成本、效率、品质等多方优势成为众多消费者的首选。

直营模式目的就是在厂商与消费者之间建立起直接的联系。当厂商接收到消费者的订购信息之后，就会立即组织生产、安装并且送货，同时协助客户进行安装，并提供售后支持。其实对于家庭及中小企业客户，大多数则是通过电话进行直接地销售；还有就是针对大型行业用户，则是通过基于现场的实地销售。

而直接模式根本的目的其实就是构建更紧密的客户关系和创造更高的客户价值——这也就是戴尔取得成功的根本原因。通常生产者通过与消费者的直接沟通，就可以获得来自消费者的第一手反馈信息，继而再根据消费者的实际需求从而来定制产品或对现有方案进行改进。随后，厂家将按照需要定制的产品直接从工厂送到消费者的手上，同时确保原装正版的产品品质。

当每一个人走进美国戴尔电脑公司的装配工厂时，就能够看到楼梯旁挂着的一排排专利证书。它们仿佛就是在告诉每一位参观者：以直销起家的戴尔并不光是一个把别人生产的零部件拼装在一起的装配商。只要你仔细看看那些证书，一定就能够发现，这些发明创造的重点其实根本不在于新产品的开发，而是加工装配技术的革新，比如说包装机的自动控制、流水线的提速等。但是它们所体现出的仍旧是“戴尔模式”的精髓：效率第一。

2001 年，戴尔公司在得克萨斯州奥斯汀的总部附近新建了一个工厂。虽然说占地面积比原来的小了将近一半，但是产量却几乎增长了三倍。以前装配好的电脑必须要先运到一个转运中心去分发，就如同邮递员把信件先送到分拣中心一样，但是现在电脑可以直接从工厂运走。工厂在每两个小时接到一批零部件，每四个小时就能够发出一批装好的电脑。既没有零部件的库存，也没有成品的库存。

客户从戴尔订货，不管是通过网络还是电话发出指令，在不到一分钟的时间里，信息就会出现在控制中心的电脑当中。而由控制中心再通过网络迅速通知供应商供货，同时也会将用户所要求的配置信息输入装配的程序。配件的规格、型号、运输、需求的数量、和装配全都按照控制系统的安排精确运行，前一道工序与后一道工序都是严丝合缝。正因为有了那些发明创造，装配厂里的三条装配线每条每小时就能够生产 700 台根据用户要求而配置不同的电脑，而每台电脑从零部件进厂到最后装配检验完毕后装车出厂，只需要短短的 5 个小时。

事实上，戴尔在研究与开发方面的投入并不算多，但是每年大约只有 4.4 亿美元投入。重要的区别其实就在于，戴尔公司的重点是怎样降低运营开支，而并不是怎样推出新配置或研制新电脑。正是经过多年的努力，戴尔企业运营的开支不断下降，现在仅占总收入的 10%。近些年来，全球电脑市场不景气，但是戴尔却依旧能够保持着较高的收益，并且在全球市场的份额还在不断增加。其中的奥秘也就在于，它可以比竞争对手以更短的时间、更少的开支制造出更适合用户需要的产品。

戴尔公司之所以能够把直营模式做得如此之好，关键就是有两点：一个是其“以客户为中心”的客户关系管理系统，一个也就是其所倡导的“零库存”的供应链体系。而直营模式的最大优点在于不经过任何代理商、经销商或终端零售商，实现了厂家和消费者之间无缝“虚拟整合”。从而让厂家能够保持低成本、高效率的业务运行，同时一定要确保统一的价格体系，这能够避免部分经销商为追求销售量而盲目降价出售从而导致市场价格混乱。消费者也能够有效地避开渠道中的种种陷阱，并且实现按需和个性化的定制。所以说，有一定技术和资金实力的创业者可以尝试通过直营模式创业，直营模式能够免去中间商在产品利润上的“分羹”，却把自己的利润空间做得更大。通常在售后服务方面，消费者的服务需求以及反馈信息能不经任何中间环节，原汁原味地直接反馈到直营公司。这就是为什么越来越多的客户倾向于选择直营公司的产品和服务的原因了。

智慧创业，开拓自己的轻资产疆域

轻资产运营指的就是企业以智力资本以知识及其管理为核心，构成了自己的轻资产。通常这样的运营方式以人力资源管理为纽带，通过比较建立良好的管理系统平台，从而促进企业的生存和发展。以轻资产模式扩张，与以自有资本经营相比较，能够获得更强的盈利能力，从而以更快的速度与更持续的增长力。世界驰名的耐克公司便是典型依靠轻资产运营模式快速发展起来的。

菲尔·奈特在 1972 年，创立了耐克公司，并且迅速地将其打造成了全球体育用品行业的领先品牌。奈特在 20 世纪 80 年代就开始推行的“轻资产运营”模式，如今已经成为了全球体育用品商业的主流业务模式。即便是那些拥有百年历史的传统体育品牌，也不得不选择“耐克化”的生存方式，以求跟上耐克公司的扩张节奏。菲尔·奈特曾对此表示：“如果你想要打败耐克，那么唯一的办法就是必须得全面而准确地模仿我们，然后再找出不同点再各个击破。”

我们都知道中国优秀体操运动员李宁，他在 1992 年，以自己名字创立了体育用品公司，从而使中国体育用品产业也进入了“品牌化”发展阶段。然而在最初的十年间，大多数的中国体育用品厂商其实还只是耐克“轻资产运营”模式上的重要贴牌伙伴，中国因此也诞生了相当一批具有良好制造技能的贴牌工厂。在东南沿海的福建省晋江市，就已经有将近 3000 家的鞋类产品生产企业，从业人员超过 30 万，年产 6.5 亿双鞋。现在来自晋江的安踏、喜得龙、德尔惠、乔丹、金莱克等一些品牌，也同样依靠对耐克的模仿而迅速发展为中国本土体育用品市场中的重要力量。

所谓“轻资产运营”模式，其实说白了就是将产品制造和零售分销业务外包，自身也就集中于设计开发和市场推广等业务；市场推广其实也主要采用产品明星代言以及广告的方式。“轻资产运营”模式可以降低公司资本投入，尤其是生产领域的大量固定资产投入，以此用来提高资本回报率。

耐克公司在 20 世纪 80 年代初开始实施“轻资产运营”模式，当时正值全球制造业向发展中国家转移的高峰时期。而在美国市场，体育产品也开始从专业运动员转向了大众市场。耐克公司正是抓住了市场变革节奏，依靠“轻资产运营”模式改变了美国运动鞋市场传统商业模式，它同时依靠“轻资产运营”模式，较好地整合了产业链的两端，其核心内容包括：

一、把产品研发放在首要位置

耐克公司在 1980 年开始成立了研发实验室，这个实验室由生化及生理学研究专家组成。耐克公司从 1995 年开始，每年都要拿出大约 5000 万美元作为技术研发与产品开发费用，从生物力学、工程技术、工业设计、化学、生理学等多个角度对产品进行相应专业的研究。而在产品的设计过程当中，大量的详尽监测数据也能帮助耐克公司提高产品性能。耐克公司同样十分重视对消费者信息的反馈，一方面这有助于了解消费者偏好，把握市场变化；而另一方面也有助于公司研发人员改进产品性能。耐克公司的研发体系不光是一个纯粹的技术工作。耐克公司研发始终保持一个原则，“我们在技术研发方面花了许多心力，因为不好的产品绝对无法引起人们投入感情”。

二、做好营销策略制定

轻资产创业模式的另一个关键点就在于营销。一个以市场营销为主的公司，也是一个会制造客户的公司。耐克公司营销策略堪称行业典范，它所推出的每一款耐克鞋都不惜血本地邀请最当红的体育明星做大量的代言宣传，在短时间内让产品反复呈现在广大消费者的眼皮之下。耐克的品牌塑造功夫更是了得，数十年过来，耐克品牌在全球许许多多的年轻人当中始终充满着极大的诱惑。而更难得的就是：耐克的营销行为不光是让大家注意到其产品，更是在不断地提醒大家耐克公司到底在做什么。

第十三章

我家有个店：投资店面

在金融风暴和通胀舆论的冲击之下，越来越多的人都把家庭理财的目光聚焦到了投资商铺上。尽管从总体上说，投资商铺相对其他项目抗风险能力更强，预期回报更大，可是从已经发生的实际状况来看，并不是所有投资商铺的人都有了可观的回报。有些商铺投资者因为轻信了开发商的“忽悠”，选错了投资项目，陷入了长期难收到租金，转让又无门的困境。想要“一铺富三代”的神话还没开始就已经破灭了。

万元起步开“大头照”店

数码相片贴纸（又称大头贴、粘纸相、贴纸相等）是一种可以把人相与背景相合成而产生炫酷效果，并且可能够随意粘贴在钱包、手机、钥匙扣、项链坠、相机等处的新型时尚影像贴纸产品。

在五六年前，大头贴被引进市区部分热闹的商业区当中单独摆放，机器也是直接从日本进口，成本相对来说比较高，因此价格也比较昂贵。但是近几年来，店家通常采用加盟手段，成本不高，而且收效也快。

比如一家开张才一个多月的大头照店，店内有 3 台机器，每台 15000 元，铺面租金每月需要一万多元，而平时主要的开销就是墨水和纸。但是由于选址理想，每天就能够售出 15 元一张的大头贴大约有六七十张。某中学周围的一家店，由于开得较早，先后引进了 3 台不同的机器，同时能够拍出不同的效果。虽然说不在闹市，但是毗邻中学，所以每天基本也可以卖出三四十张。由此可见，购买贴纸相机是一种风险小收益大的投资。经营一个贴纸相店面，总投资额最低 10000 元即可起步，但是如果经营得法每个月带来的营业收入却超过 8000 元，故 3 个月之内就可收回所有投资。

尽管如今的贴纸店已经非常多，但却远远没有达到饱和状态。因为大多数年轻人都热衷于此，还经常会在网上专门建立网页互相交流。综合而言，投资时有五点建议可供参考：

1. 首先就要注意选对商铺的地点。由于消费群集中在 25 岁以下的年轻人，而且绝大部分都是中学生，因此要把店铺选在这些人最喜欢去的闹市中。

2. 其次就是挑选机器的时候一定要注意质量，不要贪便宜选了质差价高的机子。一定要保证出来的照片有足够的清晰度和丰富的背景。

3. 墨盒一定要好，如果墨盒坏了就会耽误整天的生意。事实上生意开始之后，每日的成本除了店租、人工和贴纸相机设备损耗外，其实也就是打印纸、过塑纸和墨盒这些耗材的使用，平均来说，一张照片的成本不高于 2 元。过塑纸种类不少，通常而言也就可以选光面和雾面的两种。一台贴纸相机每月使用的耗材数量如下：A4 的打印纸 300 张（可当 400 小张用），墨盒 9 套，过塑纸两卷（光面和雾面）。

4. 再次就是雇佣的营业员一定素质要高，要有一定的责任心。尤是在硬件各方面并不占优的情况之下，营业员的服务也就起着至关重要的态度。他们会直接和顾客打交道，服务质量比较差，顾客自然就很少。

5. 多样化的营销手段也十分必要。假如选址不理想，机器的质量又不具竞争力，那么就可以想想其他的办法。比如说有些店家就采用优惠卡的方式，拍齐十套就免费送拍一套；或者拍一套就免费加印一套；或者拍一套送一件小礼品……甚至有的店家还推出了贴纸制成挂饰的业务。

怎样开家玩具租赁店?

我们或许也曾了解到玩具租赁业最初兴起于香港，后来又在北京、上海等大都市流行开来。这个行业逐渐变火的原因主要就是当前玩具的品种越来越多，价位也变得越来越高，而通常孩子又有着“喜新厌旧”的个性，大多数家长在经济上已经不堪重负。此外，有一些玩具越来越大，占用房间面积也比较大，也会使得一些家庭“犯愁”，而精明的商家也由此看到了巨大的商机。近些年来，儿童玩具租赁行业越来越火，不少玩具租赁店月收入不下 3000 元。

当你走进一家玩具店的时候，你都会看到店内千奇百怪、花样繁多的玩具琳琅满目，运动类、益智类、娱乐类等都囊括其中，而玩具的价格从几元到上千元不等。

有一位店老板这样说过，最早主要就是卖玩具，租赁业务非常少。后来有不少家长反映，买来的玩具，孩子只玩过一阵子便没有了兴趣，要是能租赁就好了。于是该老板就琢磨向租赁方向发展，没想到，真火了起来。多的时候每月能赚 4000 多元，少时能赚 3000 元。

“这种形式挺好的！孩子兴趣转移特别快，如果经常买的话，经济上又负担不起。但是在这里每天只需要花上两三块钱就可以租上各种玩具。这样租赁玩具既省钱又能让孩子换着花样玩。”正在给两岁半的孩子换租玩具的孙女士说，她上周给孩子租了个“起重机”，这次她准备换个“电瓶车”。

其实玩具租赁是一种新颖的服务理念，它的兴起为玩具市场注入了新的活力，前景十分广阔。

怎样开一家餐馆?

民以食为天，中国有着五千年的悠久文化，在这当中饮食文化同样占据了非常重要的地位。

不论一个社会经济多么不景气，人心有多么浮躁，但都离不开吃。可以这么说，餐饮业才是当之无愧的“百业之首”。从古至今，唯有餐饮业长盛不衰，时至今日还在向更繁荣的方向发展。

“假如你兜里的钱只能干点小事的话，你又不想受制于人，那么你就去开家小餐馆。因为自己总要吃饭，或许还能够顺便挣点别人的钱呢”。这当然是笑谈，但它确实是我们每个想当老板的普通人很不错的选择。

假如说你已经拿定了主意，决定开家餐馆，就会有很多新的问题：需要多少投资？开什么样的餐馆？什么规模和档次？回报如何？又会有多大的风险?

想要开一家餐馆，绝对不可以愚信“只要我的菜货真价实，自然就会有人来吃”这句话。你一定也要想到，我的餐馆当中也一定要有一流的服务和管理，高档的菜肴和装修……假如你不具备这些基本的现代经营头脑，就很难获得成功。

世界经济合作组织一篇最新的研究报告表明：在知识经济迅猛发展的今天，传统行业中唯有服务业依然有着较大的发展。服务行业的投入比制造业底，增长率却更高，在该报告中被称作：“打破知识经济神话的反例”。同时专家们还把餐饮业列入了新千年将蓬勃发展的 15 类热门产业之中。事实上这是必然的，我们可以算一算，一个城市的一千万人中有 1% 的人决定：这顿饭我们去外面吃！这当中所蕴含的商机便不言自明了！

除此之外，不要以为开了餐馆就一定能够赚钱，假如经营不佳，你或许会眼睁睁地看着对面或隔壁餐馆财源滚滚，自己的店却是门可罗雀，心中还百思不得其解。所以，假如你决定要开一家餐馆，就一定要全神贯注，不畏辛劳，努力把自己的店打理好。

怎样开一家果汁店?

事实上，开果汁店说简单也不简单。

果汁是靠新鲜的蔬菜水果作主题，所以说货来源很重要，保质保量是每个行业都少不了的元素。西瓜汁、橙汁、密瓜汁、木瓜汁、苹果汁、红萝卜汁、雪梨汁、西芹汁、西柚汁等是大路货！

还要学会添加一些时令蔬果来增加收入，看看自己附近有什么货源能够加以选择。通常除健康的纯果汁以外，还需要加一些有心意的混合饮料，比如说：加牛奶、雪糕（冰淇淋）、杂碎果、凉粉、香蕉、蜜糖、柠檬汽水（雪碧或七喜）及苏打水或其他等。

现在有很多人都喜欢木瓜牛奶，养颜明目又好喝，所以原料必须得是好木瓜加好牛奶。以上这一类混合饮料要多花点心思，最好是购买一些关于健康食品营养的书籍，让自己活学活用。

事实上，果汁店最为重要的就是卖的饮品物有所值，只要是材料新鲜、干净卫生、价格合理，肯定有市场。店面并不需要太大，饮品齐全，干净明亮的环境，让人看见就想进去就已经成功了一半，而剩下的就是价与质了。薄利多销的生意并不能够获取暴利，没有竞争对手短时间能做，一旦有对手就必须靠比货比价比实力。

最后就是店里面的设备，比如榨果汁机、冷藏柜、冰箱、刀具、搅拌机、不锈钢工作台等，是一定要下本用好的。

请记住一句话：投资——硬件一次到位用好的，免得以后常坏要修要换要花更多的钱！软件——在人身上需要不断投资！一定要培养好员工做好事，才能有好产品好效益好名声！

怎样开一家瓷器店?

张网在北京的一家商场里做品牌瓷器的生意，短短两年多的时间，从刚开始的十几万起家，到现在拥有了几百万的资产，从只有一个不到十平方米的小店铺发展到了一个两家三十多平方米的店面，从一个不懂生意的瓷器爱好者变成了一位颇有成就感的经营者，这其中的变化都是张网的用心经营换来的。

在他的店里，吸引顾客的是不少名家名作，其实对于这些作品的选择，他更多地从顾客的角度去考虑。

在 20 多年以前，陶瓷店往往带有地方艺术色彩，常以产地和顾客爱好的区别来显示店面的特色，使店面专业化。同样也正是靠着自己的经验和智慧，张网的精品瓷器受到了消费者的认可和喜爱。

现在的瓷器店，依旧是以中式碗、碟、茶杯、茶壶等餐具为主要商品，也加进了如咖啡杯、刀叉盘碟之类的西式餐具，并且逐渐走向兼卖玻璃、金属等综合餐具。要想在这一行创业，必须对这一演变有充分了解，且能适应这种变化。而在决定商品构成的时候，也就应该对当地风俗习惯、顾客阶层、年龄等因素，全面加以考虑。

给新手的投资建议：陶瓷店尽量地设在靠近市场的边缘，最好是能够与杂货店相邻，要么选择过往顾客多的市场附近。人员以 2 ~ 3 人为佳，自己去做更为理想。在商品摆设上也一定要多动脑筋，假如以年轻人为主要对象，就一定要在陈列上有色彩感，这样有助于商品销售。通常这样的陶瓷店还应该配合季节性而广为促销，就如同春秋季节结婚多，民间节目也多，可以开动脑筋，销售对路产品。另外，产品不要积压过多，尽量加快资金周转很重要。

经营决窍：

1. 尽管瓷器店的店铺不大。但所经营的瓷器种类却应非常齐全，像镁质瓷、骨质瓷、高白瓷、强化瓷、景德镇的青花瓷以及一般的普通瓷都应有货，使不同类型的消费者到店里都能找到适合自己的商品。

2. 经营者也一定要多学习多请教，尽可能多地去了解瓷器方面的专业知识，使得自己成为一个懂行的店老板。

3. 应该推行“透明经营”，在每一件瓷器的旁边都要放一个小牌子，上面标上这件瓷器的材质、工艺和特点，让顾客买得明白，买得放心。

怎样开一家藤艺店?

现代人都非常注重生活的质量，同时讲究个性、情调以及品位。以前那种一成不变的家居装潢已经越来越无法满足人们的需求。还记得当年老上海弄堂里家家户户坐藤椅，价廉物美。而随着复古浪潮的兴起，古色古香、沉寂多年的藤制品越来越引起人们的关注。那些年轻女性、白领夫妻、外国友人对藤艺都抱有巨大的热情。那么开家藤艺店是否有得赚?

一、开业的准备

开藤艺店一定要选一个好的地段。藤艺品价格不菲，消费者大多都是白领阶层女性，因此店址最好选在热闹的商业街，才会有旺盛的人气。除此之外，因为藤制品体积一般比较大，所以店面最好租得大一些，同时合理地利用店内空间，采用吊挂的形式既能够使店内不显拥挤，又富特色。

藤制品的进货渠道也十分关键。联系到好的藤制品生产厂家既可以降低成本，又可以及时地变换款式。现在的藤艺店进货方式主要有两种：一种是店主自己开店又开厂。另一种是则去藤艺业比较好的昆山、杭州等地进货。此外，新店主还可以向一些大城市的大型藤制品商场的供货商进货。

二、资金

藤制品种类繁多，成本投入也很大，店面租金亦不菲，店员大概需 1~2 人。大致来算，10 万元就能起步。

三、经营范围

我们应该都知道藤艺店卖得最好的是小工艺品、饰品和家居用品。还有像 CD 架、草鞋、拎包、置物箱、藤艺画、书架等。藤制沙发前景看好，有条件的话可以考虑。

四、经营建议

新来藤艺店的人都非常想买有特色的东西，因此一定要尽量保证店内物品与众不同，同时也要大力发展定做业务，从容满足客户的特别需求。

事实上质量好的藤制品都很耐用。大到沙发，小到化妆包，用用就坏，就会令消费者对藤制品失去信心。质量好永远是吸引回头客的法宝。

怎样开一家社区移动洗车房?

在西方发达国家的洗车房采取的都是社区化的服务。但是在我国社区的移动洗车房尚未大规模普及，从净化环境、节约水资源这些长远的情况来看，这一新事物非常有投资价值。

一、慎选洗车工

尽管某家洗车房在某小区客户也有几个，饭店也有意邀请他们“入场”，停车场也欢迎他们进驻，但是却迟迟无法推广他们的新业务，因为现在能吃苦的洗车工太少了，从而也就无法“派驻”。

该洗车房的第一批洗车工只招本地人，一共也就几十个工人，没想熬到一个月就已经跑掉了一大半，最后也就只剩下两名男工仍在“坚守阵地”。许多“逃跑”的洗车工表示：怕被朋友看到，所以面子上过不去；而一部分洗车工嫌这份差事太累。逃兵一大半，该公司也就只能再次到职业介绍所，把外来人员作为“替代品”。因此，开移动洗车房前，一定要慎重选洗车工。

二、占领小区和停车场

通常移动洗车房采用的就是“移动式高气雾洗车机”，而设备的载体则就是一辆电瓶车，行驶起来也很方便。它节水环保，用水量是常见加压水枪用水量的三十分之一，大约就有 3

升，相当于一个大可乐瓶子的容量，而且配合吸水设备，落到地面的水极少，而且不会污染环境。在停车场为车主提供洗车服务，车主不必开车去清洗，在车主办理其他事务时就能顺便把车清洗干净。

如果清洗效果好，清洗压力高的话，就能够使泥沙完全脱离汽车表面，同时被吸水机吸走，不损伤车漆，能够满足车主在停车场洗车的愿望，而且节水环保。

三、投资与收益

据某洗车业有限公司的总经理介绍，就以经营 1 台设备、设立 1 个洗车点为例，设备投资：11850 元 / 台；人工成本：一台机器须两人操作，每人每月 500 元，共 1000 元（加提成）；其他营业费用（如水电费）若干元。

然后再以每天平均作业量的 20 辆为标准（行业平均每天清洗 30 辆），每台设备每月的营业额为 6000 元左右，每月利润为 4500 元左右，依照这个标准，投资回收期约 3 个月左右，年赢利就在大约 6 万元左右。

四、包装才是关键

如今很多的车主还是不了解移动型的洗车房，小老板或者是承包的洗车工最好能够做好自我包装。例如在小区或是停车场门口立一块广告牌，完全可以简单地告诉人家移动洗车房的公司地址和联络电话，然后让工人穿统一的洗车制服，用标准的服务用语，给人的感觉就会好许多。

现在大多数人洗车都是开车去洗车店，既浪费时间又浪费精力。社区化其实就是服务上门，在车主停车场所、在车主办理其他事务的时间内为车主提供洗车服务，这其实对车主是非常有吸引力的。而对车主的吸引就是对停车场业主的吸引，因此，合作和营业都不成问题。不管在时间上还是空间上，都是离车主最近的。事实上最重要的一点就是洗车服务社区化目前还是空白，占据一个有需求无供给的空白市场，试问又有谁会不成功呢？

同时移动洗车房根本不需要有店铺，在小区中以包月的形式，与小区物业联手；通常在停车场中，由停车场方面出资，给停在场内的汽车做美容；由饭店出资给用餐顾客的汽车做免费美容。但是要记住别到加油站附近“抢生意”，因为很多加油站是免费洗车的。以大型小区和停车场为主的洗车工，在空闲时还可以接受“零吊”的洗车业务。

其实这项创业最适合下岗工人，而且风险度比较小。

怎样开一家服装店?

经营是一门艺术，同样也是一门科学。所谓“劳心者制人，劳力者制于人”也是商战中的一条法则。事实上在企业经营方面，有最新版本的教科书，但是却永远都不会有放之四海而皆准的经营方式。其实不管是企业家还是投资者，在严谨的利益型思考的基础上，还必须学会随机应变。

一、为自己找一块“风水宝地”

我们都知道军人打仗的时候要抢占有利地形，而商人经营也要求有一块风水宝地。事实上都市商业区可分为五大类型，每一个街区都有自己的特点，你需要把哪个区域当作宝地，还要看自己经营的品种、规模、档次及消费对象。

1. 中心商业区寸土寸金。

中心商业区也称为都市繁华区，是商业活动的高密度区域，大多也都位于城市的中心地带，因此房租价位也是最高的，可以说是“寸土寸金”。该区的主导力量是大型自选商场和百货商店，其商品种类多，规格全。由于客流量比较大，所以在双休日或节假日就完全有可能出现“人山人海”的场面。因此，倘若你有足够的资金，在中心商业区租一间铺面，也是值得考虑的。你可以开一家高档时装专卖店，或高品质的裁缝店，也可以在大型服装商场中，策划一间“店中店”。

2. 次繁华商业区是“风水宝地”。

次繁华商业区通常都位于中心商业区的外围边缘地带，即使客流量没有中心商业区那么大，但就交通来说还是比较便利的。次繁华区大多是从居民区到繁华区的中间地带，因此就适合开设规模中等、情调优雅的服装店。在经营上要尽可能的去做一些宣传，把自己店面的信息传给千家万户，建立自己特定的顾客群，这样也就能够与繁华区的经营者一比高低。此外，在一些大型商务中心或行政区，也不妨开一家顾客对象明确的小型时装店。

3. 群居商业区也可以自成气候。

如今在许多城市，都会有一些一字排开的群居商业区，虽然它们没有中心区那样繁华，但是在时装的某一领域却能自成气候。而在群居商业区当中，时装店开大开小取决于自己的资金能力，但最重要的其实也就是销售的产品要对位。

4. 居民小区的服装店割据一方。

我们都知道在现代城市规划建设中有大量的居民小区，一个居民小区就像是一个微缩的小城市，各行各业的人员也是应有尽有。但是聪明的老板总能研究出它的特点。比如说有的小区老城搬迁户较多，而有的小区政府官员较多，还有一些小区聚居了银行、媒体、教师等人员。所以每个小区的消费水平及文化品味都不相同，开设服装店的时候。我们也应该综合考虑产品的类型和价位档次。一般居民小区不适合经营高级白领的职业服、名牌西装等。而那种居家服、休闲服、运动服或许才是更好的选择，这其实与经营环境和人们逛店的心情有关。与居民小区类似，还有一些大型厂矿家属区，其消费对象的定位则更容易把握。

二、陈列服装商品的妙法

一个好的陈列首先就能引人入胜，使得顾客产生兴趣从而萌发购买的潜在动机。通常一件商品的陈列成功了，销售也就接近了成功。商品陈列要方便顾客，还一定要经常变换形式，给人的感觉其实就是该店又推出了新一季节的应季流行款式。

在服装行业快速发展的今天，服装商品的款式、做工、质地、色彩、价格等本身的价值才是最重要的。在如今这个形象时代，除了商品本身，似乎还有很多更加重要的因素，其中店铺的陈列与布置，也就成了直接影响销售和塑造企业形象的大问题。

如何开办打字复印店?

相信打字复印店在生活中我们随处都可以见到，而且总是给我们的生活带来便利。下面就给大家介绍一下开办打字复印店需要注意的事项：

1. 最佳市口：大单位以及写字楼的附近。

2. 最差市口：居民区。

3. 装修定位：普通装修。

4. 利润分析：事实上打字复印店的投资主要集中在设备的购置上，其实日常的经营成本并不是很高，而经营成功的关键其实也就在于前期投入成本能不能在尽可能的时间内收回。打字复印店经营情况的好坏取决于业务量的大小，业务量越大，赢利就越高。

5. 经营策略：千万不能死等顾客上门，这样根本不能够保证业务量的稳定和充足，一定要主动出击，联系各个机关单位的一些期刊、资料及图书的照排业务。然后充分发挥电脑的功能，尽可能多地开拓业务范围，比如名片、图片、各类卡片的设计制作，胶印、铅印等业务的承接，事实上有一些服务内容也是可以和其他几家复印店联手经营，并不是所有设备都要备有。

6. 业务掌握：想办法联系几家固定客户，其余的业务也就只能随机掌握。

7. 发展机会：我们都知道中国是公文大国，同样也是出版大国，市场潜力是没有任何问题的。可是单纯的打字复印工作只是一个力气活，只能够以扩展规模来带动效益增长。充分利用高科技的技术含量，在设计和策划上创造智力劳动报酬，获取高额利润。

8. 失败之策：什么是打字复印店面临的最大问题？设备升级换代快。就比如电脑技术日新月异，如果想要跟上时代的前进步伐就得不断地更新设备。尽管设备的更新会带来新的业

务和更好和工作质量，但还是不断地追加的投入对于开店者来说始终是一个沉重的压力。

通常电脑等高科技产品贬值很快，一旦关门，等待转手的旧设备将类同垃圾，所以说最好的办法就是避免失败。

怎样开好干洗店?

要想开好一家洗衣店首先就要把“为顾客服务”放在第一位。面对激烈的竞争，顾客越来越分散，利润越来越薄，对于一个刚刚开张的干洗店，如何才能在洗染业分到一块蛋糕，生存并且发展下去呢?

首先你就必须要了解一些关于干洗、水洗的有关知识，同时还要掌握一些基本的服装洗涤技术。到当地已经营业多年的干洗店走一走，摸摸洗衣的价格以及相关的情况，就是要开干洗店最基本的要求。

其次就是要熟练掌握洗涤技术和熨烫技术。通常洗涤技术包括干洗、水洗和洗前去渍处理。这些环节最好还是去找一个工作仔细、用心的有经验的师傅来做。这是你能不能开好干洗店的主要环节。

三是熨烫的水平，这是给顾客的第一感观认识，因此熨烫师傅也是一个很主要的角色。

四是前台收衣服的人是决定你洗衣店经营好坏的第一环节。通常前台服务会传送给顾客第一感觉,热情规范的服务工作同时还要加上专业知识才可以留住第一次光临干洗店的顾客，最后再把简单的满意服务提升为超值服务，这样才能留住你的“钱源”。

其实作为店主，对现在的服装面料越来越多，新品层出不穷，再加上款式的变化多样，有同类面料相拼的，也有不同面料相拼的，更有不同面料、不同颜色组合的变化，要不断学习。只要方方面面都做到，才能把洗衣店开好。

怎样开一家鲜花店?

开鲜花批零店最初的投入也就包括了店面租金、装修和进货资金三个部分。事实上投资规模视开店时间及店面租金而定，规模大点的最多也就是一两万元，而规模小一点的四五千五元即可，开店的技巧主要包括熟悉行情，选择地段，店面布置，经营策略，插花艺术掌握，投资风险等。

一、技术掌握

以前从来没有接触过鲜花销售的人，也许也听说过插花这门艺术，但是作为生活礼仪用花，其实我们只要掌握一点包、插花技术就行了。首先就要了解花语，什么花送什么人，什么场合适合用什么花,开业花篮,花车的制作,通常一本很简单地介绍插花的书便能解决问题。

二、店址

店址其实才是你开批零店的关键。因为零售利润在花卉业中可达 50% ~ 80%，而零售利润已经足以满足一月的房租水电、员工工资、税收开支等。从这个角度考虑的话，店址在医院、酒店、影楼或娱乐城旁，可避免 6~9 月淡季对整个业绩的影响。还有从扩展批零业绩的提高考虑，由于批发利润大概在 10%~30% 之间，所以可以将店址选择在花卉市场批发一条街，或者是花店相对集中的街区。通常在 9 月至第二年 5 月的旺季，所有的花店，买花者其实都应该是你的客户，因为顾客购物的从众心理，批发货量大，价格便宜，你就能够争取到许多别人得不到的生意。同时，其他的花店也是你的批发客户。

三、装修

花店的装修一定体现出“花团锦簇”景象，如果你想要达到这个目的，那么只需一个办法，就是多装有反射功能的玻璃，这样会使店面空间显得更大，一枝花变两枝花，一束花也变为两束花了，当然为了体现花的艳丽，灯光色彩也很重要，建议你就还可以适当地选择粉红色灯管点缀，另外作为批零店。可考虑店面前庭适当装修后，后庭作仓库用，以减小装修费用，玻璃门也少不了，这样一做广告效益，二对鲜花也是一种保护。以玻璃为材料的装修，费用低效果好。

四、进货

进货渠道是则是批零店的关健，因为鲜花的质量和价位，才是你真正赢得市场的法宝，通常找到自产自销的货源，能够让你的利润空间得到最大保证。

五、经营策略

其实哪一行都有人做，关键就要看你怎么做，一定要牢记信誉是关健，一靠花卉质量价格，二靠服务质量，批零店假如花卉质量价格由供货商把关的话，作为店主主要靠服务质量。不妨先作一个免费送货上门的承诺，不管是对于批发商还是零售商，此项售前服务，绝对会为你建立一个逐渐扩大的信誉体系客户群体。二是避免守株待兔，坐以待毙，不管是在哪个城市，星级饭店的鲜花布置，都是一个很好的业务，3~5天更换一期，费用少则几百，多则几千元，更何况酒店的婚宴，会议，生日宴又很多，无形带来许多生意，影楼、酒吧、歌舞厅其实也是你开拓业务的市场，与电台合作，累积返还销售，其实这些都是你占领市场的法宝。

怎样开一家网吧?

当今社会很多朋友面对巨大的就业压力从而想到了自己创业，但是一个成功的创业者必须要有一定的风险意识、全面的前期规划和投资预算以及良好的心态。所以说，对于目前众多打算开网吧创业的朋友来说，网吧开业流程是必须掌握的。

一、营业地点选在哪里?

营业地点的优劣会直接影响到网吧生意的好坏。通常好的地段人群流量相对密集，生意自然好，但是房租等费用高一些。

在营业地点的选择方面一定要根据自己以及客户群的情况来定，建议网吧选择建在具有一定消费能力的地方，比如市内黄金地段、学校附近等。假如定位于学生族，营业地点应该在学校附近，最好就是在大中专院校附近；假如面向广大的上班族和白领，营业地点可选择在写字楼、大酒店旁边。

要明确一点：根据《互联网上网服务营业场所管理条例》中的规定，互联网上网服务营业场所经营单位不得接纳未成年人进入营业场所。

二、网吧规模多大合适?

事实上网吧规模的不同，投入的成本也就不同，具体的规模大小也同样要视自己的资金情况、预计上网人数以及相关法律法规来定。

依据中华人民共和国文化部《互联网上网服务营业场所管理条例》规定：网吧审批设立互联网上网服务营业场所经营单位应当符合国务院文化行政部门和省、自治区、直辖市人民政府文化行政部门规定的互联网上网服务营业场所经营单位的总量和布局要求。

三、应该投资多少?

很多人只是看到网吧老板大把大把地数着网民的钞票，却不知道网吧业主背后有辛酸。我们只有精打细算之后，才可以确定网吧是否值得投资。

初始投资预算：25万元左右

每月经营成本：9000元左右

每月预计收入：1.3万元之内

投资者在初始投资预算方面，按照目前的市场价格，每台电脑的平均价格在3000元左右，

这样比如要购买60台电脑的费用需要3000×60=18万元。网吧的网络设备投入还包括网吧专用路由器（2000元）、交换机三台（2500元）以及网线等费用合计5000元。网吧的桌椅、空调、饮水机以及其他设备费用大约在2万元左右。网吧的装修费用大约2万元，包括玻璃门、装修施工费、装修材料费以及灯箱广告等。此外，还应该包括申办《网吧文化经营许可证》以及相关证件的费用总额在2万元左右。这样，初始的投资金额在25万元左右。

四、网吧执照如何办理？

如果创业者想要开设网吧，必须通过文化部门、公安机关、消防部门、工商行政部门的审核，否则就将会被相应的执法部门予以取缔。

相关费用：加盟费、管理费、工本费等，具体费用可以咨询相关部门和连锁网吧经营企业。

五、网络如何规划？

我们应该都知道创建网吧主要就是为了满足网民浏览网页、网上聊天、游戏娱乐、看电影等需要。事实上网络的前期规划也就直接影响到网络的整体性能、数据传输速度以及网吧内的美观。

功能：满足浏览网页、语音/视频聊天、网络游戏、下载、看电影等需求。

网络带宽：10Mbps光纤。

还有在网吧中，网络的规划需要涉及网络拓扑结构、布线、网络设备的选择以及网络设备的连接等问题。不过，首先要做的就是进行整体性的规划。

而在布线等方面，首先就应该在开始布线之前就画一张施工图，然后确定每台计算机的摆放位置，最后在图纸上标明节点位置。最好是能够将网络交换设备放置在中央位置，这样不仅节约了布线成本，而且提高了网络的整体性能和传输质量。

在网吧当中使用的网络设备主要包括路由器、交换机、网卡、网线等，在这里建议50~100人的网吧选择网吧专用的路由器，这样不但可以提供稳定的Intemet接入，从而还省去了设置代理服务器的麻烦，还能够保证网络游戏、视频点播的流畅。有条件的业主还可选择双WAN口甚至多WAN口的网吧专用路由器。交换机主要用于连接每台客户机和路由器，建议选择24口或更多口的交换机产品，传输速率为10/100Mbps自适应即可。现在在网吧中使用10/100Mbps自适应网卡即可，不用过分追求传输速率。

虽然说创建网吧是一件比较繁琐的事情，但是对于那些想从事该行业的创业者而言，也应该要有充分的思想准备。除此之外，如今的网吧已经告别暴利时代，竞争非常激烈，每一笔投入都要事先规划好，要将各种情况都考虑进去。因此大家在规划、筹备的时候还得精打细算，万事开头难，只有走好了第一步，才能在激烈的竞争中生存下去。

如何开一家汽车美容装潢店？

首先就要了解开汽车美容店的市场前景：

如今随着轿车的普及，就如同给新房装修，给汽车做美容装饰的意识已经深入人心。就一些中小城市而言，有90%以上的车主都会为自己的爱车做美容。目前，虽然在城市当中大大小小的各种洗车行、美容店有上百家，但真正规模大、档次高的汽车美容店只有三四家。所以说，开一家较专业、中等规模的汽车美容店，其前景还是相当地可观。

然后就是前期投入：

开汽车美容店能够选择自己开店或者加盟连锁店。不管是哪一种方式，前期投入其实主要也就是房租及设备、进货费用，建议汽车美容店至少要在100~150平方米，因为面积小的汽车美容店几乎在城市里遍地都是，很容易就让车主失去信任感。而且最好要临街，这样一来房租的投入也就大概在12万~15万/年，而至于设备以及进货的费用，则根据投资者的资金实力灵活掌握，5万~10万为低档，10万~20万为中档，20万以上就比较高档了。

假如选择加盟连锁店，通常在房租及设备、进货费用的基础上，需要再交1万~2万的加盟费用，但是这样能够得到厂家技术、设备、门面、人员及管理等各方面的支持，因此对这个行业不是很熟悉的投资者可以选择加盟。

其次是选址：

要从车流量、车主是否愿意停下来、车主是否方便三个方面考虑，因此不能选在纯粹的商业区，商业区一般来说停车都比较困难，而且车主不会在这里把车停下来进行装潢。最好是开在那种大型住宅区附近，小区的车主来这里既方便、又省时。除此之外，还可以考虑在加油站和汽修店附近。

最后就是要了解经营与利润：

开一家 100~150 平方米的汽车美容装潢店，至少需要雇用 2 名技术人员，4~5 名洗车人员和 1 名用品销售人员。以一辆 20 万元左右的汽车为例，做一次美容的费用大概在 3000~6000 元，假如说再买一些汽车用品，则可以达到 8000~10000 元。汽车装潢美容的毛利率也就在 40% 左右，而成本主要是房租及人员工资，假如经营到位的话，9 个月到 1 年的时间也就可以收回全部成本。

理财节流篇：

精打细算，让钱变厚

第一章

省的就是赚的，实用省钱技巧

如今一直都流行着这么一个观念：“省钱就等于赚钱”，那么就让我们“开心省钱”吧！其实省钱的目的在于修正生活消费观念，以最少的代价，创造高品质、高效率的生活，让自己的钱财活起来，从柴米油盐的日常生活中攒够梦想的基金。省钱并不意味着就要降低生活品质，假如能把钱省在刀刃上，也可以让生活中的省钱行为也变得很时尚。适度“抠门”，减少浪费，追求的是一种生活的品位，更是一种人生的格调。理财成熟的标志就是从只会花钱到学会如何更好地花钱。

月光光心慌慌——日常省钱有秘诀

省钱，并不意味着降低生活质量，它是一种生活态度！省钱并不会使你变成一个守财奴，锱铢必较，甚至一毛不拔。因为在你踏入 25 岁之后，你就需要开始设计自己的将来，为自己的以后规划。省钱是一种负责的生活态度，不仅仅是为你自己。我们总结了日常省钱的七大秘诀：

一、学会只买生活必需品

如今家里的生活用品变得越来越多，而用于生活开支也随之越来越大，如果你想节省开支就必须尽量减少那些可有可无的用品的开支，只买生活必需品。同时在你购买之前，你还是应该先想一想你是不是真的需要。比如，或许你会很高兴地以六折的价钱买一件高档的晚礼服，穿上它的你如同电影明星，但是在买之前你也要考虑好：你是否有机会穿上它。

二、尽量减少“物超所值”的消费

其实，有些交年费的活动看上去十分划算，但事实上你很少能够用到这些服务。例如你花 1500 元就能在全年使用健身中心的所有器材。有的时候你或许会为此动心，觉得自己去一次就得几十元，一年能去十次就不亏了，最终花了 1500 元办了证，可是在一年之内没去几次，算下来比每次单独买票还要贵；公园的年票也同样是如此，办的时候觉得很划算，年底一看没去几次，一算还不如买门票便宜；还有手机话费套餐，原本短信费可以 20 元包 300 条，如果不包月则就要 0.1 元一条，你如果一个月只发 100 条，不包月的话就只要 10 元，若包月则要 20 元，那样就太不划算了。

三、学会打时间差

事实上，打时间差也就是利用时间对冲，这也是最基本的省钱招数。商家利用时间差进行销售，消费者如果能够利用好时间差就可以省一笔，比如反季节购买，在夏季买冬季的衣服就能够为自己省不少钱。还有“黄金周”出游，这是因为全国人民都挤在了一起，耗时耗力还必须要支付更贵的门票，经常让人苦不堪言，而改变的方式也十分简单，可以利用自己的带薪休假，将假期推迟 1 ~ 2 个礼拜，看到的风景当然就会不一样。而买折扣机票选择早晚时段的乘客相对较少，也是相对地优惠，至于到 KTV 去享受几小时的折扣欢唱，或者到

高档餐厅喝下午茶，换季买衣服，也同样是切切实实地节省金钱的好办法。

四、学会打“批发”牌

通常，商品的价格都会有出厂价、批发价和零售价，同一个商品有不同的价格主要是由销售规模所决定的，规模能够产生一定的效益，其实也就正所谓“薄利多销”，因此当你的需求量较大的时候自然地就能获得低价格。对于那些长期储存而且不会变质的物品，最好是能够一次多购点，比如卫生纸、洗衣粉等。大宗消费假如可以联系到多个人一起购买会省得更多，比如买车、买房、装修、买家电等。

五、不要一味要求最好

不求最好事实上就是一个有效的节俭策略，但是前提是不能够降低生活质量。在保证生活质量的前提下，适当牺牲一点舒适度，可以节省几张钞票也未尝不可。例如 KTV，在晚上的黄金时段一般价格都很高，假如你能够牺牲一下早上睡懒觉的时间，和朋友们在清晨赶到 KTV，价格就会变得非常低，酣畅淋漓之后还能为你省下不少的钞票。

再比如说拼装电脑和品牌电脑，品牌电脑的系统配置好、售后服务好，但是价格偏高。而如果自己拼装机子除了多花一些精力组装外，一样用着非常地舒服，还能给自己省下不少钱。

六、时间、精力能够换来金钱

事实上，理财是辛苦活，当然也就需要花费一定的时间和精力。例如收集广告就是既劳神又费力的活，有的时候还需要广泛动员，号召自己的家人参与进来，超市的优惠卡、报纸上的折扣广告、折扣券以及在网上下载打印肯德基麦当劳等各种各样的优惠券。其实所有的这一切都需要专门收纳，不是有心人非常难做到。但是你如果无心的话，不了解价格行情，进了超市就买，这样就会白搭进去很多钱，吃很多亏的。

七、要学会利用先进科技工具

其实所讲的先进科技工具就是网络。网络上的信息传播非常快，它也是很多人用来消费省钱的工具。例如在网络上可以迅速的聚集网友来组团，也可以在最短的时间内知道某种商品的最低价格。有很多网络上的业务都处于推广的阶段，通常会有一定的优惠，例如电子银行的业务促销，既有时代特征又有实际优惠，用建行的“速汇通”进行电话银行划转汇款费用八折、网上银行划转费用六折，所以说科技含量越高越合算。

“月光”家庭的理财计划

刚满 26 岁的刘栋精通外语。三年前大学毕业后他曾在不同的单位从事过翻译工作。如今在家自接一些翻译的业务，成为自由的 soho 一族。其实收入水平还算比较稳定，每个月在 4000 ~ 5000 元。刚开始是做销售工作的，每个月工资加上各种补贴也就只有 5000 元左右，但是由于来这个单位不久，每个季度 15000 元的奖金还没有拿到过。

现在他和妻子还是住在父母提供的公房里，但是房屋产权在父母的手中，他们也没有房屋款压力，每年只需要缴纳 100 元左右的物业管理费罢了。每个月衣、食、行的费用基本在 1600 元左右，水电煤、上网、自付电话费等在 500 元左右，同时日用品也差不多需要 300 元，换句话说就是基本生活开销大约在 2400 元。与此同时，刘栋特别喜欢拍照片又经常必须得冲印出来，还喜欢 DVD\VCD 碟片等一些小的东西，这些消耗品每个月都必须要花上 400 元。他们都喜欢买书买报纸，比如《国家地理》等精装杂志都是他们的常购对象，每个月还需要花将近 500 元在这些精神食粮上面。除此之外，不管是冬夏，他们都会每周一起出去游泳一两次，加上来回打的费用大概需要 500 元。刘栋偶尔会有一些小毛病，每个月医疗费用大约需要 100 元。还有就是平时给父母买的一些礼品，还有碰上朋友过生日买的一些礼物等，这类费用每月大概在 300 元左右。总计下来，他们每个月的生活开支也就已经超过了 4000 元。

在年轻的时候，能够有不错的收入是一件值得高兴的事情。但是，好的收入并不代表可以一劳永逸。很多年轻人只管现在潇洒，而不懂得理财，以至于除了工作就没有其他物质保障。而如果忽然有一天失业了，或者是遇到其他急需用钱的事情，就会突然发现理财的重要性。那么在这个时候，我们就要做好理财，未雨绸缪。“月光族”理财具体有六大妙招：

一、学会计划经济

要学会对每月的薪水好好地计划，在哪些地方需要支出，哪些地方需要节省，每个月都要做到把工资的1/3或者1/4固定纳人个人储蓄计划，最好是先办理零存整取。储额尽管只占工资的小部分，但是从长远来看，一年下来就已经有不小的一笔资金。储金不仅能够用来添置一些大件物品比如电脑等，也可以作为个人“充电”学习及旅游等支出。除此之外，每月就能给自己做一份“个人财务明细表”，对于大额支出，看看那些超支的部分是不是合理的，若不合理，在下月的支出中可作调整。

二、要尝试着去投资

其实在消费的同时，也一定要形成良好的投资意识，投资才是增值的最佳途径。我们不妨根据个人的特点以及具体的情况做出相应的投资计划，比如说股票、基金、收藏等。其实这样的资金“分流”能够帮助你克制以前大手大脚的消费习惯。当然要提醒你的是，不妨在开始经验不足的时候进行小额投资，以降低投资的风险。

三、交友要慎重选择

事实上，你的交际圈在很大的程度上都会影响着你的消费。多交一个些平时不乱花钱，有着良好消费习惯的朋友，而不要只是交那些以胡乱消费为时尚，总是以追逐名牌为面子的朋友。他们总是会不顾自己的实际消费能力而盲目地攀比，最终只会导致“财政赤字”，应该根据自己的收入和实际需要进行合理地消费。

而且同朋友交往的时候，记住也不要为了面子而在你的朋友当中一味树立“大方”的形象，比如说在请客吃饭、娱乐活动的时候争着买单，这样通常会使自己陷入窘迫之中。最好的方式就是大家轮流坐庄，或者实行“AA”制。

四、自我克制

年轻人大多数都喜欢逛街购物，通常一逛街就会很难控制自己的消费欲望。所以在逛街之前就应该先想好这次主要购买什么和大概的花费，其实现金不要多带，更不要随意用卡消费。一定要让自己做到心中有数，千万不要盲目购物，买那些不实用或暂时用不上的东西，造成闲置。

五、要提高自己的购物艺术

购物的时候，一定要学会讨价还价，货比三家，同时还要做到尽量以最低的价格买到所需的物品。这其实并非“小气”，而是一种成熟的消费经验。商家换季打折的时候是不错的购物良机，但是你也应该注意一点，应该选购一些大方、比较容易搭配的服装，千万别造成虚置。

六、尽量少去参与抽奖活动

通常来说有奖促销、彩票、抽奖等活动都非常容易刺激人的侥幸心理，使人产生“赌博”的心态，从而难以控制自己的花钱欲望。

当吝啬专家，做现代阿巴贡

我们都知道“阿巴贡”是巴尔扎克笔下的一个吝啬鬼。可是如今在现代人中，“吝啬专家”还比比皆是，且广受推崇。

下面要讲的就是一位小气专家，他的名字叫尼克森，他在大萧条时期总是在奉行“用至

坏、穿到破、没有也要过”的信条，他认为简朴人生还是挺好的。他在自己创办的《吝啬家月报》里就为大家提供了十个省钱的小秘诀：

1. 学会不断地从薪水中拨出一部分去存款：

2. 一定要搞清楚每天、每周、每月的资金流向，也就是说要详细地列出自己的预算与支出表；

3. 试着去检查、核对所有的收据，看看商家到底有没有多收费；

4. 记住信用卡只保留一张，可以证明身份就够了，欠账每月绝对要还清；

5. 做到自带饭菜上班，这样每周下来可以为你约节省很多的午餐费；

6. 拼车上下班，能够节省停车费、汽油费、保险费、汽车的耗损以及找停车位的时间；

7. 多读一些有关修理、投资致富的“实用手册”，最好是可以从图书馆借，或从因特网下载，这样会更省钱

8. 简化自己的生活。房子不能一味图大，买二手汽车，到廉价商店、拍卖场等地方购物；

9. 买东西的时候一定要牢记，这钱花得到底值不值得。其实便宜货不见得划得来，贵的东西也不一定能够保证质量：

10. 绝对要砍价，如果你不提出的话，店家不会主动降价卖给你东西的。

而另一位小气专家达希·珍他有一个别号是“狂热节俭家”，她自费出版了自己的《安全守财奴月报》长达六年之久，向读者提供了无数的省钱致富的生活秘诀，包括怎样自制营养可口又便宜的浓汤配面包，当作一餐。

达希·珍在这本书中谈道，赚钱渠道可以包括找更高薪酬的职业和多省点钱这两条路。其实有不少的人采取了第二渠道,实现了自己的梦想,为什么高薪职业不一定会让人富有呢?

达希·珍举了一个例子：一位部长级的官员尽管有十五万加元的年薪，但是为了维持自己高官的面子，花在衣着、汽车、应酬、停车、保险、豪宅上面的钱占的比例非常大。消费太高导致存不下钱。相反来说，过比较简单的日子，反而能够比以前存下更多的钱。真正有钱的人多半不会住在最扎眼的高级地区，而是住在普通住宅区，他们通常不会开昂贵的豪华汽车，而且不到最后关头绝对不会换车。更重要的就是，有钱人其实也都懂得节省和投资。达希·珍最后还强调，你省下来的一块钱，其实大于你赚进的一块钱。

家庭记账好处多

美国著名理财专家柯特·康宁汉曾经说过：“不能养成良好的理财习惯，即使拥有博士学位，也难以摆脱贫穷。”虽然说记账看似琐碎，但是却对理财有大益的好习惯，它可以帮你每个月都可以省下很多的细小开销，让你把钱都投入到为未来幸福而理财的计划当中。养成记账习惯过程有些人觉得很痛苦，而且看起来小钱并不起眼，但是很多人就是靠着这习惯“有钱了一辈子”。

理财中开源和节流两者必须兼顾，这就像人的腿一样，左右都很重要。每个家庭一定要结合自己家庭的实际情况处理好这两方面的关系。每个家庭都会有这样或者那样的开支，平时手里的不知道是怎么花的，总是到最后所剩无几。这种情况是理财的大敌，所以我们要学会记账。而且在中国记账也是一个优良传统，到底记账有什么好处呢?

1. 想要充分掌握好家庭的开销项目，最好的方法就是记家庭帐，这可以为你的家庭开支提供一些可供参考的数据。每个记账的家庭可以很直观地观察到自己可以在哪里节省一笔开支，而哪些开支又是必须要花的。要使所有的开支计划都是有意义的，就必须了解家庭每月的固定收入及日常生活支出情况。因此记账可以是家庭掌握其开销与收入的规律，使日常生活条理化，保持勤俭节约。

2. 记账控制开支，可以降低家庭纠纷，促进家庭和谐。据有关学科专家调查发现：经济纠纷是家庭破裂的重要原因之一。尤其是在成员较多的家庭，日常生活的开支较为零碎，若是不记账，时间长了，开支很容易成为家庭矛盾的导火索。你说我出钱少，我说你吝啬，或者埋怨家长偏心。这就使得家庭很容易产生纠纷。如果家里有一本流水帐，成员中谁负担了多少，一目了然，谁也无话可说。

3. 透过家庭记帐簿还可以看出自己家庭渐渐富裕的过程，增强家庭责任感。如果家庭流水帐记了 10 年 20 年，通过这个坚持不懈的习惯，看得出自己家庭收入和支出的变化，看得出自己努力和家庭生活水平的提高，每个人都会找到自己的家庭责任感。

4. 对于专业户、个体户来说，记账就更加重要了。因为他们可以从家庭帐簿中，获取有用的经济信息，看出一些商品的供求规律，以及养殖什么最赚钱，从而及时改变经营方针，提高经营技巧。

5. 家庭账簿本身就是一个备忘录。亲友借债或馈赠这类事情，碍于人情一般没有借条收据，时间一长，就可能会疏漏或者遗忘掉了，记家庭流水帐，就可以做到有帐可查，心中有数。

在养成记账的习惯后，我们就可以弄清楚自己的收入和开支的具体情况，那么了解了情况我们就可以在细节上注意，以达到“节流”的效果。

可以“节流“的细节有很多，先在这里大概说上几条：

（1）尽量在家吃饭，干净、实惠。

（2）护肤品只买对的不买贵的，不要跟风，相信自己。

（3）衣服买品牌，要看时机打折，并且买大方的样子，耐穿，有档次。

（4）不好面子，坚持自己，不要为自己的虚荣心花钱，你看别人穿皮草，你也要买。

（5）尽量做公交，环保，节省。

（6）节约用水用电，这不仅是抠门，这是环保的大事情，我们从自己一点点的坚持，中国人的素质才能越来越高。

（7）超市购物有计划，省时间，又不会乱花，有卡的朋友不要以为这不是钱就乱买哦，可以充分利用这些卡买小电器，节省。

这些小细节平时看起来都不甚起眼，但是如果你具体记在账上，日积月累就会发现一个道理——积少成多。

小钱不可小觑

有许多人觉得平时花销中的小钱不用节省，遇到大的开支才值得精打细算。但是在生活中大多数人的收入相对现在的经济水平和物价来说并不高，想要通过理财致富，就要改变上边提到的想法了。因为，小钱也是钱，坚持长久的积蓄，每个月坚持存上一笔钱，哪怕是 100 元甚至 50 元，都十分重要。

话说以前，有一个地方小县的皂吏，掌管县衙的钱库。这个家伙每天从钱库出来的时候，都要拿一枚铜钱，夹在帽檐里，偷偷地带回家。几十年来，都是这么干的，一直没被发现。

后来钱阳县新来了个县令，叫张乖崖。张乖崖为人正直，而且聪明能干。一天，他在衙门周围巡行，忽然看见一个小吏慌慌张张地从府库中溜出来。张乖崖喊住小吏，发现他鬓旁头巾上藏着一枚钱。经过追问盘查，小吏搪塞不过，承认是从府库中偷来的。

张乖崖将小吏押回大堂，下令拷打。小吏不服，怒气冲冲地说：“一个钱有什么了不起，你就这样拷打我？你也只能打我，难道还能杀我！”

张乖崖见小吏不思悔过，知罪不改，就毫不犹豫地拿起朱笔判道：“一日一钱，千日千钱，蝇锯木断，水滴石穿。”判决完毕，张乖崖把笔一扔，手提宝剑，亲自斩了小吏。

张乖崖为人耿直，我们要学习。但是我们现在说的重点在于任何小的金钱长久积累都可以变成一笔巨大的财富。所以，认为小钱不值得节省的想法并不值得提倡。

有人形容钱来得容易，这样说：“实际世界上满地都是钱，你要做的只是弯下腰，把它拣起来。”但事实并不是说出来的，很多人并不能弯腰捡到钱，甚至有些朋友冬天的时候还要每天早晨六点钟从热乎乎的被窝里爬起来，到零下二十度而且漆黑一片的寒风里工作。所以这些人口中所说的“小钱”往往得来不易，如果通过节省和理财，在十年后这些朋友就不需要再那么辛苦的赚钱了，而这些平常做的节省都是小事。

通膨时代来临的现实不能逃避，物价的涨幅令很多人都感到吃不消，在这个时候节省小

钱，将钱用在刀刃上才是正确的消费之道。换句话说，当赚钱速度跟不上物价上涨，那么学会花钱和赚钱同样重要。

下边我们一起来看一起真实的案例：某家公司的福利委员会，在四月份的时候发给自己公司职员每人一张五十元的咖啡消费券。收到这张咖啡券，该公司里的四个员工采取了四种完全不同的态度：A 主管不喜欢喝咖啡，而且觉得只是区区五十元，想都没想随手转送给了另一位同事。B 主管拿了咖啡券，也是觉得区区五十元，没放在心上，把咖啡券随意摆放接着就找不到了。C 主管因为工作太忙碌，根本没注意到自己收到了咖啡券。第四位 D 主管自己也不喝咖啡，但是他知道自己的一位下属喜欢咖啡，于是拿了五十元咖啡券去跟这个下属折了三十五元现金。

而在现实生活中，这四个主管谁最有钱呢？就是那个去折三十五元现金的人。这位先生，现在住着豪宅，身价上亿，是现在大家口中的有钱人。他虽然能快速赚大钱，但是也从不放过类似一张咖啡券的小钱，因为在他看来无论钱多少都可以拿来投资，创造更高的价值。

三十五元对他来说，只是小钱，但是因为举手之劳就可获得，他自然没有放过。而且这位先生在生活中，连一块钱都不乱花；他天天坐公交车上班，不订报纸，自己到便利商店买，然后每买一次报纸拿一张发票，可以找公司报销，而且因为发票可以抽奖，只要中一次，等于这个月报费就省了。小钱值得节省吗？你若有这样的疑问，现在就要修正观念了。

只买自己需要的商品

我们处在一个充满广告营销的社会，总是有许多销售信息随时随地地提醒你“快点买下来吧”，好像唯有通过消费，才能彰显个人的生命价值与存在意义，有时候，我们花钱买东西不只是为了食衣住行育乐之类的基本开销，更多的时候，目的在于炫耀、在于凸显地位。这样的消费习惯对于收入不高的我们来说，是“节流理财”的又一个敌人。

为什么价格不菲的世界名牌在中国卖得特别好？有营销学家认为，因为中国社会地广人稠，一个人购买印有名牌商标的服饰配件，可以很快被好多人看到，这个人希望在别人的眼中通过这个名牌，看到自我身价的提升。笔者认为这样的分析很实在，如果在一望无际的沙漠或者大草原，谁会管你手上提的是不是上万元的名牌限量包呢？

遇到“跳楼大甩卖”“全场大出清”“买一送一”，或者降价折扣，总是搔得你心头痒痒，不花钱不过瘾。或者一遇到老板怂恿你：“真的很便宜，不买太可惜”，很多人会忍不住掏钱出来。抢便宜也是人之常情，谁不想用最少的金钱，买到最好的货品？但是还是老生常谈那句话，我们要买适合自己的，自己需要的商品。在你认为占了便宜的同时，其实在理财的路上，你的亏才吃大了呢！

面对这种心理我们该怎么办呢？我们来看一下别人是怎么做的。

在一次同学聚会上，贾女士的同学说她和老公每月的工资不低、奖金也不少，可是每个月下来就是看不到自己手里有余钱。贾小姐说：“我以前也不知道自己的钱都花在哪里了，但是我后来弄了一个家庭记账簿，还蛮有效果的。”贾小姐的同学听后很感兴趣，操作了几个月，成效还挺显著。

她们都是怎么操作的呢？在生活中，贾小姐和自己的同学也经常受到宣传的诱惑，去买了很多自己不需要的东西。但是自从学会记账之后，她们逐渐发现什么是可以节省的了。

首先养成保存各种单据的习惯，比如购货的小票、发票、银行扣缴单据、借贷收据、刷卡签单及存、提款单据等票据，都放在固定地点保存。然后自己在每次记账的时候，这些票据就可以为你提供准确的数据了。时间、金额、品名等项目都一清二楚。虽然听起来很麻烦，但是其实比起票据乱丢带来的麻烦，简直是小巫见大巫。

其次是将每月收支进行细化分类。比如可以把自己的收入分为：工资，包括自己的基本工资、各种补贴等；奖金，这一项收入一般变动性较大；利息及投资收益，自己的投资收益，比如存款所得利息、股息、基金分红等；其它偶然性的收入，这项属于数目不大，如稿费、竞赛奖励等。

支出不妨也设四个明细项目：生活费（包括家庭的柴米油盐及房租、物业费、水电费、电话费、衣着费等日常费用），医疗费（每个月花销的或者是存储的医疗费用），储蓄（收支结余中用于增加存款，购买基金、股票的部分），其它（反映家庭生活中不很必要、不经常性的消费等）。而我们应该根据自己的现实情况以调整这些项目，使得自己的开支可以明细具体。在真实地记录每一笔支出的前提下，我们还可以更细致地记录下这笔支出的付款方式，是刷卡、付现还是借贷。

最后，当然是要对自己的收支情况进行分析，以便进行下一个月的支出预算。支出预算基本可以分成可控制预算和不可控制预算，每月的家用、交际、交通等费用较为固定，可以放在可控支出内好好规划，这是控制支出的关键。而其他的不稳定消费就要算作不可控制预算，留出资金即可。通过预算还可以预知闲置款项的规模，然后拿闲余的钱进行投资时数额多少心里有底。因为保证了所投资的资金不会因为需要支付生活支出而抽取出来，才不会降低或者损害收益率。

美国最节约家庭的省钱战略

据英国媒体报道，美国的“最节约家庭”——伊科诺米季斯，是一个收入平平的七口之家。不过这个家庭因为靠着一套成效卓著的“省钱战略”，将日子过得很是快活，将“省下的就是赚下的”理念演绎得淋漓尽致。以下是战略的某几个要点：

一、每个月购物一次

伊科诺米季斯家的战略，最好每个月只购物一次，因为逛街逛得多一定会买得多，买得多就花钱多。

而且购物一定要有计划。伊科诺米季斯家严格遵守这一条经典策略，这个家庭认为无计划购物就相当于给存款判死刑。他们每个月根据家中的需要，制定详细、合理的购物计划。甚至将每顿饭的菜单都设计好，并写在账本上，做到心中有数。

二、提前购买节日必需品

每逢重大节日前，伊科诺米季斯家都会提前准备一些节日必须品储备起来，以防节日时涨价。圣诞节时买东西比平时贵得多。

三、充分利用购物优惠

为了促进商品销售，许多商场、超市都会推出购物优惠活动，例如买二赠一、低价大型装等。伊科诺米季斯家往往会货比三家、经过反复比较，以最优惠的价格买下所需要的物品。

四、提前预算

伊科诺米季斯先生说：“如果你不提前做预算，就很可能从一个财政危机陷入另一个经济困境。”在他们看来，一旦家庭经济拮据，超值消费并最终导致负债，那么接下来整个生活就是一种危机了。

五、永远都不花光信封里的钱

从结婚初期，伊科诺米季斯夫妇就开始采用一种理财体系——“信封体系”，即每个月把家中的钱放入信封，分别用于买食物、衣服、汽油，付房租等开支，而且永远不花费超过信封内总金额 80% 的钱。这样，可以省下好大一笔钱。

这个家庭还有另外一个消费秘籍，就是喜欢淘宝。伊科诺米季斯夫妇在一本书上，看到了一个故事，让他们很是兴奋，他们想：如果可能，我们也可以以雷诺的价钱买到奔驰啦！

这是德国作家笙堡在《穷得有品味》一书中说过的实例：他有一个非常喜欢豪华轿车的朋友，却因为没有钱只能开着自己认为很寒酸的小车，后来他决定去二手车市场寻觅自己需要的车。他幸运的在二手车市场，找到了一辆自己喜欢的豪车。而且这辆车并不简单，这辆车是从印度外交部退下来被卖回德国波昂的礼宾车。印度前总理接待外宾用的就是这辆礼宾

车！作家的这位朋友觉得即使再豪华的高级跑车，在这台车面前也变得俗不可耐！最后他以一辆雷诺的钱，买下了礼宾车，这笔划算的交易让他得意了很久。

伊科诺米季斯夫妇觉得应该扩展自己的消费场域，并不排斥买二手货，因为在二手市场，也有可能找到宝物。

我们可以借鉴这个家庭生活中适合我们运用的节俭之道。毕竟“省下的就是赚下的”这个道理对我们来说也适用。节省不必要的开支，用最少的钱做最有价值的交易，是这个家庭的战略目标。

拿铁因子的消费

“拿铁因子”指的是非必要的开销，你一定经常遇到这样的情况：“这件衣服真的很便宜，单价 70，三件 200，不如你买个三件吧？”

如果你这么想：“没错，我一次买三件的话，单价最少便宜快 5 元，当然多买点才划得来！”但是如果买回去你发现一件就可以满足自己的要求，其他两件不就都报废了吗？那你不是浪费更多吗？

星巴克一杯拿铁咖啡 20 多元，如果你每天喝一杯，一年后累积的开销为将超过 7000 元，这就是所谓的“拿铁因子的消费”。如果你把这笔钱省下来，挪作投资理财，你的资产可以在不知不觉中有所增加！不要忘记理财和复利的效果！

不只是拿铁咖啡，跨行提款一次 2 元的手续费、一包 10 元的香烟、1 元的口香糖、5 元的瓶装饮料，这些单笔看起来微不足道的小开销加起来，就是足以掏空钱包，而这些东西又都可以找到替代品，或者不需要。所以，我们要远离可怕的“拿铁因子”，照顾好自己的钱包。

而我们应该怎么样远离“拿铁因子”的消费，从下边的消费方法中可以一窥究竟。

1. 抢购特卖，省钱尽兴。现在生活虽然压力不小，但是即使面对通膨与高油价，人生也不可能没有玩乐。那么怎样玩得好又玩得精呢？以某网络旅行社为例，这个旅行社有“德国八日游”原价是四万九千元。但是如果等到八月份的清仓特卖，就会降价到三万九千元，如果这个时候购买就省了一万元，但你必须提前规画出八天的假期，而且还要出手抢订，迟了就被抢购一空。

2. 不住高级饭店，换屋度假更尽兴。其实旅行想住好地方，不一定得住五星级大饭店。在信息发达的今天，在外地度假即使不花大钱，也可以享有宾至如归的住宿环境。不过这个方法的实施需要我们自己的努力。

在美国，换屋度假已经成为一种风潮，也就是放假时“我到你家去，你到我家来”，例如在纽约的人们想去洛杉矶旅行，可以先上网寻找洛杉矶想要来纽约旅行的人，然后可以双方约定放假时交换房子居住，这样双方都可省下住饭店的钱，而且往往家里各种生活必需设施都是一应俱全的，住起来方便卫生。还能和周围邻居交往而得知当地风土人情，这比关在大饭店里足不出户更符合旅行的意义。但是这种度假方法实施起来需要先了解对方的详细情况，最好可以以书面契约的方式相互明确权利和义务，以免发生某种不愉快的情况。

从上边两种方法看来，我们可以发现生活中如果变换一种思维方式就会得到很好的回报。不一定需要花太多的钱，就可以逃离“拿铁因子”，而且享受到生活的乐趣。

怎样节省家庭通信费?

家庭通信费一般不会消费太大，但是如果没有节制，一年下来看着电话费或者手机费账单也会让人唏嘘不已。那么对于这个并非硬性的消费应该如何合理节制呢？我们一起分类讨论一下。

一、电话费

其实按现行的市话收费标准，只要是你打不超过三分钟的短电话，就能够为你省下不少钱。虽然说一般家庭不会为此锱铢必较，可是你也不可完全放开，特别是必须提防孩子，不管是年龄大小，他们往往都是煲电话粥的高手。假如孩子们迷上了声讯电话，更是有债台高筑的危险。因此平时一定要勤加管教，必要的时候让他们牺牲零花钱为自己的奢侈埋单。

二、手机费

1. 发短信就可以预付费。

现在还是有很多的人为了省手机费，都选择发短消息。一条短消息只有 0.1 元，这当然划算了。但是数目一小就更不会引起重视，一发起来，其实也就是十几条、甚至几十条地发。这样下去不知不觉，手机费反而变多了，听说有的人一个月仅短信就可以发几千条，也就是几百元。假如你也是“哈 M 族”，或许你可以选择买一张那种以短信打包优惠为主的预付费包月卡。这种短信包月卡月租费为 28 元，但是能够发 350 条短信，也就等于每月奉送 70 条。

如果你是全球通用户就连卡号也不用改，依旧可以每月买充值卡，而电信公司则会自动从你的账户中扣除 28 元的月租费，同时当你打电话给包括全球通、易达卡、易通卡和神州行的用户的时候，手机费仅为 0.40 元 / 分钟。

2. 买特惠的 CDMA。

我们都还记得在 CDMA 手机刚出来的那个时候，动辄四五千的高价着实吓退了一大批时尚族。可是在现在看来，部分此类手机商家已经过开始争夺市场了，推出购买 CDMA 手机享受优惠手机话费的促销手段。通常有 78 元套餐、98 元套餐或 138 元几种套餐，超过套餐限额之外的电话计费为 0.20 元 / 分钟。

它也有它的弊端。那就是大部分推出此类服务的手机，只限于在本市内通话优惠。假如你要打长途，就必须付出高于一般手机许多的长途电话费。

三、上网费

事实上拨号接入这种上网方式非常适合那些上网时间不是很长的人。通常费用的收取一般也是要按照网络费加通话费收取。假如你想控制上网费用，可以考虑买张网卡。上网卡分为普通卡和特殊卡，也有可充值与不可充值之分。上网卡一般都会有使用有效期，因此在购买的时候要合理选择。

新婚理财高手出招

大部分的人认为“理财”等于“不花钱”，进而也能够联想到理财会降低花钱的乐趣与生活品质。而事实上，生活中真正的理财高手却在理财的过程中创造了更多的财富，在我们生活的每一个细节之处，把每一分钱都花在自己的刀刃上。“我虽然有钱，但这并不意味着可以奢侈”这正是他们生活的心态，“只买对的，不买贵的”也同样是他们的消费原则。这些理财高手们即便是在一生一次的婚姻大事上，也应该有始有终地贯彻各自的理财心得。

一、聪明选择异地拍婚纱：婚纱照和蜜月游同时进行

人物：宋小姐；

年龄：25 岁；

职业：IT 公司职员；

理财心得：一份钞票要完成两份任务

宋小姐是一家 IT 公司的员工，出于自己的职业习惯，对上网有着特殊的兴趣。宋小姐从网上的交流中得知，因为南北方的地域差异，通常北方人结婚拍婚纱照所花费的比例要比南方人的低。同时依据网友的介绍，在三亚有一条婚纱街，门对门开着的一排都是拍婚纱照的店，这样一来选择余地就大了很多，杀价也变得容易多了。

于是，宋小姐又在网上搜索了三亚婚纱照的一些相关情况，她惊奇地发现同等品质的婚纱照在上海拍要比在三亚贵一倍以上。在三亚拍一套 4000 ~ 5000 元左右的婚纱，外景、夜景、相册、海报基本都有了，而在上海至少要多花 10000 元以上。

宋女士在与丈夫商量之后，两人决定以10000元的预算，去三亚拍婚纱照，外加三亚蜜月游。在他们货比三家以及一番讨价还价之后，最终以3500元的价格拿下了整套的婚纱照，其中还包括4套服装、2处外景（含海景），虽然这在上海不算是最顶级的婚纱影楼，但最起码也要9000～10000元。同时计算了两个人在三亚五天四夜的花费在6000元左右，这样的一来9000元的开支，也就是完成了婚纱照又度了蜜月。

像宋小姐这样做一些婚前的准备"功课"实际上并不是很难，其关键也就在于要多比较，就比如说现在有不少的新人都会选择到苏州去买婚纱的道理是一样的。这之中的不同就在于，能不能把这几件事放在一起做，假如能像宋小姐夫妻一样，怀着游山玩水度蜜月地心情去拍婚纱照。他们这种与那些请假特地跑到很远的地方拍照的心境是大不相同的。

从理财的角度其实不难看出，这是一个成本核算的问题，通过货比三家来控制成本支出，同时又为整个的出行提出了正确的预算。

二、蜜月旅游：学"黄牛"倒票可以给自己省旅费

人物：王先生；

年龄：32岁；

职业：外企中层；

理财心得：知己知彼，各取所需。

新郎王先生在一家外企工作，按职位的级别每年公司都会发给每位中层职员8000元的旅游券，但是光靠这8000元旅游券根本不能使夫妻俩的境外蜜月游成行。于是，王先生学起了"黄牛"，倒起了旅游券。

王先生马上就开始向今年没有出游计划的同事折价收购他们手中的旅游券。

因为旅行社回收旅游券也并非是全额收购，而是以8～8.5折收回。所以，同事们对于王先生以8折的价格收购很欣然地接受了。在这样的情况之下，王先生共用8000元现金购得了同事们手中总计10000元的旅游券。

同时，作为新娘的赵小姐，自己的单位虽然不发放旅游券，但是每年都会组织公司的员工分批外出旅游。对此，王先生建议妻子小张放弃单位组织的旅游，并把这个名额让给了其他有需要的同事。这样事成之后，单位以现金的形式，就折合近5000元的旅游费用都补贴给了赵小姐。

这样一来夫妻俩也就分别学了回"黄牛"，一个买进一个卖出，于是两人的蜜月经费也都齐全了。其实，王先生夫妻的这种做法，不管是从他们自身出发还是对同事来说，都是一件一举两得的事。

从理财的角度可以看出：这种运作方式在这样特定的小环境中，无疑是达到了资源配置的最佳模式。假如把王先生夫妻的这种行为分别看作是两次交易，那么这是一个双赢的过程，对于交易双方都是一个财富增值的过程。

六大网购省钱秘籍

好像是在一夜之间，网购就已经成了风靡办公室的时尚行动。大家都会不约而同地上网买东西，而在办公室里就有一些人总是能够花更少的钱才买到更多的东西，就连出去吃饭，他们也也能够比别人便宜。

秘籍一：学会上折扣网

上折扣网购物能为我们节省10%的花费，其实道理非常简单，大部分的网上购物网站，在其他网站上也同样会做广告，通常在该网站有用户购买的时候，就会给该网站一个以销售额计算的佣金（这其实也就是按照效果付费的广告），而网购折扣网不太一样，它是把这部分的佣金还给用户。我们还需注意的就是每次都必须通过网购折扣网提供的链接访问相关购物网站，倘若你直接点击，是根本没有积分的。

秘籍二：利用比价软件淘实惠

通常网上的比价系统能够通过互联网来实时地查询所有网上销售商品的信息，尤其是适用于图书、实体工具等品牌附加值较低的商品，如果你想知道某件东西在各大网站上的价格，只需在搜索栏里打入商品的名称，点击查询就可以一目了然了，就是货比三万家也不难。

秘籍三：以物换物

自从那个曲别针女孩在网上火了之后，现在越来越多的人都动起了以物换物的脑筋。

有一些女性朋友在购买化妆品的速度上简直让人叹为观止，瓶瓶罐罐的小样也有一大堆，放着浪费送人又舍不得，恰好在她们上网闲逛的时候都会看到有一个换物网，这个网站注册成会员后就能发布自己要交换的物品信息，所以有大批的女性朋友尝试之后，为自己换购了许多其他有用的东西，比如多出了音箱、鼠标、mp3……

当你做过换客之后，你就会发觉：换物的时候一定要保证良好的心态，不能以换的东西值多少钱去衡量，而要看那东西你需不需要，或者你有没有这个时间和精力去购买。

秘籍四：养成积攒电子消费券的习惯

吃饭如何省钱呢？在网上可以下载和打印很多店家的消费券，比如肯德基、麦当劳、吉野家、巴西烤肉餐厅、老山东牛杂……各式各样的餐厅应有尽有。就以肯德基来说吧，首先在肯德基的官网上注册成新会员，然后你就可以随意下载打印打折券。一般凭券消费能够省五到十块钱左右，不要小看这些小钱，一个月下来也许是不小的一笔。而电子消费券就更厉害了，像当当网就经常会向消费者友情赠送电子消费券，面额在20元到50元不等，买本好书已经绰绰有余了。

秘籍五：学会充分利用免费资源

我们都知道网络资源无奇不有，但是关键要看你怎么用。随着近些年来省钱计划的展开，人们也都纷纷谈起了自己的心得体会，其实得出的最重要的一点就是：充分利用免费资源。

1. 学会打网络电话。比如情侣之间打电话的频率难免会很高，这样一来电话费也会因此而水涨船高，所以这时就可以使用网络电话。

2. 在网上看免费电影。大家上网可以搜索到一个电信网通都能下载的看电影软件。只要下载安装了这个软件，就能够进入它的社区看电影和电视剧了，而且更新速度非常快，安全无病毒。

3. 学会下载电子杂志。其实化妆品达人当然不会放过各种各样的时尚杂志了。可是动辄二十几块钱累积起来的也是一笔不少的花费。最后算下来，还是上网下载免费的时尚杂志来得合算。

秘籍六：在网上申购基金能够节省四成费用

近些年，多家基金公司也都相继推出了基金大比例分红、优惠申购促销的业务。在优惠活动结束之后，投资者是不是还有其他渠道或其他方式优惠申购基金？经过调查，投资者可以通过网上申购基金，能节省四成申购费用。

通常是通过基金公司或者部分银行的网上交易系统，当投资者在注册开户之后，就可以足不出户地进行基金申购赎回等各种交易，同时你的申购费率不高于六折。举个例子来说吧，华宝兴业旗下的宝康灵活配置基金刚刚推出13.90元/10份的大比例分红预案，分红后的净值将接近1元。所以目前可通过“e点金”网上申购该产品，就能够享受低至0.6%的优惠费率。

日常生活不可不知的理财经

有一句话说：“小事成就大事，细节成就完美。”用在理财上，我们可以这么说：“小财决定致富，细节成就积累。”日常生活中很多地方的开销都可以合理节制，只要你懂得以下技巧，你就可以发现生活中充满节省的乐趣。

一、“打的”也要懂得技巧

1. 假如需要赶时间但又在上下班的时间里，就可以去挑一些小公司牌照的出租车来乘坐。其目的就是利用这些司机对本市道路熟悉的优势，让小路变成通途。而一些大出租车公司的司机，来自郊区的居多，不太熟悉城市里的小巷小道，有的甚至还需要你领路。

2. 在你外出办事的时候在可报销车费的情况之下，选择来回走不很熟悉且希望熟悉的路，为日后的外出办事作铺垫。

3. 学会适时地换乘。当打的路程超过 10 公里的时候，每公里单价就会涨为 3 元，因此如果你的目的地路程预计在 14 ~ 20 公里之间，那么你就不妨在行驶到 10 公里的时候，换乘另一辆出租车，重新开始计费。

值得我们注意的是：当你所乘坐的出租车的方向与目的地不一致，需要绕道或者调头的时候，你可以马上就提醒司机：摆正位子后再按计价机；然后尽量用现金结算，尤其是遇到司机绕了远路，或者是因为车程特别长的时候，能给自己一个“杀价”的机会。

二、怎样节电

现在每一个家庭的电费支出，大约是过去的 100 倍左右。如果想要把这么高的电费降下来的话，不能光是依靠“大灯换小灯”的原始方法。还要学会合理地利用时间差，申请安装分时电表，不失为一个不错的办法。晚上 10 点的时候用电是白天的一半电费真是划算。可是一些家庭安装了分时电表，电费反而增加了，这是什么原因呢?

事实上，分时电表的计算技术与我们传统意义上的电表不同，它是比较准确地把握住了我们家庭的全部耗电的总量。也就是说只要是接入电源，家里的彩电、音响、电脑、充电器、饮水机、脱排机、空调等，不论亮的是红灯还是黄灯，甚至不亮灯。都能够通过敏感的分时电表反映出来，这个时候你家的电表就会转动，计费同样也就在所难免了。

而家电待机时的耗电量，洗衣机每月大概 0.2 度电，其余家电的待机耗电量，通常是是其工作时的 15% ~ 20%。假如不把它当作一回事的话，那么长此以往，也就产生了约 20% 及以上的电费支出。

所以要节电就必须要做到一下几点：一是经常使用的家电，能够进行“待机”处理，并且选择带有开关的外接接线板，以便能够在离开的时候关闭。二是不经常使用的家电，一定要坚决即时地拔掉电源，一来能够避免无谓的耗电，二来在雷雨季节也不至于遭到电击而损坏家电。

三、学会做差价文章

如今，鳞次栉比的超市及其让利、打折，委实让人看不懂。可是不管是让利还是打折，都有一定的规律。其规律也就是此起彼伏，正所谓“你方唱罢我上场”，因此看似乱哄哄、眼花缭乱，实际上就是商家的“约定”。

张某喜欢逛超市，比如沃尔玛、物美、华联、易初莲花、家乐福等。只要是超市，她总是要进去逛一逛的。久而久之，购物的规律也就找到了：通常在让利、打折的背后，还有着极大的理财空间。

因此，我们利用超市让利、打折的差价，在短短一个月之内就可以省下不小的一笔钱。

四、学会使用贷记卡

贷记卡的好处，就在于可以免息透支。我们就以中国银行的长城人民币贷记卡为例吧，可以先透支再还款，最长能够享受长达 56 天的免息期。并且贷记卡还能够同时实现取现透支和消费透支。

所以我们就可以根据自己的“私房钱”的额度，去办理一张贷记卡。当我们自己的父母兄弟姐妹需要你意思意思的时候。当你的同事因为红白喜事人来客往需要应酬的时候，抑或你自己为同桌的她、朦胧的情以及莫名其妙的意外消费而囊中羞涩的时候，贷记卡都将是功不可没的。事实上，贷记卡的开户，根本不必像信用卡那样需要有一定的担保做保障，更无须像借记卡那样需要存上一笔钱。贷记卡能够让你用足政策。

假如全年透支额度平均在 1 万到 2 万元的话，那就等于你赚得的利息在 300 元以上。但是你是必须时时刻刻地关心自己的免息期，以防不测。

“抠门”夫妻也有幸福生活

“抠门”绝对不是没有消费能力，而恰恰是不愿意追随失去理性的消费浪潮；“抠门”也绝不是不舍得花钱，而是比从前更明白该如何把钱用在该用的地方。他们为我们带来了新的花钱观念，新的省钱绝招以及新的抠门理由……

杨旭和他的妻子的收入只能算是中等偏下的水平，他们都在同一家企业工作，扣除个人所得税、公积金以及各种保险，两人的总收入也就只有 6000 多元（这里不包括住房公积金）。其实他们夫妻俩最大的心愿就是可以拥有一个自己的小窝，于是在花钱的时候计算的单位不是元，而是多少平米的房子。比如说一顿饭花了七八十块钱，妻子就会对他说：“咱们家的房子又被我们吃了将近 0.01 平米。”

我们来看看杨旭和妻子的生活支出清单：

每月存入 2500 元用于买房。再加上两人的住房公积金，大约在三年之后就可以存够买房的首付款。而剩下的 3500 元便作为生活费，以下是清单：

房租 1000 元；伙食费 1000 元。交通费 300 元；手机费 200 元；其他费用：剩下 1000 元：买衣服只买过季打折货，杨旭的妻子通常只买必需的护肤品，不花额外的钱，多用吃剩的水果美容，并且还尽量避免外出应酬的大额开销。

单身汉也能过“抠门”生活

马丁是一个高级物业的经理级别的人物，每天都住着公司给的酒店式公寓，以气派的商务车代步，每月领着 10 万元的薪水……其实这些迹象都可以表明，马丁是一个不折不扣的“黄金单身汉”。在上班时间应酬客户的马丁是西装笔挺出手阔绰，用他的话来说就是在用公司的钱给公司挣面子：然而在平时生活当中他却是粗茶淡饭加普通品牌的 T 恤牛仔。偶尔会给自己的女朋友买化妆品，还难免肉痛得紧，说是自己的钱还是悠着点好。以下是马丁的支出清单：

房租 0 元（公司配房）；交通费 0 元（公司配车）；手机费 0 元（公司报销）；伙食费不到 1500 元；置装费 1000 元；机动款 1000 元。剩下的全部薪水都存入了银行。几年下来，马丁的银行存款早已经突破了百万，而他自己也是越发地心满意足。

我们为什么要“抠门”？如今房价飞速上涨，物价也是紧随其后，但是个人工资的涨幅却是小之又小，不“抠”我们自己心里不安；银行尽管在最近刚升了息，但是离我们所期望的幅度相差太远，唯有多存点钱进去才能够拿到期望的利息；就算 LV、PRADA 再漂亮，摄像头百万像素再先进，事实上提高的也只是面子却不是生活的质量，把钱花在那些方面才叫傻瓜。

“新贫”早已经过时了，而“饮食男女”也变得不再吃香，如今已经到了该成家立业、赡养父母、养育下一代的年纪，再大手大脚就叫不负责任；我们从“一人吃饱全家不饿”，再到考虑一个家庭的现在将来；我们从只知道吃喝玩乐，到需要买房、结婚、投资、充电、留学……因此，成熟的标志则是从：“只会花钱”到“学会如何更好地花钱”

所以说，我们必须要学会“抠门”。

1. 就算是银行的升息幅度再小，我们也要坚持存款，不断地从薪水中拨出部分款项，5%、10% 都可以，但是记住一定要存；除此之外，如果有投资股票外汇等行为，那么就请你量力而行。

2. 即便你的专业是考古或者是小提琴都应该要学会理财。假如实在不行，就要去考虑从网上下载功能齐全的理财软件，它则会帮助你的钱每天、每周、每月流向哪里，同时列出详细的预算与支出。

3. 就算是房价再贵，前景再不明朗，如果连续6个月每月的置衫费超过自己薪水的一半，而且还没有自己的房产的你也要考虑买房，不然的话你的房子会被衣服、鞋子一平米一平米地吞掉。

4. 记住只保留一张信用卡，欠账每月绝对还清。

5. 一定要养成去超市大宗购物前研究每月超市特价表的好习惯，假如正符合你的需要，那么上面的特价品通常都是最值得购买的。

6. 多读一些有关家居维修的知识、投资理财这样的“实用手册”。当然最好就是从图书馆借阅，或者从网上下载。

7. 凡消费一定都要养成索要、保留发票的习惯，并且检查、核对所有的收据，看一看商家到底有没有多收费，同时在就餐和在超市大批量购物的时候也要特别注意。

8. 学会寻找坐“顺风车”或载“顺风人”上下班的机会，为自己节省下停车费、汽油费、保险费以及找停车位的时间。

二手货市场

现今的市场里，有的是各种各样的隐藏宝贝，就看你是否有沙里淘金的眼光去发现、去拥有。

比如“二手货”。很少有人注意到这个略显怪异的市场领域，而事实上，二手货市场潜在的赢利机会较之其他业态更具优势。所谓二手货，专业的解释是指再次进入生产消费和生活消费领域，保持部分或全部原有使用价值的物品。

一、三类需求烧旺二手货市场

二手货市场的商品供应者主要由三类群体构成：

时尚潮族。时尚二手货的制造者。随着市场经济的发展，“喜新厌旧”正在成为这一类消费者的一种消费习惯。一些使用周期并不长的物品由于产品本身更新换代的速度加快，很快就被潮流所抛弃，而在这个群族中变成食之无味、弃之可惜的鸡肋。他们中甚至有一些冲动型消费者，即兴买来的商品一下子就觉得不顺眼了，还未使用过就急着想着要为其找一个新“东家”。然后这些产品，就被推向二手产品市场。

企业库存。这是二手货市场的产品供应“大户”。在瞬息万变的市场环境中，许多企业因一时决策失误而产生大量库存商品的事件屡有发生，而挤压的商品处理不出去，导致资金匮乏又导致无力研发市场受宠的新品。形成恶性循环。于是用库存换资金成了不少企业的“灵丹妙药”，大量的库存商品因此跻身于二手货市场。

城市移民。随着城市建设速度的加快，城市居民居住条件的改善，他们甚至把“旧家”搬进了二手货市场。其中相当一批因搬迁而要处理旧居家用品的家庭，将目光投向了二手货市场。

在某种程度上他们也是二手货市场中的主要消费群体，二手货市场也因有着一个庞大的消费群体而得以生存和发展。有人想要尽快处理掉手中的闲置商品，而另有大量消费者则希望能够买到价格低廉、仍具使用价值的“处理商品”，很多乐于淘“旧货”的消费者正以成果展示着他们的心得，只要有心到二手货市场逛逛，总会有惊喜的发现。

二、数码产品和居家用品最热

“二手货市场最受消费者欢迎的是那些科技含量高的产品，如电脑、手机等。消费群特多。有高校师生、公司职员及部分外国留学生，外资在华企业员工等。”一位市场专业人士这样说。

事实上，电子商品由于更新速度极快，有着几乎呈垂直性降价的价格落差。刚上市时可以卖到上万元的电脑，两三年后价格可以缩水六成以上。而手机的潮流更是疯狂，新上市的手机甚至连价格盘整的机会也没有，再加上手机价格相对电脑而言更是低廉，消费者换代的速度更是迅速。于是很多商品涌入二手市场。

三、做二手货生意有窍门

二手货市场供需两旺，但其实都是看着容易，做起来难。那么做二手生意有什么窍门呢？

找准店面：二手货商品具有其特殊性，因为在消费者心中缺乏信用度，所以在经营时应选择大型二手货市场作为经营场地。以免造成门前冷落的尴尬局面。大型二手货市场的本身的信用度不仅可以弥补这一缺陷，还可形成市场的群体效应。

翻新与守旧：二手货大都为使用过的商品，品相不好是通病，更有严重者“五脏六腑”中也潜藏着不少隐患。打扮翻新对于二手货尤为重要，一件二手货能卖多少价，成色的新旧占着很大的比重。对于一些货物在保证质量的前提下，要懂得做旧翻新的技法。

而如果是老货，不仅不能抛光上漆，还得把斑斑驳驳一点一滴都得留着，卖价可全仗着这悠久的历史了。做法不一样，钱赚得自然也有多寡，少的只能赚个进价上的三四成，多的甚至能在进价上翻几十个跟头。

备货充分：二手货的来源渠道，在上文略微有提及。商家可以通过买断库存商品获得大量的二手商品；也可以拍卖市场拍来的商品，有很多可以在二手货市场上卖个好价钱；而自己到民间去收货，是最费时费力的，但却能获得相对较高的毛利……

价随行市：二手货商品的价格一般是新品的三四成，因成色、使用周期、内在质量的不同，其价格浮动的空间很大。二手货如何定价其实很奥妙。考验的就是货主的眼力和经验了。一台七成新的200立升大冰箱的收购价，80元已经算是“高价收购”了。但是放在二手货市场中能卖个什么价，就不得而知了。

而一些并不起眼的二手居家用品同样受到“淘金者”的喜爱。一两元左右一只的铅桶、面盆，几十块一组的锅盆瓢碟卖得出奇地快，比如看中它们的往往是打工的外地民工，他们安家立业的成本要低，便宜的二手货正好买来实实惠惠地居家过日子。

第二章

购物采买节流：合理消费每一分钱

什么是合理消费？它指的是在一定消费水平的基础上实现消费结构的优化，以提高消费的效益。通常合理消费注重的就是消费支出各个项目之间的适当比例以及相互搭配、消费品供给结构和需求结构的互相适应。比尔·盖茨曾经说过：钱要花得值；英国首相布莱尔的妻子谢丽也说：钱要花得精；而犹太人常说：钱要花得巧。所以要学会购物采买节流，合理地消费每一分钱。

反季节购物，等商场打折

很多人都喜欢买名牌货。购物时有很多关注点，例如功能、价位、款式、个人品味等，物品的价值有两种，一是使用价值，二是他的附加价值，附加价值包括售后服务等。比如名牌服装，既够档次，穿上又舒适。但是名牌货往往都价格不菲，大多数消费者要的是“要气派，有面子，最好花钱少”，买品牌的人往往不在乎花钱多少，要的是多花钱带来的品牌效应，但是能省则省。有一个好办法，那就是——反季节购物。

买东西一定要买当季流行的吗？当然不是。季末清仓的时候，商家往往会打很多折扣，商品价格往往比刚上市时便宜一半还多！这时你就可以精心挑选几件质地好做工精细的衣服，同时挑选几双又耐穿又好看的鞋子，这是多么划算的事情啊！

赵柏是一个5岁男孩的母亲。去年夏天，她到一家儿童服装专卖店给儿子买件T恤衫。结果看中了一件蓝色T恤，要200多元，赵柏犹豫了半天没有买。后来到了秋天，赵柏正好有一次又路过这间专卖店，她发现那件衣服只卖70元！赵柏当即就买下了。

季节交替的时候，一些“过季”的商品，如服装、鞋子都会降价。夏季销售的电暖气、冬季销售的电风扇等，都可以帮助我们节约开支。

反季节购物，部分商品可能存在瑕疵，像衣服的扣子松了，或配套的腰带没有了。另外，一部分反季节特卖会是临时性或“流动”的，消费者买回商品发现质量问题后想要退还，却找不到商家了。因此，反季节购物也要理智对待，可能有不尽如人意的地方。

在购买反季节物品时，以下问题需要自己注意：

1. 购买回来的商品最好不要是马上就过时的。比如你打算在夏季购买一件羽绒服，一定要看清款式、质地，尽量别购买马上就要过时的商品。

2. 购买反季节商品不要头脑发热。买太多不大需要的东西，钱没少花，东西买回去又没用，纯属浪费！

3. 反季节购物要注意商品的保质期、保修期，仔细检查质量，保证自己的利益。

紧盯特卖会和折扣店

金融风暴风起华尔街，却让全球百姓人心惶惶，那些大把消费的时尚达人们也逐渐捂紧了自己的钱包，更理性地对待消费了。省钱可就是在挣钱啊！

受金融危机的影响，大家对未来预期的不确定性加剧，越来越多的消费者，日子都过得仔细了。以前喜欢逛高档商场的人，大都转战到了折扣店和特卖会。

相比于正品卖场，折扣店的价格会便宜很多，其实，这些地方的商品质量同样不错，而价钱却比高档商场便宜许多，可谓是省钱不降档。这也是如今折扣店客流量和销售量不断攀升的原因。而为了稳住客流，各大折扣店不断更新品牌、更新商品款式，以满足不同人群的需求。

李女士以前和同事都只逛高档商场，可随着物价持续上涨，她感到手头还真有点紧了，于是就改逛折扣店。结果发现，折扣店不但非常实惠，而且品牌不少。比如一套 8000 多元的毛料西服，只需 2000 多元就能拿下；一个上千元的手提包，折后只需 500 多元就能搞定。李女士就在这里花了 3000 多元买了一个名牌皮包，这个皮包在商场里可是上万的。

杨女士比李女士还会过日子，她只逛“特卖会”，“一线国际品牌的折扣都在 5 折以下，二三线品牌服装 1 折起。”她曾在一次男装“特卖会”里买到两套“大牌”西服，加起来没花 3000 元。

一些老牌的百货商场会定期推出“特卖会”。在特卖会里，各种品牌全部低折扣，甚至低至一折。在此购物，自然能省下不少银两。

想在折扣店或“特卖会”淘到宝，眼光很重要。物美价廉不是那么好找到的。

应该挑经典款和基础款，因为最火的时尚单品到了来年就最有可能落伍；逛折扣店或“特卖会”前最好自己先列一张购物清单，当然还是阻止自己盲目花费；在这些地方购物，许多商品并不退还，一定要考虑好之后再出手。

大件物品靠团购

现在非常流行的省钱方式——团购！购买大件物品一定要单购吗？当然不是，一个人的力量是有限的，而集体的力量却是无穷的。我们在购物时，尤其是购买大件物品，都希望能砍砍价；可是一个人砍价没有多少竞争力，如果是几个人、几十个人联合起来砍价，结果就大不一样了。集体购买大件物品，完全可以依靠人多而获得批发低价。

现在，团购已经成为一件很时髦的购物方式。大多数团购能避开商家直接和厂家谈判。小到家电器材大到汽车住房，都可以在团购中得到更多的价格优惠。当然，其他的一些消费你也可以自主联合几个朋友一起和厂家谈判。

夏姑娘是一家外企的职员。工作之余，对自己的新房装修毫不含糊。除了对房间设计要求较高外，在采购上也是不遗余力。她想少花钱，做最棒的装修。

而网络的便利，让夏姑娘发现了团购的妙处。居然有 60% 的装修材料都能通过团购购买，省下的费用可达万元以上。在朋友推荐的团购网上，夏姑娘随手点击一下，一些品牌产品的折扣价就出来了，大部分都在 8 折以下，比如某某水管为 6.2 折，某某洁具甚至到了 6 折。

就连一贯很少打折的品牌橱柜，也可以靠团购拿到很低的折扣价。

夏姑娘说，团购前你只需到品牌实体店内记好自己喜欢的款式的型号，其他登陆团购网的页面操作就可以了。

装修完房子后，夏姑娘的下一个打算是团购汽车。夏姑娘说：“我不懂汽车，完全是个车盲，独自买车不放心。”但团购能有少则一两千元多则上万元的实惠，而且质量也有保障。

除了装修材料、汽车等，其他可以团购的商品琳琅满目，比如健身器材、笔记本电脑、运动手表、音乐会门票以及各种化妆品等。只要你有兴趣，就可以在一些团购网站自发发起团购，将团购进行到底！

团购虽然时尚、省钱，但要注意：你要确定召集的人是可信的；不要轻易打款，注意有关的团购协议条款；记得索取厂家的保修卡，以免上了特价商品不保修的当；认真查验货物，防止货不对板；不参加兑现能力有限的团购。

挑对时段逛超市

如今钱不好赚了，物价上涨了，日子过得似乎有点紧巴了，但也不能让生活质量大打折

扣啊！

经常去逛超市的朋友们可能会发现，晚上 8 点前陈列架上还满满当当地码放着的生鲜食品或面包等西点，一过了 8 点就会被抢购一空。这是因为，很多超市为了保证售卖的食品每天都是新鲜的，都会在晚上 8 点前后将当日的水果、生鲜、蔬菜、熟食、面包等容易变质的产品进行折扣处理。

如今的都市生活已经离不开超市了，大小物品，吃的、用的，哪样能离开超市呢？怎样才能花最少的钱，从超市当中买回来最划算的物品呢？很简单，选好时段！

就经验来看，糕点类制品大都会买一送一，或者干脆五折处理；而肉类等生鲜食品大都会 8 折销售。那么选择这个时段去逛超市的话，买回来的东西当然要便宜，并且同样也是新鲜的蔬菜和水果。

高女士就很会占超市的“小便宜”。高女士在一家外企单位工作，月薪不低，收入不错，可是受金融风暴的影响，钱都赔进了股市。原本想在股市赚一笔后就买房安家的高女士，如今只好控制开支了。高女士称，之前自己去超市购物，根本不看价格，喜欢就买。可现在钱少了，就只能尽量买便宜的东西；后来她发现选准时间段，可以省下更多的钱，还能买到不错的东西。

通常来说，高女士都会在吃完晚饭后去逛超市，买点鸡蛋、馒头、蔬菜之类的。在这个时间段买下这些东西，能比白天便宜 10 多块钱。

高女士举例子说：“就拿鸡蛋举例子吧，我买的时候每斤比正常时段便宜 2 毛钱，很多人都在排队呢。”

现在商场对商品的促销力度较大，特别是一些食品会在特定时间优惠促销，很多精打细算的人都会挤在优惠时段来购买。另外，不少精明的买家甚至还会等到晚上 9 点之后再到大超市买蔬菜。这个时间段蔬菜都是买一送一，甚至买一送二，价格相对来说更加低廉。而且买到的也都是绿色、无公害蔬菜，既实惠又环保！

特价时段购物虽然省钱，但也笔者还是提醒我们的读者一些小要点：不要因为价格便宜或者有赠品，就购买自己不需要或者是买回家后会积压的物品；不要购买包装过于精美的商品，虽然包装精美，但是费用是从你购买的商品价格中支出的；超市货架的底层或顶层部分的商品往往比较便宜，与你目光平行的商品，大多是售价在同类产品中偏高的购买这些产品你就会花费更多。

学会研究超市宣传单

超市时常会发一些宣传单，想要省钱的朋友不妨收集一下超市宣传单，比较一下各个超市的价格。超市通过发放大量印有优惠商品的广告宣传单吸引消费者，而消费者也乐于将其作为购物省钱的参考指南，掌握了各家超市的特卖倾向，也就比较容易抓住最低价了。当然我们还是应该将要买的物品逐一列入清单，统计价格后，到消费总金额最小的卖场一次购足。

仔细研究一下这些花花绿绿的广告，找一找有没有自己现在正需要的东西，然后趁机购买，毕竟省钱才是硬道理！有的超市可能某个时间段肉类是最便宜的，有的超市可能在某个时间段搞蔬菜特卖，俗话说：“货比三家不吃亏”！这样小小的技巧，不但可以帮你省钱，也能省下不少购物时间。如果你已经看好宣传单，算好价钱，就可以准备去超市购物了，一定要记得先去宣传单上没有登载的特价商品区，看看那里有没有你需要的商品。

除此之外，有些宣传单上还有一些打折联的商品，那么我们在收集宣传单的时候，应该把打折联保存下来，等到去购物时，还可以再打一些折扣。不过要注意注明的打折时间，不要错过了打折的时间段。

有两点要注意：一是你购买的商品是否能在保质期内用完；二是这些商品是否是你真正需要的商品。这样购物回来，你会发现自己又省下了一笔钱。

张小姐是个购物省钱的行家，她对研究超市广告宣传单，找打折的时候去买东西特别有一手。前两天她家里信箱就收到一份附近某超市的广告宣传单，上面写着从 1 月 19 日到 2 月 6 日，1.8 升的多力葵花籽油和 1.8 升的福临门玉米油都有折扣，只要 19.9 元。张小姐觉得比较实惠，带上自己的邻居，一起去买了。大家看了一下保质期，都分别根据自己家的情况买了几桶，既省钱又省下了重复购买的时间。

大多数连锁超市发放的宣传单，彩色部分是全部连锁店都通用的，而单色部分则是只能在这家超市单独使用的。可能会有当日推出的热门商品，因此在看宣传单时，首先要关注单色部分！

低价热门的商品往往被安排在宣传单的四角，购买时要注意浏览。超市发放宣传单目的为了招揽顾客的，宣传单可以说是吸引顾客的“武器”，在宣传单醒目的四角，都会登载着每天的食物或季节性的必用品。最抢眼的是左上角的“推荐商品”，在研究时一定要率先斟酌，不要错过了。

目前，各大超市都办理会员卡，当然主要也是为吸引顾客，这个因素在一定程度上为我们省钱。省钱的事，我们就没必要拒绝是吧。所以如果办理了会员卡、在购物时一定要随身携带，有时一些特价的商品只针对会员折扣，有的会员卡还能累计积分，那么我们就要好好利用积分，到一定数量就能换取礼品。

选购超市自有品牌的商品

如果你逛超市的次数足够多，或者你足够细心，就不难看到，在很多大型超市里，自有品牌的产品数在增多。但是它们正在以一种似乎是刻意低调的方式生长。这些商品种类涵盖了粮油、休闲食品、家杂、家纺、小家电等多个品类。总之超市里贴有本超市LOGO的商品越来越多。据了解，超市自有品牌的商品一般是超市选择供应商进行加工生产，或以超市名称命名，或另选商标贴牌上架的商品。因为无需支付品牌使用费、营销费，商品下了生产线就直接进入卖场，省去了供应商代理等中间环节，因此售价比同质量的产品能低上10% ~ 30%。当然，在这种方式下，我们广大消费者就又多了一条省钱的途径。

一些大型的超市，比如沃尔玛、世纪联华、家乐福、Tesco乐购、华润万家等，都逐渐拥有了自己的品牌商品。虽然在报纸、电视和网络上我们很少看到它们的信息，卖场也并不大张旗鼓地宣扬，但是它们确实出现了。

下班后，解小姐像往常一样前往华润万家购物。在选购饼干的时候，她看到一袋52克装的仙贝每袋售价才2.60元，这是品牌为“润之家”仙贝的标价。而同一货架上同样分量的旺旺仙贝售价为4.50元。解小姐发现，原来“润之家”是华润超市拥有的商标，属于超市自有的商品。她将这包仙贝放进了购物车：“超市自有品牌价格比同类产品便宜，而且质量也有保证。”一旁正在挑选纸杯的某位先生则表示：“纸杯是易耗品，我会选择超市自有品牌，价格实在，性价也比高，为什么不买呢？”

在一家教育机构工作的唐小姐表示，自己经常会在逛超市时选择购买超市自有品牌的产品，比如卫生纸，她说：“买哪个牌子都无所谓，而如果是和脸部皮肤直接接触的商品，我还要谨慎选择，因为产品的质量很重要。”

实际上，大型超市发展自有品牌是国际惯例。日本零售商大荣连锁集团自有品牌的数量已经占到40%左右；美国的西尔斯90%的商品都是自己的品牌。在沃尔玛超市，其自行开发的samschoice可乐，价格比普通可乐低10%，利润却高出10%，在自己门店中的销量仅次于可口可乐。

而在目前经济不景气的前提下，消费者捂紧钱包的情况下，各大超市也都加大力度推广自有品牌，自有品牌已经成为超市利润增长的新引擎。因为对于我们消费者来说，关注的并不是超市有多大的利润，而是怎样花更少的钱去买到好东西。

列好清单再购物

通常来说，我们在购物时花销大的原因是买了些不需要的东西，这必然增加额外花销。而列的清单可以提醒你都买了些什么东西，你可以惊奇地发现很多东西是可以不要的。

俗话说：“吃不穷花不穷，算计不到要受穷。”会算计的人，2000元也能生活过得很好；

不懂算计的人，给他20万也会转手就花完。所以每次购物之前列出清单，购物时严格按清单执行，理性消费可以让你省钱。

在超市收银台前排队结账的那几分钟，是一个很好玩的时刻，很多人都会在等待结账手痒痒，然后买下陈列在收银台附近货架上的口香糖、巧克力和杂志。这样就会让自己的消费超支。

因此，在每次出门购物前很有必要先列好购物清单，列出家里必须购买的东西，以及可以购买的打折东西。以免看到打折，就兴奋的买回一大堆平时用不着的东西。另外还要注意，出门尽量不要多带钱，这样不仅结账方便、省时，还能防止冲动消费。

不同品牌的同类产品，价格上可能悬殊很大。比如质量接近的鸡蛋，价格差别往往是因为品牌不同，这一方面和品牌含金量、广告及包装投入有关。对于这些商品，你要根据个人实际情况，消费适当的“品牌”商品。

陆女士明显感受到了物价上涨带来的生活压力，到超市购物时，以前花200元能买下的一推车物品，而现在需要多掏一张50元才行。

由于平时大部分生活用品都是在超市购买，因此陆女士就抓住这一环节开刀：

第一，购物前列好购物清单，列出必须添置的物品，清单之外的物品即使再便宜也不买。

第二，在购物前定下消费预算，迫使自己在购物时严格按照需要程度对物品做出取舍，这样有利于养成节约的习惯。

第三，面对超市的特价、打折，必须要冷静。看清促销商品保质期，是否真的有必要购买。

陆女士的做法很值得我们借鉴，不仅购物前列好清单，还提前做好消费预算，对购物的行为做了双重预防冲动。另外，我们也应该像陆女士一样，冷静对待促销、打折等活动。

通常看起来，促销期间购买的商品一定比平时便宜，但是有些产品并非如此。有些商家会把促销费转嫁到消费者身上，商品说是折扣降价，实际上比原来售价还高。

另外，许多超市会把可乐、洗发液的商品价格定得比较低，因为这些商品的市场价格消费者都比较了解。这样的定价可以让消费者，觉得这家商场的物价较为便宜。对于这样的行为你大可不用理会，因为这类商品各家超市的价格都差不多，低也不会低很多。我们真正需要注意的是自己需要购买的商品的价格。

尽管超市中商品齐全，但某些商品不宜在超市购买，比如电子产品和日用杂品。超市都设有电子产品专区，但是往往价格较高。尤其是数码产品、手机等，要比专卖店贵10%甚至更多。

批量购物，节省成本

居家过日子，想用什么了才去买，或想吃什么了才去买，一件一件地太浪费时间。柴米油盐等日常用品，虽然都不贵，但主妇手头的一时疏忽，却可以让一笔不小的金钱流失。

而且更重要的是，这样今天一趟明天一趟地买，是非常浪费钱的。如果细心算计，养成勤俭的习惯并不难。只要懂得仔细计划日常消费的开支，也能让小日子过得相当不错。定期去超市或市场批量购物，既可以获得折扣优惠和享受免费送货上门的服务，同时还能节省下不少多次往返的车费和时间呢！另外，一些蔬菜、肉类、水产、米面等，也可以每周到市场批发一次，这也能比零买省钱。

生活中常用的肥皂、洗衣粉、洗洁精等清洁用品；茶米油盐等食用品，用完一次买一次和批量买，价格上有很大差别。如果用完一次，就集中到超市或市场批量采购，可以节省零买的差价。每次省的钱虽然不多，但“一日一钱，千日千钱”的道理，我想大家都懂。

现在赚钱难，物价贵，吃菜当然也得省着。孙先生最近就想出了一个省钱的方法——他每隔三四天开车到批发市场去批量购买一次菜。孙先生平时收入还可以，但最近收入有点下滑。他想，既然不能“开源”了，那就只能“节流”。正好，在他家5公里外有一个批发市场，开车过去很方便。孙先生开始批量买菜了，一来一回，10来公里的路，汽油费用在5块钱左右，但批量买次菜省下的钱却远远超过这个数目。

“那个市场的菜要比附近的农贸市场便宜许多，蔬菜去掉烂叶和分量损耗，价格也只有农贸市场的一半左右。像大白菜，在那边基本是一块钱 3 斤，而农贸市场里起码每斤要 8 毛到 1 块；水产和猪肉也要比这边便宜两三成，一次买七八十元的蔬菜、水产、猪肉等，基本能省下 30 多块钱。”张先生说，“我一般每次会买六七种蔬菜，开销也就 30 元左右；猪肉和水产也各花 20 多块钱，这些菜一般可以吃上三四天时间。反正家里有冰箱，保鲜也不是什么难事。”

在大型的批发市场中，通常会有像孙先生一样的“私家车一族”过来批菜。这些人一般在双休日到市场买菜、买米。只要买得稍微多一些，汽油费是肯定可以省下来的。如果买回家和亲戚朋友们分一分，不仅实惠了大家，菜、米不用担心储存问题，而且平摊一下汽油费，省的钱就更多了。

我们在去批量购菜之前，要货比三家，选择价钱最合适、产品质量最好的。批量购买慎防“杀熟”，碍面子不好讲价，容易吃亏，还不如另择他店。

到商品批发城购物

过去，大家买东西只知道去大商场和大型超市，认为这些地方的商品品质有保证。但是是不是购物一定要到大型商场或大型超市呢？不一定。

可能很少有人想到去超市的供货商手里直接买，但是这样可以节省商场场租、超市上架费和二级经销商的高额利润。别忘了这些商场和超市的商品，也都是从供货商那里进来的。如果我们直接从供货商手里买，不是比商场和超市的更便宜吗？而且质量绝对完全相同。

在北京，像天意、万通、大红门、官园批发市场比较大的批发市场有很多。这里厂家的直营店多、总代理商多，自然商品的价格也很便宜。就算是零售，也要比市场价便宜很多。而且，这些批发市场是很多商场进货的源头。因此，如果你能以拿货价在这里买到商品，也就差不多是拿到全北京的最低价了。

一位到天意批发城购物的女士说：“每到周末这里的人都很多。为了避免和这么多人抢购，我通常会在中午休息时开车过来转转，可以淘到不少宝贝。”这一次她就选购了一只翡翠手镯，“在别的地方，同样品质的东西可能要花 3 倍的价钱才能拿下呢。”这位女士高兴地说。

一身皮草，提着真品路易·威登手袋的时尚购物者，可能更多见于国贸、燕莎等高端消费场所，很难想象这个消费群能与天意批发市场画上等号。但是，在天意很容易见到这个消费群体，包括成群结队的外国人。

月收入上万元的李小姐近期也开始逛大红门了，她说：“商场里的品牌服装现在是越来越贵，总在那里买也招架不住，所以我现在常来这里逛逛。这里也有一些很不错的服饰，运气好的话，可以淘到一些不错的东西。”

到源头购物，正在成为新节俭主义者的一大原则。很多消费者称，同样品质的在大商场要百元以上的丝巾，在这些批发城买一条，只需要几元、十几元；在箱包品牌的代理商处购买一个手提包，只需要商场零售价的百分之三十到百分之五十；在浪莎袜业总代理处购买一双袜子只要几元钱，而到超市里就要 20 多元；一个乐扣的盒子在批发城售价可能 30 多元，而超市里就需要 50 多元。同样的品质，当然选花钱少的地方去，所以平时大家可以多去批发市场淘宝。

抓住开业庆典好时机

对于商家来说，任何促销都不会违背利润原则。可能看起来他的促销价格很低，但是整体上商家肯定是盈利的。几乎所有的新开业店铺、搞周年庆典的店铺，都会拿出几种商品，无利甚至是亏本销售，以达到聚集人气，带动整体销售的目的。

现实生活中，有许多的优惠时机，如果能瞄准这些优惠时机，适时地进行消费，当然能或多或少地为自己省下一笔钱。各种名牌店的开业庆典活动可谓机会难得，省钱达人们应该把握机会出手。因为这时商家的折扣要比其他任何时候都大，这可是又能省钱又能买到高档

商品的最佳时间。

据商界人士说明，新店开业价与其他店铺相比，平均价位至少便宜20%。这对广大消费者来说可是一个好机会，尤其是“抠抠族”，更应该紧紧把握这个消费的机会。

刘小姐是某品牌服装的忠实粉丝，她的大部分衣物都是这个品牌的。不过，受到金融危机的影响，刘小姐很久没有购入新衣服了。虽然经常下班后都会到店里瞧瞧，但终究还是没舍得掏银子。

上星期附近的一家品牌店搞开业两周年庆典活动，店内的服装打折酬宾，最低折扣为6折。这可乐坏了刘小姐，她和几个朋友一起到店里扫货。刘小姐惊喜地发现，自己钟情的一件500多元钱的上衣，打7折在销售！刘小姐立刻买下了。而几个朋友也都挑到了自己中意的服装，因为购物较多，店家为此又在折扣的基础上给他们打了个9折。这一趟下来，就省下了好几百块！

有一些店铺在新开张或搞庆典时，和商场类似，会推出自己的会员卡或积分卡。比如一次性购买多少钱的东西，就可以办理一张会员卡，凭卡消费可以积分打折，或者积够一定的分数送礼品。当然也要充分利用。

一般名牌专卖店商家为了维护品牌高度，商品价格都是比较固定的，也比较高。所以名牌商品打折很是少见。就算能打个九折，那件商品的价钱还是让人望尘莫及。但是在开业庆典的时候，就会出现大的折扣，甚至有打六折的可能性。所以这个时段的折扣是最实惠的，而且一般的名牌店商品具有一定的保值度，过几天你甚至会发现，那件商品又变回了折扣前的价钱。

有些名牌店会在促销时推出购物返券或返现金的活动，这个可以省钱，但不要上当。

精心收集折扣券

经常吃肯德基、麦当劳的消费者可能都了解，有折扣券要比没有折扣券少花很多钱。喜欢肯德基、麦当劳这些洋快餐的人，可以利用折扣券充分享受美食的乐趣。

每周消费一次，仔细计算每个月能省下不少钱！这些餐厅的折扣券获取渠道很多，比如可以到官方网站下载，可以在用餐时获取，报刊杂志或其他地方都会有提供，平时多注意积攒就是了。

想和朋友看电影，可以搜集各电影院的折扣票，然后痛快地看去吧；想到百货商场购买五光十色的商品，就赶紧搜搜各类购物卡；想吃哈根达斯，就把代金券下载到手机里，付账时秀一下折扣券就可以了；精心收集各种折扣券，已经成为很多省钱达人的血拼秘籍了。

一些网站提供自行打印的折扣券，一些店开业时我们可凭券免费索取小礼品等。和朋友一起收集并且分享信息，寻找对自己有利的信息，绝对可以做到又省钱又享受。而这些折扣券，也的确让很多人享受到了好处。

如今，除了餐饮业，折扣券服务涉及到的行业还有很多，购物、旅游、健身、演唱会、驾校、保险等行业。这些折扣券的折扣幅度从3折到8折不等，折扣的纸面价值有的高达数千元。在日常生活中我们要高度关注折扣券，尤其是报纸杂志上的，因为它们直观、方便，拿在手里就能当现钱用。

对于平时逛街拿到的肯德基、麦当劳优惠券，杂志上的电影抵金券，收集起来，在消费时可以节省我们的消费。如今，消费前先上网“抠券”已经成为了“抠抠族”们的习惯，无“券”不欢已经成了不少“血拼族”的生活经。

举个例子，用折扣券以8折的优惠花4000元买一条项链，可以得到几乎相当于4000元的返券；再用这些购物券买昂贵的饰品，与此同时又会获得了许多附加赠品；然后，你可以将自己用不完的赠品拿到网上出售。一来二去的，最后的结果可能是你只花了几百元，却享受到了4000元的优质生活。

小静特别喜欢美食，是朋友圈中最有名的“小饕”，喜欢各种新鲜美味。小静有一个很好的习惯，就是把各种看完的杂志、报纸美食版上的优惠券剪下来，储存起来。并按照火锅店、海鲜店、自助餐等分门别类，以便计划去吃下一个美食时，利用这些节省自己的钱。

小静经常到一些便利店、大卖场服务台、酒店大堂等地方索取免费杂志，因为这些杂志里经常会有餐饮、服饰、美容、教育等各个类别的折扣券，以10%折扣居多，也有50%折扣的。她还在网站上搜集各种折扣券，总之只要找到自己喜欢的，就打印出来，以备不时之需。

拼卡消费巧省钱

什么叫做“拼卡”？是指两人或多人合办一张卡、共用一张卡。但是也可以是各自不同的VIP卡相互借用，比如购物卡、游泳卡、健身卡、美容美体卡等。“拼卡”，在现在已成为一种既省钱又时髦的消费方式。

会出现拼卡现象，主要因为这种方式可以降低消费成本。这些卡一般都有使用期限，一个人很难在规定的期限内用完一张卡的使用次数，卡的最大价值难以发挥。而“拼卡”，共同养“卡”，不仅能在规定的时间内将卡的次数用完，还能使卡获得更多的积分，从而获得更大折扣，买东西更加优惠。这也等于降低了每个人的消费成本，让每个人都因此而省下不少资金。另外，不少精明的“拼卡族”还将自己的会员卡号“晒”在网上，其他人可以通过“报卡号”的方式在消费场所使用同一张卡。在很短的时间内，卡内积分就能增长很多，并且使用卡号的人也能在使用过程得到折扣，并且折扣也会越来越多。

“五星级酒店游泳卡即将到期，急觅愿意一起健身的姐妹同去，每次仅需原价的1／5。”在“拼客”网站上，每天都会有数十条这样相约一起购物、健身的“拼卡”帖子出现。拼卡，这项新鲜的都市消费方式正在日益流行。

王洁钟爱美甲，是一家美甲店的老顾客。不久前，这家美甲店推出一项优惠：办一张380元的卡，服务费可以优惠3元。这个优惠对于王洁这样的常客来说是很诱人的，但一次性拿出400元自己有些不情愿，于是就找朋友合伙办卡，每人出200元，谁需要用谁就拿着卡，不仅享受到了优惠，还省了钱。

王洁的卡包里有各种各样的卡，包括美容店的贵宾卡、服饰品牌的VIP卡、百货商场的VIP卡、火锅店的会员卡。她说：“这些卡都是我和姐妹们合办的。有些商场要一次消费上千元才能办理贵宾卡，一个人买这么多钱的东西觉得贵，因此就和其他姐妹们一起消费，买够千元后就办一张VIP卡。这样，以后再去消费时就可以拿着卡享受一定的折扣了。”

可以说，拼卡不仅能最大限度地节约成本，节约资源，还能扩大交友圈。而朋友间互相帮助也能增进彼此之间的友谊，因此“拼卡”已经成为年轻人生活中充满创意和惊喜的生活方式。

由于“拼卡”是一种新兴事物，法律上对相应的事故及责任划分还非常模糊。“拼客”应尽量选择自己周围熟悉的人，对网上的陌生“拼友”最好确认对方的身份，必要时签订书面协议，以应对意外情况的发生。尽管作为一种全新的消费方式，拼卡受到人们广泛的欢迎和鼓励，但在和陌生人一起拼卡时，要注意保护自身的合法权益，以及隐私。

网上购物，让钱更值钱

经济状况一直不景气，但是我们要保证我们的生活品质，但是我们的钱包不是很鼓，怎么办？去网上购物吧！

在实体店里要想找到便宜的东西，至少得“货比三家”，网上购物如今已经是眼下最有效的省钱方式之一，而且得到了越来越多的消费者和网友的认可。在网上，你总能很容易找到比市场上价格低的商品。而在网上直接搜索商品的名字，很快就能看出哪个更便宜，省时又快捷。在网站上，服装、数码产品、日用品等商品的价格，比市场价格普遍低30%左右；在图书网站上，几乎所有的书都打折出售，甚至可以打到5折。

最重要的是网上购物送货上门，省去了逛街时间和来回的路费。因此这一购物方式已经越来越流行了。

有人说：“网上购物这么便宜，商家还有赚头吗？”

实际上天下没有免费的午餐。消费者省的是中间环节的钱。专业机构的统计数据显

示：在传统渠道，食品、日化用品的销售成本是15% ~ 20%，数码产品的销售成本是20% ~ 35%，百货、家居用品的销售成本是30% ~ 35%，奢侈品的销售成本在40%以上。

那么就是说在专卖店花500块钱买一个皮包，有200块被中间商吃掉了。而同样一个包，在网上给中间商的钱只有25元左右。假如这个包在网上卖400元，消费者能省下100元，商家还能多赚75元。所以，网上的东西较为便宜，也因为便宜，越来越多的人选择网上购物了。

据了解，目前网上购物操作流程主要有两种：一种是货到付款交易，风险最低；另一种是消费者将汇款存入一个第三方账户（如支付宝），然后在货到验货合格后再通知支付宝将货款支付给商家。这种付款方式也比较正规、保险，发生纠纷的几率也比较小。但是，需要注意只有正规的网站能做到如此约定，所以消费者在网购时要选择正规的网站。

李蒙初为人母，好奇的个性并没比之前改变多少。听朋友介绍了在网上购物的好处后，她就尝试着在网上买了一个真皮钱包。收到钱包后，李蒙非常满意。从此，她就迷恋上网上购物了，甚至连自己宝宝的奶粉都是从网上买的。

一段时间后，李蒙琢磨怎么把自己网购的手续费和邮费降到最少。李蒙每次购物，都因汇款而多掏0.5%的手续费。按照李蒙每次给宝宝买奶粉500 ~ 600元的花费，需要支付2元的手续费。虽然不多，但积少成多也是一笔不小的花费。主要是白白把钱贡献给银行，觉得很可惜。

于是在朋友的介绍下，李蒙开通了网银业务。这样每次只要在电脑上就可以直接把钱从银行卡转到支付宝账户，省下了汇款的手续费。但是手续费省了，邮费咋办呢？李蒙和商家沟通，商家说只要多找几个朋友“团购”，买东西就能包邮。

终于省去了烦心的邮费，精明的李蒙很开心。

一般求说，网上商品比实体店要便宜很多，但是如果价格太低就要警惕了，因为这很可能是骗子设置的圈套。有的名牌产品可能是假冒名牌，产品质量差，在购买时要选择规模较大、信誉较好的网络交易平台交易。

网上交易没有纸面协议，如果买卖双方就所购物品的规格、名称、单价、交货时间等没有明确的约定，很容易产生纠纷。所以请消费者网络购物时，注意。

不赶时髦，不跟风扫货

“女人的衣柜里永远少一件衣服。”许多女人面对时尚、漂亮、打折的衣服，都心动不已。如果商场打折、送购物券、积分送礼，更加会让许多女人丧失理智疯狂购物，最后发现自己买回一堆不必要的东西。看着街上的美女们打扮入时，自己难免也会心痒痒地想来个大变身。

身处繁华都市，如果自己不是个时尚“潮人”，就会感觉与这个时代格格不入。但是，一个人的衣着打扮最好形成适合自己的风格，如果不是十分有把握，就不要轻易去跟风买一些赶时髦的衣物。否则，不仅会“画虎不成反类犬”，还会白白浪费自己的银子。

花钱是需要理性的，掏腰包前要三思。应接不暇的诱惑，会让一个人疯狂，那么做个理性的消费者才行。

吴小姐对时尚有着非常敏锐的嗅觉，哪里有了最新的货品，她会在第一时间购买。几天前，吴小姐在一家名牌专卖店里看到了一件镂空针织衫，一见钟情，当即就掏出480元买了下来。回到家后她发现这件衣服与自己平时的穿衣风格完全不同，整个衣橱里没有一件能够与之搭配的衣服。如果要穿这件衣服，就必须去买与之相称的裙子、项链、鞋子，实在花费太大。无奈之下，吴小姐只好忍痛割爱，将衣服转送给了自己的一个好姐妹。

对服饰的投资，性价比最重要。衣服少而精，只买对的不买贵的，才是最好的消费观念，而且撞衫的可能性比较小。跟风买一些时髦的东西，经不起时间的考验，穿不了几次就要束之高阁。衣服的价值，不在价格的高低，而在于价格与穿用次数的比值，在于自己穿出去的效果。

便宜好看的衣服多的是，但不一定都适合自己，因此淘便宜衣服未必真的省钱。而与此同时，鞋子可以适当多买几双，好搭配不同的衣服。好的鞋子在设计时充分考虑了人的生理曲线，一双好的鞋子对身体的健康至关重要。鞋子的品质是最重要的。

节日消费省钱的小窍门

下面教你几招节日消费省钱的小窍门：

1. 预算购物。设置一个现金购物的限度。当超过这个限度的时候就停止购物。

2. 尽早地进行旅行安排。可以享受便宜的车票和打折的房间。

3. 尽早购物。

4. 购物结束了，马上回家！越能抵御购物商场的诱惑，你就会越少地购买没用的东西。最好的方法是不受诱惑，直接回家。

5. 不要仓促购物。当你急需某样东西的时候，你很可能用较高的价钱买并不是很中意的一件。为了在购物时避免拥挤，最好是在每天的早上或是在每周一或是周二时购物。

6. 节假日过后再购物。这样做可以使你为明年的节日装饰和贺卡节省大量的钱。

7. 自己制作你的礼物。通常自己可以烧制艺术和工艺制品小玩意儿，如瓶子等。精美包装自己的礼物，最好制作或是购买特别的包装。

8. 注意气候的变化。当冬季到来的时候，储藏一些折扣诱人的商品。比如，夏款的体恤比平时要低 15% 到 30%。

9. 尽早开始购物的比较。你可以进行价格的比较并且利用提前消费的方法。

10. 发送免费“虚拟”的祝贺卡。这种通过网络发送的丰富多彩的信息不会花费你一分钱。

11. 用较少的钱招待客人。聚会时 AA 制结帐；或者直接在家招待客人。用家常便饭或甜点等来代替昂贵的晚宴聚会。

第三章

平日餐饮节流：从嘴巴里面省金币

低成本生活是一种艺术，虽然花费较少，但是我们可以剔除奢靡，保持节约的格调；摒弃恐惧，保持乐观；扔掉哀叹，活出精彩。学会从嘴巴里省金币是一门学问，理性、健康的消费，少花钱，甚至是不花钱，也依旧不会降低生活品质，学会平日的餐饮节流吧，争取做一个花一百元钱就能干一千元事的省钱达人。

一起“百元周”，大家齐省钱

“百元周”，迅速蹿红网络，受到众多网友热捧。许多工薪阶层为了降低自己的生活成本而各自琢磨自己的奇招。所谓“百元周”，顾名思义，就是用100元钱过一个星期。具体是指在上班工作日（周一至周五）期间，全部的餐饮、交通、娱乐、购物、保健、运动等消费加起来，控制在100元以内。

虽然金融危机已成为街头巷尾人们热议的话题，但大部分人表示没有感觉到这场危机带来的影响——工资没变，商场打折，除了居高不下的房价，和一些个别昂贵的东西，没有太过分的波动。

不过，借金融危机在网上悄然兴起的“百元周”活动，却实实在在地在年轻人中刮起了新一轮的“省钱风”。在“百元周”里，不允许借钱消费，不允许提前备好物资，但允许蹭饭，免费搭便车，总之是省钱的方法都可以。同时，参与者可以把自己每天的花销和生活记下来，公布在社区论坛与其他参与者交流。

自从在网上看到“百元周”活动，刘先生就跃跃欲试，他在网上公布了自己的消费明细，“早饭蛋饼、包子、豆浆等，每天花费大约4元，一周就是20元。”午餐每周只吃三顿，总共约30元。每天骑自行车到地铁站，来回地铁费用每天4元，一周下来就是20元。”这三项基本消费加在一起，一周开销已达到70元。刘先生有下午喝咖啡的习惯，改喝速溶咖啡，最后的30元限额还是被突破。第一周的实验，刘先生共花费了156元，“百元周”计划失败。

但刘先生并未因此沮丧，他觉得平时自己不注意开销，总是有一些不必要的浪费。在试行“百元周”计划前，刘先生的每周消费大约在500元，而试行“百元周”计划后，拿刘先生自己的话说：“没想到还能榨出不少油水来”。

而对于小吴来说，“百元周”计划是件很容易的事。小吴：“生活需要节俭，但不等于吝啬，该买的买，要让东西的价值与价格等值。”她这样进行自己的“百元周”计划：首先，自己做饭菜。实惠省钱，还健康卫生。其次如果和朋友在外面吃就AA制，有剩菜一定打包。另外，小吴还随身带一张IC卡，如果时间充足，电话就用IC卡打，节省很多手机费用。一周活动结束后，小吴的生活费用仅48.4元，加上5天的房租30元，水电煤气费10元，米油盐6元，总共也才94.4元。

现在，很多网友都在参与这样的活动。虽然这个感觉像是挑战极限，但百元一周的消费，很多人还是应该可以做到的。很多年轻人在用钱方面一般都没有计划，才导致了那么多月光族。而这个“百元周”却起到合理管理自己资金、限制浪费的作用。

“拼吃”——花得最少，吃得最好

与陌生人共享美餐，这是都市时尚青年一种流行的省钱方式。目前，越来越多的人加入到这流行方式中。这种方式不仅能花很少的钱就吃到很多的好东西，还能收获很多吃以外的东西，那就是结识好多‘吃’同道合的朋友。在都市里这群热爱美食的人，被称作“吃友”。他们两三天就去一次饭店，有志趣相投的，彼此之间成为新的朋友。而大家不定时地在一起讨论美食，是一件令人不亦乐乎的事。

他们去吃饭通常每次不重复点菜，这群人有自己的“吃序”：找准一条街，饭店挨个进，依照菜谱顺序点菜，花销采用 AA 制。这就是拼吃。借助于拼吃这种形式，你可以很容易将周围好吃的地方吃个遍。当然，目的也不仅仅是为了节约生活成本，而且为了加入这个圈子，使得自己结交更多的朋友，排遣内心的孤独。

于先生刚刚大学毕业参加工作，每天都为自己吃饭的问题发愁。一个人在外吃花费不小，自己在家里做费事，吃着也冷清。每天遇到吃饭，他就发愁。前些天，他上网逛游，在论坛上发现这样一个帖子：晚上网友约在一起吃龙虾喝啤酒。于先生就跟帖留了自己的联系方式。晚上 6 点左右，他按照发起人告知的地点，赶到了预订餐馆。他看到预订位置上 8 个年轻人聊得正欢。但是第一次做“饭搭”，于先生还有点紧张，但现场的热闹气氛很快就使他放松下来，于是也与同桌并不相识的人聊得非常火热。

正聊着，菜上来了。几个人都不急着吃，掏出相机对着美食一阵猛拍，说是要发到网上，和网友分享，以便下次更多人来和他们一起拼饭。接着，大家一边吃一边对菜进行评点，互相推荐吃过的更好的店家，相约下次同去。

“那次‘饭搭’聚会后，我们几个口味和兴趣爱好相同的人就经常在一起吃饭。随着新‘搭子’的不断加入，我的朋友圈子也越来越广，现在的我一点都不觉得寂寞了。”于先生说。

与其他“拼搭”方式一样，拼吃给这些有着共同美食爱好的，而此前又无缘相识的人提供了一种新的倾诉、交流、沟通方式。而且，由于大家此前都不认识，彼此没有任何利害关系，交流起来无需设防，在这种氛围里也更自然。合则聚，不合则散，没有负担，更无需带着面具伪装自己。这种时尚的生活方式不仅让每个人都得到了经济上的实惠，也加强了人与人之间的沟通，认识了更多的朋友。

到附近大学食堂吃饭

“去大学食堂吃午饭吧！量足、卫生、便宜，吃完还能在校园散步！”随着物价的上涨，写字楼内的上班族的吃饭成了个大问题。订餐外卖担心不干净，自己带饭觉得麻烦，天天下馆子又太贵……目前在很多大城市，大学食堂都已经成了许多上班族热捧的“白领餐厅”！

为了解决上边提到的吃饭问题，白领们想到了这个好方法，于是都到附近的大学食堂吃饭。调查发现，这还不是个别现象，现在不少在高校附近工作的白领，都流行到学校食堂去吃饭。

对于每天奔波于各大商务区、商务楼的白领来说，能够吃到一份实惠可口的午饭，似乎成了一种奢望。然后在感叹“吃饭难”的万般无奈中，白领们就想到了一个既便宜又方便的吃饭场所——大学生食堂。

花上五六块钱，就能吃得很丰盛，细算下来，有这样一笔账：自己订餐就餐平均一顿饭要花 8 ~ 10 元，而在学校食堂吃饭则能控制在 5 元左右，这样一个月下来午餐就能省下来上百元。而且，学校的饭菜卫生质量也有保证，比外面送的盒饭更卫生、安全。于是，众多白领也成了名副其实的“蹭饭族”。

经常在大学食堂“蹭饭”的黄小姐说：“平时 10 多块钱的商务套餐，现在都卖到了 12 块钱甚至 15 块钱，太贵了；外面的快餐也吃过，不过现在也都涨价了，而且做得也不太好。学校食堂里的饭菜都做得不错，最主要是价格便宜，也比较卫生，就所以选择到高校食堂吃‘大锅饭’了，降低自己的生活成本嘛！”

“现在菜价涨得这么厉害，连包子都从1.5元涨到了1.8元，算起来还是学校食堂的饭菜好，价格也没什么太大变化，而且花样还很多，所以我们每天都选择到那里吃。”另外一个公司的王先生这样说。

甚至目前大学周边社区的居民也开始追逐这种潮流了，到学校的食堂“蹭饭”。当然上班族和居民到学校食堂就餐给学生们造成了一定的影响，但选择去高校食堂吃“大锅饭”确实可以降低自己的生活成本。对于上班族来说，是没有办法的办法，谁让现在物价涨得那么快呢？

但是，笔者要提醒广大为了省钱而去学校吃饭的朋友们，咱们到学校食堂就餐，就要遵守学校食堂的规定。

很多朋友在学校食堂就餐后，习惯性的放松，比如在食堂里抽烟，大过一把办公室里无法过的烟瘾，虽然可以理解但是这会影响学生们日常的就餐环境；还有一些人吃完饭就撒手离去，自己的饭盒不放到规定的位置，甚至还在桌上留下许多用过的餐巾纸等杂物，这就破坏了食堂干净整洁的环境。这些行为不仅破坏了学校食堂的规定，还损害了自己的形象。因此，作为“蹭饭”的上班族，大家应该注意自己不是在餐馆吃饭，那么朋友们就应该自觉遵守高校食堂的秩序和规章制度，共同维护学校食堂的良好环境。

带饭上班，省钱又健康

现在，在一些写字楼里逐渐出现的一个新的族群——“带饭族”。这些人每天带饭上班，而且已经不是个别现象，他们形成了一个庞大的群体。形成这种情景的原因，一方面因为上班族越来越注重饮食的营养和卫生；另一方面，面对金融危机，节省开支成为“带饭族”形成并发展增加的重要原因。

并且与此同时，不少写字楼的公司为了方便“带饭族”将饭保鲜、加热，还在办公室里添置了冰箱和微波炉。甚至有的公司专门还开辟了茶水间，一方面给员工加热饭菜、喝水提供条件；另一方面，公司想通过这种方式打造家园式的工作环境，营造温馨的工作氛围。

刘小姐算了一笔账：自己中午和同事去餐馆就餐，几个人凑份子，一顿饭下来也得10元钱。而且到餐馆就餐还得排队，饭菜味道又不大合自己口味。自己带饭，每月能省下200多元钱，更重要的是自己做的饭营养丰富，饮食卫生就绝对没有问题了。

刘小姐还说了一个有趣的现象：公司带饭的人在每月的20号就会少些，因为那时刚发了工资，大家口袋里的钱都比较富余；等到了每月10号左右，同事们普遍囊中羞涩，就发现带饭的人就多了起来。

由于长期带饭上班，刘小姐自己摸索出一套“带饭经”：午餐既要能够缓解上午工作的疲劳，还要能够为下午的工作“加油”，所以午餐补充能量最重要。她每次带饭多是一些高蛋白的食物，比如米饭、牛肉、鸡肉、豆制品以及叶菜等；她还说：“你自己带的炒菜最好只有八分熟，以防微波炉加热时进一步破坏其营养成分。另外，最好可以带一些新鲜水果、酸奶等，既能补充营养，又可促进消化。”

看了带饭族自己的经验之谈，我们来看看营养师是怎么建议大家的：“带饭要考虑菜肴是否容易变质，以及经过微波炉加热后食物的色香味是否会有改变。比如像鱼和海鲜因为隔夜后易产生蛋白质降解物，会损伤肝、肾功能，所以尽量不要隔夜吃。另一方面凉拌菜由于加工时就很容易受到污染，即使冷藏，隔夜后也很有可能已经变质。所以不宜将隔夜的凉拌菜放入饭盒内。”

早晚餐尽量自己做

现在，很多上班族为了节省时间，早餐会到餐厅或路边的小摊上吃，晚餐也是在外边简单对付一口。这样钱是花了不少，吃的东西还不一定卫生健康。

想吃得健康、卫生，又想少花钱，其实方法很简单，就是自己在家做。一般上班族的午餐都要在公司解决，那么早晚餐完全可以自己在家做。

比如早晨起床后，可以利用洗漱的时间，加水自己煮一点白米粥，既有营养，安全卫生，还比在外面吃省钱。而且如果想让粥的味道更好，家一点蔬菜，营养也会随之更加丰富。晚餐也是如此。

43岁的李女士是一家银行的员工，平常消费也不怎么在意，一家人的早餐都在外边解决。自上月中旬起，李女士这10多年的习惯改掉了，开始自己在家做。

李女士说："自己一家人过去都是在外面买早餐吃，每月下来平均要200元左右。而现在早起半个小时，自己在家做早餐感觉省多了。一把豆子，就能磨3大碗豆浆，够一家人喝的了。不仅省了每天买牛奶的钱，还营养。再煮个鸡蛋，做点便饭，既干净又省钱。一个月算下来，也才花了不到140元。咱持家过日子，能省就省点。"

物价上涨的情况下，不少喜欢外出就餐的人转而做起了"家庭食客"。原来上班族因为工作性质，几乎一日三餐都在餐馆解决。有时是朋友请客，有时自己请朋友，每月仅此一项消费支出就得几百上千元。现在大家说起来："现在一般都回家自己做饭吃，省钱吃起来也放心。"

用野餐替代下饭店

加拿大皇家银行资本市场调查部的一份调查显示，美国半数以上的消费者表示，因为受房价下跌、油价上涨和整体经济的影响，今后可能会减少"下馆子"次数，基本改为野餐聚会。

听起来很潮流的聚会方式，我们也可以学习。我们可以假想周末休闲时光，和家人、朋友聚在一起野餐每个人带一些自己最爱的食物，或者在路上买一些简单的户外食品，既省钱，又时尚！谁说吃饭就一定要下饭店？花销不少，也不一定能吃得尽兴。为什么不用野餐来代替呢？

如果嫌在家吃饭麻烦；如果嫌请朋友吃快餐不够派，那么就到公园或郊外去野餐吧！这是一个时尚、省钱的选择。

聂女士一家以前每到周末就到饭店"撮"一顿，但物价上涨得厉害，每周花费的钱越来越多，家人都感觉有些贵。聂女士周末又想带着孩子出去玩玩，想到了野餐这个方式。

于是，聂女士一家上个周末，就张罗着出去席地野餐。野餐的内容也很丰富：玉兰瓜、香肠、炸薯片等。聂女士说："到饭店吃饭不但要多花不少钱，而且还浪费许多时间，上次的野餐，我们觉得周末过得非常开心。"

自此之后，周末有聚会之类的活动，聂女士也提议大家一起到户外野餐。尤其是在夏末秋初气温适宜的时候，几个朋友一起带上包，准备一些简单的食物，到户外野餐，亲近大自然，呼吸一下新鲜的空气，一起聊天、娱乐，省钱还很不错。

所有的地方几乎都能成为野餐的好去处，比如当地的公园和草地是最佳的选择。如果你可以带上一个垫子的话，甚至都不需要找用来用餐的长凳，这是多么愉快的活动啊！

户外野餐时有五条小知识：

1. 不要在筑有鸟巢、蜂房或昆虫乱飞的树底下野餐。在地上铺一块干净的塑料膜，四边用干净的石块压住，这样能防止蚂蚁、蜥蜴等小动物爬上你的餐桌。

2. 尽量选在平坦、干净、背风、向阳的草坪或岩石上，可以避开飞扬的尘土。

3. 如果要自己烧水做饭，水一定要烧开，饭也要煮透。而且火焰在饭做好后，要立即将余焰用水浇或土压，彻底熄灭。

4. 野餐前最好用消毒纸巾擦拭手和餐具等，不要交互使用餐具。罐头、饮料、水果不要一下子全拿出来，吃一点取一点，将剩下的盖好，这样可以防止苍蝇、虫子爬叮。

5. 进餐完毕后要将现场清理干净、将废弃物集中放入垃圾桶或指定地点，不要乱扔。不要随便采集不认识的野菜、野果等佐餐、以防食物中毒。

在家自制烧烤

炎热的漫漫夏夜，怎样度过？很多人都喜欢在路边大排档上吃烧烤，肉串5毛钱或1元

钱一串，再来上几杯扎啤，几个朋友边聊天边吃，很惬意。可是，经常这样，你的钱包就会变瘪。似乎很省钱的消费，吃下来就会让大跌眼镜：不知不觉花了不少钱。想吃烧烤，又想省钱，最好的方式也是自己在家做，既卫生，又节俭。

好吃的东西不一定要到外面吃，自己在家也能做烧烤。不怕麻烦可以买来烧烤用的炉子、碳、盘子、签子、卫生手套等设备，自己去市场买点肉，喜欢海鲜再买点海鲜。然后，就可以回家自己做烧烤了。要注意的是，做烧烤的食物最好在家里加工，食品的量要根据人数而定，不要过少，少了不过瘾；也不要太多，以免浪费。如果要去野外，提前在家里加工好，去皮切片等工作应在出发前完成，尽量不在野外加工。切片的食物不要长时间放置，时间长了就可能会氧化变色。食品准备的种类要丰富些，不要只是肉串，还应该有些绿色蔬菜。

即使自制烧烤，也要注意食品卫生和安全问题。比如一定要把食物烤熟再吃；烤熟的食物温度很高、吃的时候不要烫到嘴；烤糊的食品，特别是肉类，对人身体有危害；加碳时要注意，应等到新加的碳完全燃烧后再烧烤，碳在没完全燃烧时会产生有害气体，有损人体健康。如果嫌麻烦，告诉你个好方法，就是用微波炉烤制。

周女士的女儿喜欢吃肉，对烧烤更是情有独钟。可是周女士担心大排档里食物卫生条件不过关，于是就想自己动手给女儿做烧烤。

说干就干，周女士买了现成的台湾肠和火腿肠，可是该怎么烤呢？周女士想了想，把香肠涂上买来的烧烤油就放进了微波炉，然后选择烧烤档转上七八分钟，没想到拿出来一看，还真不错，女儿也很爱吃。周女士觉得这种方式不错，又干净又方便，还省钱。

于是，周女士又从市场上买来新鲜的鱿鱼、扇贝、蛹等，一概大烤特烤，只是方法依旧是一成不变：洗干净后，涂了烧烤油，直接放进微波炉等着吃就行了。这个方法看起来是不是省心省力呢？

如果想聚会，还可以买些啤酒，然后带着这些东西到户外野餐，地点在上一节说到了。和朋友们一起动手做烧烤吃，感觉肯定不一样，不仅吃得开心，东西也都很卫生，不会出现吃坏肚子的现象。所以，大家可以好好准备一下和朋友们一起去烧烤吧。

巧吃自助餐

如今在中国，吃自助餐已经成为一种既时尚又流行的饮食方式。现代都市很多人都很喜欢吃自助餐，因为它可以省略点菜的麻烦工序，更重要的是划算。出一定的价钱，就能在最短时间和有限空间内尝尽各式美食。具体做法：餐厅不预备正餐，就餐者在用餐时自行选择食物、饮料，随你的便，或立或坐，与他人在一起或独自一人，都可以用餐。

吃自助餐也蕴含着许多省钱智慧。怎样吃，才能“吃回来”或者“赚到”呢？那就要讲求一些方式方法了！自助餐，求的就是分量，一切都应该以“合算”为原则。

周末的时候马小姐和男友经常去吃自助餐，他们住的地方周围的自助餐厅都吃遍了。吃的次数多了，自然能悟出了一些划算的窍门。马小姐说：“吃自助餐最重要的是要早到迟退。早点去，先弄清楚几点开始，迟了很多菜你可能就吃不上了。而早到迟退的人，遇到中途换新菜的自助餐厅，就可以吃到更多更新鲜的菜品。”

另外，马小姐说，有些人吃自助餐就是“扶着墙进去（饿得腿发软），再扶着墙出来（撑得受不了）”，这样子并不可行。因为人饿过头就吃不下很多东西了，最好是在吃自助之前，吃一些容易消化的食物，比如面条。

而在开吃前，最好将餐厅所有的菜都浏览一下，每样夹一点儿，你先挨个试试味道，决定重点吃哪些。不仅能避免吃不完浪费，还能尝到更多的菜品。千万不要最先去了就吃面包、甜点或者喝汤，尤其是比较油腻的甜点和汤，因为你吃喝完后，就吃不下其他东西了。

马小姐如是说：“如果要喝汤，也要等吃完沙拉后再喝，沙拉可以帮助消除人体对肉类、甜点的胀腻感。而选择饮品时，最好选择柠檬汁，可以促进消化。”

因为马小姐饭量较小，所以每次都觉得自己吃不回“本钱”。现在她每次都先吃一些奇异果、火龙果之类的水果开开胃，然后再接着吃海鲜，因为鱼类食物容易消化，又不容易产生饱胀感。

如果你实在舍不得放弃牛排、猪排等美味，在吃完后应该吃一些杨梅等酸性水果，这些水果可以帮助消化。有助于你再次激发战斗力，提升战绩。

当然去吃自助餐，划算固然很重要，吃得越多越划算，但是也应该“量肚而食”。如果吃得自己不舒服，就得不偿失了。在自己的胃能承受的范围内吃多、吃好，才是吃自助的根本目的。

吃洋快餐也有省钱秘籍

肯德基、麦当劳可以称为“洋快餐”，现在可是深得年轻人的喜爱。“洋快餐”店爆满的情况已经被大家习以为常。尤其是周末，很多人都需要排队等上半天才能买到。

经常吃“洋快餐”，应该也能悟出一些省钱的道理的。杨小姐几乎每周都去吃一两顿麦当劳。她在麦当劳点可乐，都不加冰。因为可乐中有机含量本来就少得可怜，加上灌水，要是再往杯中铲入半杯冰，怎么觉得，简直就是喝了一杯白开水，钱花得不舒服！杨小姐就是对服务员说：“可乐不加冰，帮我把冰单放在一个杯中。冰块是免费的，而可乐又是满杯的，这花一样的钱，量肯定要比加冰的可乐多啊！”你可以自己试试看，自己把冰和可乐混合起来，据说能成为两杯麦当劳的标准版可乐！

杨小姐如果和几个朋友一起去麦当劳，就只点一杯可以续杯的饮料，然后无限续杯，到大家都喝够为止。杨小姐说：“这样其实只花了一杯的钱，却能让几个人都喝上，多划算。只是在续杯太多时，你就看服务员的眼神有点着火。不过为了省钱，也无所谓了！”

在去肯德基就餐时，行家提醒大家，有几样东西尽量不要点：红茶、绿茶或其他的花式茶以及果汁或碳酸汽水，在外面买要比里面便宜一半；玉米沙拉、土豆泥和烤麸，自己完全可以做，没必要花钱到那里吃。到肯德基吃，主要就是吃那里的原味鸡、辣翅、黄金堡、鸡腿堡、薯条等。享受到了“洋快餐”的独有美味，为自己的口袋省钱才是王道。

“洋快餐”虽然好吃，但它们属于“高热量、高脂肪、高钠盐”的“三高”和“低矿物质、低纤维素、低维生素”的“三低”食品，适当吃些洋快餐并无大碍，关键在于注意限制吃的次数和数量。还要尽量搭配其他食品、以弥补洋快餐的营养失衡现象，多注意营养均衡为妙。

办婚宴也能吃自助餐

有人说，婚宴是一生中最盛大的一次宴请，婚礼当天，婚宴的支出的花费最多，随着物价的上涨，各大酒店、宾馆的婚宴价格也节节攀升。很多新人在婚礼前几个月就早早开始寻找饭店预订场地。但是，因为所有新人们几乎都会选择国家的良辰吉日，使得酒店在一些日子总是爆满。而且价格攀升，新人从口袋掏出的钱越来越多，自然心疼不已。

而且在参加婚礼时，客人们往往更注重现场的气氛，而不是要吃的东西。散席后，每桌的饭菜往往剩下不少，珍馐美味都被白白浪费了。为了避免这些中式婚礼的不足，一些新人们开始放弃酒店宴席，追求个性的选择自助餐婚宴。而且场地灵活多变，像度假村、乡村别墅，西式餐厅、草坪、沙滩等地，都是别具一格的就餐地点。

户外空气清新，自由轻松，美食丰富，既经济又特别，何乐而不为之呢？夜晚举行婚礼还可以有温馨的烛光。

自助餐的婚宴可以让宾客自由选择自己喜欢的菜品，吃多少做多少，可以像自助餐厅一样边做边更新，婚礼过后剩下的菜，也不会被弄得乱七八糟，可以打包拿回家，几乎不会浪费。

钱先生结婚前，和未婚妻商量，一定要办一个与众不同的婚礼。钱先生发现，在酒店办婚宴省心、体面，但是他计算了一下婚宴的桌数，自己的婚宴基本在20桌左右，一桌酒店给出的价格是1088元，20桌也要2万多元。而这还不包括烟酒。如果再加上烟酒、喜糖等，钱就花得更多了。主要是传统的婚宴缺乏新意，还很浪费。最后两人决定办一个自助的婚宴，既新奇热闹，消费还低。

婚礼当天，在自助婚宴上，各种美味俱全，甚至还有美味的巴西烤肉，亲朋好友有秩序而自由的选择自己喜欢的食物。还有歌舞表演贯穿始终，宾客能做的并不仅仅“吃”，边吃

饭边欣赏歌舞，实在是非常热闹。来宾喝着啤酒或红酒，吃着纯正的烤肉，聊天、叙旧，无限的乐趣尽在其中，到处都洋溢着浪漫与温情。

前来参加婚宴的一对情侣，看到钱先生的婚宴如此轻松特别，准备明年也照此办理。钱先生称，这种形式既节俭又不乏温情，不但有个性，还很时尚，非常适合现在准备结婚的新人。

自助餐式的婚礼比较受年轻人的欢迎，轻松、融洽。但是有时候大家可能会轻松过头，这就不好了，氛围如果乱哄哄的，会影响婚礼的质量。婚礼司仪一定要请一个有经验的。好的司仪可以掌控现场的气氛，集中来宾的注意力，让现场热闹而有序。

自助型婚宴并不算高端的婚宴形式，请婚庆公司来办价格也不贵。自助餐具也不用自己麻烦，找专门的餐饮公司就可以。不过，在布置场地方面，需要自己操心，最好能选一个和你邀请的人数相匹配的场地。地方太小显得拥挤，地方太大布置和装饰，难免浪费金钱。实际提供的食物要比预计出席的人数略少一些，不够的话靠库存现做，要根据现场菜品减少的程度来调整个别品种的供应量。这样不仅能避免浪费，还能让菜品始终保持新鲜。

去高档酒店享受下午茶

大都市中从来不缺乏风景优雅的高档场所，但是价格过高导致许多工薪阶层望而却步。或许你很羡慕那些经常出入高档酒店、星级宾馆的白领、金领们，因为这些场所确实高贵优雅。还有人在心里暗想：我何时才能像他们一样风光？其实，如果你只是羡慕那种环境和氛围，随时都可以，用不着花上数百数千元，因为这世界上没有免费的午餐，可是优惠的午餐还是不少的。你只要在下午时花上几十元喝上一杯下午茶，就可以和那些白领金领一样，在星级酒店里随意地徜徉。

许多高档酒店和宾馆的餐厅，中午时段会有优惠的午餐，或者是在原价的基础上打折或者是套餐。比如某些五星级酒店的商务餐晚餐价格每人两百元，而午餐每人100元就足够了。下午茶就更便宜了，几十元就够了。如果连午餐你都不想花费这么多，却又想享受那里的环境和氛围，就来一杯下午茶吧。如果有业务需要，就可以把商务餐的时间改在中午，一边享受典雅的氛围，一边洽谈公事，经济合算，乐在其中，何乐而不为?

李小姐是公司的业务经理，由于工作需要平时经常出入高档酒店、宾馆。时间久了，她就摸索出一些省钱的窍门。

李小姐推崇去这些地方喝下午茶。她说：“到高档酒店消费有时是必须的，关键是看你会不会挑时间。如果挑在下午时去，不仅人少，环境优雅，而且消费水平也比较低。这样既有品位，又省下了钱，两全其美。”

“我们经常去的那家酒店提供的商务餐，午餐的最低报价是150元/人，晚餐却要250元/人。如果单位有商务活动，我都会提议安排在中午，为单位减少了不少开支，而且还挣足了面子。”

因此，可见想享受高档生活，又不想太破费的朋友们，就去高档酒店喝下午茶吧！

到豪华餐厅不如到特色餐馆

大家在请客时，都会既想讲排场又不愿意花太多钱。这是每个人的心态，其实钱不是不可以省，这节就教给你该怎么省，这其中可是有大学问的。

朋友见面、宴请客户、同学聚会……都离不开请客吃饭。一般来说，请比较重要的客人时，东家都会选择比较豪华的餐厅，这样显得有档次，对客人尊重。但这种地方的消费可不低，足以让做东的大大破费一番。那么怎样请客才能既赚足面子又省下银子呢？那就是可以选择特色餐馆！

特色的餐馆与豪华餐厅相比，因为有特色不会丢面子，又不会太浪费，一举两得。每个地方都有本地特色的餐馆，请异乡人品尝本地特色的美食，是一种很容易让人满意的安排。你可以选择客人家乡的特色餐馆，这样可以显出你的体贴用心。

郑先生招待一个在上海工作了很久的朋友，这个朋友老家就是东北的。在跟朋友约定地点前，郑先生突然想到自己家附近有一个东北骨头庄，做的东北菜味道很地道。而这家饭馆是属于中低档餐厅，郑先生担心这位朋友会认为自己怠慢他。可是没想到，他一说出饭馆的名字，朋友就非常高兴。郑先生的这个安排让朋友很感动，因为他很久没有吃到老家的酸菜饺子和炖菜了。而郑先生这次也节省了不少钱，总共才花了 100 多元。

通常，本地特色餐馆大多定位于吸引本地顾客，因此比较注重口味和当地文化气息的营造。可能店面装潢上并不高档，但特色却弥补了这些不足。现在很多城市都涌现出了各种地方风味的饭馆，来特色店请客，可以让你名正言顺地省钱，重要的是客人还会满意。

在家请客，不去饭店

美国的经济水平非常高，但是，在生活中美国人却比较节俭。比如美国人要请客，客人肯定不会指望能吃到“满汉全席”，主人最多给客人每人一块牛排或一片肉饼，再加上一些青菜沙拉。至于酒，美国人请客一向不供应酒类。

而与美国人相比，中国人请客非常讲究排场。很多人都因为怕麻烦到饭店请客。即使没钱，也要“打肿脸充胖子”。其实这完全没必要，请客吃饭本来就是图个热闹，自家朋友亲人完全可以在家吃饭。而且在家请客是一个绝好的省钱方法。自己动手做菜做饭，秀一下手艺，既有面子，又省钱。

广州的林小姐大学毕业 5 年后付了房子的首付，每月要还房贷 1200 多元。以前，林小姐每月都与朋友们到外面聚会一次，而现在要供房，使得她觉得压力陡增。一次，她去买菜时突然想：“为什么不把朋友们都邀请到自己的新家里聚会呢？”

于是，这个月的一个周末她向朋友们发出了邀请。然后林小姐自己了购买请客的物品，让朋友们自己下厨做饭，让每个人都秀一下厨艺。朋友们都积极参与，吃得都非常尽兴。饭后，大家坐在自家的沙发上，一起喝茶、聊天，唱了一会儿歌，节省了饭后经常去娱乐的费用。这次聚会下来，林小姐发现节省了不少钱，朋友们都觉得比在饭馆吃饭舒服得多。

如果自己厨艺不错，在家待客，绝对是省钱首选。主要是可以让自己家的人气赚得盆满钵满。调查显示，在家待客，开心指数 90% 达到五星级以上。只要客人人数没有超过或者没有低于主人的心理底线，那么大家怎么过都会觉得开心。而且人们通常记不得哪年哪月在哪家馆子一起吃过饭，但什么时候在谁家吃过饭，往往是忘不掉的。

在家请客，细节布置十分重要：比如家里餐具的布置。商场里的骨瓷餐具很漂亮，但价钱也昂贵。如果到外贸餐具的小店去买到，价格往往要便宜一半。这些餐具为你的家庭宴会增添特别的气氛、即使菜的味道一般，放在这样的餐具里，也会变得诱人。

现在，很多单位都会有一两家合作的餐馆，以解决单位必要的招待餐。在这样的餐馆吃饭，都可以享受到打折的优惠。另外，一些餐馆也会不定期地推出打折的优惠券、现金券等，可以帮你省下不少钱。你可以在去餐馆吃饭时多留意那里的优惠、打折信息，也可以到网上寻找这样的打折信息。

选择好了你中意的餐馆，就可以打印右侧相应的折扣券。需要特别注意的是，在使用折扣券时，一定要弄清楚折扣券的附加使用条件，包括小费比例、最低消费金额、使用日期等。它们最大折扣比率可达 40%，无论你是常常外出宴请，还是偶尔与家人、朋友小聚，去这里挑一个餐馆，得到一张优惠券，必将让你得到更多的实惠。

张小姐是一家公司的文秘，平日里单位的客饭安排都由她负责。因此，张小姐与单位附近的合作餐馆都很熟识。另外，她平日也特别注意收集一些餐馆的打折、优惠券等，这一方面给单位节省了不少招待费，另一方面在自己招待朋友时也可以省掉不少钱。比如，在单位的合作餐厅吃饭，可以享受 8 折左右的优惠。前段时间她为单位选购过年礼物时，一家餐厅作为对她的酬谢，还特别送了她一本优惠的小册子。每次去用餐前，她都可以从小册子中选择两道特色菜享受免费优惠。

到餐馆吃饭，餐馆的优惠券是最直接的省钱方法。有些餐馆会不定期地推出满 100 元送 30、送 50 的优惠活动，或满一定金额送一道特色菜等优惠活动。利用这些优惠活动，也可以节省下来不少餐费。

喝咖啡也有折扣

接待客人时请客人喝咖啡，似乎已经成为目前最流行、最简单的一种待客方式。在婉转悠扬的音乐中，洋溢着异国的情调，一种很典雅的消费方式。但是，环境优雅、精致考究的咖啡馆，相伴而来的就是不菲的消费价格。要享受情调，也要会省钱才行。咖啡馆里的咖啡可比自己在家煮制贵得多，如果不懂得一些省钱方法，你从优雅的环境中出来后肯定会感到有些不划算。

去咖啡馆，肯定不会像一个人去餐厅吃快餐那样匆忙。所以你要讲究，在很多咖啡店里，如果单点东西喝的话，并不会打折。如果你在喝东西以前点一些点心，当天所有在餐后喝的东西都是给打折的。如果有条件的话，最好选择可以续杯的咖啡，或者选择自助咖啡馆。这样，你就可以品尝到各种口味的咖啡了，而且相对来说，价格也比较低。

温小姐很喜欢喝咖啡，经常和朋友在休闲时到咖啡馆喝咖啡，吃点西点，享受咖啡馆的优雅气氛。不过，经常去温小姐觉得自己的工资有点吃紧，可是又喜欢那样的环境，怎么办呢？

渐渐地温小姐发现，自己先点咖啡后点点心的价钱，和先点点心后点咖啡的价钱是有差别的。吃一样的东西，先点点心要比先点咖啡便宜！这可是个巨大的收获，因为大多数时候她们来玩都会先点咖啡，到最后才会点一些小点心，这样花的钱多呀！为了省钱，后点咖啡也无妨了。

温小姐把她的发现告诉了她的姐妹们，后来她的朋友们再去咖啡馆喝咖啡，都采取先点点心的方法，每次都能省下一些钱。发现了这种省钱并且不妨碍享受的办法，着实令温小姐骄傲一阵子。

其实相对于咖啡来说，小点心的价格要便宜不少，很多时候仅仅相当于打完折以后的一杯咖啡的价格。因此先点上点心，再点咖啡，何乐不为呢？喝咖啡时，最好放一些奶精，减小咖啡对胃的刺激。但是又要控制摄取量，奶精与糖都有热量，以免发胖。

适量摄取咖啡，对人体有益，所有的食物都是上天的恩赐。悠闲时品尝一杯咖啡，可以帮你缓解压力、放松身心、消除疲劳。

第四章

既潮流又节流：花小钱也能做“潮人”

如今本来与“底层生活”联系紧密的“低成本生活”，却在突然之间成了一种时尚。在美国，越来越多的人都已经成为了“简朴生活”的信徒；在法国，“零欧元生存”也逐渐已经成为了一种时尚，廉价商店的门口也泊着越来越多的高档车。而在我国，市民纷纷进入高校食堂进餐也一时成风，所以其实花小钱照样也能做“潮人”。

不打车不血拼不下馆子不剩饭

在经济形式整体不乐观的情况下，流行着这样一段话：“不打的不‘血拼’，不下馆子不剩饭，家务坚持自己干，上班记得爬楼梯。”

这是一首被“酷抠族”奉为行为准则的打油诗，但是它不但流行于族内，也迅速引起了普通群众的共鸣，并迅速成为城市里的新时尚。这个族群追求简单的生活、自然的幸福，摒弃过度的奢侈。“酷抠族”的典型行为还有：无论多忙多累在家里待客；步行上下班；美容就是早睡早起充足睡眠，外加白开水八杯。

“酷抠”是当下一种时尚的抠门，这是一种褒义下的“抠”，因为酷抠族崇尚的是“节约光荣，浪费可耻”。“酷抠族”并不贫困，也不吝啬，他们具有较高的学历，拥有不菲的收入。但是他们精打细算，其目的在于养成一种节俭的行为方式。

这个族群不是单纯的节俭，他们的节俭是一种转移重点的消费，不花钱是为了自己可以把钱花到点子上。他们最终的目标是更好地花钱、花出质量和效益，用一样数量的金钱，换取自己更科学、更高质量的生活。在不影响生活质量的前提条件下用最少的钱获取生活上最大的满足，强调消费所获得的价值远远超过金钱本身的理性消费方式，无疑是科学、正确的。

富豪榜不断地吸引着人们的眼球，但是在经历了追逐财富的乏味之后，“酷抠族”让生活变得简单的渴望开始流行。用简单生活节约下来的时间和金钱，过一过自己想过的生活，去寻找一份心灵上的安慰。这才是对幸福本质上的理解。

拼车出行，既方便又省钱

所谓“拼车”，是指“搭顺风车”。具体地说，就是家住得比较近的几个人，一块打车或坐私家车上下班，然后费用分摊。在国外，这种搭顺风车的现象极为普遍，许多国家早在20世纪70年代就流行与人“拼车”上下班。这种交通方式的好处很多，比如可以降低交通费用。

每天上下班，不想挤公交车，出租车太贵，目前还没钱买车，怎么办？我们也可以采用国外的方式——“拼车”，一种既方便又省钱的时尚消费方式。

你想在国外，这种搭顺风车的现象极为普遍，许多城市早在20世纪70年代就流行与人“拼车”上下班。这种交通方式的好处很多，比如可以降低交通费用。本该一个人支付的交通费用车费，“拼车”后就由同乘一车的几人分摊，舒适快捷，省钱热闹，是不是呢？对经济原来本不宽裕的上班族来说，很是划算！可真是如意算盘啊！其次这种方式，还减少了燃油的消耗。大家都去“拼车”了，自然也就减少了车辆动用，同时也减少了社会对燃油的消

耗。此外还能节约交通资源。“拼车”后，马路上的车辆就会适当减少，自然也节约了城市的道路空间，必然对缓解城区交通压力起到有利作用。

高先生家距离单位比较远，买房子的时候就买了车。但是真的住远后才发现一些不经历不知道的不便。比如他和妻子上班的方向不同，而家里只有一辆车，每天接来送去很是折腾，遇上堵车就是叫天不应叫地不灵的主。油价上涨后就更吃不消了，现在老婆还怀了孕，让他每天都疲于应付。

一次偶然的机会，高先生在网上看到了一则拼车信息，巧的是这位发起人正住在他的小区内，而且单位距离他太太的单位不远。他联系了这位求拼车的发起人，谈好了拼车的条件，搭车只要 120 元包月的汽油费。此后，高太太每天都搭这位女士的车上班。这段路程出租车大概要 40 多元，公交车要换 2 趟，现在高先生真感到大大地轻松了。

“拼车”业务受到了很多都市工薪族的喜爱，这种出行方式之所以能够流行，关键是通过这种方式，不但可以不挤公交车，也不用因为打不到车而在风雨中苦等消费也不大。

拼车虽然方便省钱，但一定要注意以下几点：

1. 谨慎选“拼友”。除了考虑了出行时间、路线、费用分担等因素，还要了解司机的身体状况、驾驶技术、遵守交通法规的情况。

2. 如果可以最好签订书面协议。“拼车”过程中不可知的因素较多，“拼车”前尽量应充分考虑可能发生的问题，最好通过书面协议明确责任。

3. 要审视车况。拼车不要只图便宜，最重要的是注意安全，所以拼车时应了解车辆年检或定期保养的情况，通过一些方式了解车况。

时尚拼婚，省出婚金

“拼婚”你听说过吗？它是准新人们将求实惠、求方便、求节俭的精神发挥到极致而创造的一种结婚方式。如今随着物价的上涨，婚庆费用也水涨船高。面对高昂的结婚费用，许多准新人们一筹莫展。为了省钱，一些新人逐渐创造出新的结婚方式——“拼婚”，现在很多新人通过这种方式来减轻结婚的经济压力。

通过团购的方式，往往可以在商品上取得价格优惠。所谓的“拼婚”，就是指一些准备结婚的年轻人一起置办结婚用品，团购所有可以团购的东西，包括家电、酒席、结婚照等，其中最热门的拼婚内容就是拍婚纱照，尤其是旅游婚纱照。这种潮流从南方城市兴起，如今在北方的许多城市也逐渐流行。

丁小姐准备在元旦当天完婚，但考虑到结婚成本，她就在网上论坛找人拼婚，结果同样打算拼婚的王小姐和她一拍即合。

筹备婚礼时，丁小姐为租婚纱还是买婚纱的问题犹豫不决。租婚纱吧，这一套婚纱不知道被多少人穿过，觉得不舒服；买婚纱呢，婚纱属于一次性物品，觉得不划算价格贵不说，穿过结婚这天就没用了。于是王小姐提议，两人合买一套婚纱，轮流穿。两位准新娘就各出了一半婚纱钱，买了一套 3000 多元的婚纱。

下一步就是拍婚纱照了。王小姐有在影楼工作的朋友，就是婚纱摄影师。于是，王小姐和丁小姐找到这位摄影师，又取得了实惠价，王小姐这位朋友给出的价格只收比一套婚纱照稍多一点，可以给两对新人各拍一套婚纱照。就这样，两对新人在婚纱照上又省了 1000 多元。

之后，两位准新娘又一起去酒店洽谈婚宴酒席。酒店经理一看同时来了几十桌生意，就给了她们一个 8 折的优惠，每桌按照 1000 元的标准计算，可以省出 200 元，结果酒席这一项两对新人又各省出了近 3000 元。

她们又结伴去了一家婚庆公司，婚礼现场的布置用品，如烛台、拱门、气球、伴娘礼服等两个人准备循环使用，主持人都是同一个，她们还享受到婚庆公司 20% 的折扣。

最后，连喜糖、烟酒、请柬等婚庆用品都是两个人一统购买的，租赁的同一辆主婚车。婚礼办下来后，两对新人一算，一共节省了 1 万多元。

现在越来越多的年轻人都喜欢结伴举行“婚宴”，不仅场面看起来壮观，而且可以省钱。省钱才是硬道理！现在工作压力大，购房压力大，结婚压力更大，年轻人大笔消费的时候则是能省则省。而选择“拼婚”的方式举行婚礼，完全是一种理性消费观念的表现。

但是要注意的是，通过网络认识的“拼婚”对象，真实身份不容易确定，一旦出现问题不好处理。因此，准备“拼婚”的新人们在“拼婚”前，需要做好沟通工作。

选择淡季举办婚礼

由于生活压力的增大，人们结婚往往都是选择长假时节，比如五一、十一、元旦、春节前后等。但是干什么都有个旺季淡季之分，结婚也一样。选择在这些旺季时间段结婚，自然各种婚庆的费用节节攀升。看着自己瘪瘪的小钱包，你心里肯定疼得慌！

其实，如果你想办一个气派的婚礼，又不想多花钱，那不妨避开结婚的高峰时段，在2、3、4、7、8、11月这样的淡季结婚，这样你不但能享受到较好的服务品质，还能节约不必要的开支，商家自然会给你打折了。

比如冬季，就属于结婚淡季。如果结婚那天还正好下雪，岂不是更浪漫？

11月中旬，马先生和未婚妻走进了一家婚纱店，经过精心挑选，他们选定了一套3399元的婚纱。销售员告诉他们，同样的套系，如果在9、10月选购，就要3999元。马先生问道：“为什么？”销售员告诉他因为9、10月份属于的结婚旺季，而马先生现在交订金，在淡季消费就省下了15%的花费。

同样在订酒席时，马先生和未婚妻很容易地就在附近的一家大酒店预订了6桌，每桌900元。如果是在结婚旺季，这里的酒席每桌要1088元，因此马先生又享受了优惠。这里的工作人员告诉马先生，如果是在结婚旺季，这里的酒席都是每桌要1088元。而选择在这个时间结婚，每桌酒席就为马先生省下近200元。

另外，选择淡季结婚，度蜜月旅游时还可以避开旅游高峰。旅游也有淡季和旺季之分。淡季旅游，不仅车票好买，而且由于游人少，一些宾馆都有优惠，高的可达50%以上。总体算一下，淡季旅游比旺季在费用上起码要少支出30%以上。

如今，很多新人愿意把婚期定在8日、18日或者28日，图个好口彩，谐音“发”嘛。但是在这些被认定的“好日子”里，往往影楼、酒店的生意都会很好，一般不打折。所以结婚时，不妨避开这些日子。

出席重要场合，不妨租用名贵服饰

流光溢彩的金钻饰品、巧夺天工的精美包包、浪漫迷人的香水、精致曼妙的高级衬衣……每个人都向往这些高档的、优质的生活奢侈品。

这些时尚奢侈品往往彰显着高贵、典雅、独特。这也是为什么一直以来，时尚奢侈品不仅被富豪贵族所独门珍藏，而且是一般民众奋斗目标的原因。然而，对于一般消费者来说，想要拥有这些奢侈品，往往不太现实，最大的障碍当然就是它们昂贵的价格。

在这个物价上涨的年代，怎样才能用最少的钱，享受到最时尚的东西？这个问题难倒了很多时尚达人。笔者认为奢侈生活并非只有拥有才能享受，或许你还没有能力拥有这些奢侈品，但我们完全可以通过租赁来享受它们带来的感觉。对很多人来说，租赁远比拥有更划算，也更省事，因为奢侈本身就是一种生活体验。

物价上涨，该如何继续奢侈梦，如何继续优质生活？花最少的钱，享受最时尚的东西，应该是时尚达人最为值得骄傲的行为了。尤其是一些经常出席重要场合的白领们，通过租赁服饰、名包、名表的方式，可以节省自己的资金，又不失身份。

比如，花2万元左右的价钱买一个真品LV包包，而它们只有在重要场合才适用，其余时间你只能把它束之高阁，偶尔可能舍得带它逛逛街，平时不舍得用。对于不经常出席重要场合的人来说，拥有它绝不合算。而一款LV的新款包包售价在2.9万元，在世界名牌租包店里，每天的租价只要700元。如果想租的话，只要将相当于这个包售价款的钱汇入该店，作为押金，就可以轻松地租赁这款包包了。相对普通消费者而言，租赁绝对是省钱的。

在某外企工作的金小姐，因为工作和时尚沾边，她需要经常出席各种时尚品牌的活动，

“那么在这个圈子里的派对上，你总不能参加所有的派对都背同一款包包吧？这样会被人笑话的！”金小姐说。但是很多晚装包，买回来都只用过一次，再用就觉得难为情了。怎么办呢？虽然收入不菲，也不能这么浪费自己的钱呀。而现在有了品牌包包租赁服务，金小姐觉得很是方便：“才花了百来块钱就解决了很多问题，既不丢面子，还省钱。”

除了名牌包，顶级跑车、珠宝首饰等也在近年开始试水奢侈品租赁市场。美国有一家公司为顾客提供每年 56 天享用法拉利跑车的机会，条件是顾客交纳 3 万美元一年的会员费。

而在西方国家奢侈品租赁市场渐成气候的影响下，我国一些大城市也逐渐推出了面向大众的珠宝首饰租赁业务。租金一般为珠宝价值的 1%。这样你只要花很少的钱，就可以戴着昂贵的镶钻项链在婚礼、派对上大出风头了。

但是在租赁奢侈品的时候一定要选择信誉度高的店面，毕竟押金几万元钱也不是个小数目。我们满足面子的同时要保证自己钱款的安全，不然还不如直接买了省心呢。还要注意核对商品的各种指标，比如新旧程度、品质等。要注意保护好所租的商品，免得商品因为损坏需要照价赔偿，这绝对不划算。

买名牌，二手店也不错

随着二手名牌店的悄然兴起，人们对“二手”的认识打破了之前的概念，到二手名牌店消费已经逐步成为时尚达人热捧的生活方式。

二手名牌店最让人心动的就是商品价格，从路易·威登、古奇、香奈儿的经典与当季包，到较少见的巴黎世家（BALENCIAGA）、赛琳（CELINE）、玛百莉（MULBERRY）等顶级品牌的箱包，无一而足。有的包由于养护得好，看起来和新包没什么区别，但是价格却要便宜几千元有的甚至能够半价买到。这些难得一见的款式，便宜的价格，常常让许多时尚达人尖叫不已。价格在二手名牌店中逐渐开始变得亲民，不再高高在上。

在中国，米澜坊、研究所、桔梗中古屋、巴黎站、聚贤阁等二手名牌店也开始逐渐浮出水面，经常光顾其中的时尚达人对这些名字肯定倒背如流，而且哪家卖什么，哪家的东西能最快与潮流接轨也都摸得一清二楚。现在的香港、台湾、上海都有时尚达人追随二手品牌店的潮流。在北京，最著名的二手名牌店则要属位于建外 SOHO 内的 V2 奢侈品交流店。

在北京建外 SOHO 众多写字楼间，一家 V2 二手奢侈品交流店很引人注目，这里经常有一些白领光顾，寄售自己已经用不着的名牌儿，或在这里淘的名牌。

在 SOHO 写字楼上班的李小姐说：“我经常到这家二手名牌店去逛，也喜欢送东西过去寄售。因为自己有很多机会去港澳或出国，能够买到低于国内价钱的名牌物品。这些物品自己用过两次后就不想用了，搁置一边又觉得浪费，于是就拿到这里寄售。”一些顾客因为很少有时间或机会出国购物，所以只要店里货品看起来八九成新又够便宜，就会立即掏钱购买。比如李小姐去年给男朋友买了一款路易·威登的夹包。附近的一家专卖店卖 8800 元，而在 V2 店只卖 2990 元，非常划算。

喜欢在二手品牌店淘货的消费者，很关心货品的真伪与品质。所以，在正规的二手名牌店里，为了保证货品名牌商品的品质，名牌商品都有货品的原主人提供相应的发票或者其他资料，并经过专业人士的鉴定。价格是根据货品的折旧程度、产地、版型、年份等因素评估出来的。正因为如此，名牌二手店才让许多时尚达人钟爱不已。

我们平时要注意商品的保养。新买的包要把发票、证书、包装盒等保存好，以方便日后转手。

省钱新潮流——易物

所谓“易物”，就是用自己无用的东西去换对自己有用的东西。这也是省钱的好方法。现在的情况是家里堆满了不用的物品，而需要的东西价格飞涨，如何让自己既能找到最需要的物品还能省钱？于是一部分新兴人类改变了对旧物的处理方式，开始回归原始的交换模式，通过以物换物的方式处理自己的闲置物品得到自己需要的物品。

对于女人来说，衣橱里的衣服，自己的耳环、项链、鞋子等永远都是缺少的。因此，看着合心意的东西，逛街时她们就会购买回来。可是一段时间之后，又发现很多东西并没有用。扔了，感觉可惜；放着，基本没用，而且占据空间。处理这些东西最好的方法就是“易物”。如今想要易物，很方便。易物网站可不少，你只要耐心查查说不定就可以找到有用的物品。

一家服装店的“80后”老板赵小姐，春节期间虽然自己的服装店没有营业，但老板却没有闲下来，她忙着把家里的闲置物品大到数码产品，小到项链耳环，挨个拍照，将这些照片逐个挂到各大“换物”网站和论坛上，她想和“换客”们各取所需。不久后，她用自己闲置的皮草换到了一套电动轨道火车模型玩具，赵小姐称，她男友平时就喜欢玩火车模型玩具，准备在男友过生日时送给自己的男友。赵小姐说：“受金融危机影响，已经大半年没再添置此类新玩具了，没想到这次能以物易物换来男友的好心情。”

当前经济大背景不景气，赵小姐觉得以物换物是不错的省钱之道。她说：“现在不少网站论坛都流行‘以物易物’，所以最好不要轻易扔掉家中的闲置物品，有空去网上逛逛说不准就能换到需要的东西。”当然换来的不一定是等价物品，可是赵小姐有着自己的理由：“潮流太快，荷包太瘪，那么，交换吧。”

转让物品的原因主要有三种，一种是纯粹变现的需要；第二种是处理闲置，变废为宝；第三种则是借换物过程满足自己减压的需要。大到数千元的二手电脑，小到只卖5元钱的耳环，都可以成为被转让的对象。

参加换物活动的人以24 ~ 29岁的白领女性为主，这种以物换物的方式可以为她们带来快乐，还可以省钱。易物交换能获得成就感，不花一分钱就能得到自己喜欢的东西，这种满足感和购物还不尽相同。

目前，易物网站同淘宝、易趣等购物平台一样，正在发展壮大。在交易之前一定要选择好交易对象，最好是同城交易，可以当面验货。

用积分换好礼

积分最常见于银行卡、手机用户、品牌会员卡等，是奖励消费的一种方式。当积分累积到一定数额后，消费者便可以换取相应的商品，小到拉杆箱、化妆包，大到家电、轿车，几乎无所不包。

想要得到一样东西一定要花钱吗？“积分达人”给你的回答是，NO！告诉你，错！如果你能合理利用积分，那么你在这次花钱的同时其实就已经在为下次消费省钱了！

有时，一些你很想购买的东西靠积分就能换取，这样很自然的就为你省下不少开销！

今年26岁的李小姐在某外企已经工作4年多了，生活一直过得很潇洒。她经常会有一些很时尚的小东西，有些甚至是市场上都很难看到。同事们都很好奇，后来才知道，原来李小姐的这些“宝贝”都是靠积分换来的。李小姐称：“我很喜欢这些小东西，本来自己想买，现在不用花钱就能得到，太开心了！”

不久前，李小姐又用银行信用卡积分兑换了一套小型车用打蜡机，以及一套米奇车上用品套装。而且由于单次兑换礼品数达到了2件，李小姐还免费获得了“红运中国运动好礼一份”——包括一根跳绳和一个握力器。

除了懂得享用信用卡积分外，李小姐也没有放弃其他会员卡积分换礼的机会。在她的办公桌上，卡通手机座、迪士尼相框、乐扣杯子等，都是用商场会员卡积分换来的。李小姐的积分卡还换来了家中的床上五件套和电磁炉。

积分可以换礼物，这是好事。但是大家要明白银行、商场或品牌店给出的礼品，往往需要你消费几十甚至几百倍的金额。所以千万不要为了换取礼品而盲目消费。需要花上几十元甚至上百元，才可以换取一个1元的礼品。所以，积分礼物最好是在购买必需品时顺带的额外奖励，不然就是不划算的。

另外要注意积分换礼的时效。不少银行的积分都是持续有效的，有些可以随时兑换，但

有些则是有兑换时间限制的。因此千万不要浪费了这些积分，好好利用它们吧！

旧物翻新，省钱又时尚

面临经济危机，不少人收入减少了，都在想办法节省开支。与此同时服饰鞋帽的价格也开始水涨船高，越来越多的工薪族感觉到入不敷出、手头不宽裕，所以能省则省。一些时尚达人开始尝试把自己的旧衣、旧鞋、旧包翻新修改来创新，这不仅满足了追求时尚的心理，还有效地缓解了买新衣服、新鞋子、新包包带来的经济压力。

特别是一些材质不错的品牌服装，扔了感觉可惜，买件新的又感觉价格太高，而且款式看起来只是些许变化，于是许多人变得热衷把旧衣服拿到裁缝店翻新、缝改。比如把过时的微喇长裤改成短裤；把高领毛衣变成低领；把尖头皮鞋改成圆头；或者直接改变一下皮包颜色。翻新这种方式，省钱又时尚！

据介绍，翻新一件衣服一般不超过100元；翻新衣服领子、腰围等，大约几元、几十元不等；翻新一双鞋子也在100元以内。与品牌服装价格的大幅上涨，动辄数百元甚至上千元相比，旧衣、旧鞋翻新无疑要实惠得多。

“现在商场里的衣服，品牌的都要上千元，而且衣服款式每天都在不断更新，买回去穿段时间就觉得不流行了，挂在衣柜里，不想穿又舍不得扔，感觉比较可惜。”江女士说道，“而到一些专门翻新衣服的店里简单翻新一下，花不了几个钱，却可以让原来不流行的旧衣服重新变得流行起来，也能重新穿出去，很划算！”

薇薇在收拾家的时候，翻出了几双老式皮鞋。鞋子没穿几次，还很新，只是款式太落伍了，鞋尖过于长而尖。放又没处放，扔又觉得可惜。于是，薇薇就拿了一双到修鞋店打算翻新一下，店家的回答是“可以改”。一周后，薇薇的鞋子就被翻新好了，薇薇也很满意。于是回家后，她把自己所有的旧鞋都拿去翻新了。“第一次翻新鞋子的价格是100元一双，这次拿了两双过来改，70元一双，一下就省了60元。”薇薇说，“这可比买一双新鞋省不少钱！”

在一些专门翻新衣服、鞋子和皮包的店里，会有一些皮质、料子做工都非常好的过时衣服、鞋子和皮包。有一些会省钱的人，就会在这些店里购买这种服饰，并且直接在店里修改，总价也不过三四百元。与一件近千元的新衣服、新包和新鞋相比要划算得多。

但是，消费者要想将旧物“翻新”，一定要找专业的店家，以免上当受骗。

服饰织补，也能省钱

如同皮具修补行业一样，小小的织补摊也在危机中悠然自得地生存。这是因为现在很多年轻人穿破的贵重衣服、鞋子舍不得扔掉，都会拿到缝补店“美容”一下，然后穿起来依然时尚。

“送来修的好衣服多的是，价格也有上万的，但有时因修补难度太大或修补效果不好，只得把活儿推掉。”一家织补摊的主人说，“一般来说，织补一个烟头烫的洞在30元至50元之间，有的洞不好修补，即使价格给高了也没法做。”

目前，越来越多学会了省钱的人，都开始尝试这种方法，不仅省钱，穿起来还不丢面子，不用再去买新的！

张先生在前两天泡吧的时候，不小心将他结婚时买的西服烫了一个洞。他想将自己这件西服修补好，因为它是一件很有纪念意义的衣服。他拿着这件西服找到了一家织补店，上午送来的衣服，下午来取时就已经修补好了，张先生很开心的说：“衣服上根本看不到修补的痕迹，而且才花了35元钱，这可比再买一件新的便宜多了。”

现在除了修补破了的衣服外，很多人的鞋子坏了，也不会马上选择买新的，而是到鞋店修补一下继续穿。现在很多订做皮鞋的门店经常有年轻人光顾。好玩的是，很多订做皮鞋的门店经常有年轻人光顾，但是这些人既不订做鞋子，也不购买已经做好的鞋子，而是要买鞋胶。因为他们想自己把脱胶的鞋子重新粘好，继续穿。在一些修鞋的摊位上，还能看到有些年轻人甚至自己动手补鞋，毕竟想时尚又想省钱总是要付出一点努力的嘛！

打时间差去消遣

现在，很多消费场所都会在一些时间段打折扣，比如每到晚上8点以后超市里，很多食品类的东西都打折销售；在这些时间段里，电影院也会推出半价优惠；KTV也会在固定时段不收或少收包房费等。

其实这些都是时间差的问题。同样的设备，同等的服务，在不同的时段，价位却是两回事！那么如果我们能利用这些优惠时间段去消遣，那么比消费高峰时去消费要节省下不少钱！

在苏州上班的刘先生平时最喜欢“泡吧”，整个苏州城大大小小的酒吧他几乎都跑遍了。刘先生自己总结出一些省钱的窍门，既可以玩得痛快，同时还可以尽量节省自己的钱。比如他最喜欢去的酒吧一条街，有些酒吧实行的是免费进场、酒水付费的方式，可这些酒吧里的酒水很贵，最便宜的一瓶也要50多块。要想省钱怎么办呢？聪明的刘先生就想出了挨个“蹭场子”的好方法，他在一家酒吧里落座买瓶酒，边喝着边慢慢地踱到另一家。这样，不一会儿的功夫几家的“风景”就都看过了。12：00以后在酒吧的午夜场，一般都会推出买6送3甚至送5的优惠活动，这时候他再放开肚皮尽情喝，而且省钱的感觉也让人开心。

李小姐参加工作不久，非常喜欢唱歌，是公司有名的“麦霸”。只要听说要去K歌，她保准会乐颠颠地参加。李小姐说：“只要时间有空闲，我都会约上朋友白天去唱歌，一般在非节假日的每天下午一点以前。因为此时顾客比较少，KTV都会推出3小时收费20元到30元的优惠价。”怎么样？这个价钱几乎比晚上的黄金时段省出一半的消费；并且酒水、果盘、小食品等，都有折扣，“麦霸”族们当然要抓紧这个时间段狂练嗓子啦！

和“K歌城”有点相似，足浴在中午这个时间段，价格至少会比晚上6点以后便宜三四成。

在家里看DVD怎么说也比不上电影院的音响声色效果，那么我们要去电影院，尽量不要赶首轮放映的风头。去电影院看电影省钱的门道，就是等第二轮放映，此时的票价要比首映便宜20% ~ 30%。能省钱这样的好事，何乐而不为呢？

除以上提到的活动之外，许多体育运动场所也会适时地推出一些优惠时段消费。像比如保龄球、攀岩、室内游泳等，不同时段的价格不一。如果时间能安排过来，充分地利用时段的优惠，既能少花钱，还同样精彩。

打高尔夫巧省钱

相对西方国家，国内的高尔夫球运动消费的确贵了一些，不过只要找到省钱的窍门，打高尔夫也并非想象中那样高不可攀。一般工薪阶层，如果不追求奢侈，通过一些升迁技巧，照样可以玩转高尔夫！

随着生活水平的提高，以及人们对生活追求的提高，打高尔夫球已经不再是有钱人的专利。但是毕竟国内高尔夫消费不低，如果想利用高尔夫请客，就必须要省钱而不丢面子。如果能在请客之前先做好准备，那么肯定面子赚足，票子省下！

国内打高尔夫球，主要贵在球场的收费，主要是果岭费，即场地费。一个18洞的球场，果岭费一般在500 ~ 800元左右，贵的上千元。那我们应该怎样省钱呢？我们可以加入订场服务机构，这是作为散客（非球场会员）打球的最佳方案。比较著名的订场服务机构是中国高尔夫网，它跟全国100多家球场都有合作协议。我们在购买了这个服务机构的VIP卡之后，能享受3折到8折不等的打球优惠，而且预订全国各地的球场都很方便。当然，加入这样的机构，你还可以因此结识到很多球友同道。

其次，要尽量避开周末去玩。很多球友都想在周六早上过把瘾，打上一场高尔夫球。但是，从省钱角度来看，周六打球非常不划算。因为球场在不同时段的收费相差很大，周末的消费是最昂贵的。同样是打一场球，放在平时要比周末去打节省好几百元。

曹先生在和一个客户谈生意，客户表示想去打高尔夫球，问曹先生有没有兴趣。曹先生知道，高尔夫肯定要去打，但是肯定不能让客户出钱，得自己出钱。怎么才能又省钱又不失面子呢？

当天刚好是周六晚上，曹先生想到当地的高尔夫球场周末下午会有折扣，灵机一动，就对客户说："明天是礼拜天，我们早晨就多休息一会儿，不早起了，明天下午去玩一场怎么样？"客户觉得这个安排很合理，明天都有时间，而上午去就得早起，下午去正好。于是就高兴地答应了。

第二天，曹先生陪客户玩了一下午，客户很满意。而且因为选择的是周末下午场，曹先生因此也省下了几百块。

除了加入订场服务机构和选好优惠时段外，还要注意"货比三家"。在准备预订球场前，你自己不妨先浏览一下相关网站、杂志来了解有关球场的打球资讯。球场通常都会有优惠打折活动，比如女士日，女性高尔夫爱好者打球就能享受优惠。可别小看这些信息，往往能为你省下不少钱。

此外，"套餐"服务也是一种不错的省钱方法。在一些旅游度假区，经常会有酒店跟高尔夫球场合作。如果你作为酒店的客人，去和酒店合作的球场打球是可以享受到优惠的。

到咖啡馆或大使馆看电影

说到看电影，很多人早已厌倦了坐在家里看电影频道；又或者，很想回味多年前在电影院里看电影的感觉。于是逢节假日，就会有不少电影迷把大把的银子砸在影院里。票价和零食都价格不菲，平均下来一人要花上近百元。

但是有些电影迷却找到了一个省钱的"秘籍"——进咖啡馆、大使馆看电影，不但时尚有品位，而且花费很少。既然如此，我们不妨选择到咖啡馆或酒吧里坐坐，现在咖啡厅或酒吧很流行以电影为题材的。在咖啡馆或酒吧里看电影，与在家里和电影院的感觉完全不同。品着咖啡，或者喝着酒，悠闲而滋润，看到自己喜欢的电影，可以与大家一起讨论电影中好笑的片断，多惬意的一件事！

据了解，北京有许多这样的咖啡馆和酒吧。"如果有时间的话，每周二、周六我都会赶到学校附近的咖啡馆看电影。"金同学说，"盒子咖啡馆每周会放映两次主题电影，都是免费放映的，因此非常受欢迎，尤其是学生，都是慕名而来的。"在北京城北的大学区附近，这种电影主题咖啡厅很多。虽然不一定能在这些店里看到最新的热播电影，但是，只花一杯饮料的钱可以看一场经典的电影，也很划算了。

此外，还有一个可以免费看电影的地方，那就是各国驻华大使馆。现在很多年轻人都到大使馆去看专场电影。意大利使馆的周四影院，法国文化处的每周电影和英国使馆都在网站上公布当周片名、类型和剧情等，以便征集影迷报名免费观看。影片往往是原文对白，英语字幕，看上去可能会有些障碍，但爱看电影的人络绎不绝，既学了外语，又能享受"免费电影大餐"。

当然，如果一定要到电影院看电影，那我们就要有省钱的方法。我们最好可以看打折的电影。除了众人皆知的星期二全天电影半价外，有的电影院和高尔夫球场类似，特别推出"女士之夜"，女性看在这天夜场电影可以享受半价。另外，周末早上的几个小时，往往会比较便宜，早场大片最便宜的只需要 10 元钱，最起码也能享受五折的优惠。选择这些时间去看电影，同样可以省下不少票子。

到网上免费看电影、听歌、看书

目前有些"抠抠族"们的省钱之道是：不去影院看电影，听音乐从网上下，看书只看电子书……娱乐休闲全在网上搞定，完全可以不买单。

如果你不想买唱片又想听歌，不想买书又想看。都可以到网上去看、去听。至于电影，网上有巨大的片源，有的每月花几块钱，就能随便看。还有的根本不用花钱，上面的电影看个够。这些都是网站拥有授权后免费提供给用户的。

而至于歌曲，是唱片公司和搜索引擎公司达成的合作协议，为搜索引擎提供正版的最新的免费音乐作品，而通过搜索引擎更大范围地推广歌曲和歌手，当然这就帮助我们省下了一笔买 CD 的费用。

很多平面书籍和杂志都提供免费电子下载，既环保又省钱。有的书籍和杂志会将节选部分章节刊登，有的则会整本提供下载。在书籍和杂志的各自网站上，就可以找到下载链接。但是畅销的杂志就很少有免费下载了，比如《三联生活周刊》，下载每期需要付费 4 元，但也比从报摊买一本花 8 元便宜一半呢！

于小姐在上海一家外贸公司做行政主管，她说："我们从事的外贸行业受经济危机的冲击最为直接，导致公司最近在减薪。我要把减少的薪水从生活中捞回来，比如再也不花钱去电影院、买碟片和装帧精美的书。"

从上个月开始，于小姐开始一个个清算自己平时的刷卡收据，看看哪里可以削减支出，并要求自己的男友也加入到节俭的行列中来。

于小姐与男友的共有的爱好就是：看电影、买 CD、买书。"以前只要一有大片上映，都会第一时间奔向影院。"于小姐说，"目前影院的大片票价一般都在 80 元到 100 元之间，这样一个月下来两人光看电影至少也要花费上千元。现在，这个花销一定要砍下来，所以现在我们都是从网上下载影片看。虽然清晰度不如电影院，但一次能省 200 多元呢，也觉得很值。"

于小姐是典型的音乐发烧友，她特别喜欢听一些韩国歌手的歌。总是自己买 CD 在家用"低音炮"听，现在为了省钱，她买空白的光碟自己刻，刻一张才 1 元钱，比买一张 CD 可要便宜多了。

为了省钱，于小姐还准备舍弃自己喜欢的装帧精美的图书，想看书就从网上免费下载，在上下班途中看。

但是笔者认为，最好另外还办一张图书馆的借书卡，要看书或杂志可以到图书馆借阅。这样不仅节省资费省去了买书的钱，还可以避免长时间上网看书、看杂志损害视力、伤害眼睛的弊端。

会员卡也可以租着用

很多时尚达人手里都会有各处的会员卡、贵宾卡等，持这些卡片去消费，商家可以让你享受一定的折扣，让你省下不少钱。但是，健身会所每年会费几千元，不但价格贵而且又可能没时间去，白白浪费；美容卡在消费时能打 6 折，但充值起步价不是 500 元就是 1000 元，谁也不愿意吊在一个地方。那么手里没有这类卡，却又想享受打折优惠，怎么办？舍不得办卡，想享受优惠怎么办呢？现在网上最火热的"租赁会员卡"，日租金大概一张卡 10 元左右，绝对省钱、划算！

莫小姐和男朋友准备去看某个电影的首映，但是两个人的电影票要 120 块，莫小姐觉得有点心疼。接着她就想了个办法，莫小姐在网上搜索了一下出租这家影院会员卡的消息。然后找到了，一个可以打 6 折的会员卡，租金一天 10 元。莫小姐算了一下，120 块的电影票，打 6 折后是 72 元，再加上 10 块钱的租金，也才 82 元。这场电影下来就省下了 38 元钱，非常划算。于是就租来了这张会员卡，和男朋友看了场打折的电影。

除了电影院的会员卡，其他的像一些服装店、KTV、洗车店、书店、宾馆、化妆品店、酒店、咖啡馆、饰品店等地方的会员卡、贵宾卡等，租金都不贵，但你拿着它却可以享受会

员和贵宾的待遇，省下不少钱。

你自己手里有的会员卡、贵宾卡等，也可以出租。闲在自己手里又不会生钱，租出去还能收点租金。虽然一次两次没几个钱，但时间久了，也有一笔收入。而且会员卡在使用过程中可以积分，借给别人去消费，也是在帮你积分，可以让你享受更多的折扣，可谓一举多得。

试客，既省钱又赚钱

所谓“试客”，是指那些走在消费者前沿的人群。在购物前，他们先从互联网上免费索取相关商家的使用赠品。经过仔细试用与其他爱好者相互交流后才进行购买。如果你没有听过“试客”这个词，你绝对是落伍了。

时下，试客风潮的兴起，以国内最大的独立第三方支付平台支付宝的免费试用频道为代表，我爱试用网、图书试用网、试用网等众多网络中介平台陆续诞生，它们的经营模式多是以免费发送试用品为基础，通过为合作企业进行消费数据调研分析、广告位出售等有偿服务获得赢利，使得任何网民只要注册为用户，即可享受试用网提供的合作企业所赠试用品的所有免费服务。通过这种经常试用化妆品的方式，不仅能省下自己购买化妆品的钱，还能赚一些钞票回来呢！

据了解，都市“试客”以年轻女白领居多。这个人群对品牌产品青睐有加，但是收入相对品牌产品消费较少。她们面对品牌产品接二连三的涨价，只好纷纷甩出个人信息以换取试用品，节约开支。结果她们发现，日子因此变得潇洒了，开销也大大减少了，但是却总要忍受广告骚扰。

Ada去年年底第一次当“试客”。当时，一家知名化妆品公司开办了一个活动，并且在时尚杂志上打出广告，参与活动者可获得免费试用装。Ada心想反正不会有什么损失，试试看吧。然后按要求发送了短信，结果5天后，一套精美的试用装还真的寄到了她的手上。从此之后，Ada开始了“试客”生涯，她频繁地参与报刊杂志和护肤、美容网站等举办的各种试用活动，然后试用得到的免费商品也源源不断地寄到了她的手里。Ada得意地表示：“自从当上‘试客’，我每个月的时尚品开销减少了近三分之一，关键是这些活动一般都是品牌产品，拿出来特有面子！”

而张然不单单是个省钱的“试客”，还靠做“试客”赚了不少钱。一次，张然意外地在网上看到一个帖子“帮人试用产品，还有钱赚”。她主动联系了委托人，接着拿到了精油的试用产品。

在后来的一周内，张然就认真地试用精油。在第一次涂抹时，她觉得脸颊有点刺痛，还微微泛红发烫。不过委托人告诉她这是第一次使用时的正常反应。张然把每一次使用化妆品的时间，以及自己的皮肤变化及内心感受等都记录了下来。

试用结束后，委托人看了张然的记录很满意，按约定支付给了张然200元的报酬。获得第一笔“试客”报酬后，张然开始在网上找信息，专门给人做“试客”，不但有好的商品使用，还有好的收入。

不过，得到肯定是要有付出的，比如因为个人信息在网上公布，会经常收到骚扰电话和短信。最严重的，是试用产品出现的质量问题。这就会让“试客”头疼了，比如，有些产品在使用后会损伤皮肤。而当你拿着医生的诊断书和治疗费清单找到商家时，商家去会以该产品是免费试用为由，拒绝向你支付。所以，做试客前一定要做好心理准备。做试客最好是找有信誉的大网站，在试用前他们会和你签订一些质量保证、信息保密条款等协议；当然最好试用大品牌的产品，这样肯定会有质量保证：确认商品的生产日期、保质期等信息，以免给自己带来不必要的麻烦。

像选老公一样选房贷

“男怕入错行，女怕嫁错郎。”对女人来说选对老公，就像是踏上了一条光明宽敞的大道，行走起来踏实且惬意，路上的辛苦也会变得心甘情愿。

而选房贷和女人选老公一样重要，不过相对来说在选老公时选择余地有限，而买房贷款时，就面对诸多选择了。为了在热火朝天的房地产市场上买到属于自己的那个家，各家银行都对个人住房按揭业务争先恐后地进行了创新。房贷开始呈现多样化的色彩，这也为我们借款人提供了更多选择。

每一位购房者，都有权利和机会去面对这些选择。如果你能从中选出最适合自己的贷款方式，或许就能发现贷款其实也可以很精彩。

有对情侣为了可以选择适合他们的房贷每天恶补房贷知识。每天下班之后，推却所有的娱乐活动，像两个小学生般钻研房贷知识。

功夫不负有心人，经过苦苦研究，这房贷还真让他们给大致理出了一些脉络，搞清楚了每种房贷方式的优缺点。现在，我们来一起分享一下他们的“心血”，将他们的收获整理成表格，以飨所有准备买房的读者们。

主要房贷方式优缺点对照表

房贷名称	简介	优点	缺点	适宜人群
公积金贷款	政策性的住房金融贷款	利率低		缴纳公积金的购房者
固定利率房贷	利率固定，不会变化	抗加息	不能享受降息的优惠，也不利于提前还贷	收入固定的购房者
浮动利率房贷	根据市场利率变化而变动	降低减息的风险	加息时需支付更多利息	对未来减息充满预期的购房者
接力贷	父母与子女同为借款人	可以适当拉长贷款年限	易出现房屋产权纠纷	40 岁以上或刚工作的购房者
循环贷	随时借款、随时还贷	贷款额度高，使用年限长	用途较为局限	收入不稳定的购房者
移动组合贷	个性化的还款方式	可以灵活变动	一段时间内还款压力大	暂时遇到经济困难的购房者

与其他贷款买房的人相似，这对情侣对贷款利率都很敏感，因为在整个贷款期内，利率、支出是决定贷款成本的变化因素，它取决于占用银行的资金额、占用时间以及利率水平这三个因素。

在各类房贷项目中，公积金贷款年利率仅为 3.87%，比商业住房贷款低出近两个百分点，理所当然成为我们的首选。曾经有位消费者买了一套 40 万元的住房，贷款 28 万元，她采用了公积金贷款方式，年限为 25 年，月还款 1548 元，25 年总还款 46 万多元，支付利息 18 万多元。一提及当年的选择，她现在仍觉得庆幸，如果采用一般商业贷款，25 年的还款总额就会变成 51 万多元，要足足多付给银行 5 万余元。

除利息低之外，公积金贷款的还款方式也比较灵活，只要借款人每月的还款额度不低于“最低还款额”即可，便于借款人进行资金安排。而且，采用公积金贷款方式，首付压力较小，贷款年限却更长。一般来说，公积金贷款最高可贷到 9.5 成，贷款年限最高可达 30 年。商业贷款最高只能贷到 7 成，最高年限为 25 年，如果你购买的是二手房，最高则只能贷到 20 年。

更重要的是，公积金贷款由国家、集体、个人三方共同负担，有国家这座坚强的大靠山，还有什么让人不放心的呢！

因此，看起来公积金贷款具备一位好老公的特质：因为利率低，给生活带来的风险小，相对地为生活增加了更多保障；贷款年限长，支付的利息却不多，如同一个身体健康的老公，可以照顾你更长时间，与你相处时大多数情况都为你考虑；有国家、集体的共同负担，让“他”的肩膀更宽厚，可以承担更多的家庭重担。

单位为你办理的住房公积金，千万不要浪费，在买房时不妨充分加以利用。但是，如果

你身在北京，有必要注意一点，向北京住房公积金管理中心申请公积金贷款，申请人住房公积金缴存还必须满足以下两个条件：

第一，借款申请人住房公积金账户必须已经建立12个月或以上，同时必须是足额正常缴存，包括按月连续缴存、预缴、补交住房公积金，在申请贷款时还必须处于缴存状态；

第二，如果你是在职期间缴存住房公积金的离退休职工，则不受北京住房公积金缴存时限限制，只需满足建立的住房公积金账户处于缴存状态即可。

其他地区可能有各自的相关规定，在使用前，可以先向相关部门咨询，以免“起大早却赶晚集”。即使不凑巧，不符合住房公积金贷款条件，你也不必过于灰心。

“条条大路通罗马”，房贷不仅只有住房公积金一条光明大道，根据家庭情况作出适当选择，其他商业房贷照样也能成为“好老公”。

小茜2007年最大的梦想就是生个“金猪宝宝”。不过，由于小茜体质不好，育子计划一旦实施，就意味着她这个“准妈妈”将“停工待产”，丧失一年的收入。而为了让宝宝出生后就能住进自己的房子里，小茜夫妻正准备贷款买房。更不凑巧的是，小茜夫妻单位都没有办理住房公积金。如果将月供全部推给小茜的老公，听起来有点不人道，但如果拖欠月供，小茜肚子里的“金猪宝宝”估计会嘲笑“房奴爸妈”了。

无可奈何之际，小茜夫妻经高人点拨，选择了一种可以随时调整还贷方式的“移动组合”房贷。采用这种房贷方式，小茜夫妻可以根据自己的收入预期灵活调整还款方式，经济压力大时少还，有能力小时多还。就像一位称职的老公，在你状况不佳时，体贴的他就不会给你太多压力。

在小茜怀孕没有收入的一年中，为减轻小茜老公的负担，他们将月供数额调至最低。在小茜“出关”后，他们又将月供数额适当调高。这样，小茜夫妻顺利完成了“金猪宝宝”计划，还如期搬进了新房子。

虽然前期月供较低，增添了日后还款的压力，但凡事有所得必有所失，“主要矛盾”得以解决，后期付出一些代价也是理所当然的。

小茜夫妻虽然没有住房公积金，起码工作收入还算稳定，相比之下，小茜同学小雯夫妻的经济状况则令人担忧。小雯夫妻都从事“吃青春饭”的行业。高中毕业后，小雯就进入一家模特公司做模特，在公司认识了同为模特的老公。

模特这个职业，表面光鲜亮丽，收入也不菲，但随着年龄的增长，除非转型成功，否则收入就会渐渐走下坡路。趁着还没人老珠黄，身材走样，在收入尚可的时候，小雯夫妻把买房提上了议事日程。

由于公司没有为员工办理住房公积金，他们又没有能力全款买房，只能将目标锁定在商业房贷上。经过一番对比之后，他们选择了某银行推出的“双周供”。

所谓“双周供”，就是每两周还款一次，每次还款数额是原月供的一半。“双周供”的贷款利息少于月供，相应的供款期也有所缩短，当然，每月的还供压力也相应增大。对小雯夫妻来说，最近数年，他们的经济来源有保障，能够应付压力较大的还款。数年后，他们的收入可能会开始缩减，缩短供款期恰恰可以解决他们的后顾之忧。

各种房贷也并没有好坏之分，有的只是适合与否。适合你的就是好房贷，而不适合你的也不一定是坏房贷，可能是别人的好房贷。

总之，挑选房贷，不要人云亦云，不一定要挑别人眼中最好的，而要选择最适合自己的那一款。

谨防打折房贷中潜存陷阱

打折房贷利率，听起来不错。而且已在各大银行普遍得到执行。但贷款人在申请过程中总是会遭遇到各种麻烦。专家提醒贷款人，有必要熟悉各家银行的打折房贷政策，并且保留各种支付凭证，以便维护自身利益。

陷阱一：还款逾期扯不清

根据各大银行公布的细则，凡是存在历史不良信用记录的贷款人，一般均无法享受优惠利率，贷款人有无逾期还款尤为关键。银行在分析判断借款人违约原因、归还贷款能力、借款人履约承诺等基础上，有权对其贷款利率下浮比例进行调整。并且，银行不仅会针对个人之前还款记录作出汇率优惠调整，还会对未来还款记录实施监控。比如某银行规定：发生连续 30 天（含）以上逾期时，如果该个人享有利率优惠，银行有权单方取消该利率下浮优惠，并重新按照原合同执行利率相应计收利息和复息。

张先生说："我之前按揭还了两年的款，一般每月都是提前几天存月供。但是只有两次还款晚了几天，当时银行也没有催款；后来我要申请优惠贷款，银行告诉我，我居然有逾期还款记录。"

对此，理财专家表示，银行不催款并不代表贷款人没有违约。因此贷款人需要积极维护自己的信用记录，应当保证自己的账户"清洁"，将长时间不用的账户予以撤销，比如煤水电气费、信用卡、贷款账户、储蓄账户等，自己保存好缴费和还款收据，以便最终核实。

陷阱二：捆绑销售附加产品

房贷客户在各家银行看来属于优质客户范畴，以至于部分银行网点会向房贷客户大量推销信用卡，保险、理财产品等附加产品。这涉及到各银行网点的业绩指标，所以一些银行网点卖力推销，而且附加产品五花八门。

对此，专家表示，虽然商业银行在法律允许的范围内，有权根据自己的经营状况设置条件来推销附加产品给客户，但这一权限应该由商业银行总行制定，而不应该任由支行网点随意解释。因此如果你遭遇明显不合理的要求，因尽量保存证据，以便向银行总行或分行提出申诉。

陷阱三：转按揭费用多多

"转按揭"就是个人住房转按贷款，个人住房转按贷款是指已在银行办理个人住房贷款的借款人，向原贷款银行要求延长贷款期限或将抵押给银行的个人住房出售或转让给第三人而申请办理个人住房贷款变更借款期限、变更借款人或变更抵押物的贷款。对于一些总量小、年限略短的贷款人来说，转按揭未必是个明智的选择。因为贷款人选择转按揭，不但需要重新办理两证，还需要缴纳违约费和评估费，这些费用加在一起相当可观。

而且，房贷政策随时可能根据贷款者的还款水平和央行规定发生变化，转按揭后利率上调的可能也依然存在。

理性选择购房按揭方式

电影《甲方乙方》中有一句台词："没有爱情的婚姻是不幸福的，而没有房子的婚姻则更不幸福。"这句话说的很好，房子应该是除了婚姻之外的第二件大事。那么相应的为了解决人生第二件大事，选择合适的按揭方式就成为了关键。

有调查显示，许多年轻人由于选择的按揭方式不恰当，买房的同时给自己带来了沉重的还款压力，以至于严重影响了生活质量。个人最高额抵押贷款、固定利率个人住房贷款、双周供、接力贷……新的个人按揭贷款方式随着房地产业的火爆愈加层出不穷。各种按揭方式各有怎样的特点？什么样的按揭方式适合自己？按揭贷款额度怎样确定呢？

2005 年 3 月 17 日，人民银行宣布取消个人住房贷款的优惠利率，个人住房贷款实行商业化价格。这样子商业银行就个人住房贷款有了一定的自主定价权。在 2005 年以前，就个人住房贷款只有浮动利率一种利率确定方式，每年 1 月 1 日商业银行都要根据人民银行公布的个人住房贷款利率标准调整，对所有未逾期个人执行同一水平利率。于是此后有部分银行推出了自己的利率标准，比如固定利率。

针对于现实状况来看因为，一般个人住房贷款期限较长，所以传统的浮动利率贷款会导致借款人的利息支出处于不确定状态，时刻面对着利率风险。而固定利率贷款因为在约定期

限内利率固定，所以每期承担的利息支出是固定不变的，这就便于个人进行理财规划，相对于浮动利率来说更加安全。当然，减少了利率变动的风险，就要付出一定的成本，因为固定利率贷款一般高于浮动利率。

2006年年初，部分银行推出了双周供的个人住房贷款，也就是在还款频率上做了调整。因为双周供比月供法的还款频率高，并且每年实际偿还的本金较多多（1年52周，双周供需还款26次，月供为12次），看起来客户贷款期限更短，总利息支出也较少。其实只要利率不变，无论是双周供还是月供，个人的经济压力并不会减少，而且贷款期限缩短只会使还款压力增大。并且我国一般居民主要收入方式还是月薪制，与双周供并不匹配。而双周供可能更适于每天都有一定收入的个体工商户等人群。

接力贷款是以某一子女（或子女与其配偶）作为所购房屋的所有权人，父母双方或一方与该子女作为共同借款人，贷款购买住房的住房信贷产品。其优点是因为是共同借款人，可以将贷款年限适当延长，不受规定时间上限的限制。但是有一点需要注意就是家庭今后有可能因房屋产权出现纠纷。

建设银行在全国推广的“个人住房最高额抵押贷款”，是指建设银行用信贷资金向借款人发放的、以借款人自有住房作最高额抵押、可在有效期间和贷款额度内循环使用的贷款。它是在传统的个人住房抵押贷款特性基础上，加入了贷款额度管理和贷款循环使用的功能。贷款者只需与银行签订合同，以住房为抵押，在有效期间和核准额度内便可以循环使用贷款，而且手续简便、支用方便，有利于激活房产资源，使其变成流动的资产。

贷款额度多少为宜？是越多越好还是越少越好？商业银行不断推出新产品，对消费者来说，没有最便宜的，只有最合适的。因此消费者在选择按揭方式时应该结合自己的实际还款能力和经济情况，如果能对自己未来的还款能力做出客观理性的评估，就可以找到最适合自己的贷款方式。

中国银监会在2004年9月发布的《商业银行房地产贷款风险管理指引》中提出：“应将借款人住房贷款的月房产支出与收入比控制在50%以下（含50%，），月所有债务支出与收入比控制在55%以下（含55%）。”

我们在购房时首先不应该超过这个比例，不然就可能害人又害己。有的消费者为了购买高档住房，不管是否房价与自己收入匹配，开出假的收入证明来欺骗银行。他没想过这样不留余地的购房，用自己的大部分收入用来还房贷，会发生什么样的后果。如果遇到意外情况，家庭经济将会陷入困境。

针对现实情况来看，购房已不是个人行为，而关系到一个家庭。有许多年轻子女为了还贷，不惜借用父母积攒的养老钱。现在我国的社会保障体系尚不健全，但社会逐渐步入老龄化，在这种情况之下，人们又必须留出部分积蓄以备失业、养老、医疗、教育等方面的不时之需。如果购房时一味追求住房面积大、档次高，却把贷款额度控制在安全警戒线之外，那后果简直不堪设想。

适当“啃老”不可耻

在火遍大江南北的电视剧《蜗居》中，海萍和苏淳这两个受过高等教育的年轻人，曾经立志不做“啃老族”，但是在房价的高压之下，最终也不得不屈服，向家里父母张口。

海萍：“怎么不高兴的样子？你跟你妈说钱的事情了？”

苏淳：“海萍，我真的很难张口。老人存点钱很不容易。你，我们父母辈那过的是什么日子。年轻的时候要养老要养小，好不容易把老的都送走了，一天没舒服，小的还要去刮。这对他们的一生来说公平吗？如果在他们那个时代，我们现在是该给老的钱。他们不要我们负担，已经很好了。我们，我们……你以前不是最痛恨‘啃老’的人吗？”

海萍：“我们不‘啃老’，别人就要啃我们。我只有得罪一头了。牺牲父母一代，再牺牲我们这一代，看能不能给我的女儿一个幸福的生活。”

海萍和苏淳都各有道理，也都有各自的无奈。

其实，租房还是买房，应该也不是关键问题，关键问题是有没有钱。

爱情再浪漫，婚姻也终归是现实的，结婚不仅仅是结婚证的问题。如果租房结婚，婚后将面临的问题还是存在。人到中年，总是要，要有买得起房的希望。

在买房时能够有人添上一把手，帮帮忙，是再好不过的事情。但是由于现实状况的限制，这个人，往往不会是你的同学或朋友，也不可能是公司同事。

说来说去能够借钱或把钱给你，而且毫不利己，专门利你的人，世界上只有你的父母。

现在的高房价，让很多人都望而却步。以北京为例，根据北京市统计局和国家统计局北京调查总队联合发布信息显示，2009 年北京市职工年平均工资为 48444 元。北京市统计局 5 月 7 日通过媒体对外发布消息，2010 年北京职工平均工资为 50415 元（包括个体工商户）。一个人全年的工资总量，还不足以支付两平方米的房价。应届毕业生 2009 年北京应届毕业生的月平均工资为 2472 元。大学毕业后，等你把房子的首付攒够了，黄花菜都凉了。

所以，现实点说，如果家里父母有些积蓄，适当借点钱买房，也是可以理解的。

事实上，我们身边靠父母资助或完全依靠父母买房的，大有人在。商务部曾经发布过一份《2006 ~ 2007 年中国结婚市场发展调查报告》，报告显示，在全国城镇结婚消费中，81.6% 的新人得到父母们不同程度的财力支持，其中，主要支持项目就是买房子。这份报告还没有提到农村，如果把农村算上的话，估计比例会更大。

而且在农村主要是父母为孩子结婚盖房子，这个习俗，已经延续了很多年。可以说，基本上每个农村小伙子的结婚三步骤，即媒人说媒、修建新房和举办婚礼，都是父母出资的。

对于农村的习俗，笔者并不提倡所有父母都为孩子准备新房。而是说，在现实情况下，对于刚工作没多久的年轻人来说，用不用父母的钱买房，不是一个固执死板的问题。要是有钱的话，应该没人会动用父母攒的血汗钱。但是如果在需要的时候，而且预期经济状况会好转的情况下，先借用父母一些钱是无可厚非的。

拿着放大镜看购房合同

合同是消费者与商家进行交易的凭证，更是发生纠纷后消费者维护自己合法权益的依据。作为消费者，我们要睁大眼睛看合同，识别这些陷阱，争取在这场与开发商的智力较量中取胜。

首先，要在合法正规的地产开发商处购房。

一个合法正规的地产开发商，必须“五证”“二书”齐全。所谓“五证”，是指《国有土地使用权证》《建设工程规划许可证》《建设用地规划许可证》《商品房销售预售许可证》《建设工程施工许可证》。“二书”则是指《住宅质量保证书》与《住宅使用说明书》。不要相信开发商所谓的“相关文件在报批某项手续”等借口，如果“五证”“二书”不齐全，最好不要在此处购房。

第二，要有强烈的法律意识。

害人之心不可有，防人之心不可无。在尚不规范的房地产市场中，陷阱无处不在，我们买房时不要一味地贪图便宜，在保持警惕性的同时，还要勇敢地拿起法律这个武器来维护自己的权益。

买房涉及的工程、质量、物业管理等多个领域的法律问题比较复杂，即使咱们经过多方考察之后，也很难通过个人的努力搞清所有的问题。为了有效维护自己的正当权益，我们可以与该领域的专业人士、法律人士取得联系，以获取相应的帮助。

最后，要摆正心态，认真签合同。

心态决定一切，在签署购房合同时，更应该保持谨慎的心态，不要仅仅听开发商一方的花言巧语，而要认真审查每一项条款，把相关问题问清楚。不要担心别人取笑你的理解能力，问题常常发生在自以为是者的身上。以为自己弄清楚了，其实是一知半解，最后被开发商占了便宜，这才是真正的可笑之人。

如果对合同中的某项条款有异议，或者不满意，一定要坚持自己的想法，坚决不签，不要贪图一时之快，随便妥协，否则将会给自己带来无穷的烦恼甚至巨大的经济损失。对于你希望从开发商处得到的一切承诺，以及双方已经形成的协议内容，一定要以书面形式记录下

来，以免起纠纷时空口无凭。

买房就是想找一个安身立命的地方，平平安安地生活，大小无所谓，稳固安全最重要，纠纷矛盾更是越少越好。把握住购房合同这一关，可以减少你购房的后顾之忧，还可以让你节省一笔不该支出的费用。

买尾房技巧

尾房是指楼盘中最后出售的那部分房子，笔者为消费者提供几个在购买尾房时的技巧。

一、弄清原因

根据形成原因的不同，尾房通常分为三类：

1. 另有用途或开发商没打算卖的尾房，可能开发商留作自用，或留作日后出租等。

2. 因为某些非安全性问题卖不出去的尾房，比如房子朝向差、楼层不理想、视野景观差、户型不合理、手续不全等问题

3. 销售开始阶段楼盘没有获得市场认可，滞销导致后期很大的销售压力，形成尾房。但是楼盘本身没有问题。

以上三种类型尾房并没有安全问题，购房者尽可以放心大胆地购买。但是我们需要注意区分尾房、烂尾房和一般空置房。购房者应该根据开发商实力以及项目价值，客观判断未来居住环境及状况，避免购到烂尾房。

二、要注意证件、手续

尾房的产权状况如何对购房人来说尤为重要。购房者首先要确定房子的销售手续和产权是否明晰，在购买前要注意确定销售方房子是否有产权证和销售许可证；然后了解房子是否被抵押，如有抵押，比如被银行抵押。那么要弄清抵押期限、怎样解除抵押；如果是拍卖房，就要明确产权过户手续是否已经办理等。

在购买之前最好多询问该楼盘的业主，看看业主对该房的评价，如果能多方面考察核实房子的品质，再下决定购买与否，可以防止自己上当受骗。总之，购买尾房者要特别小心，注意证件和手续问题。

三、不贪低价

一般而言，尾房很有可能是问题房，在挑选尾房的过程中，购房者一定要严把质量关，不能贪图一时便宜而买了问题房。这样子可就不划算了。在验收住宅时应仔细检查住宅采光、通风、设备、设施等，如果一切都没有问题才可签字购房。

房产也有保修期，如果在保修期内出现了问题，房产开发商会负责维修。但是这个保修期一般从项目整体开始出售时计算，那么尾房在售出时，这个保修期可能已经开始计算多时了，那么该尾房的保修期也就变短了。此时购房者应该与开发商签署相关协议以防保修期内不保修，并且防止房子出问题后卖方和物业管理单位拒绝承担责任，切记不要购买不在保修期内的房产。

四、搜寻信息

如何搜集尾房的信息？如果你有购买意向，但是又苦于找不到关于这方面的消息，一些活动以及一些公司或许可以帮到你。一般来说，你可以通过以下三种渠道来获得消息：

1. 多参加房展会。房展会是展示房地产项目的博览会，能把各地的房地产项目集中到一个地方来展示给购房者参观。是开发商展示、推销自己房产的一个好机会，当然也就是你去寻找房源的好机会。开发商不会放过这个推销尾房的好机会，如果有时间，多跑跑房展会让你大有所获。

2. 找中介公司。一些房产开发商会委托中介公司代理销售尾房，而且有的中介公司也会主动收购尾房进行销售。

3. 找物业公司。物业公司有时会成为房产开发商的委托代理，这个时候物业就会有尾房的销售信息。开发商有时也会留下一两个专职的销售人员销售尾房。

巧用攻略减压房贷

利率上调，房贷还款压力增大，为了应对增大的贷款压力，许多市民妙招频出，获得了丰厚利润。

攻略一：血拼换积分，购物还贷双管齐下

江小姐是某公司的白领，每个月手里的七八张银行信用卡都刷得干干净净。买了房子后，不能像以前那样“血拼”了，江小姐很是郁闷。后来银行一位理财经理告诉江小姐，深发展银行有一款独有的、针对深发展信用卡客户的服务，可以解决像江小姐这样的血拼族的烦恼。

一般来说，银行的信用卡客户在消费满3万元后，就给予3万元相应的积分。但是，银行给予客户的礼品价值只相当于3万元的2‰，也就是60元的礼品。江小姐心想许多刷卡换来的礼品自己都并不想要，那现在深发展的这款“按揭信用卡”业务，每月最高1%的回馈，还真的很划算，让她血拼还贷两不误。

攻略二：“循环贷款”买下第二套房

高先生是一家金融机构的工作人员，月收入上万元。2006年底，他贷款70万元在苏州买了一套110多平方米的房子，让自己的父母来住。

高先生和女友打算重新买一套房子，过二人世界。于是，高先生以自己名义贷款买了一套新房子。

不过，在做第二套房贷款的时候，理财师建议高先生，可以先把第一套房子购房贷款还清，然后就可以直接通过抵押第一套房贷款购买第二套住房。高先生算了一笔账，如果按照理财师的建议，先把第一套房的贷款还清，这样，他购买第二套房子的时候，按户计算，他仍然算是购买的第一套房。这样的话，就可以通过相应具体循环操作获得利率上的优惠政策。

攻略三：巧用装修贷款支付首付款

高小姐很想在市中心买一套房子，但是因为房价太贵，她的积蓄连首期款都不够，后来，高小姐得知有装修贷款。便打起了装修贷款的主意。

她借了10万元，加上自己的积蓄，支付了一套房子30万元的首期款。然后过了两个月，用装修贷款把借的那笔钱换上了。虽说房屋装修还要再等一段时间，但是，高小姐得以提前圆了自己的房子梦。

攻略四：巧用贷款理财产品省近万

市民孙先生多年前利用银行贷款购买了一处商品住房。但是女儿要上高中，为方便女儿学习，孙先生又计划在学校附近再购买一处住房。

但是赶上国家房贷新政出台，贷款购买二套房利率上浮，调息后明显进入加息周期，按照相关规定，二套住房贷款最低首付比例不得低于四成，贷款利率不得低于人民银行公布的同期同档次基准利率的1.1倍；同时要求商业银行随套数增加而大幅度提高贷款最低首付款比例和利率。

孙先生不得不重新考虑银行贷款成本的问题，购房计划因此也一拖再拖。但是中考在即，情急之下的孙先生去银行询问，没想到，这一问还真有大收获。

按照房贷新政，孙先生打算购买的房子属于第二套房，虽然对于第二套房有严格的限制措施，但是也并不是没有经济一些的方式。经深圳发展银行的房贷理财专家介绍，孙先生选择了一款还款轻松又省息的房贷新品“固定利率气球贷”。

“固定利率气球贷”，即选择一个较短的贷款期限（3年），但以较长的期限（30年）来计算月供，这样适用利率仅为8.316%，每月还款金额仅为3780元。对于孙先生来说，省

力又省心。

“较采用浮动利率的普通住房贷款而言，利率一次锁定，比当前执行利率已下降了0.3%。不仅利率低，月供也比普通住房贷款减少了105元。”孙先生说，“假设明后两年每年利率上升0.27%，那么三年累计可节省8919元的贷款利息，如果未来利率再次上升，省息效果就更加明显了。”

攻略五：省吃俭用也要为房贷上份保险

多年前，市民马先生贷款买了新房。由于银行强制要购买房贷险，马先生缴纳了2000元保险费。后来由于贷款利息越涨越高，马先生东凑西凑，把房贷全部提前还清了。但是按照合同规定，房贷保险期限和贷款年限同为10年，保额为40万元，马先生实在不知该如何处理了。

马先生拿着自己的保单找到了保险公司打算退保。可保险公司一算账，他又打消了退保的年头。

“肯定不划算！”因为按照保险公司的算法，提前3年退保的话，需要扣除已经生效的保费和退保手续费，最后马先生只能拿到退保费600元。然而马先生如果想给房屋再上个家财险，那么40万元的保额，一年保费要400元，3年为1200元，相对于提前3年退保拿回来的600元，实在是不划算。就在左右为难之际，人保财险江苏分公司的有关负责人告诉马先生，可以将房贷险当家财险和意外险用，这样省钱又省事。

“可以将受益人从银行变更成贷款人自己，不过前提是，一定要将贷款还清了。”该负责人表示，只要提前还清贷款，然后到保险公司办个简单的批改手续，就能把保险改到自己名下，这样显然比退保划算多了。

而对于有房贷在身的市民来讲，买份房贷险就更必要了。

“财产保险公司使用的房贷险，有两种条款。”人保财险有关人士介绍说，“一种保被抵押的房屋，另外一种在房屋之外还保障贷款人的人身意外伤亡。”

据了解，两种房贷险的保额都等于贷款人的贷款额。从保险责任来看，只保房屋的房贷险类似普通家财险，比如由于不可抗力因素造成的房屋损失都会赔偿。

“房贷险的保障主体是房屋建筑本身，房屋内部的财产如装潢装饰、家电、衣物等并不在承保范围内，因此和家财险保障范围相比还是小了些。”负责人说道。

而添加意外保障的房贷险，就不仅承担赔偿条款约定的自然灾害和意外事故导致的房屋损失，若借款人因意外伤害死亡或者高度残疾后，保险公司将赔偿其所欠的贷款。

“别小看了这个功能。”该人士表示，“之前曾经在苏州赔付过一起案例：购房人贷款3年后不幸出了车祸，还欠银行20万元的住房贷款，这一欠款就由保险公司承担，从而解决了家人的后顾之忧。”

不同人群房贷还款技巧

贷款买房可以提前圆自己的房产梦，可是连续加息对准备贷款购房的人群造成了一定的心理压力。生活压力越来越大，人们理财意识不断提高，大家对如何还贷省钱更为关注。找到适当还款方法，还是能够减轻房贷者按揭负担压力的，下面列举几个针对不同借款人群列举的还款省钱的方法：

1. 选择固定利率。固定利率最大的好处在于提前锁定利率变动，那么相应的就为房贷者减少了因加息带来的还款压力。不论贷款期内市场利率如何变动，按照固定利率支付利息，总是安安稳稳。

2. 公积金更适合大众。优惠政策宽，公积金具备低利率、低首付、借款人申请年龄相对放宽、还款方式自由、交易流程提速等优势。一般来讲在北京的各公司、企业基本都会为员工缴纳公积金，而且因为上边说到的优势，不论是什么阶层的房贷者都适用公积金。而且如果不买房的话，到了工作者退休年限时，公积金缴存余款还可以返还给工作者，好处多多。

3. 等额本息还款。这样子计算简便，有利于房贷者安排自己的理财计划。借款人每月偿还贷款本息金额相等，不但便于还款，而且可以在有余钱时计划安排其他投资项目。

例如收入稳定且未来收入预期将稳步增长的房贷者，最好选择月供中的等额本息月还款法，这种还款法每月固定的还款额，对于房贷者很方便，其当月的收入和支出合理调度，合理理财，对家庭未来财务状况都可以做到一目了然。

4. 等额本金。这种还款方式虽然前期资金压力较大，但是利于提前还贷，而且越还越轻松。可减轻日后压力，随着时间的推移，越来越轻松。

如果最初准备买房时就准备提前还贷的话，采用等额本金的还款方式可以节省不少的利息，就比较划算了。如果是高薪者或是收入多元化的房贷者，笔者建议首选等额本金还款法，因为即使从单纯的贷款利息的角度来看，等额本金还款法与等额本息还款法相比也要划算。

5. 双周供还款。每半月还一次，而双周供可能更适于每天都有一定收入的个体工商户等人群。这种还款方式的优势在于同样的额度、相同的贷款年限基础，双周供比等额本息还的利息要少得多。同时相应的还款压力也大，因为双周供相当于一年偿还 13 个月的月供。

6. 气球贷。这是一种“打破”传统的还款方式，适合高收入群体。气球贷是一种全新的还款方式，其利息和部分本金分期偿还，剩余本金到期一次偿还。这个方式还贷较适合计划持有房产期限较短的未来收入预期会有大幅增加的高收入人群。

巧还房贷让房奴少奋斗十年

有房奴在网上发帖叫苦：“自从买房后让房贷压得喘不过气来，早上起床一睁眼就又欠人家银行 100 块钱，日子过得真憋屈！”

有些朋友成为房奴后，不但从物质享受方面大大降低了标准，在精神方面也备受折磨，心理健康受到极大伤害。那么，选择合适的房贷还款法对于房贷族至关重要。

1. 年轻人比较适合分阶段性还款。年轻人一般都是大学刚毕业参加工作，手头资金紧张，这种还款方式可以宽限客户有 3 ~ 5 年，刚开始还款每月只要几百元，然后过了宽限期后，还款就会步入正常的还款方式，因为随着收入提高、经济基础的夯实，还款能力已经提高了。

2. 等额本金还款法适合高收入人群。这种还款方式在上边章节也有提及，就是将本金分摊到每个月中，同时付清上一还款日至本次还款日之间的利息。因为时间较短，在同等条件下这种还款方式所偿还的总利息要比等额本息少。而且随着时间推移，经济负担便会逐渐减轻，利息是递减的。当然开始几年的月供金额较多，压力会很大。

3. 收入稳定人群就适用这种等额本息还款法。等额本息是指，把按揭贷款的本金总额与利息总额相加，然后平均分摊到还款期限的每个月中。当然这种还款方法，总利息要多一些，但是压力较小。作为还款人，每个月还给银行固定金额，有利于家庭的理财计划。收入稳定、经济条件不允许前期投入过大的家庭可以选择这种方式。

4. 按季按月还息一次性还本付息法。这个还款方法适合从事经营活动的人群。一次性还本付息，指借款到期日一次性偿还所有贷款利息和本金的还款方法。对于小企业或者个体经营者，可以减轻每个月需要还款的压力，以保证其平日的资金周转。

5. 转按揭。转按揭是指由新贷款银行帮助客户找担保公司，还清原贷款银行的钱，然后重新在新贷款行办理贷款。这种方式可以实现房贷跳槽，寻找最实惠的银行。如果你目前所在的银行不能给你 7 折房贷利率优惠，那你就完全可以采用这种方式，寻找新的银行。由于竞争激烈，一些银行还是相当乐意为你效劳的。

6. 按月调息。如果出现降息的趋势，赶紧从房贷固定利率转为浮动利率才划算。当然，“固定”改“浮动”需要支付一定数额的违约金。

7. 双周供省利息。由于还款方式的改变、还款频率的提高，借款人的还款总额却获得了有效的减少，还款周期得以明显的缩短，客户在还款期内能省下不少的利息。整个还款期内所归还的贷款利息数额与按月还款时归还相比要少上很多。因为本金减少速度加快，还款的周期被缩短，也就减少了利息的支付。如果工作和收入稳定，可以保证双周支付不影响生活，选择双周供还是很合适的。

8. 提前还贷缩短还款期限。平时说起提前还贷，都会觉得提前还贷可以减少总利息。但是不是所有的提前还贷都能省钱。在这之前要算好账，比如，你的还贷年限已经超过一半，月还款额中本金大于利息，提前还款的意义就不是那么大。

此外，因为，银行收取利息主要是按照贷款金额占据银行的时间成本来计算的，所以在部分提前还贷后，应选择将剩下的贷款缩短贷款期限，而不是减少每月还款额。这样做可以有效减少利息的支出。如果贷款期限缩短后可以归入更低利率的期限档次，那么就可以更加明显的省息。而且，在降息过程中，往往短期贷款利率下降的幅度更大。

9. 公积金转账还贷。在申请购房组合贷款时，最好可以用公积金贷款并尽量延长贷款年限，这样就可以在享受低利率好处的同时，最大程度地降低每月公积金的还款额；然后最大程度地缩短商业贷款年限，并且在家庭经济可承受范围内尽可能提高每月商业贷款的还款额。缩短商业贷款的还款期限，并且月还款额的结构中是公积金份额少、商业份额多的状态。那么每个月公积金账户在抵充公积金月供后，余额就能抵充商业性贷款，这样节省的商业贷款利息就很可观。

选择合适的还贷方式，对于房贷一族来说，可以省下不少钱。另外，选择合适的银行也能剩下相当大的利息。

提前还贷里的“小九九”

很多人经常是房子买上了，然而银行的债务也背上了，就像背着重壳的蜗牛，一步一步地往前爬，期待着云开见月明。其实每个人都想无债一身轻，钱包却偏偏不争气。我们只能眼看着银行化身“强盗”，将我们辛辛苦苦挣来的血汗钱“抢走”充当利息。

众所周知，房贷利息是各大银行赢利不可或缺的一块“肥肉”，贷款买房的人越多，银行就越开心。自 1998 年国家大刀阔斧地取消了福利分房制度后，中国房价就像芝麻开花——节节高。其中，受益者不仅仅是大兴土地财政的地方政府，以及眼中只有高利润的地产商，还有专门从事“金钱交易”的银行。

相信很多朋友都会“咬牙切齿”地埋怨银行太黑，但是就现在的经济背景来看银行是在靠贷款活着，袁小姐总是这样劝自己老公：“没关系，反正咱们都还年轻，银行贷款慢慢还，人家银行帮咱们这么一个大忙，怎么着也要让人家赚点钱啊。”

袁小姐老公不是三岁小孩，当然不会被袁小姐的三言两语安抚住。一天，他在网上发现了一个名为《银行住房贷款竟按一年 372 天计息》的热帖，立刻拉袁小姐去看。发帖者推算，银行每个月的计息日为 31 天，不是按照实际月天数或 30 天计算，这样算下来，每年为 372 天，与每年的实际天数 365 天或 366 天相比，足足多出 6 ~ 7 天。

尽管有银行人员站出来辟谣，且发帖者的根据无处可循，仍旧有部分跟帖者，群情义愤地大骂银行。在当今社会，尤其是网络通信发达的今天，处于迷惑和压力之下，人民群众的情绪就像干燥的鞭炮，很容易被点燃。

还好，袁小姐与老公都不是那种头脑发热的人，对于“372 天”的推算，袁小姐持怀疑态度，没有与其他人一样盲听盲从。只是，银行利息就像一把达摩克斯利剑，时刻悬挂在袁小姐头上，偶尔从梦中醒来，看着头顶上的剑，难免心跳加速。

转眼到了年终，袁小姐老公的单位一次性下发了几万元住房补贴。看着这笔“巨款”，袁小姐打心眼儿里高兴，她老公表示，想用这些钱提前还房贷，以减轻利息的压力。

提前还贷，无论是增加月供数量，还是缩短贷款期限，都可以减少银行的“盘剥”，当然是一件可喜可贺的事情。袁小姐想：如果我是银行，我就乐于贷款人提前还贷，毕竟可以早一点收回贷款本金和利息，确保资金安全。

不过，事情往往不像想象中的那样简单。银行的逻辑不同于袁小姐，你抱着大把真金白银送上门，人家也未必会正眼看你，更别提“笑纳”了。

你千万别不相信，这可是袁小姐用汗水和辛苦“四进银行”才得来的经验之谈。

经过商量，袁小姐和老公决定提前还贷，并将每月还贷数额提高。银行的一位男职员接待了袁小姐，得知袁小姐的来意后，他面带微笑且不失真诚地表示：“可以提前还，但是要先填表，10个工作日之后再来看能不能批下来。如果批下来，就可以提前还。一般不会出现问题。”然后，他又贴心地提醒：“下次来，最好避开每月5日~20日最忙的时候，另外这个月贷款的钱也不用存了。”

10个工作日之后，袁小姐和老公再次来到这家银行，一位年轻的女职员接待了他们。袁小姐向她表明了情况，谁知她的回答把他们当场“雷”住了：“每月20日后不能办理！”

同是一个单位的职员，给出的回复怎么如此不同。袁小姐脱口而出：“是你们这里的一位男职员让我们这时候来的。”女职员表示无奈：“像你们这样每月增加还贷额的申请，短时间可能不会批下来，三个月之后才有可能。而且，每月过了20日就不能再办理此项业务了。”听完，袁小姐和老公大眼瞪小眼，都有些懵了。

既然遭遇了不熟悉业务的银行职员，无奈之下，袁小姐只有尽力争取这位女职员的“同情”和理解了。她也友好地表示：“你们下个月8日或9日再来吧，不过，要避开周六和周日。”当天，虽然没能成功办理提前还贷业务，袁小姐和老公仍心怀感激而归。

又过了10个工作日，袁小姐和老公“三进”银行。这次仍是上次那位女职员值班。当她在电脑查询还贷情况之后，吃惊地问：“最近两个月的房贷怎么没还？”这次，袁小姐又懵了：“是第一次那位男职员告诉我们改了贷款协议之后再还的。”

女职员摇摇头：“银行是要考察还贷人的诚信度的，不还不行，你们现在赶快还上吧。”等袁小姐还上之后，她又说：“这个月办不成了，下个月再来吧。你们最好在下个月10日以前来，人少，但要避开‘五一’假期。”

虽然又白跑一趟，但是，袁小姐又一次因为“谆谆教导”“感激”而归。

“五一”后的第一个工作日，袁小姐和老公早早踏进了银行大门。这次值班的是一位新面孔。表明来意之后，他的回答直接将袁小姐和他老公打回冬天：“领导刚开了会，不让提前还贷了。”

这次，袁小姐的老公忍无可忍，声音提高了几十分贝：“我们已经来四次了，你们每个人的说法都不一样！”看到袁小姐老公发脾气的样子，男职员的态度开始缓和：“你先别着急，我去问问领导。”接着，他走到另一个柜台，与一个人商量了5分钟之后，走过来对袁小姐说：“今天就给你们办。”在办理的过程中，男职员还说了一句：“其实哪天都能办理。”对此，袁小姐和老公都表示无语。

不过，曲折归曲折，能够提前还贷，袁小姐夫妇还是备感满足。对于贷款买房的人来说，提前还贷可以减少利息的支出，但是对于银行来说，则意味着可以获得的利息有所减少，同时，还会打乱其原本的“资金运转计划”，不利于整体业务的开展。而且，提前还贷数量的增加，在一定程度上会加重银行的业务量。在费力不讨好，甚至还会损失利益的情况之下，个别银行就会抬高门槛遏制客户提前还贷的欲望。

因此，在向银行申请提前还贷时，首先不妨仔细阅读贷款合同中有关提前还贷的条款，看清楚合同里是否有关于提前还贷要缴纳违约金的标注。如果不幸真要缴纳违约金，可以将违约金数量与提前还贷节省的资金相对比，权衡后再作选择。

要是合同中没有提及违约金，大家可以电话咨询办理还贷业务部门的地址、电话以及办理时所需满足的条件。这样就不用浪费时间去银行跑一趟了。

一般来说，提前还贷者需要提前向银行提交书面的还贷申请，此后由银行进行审批。审批过程短则5~7个工作日，长则十天半个月，有的甚至长达一个月。在此，我提醒大家，尽量要早去申请，因为个别银行对每月的提前还贷总量有所控制，超过一定限额后，就会被延期到下个月。

此外，面对房贷，大家要保持清醒和理智的头脑，不要盲目跟风提前还贷，在作决定之前，要先考虑清楚自身经济实力以及时间、机会成本等。一般来说，有三类人不用着急提前还贷。

第一类是在一年内有其他资金需求的贷款人。为了少还一点利息，却使一家人的生活水平大打折扣，并不划算。当然，如果你能忍受天天吃方便面的生活，依旧可以提前还贷，但我还是要提醒你，现在物价飞涨，到时候你可能会发现，连方便面也吃不起了。

第二类是有高于贷款利率的其他投资途径的贷款人。一般情况下，中国人民银行加息时，

其他投资渠道的收益率也会随之提高。如果大家在股票、基金等各类理财产品上的投资收益大于房贷利率，可以考虑暂时不提前还贷，以获取更高的回报。

第三类是房贷还款时间已超过5年或更长时间的贷款人，尤其是采用“等额本息还款法”者。如果还贷时间超过5年，50%以上甚至80%的利息已被还完，剩下的所需还款项目主要是本金，因此，提前还贷的意义不大，不如将多余资金投资到理财产品中。

米兰·昆德拉在《生命不能承受之轻》中写道：“有所负担，我们的生命越贴近大地，它就越真实存在。相反，当负担完全缺失，人就会变得比空气还轻，就会飘起来，就会远离大地和地上的生命，人也就只是一个半真的存在，其运动也会变得自由而没有意义。”生活在现实社会中，承担相对的压力并不可怕，正如买房背负适当的房贷。但是，一旦压力超过我们的承担能力，严重干扰了正常生活，就可以适当卸载压力，选择提前还贷。

家庭理财一本全